# Projektierungspraxis Verarbeitungsanlagen

Peter Römisch · Matthias Weiß

# Projektierungspraxis Verarbeitungsanlagen

Planungsprozess mit Berechnung und
Simulation der Systemzuverlässigkeit

Peter Römisch
Dresden, Deutschland

Matthias Weiß
Fak. II Maschinenbau u. Bioverfahrenstechnik
Hochschule Hannover
Hannover, Deutschland

ISBN 978-3-658-02358-4  ISBN 978-3-658-02359-1 (eBook)
DOI 10.1007/978-3-658-02359-1

Die Deutsche Nationalbibliothek verzeichnet diese Publikation in der Deutschen Nationalbibliografie; detaillierte bibliografische Daten sind im Internet über http://dnb.d-nb.de abrufbar.

Springer Vieweg
© Springer Fachmedien Wiesbaden 2014
Das Werk einschließlich aller seiner Teile ist urheberrechtlich geschützt. Jede Verwertung, die nicht ausdrücklich vom Urheberrechtsgesetz zugelassen ist, bedarf der vorherigen Zustimmung des Verlags. Das gilt insbesondere für Vervielfältigungen, Bearbeitungen, Übersetzungen, Mikroverfilmungen und die Einspeicherung und Verarbeitung in elektronischen Systemen.

Die Wiedergabe von Gebrauchsnamen, Handelsnamen, Warenbezeichnungen usw. in diesem Werk berechtigt auch ohne besondere Kennzeichnung nicht zu der Annahme, dass solche Namen im Sinne der Warenzeichen- und Markenschutz-Gesetzgebung als frei zu betrachten wären und daher von jedermann benutzt werden dürften.

Gedruckt auf säurefreiem und chlorfrei gebleichtem Papier.

Springer Vieweg ist eine Marke von Springer DE. Springer DE ist Teil der Fachverlagsgruppe Springer Science+Business Media
www.springer-vieweg.de

# Vorwort

Dieses Buch wendet sich an Studierende des Maschinen- und Anlagenbaus, an Betriebsingenieure und Technologen der Anwenderindustrie, aber auch an Ingenieurstudenten technologischer Fachrichtungen. Es soll den Einstieg in das komplexe Gebiet der Anlagenprojektierung ermöglichen und auch dem Praktiker hilfreiche weitere Anregung und verlässliches Arbeitsmittel sein.

Für das ergänzende Selbststudium im Rahmen der Bachelor- und Masterstudiengänge kann dieses Lehrbuch inhaltlich und didaktisch eine wertvolle Studienhilfe sein. Das betrifft alle Lehrveranstaltungen zu Anlagenprojektierung, Materialflusssystemen, Intralogistik sowie Systemoptimierung und Simulation. Die sich am technischen Stand orientierenden Darstellungen zur Simulation sind konsequent anbieter- und betriebssystemneutral gefasst.

Anlagen der Verarbeitungstechnik werden wie andere Anlagen der Stoffwirtschaft auch als Investitionsvorhaben im Rahmen von Projekten vorbereitet und realisiert. Verarbeitungsanlagen sind zur Massenproduktion verschiedenster Produkte in vielen Industriezweigen im Einsatz, so in Lebensmittel- und Genussmittelindustrie, Textil- und Bekleidungsindustrie, Pharmazeutische Industrie, Polygrafische Industrie, Holz verarbeitende und Möbelindustrie. Derartige Anlagen basieren technologisch auf Verfahren der Verarbeitungstechnik und technisch auf Erzeugnissen des Maschinen- und Anlagenbaus, die einen bedeutenden Anteil an deutscher Industrieproduktion haben.

*Schwerpunkt* dieses Lehr- und Arbeitsbuches ist die *Systemzuverlässigkeit der Anlage* als bedeutendes Qualitätsmerkmal und Verkaufsargument, ganz besonders im globalen Handelsgeschäft. Ausgehend vom Betriebsverhalten der Verarbeitungsmaschine werden Grundlagen der Zuverlässigkeitstheorie und praktikable Berechnungsmodelle leichtverständlich dargestellt und mit Anwendungsbeispielen veranschaulicht. Die Systemzuverlässigkeit findet ihren praktischen Ausdruck in der *Anlagenverfügbarkeit* – in der Praxis oft als *Wirkungsgrad* bezeichnet –, die als wichtige Vertragsgröße die reale Produktionskapazität der Anlage zwischen Auftraggeber/Anwender und Auftragnehmer/Projektträger festlegt.

Die Vorausberechnung der Anlagenverfügbarkeit sowie die Simulation vorhandener Strukturen/Anlagen zur Analyse deren Betriebsverhaltens mit verschiedenen Zielen wie Erschließung von Reserven und Optimierung von Produktionskapazitäten werden im komplexen Projektierungs- und Investitions-Realisierungsprozess dargestellt. An

Berechnungs- und Simulationsbeispielen werden Sinnfälligkeit und Nachvollziehbarkeit der theoretischen Sachverhalte praxisgerecht demonstriert. Hierbei nehmen Störungsspeicher als besonders wirksame Mittel zur Senkung von Anlagenstillstandszeiten breiten Raum ein.

Methodisch anschaulich und einprägsam werden die ingenieurtechnischen Tätigkeiten des Anlagenprojektanten von der Projektaufgabenstellung über Dimensionieren, Strukturieren und Gestalten bis hin zu den Realisierungsprozessen behandelt und durch Praxisbeispiele unterfüttert. Dabei erlebt sowohl der Projektant als auch der in der Anwenderindustrie Tätige die Erarbeitung der Projektdokumente vom Informationsangebot bis zum Ausführungsprojekt. Vorrangiger Betrachtungsgegenstand ist das Stoffsystem der Anlage, die maschinentechnische Ausrüstung. Neben der Verarbeitungsmaschine als dem wichtigsten Anlagenelement erfährt der Guttransport in der Anlage durch die einbezogene Verkettungstechnik – allgemein auch als TUL-Technik bekannt – entsprechende Beachtung.

Vorbereitung und Realisierung von Verarbeitungsanlagen als branchentypische Investitionsobjekte werden ausgehend von allgemeingültigen Erkenntnissen und Methodiken der Fabrikplanung dargestellt. Da manche Tätigkeiten und Fachinhalte der Anlagenprojektierung im Rahmen dieses Buches nur angerissen werden können, ermöglichen angegebene Literaturquellen, Normen und Vorschriften dem Leser eine Vertiefung und Erweiterung des erworbenen Wissens.

Aus langjähriger Industrie- und Lehrtätigkeit der Autoren erhält der Leser gleichzeitig eine Vielzahl praktischer Hinweise und Anregungen für sinnvolle Verhaltensweisen in manchen Vorbereitungs- und Realisierungsetappen einer Anlageninvestition. Neben den vorrangig interessierenden Teilen des Projektmanagements werden Anlagenprojektant und technologisch Tätiger auch mit ausgewählten Aspekten des Kosten- und Vertragsmanagements vertraut gemacht.

Zum leichteren Einstieg in die komplexen Projektierungs- und Planungsprozesse dienen zahlreiche Querverweise im Buch. Gleiches Ziel verfolgt auch die in Abschn. 1.7 gegebene Inhaltsübersicht der einzelnen Buchkapitel.

Die Autoren danken allen Firmen und Institutionen sowie deren Mitarbeitern, die durch Bildmaterial und fachliche Hinweise zur Gestaltung dieses Buches beigetragen haben. Besonderer Dank gilt dem Verlag und seinem Lektorat Maschinenbau für wertvolle Unterstützung bei der Buchgestaltung.

Nicht versäumen möchten es die Autoren, ganz besonders Ihren Familien zu danken, die mit viel Geduld und Umsicht die Erarbeitung des Buchmanuskriptes unterstützten.

Weitere Hinweise zur Verbesserung dieser Erstausgabe nehmen die Autoren gern entgegen.

Dresden, im Januar 2014

Peter Römisch
Mattias Weiß

# Abkürzungs- und Symbolverzeichnis[1]

| | |
|---|---|
| AG, AN | Auftraggeber, Auftragnehmer |
| AST | Aufgabenstellung (allgemein oder eines Projektes) |
| BDE | Betriebsdatenerfassung |
| BE, EB | Betrachtungseinheit, Einsatzbedingungen |
| Ih, GR | Instandhaltung, Generalreparatur |
| MTA | Maschinentechnische Ausrüstung (Anlagenelement: Maschine, …; Abschn. 2.5.3) |
| PPS | Produktionsplanung und -steuerung |
| TUL | Transport-, Umschlag-, Lager- |
| VAT | Verarbeitungstechnik |
| VG | Verarbeitungsgut |
| ZKG | Zuverlässigkeitsgröße |
| ZKW | Zuverlässigkeitswert |
| ZPD | Zuverlässigkeitsprimärdaten |
| $K, k_{ges}$ | Kosten, spezifische Verarbeitungskosten (Kosten pro Produkt) |
| $M$ | Menge, Produktmenge; Speichergröße, Fassungsvermögen eines Speichers |
| $M_F, M_L$ | Füllmenge (im Speicher befindliche Gutmenge), Leermenge von Speichern |
| $M_t$ | tatsächlich produzierbare Produktmenge |
| $Q, Q_r, Q_t$ | Produktivität (Produktmenge pro Zeiteinheit), r rechnerische, t tatsächliche |
| $\tilde{Q}_r$ | Mittelwert der rechnerischen Produktivität $Q_r(t)$ |
| $Q_{rp}$ | projektseitig dem Normalbetrieb zu Grunde gelegte Produktivität |
| $T$ | Betrachtungszeit, Lebensdauer |
| $T_A$ | mittlere Ausfalldauer, Reparaturdauer (*MTTR: mean time to repair*) |
| $t$ | Zeit, Zeitpunkt |
| $t_B$ | Betriebszeit (geplante Produktionszeit pro Schicht, pro Tag, …) |
| $t_i$ | Ausfallzeitelement von $T_A$ (Abschn. 3.2.2: $t_S$ Stillstandszeit, $t_q$ Qualitätszeit, …) |
| $V, V_T$ | Verfügbarkeit (allgemein, Mengenverfügbarkeit), Zeitverfügbarkeit |
| $\beta$ | mittlere Erneuerungsrate, Reparaturrate |

---

[1] Dieses Verzeichnis enthält nur die oft verwendeten Abkürzungen und Symbole; die darüber hinaus verwendeten lokalen Bedeutungen sind an entsprechender Stelle erklärt.

| | |
|---|---|
| $\lambda$ | mittlere Ausfallrate |
| $\Theta$ | mittlerer Ausfallabstand (*MTBF: mean time between failure*) |
| $\varphi$ | interne Elementredundanz (bei Bedarf nutzbare Produktivitätsreserve) |

# Inhaltsverzeichnis

| | | |
|---|---|---|
| **1** | **Einführung** | 1 |
| 1.1 | Abkürzungs- und Symbolverzeichnis | 1 |
| 1.2 | Bedeutung der Verarbeitungsanlagen | 4 |
| 1.3 | Stellung der Anlage im Verarbeitungsbetrieb | 6 |
| 1.4 | Die Anlage als technisches System | 7 |
| 1.5 | Planung und Projektmanagement als Teil einer Investition | 13 |
| 1.6 | Projektleitung und Projektabwicklung | 17 |
| 1.7 | Zur Methodik des Buches | 21 |
| 1.8 | Anwendungsbeispiele | 22 |
| **2** | **Planung von Verarbeitungsanlagen** | 25 |
| 2.1 | Grundlagen der Planung | 25 |
| | 2.1.1 Aufgaben, Abläufe, Planungsstrategie | 25 |
| | 2.1.2 Aufgabenstellungen, Grundfälle der Projektierung | 29 |
| 2.2 | Projektierungsprozess | 30 |
| | 2.2.1 Gesamtprozess | 30 |
| | 2.2.2 Schrittfolge Dimensionieren, Strukturieren, Gestalten | 32 |
| 2.3 | Projektdokumentation | 33 |
| | 2.3.1 Ausarbeitung der Dokumente | 33 |
| | 2.3.2 Inhalte von Angeboten | 35 |
| | 2.3.3 Inhalte von Ausführungsprojekten | 36 |
| 2.4 | Mittel zur rationelleren Aufgabenbearbeitung | 38 |
| | 2.4.1 Grundsätze und Methoden | 38 |
| | 2.4.2 Verfahren und Hilfsmittel der Planung | 42 |
| | 2.4.3 Nutzung EDV | 43 |
| 2.5 | Besonderheiten der Verarbeitungsanlagen | 45 |
| | 2.5.1 Verarbeitungsgut und Verarbeitungsverfahren | 45 |
| | 2.5.2 Verarbeitungstechnisch bedingte Gutströme | 48 |
| | 2.5.3 Maschinentechnische Ausrüstungen – die Anlagenelemente | 51 |
| | 2.5.4 Betrieb, Steuerung, Prozessüberwachung | 55 |
| | 2.5.5 Restriktionen für den Projektanten | 58 |

|  |  | 2.5.6 | Anforderungen an Konstruktion und Entwicklung . . . . . . . . . . | 59 |
|---|---|---|---|---|
|  | 2.6 | Beispiele . . . . . . . . . . . . . . . . . . . . . . . . . . . . . . . . . . . . . . . . . | | 60 |
|  |  | 2.6.1 | Verfahren und Maschinentechnik einer Schokoladenfabrik . . . . . | 60 |
|  |  | 2.6.2 | Gutströme von Getränkeabfüllanlagen . . . . . . . . . . . . . . . . . . . | 63 |
| 3 | **Betriebsverhalten der Anlage und ihrer Elemente** . . . . . . . . . . . . . . . . . . . | | | 65 |
|  | 3.1 | Betriebsverhalten und seine Einflussfaktoren . . . . . . . . . . . . . . . . . . . | | 65 |
|  | 3.2 | Produktivität . . . . . . . . . . . . . . . . . . . . . . . . . . . . . . . . . . . . . . . . | | 71 |
|  |  | 3.2.1 | Produktivität einer Verarbeitungsmaschine . . . . . . . . . . . . . . | 71 |
|  |  | 3.2.2 | Zeitgliederung des Maschineneinsatzes . . . . . . . . . . . . . . . . . | 75 |
|  |  | 3.2.3 | Produktivität der Anlage . . . . . . . . . . . . . . . . . . . . . . . . . . . | 77 |
|  | 3.3 | Zuverlässigkeit . . . . . . . . . . . . . . . . . . . . . . . . . . . . . . . . . . . . . . . | | 78 |
|  |  | 3.3.1 | Problemstellung, Grundlagen, Grundbegriffe . . . . . . . . . . . . . | 78 |
|  |  | 3.3.2 | Zuverlässigkeitskenngrößen und -primärdaten . . . . . . . . . . . . | 81 |
|  |  | 3.3.3 | Erfassung von Zuverlässigkeitsprimärdaten . . . . . . . . . . . . . . | 86 |
|  |  | 3.3.4 | Zuverlässigkeitsarbeit . . . . . . . . . . . . . . . . . . . . . . . . . . . . . | 88 |
|  | 3.4 | Effektivität . . . . . . . . . . . . . . . . . . . . . . . . . . . . . . . . . . . . . . . . . | | 89 |
|  |  | 3.4.1 | Einleitung . . . . . . . . . . . . . . . . . . . . . . . . . . . . . . . . . . . . . | 89 |
|  |  | 3.4.2 | Effektivitätskriterien . . . . . . . . . . . . . . . . . . . . . . . . . . . . . . | 90 |
|  |  | 3.4.3 | Kosten . . . . . . . . . . . . . . . . . . . . . . . . . . . . . . . . . . . . . . . | 92 |
|  |  | 3.4.4 | Nutzen . . . . . . . . . . . . . . . . . . . . . . . . . . . . . . . . . . . . . . . | 94 |
|  | 3.5 | Umweltbeziehungen . . . . . . . . . . . . . . . . . . . . . . . . . . . . . . . . . . . | | 95 |
|  | 3.6 | Betriebsanalysen . . . . . . . . . . . . . . . . . . . . . . . . . . . . . . . . . . . . . | | 96 |
|  |  | 3.6.1 | Ziele und Etappen der Analyse . . . . . . . . . . . . . . . . . . . . . . | 96 |
|  |  | 3.6.2 | Vorbereitung . . . . . . . . . . . . . . . . . . . . . . . . . . . . . . . . . . | 97 |
|  |  | 3.6.3 | Durchführung und Auswertung . . . . . . . . . . . . . . . . . . . . . . | 98 |
|  | 3.7 | Beispiele . . . . . . . . . . . . . . . . . . . . . . . . . . . . . . . . . . . . . . . . . . | | 100 |
|  |  | 3.7.1 | Datenerfassung in einer Brauerei . . . . . . . . . . . . . . . . . . . . . | 100 |
|  |  | 3.7.2 | Analyse einer Käsereianlage . . . . . . . . . . . . . . . . . . . . . . . . | 100 |
| 4 | **Dimensionierung – Auswahl der Ausrüstungen** . . . . . . . . . . . . . . . . . . . . | | | 107 |
|  | 4.1 | Wege und Auswahlkriterien . . . . . . . . . . . . . . . . . . . . . . . . . . . . . . | | 107 |
|  | 4.2 | Auswahl der Hauptelemente . . . . . . . . . . . . . . . . . . . . . . . . . . . . . . | | 109 |
|  |  | 4.2.1 | Auswahlprozess . . . . . . . . . . . . . . . . . . . . . . . . . . . . . . . . | 109 |
|  |  | 4.2.2 | Auswahl einer Maschine am Beispiel . . . . . . . . . . . . . . . . . . | 111 |
|  | 4.3 | Auswahl der Verkettungselemente . . . . . . . . . . . . . . . . . . . . . . . . . . | | 114 |
|  |  | 4.3.1 | Auswahlprozess . . . . . . . . . . . . . . . . . . . . . . . . . . . . . . . . | 114 |
|  |  | 4.3.2 | Förderprinzip und Funktionen der Verkettung . . . . . . . . . . . . | 114 |
|  |  | 4.3.3 | Beschreibung von Gutströmen . . . . . . . . . . . . . . . . . . . . . . . | 120 |
|  |  |  | 4.3.3.1 Entscheidende Einflussgrößen . . . . . . . . . . . . . . . . | 120 |
|  |  |  | 4.3.3.2 Arten der Gutströme . . . . . . . . . . . . . . . . . . . . . . | 122 |
|  |  |  | 4.3.3.3 Kopplung von Gutströmen . . . . . . . . . . . . . . . . . . | 124 |

|  |  | 4.3.3.4 | Speicherprinzipe .................................. | 127 |
|---|---|---|---|---|
|  |  | 4.3.3.5 | Auswahlmöglichkeiten ........................... | 128 |
|  | 4.4 | Entwicklung neuer Verkettungstechnik ........................ | | 130 |
|  |  | 4.4.1 | Entwicklungsbedarf .............................. | 130 |
|  |  | 4.4.2 | Analyse bekannter Lösungen ..................... | 130 |
|  |  | 4.4.3 | Synthese neuer Koppelelemente ................. | 132 |
|  | 4.5 | Beispiele ............................................................ | | 134 |
|  |  | 4.5.1 | Angebot zum Herstellen von Schokoladenmasse ......... | 134 |
|  |  | 4.5.2 | Lösungskonzept für ein Koppelelement ............ | 137 |
| 5 | **Strukturierung – technologische Struktur** ........................ | | | 145 |
|  | 5.1 | Grundstrukturen, Bausteine, Kopplungskriterien ............. | | 145 |
|  |  | 5.1.1 | Grundstrukturen .................................. | 145 |
|  |  | 5.1.2 | Strukturbausteine ................................. | 148 |
|  |  |  | 5.1.2.1 Elemente ................................ | 148 |
|  |  |  | 5.1.2.2 Reihensysteme ......................... | 150 |
|  |  |  | 5.1.2.3 Parallelsysteme ........................ | 151 |
|  |  |  | 5.1.2.4 Bausteine komplizierter Struktur ...... | 154 |
|  |  | 5.1.3 | Bausteinkombination und Kopplungskriterien ....... | 155 |
|  | 5.2 | Systemstrukturierung und Erzeugnisentwicklung ............. | | 157 |
|  |  | 5.2.1 | Bewährte Abläufe zur Strukturierung ............ | 157 |
|  |  | 5.2.2 | Anforderungen an den MTA-Projektanten ........ | 158 |
|  |  | 5.2.3 | Erzeugnisentwicklung ............................. | 160 |
|  | 5.3 | Berechnung stochastischer Prozesse ........................... | | 161 |
|  |  | 5.3.1 | Anwendung klassischer Zuverlässigkeitstheorie ... | 161 |
|  |  | 5.3.2 | Anwendung praktikabler Berechnungsverfahren .. | 162 |
|  |  | 5.3.3 | Wann analytische Berechnung, wann Simulation? ... | 164 |
|  | 5.4 | Berechnung von Elementen ..................................... | | 165 |
|  | 5.5 | Beispiele ............................................................ | | 168 |
|  |  | 5.5.1 | Vorprojekt einer Verpackungsanlage für Hartkaramellen – Teil 1 . | 168 |
|  |  | 5.5.2 | Strukturierung und Gestaltung einer Spinnerei .... | 171 |
|  |  | 5.5.3 | Anlagenstruktur erfordert neue Koppelelemente ... | 180 |
| 6 | **Gestaltung – räumliche Anordnung, Layout** ...................... | | | 183 |
|  | 6.1 | Grundlagen und Ziele des Layout ............................. | | 183 |
|  | 6.2 | Räumliche Gegebenheiten und Raumanforderungen .......... | | 185 |
|  |  | 6.2.1 | Industriebauwerke ................................ | 185 |
|  |  | 6.2.2 | Räumliche Einflussfaktoren ....................... | 187 |
|  |  | 6.2.3 | Montageanforderungen ........................... | 189 |
|  |  | 6.2.4 | Instandhaltungsaspekte ........................... | 191 |
|  |  | 6.2.5 | Störeinflüsse ...................................... | 191 |
|  | 6.3 | Standortbestimmung ............................................ | | 191 |

|     |     | 6.3.1 | Einordnung einer Produktionsstätte in den Betrieb | 191 |
| --- | --- | --- | --- | --- |
|     |     | 6.3.2 | Bestimmung des Anlagenstandortes | 192 |
|     |     | 6.3.3 | Flächen- und Raumbedarf | 194 |
|     | 6.4 | Erarbeitung des Layout | | 198 |
|     |     | 6.4.1 | Methoden, Hilfsmittel, Planungsfortschritt | 198 |
|     |     | 6.4.2 | Objekte und ihre Darstellung | 199 |
|     |     | 6.4.3 | Anordnung und Verkettung von Objekten | 202 |
|     |     | 6.4.4 | Systemtypen und Gestaltungsmöglichkeiten | 205 |
|     |     | 6.4.5 | Vom Raumkonzept zum Layout | 206 |
|     |     |       | 6.4.5.1 Entwurfsstrategie | 206 |
|     |     |       | 6.4.5.2 Entwurf am Anlagenbeispiel | 208 |
|     | 6.5 | Ausgewählte Standortfaktoren und Layoutanforderungen | | 210 |
|     |     | 6.5.1 | Arbeitsplatz | 210 |
|     |     | 6.5.2 | Sicherheitsabstände | 213 |
|     |     | 6.5.3 | Maßangaben im Layout | 215 |
|     |     | 6.5.4 | Weitere Standortfaktoren im Überblick | 217 |
|     | 6.6 | Beispiele | | 218 |
|     |     | 6.6.1 | Vorprojekt einer Verpackungsanlage für Hartkaramellen – Teil 2 | 218 |
|     |     | 6.6.2 | Hochleistungs-Verpackungssystem für kleinstückige Güter | 224 |
| 7   | **Anlagenrealisierung** | | | 227 |
|     | 7.1 | Projektmanagement der Realisierung | | 227 |
|     | 7.2 | Ausführungsplanung und Ausführungsprojekt | | 232 |
|     |     | 7.2.1 | Präzisierung der Aufgabenstellung | 232 |
|     |     | 7.2.2 | Planungsmethodik und Projektinhalte | 233 |
|     |     | 7.2.3 | Planungstechniken | 236 |
|     |     |       | 7.2.3.1 Projektablauf- und Terminplanung | 236 |
|     |     |       | 7.2.3.2 Kapazitätsplanung | 239 |
|     |     | 7.2.4 | Teile der Projektdokumentation | 246 |
|     |     |       | 7.2.4.1 Allgemeiner Teil | 246 |
|     |     |       | 7.2.4.2 Technisch-technologischer Teil | 247 |
|     |     |       | 7.2.4.3 Ökonomischer Teil | 247 |
|     |     |       | 7.2.4.4 Kommerzieller Teil | 248 |
|     |     |       | 7.2.4.5 Organisatorischer Teil | 248 |
|     |     |       | 7.2.4.6 Vorschriften und Schutznachweise | 248 |
|     |     |       | 7.2.4.7 Genehmigungen | 250 |
|     |     |       | 7.2.4.8 Weitere Realisierung | 251 |
|     |     | 7.2.5 | Beispiele zur Projektdokumentation | 251 |
|     |     |       | 7.2.5.1 Balkenplan zur zeitlichen Projektabwicklung | 251 |
|     |     |       | 7.2.5.2 Netzplan zum Zeitablauf | 252 |
|     |     |       | 7.2.5.3 Betriebsvorschriften | 257 |
|     |     |       | 7.2.5.4 Spezifikation Rohstoffe | 257 |

| | 7.3 | Materielle Realisierung | 258 |
|---|---|---|---|
| | | 7.3.1 Beschaffung und Fertigung | 258 |
| | | 7.3.2 Versand, Transport, Einlagerung | 260 |
| | | 7.3.3 Montage | 260 |
| | | 7.3.4 Funktionsprobe, Probebetrieb, Mängelbeseitigung | 262 |
| | | 7.3.5 Erprobung, Leistungsfahrt, Restmängelbeseitigung | 264 |
| | | 7.3.6 Übergabe/Übernahme, Inbetriebnahme | 266 |
| | | 7.3.7 Gewährleistung, Service | 266 |
| | 7.4 | Immaterielle Leistungen | 267 |
| | | 7.4.1 Mitwirkungshandlungen des Projektteams | 267 |
| | | 7.4.2 Schulung des Betreiberpersonals | 268 |
| | | 7.4.3 Rechnungslegung und Nachkalkulation | 268 |
| | | 7.4.4 Handlungen zum Projektabschluss | 270 |
| | 7.5 | Nachkontakte, Informationsrückflüsse | 270 |
| **8** | **Berechnungen zur Strukturierung** | | **273** |
| | 8.1 | Berechnung von Reihensystemen in fester Verkettung | 273 |
| | | 8.1.1 Redundanzlose Reihensysteme | 273 |
| | | 8.1.2 Reihensysteme mit interner Elementredundanz | 275 |
| | | 8.1.3 Beispiele zu Reihensystemen | 275 |
| | 8.2 | Berechnung von Reihensystemen in loser Verkettung | 277 |
| | | 8.2.1 Vorbetrachtung und Auswahl geeigneter Modelle | 277 |
| | | 8.2.2 Reihensysteme ohne interne Elementredundanz | 280 |
| | | 8.2.3 Reihensysteme mit interner Elementredundanz | 283 |
| | | 8.2.4 Berechnungsbeispiel – Teil 1: Verlauf V = f(Speichergröße) | 285 |
| | 8.3 | Berechnung von Parallelsystemen | 288 |
| | | 8.3.1 Parallelsysteme ohne Reserveelemente | 288 |
| | | 8.3.2 Parallelsysteme mit Reserveelementen | 291 |
| | |     8.3.2.1 Vorbemerkung | 291 |
| | |     8.3.2.2 Iterationsmethode | 292 |
| | |     8.3.2.3 Parallelsystem allgemein | 293 |
| | |     8.3.2.4 Parallelschaltung einer größeren Anzahl Elemente | 295 |
| | | 8.3.3 Beispiele | 297 |
| | |     8.3.3.1 Parallelsysteme ohne Reserveelemente | 297 |
| | |     8.3.3.2 Parallelsystem mit Reserveelement | 300 |
| | 8.4 | Teilsysteme komplizierter Struktur | 301 |
| | 8.5 | Berechnung der Anlagenverfügbarkeit | 302 |
| | | 8.5.1 Anwendung des Reduktionsverfahrens | 302 |
| | | 8.5.2 Ausfall- und Erneuerungsrate von Teilsystemen | 305 |
| | |     8.5.2.1 Motivation | 305 |
| | |     8.5.2.2 Erneuerungsrate von Reihensystemen | 305 |
| | |     8.5.2.3 Erneuerungsrate von Parallelsystemen | 307 |

|  |  | 8.5.3 | Zuverlässigkeitsoptimale Strukturen . . . . . . . . . . . . . . . . . . . 308 |
|---|---|---|---|

        8.5.3 Zuverlässigkeitsoptimale Strukturen . . . . . . . . . . . . . . . . . . . 308
              8.5.3.1 Betriebsstrategie und Störungsspeicher . . . . . . . . . . . . 308
              8.5.3.2 Wirtschaftlich optimale Größe von Störungsspeichern . . 308
              8.5.3.3 Verfügbarkeitsmaximale Füllmenge
                        von Störungsspeichern . . . . . . . . . . . . . . . . . . . . . . 310
        8.5.4 Beispiele . . . . . . . . . . . . . . . . . . . . . . . . . . . . . . . . . . . . . . . 311
              8.5.4.1 Berechnung der Anlagenverfügbarkeit
                        im Reduktionsverfahren . . . . . . . . . . . . . . . . . . . . . . 311
              8.5.4.2 Berechnung der optimalen Speichergröße – Teil 2 . . . . . 315

**9 Simulation von Verarbeitungsanlagen** . . . . . . . . . . . . . . . . . . . . . . . . . . . 319
   9.1 Definition und Eingrenzung . . . . . . . . . . . . . . . . . . . . . . . . . . . . . . . 319
   9.2 Grundlagen der Simulation . . . . . . . . . . . . . . . . . . . . . . . . . . . . . . . 321
        9.2.1 Trennung von Ursache und Wirkung . . . . . . . . . . . . . . . . . . . 321
        9.2.2 Statistische Sicherheit . . . . . . . . . . . . . . . . . . . . . . . . . . . . . 323
        9.2.3 Ergebnissicherheit der Simulation . . . . . . . . . . . . . . . . . . . . 325
        9.2.4 Einbeziehung der Produkt- und Formatvielfalt . . . . . . . . . . . 330
        9.2.5 Berücksichtigung der Anfahrphase . . . . . . . . . . . . . . . . . . . . 331
   9.3 Vorgehen bei einem Simulationsprojekt . . . . . . . . . . . . . . . . . . . . . . 332
        9.3.1 Überblick und Einordnung notwendiger Arbeitsschritte . . . . . . 332
        9.3.2 Aufgabendefinition bis Datenbeschaffung . . . . . . . . . . . . . . . 333
              9.3.2.1 Aufgabendefinition . . . . . . . . . . . . . . . . . . . . . . . . . . 333
              9.3.2.2 Simulationsmethoden . . . . . . . . . . . . . . . . . . . . . . . . 334
              9.3.2.3 Simulationswerkzeuge und Simulationsführende . . . . . . 336
              9.3.2.4 Datenbeschaffung . . . . . . . . . . . . . . . . . . . . . . . . . . . 337
        9.3.3 Systemgrenzen und Abstraktion . . . . . . . . . . . . . . . . . . . . . . 341
              9.3.3.1 Festlegung der Systemgrenzen, Abstraktion der Modelle . 341
              9.3.3.2 Festlegung der Skalierung . . . . . . . . . . . . . . . . . . . . . 344
        9.3.4 Modellierung . . . . . . . . . . . . . . . . . . . . . . . . . . . . . . . . . . . 345
              9.3.4.1 Strukturabbildung . . . . . . . . . . . . . . . . . . . . . . . . . . 345
              9.3.4.2 Parametrierung . . . . . . . . . . . . . . . . . . . . . . . . . . . . 346
        9.3.5 Simulation von Varianten und Auswertung . . . . . . . . . . . . . . 347
   9.4 Entscheidungsunterstützung für Speichereinsatz . . . . . . . . . . . . . . . . 350
        9.4.1 Aufgabenspektrum . . . . . . . . . . . . . . . . . . . . . . . . . . . . . . . 350
        9.4.2 Vorgehensweise – Entscheidungsstrategie . . . . . . . . . . . . . . . 351
        9.4.3 Besonderer Einfluss des Ausfallverhaltens . . . . . . . . . . . . . . . 354
        9.4.4 Speicherposition in der Anlage . . . . . . . . . . . . . . . . . . . . . . 357
        9.4.5 Speichereinsatz bei Parallelverkettung . . . . . . . . . . . . . . . . . 359

**10 Wirtschaftliche Aspekte** . . . . . . . . . . . . . . . . . . . . . . . . . . . . . . . . . . . . 361
   10.1 Betriebswirtschaftliche Grundlagen . . . . . . . . . . . . . . . . . . . . . . . . 361
   10.2 Investitionsrechnungen zum Vorhaben . . . . . . . . . . . . . . . . . . . . . 366

|  |  | 10.2.1 Kostenvergleich | 366 |
|---|---|---|---|
|  |  | 10.2.2 Gewinnvergleich | 369 |
|  |  | 10.2.3 Rentabilitätsvergleich | 370 |
|  |  | 10.2.4 Amortisationsvergleich | 372 |
|  |  | 10.2.5 Kapitalwertverfahren | 373 |
|  | 10.3 | Kosten des Vorhabens | 374 |
|  |  | 10.3.1 Kostenbestandteile | 374 |
|  |  | 10.3.2 Kostenplanung | 377 |
|  |  | 10.3.3 Kostenrechnung und Kostenkontrolle | 378 |
|  | 10.4 | Aufwand und Kosten von Planungsphasen | 379 |
|  |  | 10.4.1 Aufwand von Planungsphasen allgemein | 379 |
|  |  | 10.4.2 Aufwand und Kosten von Projektierungsleistungen | 381 |
|  |  | 10.4.3 Preiskalkulation für Planungsaufwendungen | 382 |
|  |  | 10.4.4 Honorare und Kostenkalkulation auf Basis HOAI | 385 |
|  | 10.5 | Beispiel zu Kosten und Aufwand einer Projektphase | 387 |
| 11 | Vertragsmanagement | | 391 |
|  | 11.1 | Vorbemerkung | 391 |
|  | 11.2 | Beziehung zu anderen Managementelementen | 391 |
|  | 11.3 | Leistungsgegenstände und Vertragsarten | 392 |
|  | 11.4 | Vertragsformen | 395 |
|  | 11.5 | Vertragsgestaltung | 396 |
|  |  | 11.5.1 Anwendbares Recht | 396 |
|  |  | 11.5.2 Vertragsinhalte, Musterverträge | 398 |
|  | 11.6 | Abschluss und Änderung von Verträgen | 399 |
|  | 11.7 | Zu ausgewählten Vertragsinhalten | 400 |
|  |  | 11.7.1 Vertragsgegenstand und seine Spezifikation | 400 |
|  |  | 11.7.2 Preis und Zahlungsbedingungen | 401 |
|  |  | 11.7.3 Qualitäts- und Abnahmebedingungen | 404 |
|  |  | 11.7.4 Mitwirkungshandlungen des Auftraggebers | 404 |
|  |  | 11.7.5 Geschäftsbedingungen und weitere Bestimmungen | 405 |

**Anhang** ... 407

**Literatur** ... 411

**Sachverzeichnis** ... 421

# 1 Einführung

## 1.1 Begriffsbestimmung zum Projektmanagement

Anlagen der Verarbeitungstechnik werden wie andere Anlagen der Stoffwirtschaft auch als Investitionsvorhaben im Rahmen entsprechender Projekte vorbereitet und realisiert.

Die schließlich realisierte Anlage ist immer ein *Unikat*, konzipiert und ausgeführt speziell für eine bestimmte Verarbeitungsaufgabe, die Herstellung bestimmter Produkte eines Auftraggebers (AG), eines Unternehmens der verarbeitenden Industrie.

Wegen der großen Komplexität der Anlagenprojektierung hat der Projektträger, meist ein Unternehmen des Maschinen- und Anlagenbaus als Auftragnehmer (AN), für sein Gebiet entsprechende Projektmanagementsysteme einzuführen, zu verbessern und die erforderlichen Mittel und Organisationsstrukturen bereitzustellen. Abhängig von der Vorhabensgröße kann der Projektträger auch als General-, Haupt- oder Nachauftragnehmer (GAN, HAN, NAN) auftreten.

Für Vorbereitung, Planung und Durchführung von Projekten sind für das Projektmanagement in DIN 69900 (Netzplantechnik), 69901 (Projektmanagementsysteme) und 69909 (Multiprojektmanagement) eine Vielzahl von Begriffen, Methoden, Prozessen und Zusammenhängen für den einheitlichen Sprachgebrauch in der Projektwirtschaft dokumentiert. Die Verwendung eindeutiger Begriffe für gleiche Sachverhalte dient vor allem der Vermeidung von Missverständnissen und fördert die Aufgabenbearbeitung im arbeitsteiligen Projektierungsprozess.

**Projekt** Vorhaben, das im Wesentlichen durch Einmaligkeit der Bedingungen in ihrer Gesamtheit gekennzeichnet ist, z. B. durch:

- Zielvorgabe
- zeitliche, finanzielle oder andere Begrenzungen
- Abgrenzung gegenüber anderen Vorhaben
- projektspezifische Organisation.

**Projektmanagement** Gesamtheit der Führungsaufgaben zur Vorbereitung, Planung und Abwicklung von Projekten.

Das Projektmanagement ist eine Stabfunktion im Unternehmen, die quer über alle Zuständigkeitsbereiche und Organisationsstrukturen geht. Im Vordergrund der Projektabwicklung steht die ganzheitliche Betrachtung und allseitige Projektbetreuung.

In Literatur und Sprachgebrauch werden die Begriffe *Projektieren* und *Planen* oft gleichbedeutend benutzt, demzufolge wird von *Projektierung* oder *Planung* gesprochen, obwohl das Gleiche gemeint ist.

Die Verfasser verwenden *Projektieren* als allgemeinen Oberbegriff (demzufolge: *Projektant*, *Projektteam* usw.) und im Besonderen für die ingenieur-technischen Tätigkeiten in Vorbereitung und Realisierung von Vorhaben des Maschinen- und Anlagenbaus. *Planen* soll hier als Teilbegriff des Projektierens stehen und im Zusammenhang mit solchen Kategorien wie Zeit, Kosten, Finanzen, Kapazitäten, Abläufen, Bearbeitungsphasen, also für Zeit-, Kosten-, Finanz-, Kapazitäts-, Ablaufplanung, Planungsphase Verwendung finden. Abweichungen hiervon sind bei Wiedergabe von Originalinhalten mit Quellenbezug unvermeidlich.

Wenn im Folgenden von *Projektant* und *Planer* gesprochen wird, können dafür implizit auch *Projektteam* bzw. *Planungsteam* stehen, ohne dass ausdrücklich darauf hingewiesen ist.

Projekte ergeben sich aus den verschiedensten Vorhaben und können sich unterscheiden nach Zielen und Produkten, Größe, Komplexität, Zeitbedarf und erforderlichem Aufwand, nach Anzahl der Mitwirkenden und Betroffenen. Wegen der Vielzahl von Fall zu Fall vorliegender Bedingungen werden zur optimalen Vorbereitung und Durchführung von Projekten die unterschiedlichsten Formen und Strukturen des Projektmanagements benötigt.

Es gibt kein einheitliches Projektmanagement für alle möglichen Arten von Vorhaben, nur weitgehend allgemeingültige Erfahrungen und Erkenntnisse zur optimalen Bearbeitung derartig komplexer Aufgaben. Projektmanagementsysteme sind demzufolge *branchenspezifisch* zu gestalten und auf das konkrete Vorhaben spezifisch anzuwenden. In wie weit die Netzplantechnik für Planung und Projektabwicklung zur Anwendung kommt, hängt vor allem von Größe und Komplexität des Vorhabens ab.

**Projektmanagement des Projektträgers** Die Rahmenorganisation hierzu stellen die in DIN 69901 definierten, allgemeingültigen Managementsysteme dar, die jedes Unternehmen dann auf seine spezifischen Bedürfnisse zuschneiden muss.

Solche Managementsysteme sind der organisatorische, methodische und strukturelle Rahmen für die umfassende Aufgabenbearbeitung von der Vorbereitung bis zur Durchführung der Projekte. Kennzeichen dieser Systeme sind ihre Struktur und ihre Elemente (Personalmanagement, Vertragsmanagement usw.), deren Kommunikation untereinander sowie mit extern am Projekt Beteiligten (Zulieferer, Behörden) und vom Projekt Betroffenen (angrenzende Betreiberbereiche, Anlieger im Territorium).

## 1.1 Abkürzungs- und Symbolverzeichnis

Abbildung 1.1 veranschaulicht die Elemente *von Managementsystemen* mit grundsätzlichen Inhalten im Überblick:

| Elemente | Zieldefinition   Strukturierung   Organisation |
|---|---|
| Personalmanagement | Zusammenstellung und Führung des Projektteams; Wiedereingliederung in die weiterbestehende Organisation nach Projektabschluss |
| Vertragsmanagement | Analyse, Gestaltung, Abschluss und Änderung von Verträgen (Zusammenhang mit Änderungs-, Nachforderungs- und Konfigurationsmanagement) |
| Nachforderungsmanagement | Sammeln, Sichten und Geltendmachen oder Abwehren von Nachforderungen aus Vertragsabweichungen oder -änderungen |
| Konfigurationsmanagement | Konfigurations-Identifizierung, -Überwachung, -Buchführung und Auditierung |
| Änderungsmanagement | Änderung von Projektzielen und -prozessen sowie deren Prioritäten |
| Kostenmanagement | Kalkulation und Planung von Kosten sowie deren Ermittlung, Erfassung, Überwachung, Steuerung und Abrechnung |
| Einsatzmittelmanagement | Planung und Einsatz von Personal und Sachmitteln einschließlich deren Änderung im Bedarf |
| Ablauf-/Terminmanagement | Planung der Einzelvorgänge nach Reihenfolge, Fristen und Terminen unter Beachtung der Voraussetzungen und Verknüpfungen |
| Multiprojektkoordination | Koordinierung von Projekten, besonders hinsichtlich der Zuordnung von Finanz- und Einsatzmitteln |
| Risikomanagement | Ermittlung, Analyse, Bewertung und Minderung von Risiken |
| Informations-/Berichtswesen | Zielruppenorientierte Information und Berichterstattung zur Sicherung von Kommunikation aller Beteiligten und Dokumentation; dazu gehören auch: Analysen, Bewertungen, Trendaussagen, Rechnungslegung |
| Controlling | Erfassung von Ist-Dateien, Soll-Ist-Vergleich, Feststellung und Analyse von Abweichungen, Vorschlag von Korrekturmaßnahmen, Mitwirkung bei Maßnahmenplanung und Überwachung der Durchführung |
| Logistik | Planung, Steuerung und Durchführung der Bewegung sowie örtliche Zuordnung/Anordnung von Einsatzmitteln innerhalb des Projektes und des Projektmanagements (Beschaffungs-, Distributions-, Entsorgungslogistik) |
| Qualitätsmanagement | Festlegung der Qualitätsanforderungen an das Projekt und Sicherstellung deren Realisierung; dazu gehören Energieverbrauch, Materialeffizienz, Umweltbeeinflussung und andere |
| Dokumentation | Dokumentation des Projektgeschehens nach einschlägigen Vorschriften und Festlegung, wer, was, wie, wo dokumentiert und archiviert |

**Abb. 1.1** Elemente von Projektmanagementsystemen (in Anlehnung an DIN 69900/69901)

Zieldefinition, Strukturierung und Organisation umfassen Prozesse und Regeln für das Gesamtprojekt und das Projektmanagement, im Wesentlichen:

- Ziel des Projektes
- Struktur von Projektaufbau und -ablauf
- Aufbau- und Ablauforganisation.

Diese Elemente erfüllen damit Teilfunktionen der Projektierung im Rahmen des Projektmanagements. Nach dieser grundlegenden Norm umfasst die Gestaltung von Projektmanagementsystemen:

1. Ziele des Einsatzes des Systems
2. Modellbildung zur Beschreibung derartiger Systeme
3. Eigenschaften des Systems
4. Erwartungen der Trägerorganisation an das System
5. Unterstützung des Systems durch die Trägerorganisation
6. Dokumentation des Systems.

Grundsätzliche Ziele des Einsatzes von Projektmanagementsystemen sind die *systematische Planung* und die erfolgreiche Projektrealisierung, kurz *Projektabwicklung* genannt.

## 1.2 Bedeutung der Verarbeitungsanlagen

Verarbeitungsanlagen dienen der maschinellen Realisierung einer Verarbeitungsaufgabe zur Herstellung von Produkten, die meist für den Konsum bestimmt sind. Produkte einer Anlage können aber auch Zwischenprodukte sein, die in anderen Anlagen weiterverarbeitet werden. Die zu verarbeitenden Güter, die Verarbeitungsgüter (VG), werden nach einem zu Grunde gelegten Verfahren, dem Verarbeitungsverfahren, zu Produkten verarbeitet, wobei das zu verarbeitende Gut eine Folge von Verarbeitungs- und anderen Prozessen durchläuft.

Verarbeitungsanlagen sind zur Massenproduktion verschiedenster Produkte in vielen Industriezweigen im Einsatz wie Lebensmittel- und Genussmittelindustrie, Textil- und Bekleidungsindustrie, Pharmazeutische Industrie, Polygrafische Industrie, Holz verarbeitende und Möbelindustrie.

Die Verarbeitungsanlage basiert technologisch vorwiegend auf der Verarbeitungstechnik (VAT) und technisch auf Erzeugnissen des Verarbeitungsmaschinen- und -anlagenbaus, der einen bedeutenden Anteil am deutschen Maschinenbau und am Weltexport hat.

Nach der Branchenstatistik des VDMA haben *Verarbeitungsmaschinen* z. B. 2012 einen Produktionsanteil von 22,1 % am deutschen Maschinenbau (Abb. 1.2).

## 1.2 Bedeutung der Verarbeitungsanlagen

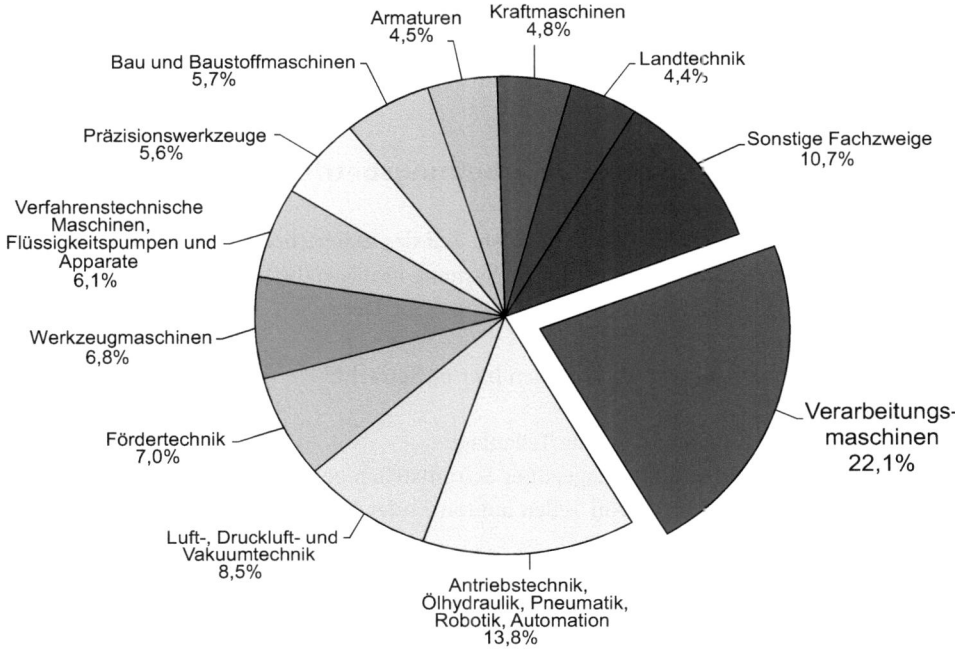

**Abb. 1.2** Anteil der Verarbeitungsmaschinen am deutschen Maschinenbau nach VDMA [1.1]

An die eigentlichen Verarbeitungsprozesse, die Herstellungsprozesse, schließen sich meist *Verpackungsprozesse* mit Einzelverpacken, Transportverpacken und Palettieren an. Der Anteil deutscher Verpackungsmaschinen am Weltexport beträgt ca. 35 %.

Diese Zahlenangaben umfassen die *branchenspezifischen* Maschinenbauerzeugnisse der Verarbeitungstechnik. Daneben kommen in Verarbeitungsmaschinen und Verarbeitungsanlagen Erzeugnisse anderer Branchen des Maschinen- und Anlagenbaus zum Einsatz, z. B. der Fördertechnik-, Antriebs- und Steuerungstechnik.

**Tab. 1.1** Branchenanteile

| Branchen des Verarbeitungsmaschinenbaus | Anteil |
|---|---|
| Nahrungsmittel- und Verpackungsmaschinen | 26,7 % |
| Druck- und Papiertechnik | 25,8 % |
| Kunststoff- und Gummimaschinen | 14,0 % |
| Textilmaschinen | 12,3 % |
| Sonstige Erzeugnisse | 12,2 % |
| Holzbearbeitungsmaschinen | 9,0 % |

Die einzelnen Branchen des Verarbeitungsmaschinenbaus sind am genannten Anteil der Verarbeitungsmaschinen wie folgt beteiligt (Tab. 1.1).

Diese Statistiken sollen hier nur Größenordnungen und Relationen veranschaulichen.

## 1.3 Stellung der Anlage im Verarbeitungsbetrieb

Die Verarbeitungsanlage ist der bedeutendste Teil des materiellen Bereichs des Betriebes, der im Allgemeinen fünf charakteristische Systeme umfasst, die logistisch miteinander in Beziehung stehen (Abb. 1.3), wobei das System 3 für Herstellen und Verpacken der Produkte stehen soll.

Als *Projektierungsgegenstände* kommen hier in Betracht:

- Teile innerhalb System 3, z. B. eine Teilanlage
- System 3, die Verarbeitungsanlage, über Schnittstellen gegenüber 2 und 4 abgegrenzt
- System 3 mit Einbeziehung von Teilen angrenzender Systeme.

Nimmt der Projektant der maschinentechnischen Ausrüstung (MTA) – im Folgenden *Projektant* oder *MTA-Projektant* – auch Aufgaben zu den Systemen 1, 2, 4, 5 selbst wahr, muss er sich im Hinblick auf eine optimale Gesamtlösung zumindest mit *Spezialprojektanten* bzw. Firmen der Transport-, Umschlag-, Lagertechnik (TUL-Technik) und Logistik abstimmen. Handelt es sich wie hier um innerbetriebliche Prozesse, ist in neuerer Zeit dafür der Begriff *Intralogistik* im Sprachgebrauch, der der zunehmenden Bedeutung der IT-Prozesse von Auftragseingang bis Versand der Produkte Rechnung trägt.

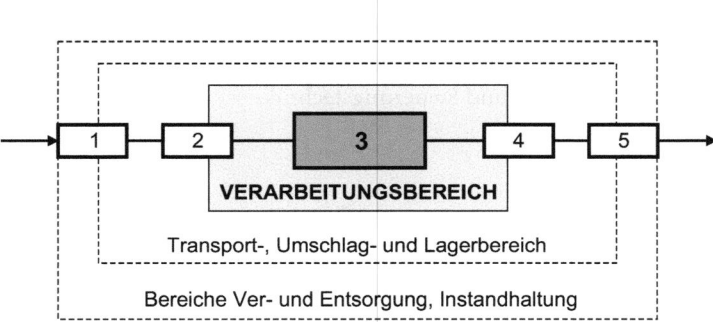

1 Umschlag (Wareneingang)
2 Lagerung
3 Verarbeitung
4 Lagerung
5 Umschlag (Warenausgang)

**Abb. 1.3** Verarbeitungsbereich als Teil des Betriebes

Die Festlegung der *Systemgrenzen* für den Projektierungsgegenstand ist

- Voraussetzung zur Vermeidung späterer Missverständnisse zwischen AG und AN
- besonders bei räumlich ineinander übergehenden Systemen und bei Anlagen großer Komplexität (viele Prozesse, Verarbeitungsgüter, Systemelemente) zunächst oft problematisch
- bei arbeitsteiligem Projektierungsprozess unbedingte Voraussetzung rationeller und effektiver Bearbeitung.

## 1.4 Die Anlage als technisches System

Zur systematischen Aufgabenbearbeitung soll folgende Betrachtungsweise dienen (Abb. 1.4):

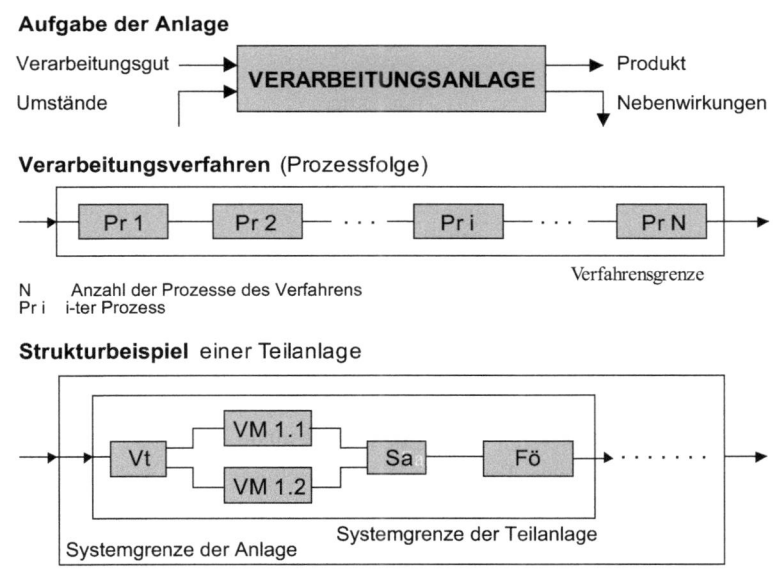

**Abb. 1.4** Betrachtungsweise zum System Verarbeitungsanlage

- Das *Verarbeitungsverfahren*, charakterisiert durch die Prozesse, welche das VG während seiner Verarbeitung in definierter Folge durchläuft, ist das *technologische* Mittel zur Realisierung der Verarbeitungsaufgabe.
- Die *Verarbeitungsanlage*, charakterisiert durch ihre – für vorliegende Zielstellung nicht weiter zerlegbaren – Elemente wie Maschinen, Förderer und ihre Struktur, ist das *technische* Mittel zur Realisierung der Verarbeitungsaufgabe.
- Der Begriff *Prozess* gilt hier sowohl für Verarbeitungs-, verarbeitungstechnische Handhabungs- und Kontrollprozesse als auch für Förder-, Speicher- und Kopplungsprozesse (siehe auch Kap. 4).

Die hier dargestellten Systemgrenzen sind besonders bedeutsam für *Betriebsanalysen*, da sie Schnittstellen zur Erfassung von Zuverlässigkeitsprimärdaten (Abschn. 3.3.3) markieren und so eine Zuordnung typischer Ursachen erkannter Ausfallzeiten zulassen.

Zur Veranschaulichung der hier getroffenen Aussagen ist ein *Strukturbeispiel einer Getränkeabfüllanlage* – stark vereinfacht – in Abb. 1.5 dargestellt mit Prozessfolge, den wichtigsten Hauptelementen und den Systemgrenzen zwischen den charakteristischen Teilen *Flaschenbereich, Kastenbereich, Palettenbereich*.

Gleichzeitig ist dies ein Beispiel für eine *Verpackungsanlage*, deren typische technologische Prozesse das *Einzelverpacken* (Flaschen füllen, verschließen, etikettieren), das *Sammelverpacken* (Kästen mit Flaschen füllen) und das *Palettieren* umfassen.

Zu den Gutströmen:
- eingehende Gutströme: Paletten mit Leergut im *Hauptfluss* ($E_{HF}$) und die im *Nebenfluss* ($E_{NF}$) zugeführten Güter, das eigentliche Getränk (z. B. Bier), Flaschenverschlüsse, ...
- ausgehende Gutströme: Paletten mit Vollgut im Hauptfluss ($A_{HF}$) und das im Nebenfluss ($A_{NF}$) abgeführte Gut (Abwasser, Glasbruch, Etikettenabfall, ...).

Hervorgehoben ist der zentrale Bereich, der *Flaschenbereich,* der über die Hauptschnittebenen eingangs- und ausgangsseitig mit den anderen Bereichen in Verbindung steht. Dieser Bereich ist der Kernbereich einer solchen Abfüllanlage, da sich hier die aufwändigsten Verarbeitungsverfahren, Transport- und Speicherprozesse vollziehen und damit die kostenintensivsten Ausrüstungen befinden.

Die Gestaltung dieses Anlagentyps, die *räumliche* Anordnung der Ausrüstungen, lässt in der Praxis diese idealisierte Linienstruktur nicht annähernd zu, so dass diese Darstellung noch keine Vorstellung der realen Struktur einer derartigen Anlage vermittelt. Abschnitt 1.8 zeigt an realen Beispielen zwei Gestaltungs-Konzepte dieses Anlagentyps, auf deren Grundlage konkrete Abfüllanlagen projektiert werden. Für bestimmte Zielstellungen vereinfachte Anlagenstrukturen wie in Abb. 1.5 sind ein wichtiges Hilfsmittel sowohl für Strukturanalysen als auch für die Neugestaltung von Anlagen.

Wichtigstes Anlagenelement ist die *Verarbeitungsmaschine* [1.2–1.5], die in ihren vielfältigen Ausführungen branchenspezifische Verarbeitungsverfahren realisiert, so in der Lebensmittel- und der Verpackungstechnik, z. B. [1.6–1.8]. Diesen Quellen sind die allgemei-

## 1.4 Die Anlage als technisches System

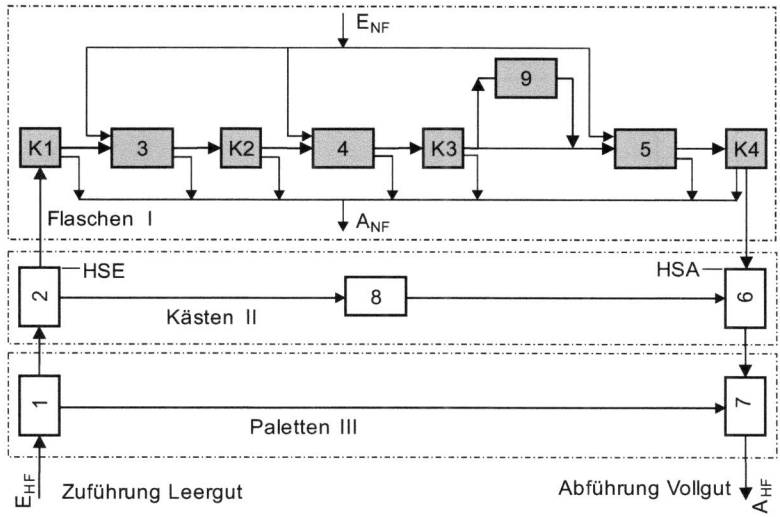

| Teilsystem | Prozess | Element | Gutstromkopplung |
|---|---|---|---|
| I Pelettenbereich | 1 Entpalettieren<br>7 Palettieren | Entpalettiermaschine<br>Palettiermaschine | $E_{HF}$ Eingang Hauptfluss<br>$A_{HF}$ Ausgang Hauptfluss |
| II Kastenbereich | 2 Auspacken<br>6 Einpacken<br>8 Reinigen | Auspackmaschine<br>Einpackmaschine<br>Reinigungsmaschine | $E_{NF}$ Eingang Nebenfluss<br>$A_{NF}$ Ausgang Nebenfluss |
| III Flaschenbereich | 3 Reinigen<br>4 Füllen und Verschließen<br>5 Etikettieren<br>9 Pasteurisieren<br>K 1 bis 4 Kontrollieren | Reinigugsmaschine<br>Füll- u. Verschließmaschine<br>Etikettiermaschine<br>Pasteurisiermaschine<br>Inspektoren | HS Hauptschnittebenen<br>des Flaschenbereichs<br>(E Eingang, A Ausgang) |

**Abb. 1.5** Getränkeabfüllanlage als Beispiel einer Verarbeitungsanlage in idealisierter Anlagenstruktur

nen Grundlagen, Eigenschaften, Kenngrößen und Einsatzgebiete dieser Maschinenkategorie zu entnehmen.

**Funktionsbereiche der Anlagenelemente** Die *Verarbeitungstechnik* unterscheidet bei *Verarbeitungsmaschinen* (VM) und den anderen MTA die *vier* Funktionsbereiche mit entsprechenden *technischen Systemen*:

Stoff *Stoffsystem*
Energie *Antriebssystem*
Signal *Steuerungssystem*
Raum *Stütz- und Hüllsystem*.

Für das Anlagenelement Maschine zeigt Abb. 1.6 diese Bereiche und Systeme sowie die stofflichen und anderen Ein- und Ausgänge.

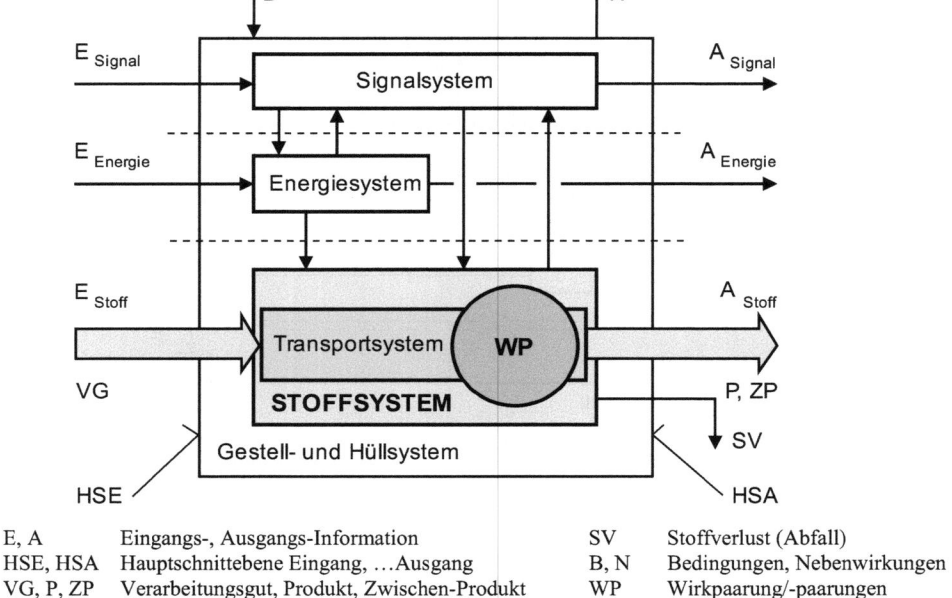

| E, A | Eingangs-, Ausgangs-Information | SV | Stoffverlust (Abfall) |
| HSE, HSA | Hauptschnittebene Eingang, ...Ausgang | B, N | Bedingungen, Nebenwirkungen |
| VG, P, ZP | Verarbeitungsgut, Produkt, Zwischen-Produkt | WP | Wirkpaarung/-paarungen |

**Abb. 1.6** Betrachtungsweise zum System Verarbeitungsmaschine

Im Stoffbereich wird der eigentliche Verarbeitungsprozess vollzogen: In der *Wirkpaarung* (WP) zwischen Arbeitsorgan und Verarbeitungsgut entsteht das Produkt bzw. – bei Weiterverarbeitung in derselben Anlage – das Zwischenprodukt.

Verarbeitungsmaschinen können *eine* oder *mehrere* WP haben, je nach Komplexität des Verarbeitungsverfahrens und Kompliziertheit der technischen Lösung. Bei mehreren WP erfolgt die Verarbeitung in mehreren, nacheinander folgenden Schritten, wobei das VG das innermaschinelle Transportsystem durchläuft. Der Stoffbereich ist *bestimmend* für die Maschinenstruktur.

Diese Funktionsbereiche gelten analog auch für die Hierarchieebene *Anlage*. Auch hier ist der *Stoffbereich bestimmend*, da die Kopplung der Anlagenelemente primär über den Gutstrom erfolgt. Energie- und Signalbereich haben im Zuge des technischen Fortschritts in vielen Industriebereichen die Maschinenstruktur tiefgreifend gewandelt: Aus konventionellen Zentralantrieben wurden oft periphere Antriebe bis hin zu direktangetriebenen und direktgesteuerten Arbeitsorganen, wodurch sich der mechanische Aufwand der Maschinen verringerte.

Wenn auch der Stoffbereich für die Strukturierung der Anlage bestimmend ist, so sind auch Antriebs- und Steuerungssysteme der Anlagenelemente von vornherein in das Anlagenkonzept einzubeziehen. Deren zu späte Berücksichtigung kann zu erheblichen Problemen führen, sind doch oft Anlagenelemente verschiedener Hersteller in eine Anlage zu integrieren.

## 1.4 Die Anlage als technisches System

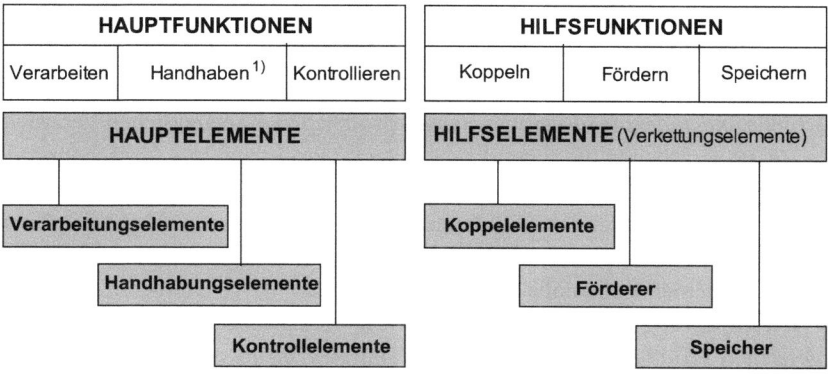

1) verarbeitungstechnisches Handhaben

**Abb. 1.7** Klassifizierung der Anlagenelemente des Stoffsystems

In der Anlage sind diese vier Funktionsbereiche entsprechend charakterisiert durch:

1. *Stoffsystem*: Entsprechende Systeme der Maschinen und anderen MTA, funktionell und räumlich gekoppelt und in den Systemgrenzen der Anlage, d. h. abgegrenzt gegenüber anderen Systemen
2. *Antriebssystem*: Antriebstechnik der MTA in Standardausführung oder anlagenspezifischer Variante als Sonderlösung, wenn das MTA-Konzept nicht dem Anlagenkonzept entspricht
3. *Steuerungssystem*: Steuerungstechnik der MTA und hierarchisch strukturierte, übergeordnete Steuerungstechnik zu Koordinierung der Prozessabläufe, Anlagensteuerung und Prozessüberwachung (Leitstand, …)
4. *Stütz- und Hüllsystem*: MTA- interne Fundamente und Traggerüste; Podeste für Überwachung, Bedienung, Instandhaltung der Anlage; Verkleidungen zum Personenschutz vor schädigenden Einwirkungen (Lärm, Staub, …), so weit diese nicht bereits Bestandteil der MTA sind bzw. erst im System Anlage bedeutsam werden.

Die *Anlagenelemente des Stoffsystems* lassen sich, ausgehend von den zu realisierenden Funktionen, klassifizieren in (Abb. 1.7):

1. Hauptelemente: Maschinen, Apparate, … zum Verarbeiten, Elemente zum verarbeitungstechnischen Handhaben (z. B. Dosieren) und Kontrollieren (z. B. der VG-Qualität, der Gutordnung)
2. Hilfselemente: Koppelelemente, Förderer, Speicher zur Gewährleistung des Gutflusses, allgemein als Verkettungselemente (Vk) bezeichnet.

Diese *Grobklassifizierung* wird entsprechend der Zielstellung dieses Buches im Folgenden weiter detailliert; siehe Abb. 2.13, Abschn. 2.5.3.

*Hauptelemente* dienen der unmittelbaren Realisierung der Verarbeitungsaufgabe der Anlage:

- *Maschinen und andere Verarbeitungselemente* vollziehen die eigentlichen Verarbeitungsprozesse; sie verarbeiten die zugeführten Güter zu Produkten bzw. Zwischenprodukten.
- Als *verarbeitungstechnische Handhabungselemente* kommen Elemente zum Dosieren der jeweils zu verarbeitenden Gutmengen und Elemente zum Ordnen der Gutströme in Betracht; als unmittelbare Voraussetzung für den Vollzug der Verarbeitungsprozesse haben diese Elemente ebenfalls eine Hauptfunktion.
- Zur Gewährleistung des Funktionsablaufes der Verarbeitungselemente und zur qualitätsgerechten Produktion dienen spezielle *Kontrollelemente* der Einhaltung bestimmter Anforderungen wie Qualitätsparameter der zugeführten Güter (z. B. Leerflaschenkontrolle in Getränkeabfüllanlagen), Gutordnung und Gutanwesenheit in ein- und ausgehenden Gutströmen.

*Verkettungselemente* überbrücken Unterschiede im Gutfluss:

- *Koppelelemente* überbrücken
  - *strukturspezifische* Unterschiede infolge Gutstromverzweigung
  - *prozessspezifische* Unterschiede, wenn Gutausgangsstrom eines Prozesses nicht ohne Weiteres Guteingangstrom des nachfolgenden Prozesses sein kann.
- *Förderer* überbrücken *räumliche* Unterschiede infolge der Lage der Elemente zueinander.
- *Speicher* überbrücken *zeitliche* Unterschiede, wenn ständig oder zeitweise ungleiche Gutstromintensität/Produktivität der zu verkettenden Elemente vorliegt.

*Speicher* können grundsätzlich zwei Aufgaben haben:

1. Als *Ausgleichsspeicher* sind sie *Funktionsvoraussetzung* der Anlage, wenn Elemente planmäßig unterschiedlicher Produktivität zu verketten sind; sie sind besonders bei Sortimentsproduktion erforderlich, wenn Hauptelemente sortimentsabhängig zu betreiben sind.
2. Als *Störungsspeicher* sind sie ein *zuverlässigkeitserhöhendes Mittel*. Durch Entkopplung der technologischen Prozesse sinkt die systembedingte Stillstandszeit, womit Systemverfügbarkeit und Produktionskapazität der Anlage steigen.

Unter bestimmten Voraussetzungen kann ein Speicher *beide* Funktionen wahrnehmen [1.9, 1.10]; es ist dann von einem *kombinierten Speicher* zu sprechen. Auf die außerordentliche Bedeutung von Störungsspeichern wird im Folgenden mehrfach eingegangen (besonders in Kap. 5, 8 und 9).

Der *Speicherbegriff* soll sich hier ausschließlich auf die genannten Aufgaben beziehen. Demnach sind Speicher immer integraler Bestandteil einer Anlage. Diese Abgrenzung erfolgt gegenüber dem in der Fabrikplanung gebräuchlichen Begriff *Lager*, der für Produktionseingangs-, -zwischen- oder -ausgangslager steht. Beide Begriffe beinhalten die zeitliche Aufbewahrung von Gütern, sie schließen sich nicht aus: So kann ein Paletten- oder Regallager gleichzeitig ein *Speicher* sein, wenn es die genannten Aufgaben in einer Anlage erfüllt.

## 1.5  Planung und Projektmanagement als Teil einer Investition

Bei bereits vorliegender Projektidee und erfolgversprechenden Grundlagenuntersuchungen unterscheiden die klassischen Planungsmethodiken der Fabrikplanung [1.11–1.16] folgende *Planungsphasen* für ein Investitionsvorhaben:

1. Zielplanung
2. Konzeptplanung
3. Ausführungsplanung.

Die *Zielplanung* legt die mit dem Vorhaben grundsätzlich verfolgten Ziele fest, ausgehend von strategischen Gesichtspunkten des Unternehmens, Entwicklungstrends des Marktes und eingeschätztem technischen Fortschritt.
Inhalte der *Konzeptplanung* sind besonders:

- Analyse der Voraussetzungen zur Lösung der technischen Aufgabe
- Erarbeitung eines Planungskonzeptes mit Festlegung der wesentlichen Anlagenteile mit überschläglicher Auslegung der wichtigsten Ausrüstungen, einschließlich alternativer Lösungsmöglichkeiten
- Wirtschaftlichkeitsbetrachtungen
- Vorverhandlungen mit Behörden und anderen an der Planung Beteiligten über die Genehmigungsfähigkeit des Vorhabens.

Diese Planungsmethodiken unterzog *Grundig* [1.17] einem bewertenden Vergleich und entwickelte das in Abb. 1.8 dargestellte 6-Phasen-Modell, das die bis dahin vorgelegenen Planungserkenntnisse gewissermaßen in sich vereint.

Für die *Verarbeitungsanlage als Planungsobjekt* wird im Allgemeinen im Vergleich zur Fabrikplanung von einer *geringeren Komplexität und Hierarchietiefe* auszugehen sein. So wird zwar die Standortvorklärung relativ häufig erforderlich sein, eine Generalbebauungsplanung aber nur im Sonderfall einer außerordentlich großen Anlagendimension, z. B. bei Neuinvestition von Anlagen der Papierherstellung, der Polygrafie im Rahmen einer neuen Fabrik.

Bei Zielplanung und weiterer Projektabwicklung hat der Projektträger immer die *Bedürfnisse des Anlagenbetreibers* als *grundsätzliche Ziele* im Blick zu behalten:

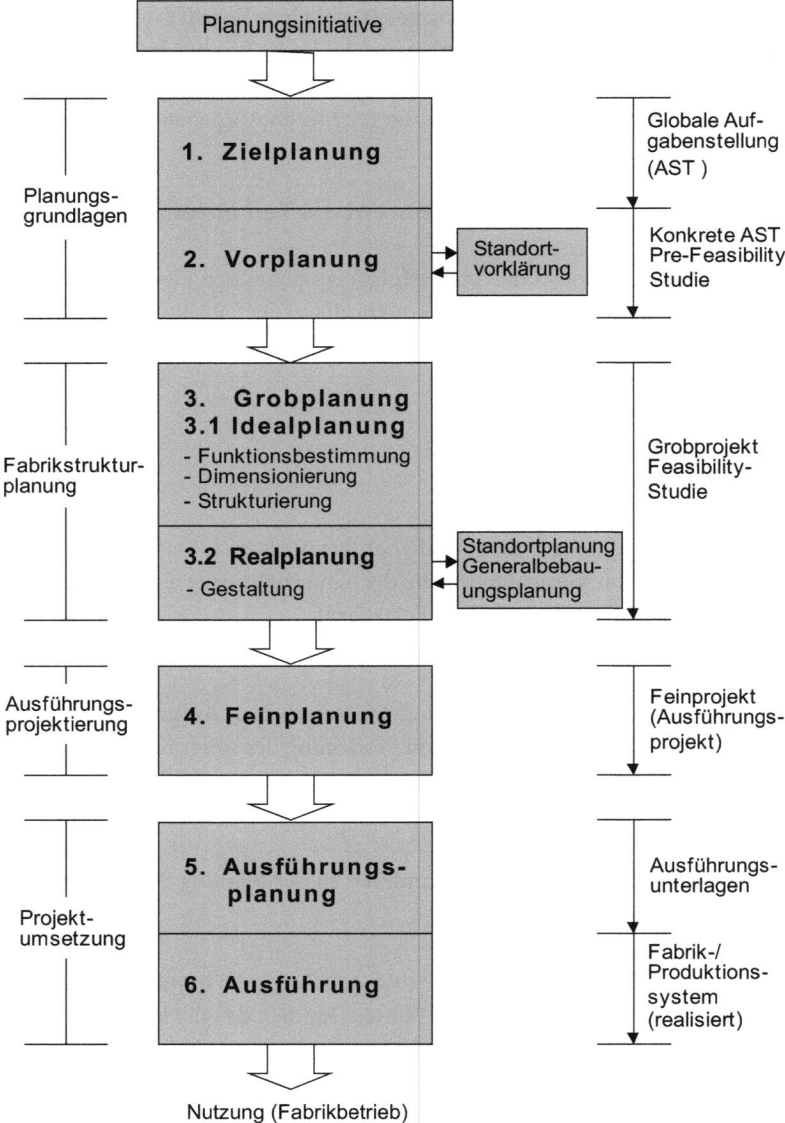

**Abb. 1.8** Planungsphasen der Fabrikplanung (6-Phasen-Modell) nach [1.17]

- Begrenzung der Investitionskosten, denn der während der Projektabwicklung anfallende Kapitaleinsatz muss in der Nutzungsdauer als Abschreibung und Verzinsung bei möglichst hoher Rentabilität erwirtschaftet werden.

## 1.5 Planung und Projektmanagement als Teil einer Investition

- Verarbeitungskosten sind unter Nutzung modernster Technologie und Technik so gering wie möglich zu halten. Dazu zählen besonders die mengenproportionalen Kosten für Verarbeitungsgüter und Energieverbrauch, aber auch der Personaleinsatz.
- Verfügbarkeit und Instandhaltung: Damit die zu planende Anlage über die gesamte Nutzungsdauer möglichst störungsarm produzieren kann, sind die Anlagenobjekte auch unter dem Aspekt der Wartungs- und Reparaturfreundlichkeit auszuwählen.
- Arbeitssicherheit und technische Sicherheit sind durch Nutzung des Standes der Technik und neuester wissenschaftlich-technischer Erkenntnisse zu gewährleisten.

Für den komplexen Prozess der Anlagenprojektierung gibt es *keinen allgemeingültigen Algorithmus*. Bewährte Abläufe basieren auf allgemeinen Erkenntnissen der Planung technischer Objekte, so auch von Verarbeitungsanlagen, und der Fabrikplanung. Dazu kommen immer spezielle Erkenntnisse der betreffenden Branche, hier der Verarbeitungstechnik, unter Einbeziehung rechnergestützter Methoden und Mittel – heute CAE im weitesten Sinn – in zweig- und firmenspezifische Projektmanagementsysteme von Projektträgern.

**Fachgebiete der technischen Planung** Bei der Projektierung *stoffverarbeitender Anlagen* sind zwei grundsätzliche Fachgebiete bzw. Planungsphasen zu unterscheiden:

1. *Technologische Projektierung*, in der die maschinentechnischen Ausrüstungen ausgewählt und zur Anlage strukturiert werden, kurz: *MTA-Projektierung*
2. *Spezialprojektierung*, in der die Planung der Mess-, Steuer- und Regelungstechnik (MSR-Technik), Energietechnik, Bautechnik, Haustechnik und weiterer Gewerke erfolgt.

Ausgehend vom Produktionsverfahren – hier das Verarbeitungsverfahren – erfolgt in der ersten Phase die MTA-Projektierung. Hat diese einen hinreichenden Bearbeitungsstand erreicht, kann die Spezialprojektierung beginnen. Wenn auch die erste Phase die Anlage weitgehend vorausbestimmt, so beeinflussen zumindest einzelne Spezialgewerke die zunächst maschinentechnisch konzipierte Anlage. Beide Fachgebiete/Planungsphasen bedingen sich in gewisser Weise; die Fachspezialisten haben in gegenseitiger Abstimmung ihre Aufgaben zu erfüllen.

**Charakteristische Dokumente im Planungsprozess** *Ergebnis der Projektierung* ist das in der Projektdokumentation vergegenständlichte *Projekt*, das im Planungsprozess einer Anlageninvestition allgemein in zeitlich aufeinanderfolgenden drei *charakteristischen Phasen/Dokumenten* zu erarbeiten ist:

1. Informationsangebot (freibleibendes Angebot)
2. Verbindliches Angebot oder Vorprojekt
3. Ausführungsprojekt.

Die ersten beiden Dokumente zählen zur *Investitionsvorbereitung*, das Ausführungsprojekt ist bereits Teil der *Investitionsrealisierung* (siehe Kap. 7).

Zur *Abwicklung des Investitionsobjektes* Verarbeitungsanlage werden gezählt:

1. Anlagenplanung in der Vorbereitungsphase, auch Angebotsphase genannt:
   Zielplanung bis Vorprojekt
2. Projektrealisierung:
   Ausführungsplanung, Beschaffung, Montage, ... bis Inbetriebnahme der Anlage
3. Vertragsgestaltung:
   Alle kommerziellen Beziehungen von Planung bis Übergabe/Inbetriebnahme
4. Nachbereitungsarbeiten:
   Nachkalkulation, Archivierung und Aufbereitung von Projektdokumenten für eventuell künftige Nutzung (Wiederholprojekte, Analogiebetrachtungen)
5. Weitere Aspekte des Anlagenbetriebes:
   Pflege von Nachkontakten mit Betreiber, z. B. hinsichtlich Service sowie Erfassung und Bereitstellung von Daten zum Betriebsverhalten wie Zuverlässigkeitsprimärdaten, die nur über längere Zeiträume statistisch gesichert ermittelbar sind.

**Planungsablauf** Abbildung 1.9 zeigt die drei charakteristischen Projektdokumente als Phasen der Anlageninvestition, eingebunden in den – zunächst stark vereinfachten – Planungsablauf, sowie die grundsätzlichen Informationsbeziehungen und Verantwortlichkeiten zwischen Auftraggeber und Auftragnehmer. Dieser hier für die Verarbeitungsanlage vereinfachte *Planungsablauf* wird in Kap. 2 zur *Planungsstrategie* weiterentwickelt.

Welche *Aufgaben* der Projektant in diesem komplexen Gesamtprozess wahrzunehmen hat, ist abhängig von der Arbeitsteilung des Projektträgers. Im Allgemeinen beschränken sich Aufgaben zur Projektrealisierung, die über das Ausführungsprojekt hinausgehen, auf bestimmte *Mitwirkungshandlungen* des Projektanten:

- Autorenkontrolle während materieller Realisierung bis Inbetriebnahme und fachliche Unterstützung bei Änderungsbedarf
- Zuarbeit zu Vertragsgestaltung und -abwicklung
- Zuarbeit zu Kostenkalkulation und -fortschrittskontrolle
- Wirtschaftlichkeitsberechnungen.

Neben dem eigentlichen technischen Sachverhalt sind vom MTA-Projektanten auch *produktionsorganisatorische*, *betriebswirtschaftliche* und *kommerzielle* Fragen im Laufe des Projektes zu klären oder mit zu beeinflussen, soll doch am Ende eine optimale Gesamtlösung mit möglichst hohem ökonomischen Effekt für beide Seiten, AG und AN, vorliegen.

Zur Erweiterung und Vertiefung der Kenntnisse über den komplexen Prozess der Anlagenprojektierung als Teil eines Investitionsprozesses wird weiter auf das in DIN 69901 allgemeingültig dokumentierte Projektmanagementsystem verwiesen, das alle Elemente des Projektmanagements einbezieht und als Rahmenorganisation für Vorbereitung, Realisierung und Betrieb von Anlagen anzusehen ist.

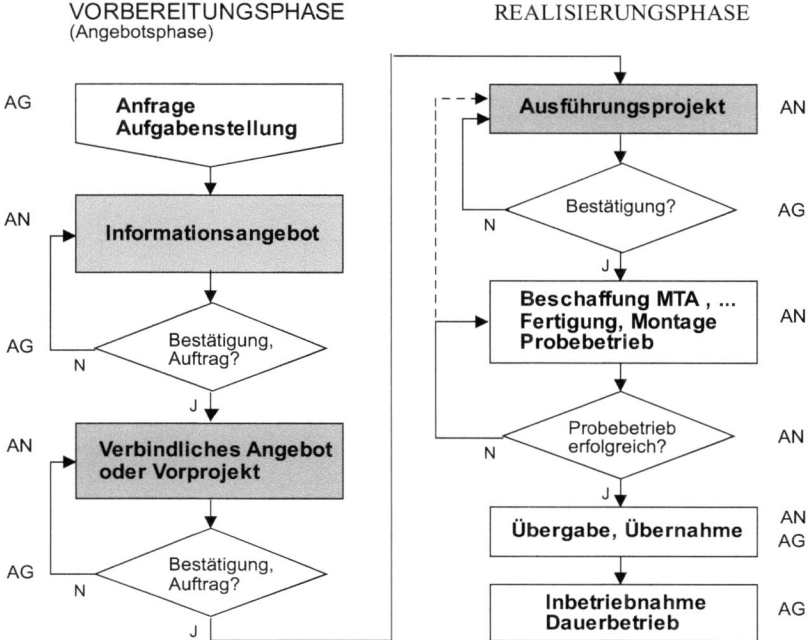

**Abb. 1.9** Grundsätzliche Projektdokumente, Entscheidungen und Verantwortlichkeiten im Investitionsprozess von Verarbeitungsanlagen

Neben der Kenntnis der grundsätzlichen Tätigkeiten eines MTA-Projektanten sollen der *Projektant* und der als *Betriebsingenieur* des Anlagenbetreibers technologisch Tätige in den folgenden Kapiteln auch ausgewählte Grundkenntnisse über solche Teile des Projektmanagements vermittelt bekommen, die in mehr oder weniger engem Zusammenhang mit dem Hauptanliegen dieses Buches, der Einbeziehung des Zuverlässigkeitsaspektes in Planung, Analyse und Betrieb von Verarbeitungsanlagen stehen wie wirtschaftliche Aspekte (Kap. 10) und Grundlagen zur Vertragsgestaltung (Kap. 11).

## 1.6 Projektleitung und Projektabwicklung

Jedes Investitionsvorhaben bedarf der Leitung, die mit der *Projektplanung* beginnt und sich über die *gesamte Dauer der Projektabwicklung* erstreckt. Der von der Geschäftsführung für ein Vorhaben eingesetzte Leiter – der Projektleiter – muss dafür in vielfacher Hinsicht befähigt sein. Allgemein kann die Projektleitung alle Elemente des Projektmanagements umfassen, so dass der Projektleiter über alle diese Managementelemente und deren Beziehungen zueinander hinreichende Kenntnisse, zumindest *Übersichtswissen* haben muss. Für die Dauer der Projektabwicklung besteht dann die Aufgabe, das Zusammenspiel der

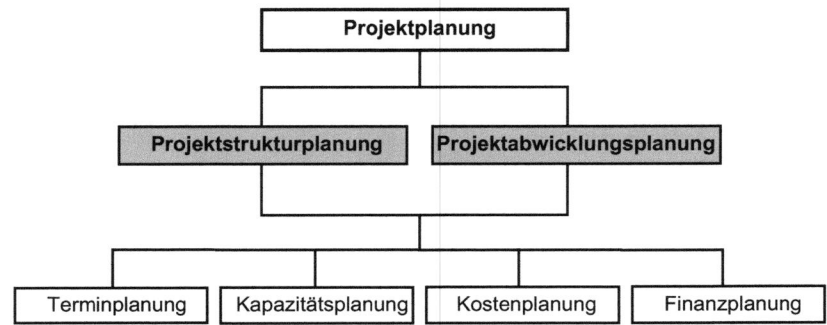

**Abb. 1.10** Planungsaufgaben eines Projektes im Überblick

einzubeziehenden Managementelemente, bezogen auf das konkrete Vorhaben, erfolgreich zu organisieren.

Ohne auf die Aufgabenvielfalt der Projektleitung und -abwicklung im Einzelnen einzugehen – diese sind der eingangs genannten DIN zu entnehmen – werden im Folgenden die grundsätzlich wahrzunehmenden *Aufgabenkomplexe* übersichtshalber angeführt.

**Projektplanung**

- Systemplanung: Anlagen-Strukturkonzept zur Verwirklichung des Zieles
- Objektplanung: Objekte der Anlage und ihr Betriebsverhalten
- Durchführungsplanung: Planung des Vorgehens unter Einbeziehung der personellen, materiellen, terminlichen, wirtschaftlichen und kommerziellen Bedingungen.

Die bei einem Investitionsvorhaben wahrzunehmenden Planungsaufgaben zeigt Abb. 1.10. Zu Beginn steht die Planung des Projektes, die auch als „Planung der Planung" bezeichnet wird.

Projektstruktur (Aufbaustruktur) und Projektabwicklung (Ablaufstruktur) sind die Grundlagen der Terminplanung (Termine und Zeitabläufe), Kapazitätsplanung (Kapazitätsbedarf für Projektierung, Beschaffung, Montage, ...), Kostenplanung (Kostenkalkulation, zeitlicher Kostenanfall) und Finanzplanung (Finanzbedarf und Finanzierung).

**Projektstrukturplanung** Nach der Systemplanung liegt die Struktur des zu planenden Objektes *Anlage* im Wesentlichen vor. In Abhängigkeit von Vorhabensgröße und -komplexität sowie Anzahl der am Vorhaben Beteiligten ist das Projekt *horizontal* in *Fachplanungen* zu gliedern und *vertikal* in mehr oder weniger *Ebenen* zu strukturieren (Abb. 1.11).

Bei diesem – einfachen – Strukturbeispiel können den Ebenen folgende Arbeitsinhalte zugeordnet sein (siehe dazu Inhalte von Ausführungsprojekten, Abschn. 2.3.3):

## 1.6 Projektleitung und Projektabwicklung

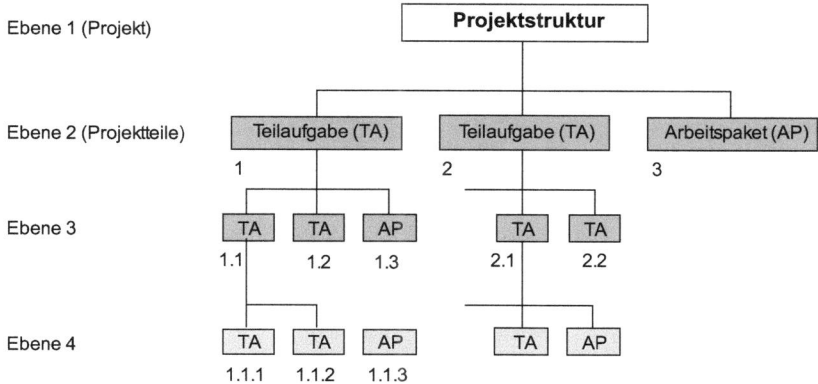

**Abb. 1.11** Projektstrukturplanung (Strukturbeispiel in Anlehnung an [1.18])

Ebene 1: Ausführungsprojekt zur Lieferung einer Verarbeitungsanlage
Ebene 2: Technologisch-technischer Teil (TA 1), Ökonomischer Teil (TA 2), weitere Teile, hier als Arbeitspakete (z. B. AP 3) zusammengefasst
Ebene 3: MTA-Projekt (TA 1.1), Spezialprojekte (TA 1.2), Gesamt-Layout (AP 1.3), Ökonomie zum MTA-Projekt (TA 2.1), Ökonomie zu den Spezialprojekten (TA 2.2)
Ebene 4: Dimensionierung und Strukturierung der Maschinen (TA 1.1.1), Auswahl der Verkettungstechnik (TA 1.1.2), Berechnungen (AP 1.1.3).

Die Arbeitsinhalte haben mit jeder weiteren Ebene immer geringere Komplexität, gehen immer mehr in die Einzelheit.

**Projektabwicklungsplanung** Hier liegt ein *Optimierungsproblem* vor: Mindestens Termin-, Kapazitäts- und Kostenplanung stehen in besonders enger Beziehung; sie bedingen sich. Keine dieser Kategorien darf losgelöst von den übrigen betrachtet werden.

Zum *tieferen Einstieg* in die Projektplanung wird auf *Fröhlich* [1.18] verwiesen, der die Vielzahl der wahrzunehmenden Aufgaben im Einzelnen, bewährte Planungstechniken und praktische Planungsbeispiele anschaulich zeigt und auf verschiedene Darstellungsmöglichkeiten von Projekten hinweist, so auch auf eine Darstellung als *Projektlebenszyklus* (Abb. 1.12) mit den in vier Phasen allgemein üblichen Inhalten.

**Projektführung, Projektorganisation**

- Projektleiter und Projektteam: Leitung und Durchführung
- Hauptaufgabe des Projektleiters: Projektorganisation und Durchführung
- Projektorganisation entweder für begrenzte Dauer – projektgebunden – oder als ständiger Fachbereich, eingegliedert in die Aufbauorganisation des Projektträgers (Organisationsformen siehe z. B. [1.17, 1.19]).

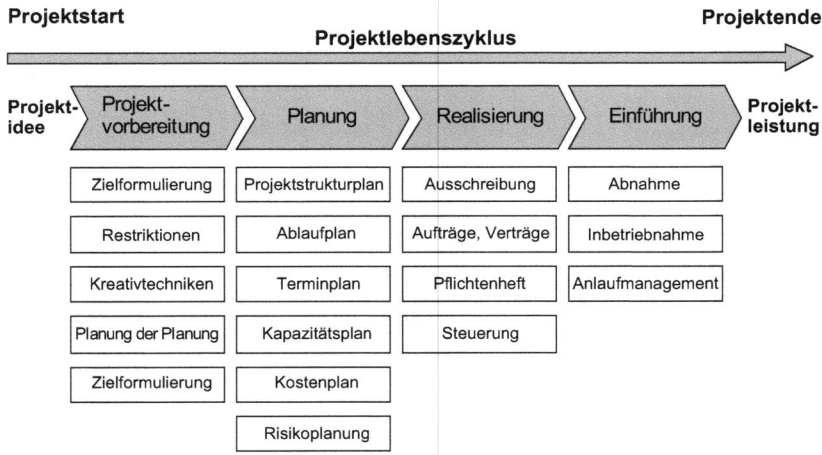

**Abb. 1.12** Lebenszyklus von Projekten in vier Phasen – Darstellung aus [1.18]

**Aufgaben während der Projektdauer**

- Formulierung der Projektziele und der wesentlichen Mittel zur Projektabwicklung
- Projektstrukturierung: Unterteilung der Aufgabe in sachlicher, arbeitsteiliger, zeitlicher, kommerzieller und wirtschaftlicher Hinsicht
- Zusammenstellung der für die Planung relevanten Vorschriften
- Ausarbeitung der Projektdokumente und Einholung erforderlicher Genehmigungen in den Planungsphasen (Angebote, Ausführungsprojekt)
- Kapazitäts- und Zeitablaufplanung sowie Kostenkalkulation für Planungs- und Realisierungsphase (Personalaufwand, Zeitablauf-, Kostenpläne)
- Vertragsgestaltung: Engineering-Verträge z. B. für Verfahrensentwicklung, bestimmte Spezialgewerke; Liefer- und Leistungsverträge mit Fremdfirmen
- Organisation der Zusammenarbeit der am Projekt Beteiligten: Projektteam, Fachbereiche des Projektträgers, Fremdfirmen und Behörden
- Kontrolle und Steuerung des Projektablaufes: Projektleiter muss jederzeit den tatsächlichen Ist-Ablauf kennen und bei Abweichungen vom geplanten Soll-Zustand entsprechend gegensteuern. Das betrifft hauptsächlich: Terminablauf, Kostenentwicklung, Änderung zunächst festgelegter Ziele (Technologien, Maschinentechnik, Realisierungsbedingungen)
- Betreuung/Begleitung während der materiellen Realisierung bis zur Inbetriebnahme
- Mitwirkung bei Kosten-Erfassung und Nachkalkulation
- Zusammenstellung und Ablage aller für die Projektabwicklung relevanten Dokumente – Schriftverkehr, Aktennotizen, Erprobungsergebnisse, Prüfprotokolle – mit zwei Zielen:
  - Nutzung als Erfahrungsschatz für künftige, ähnliche Vorhaben
  - Nachweis bei Streitigkeiten, bis hin zu gerichtlichen Auseinandersetzungen.

## 1.7 Zur Methodik des Buches

Dieses Buch hat nicht die ganzheitliche Projektplanung, -leitung und -abwicklung gemäß der in Abschn. 1.1 übersichtshalber genannten Elemente des Projektmanagements zum Inhalt. Die hier vorwiegend interessierenden *ingenieurtechnischen Tätigkeiten* der Projektierung werden aber im Rahmen wesentlicher Planungsprozesse und Zeitabläufe der Investitionsvorbereitung und -realisierung von Anlagen dargestellt und am Objekt *Verarbeitungsanlage* veranschaulicht.

**Inhalte der Buchkapitel in Kurzdarstellung**

Kap. 1: *Übersicht* zum Projektierungsobjekt Anlage und zu Inhalten und Abläufen der Vorbereitung und Realisierung (Abwicklung) von Investitionsobjekten.

Kap. 2: Grundlagen, Prozesse und Methoden der Anlagenplanung sowie Besonderheiten der Verarbeitungsanlagen – methodisch angelegt in *zwei Angebotsphasen und Ausführungsphase*, letztere inhaltlich dem Kap. 7 (Realisierung) vorbehalten.

Kap. 3: Grundlagen, Bestandteile und Inhalte des Betriebsverhaltens verarbeitungstechnischer Objekte (Maschinen, ...) mit dem Schwerpunkt Zuverlässigkeit als *theoretisches Rüstzeug* für die folgenden Kapitel.

Kap. 4–6: Im Rahmen der Anlagenprojektierung anspruchvollste und aufwändigste Bearbeitungsschritte *Dimensionieren, Strukturieren, Gestalten*.

Kap. 7: *Ausführungsplanung* und *Ausführungsdokumente* sowie die weitere Projektabwicklung mit materieller Realisierung und immateriellen Leistungen.

Kap. 8–11: *Theoretisches Rüstzeug*, vorwiegend zu: Anlagenstrukturierung unter Zuverlässigkeitsaspekt (insbesondere Systemverfügbarkeit) und Betriebsanalyse (Kap. 8 und 9), Investitionsrechnungen (Kap. 10) und Vertragsgestaltung (Kap. 11).

In die Planungsprozesse werden vielfältige Erkenntnisse der Fabrikplanug einbezogen. Zu Fabrikplanung wird auch verwiesen auf VDI 5200 und VDI 4499, zu Planung stoffverarbeitender Anlagen anderer Branchen auf [1.19–1.22] und zu Analyse und Gestaltung logistischer Prozesse, die für die Optimierung von Produktionsabläufen zunehmende Bedeutung erlangen, auf [1.23].

Überhaupt sollen zahlreiche Quellenangaben im Folgenden weiter Interessierte bei der Wissensaneignung, -vertiefung und -erweiterung unterstützen.

Zum besseren Verständnis der Besonderheiten verarbeitungstechnischer Systeme dienen branchentypische Objekte als Anwendungsbeispiele, auf die bereits übersichtshalber in Abschn. 1.8 hingewiesen wird.

## 1.8 Anwendungsbeispiele

Zur Veranschaulichung werden in diesem Buch im Wesentlichen Praxisbeispiele des Maschinen- und Anlagenbaus von Unternehmen folgender Branchen verwendet:

- Verpackungsindustrie (Getränkeabfülltechnik (G), ...) [1.24, 1.25]
- Lebensmittelindustrie [1.26]
- Textilindustrie, vorwiegend Spinnereitechnik [1.27, 1.28]

Praxisbeispiele sowie branchenneutrale Berechnungs- und Simulationsbeispiele sind im Wesentlichen in folgenden Abschnitten zu finden.

### Branchenbezogene Praxisbeispiele

- Getränkeabfülltechnik: Abschn. 1.4, 1.8, 2.5.3, 2.6.2, 3.7.1 und 4.4.2
- Verpackungstechnik (außer G): Abschn. 2.5.2, 4.5.2, 5.5.1, 6.3.3, 6.4, 6.5, 6.6.1 und 6.6.2
- Lebensmitteltechnik: Abschn. 2.3.2, 2.6.1, 3.7.2, 4.2.2, 4.5.1, 4.5.2 und 7.2.5
- Textiltechnik: Abschn. 3.3.2, 3.5 und 5.5.2

### Branchenneutrale Berechnungsbeispiele

- Reihensysteme in fester Verkettung: Abschn. 8.1.3
- Reihensysteme in loser Verkettung: Abschn. 8.2.4
- Parallelsysteme: Abschn. 8.3.1 und 8.3.4
- Berechnung der Anlagenverfügbarkeit mittels Reduktionsverfahren: Abschn. 8.5.4
- Berechnung der optimalen Speichergröße: Abschn. 8.5.4.2
- Investitionsrechnungen: Abschn. 10.2.1, 10.2.2, 10.2.3, 10.2.4 und 10.2.5

**Beispiele zur Simulation** Branchenbezogene und -neutrale Beispiele in Abschnitten des Kap. 9.

Folgende zwei Beispiele zeigen reale Anlagenkonfigurationen auf dem Gebiet der Verpackung, speziell der Getränkeindustrie.

**Beispiel 1**: Anlagenkonzept einer Mehrweg-Abfüllanlage, Abb. 1.13
**Beispiel 2**: Anlagenkonzept einer Einweg-Abfüllanlage, Abb. 1.14

Der Anlagentyp Abb. 1.13 mit seinen technologischen Verfahren entspricht grundsätzlich dem in Abschn. 1.4 dargestellten vereinfachten Strukturbeispiel einer Getränkeabfüllanlage. Zu sehen ist das Konzept einer Anlage für Produktivitäten bis 60.000 Flaschen/h, wie es z. B. für Bier in 0,5 Liter-Flaschen in anwenderspezifischer räumlicher Gestaltung zum Einsatz kommt. Auf Basis dieses Ideal-Raumkonzeptes erfolgt im Anwendungsfall die Planung realer Investitionsobjekte in kundenspezifischer Konfiguration.

## 1.8 Anwendungsbeispiele

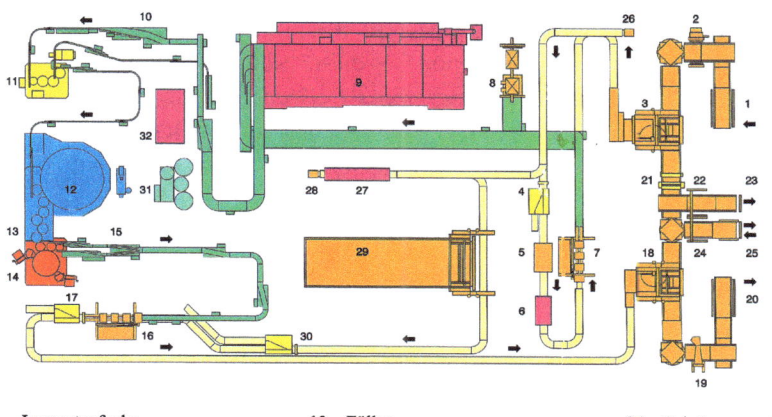

| | | | | | |
|---|---|---|---|---|---|
| 1 | Leergutaufgabe | 12 | Füller | 24 | Palettenmagazin |
| 2 | Entbinder | 13 | Verschließer | 25 | Palettenaufgabe/-abgabe |
| 3 | Entpalettierer | 14 | Etikettiermaschine | 26 | Kastenwender I |
| 4 | Leergutkontrolle | 15 | Weichenverteilung | 27 | Kastenwascher |
| 5 | Entkorker | 16 | Einpacker | 28 | Kastenwender II |
| 6 | Überrieselung | 17 | Vollgutkontrolle | 29 | Kastenmagazin |
| 7 | Auspacker | 18 | Palettierer | 30 | Leerkastenkontrolle |
| 8 | Neuglasabheber | 19 | Binder | 31 | Getränkemischanlage |
| 9 | Reinigungsmaschine | 20 | Vollgutabnahme | 32 | CIP-Reinigungsanlage |
| 10 | Glideliner | 22 | Magazin für defekte Paletten | | |
| 11 | Leerflaschen-Inspektionsmaschine | 23 | Abnahme defekter Paletten | | |

**Abb. 1.13** Anlagenkonzept Mehrweg-Glas-Anlage bis 60.000 Flaschen/h von KRONES AG [1.24]

**KRONES** Abfüllanlage EW-PET, 48.000 Beh./h (0,5 l EW-PET)

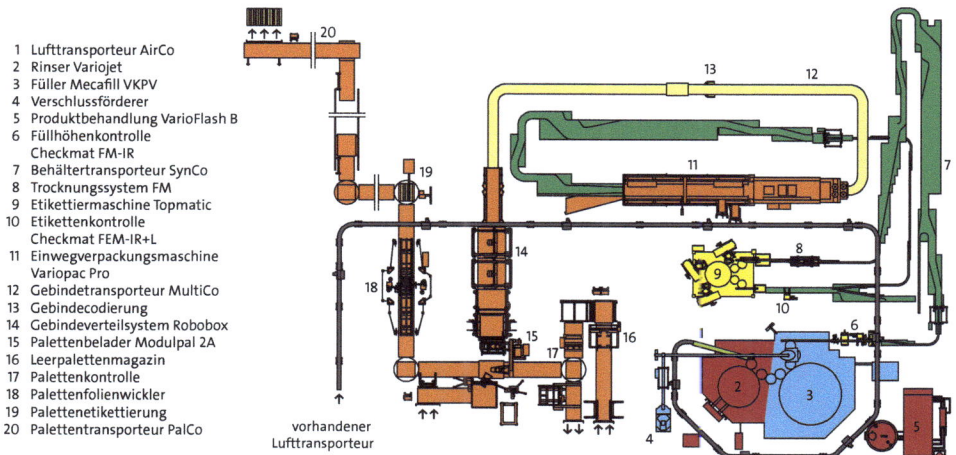

1 Lufttransporteur AirCo
2 Rinser Variojet
3 Füller Mecafill VKPV
4 Verschlussförderer
5 Produktbehandlung VarioFlash B
6 Füllhöhenkontrolle Checkmat FM-IR
7 Behältertransporteur SynCo
8 Trocknungssystem FM
9 Etikettiermaschine Topmatic
10 Etikettenkontrolle Checkmat FEM-IR+L
11 Einwegverpackungsmaschine Variopac Pro
12 Gebindetransporteur MultiCo
13 Gebindedecodierung
14 Gebindeverteilsystem Robobox
15 Palettenbelader Modulpal 2A
16 Leerpalettenmagazin
17 Palettenkontrolle
18 Palettenfolienwickler
19 Palettenetikettierung
20 Palettentransporteur PalCo

**Abb. 1.14** Anlagenkonzept für EW-PET bis 48.000 Behälter/h von KRONES AG [1.24]

Der wesentliche Unterschied des Anlagentyps Beispiel 2 zu Beispiel 1 ist, dass hier in Einweg-PET-Behälter abgefüllt wird und bei dieser Konzeptvariante infolge Zuführung neuer PET-Behälter keine Reinigungsprozesse erforderlich sind. Die Produktivität von 48.000 Behälter/h bezieht sich auch hier auf 0,5-Liter-Behälter. Derartige PET-Anlagen werden auch mit Behälter-Blasmaschine angeboten, wenn nicht von fertigem PET-Behälter auszugehen ist.

Zu diesen Anlagentypen sei bemerkt, dass Getränkeabfüllanlagen allgemein für bestimmte Produktivitätsbereiche, üblicherweise 12, 24, 36, 48, 60, 72 Tausend Flaschen bzw. andere Behälter pro Stunde zum Einsatz kommen. Die Maschinen und anderen Hauptausrüstungen im Kasten- und Flaschenbereich sind durch Scharnierband-Kettenförderer verkettet, die in mehrbahnigen Bereichen neben der Transportfunktion auch eine Speicherfunktion erfüllen.

An diesen Beispielen ist gleichzeitig ein bedeutender *technischer Fortschritt* erkennbar: Während die Flaschen-Mehrweg-Anlagen die Klassiker der Abfülltechnik sind, wurden derartige PET-Anlagen erst Anfang der 1990er Jahre im Ergebnis der Entwicklung geeigneter PET-Behälter für Getränke möglich, obwohl der Kunststoff PET als solcher bereits seit ca. 5 Jahrzehnten bekannt war.

Beide Endprodukte, die Flasche aus Glas und der PET-Behälter, meist ebenfalls als Flasche, existieren seitdem für gleiche Getränkearten nahezu parallel.

# Planung von Verarbeitungsanlagen 2

## 2.1 Grundlagen der Planung

### 2.1.1 Aufgaben, Abläufe, Planungsstrategie

Grundlage der weiteren Investitionsvorbereitung sind die in Ziel- und Konzeptplanung (Abschn. 1.5) festgelegten Investitionsziele, hier: eine konkrete Verarbeitungsanlage.

Je nach Größe und Spezialisierung der Projektierungseinrichtung – Betriebsabteilung, Ingenieurbüro – erfolgt die Planung durch unterschiedlich umfassendes Management auf Basis

- spezifischer Planungsdokumente, Anforderungsprofil und Planungshorizont, der sich aus Unternehmensentwicklung und Planzielen ergibt
- eines Logistikkonzeptes für die Anlage mit Produktionsprozessen, Materialflüssen, Informationsbeziehungen
- interdisziplinären Wissens und individueller Lösungen
- geeigneter Methoden wie dynamischer Simulation (Kap. 9) bestimmter Abläufe und Systemzustände und/oder analytischer Berechnung (Kap. 3, 5 und 8).

**Aufgaben und Abläufe** Der potentielle Auftragnehmer erhält vom Anlageninteressenten, dem möglichen Auftraggeber, Anfragen bzw. Aufgabenstellungen als erste Arbeitsgrundlage. Nimmt er diese an, sind bei der weiteren Planung im Allgemeinen die in Abb. 1.9 bereits genannten drei charakteristischen Dokumente mit den grundsätzlichen Zielen und Inhalten in zeitlicher Reihenfolge zu erarbeiten (Abb. 2.1 und 2.2).

In Abschn. 2.3.1 werden zur Erarbeitung dieser Dokumente jeweils analoge Arbeitsschritte 1 bis 8 vorgeschlagen, die in zeitlicher Reihenfolge zu durchlaufen sind. Dazu sind die als wesentlich angesehenen Eingangs- und Ausgangsinformationen jeweilige Arbeitsgrundlage bzw. Arbeitsergebnis.

| | Dokumente | Ziele Inhalte Arbeitsschritte |
|---|---|---|
| 1. Phase | Informationsangebot | AN signalisiert dem AG seine grundsätzliche Leistungsfähigkeit und -bereitschaft mit Grob-Spezifikation der Hauptausrüstungen und möglichem Zeit- und Kostenrahmen für die Anlage.<br>Arbeitsschrittfolge und Inhalte: **Bild 2-4, Abschnitt 2.3.1**<br>Dem AG erwachsen daraus noch keine Pflichten. Nimmt AG Angebot in vorliegender oder in Abstimmung mit dem AN geänderter/präzisierter Form an, folgt 2. Phase |
| 2. Phase | Verbindliches Angebot oder Vorprojekt | AN bietet Leistungs- und Liefervertrag in vereinbarter Form an mit gegenüber 1. Phase weiter detaillierten und vervollständigten Leistungs- und Lieferinformationen, im Wesentlichen mit weiterer Spezifikation aller wesentlichen Ausrüstungen, Liefer-, Montage- und Erprobungszeiträumen sowie präzisiertem Kostenrahmen der Anlage.<br>Arbeitsschrittfolge und Inhalte: **Bild 2-4, Abschnitt 2.3.1**<br>Nimmt AG Vertrag in vorliegender oder in gegenseitiger Abstimmung geänderter Form an, folgt 3. Phase |
| 3. Phase | Ausführungsprojekt | AN erstellt die in allen Teilen komplette Grundlage zur kommerziellen, materiellen und zeitlichen Realisierung der Anlage.<br>Arbeitsschrittfolge und Inhalte: **Kapitel 7, Abschnitt 7.2**<br>Ausführungsprojekt ist in Verbindung mit Leistungs- und Liefervertrag die verbindliche Grundlage zur materiellen Realisierung und weiteren Abwicklung bis hin zum Abschluss des Vorhabens, der mit dem Übergabe-/Übernahme-Akt in der Regel erreicht ist. |

**Abb. 2.1** Grundsätzliche Ziele, Erarbeitung und Inhalte der charakteristischen Planungsdokumente

Diese *Arbeitsschrittfolge* ist als *Bearbeitungsalgorithmus* anzusehen. Die aufgezählten Eingangs- und Ausgangsinformationen sind allgemein einzubeziehende Inhalte. Bearbeitungsumfang und -tiefe sind von Fall zu Fall anhand Größe, Komplexität und Vorbereitungsstand des Vorhabens zu entscheiden.

Dem schließlich zu erarbeitenden *Ausführungsprojekt* gehen in der Regel die – erfolgreich abzuschließenden – zwei Angebotsphasen voraus. Vom Informationsangebot zum Ausführungsprojekt steigt der Informationsgehalt enorm an, es muss immer detaillierter und zeitaufwändiger gearbeitet werden, es sind immer mehr Aufgaben wahrzunehmen.

Welche *Vielfalt unterschiedlicher Aufgaben* ein Projektant im Rahmen einer größeren Anlageninvestition grundsätzlich wahrzunehmen bzw. an welchen Aufgaben er mitzuwirken hat, zeigt auch das *Leistungsbild Technische Ausrüstung* der HOAI [2.1], das hinsichtlich der Leistungsbewertung des Projektanten die Aufgaben in 9 *Leistungsphasen* entsprechend der zeitlichen Projektabwicklung einteilt (ANLAGE 2.1):

1. Grundlagenermittlung
2. Vorplanung (Projekt- und Planungsvorbereitung)
3. Entwurfsplanung (System- und Integrationsplanung)
4. Genehmigungsplanung
5. Ausführungsplanung
6. Vorbereitung der Vergabe

## 2.1 Grundlagen der Planung

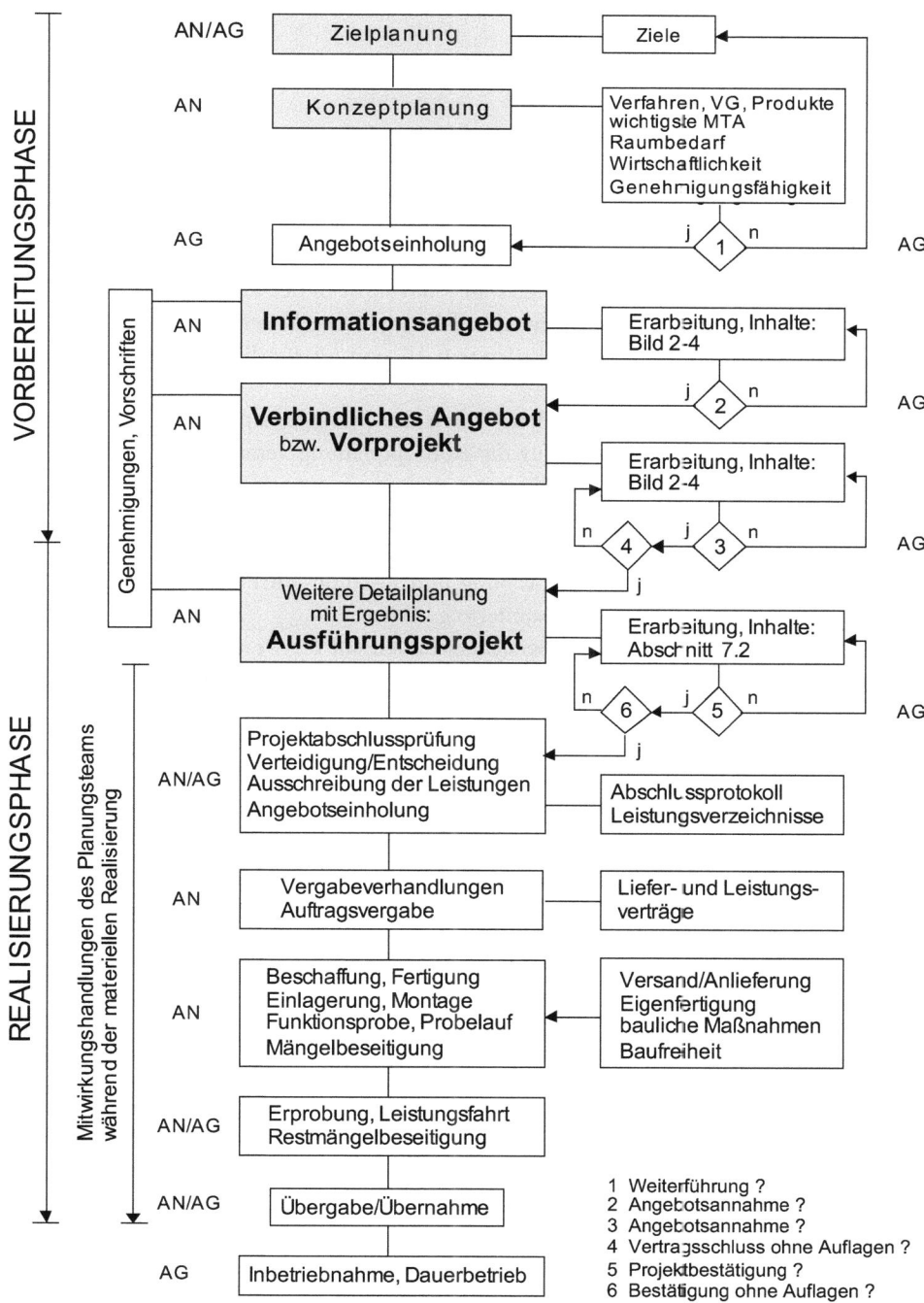

**Abb. 2.2** Planungsstrategie für das Investitionsobjekt Verarbeitungsanlage

7. Mitwirkung bei der Vergabe
8. Objektüberwachung
9. Objektbetreuung und Dokumentation.

Jeder dieser Leistungsphasen ist ein Aufgabenkomplex zugeordnet. Es werden jedoch nicht immer alle diese Aufgaben bei *einem* Vorhaben vorliegen.

**Planungsstrategie** Schließt sich an diese drei charakteristischen Planungsphasen die materielle Realisierung des Planungsobjektes an – davon ist in der Regel auszugehen –, soll dem Objekt Verarbeitungsanlage die in Abb. 2.2 dargestellte *Planungsstrategie* zu Grunde gelegt werden mit den Verantwortlichkeiten von AG und AN für die jeweilige Aktivität im Investitionsprozess.

Die *Verantwortlichkeit* muss in allen Phasen des Investitionsprozesses festliegen. Es kann auch sein, dass zwar der AN für die Konzeptplanung verantwortlich ist, der AG aber für das Verfahren haftet, wenn dieser als Betreiber auch Verfahrensgeber ist (siehe Vertragsgegenstände und Vertragsarten, Kap. 11).

Für manche Aktivitäten können *auch beide* Vertragsseiten gemeinsam Verantwortung tragen – so bei Zielplanung oder Erprobung und Leistungsfahrt. Dann muss jede Seite ihren vereinbarten Pflichtteil zum Gesamterfolg leisten.

Diese Planungsstrategie ist aus Übersichtsgründen auf die wesentlichsten Aktivitäten reduziert. Bei Bedarf sind Aktivitäten weiter zu untergliedern oder zu ergänzen.

In [2.2] wird eine Planungsstrategie besonders für die Ausführungsplanung bei größeren Vorhaben wie folgt begründet (Zitat):

- Die Realisierung ist auf die Mitwirkung verschiedener, oft recht zahlreicher, hierfür spezialisierter Firmen (mit einschlägigem *Know-how*, einschlägiger Ausrüstung) angewiesen, wodurch eine weitgefächerte Teamarbeit entsteht.
- Den anzufragenden Firmen sind Spezifikationen vorzulegen, in denen die gewünschten Leistungen (Lieferumfang, Anforderungen) und die zu berücksichtigenden Gegebenheiten genau, jedoch lieferneutral festgelegt werden (Ergebnisse der Detailplanung I. Teil).
- Für die Auswahl des optimalen Lieferanten und zum Aushandeln der Einzelheiten sind Angebote und Vergabeverhandlungen erforderlich.
- Der II. Teil der Detailplanung, nämlich die Sicherstellung der bedarfsgerechten Liefererbringung und die funktionelle, erstellungsmäßige und terminliche Koordinierung, erfordert eine enge Zusammenarbeit zwischen Projektplaner und Lieferanten. Aufgaben, Pflichten und Zuständigkeiten müssen hierfür im Sinne des Projektmanagements genau geregelt werden.
- Zur reibungslosen Auftragsabwicklung sind zwischen Auftraggeber und Auftragnehmer schriftlich festgehaltene Vereinbarungen (Verträge, Aufträge) erforderlich, in denen alle relevanten (technischen, terminlichen und kaufmännischen) Aspekte geregelt werden. Insbesondere sind das die termingerechte Leistungserbringung, die quantitative

und qualitative Abnahmeprüfung, die Zahlungsbedingungen und Garantiepflicht. (Zitatende).

Zur Anlagenplanung sei auch auf *Bernecker* [2.3], *Tempelmeier* [2.4] und *Martin* [2.5] verwiesen: Von der Projektleitung als *technisch-wirtschaftliche Organisationsaufgabe*, über Vertragsgestaltung (Kap. 11), gesetzliche Grundlagen, *Basic-* und *Detail-Engineering* bis zu Montage und Inbetriebnahme werden alle wesentlichen Aktivitäten und Abläufe begründet und dargestellt (teilweise dazu in Kap. 7).

### 2.1.2 Aufgabenstellungen, Grundfälle der Projektierung

Bei der Projektierung stoffverarbeitender Anlagen kann sich die Aufgabenstellung (AST) für das Investitionsvorhaben aus folgenden *Grundfällen* ergeben:

a) *Neuerrichtung* von Anlagen (Neubau)
  - in vorhandener Bauhülle (Etagen- oder Flachbau), auf vorhandener Freifläche
  - in neu zu errichtender Bauhülle, auf neuer Freifläche
b) *Erweiterung* bestehender Anlagen
  - als Funktionserweiterung (Anbau), z. B. Erweiterung des Produktsortiments
  - als Produktivitätserweiterung, z. B. durch Erhöhung der Systemverfügbarkeit
c) *Anpassung* bestehender Anlagen
  - an technischen Fortschritt (Erneuerung, Modernisierung)
  - an geänderte Bedingungen (Umbau)
d) Mischfälle aus a bis c.

Die Fälle b bis d, bei denen vorhandene Gebäude/Bauhüllen beizubehalten sind oder nur wenig geändert werden dürfen, sind meist *Rationalisierungsaufgaben*. Für den Projektanten ergeben sich aus der Weiternutzung vorhandener Gebäude im Allgemeinen die meisten Restriktionen (siehe Abschn. 2.5.5). Im Fall a und neuer Bauhülle/Freifläche hat der Projektant die größte Gestaltungsfreiheit.

Der bei *Rationalisierungsaufgaben* erzielbare Effekt ist oft von der *Betrachtungstiefe* entscheidend abhängig. Je tiefer in eine vorhandene Betriebsstruktur eingegriffen wird, desto größere Möglichkeiten hat der Projektant. So sinken diese Möglichkeiten in der Reihenfolge der Betrachtungsobjekte 1 bis 6:

1. Gesamtbetrieb
2. Produktionsbereich des Betriebes
3. Produktionsabteilung des Produktionsbereiches
4. Verarbeitungsanlage
5. Teilanlage
6. Schwachstelle der Anlage, z. B. Maschine, Koppelstelle.

In entgegengesetzter Richtung steigt allerdings der materielle und finanzielle Aufwand. Anzustreben ist immer ein *Optimum an Rationalisierungstiefe*, das den größten wirtschaftlichen Effekt erwarten lässt. Nicht selten sind bereits durch organisatorische Maßnahmen, z. B. Eingriffe in bestehende Logistikkonzepte [1.23], die bei ihrer Einführung progressiv waren und später immer mehr, infolge ihrer Unflexibilität, zum Hemmnis geworden sein können, beachtliche Effekte erzielbar, ohne dass größerer materieller und finanzieller Aufwand betrieben werden muss.

Der Entscheidung für einen der genannten Fälle a bis d unter Einbeziehung der Betrachtungsobjekte 1 bis 6 sollten immer entsprechende *Betriebsanalysen* vorausgehen. Dazu gehört neben den technisch-deterministisch zu beantwortenden Fragen besonders bei den Fällen b und c auch die Frage nach der Veränderung des Ausfallverhaltens der Anlagentechnik infolge Veränderung des Verarbeitungsgut- und Produktsortiments (siehe Abschn. 2.5.1 und 3.2).

## 2.2 Projektierungsprozess

### 2.2.1 Gesamtprozess

Wenn es auch für den Projektierungsprozess, insbesondere für die Erarbeitung der in den Abschn. 1.5 und 2.1.1 genannten drei charakteristischen Dokumente – Informationsangebot, Verbindliches Angebot/Vorprojekt, Ausführungsprojekt – *keinen* allgemeingültigen Algorithmus gibt, so hat sich auch für Verarbeitungsanlagen die aus der klassischen Fabrikprojektierung stammende Darstellung des Projektierungsprozesses nach Rockstroh [1.11] als **Entwicklungs- und Transformationsprozess** mit den typischen inhaltlichen Planungsetappen bewährt (Abb. 2.3):

- Bestimmen der Funktion
- Dimensionieren
- Strukturieren
- Gestalten.

Dieser Prozess ist infolge seiner hohen Komplexität gleichzeitig ein *Schleifenprozess* mit vielen Rücksprüngen auf vorhergegangene Schritte und erarbeitete Teilergebnisse, die iterativ schließlich zum Gesamtergebnis zu führen sind.

**Bestimmen der Funktion** bezieht sich bei der Fabrikplanung auf die Systemplanung – Produktionsbereiche bis hin zu kompletten Fabriken. Beim Planungsobjekt Verarbeitungsanlage liegt mit dem Verarbeitungsverfahren die Systemfunktion fest, so dass hier für diese Planungsetappe von *Präzisieren der Aufgabenstellung* gesprochen werden soll.

**Dimensionieren** heißt *Auswählen* der Maschinen und anderen Ausrüstungen nach Art, Konfiguration, Größe und Leistungsfähigkeit, ausgehend von der zu erfüllenden Funktion.

## 2.2 Projektierungsprozess

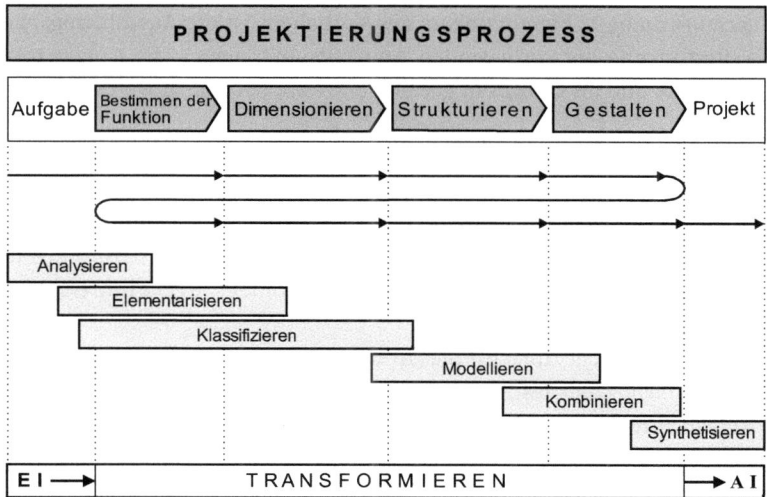

**Abb. 2.3** Projektierungsprozess nach Rockstroh [1.11]

Die ausgewählten oder zunächst vorausgewählten Ausrüstungen sind im weiteren Projektierungsprozess die *Elemente des Systems* Anlage.

**Strukturieren** bedeutet Zusammenstellen der Elemente nach ihrer technologischen Funktion. Die so strukturierten Elemente bilden die *technologische Struktur* der Anlage. Das Strukturieren erfolgt noch unabhängig von räumlichen Gegebenheiten.

**Gestalten** beinhaltet nun das räumliche Anordnen der Elemente zueinander und im vorhandenen oder zu fordernden Raum. Nach dem Gestalten liegt die Anlage in *räumlicher Struktur* vor.

Mit der *Aufgabenpräzisierung* sind die entscheidenden Ausgangspunkte festgelegt. Analysieren und Elementarisieren heißt, die Aufgabe zunächst in *Teilaufgaben* zu zerlegen, die jede für sich dann einfacher lösbar sind, frei nach einem Grundsatz von *Descartes*: Jedes Problem ist in so viele Einzelprobleme aufzuteilen, wie es möglich und nötig ist, um jedes Einzelproblem für sich behandeln zu können.

Es ist immer von den *Anforderungen an das Ausführungsprojekt* auszugehen, um davon Umfang und Aussagetiefe für die Dokumente der Angebotsphasen abzuleiten, gewissermaßen als *Maximalrahmen*, von dem zunächst Abstriche zu machen sind.

Noch *unverbindliche* Angebote sind nicht selten für den Angebotsgeber *verlorene Aufwände*, kommt es nicht zum Vertrag. Das ist in der Regel der häufigere Fall. Deshalb werden Angebote nur so detailliert wie unbedingt notwendig ausgearbeitet, es sei denn, der Angebotsgeber verfolgt auch über das *eine* Angebot hinausgehende Interessen wie die Gewinnung weiterer Märkte.

Die *arbeitsaufwändigste Planungsphase* des Vorhabens ist die Ausführungsplanung, da nun – in Weiterführung der vorliegenden Angebotsunterlagen – die Anlage *technisch im Einzelnen* detailliert und als Ganzes in geeigneter Weise dargestellt werden muss, so:

- Verarbeitungsmaschinen in genauer Konfiguration: Grundmaschine und Ausrüstungsvarianten in Ausrüstungsliste exakt, beschaffungsgerecht bezeichnet
- Gesamtanlage im Ganzen – erforderlichenfalls auch in Teilen – auf elektronischen Datenträgern und in Zeichnungen dargestellt, alle betreffenden Ausrüstungen im Layout exakt räumlich positioniert und für Kontroll- und Montagezwecke hinreichend bemaßt.

Der MTA-Projektant legt zunächst die zur Durchführung der Verarbeitungsaufgabe erforderliche *Maschinentechnik* fest. Danach erarbeitet er die zur Spezialprojektierung erforderlichen *Aufgabenstellungen* für die einzubeziehenden Gewerke Bau-, Energie-, Prozessüberwachungs- und Steuerungstechnik, ..., gegebenenfalls bis hin zu Gewerken der *Haustechnik* wie Laboreinrichtungen zur Qualitätssicherung in einem Lebensmittelbetrieb.

## 2.2.2 Schrittfolge Dimensionieren, Strukturieren, Gestalten

Die schöpferisch anspruchsvollsten und aufwändigsten Schritte sind *Dimensionieren, Strukturieren, Gestalten*, in denen zunächst das Hauptsystem der Anlage – Maschinen und andere Hauptelemente – entworfen und dann mit dem Hilfssystem, der Verkettungstechnik schrittweise komplettiert wird.

Zur Bearbeitung dieser Schrittfolge werden theoretische Grundlagen, Arbeitsinhalte und Vorgehensweisen in folgenden Kapiteln dargestellt (teilweise bereits in Abschn. 1.7):

- Kap. 3 Betriebsverhalten (Grundlagen zur Dimensionierung)
- Kap. 4 Dimensionierung – Auswahl der Ausrüstungen
- Kap. 5 Strukturierung – technologische Struktur
- Kap. 6 Gestaltung – räumliche Anordnung, Layout
- Kap. 7 Anlagenrealisierung
- Kap. 8 und 9 Verfügbarkeitsberechnung, Simulation (Grundlagen zur Strukturierung).

Kapitel 8 und 9 liefern die Grundlagen zu Berechnung und Auswahl von Strukturvarianten.

In Kap. 7 wird die Planungsmethodik auf die Ausführungsplanung weiter zugeschnitten und auf Planungstechniken zur Zeitablauf- und Kapazitätsplanung hingewiesen (Abschn. 7.2).

## 2.3 Projektdokumentation

### 2.3.1 Ausarbeitung der Dokumente

Für die Erarbeitung der technischen Projektdokumente muss das Management über entsprechendes *Engineering* und *Know-how* auf entscheidenden Gebieten wie neue Verfahren und hochproduktive Maschinen verfügen, möglichst so umfassend, dass potentiellen Interessenten einer Branche *Komplettlösungen aus einer Hand* angeboten und geliefert werden können.

In Untersetzung der gewählten Planungsstrategie (Abb. 2.2) sollten bei der Ausarbeitung der charakteristischen Planungsdokumente – Angebote und Ausführungsprojekt – durch den *MTA-Projektanten* folgenden 8 Schritte durchlaufen werden:

1. Präzisieren der Aufgabenstellung
2. Dimensionieren (MTA auswählen)
3. Strukturieren (MTA funktionell koppeln)
4. Gestalten (MTA räumlich anordnen)
5. Aufgaben Spezialgewerke (Bau-, Elektrotechnik, MSR, …)
6. Nachweisen (Realisierbarkeit, Wirtschaftlichkeit, Schutzgüte)
7. Beschreiben (technologischer Ablauf/MTA, Montage, Probebetrieb, …)
8. Komplettieren (Projektdokumente zusammenstellen und kontrollieren).

Ausgehend von den Anforderungen und den zu erarbeitenden Dokumenten für Ausführungsprojekte (Kap. 7) ist zunächst für *Informationsangebote* und *Verbindliche Angebote bzw. Vorprojekte* in Abb. 2.4 veranschaulicht, welche Inhalte für den MTA-Projektanten in den Schritten 1 bis 8 in Betracht kommen, die nacheinander zu durchlaufen sind, jedoch praktisch mehr oder weniger zeitlich parallel und mit Rückkopplungen ablaufen.

*Angebote* können in gleichen Schritten und Schrittfolgen wie Ausführungsprojekte erarbeitet werden, jedoch mit *geringerer Informationstiefe*. Es ist erkennbar, wie *Detailliertheit* und *Informationsgehalt* der Dokumente des Verbindlichen Angebotes gegenüber dem Informationsangebot zunehmen.

**Vorklärungen zur Realisierbarkeit des Vorhabens** Ist es beim Informationsangebot noch ausreichend, die *grundsätzliche* Liefermöglichkeit eines potentiellen Lieferanten in Schritt 2 zu klären, und genügt zunächst dem AG eine *Grobausrüstungsliste* für seine Entscheidung, so erfordert das Verbindliche Angebot bereits eine *verbindliche* Lieferzusage und eine verbindliche, hinreichend *detaillierte Ausrüstungsspezifikation*, das Ausführungsprojekt schließlich die komplette, genau *spezifizierte Ausrüstungsliste* und das komplette Anlagen-Layout.

In Schritt 6 ist die materielle Realisierbarkeit vorzuklären. Dazu sind für zu beziehende Ausrüstungen *Lieferangebote* einzuholen, für weitere Fremd- und für Eigenleistungen

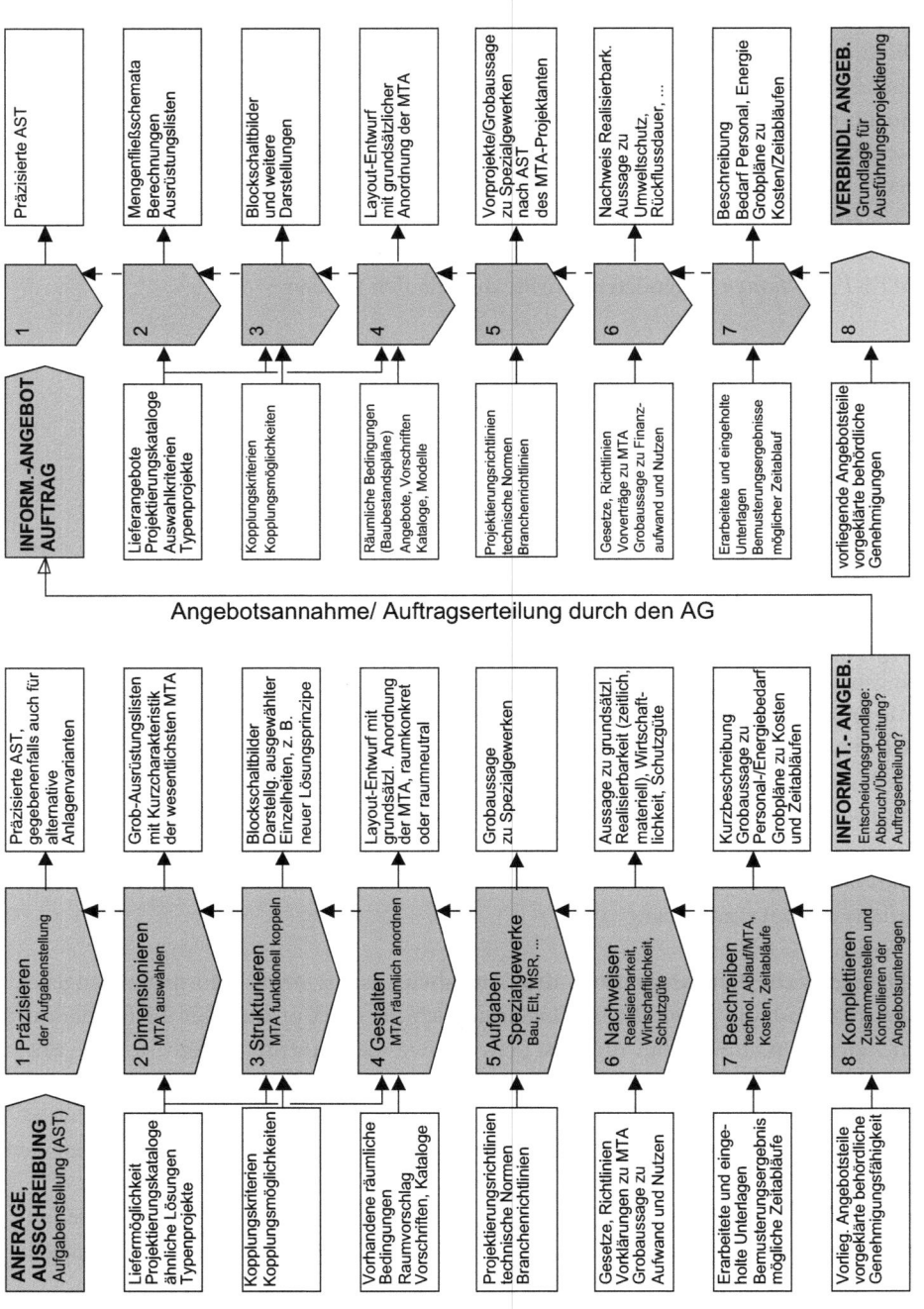

Abb. 2.4 Von der Anfrage zum Verbindlichen Angebot

## 2.3 Projektdokumentation

des AN *Kapazitätsplanungen* vorzunehmen und *mögliche Termine und Abläufe* für die Projektabwicklung vorzuplanen. In Schritt 6 sind bereits *Aussagen zu Kosten* zu treffen; beim Vorprojekt schon Grobpläne zu Kostenbedarf und zeitlichem Verlauf sowie zum Finanzbedarf.

Zeitablauf-, Kapazitäts-, Kosten- und Finanzpläne werden entsprechend der Projektstruktur für die in der Angebotsphase interessierenden Projektteile und Teilaufgaben (Abb. 1.11) in mehr oder weniger detaillierten Grobplänen ausgearbeitet (siehe beispielhafte Darstellung bei Ausführungsplanung, Abschn. 7.2.3 und Hinweise in Abschn. 10.3).

**Schicksal von Informationsangeboten** Der Empfänger prüft das Angebot, vereinbart mit dem Angebotsgeber Änderungen/Ergänzungen, erhält ein überarbeitetes Angebot und nimmt dieses bei positiver Entscheidung mit seinem Auftrag an. So der Ablauf im *Erfolgsfall* für den Angebotsgeber.

Es kann auch sein, das der Empfänger nur ein *vermeintlicher* Interessent ist, der das erste Angebot zu Vergleichszwecken anfordert und daraus keine weitere Geschäftsbeziehung erwächst. Dann stellt dieses Angebot für den Anbieter – zumindest zunächst – *verlorenen Aufwand* dar.

Besonders im Serienmaschinen- und -anlagenbau kommen zur Minimierung verlorener Aufwände erste Angebote oft als *Typenprojekte/-konzepte* zur Anwendung. So kann ein z. B. für verschiedene Produktivitäts-, Verarbeitungsgut- und Produktspektren ausgearbeitetes Angebot *mehrfach* genutzt und so sein einmaliger Aufwand relativiert werden.

### 2.3.2 Inhalte von Angeboten

Unabhängig von Leistungsgegenstand und Verbindlichkeit sollten Angebote formell folgende Inhalte haben und diese hinreichend beschreiben:

1. Leistungsgegenstand
2. Lieferumfang
3. Leistungspreis
4. Zahlungsbedingungen (Zahlungsraten für Teilleistungen, Modalitäten)
5. Leistungszeitraum (Termine)
6. Erfüllungsort (Lieferort)
7. Gewährleistung und Service
8. Angebotsbindefrist
9. Geschäftsbedingungen
10. Gerichtsstand (bereits angegeben oder noch festzulegen).

Angebote sind mit *Ident-Nummer* – Vorhabens-/Projekt-Nr. –, Ausfertigungsdatum und autorisierter Unterschrift des Angebotsgebers zu kennzeichnen. Werden Angebote durch Änderungen/Ergänzungen fortgeschrieben, ist auch diese Ident-Nummer fortzuschreiben, damit zwischen Angebotsgeber und -empfänger immer klar ist, welche Version vorliegt.

Aus dem *Leistungsgegenstand* (siehe Kap. 11) ergeben sich

- Angebote für *immaterielle* Leistungen: wissenschaftlich-technische Leistungen, Engineering-Leistungen, Projektierungsleistungen, ...
- Angebote für *materielle* Leistungen: Lieferangebote für definierte Objekte
- Komplettangebote: alle immateriellen und materiellen Leistungen von der Projektplanung über Lieferung, Montage bis zur Objektübergabe.

Abbildung 2.5 zeigt ein *Lieferangebot* für eine Anlage zur Herstellung von Schokoladenmasse (dazu Dimensionierungs- und Gestaltungsbeispiel in Abschn. 4.5.1).

*Besonderheit* dieses Angebotes: die *extreme Zahlungsbedingung* mit nur zwei Raten gegenüber der allgemein üblichen Praxis (Kap. 11), die aber aus der konkreten Geschäftsbeziehung resultiert. Mit einer derartig hohen Anzahlung bei Vertragsabschluss geht der Angebotsgeber kaum ein Risiko ein, da er seine Vorleistungen hinreichend vergütet bekommt und den Vertragspartner stark an sich bindet.

Mit den zum Angebotsbestandteil erklärten Listen werden Betriebsparameter und Rohstoffe als Voraussetzung der zu erbringenden Anlagenproduktivität (2500 kg/h) vorgeschrieben.

Der von freibleibendem Angebot bis Vorprojekt immer *detailliertere* Inhalt betrifft besonders Leistungsgegenstand, Lieferumfang und Leistungspreis:

In einem *ersten Lieferangebot* kann es noch genügen, die *Anlage als Ganzes* zu beschreiben und einen Gesamtpreis anzugeben. Im Verbindlichen Angebot/Vorprojekt ist dann der Leitungsgegenstand spezifiziert in Ausrüstungsliste, Layout-Entwurf und Beschreibung darzustellen:

- Hauptausrüstungen im Einzelnen, positioniert entsprechend technologischem Ablauf
- Verkettungstechnik entweder vorerst als Sammelposition oder ebenfalls im Einzelnen
- Arbeitskräfte-, Medien- und Betriebsmittelbedarf
- Produktionsplanung und -steuerung (erste Aussage zu vorgesehenem PPS-System)
- Der Angebotsgeber kann bestrebt sein, möglichst nur den Gesamtpreis zu nennen, um sich Spielräume freizuhalten. Der Angebotsempfänger kann aber Interesse an Einzelpreisen haben, um eventuell einzelne Liefer-Positionen anderweitig zu beziehen/selbst beizustellen. Lieferumfang und Preisgestaltung sind in Grenzen Verhandlungssache.

### 2.3.3 Inhalte von Ausführungsprojekten

Die fachlich unterschiedlichsten Inhalte von Ausführungsprojekten sind in *charakteristische Teile* zu gliedern. Abbildung 2.6 zeigt eine mögliche Gliederung mit allgemein üblichen

## 2.3 Projektdokumentation

---

**Budget-Angebot Nr. xxx**                                                                 17.09.2010

Sehr geehrter Herr K.,
wir bedanken uns für Ihre Anfrage vom 13.09.2010. Auf Basis unserer Allgemeinen Verkaufsbedingungen erlauben wir uns, Ihnen nachfolgendes Angebot zu unterbreiten:

**1 Linie zur Herstellung qualitativ hochwertiger Schokoladenmasse zur Produktion von xxx**

Es wurde berücksichtigt:
Dosierung der 3 flüssigen Komponenten (Kakaomasse, Kakaobutter, Fett) erfolgt über Pumpen und Ventile entsprechend der Rezeptur aus Tanks in den Mischer.
Dosierung der 4 festen Komponenten (Zucker, Magermilch, Vollmilchpulver, Kakaopulver) erfolgt mittels Dosierschnecken in den Mischer.
Alle Komponenten werden nach einer in der Rezeptur festgelegten Zeit gemischt.

Um die gewünschte Leistung der Linie zu erzielen, haben wir 3 Stück 6t-Batch-Conchen vom Typ HBC 6 mit folgender Technologie vorgesehen: Füllzeit 2,4 Stunden; Conchierzeit 4,5 Stunden; Entleerungszeit 0,3 Stunden.
Maschinen und Ausrüstungen entsprechen dem Technologischen Schema 17.585.002 00 sowie der Maschinen- und Preisliste 17.585.002.00.

**Leistung der Linie:**     2500 kg/h

**Preis und Lieferbasis:**  xxx.xxx,- Euro

ab Werk, verpackt, gemäß Incoterms 2000, ohne Chefmontage- und Inbetriebnahmekosten.

**Zahlungsbedingung:**  50 % Anzahlung mit der Auftragserteilung,
50 % durch ein unwiderrufliches und von einer deutschen Bank bestätigten L/C, eröffnet zugunsten der Petzholdt-Heidenauer Maschinen- und Anlagenbau International GmbH, 01239 Dresden.

Alle Zahlungen erfolgen durch Banküberweisung auf unser Konto xxx bei xxx oder nach noch zu treffender Vereinbarung.

**Elektrische Ausrüstung** der Maschinen erfolgt in 400 V/ 50 Hz, Steuerung Typ Siemens S 7.

**Chefmontage und Inbetriebnahme:**

Auf Basis gesonderter vertraglicher Vereinbarungen übernimmt die Petzholdt-Heidenauer Maschinen- und Anlagenbau International GmbH die Chefmontage und die Inbetriebnahme sowie die Schulung des Bedien- und Wartungspersonals für gelieferte technologische Ausrüstung. Die Montage wird von dem Fach- und Hilfspersonal des Käufers durchgeführt.
Der Preis der Chefmontage und Inbetriebnahme hängt wesentlich von technischem und technologischem Umfang des Projektes ab.

**Farbgebung:**            Maschinen in Grundfarbe Perlweiß RAL 1013 und Komplementärfarbe RAL 5012

**Techn. Dokumentation:**  pro Maschine je 1-fach in deutscher und in russischer Sprache.

**Gewährleistung:**        12 Monate nach Inbetriebnahme, jedoch nicht länger als 15 Monate nach Lieferdatum; Verschleißteile sind von der Gewährleistung ausgenommen.

**Gültigkeit des Angebotes:**  Das Angebot ist gültig bis 30.12.2010.

Das Angebot gilt nur in Verbindung mit den Dokumenten:
Liste der Liefergrenzen (Transport, Montagen, Montagewerkzeuge, …)
Liste Prozesstemperaturen der Hauptausrüstungen, Rohstoffspezifikationen, Betriebsparameter der Maschinen.

Wir hoffen, dass unser Angebot Ihren Vorstellungen entspricht.

Zur Beantwortung Ihrer Fragen stehen wir Ihnen selbstverständlich gern zur Verfügung.

Mit freundlichen Grüßen

Petzholdt-Heidenauer Maschinen- und Anlagenbau International GmbH

gez. xxx                gez. xxx
Sales Manager           Area Sales Manager

**Abb. 2.5** Lieferangebot am Beispiel einer Anlage zur Herstellung von Schokoladenmasse [2.6]

| Charakteristische Teile von Ausführungsprojekten | |
|---|---|
| Allgemeiner Teil | Zusammenfassende Angaben zum Vorhaben in Kurzdarstellung: Vertragspartner, Aufgabenstellung, Grundlagen, wesentlichste Ergebnisse |
| Technologisch-technischer Teil | Beschreibung, Verarbeitungsverfahren, Anlagen-Layout, Ausrüstungslisten zu MTA-Projekt; Analoge Angaben zu Spezialgewerken/-projekten; Übersichten zu Arbeitskräften, Energiearten und -bedarf, Betriebsstoffen; Angaben zu Montage und Betrieb, Ver- und Entsorgung, Qualitätssicherung |
| Ökonomischer Teil | Wirtschaftlichkeitsberechnungen und Nachweise zu Kosten, Nutzen, Rentabilität, Finanzierung |
| Kommerzieller Teil | Liefernachweise für Ausrüstungen, Vorverträge für Bau- und andere Leistungen |
| Organisatorischer Teil | IT-Lösungen für Produktion, Instandhaltung, Betriebsanalyse und BDE, Qualitätsmanagement, gegebenenfalls im Rahmen eines PPS-Systems; Gewährleistung, Service |
| Geltende Vorschriften | Einschlägige und zu Grunde liegende Gesetze und andere Vorschriften |
| Genehmigungen | Genehmigungspflichten und Stand der Genehmigungsverfahren |
| Weitere Realisierung | Zeitablauf- und Terminpläne (für materielle und immaterielle Leistungen) zu Kapazitäts-, Kosten- und Finanzbedarf (Soll-Pläne); Kontrollpläne zum Soll-Ist-Vergleich |

**Abb. 2.6** Charakteristische Teile von Ausführungsprojekten für Investitionsvorhaben

Inhalten als Mindestanforderung. Der technologisch-technische Teil ist der für den Projektanten entscheidende, da hier die Anlage in ihrer Gesamtheit und im Einzelnen erarbeitet und dokumentiert wird. Inhalte im Einzelnen siehe Kap. 7.

Die Darstellungen in den Abschn. 2.1, 2.2 und 2.3 sollen

- dem Projektanten eine *Arbeitsrichtlinie* zur systematischen Bearbeitung sein, die durch bewährte Mittel zur rationelleren Bearbeitung (Abschn. 2.4) unterstützt wird
- den Betriebsingenieur des AG bei seinen Mitwirkungshandlungen in Vorbereitung und Realisierung unterstützen, so bei *Beratungen* zu Projektentwürfen, *Einholung* und *Prüfung* von Angeboten und während der materiellen *Realisierung*.

## 2.4 Mittel zur rationelleren Aufgabenbearbeitung

### 2.4.1 Grundsätze und Methoden

Nützlich sind die aus der Betriebsprojektierung bekannten, grundlegenden Erkenntnisse zu Grundsätzen, Methoden und Hilfsmitteln der Planung, die in [1.11] dokumentiert sind.

## 2.4 Mittel zur rationelleren Aufgabenbearbeitung

Diese für stoffverarbeitende Anlagen allgemeingültigen Erkenntnisse resultieren aus wissenschaftlicher Durchdringung des komplexen Projektierungsprozesses und praktischer Erfahrung bei Investitionsvorbereitung und -realisierung. Sie haben das vorrangige Ziel, den Projektierungsprozess durch *Zeitverkürzung*, *Qualitätssicherung* und *Aufwandsminimierung* effektiver zu gestalten.

**Grundsätze** Folgende Grundsätze gelten für Planung und Projektierung gleichermaßen:

1. Grundsatz der Komplexität
   Die Projektierung umfasst einen Komplex vielfältiger Beziehungen sachlicher, menschlicher, zeitlicher, ökonomischer Art. Voraussetzungen für ein optimales Gesamtergebnis sind: die Kenntnis der beeinflussenden Faktoren, der Gesetzmäßigkeiten bestimmter Vorgänge, der Kausalitätsbeziehungen innerhalb der Teilprozesse und des Gesamtprozesses; das Miteinander der beteiligten Personen.
2. Stufengrundsatz
   Eine wesentliche Voraussetzung zum Vermeiden unnötiger Arbeiten, z. B. detaillierte Ablaufplanungen oder Berechnungen zum falschen – zu frühen – Zeitpunkt, ist die stufenweise, vom *Groben zum Feinen* gehende Bearbeitung der Aufgabe.
3. Variantengrundsatz
   Ein Projekt umfasst einen Komplex von Einzelheiten und damit auch von Einzellösungen. Damit die Gesamtlösung ein Optimum wird, müssen von Anfang an *Lösungsvarianten* für die Einzelheiten ausgearbeitet und diese zu Gesamtlösungsvarianten kombiniert werden. Zur Lösung eines Problems gibt es immer *mehrere* Möglichkeiten, Varianten, die für sich allein betrachtet zunächst günstig sein können, sich aber nicht alle zu einem optimalen Gesamtergebnis kombinieren lassen.
4. Ordnungs- und Vereinheitlichungsgrundsatz
   Schaffe Ordnung und vereinheitliche! Dieser hinsichtlich Übersichtlichkeit und rationeller Beherrschbarkeit komplexer Probleme wichtige Grundsatz wird besonders durch folgende Kriterien verkörpert:
   - *Gemeinsame Sprache* für Bezeichnungen und Symbole ist zur Vermeidung von Fehldeutungen und Doppelarbeit umso wichtiger, je mehr Fachdisziplinen am Vorhaben beteiligt sind.
   - *Elementarisierung und Strukturierung* sind Voraussetzungen dafür, komplexe Gebilde nach einem Ordnungssystem zu strukturieren und zu gestalten und gestaltete Gebilde organisatorisch beherrschen und weiterentwickeln zu können.
   - *Baukastenprinzip* mit seiner ordnenden Wirkung ist Voraussetzung für effektive Mehrfachnutzung von Erkenntnissen einmal geleisteter Arbeit; Typenbeschränkung ist besonders bei einzusetzenden Ausrüstungen Voraussetzung rationeller Projektierung, aber auch effektiverer Anwendung (Instandhaltung, Organisation, ...).
5. Grundsatz der Projekttreue
   Im Zeitraum zwischen Fertigstellung der Projektlösung und Realisierung sind Änderungen nicht auszuschließen. Nachträgliche Änderungen können begründet sein,

z. B. zur Berücksichtigung zwischenzeitlich bekannt gewordener wissenschaftlich-technischer Neuerungen, die das Gesamtergebnis positiv beeinflussen. Wenn aber z. B. unzureichende Variantenauswahl oder Nichtbeachtung von Entwicklungstrends zu Fehlern oder ungünstigen Teillösungen führten, dann sind solche Änderungen vermeidbar.

Projektänderungen sollten nachträglich nur dann vorgenommen werden, wenn eindeutige Projektierungsfehler festgestellt wurden oder wenn sich wirtschaftlich, kapazitätsmäßig oder technisch grundsätzlich andere Aufgaben- und Zielstellungen ergeben haben.

Für die Projektierung der Anlagenstruktur seien Erkenntnisse *der Materialfluss- und Handhabungstechnik* ergänzt:

6. Grundsatz der Erhaltung der Gutordnung

    Eine vorliegende oder erreichte Ordnung der Güter im Gutstrom sollte beibehalten werden, um den technischen Aufwand zum Wiederherstellen der für den Folgeprozess erforderlichen Ordnung zu vermeiden.

7. Nutzung von Entwicklungserfahrung

    Bewährte technische Lösungen, insbesondere Funktionsprinzipe der im Praxiseinsatz befindlichen branchentypischen Verkettungstechnik und deren *Entwicklungsweg* können Anregung für ein aktuell zu lösendes Problem sein (siehe Schlussfolgerungen Abschn. 4.4.2).

**Methoden** Die im Projektierungsprozess angewandten, mehr oder weniger spezifischen Methoden charakterisieren die besondere Art und Weise der Lösung von Aufgabenstellungen; sie schließen die Anwendung typischer Projektierungsverfahren und -hilfsmittel ein.

Erforderlich sind Methoden, die zur Erhöhung der Projektqualität beitragen und auch deren Bearbeitungs- und Realisierungszeit verkürzen helfen. Derartige Methoden bauen im Wesentlichen auf den genannten Grundsätzen auf. Dazu gehört auch die Anwendung des Baukastenprinzips (Modulbauweise), das die flexible Nutzung von Projektbausteinen wie z. B. beim Angebotsbeispiel Abschn. 4.5.1 und die *Mehrfachnutzung bewährter Projektteillösungen* ermöglicht.

Aus der klassischen Fabrikplanung, z. B. [2.2] ist eine Vielzahl Methoden zur Lösungsfindung bei schöpferischer Arbeit bekannt: Methoden der Ideenfindung, -ermittlung, -entwicklung, und -verarbeitung. Neuere Literatur, z. B. [2.7, 2.8] teilt derartige Methoden ein in intuitive, analytische und widerspruchsorientierte. Einige seien genannt:

- Brainstorming (Ideenkonferenz)
- Entscheidungstabellen (unterscheidende Merkmale, ordnende Gesichtspunkte)
- ABC-Analyse (Ordnen der Elemente eines Systems nach ihrer Wertigkeit, …)
- Nutzwertanalyse (mehrdimensionales Verfahren, gewichtete Punktbewertung)
- Befragung von Nichtfachleuten (Methode nach *Moliere*)
- Widerspruch-Methode nach *Altschuller*.

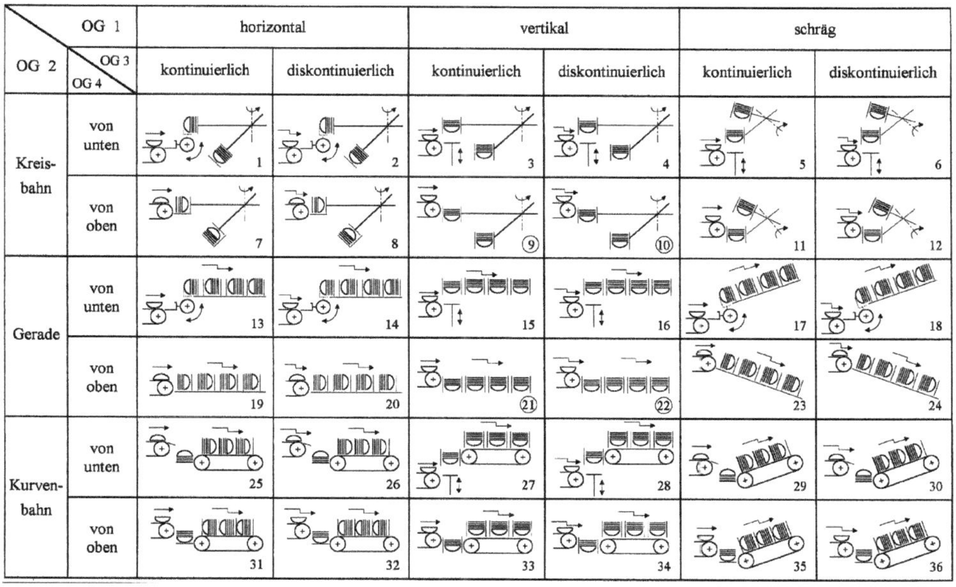

## 2.4 Mittel zur rationelleren Aufgabenbearbeitung

| OG 2 \ OG 1 \ OG 3 OG 4 | horizontal | | vertikal | | schräg | |
|---|---|---|---|---|---|---|
| | kontinuierlich | diskontinuierlich | kontinuierlich | diskontinuierlich | kontinuierlich | diskontinuierlich |
| Kreisbahn — von unten | 1 | 2 | 3 | 4 | 5 | 6 |
| Kreisbahn — von oben | 7 | 8 | 9 | 10 | 11 | 12 |
| Gerade — von unten | 13 | 14 | 15 | 16 | 17 | 18 |
| Gerade — von oben | 19 | 20 | 21 | 22 | 23 | 24 |
| Kurvenbahn — von unten | 25 | 26 | 27 | 28 | 29 | 30 |
| Kurvenbahn — von oben | 31 | 32 | 33 | 34 | 35 | 36 |

**Abb. 2.7** Entscheidungstabelle als Lösungssystem zur Entwicklung eines Verkettungselements [2.9]

*Entscheidungstabellen* ermöglichen als Ordnungssysteme die übersichtliche Darstellung von Varianten, die nach bestimmten Gesichtspunkten und Merkmalen bewertet werden sollen. Bewährt haben sich solche Tabellen z. B. bei der Auswahl von Verkettungsvarianten und der Entwicklung von Funktionsprinzipen, besonders für kompliziert handhabbares Gut, für das keine handelsübliche Materialflusstechnik in Betracht kommt. Ordnungssysteme z. B. zur Suche funktionserfüllender Prinzipe der Guthandhabung können auf solchen Merkmalen basieren wie:

- Antrieb: kraftschlüssig (Schwerkraft, Reibschluss), formschlüssig (Mitnehmer, Picker, ...)
- Bewegungsbahn: geradlinig oder bogenförmig, eben oder räumlich
- Bewegungsablauf: kontinuierlich, diskontinuierlich.

Am Beispiel *Waffelschale* (Abb. 2.7) sind Handling-Grundprinzipe dargestellt als Bewertungsgrundlage zur Auswahl einer Lösungsvariante zur geordneten Übergabe der Produkte einer Backanlage an den Verpackungsprozess; die Waffelschalen verlassen jeweils als Viererblock die Backanlage.

Zur *Widerspruch-Methode*, z. B. in [2.10]: Ausgehend von einer morphologischen Widerspruchmatrix [2.7] wird das Untersuchungsobjekt anhand von technischen Widersprüchen einer kritischen Bewertung unterzogen, aus der im Ergebnis Lösungsmöglichkeiten

hervorgehen. Diese Methode kann Anregungen zu Verbesserungen bzw. Innovationen geben.
Weitere Literatur zu Methoden: [1.13, 2.11].

### 2.4.2 Verfahren und Hilfsmittel der Planung

In allen Phasen der Planung und Projektabwicklung müssen immer wieder *Entscheidungen* getroffen werden. Der Projektant hat technologische, technische, wirtschaftliche, zeitliche und organisatorische Alternativen zu analysieren, zu bewerten und sich schließlich zu einer Lösung zu entscheiden.

**Analyse- und Bewertungsverfahren**  Es werden folgende Verfahren beispielhaft genannt:

- Break-Even-Verfahren zu Analyse und Bewertung (auch: Gewinnschwelle-Verfahren)
- Portfolio-Analyse
- ABC-Analyse und Bewertungsverfahren
- Nutzwertanalyse (gewichtete Punktbewertung)
- Benchmarking (vergleichende Analyse mit Best- oder Referenzwerten).

Das Break-Even-Verfahren ist am einfachen Beispiel dargestellt (Abb. 2.8). Für die Ersatzinvestition einer Altanlage kommen die Alternativen A oder B in Betracht. A hat geringere Anschaffungskosten (konstante Kosten $K_c$) als B, dafür aber höhere laufende Kosten, so dass bei B die Gewinnschwelle eher erreicht wird: Anlage B amortisiert sich in kürzerer Zeit. Die geringeren laufenden Kosten bei B können aus geringeren Betriebskosten oder höherer Produktivität resultieren (siehe auch Investitionsrechnungen, Abschn. 10.2). Weiterführende Literatur und Anwendungen in [2.7].

**Planungshilfsmittel**  Besonders in der Realisierungsphase (Kap. 7) und bei größeren, komplexeren Vorhaben bewähren sich *Planungshilfsmittel*, im Wesentlichen für:

- Projektstrukturplanung: Zerlegung der Projektaufgabe in Teilaufgaben und Arbeitspakete (Abschn. 1.6), Klärung deren Beziehungen und Schnittstellen
- Kapazitäts- und Bedarfsplanung: Materieller- und personeller Bedarf (zu Bearbeitungskapazität des Projektteams siehe auch Kap. 10)
- Zeitablauf- und Terminplanung: Balkendiagramme, Netzpläne zur Vorausplanung der Projektabwicklung (Soll-Abläufe), Terminlisten
- Kostenplanung: Zeitlicher Kostenverlauf (Soll-Kosten)
- Fortschrittskontrolle (turnusmäßiger Soll-Ist-Vergleich) zu Zeitabläufen, Kosten, Material
- Montagepläne (Reihenfolge, Zeitablauf, Soll-Ist-Kontrolle)
- Maßnahmepläne (Aufholen von Zeitverzug, Gegensteuern bei Kostenüberschreitung).

## 2.4 Mittel zur rationelleren Aufgabenbearbeitung

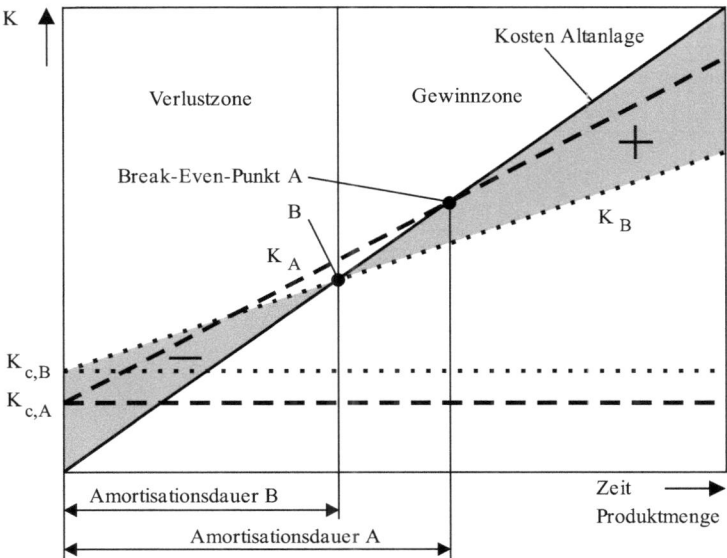

**Abb. 2.8** Break-Even-Diagramm am Beispiel einer Wirtschaftlichkeitsbewertung

Weiterführende Literatur und Anwendungen in [1.18, 1.19, 2.7]. Bewährte Planungshilfsmittel sind Balkenplan- und Netzplantechnik (siehe Abschn. 7.2.3 und 7.2.5); letztere mit weitreichenden Möglichkeiten zu Ablaufplanung und Fortschrittskontrolle.

### 2.4.3 Nutzung EDV

Heute ist die *EDV-Unterstützung* mit einer Vielzahl spezieller IT-Systeme in allen Planungsphasen gängige Praxis. Zur Entwicklung der EDV-gestützten Planung zieht Pawellek [1.21] eine Analyse (Abb. 2.9) und nennt spezielle Anwendungen derartiger Planungs-, Analyse- und Optimierungshilfen in der Fabrikplanung mit solchen Programmen wie PROLOGA (Produktionslogistik-Analysator), MAFLU (Materialflussplanung), LASYS (Lagersystemplanung).

Die technische Entwicklung der EDV-Unterstützung schreitet ständig voran. Soft- und Hardware sind in ständigem Wandel begriffen. Es kann nicht von *dem bevorzugten* IT-Werkzeug allgemein für die Anlagenprojektierung gesprochen werden. Fest steht aber:

Wo noch vor 10 bis 15 Jahren 2D-Projektierung gängige Praxis war, ist heute in vielen Unternehmen 3D Standard.

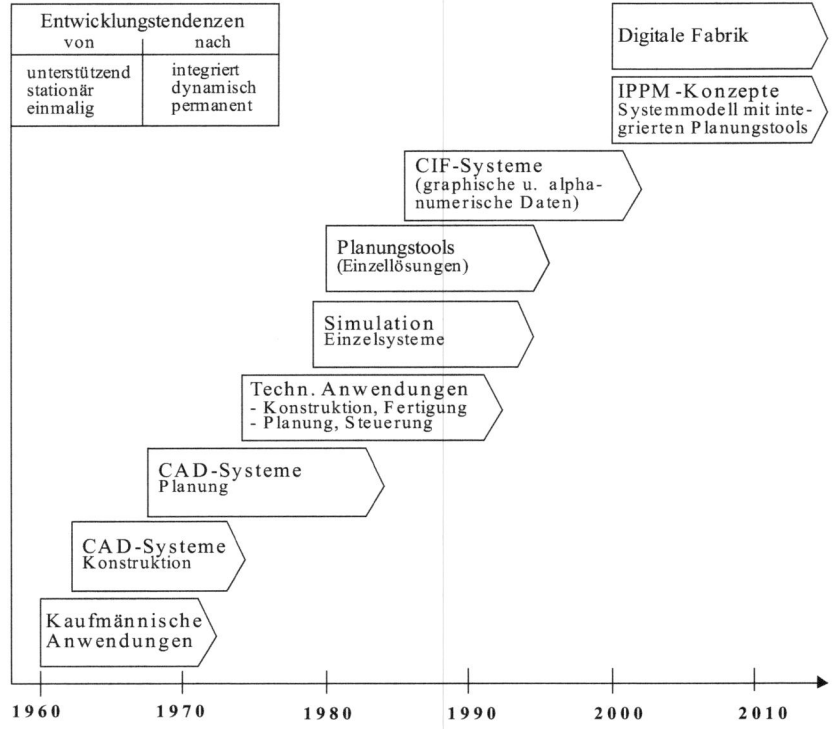

**Abb. 2.9** Entwicklung der EDV-gestützten Planung nach [1.21]

Auf heute gebräuchliche *Methoden und Hilfsmittel* sei beispielhaft hingewiesen:

- Allgemein anwendbare, z. B
  - Auto-CAD und Pro Engineer: Anlagenstrukturierung und -gestaltung
  - TCO (*Total Cost of Ownership*): Berechnung von Gesamtlebenszykluskosten
  - ROI (*Return on Investment*): Ermittlung des Rückflusses der Investitionskosten
  - Lifecycle Service: Aufgaben-Auslagerung mit Inspektions-, Support-, Ih-Vertrag
- Branchen- und firmenspezifische, z. B. IT-Lösungen für die Getränkeindustrie [1.24]:
  - MES (*Manufacturing Execution System*): ganzheitliche Betrachtung des Informationsflusses in allen Produktionsbereichen
  - LMS (*Line Management System*): zentrale Auftragsverwaltung mit vorprogrammierter Maschinenparametrierung und schneller Einbindung auftragsbezogener Daten
  - QualiKit, Qualitätsmanagement: Einbindung aller Analyseschritte zur Qualitätskontrolle, chargenorientierte Qualitätssicherung
  - KAM (*Krones Asset Management*), Ih-Management: kontinuierliche und automatische Kontrolle aller Wartungsaufgaben; steigende Anlagenverfügbarkeit durch vorbeugende WartungLDS (*Linien Dokumentations-System*), BDE: auftragsbezogene Er-

fassung von Produktions- und Verbrauchsdaten inklusive Chargenverfolgung, Wirtschaftlichkeitsbetrachtung durch Echtzeit-Analyse und Auswertung historischer Betriebsdaten
- LPA (*Line Performance Analyser*), Leistungsanalyse: verdichtete Verfügbarkeits-, Leistungs-, Qualitäts-, und Auftragsinformationen, Kennzahlenanalyse OEE (*Ocerall Equipment Effectiveness*) mit Auftrags- und Schichtbezug, Klassifikation der Stillstandsursachen.

## 2.5 Besonderheiten der Verarbeitungsanlagen

Der Projektierungsprozess unterscheidet sich in seinen grundsätzlichen Inhalten und Abläufen bei Verarbeitungsanlagen wenig von anderen Anlagen der Stoffwirtschaft. Die hier zu beachtenden Besonderheiten ergeben sich aus der Fachspezifik der Verarbeitungstechnik mit ihren vielfältigen Verfahren, der dazu entwickelten Maschinentechnik sowie der Vielfalt und Eigenschaften der Verarbeitungsgüter mit ihrem dominierenden Einfluss auf das Betriebsverhalten (Kap. 3).

*Nichtbeachtung* dieser Besonderheiten führt zu kaum korrigierbaren *strukturellen Mängeln* der Anlage, zu mangelhaftem Betriebsverhalten, vor allem hinsichtlich Produktivität und Zuverlässigkeit und damit Wirtschaftlichkeit der Anlageninvestition.

### 2.5.1 Verarbeitungsgut und Verarbeitungsverfahren

Verarbeitungsgut (VG), herzustellendes Produkt und Verarbeitungsverfahren (siehe Abb. 1.4) sind die entscheidenden Ausgangspunkte für den MTA-Projektanten.

Die Verfahrens- und auch die Verarbeitungstechnik (VAT) unterscheiden darüber hinaus je nach Kompliziertheit differenzierte *Betrachtungsebenen* [1.6]: Verfahren, Verfahrenstufe, Prozess, Teilprozess, Volumenelement, Elementarprozess.

Für das Verarbeitungsverfahren als technologischer Ausgangspunkt genügt hier die Unterscheidung in Verfahren (Prozessfolge) und Prozess.

**Verfahrensdokumente für Projektunterlagen**

1. *Verfahrensfließbilder* zur Darstellung der VG, Produkte (Zwischen-, End-, Neben-, Abprodukte) und Prozesse, darstellbar durch Symbole (DIN EN 62424, DIN EN ISO 10628):
   - Verfahrensschema: grundsätzliche Beziehungen und Verknüpfungen
   - Grundfließbild: Verfahrensschema mit Angabe von Mengen, Gutströmen, Energieträgern, Betriebsbedingungen wie Temperatur, Druck, Feuchtigkeit
   - Verfahrensfließbild: Grundfließbild mit Informationen zu MTA, Produktivitäten, Energieverbrauch und weiteren
2. Verbale Verfahrensbeschreibung als Ergänzung und zur Erläuterung der Fließbilder.

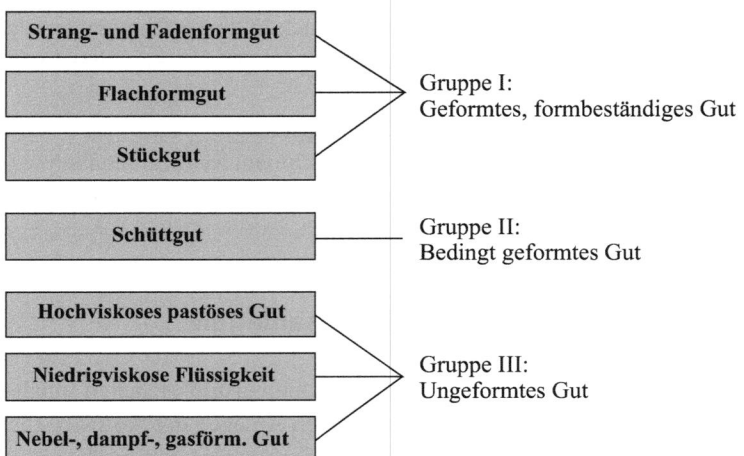

**Abb. 2.10** Einteilung der Verarbeitungsgüter nach [1.3] (Kenngrößen, Kennwerte in [2.12])

Wenn auch der Projektant die innermaschinellen Verfahren nicht im Detail zu kennen braucht, so muss er die zwischen den Hauptelementen bestehenden Beziehungen, besonders die zu handhabenden Gutströme genau kennen, um diese maschinell verketten zu können.

Für ein herzustellendes Produkt – das Konsumgut als Endprodukt – ist mitunter eine Vielzahl unterschiedlicher Ausgangsstoffe erforderlich, die als VG in den technologischen Prozessen der Anlage der zielgerichteten Verarbeitung unterliegen. Um die Vielfalt zu verarbeitender Güter rationell geeigneten Verarbeitungsprozessen und -verfahren systematisch zuzuordnen, hat die VAT die Güter nach ihrem ähnlichen Verarbeitungsverhalten in *Gutgruppen* und *Gutvarianten* eingeteilt (Abb. 2.10).

Diese Einteilung ist nicht nur für die Verarbeitung bedeutsam, sondern auch für *Verkettungsprozesse*, da die zu Grunde liegenden Gutmerkmale die wichtigste Ausgangsbasis zur Auswahl geeigneter Förderprinzipe und weiterer Prinzipe der Gutstromhandhabung sind.

Oft benötigte *Gut-Kennwerte* wie *Schüttdichte*, *Reibwerte*, *Schüttwinkel* sind einem Kennwertspeicher der VAT [2.12] für eine Vielzahl von Gutbeispielen zu entnehmen, die darüber hinaus auch Analogieschlüsse ermöglichen. Zur besseren Anschaulichkeit sind in Tab. 2.1 beispielhaft allgemein bekannte Güter genannt mit Unterscheidungsmerkmalen der Gutvarianten. Der Projektant muss mindestens die zur Verkettung der Gutströme bedeutsamen Eigenschaften wie Geometrie, Flexibilität, Handhabbarkeit (weitere in Abschn. 4.3) kennen.

Die der Anlage zugeführten Güter durchlaufen vom Eingangszustand zum Fertigprodukt die Anlage in *unterschiedlichen Gutvarianten*. Zur Herstellung z. B. von Teigwaren können die *Schüttgüter* Mehl, Eipulver und Farbe mit der *Flüssigkeit* Wasser gemischt und zu *pastösem Gut* Teig verarbeitet werden, das extrudiert und geschnitten als *Schüttgut* getrocknet und schließlich in eine Schachtel zum *Stückgut* verpackt wird. Deshalb sind in einer Anlage *unterschiedlichste Verkettungsmittel* erforderlich.

## 2.5 Besonderheiten der Verarbeitungsanlagen

**Tab. 2.1** Gutbeispiele und ausgewählte Merkmale der Gutvarianten

| Gutvariante | | Merkmal nach [1.3] | Gutbeispiele |
|---|---|---|---|
| I | Strang- und Fadenformgut | $H/B \approx 0{,}1 \ldots 1$; $B/L \approx 0 \ldots 10^{-2}$ | Spaghetti, Textilfaden, Faserband |
| | Flachformgut | $H/B \approx 10^{-4} \ldots 10^{-1}$ bahnförmig: $B/L \approx 0 \ldots 10^{-2}$ blattförmig: $B/L \approx 10^{-2} \ldots 1$ | Kunststoff-, Teig-, Papier-, Textil-Laminatbahn; Vlies, Gewebe, Folie, Leder, Häute, Felle, Papierblatt |
| | Stückgut | $H/B \approx 10^{-1} \ldots 1$; $B/L \approx 10^{-2} \ldots 1$ | Butterstück, Joghurtbecher, Flasche, Schachtel, Schokoriegel, Praline, Buch |
| II | Schüttgut | lose Zusammenlagerung von Einzelteilchen | Getreide, Hülsenfrüchte, Kristallzucker, Kakaopulver |
| III | Hochviskoses pastöses Gut | hohe Viskosität, teilweise plastisches Fließverhalten | Schokoladenmasse, Butter, Teig, Keramikmasse, Druckfarbe, Zahncreme |
| | Niedrigviskose Flüssigkeit | geringe Viskosität, Newtonsches Fließverhalten | Wasser, Öl, Milch, Wein, Lösungsmittel |
| | Nebel, Dämpfe, Gase | Gase und Aerosole als kontinuierliche Phase mit dispersen Feststoff- oder Flüssigkeitsteilchen in geringen Volumenanteilen, z. B. Stickstoff, $CO_2$, Lacknebel | |

H, B, L: Höhe, Breite, Länge

**Situation zu Beginn** Für den Projektanten ist die Situation zu Beginn meist kompliziert:

1. Die Kenntnis aller erforderlichen Ausgangspunkte ist oft *unvollständig*, so dass noch weitere Klärung mit der *Aufgabenpräzisierung* erfolgen muss.
2. Die zunächst mit der Aufgabenstellung (AST) vorgegebenen Informationen z. B. zum VG dürfen nicht einfach hingenommen werden, sondern es ist immer für eine optimale Gesamtlösung auch auf diese rückkoppelnd einzuwirken.

So kann es sein, dass zunächst formulierte *Qualitätsanforderungen* zum VG, z. B. Toleranzforderungen überzogen, nicht unbedingt erforderlich sind oder sich das Verfahren so maschinentechnisch nicht optimal realisieren lässt. Durch Änderung von Qualitätsanforderungen – wie Entfeinerung von Toleranzen – ist oft eine günstigere Maschinentechnik möglich. Ursprünglich überhöhte Anforderungen von AG/Betreiber können aus Sicherheitsbedürfnis oder Konkurrenzgründen resultieren. Der Projektant sollte die technischen Möglichkeiten darstellen und so gemeinsam mit dem AG *überzogene Forderungen entschärfen*.

**Weitere Bedingungen**, die bezüglich VG und Verfahren zu beachten sind:

1. Ist das VG ein *Naturprodukt*, sind besonders schwankende Guteigenschaften zu erwarten (Herkunftsland, Wachstums- und Gewinnungsbedingungen), die Einfluss auf Verarbeitbarkeit und zu wählende Verarbeitungsgeschwindigkeit, meist Betriebsdrehzahl, haben. Der Projektant sollte hier der Anlagenkapazität unterschiedliche, gut- und

produktspezifische Betriebsdrehzahlen oder Drehzahlbereiche zu Grunde legen und im Projekt als *Betriebsanweisungen* für den Betreiber dokumentieren (siehe auch Abschn. 3.2).
2. Neben bekannten und gewünschten Guteigenschaften können bei manchem VG innerhalb der Anlage *weitere Eigenschaften* [2.13] bedeutsam werden, wie:
   - Förderbarkeit: Standsicherheit, Widerstand gegen Qualitätsminderung
   - Speicherbarkeit (Zeitfaktor): Manche Eigenschaften sind erst nach längerer Speicherzeit bedeutsam, z. B. Adhäsionsneigung, Widerstand gegen Staudruck, Haltbarkeit.
3. Ist das herzustellende Produkt ein *saison- und modebedingtes Konsumgut*, muss der Projektant dem Rechnung tragen: Die Anlage sollte eine gewisse Flexibilität aufweisen – bei Sortimentsproduktion ohnehin erforderlich – und möglichst ohne größeren technischen Aufwand umrüstbar sein, so durch:
   - Stellbereiche zur Formatumstellung: automatische Anpassung oder manuelle Einstellung
   - Umstellung durch Austausch von Formatsätzen, Beispiel: Etikettiermaschinen in Getränkeabfüllanlagen.
4. *Verarbeitungsverfahren* unterliegen im Zuge des technischen Fortschritts einer Dynamik: Neue oder veränderte Produkte erfordern neue oder modifizierte Verfahren.
5. *Wissenschaftlich-technische Neuerungen* ermöglichen günstigere Verarbeitung oder überhaupt erst die maschinelle Herstellung mancher Produkte. Die Anlage ist für einen großen Zeitraum, die Nutzungsdauer, zu konzipieren. Bis zur Inbetriebnahme vergehen nicht selten mehrere Jahre. Dagegen schreitet die Verfahrensentwicklung relativ schnell voran. Der Projektant ist bestrebt, der Anlage das modernste Verfahren zum Zeitpunkt der Planung zu Grunde zu legen. Daraus folgt, dass ein Verfahren zu diesem Zeitpunkt noch unausgereift sein kann. Deshalb sind immer *zu Beginn solche Fragen* zu klären:
   - Wie technisch *sicher* ist das Verfahren, welches Risiko liegt vor, welches ist tragbar?
   - Sind *Ausweichmöglichkeiten* bei Nichtbewährung des neuen Verfahrens vorzusehen? Wenn ja, dann Rückgriff auf ein älteres Verfahren?
   - Kommen Ausweichmöglichkeiten nur zeitweilig – als Interimslösung bis zur Praxisreife des neuen Verfahrens – oder als dauerhafte Alternative in Betracht?
   - Ist bei neuem VG oder bei neuem Verfahren die Verarbeitbarkeit durch *Bemusterung unter praxisnahen Bedingungen* zu klären?

## 2.5.2 Verarbeitungstechnisch bedingte Gutströme

Anlagenspezifische Gutströme der VAT sind so vielfältig wie die zu verarbeitenden Güter und Verfahren. Hinzu kommen prozess- und strukturbedingte Anforderungen, die bei der Verkettung der Elemente zu beachten sind. Der von einer Maschine abgegebene Gutstrom ist in seinen geometrischen und anderen Eigenschaften verfahrens- und maschinentech-

## 2.5 Besonderheiten der Verarbeitungsanlagen

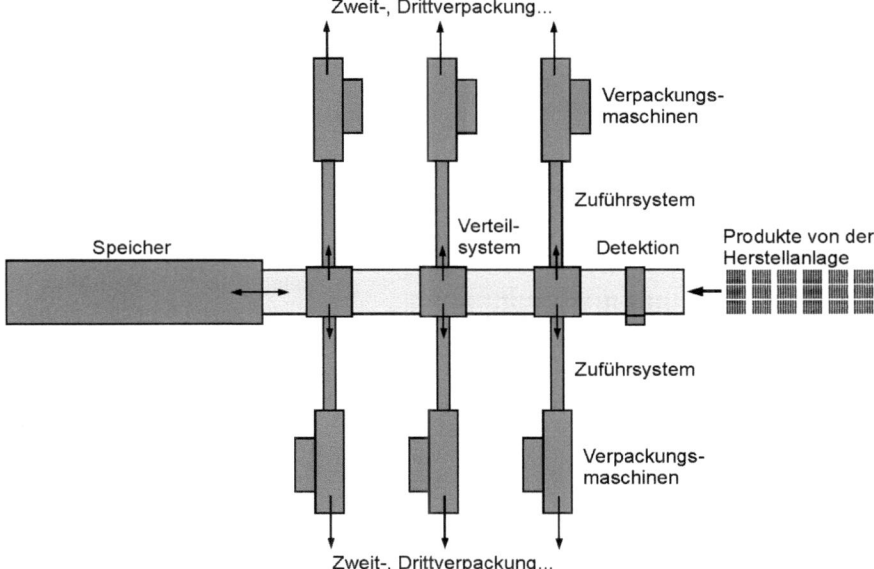

**Abb. 2.11** Verkettung verarbeitungsbedingter Gutströme am Beispiel THEEGARTEN-PACTEC [1.25]

nisch bedingt. Der Projektant hat bei der Anlagenstrukturierung *zwei Fälle* zu unterscheiden:

1. Der Ausgangsstrom eines Elements kann unmittelbar Eingangsstrom des nächsten Elements sein – einfachster Fall.
2. Ist dies nicht möglich, erfordert die Verkettung Koppelelemente zur Gutstrom-Umformung.

Nichthomogene Gutströme, von solchen ist bei Gutströmen der Gutgruppe I meist auszugehen, stellen an die Verkettung erhöhte Anforderungen (Abb. 2.11). Dazu zählen besonders

- mehrbahnige Stückgut-, Flachformgut- und Strangformgutströme, die geometrisch geordnet eine Maschine verlassen, deren weitere Verarbeitung aber eine andere Gutordnung erfordert, z. B. kleinstückige Süß- und Dauerbackwaren-Gutströme, die für die Verpackung in einzelne Bahnen aufzuteilen sind
- kleinstückige Gutströme, die eine Maschine als Schüttgut verlassen, deren Weiterverarbeitung aber eine bestimmte Gutordnung erfordert, z. B. Tabletten oder Pastillen und deren Verpackung in Blister.

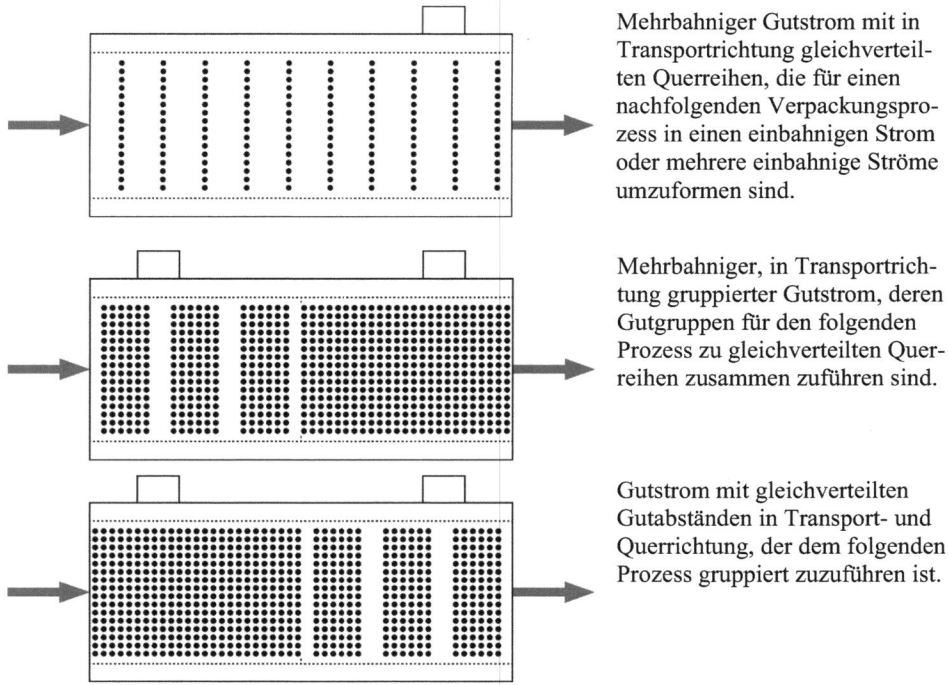

**Abb. 2.12** Gutstromvarianten am Beispiel kleinstückiger Güter [1.25]

Dieses Beispiel zeigt ein modular konzipiertes Verpackungssystem für kleinstückige Süßwaren, bei dem prozessbedingte mehrbahnige Gutströme der Herstellanlage an Verteilsystemen in ein- oder mehrbahnige Gutströme für die Verpackungsmaschinen durch komplizierte Verkettungstechnik [2.14] umgeformt wird. Besonderer Anspruch dieses Systems ist die kundenspezifische Konfiguration hinsichtlich VG-Format, Gutordnung und Produktivität (siehe auch Gestaltungsbeispiel Abschn. 6.6.2). So kann die Herstellung neben gleichverteilten ein- oder mehrbahnigen Gutströmen auch kompliziertere Ströme mit zusätzlich längs- und quergeteilten Gutgruppen in technologisch bedingten Abständen liefern.

Abbildung 2.12 zeigt Beispiele kleinstückiger Gutströme, die eine Herstellanlage geordnet verlassen und für spätere Prozesse umgeformt werden müssen.

Mehr zu Gutstromspezifik und Verkettungsmöglichkeiten in Abschn. 4.3, 4.4 und 4.5.

## 2.5 Besonderheiten der Verarbeitungsanlagen

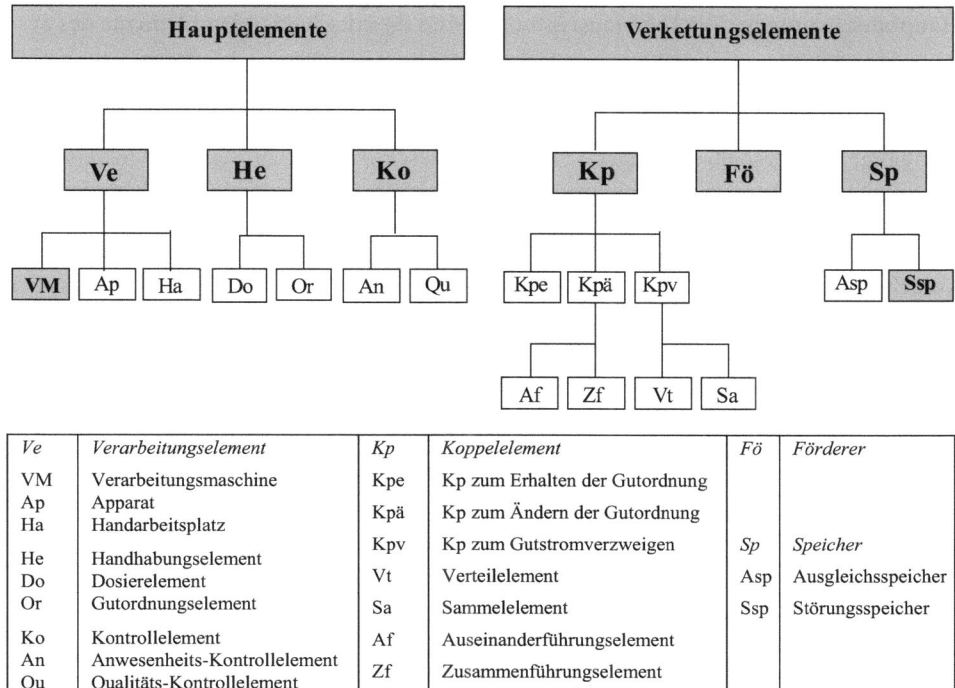

**Abb. 2.13** Die Anlagenelemente des Stoffsystems [2.16]

### 2.5.3 Maschinentechnische Ausrüstungen – die Anlagenelemente

Während Abschn. 1.4 einen Überblick über die Funktionsbereiche der Anlage, die entsprechenden Teilsysteme und die Elementearten des Stoffsystems gibt, ausgehend von der zu erfüllenden Funktion, werden nun die Anlagenelemente weiter spezifiziert.

Die in Abb. 2.13 dargestellten maschinentechnischen Ausrüstungen (MTA) sind die Elemente der Anlage, mit denen sich der MTA-Projektant vorrangig zu befassen hat. Wegen ihrer repräsentativen Funktion sind *Verarbeitungsmaschine* als wichtigste Hauptausrüstung und *Störungsspeicher* als zuverlässigkeitserhöhendes Mittel besonders hervorgehoben.

Entsprechend ihrer Funktion sind die *Hauptausrüstungen* und die *Verkettungselemente* so weit unterteilt, wie es die Planung der Anlagenstruktur im Allgemeinen erfordert. Das schließt eine brancheninterne weitere Unterteilung mancher Elemente nicht aus.

So kann es sinnvoll sein, die Maschine weiter in *Grundmaschine* und wahlweise einsetzbare *Zusatzbaugruppen* zu spezifizieren, z. B. eine Etikettiermaschine mit sortimentsabhängigen *Formatbaugruppen*, die im Projekt zu begründen und in der Ausrüstungsliste separat, mit eigener Position aufzuführen sind.

Es können auch die Förderer weiter in *Stetig-* und *Unstetigförderer* unterteilt werden usw.

**Hauptausrüstungen** Die Hauptausrüstungen sind die entscheidenden Elemente des Systems Anlage und von diesen wiederum die Maschinen, da hauptsächlich diese die Verarbeitungsprozesse vollziehen.

Die Darstellung verarbeitungstechnischer Erkenntnisse und charakteristischer Zusammenhänge geht deshalb im Folgenden von der Maschine aus. Am Beispiel der Maschine vermittelte Erkenntnisse sind mehr oder weniger auf die anderen Hauptausrüstungen und in bestimmtem Maße auch auf die Verkettungselemente übertragbar.

**Verarbeitungsmaschine [1.2, 1.3]** Die VAT unterscheidet bezüglich der *Arbeitsweise* der Maschine drei Klassen:

Klasse I   zyklisch arbeitende Maschinen (Chargenbetrieb)
Klasse II  diskontinuierlich arbeitende Maschinen (getakteter Betrieb)
Klasse III kontinuierlich arbeitende Maschinen (kontinuierlicher Betrieb).

Dieser Unterscheidung liegt die *Arbeitsweise der Wirkpaare (WP)* zu Grunde, die sich aus zeitlichem Ablauf der Einwirkung und Guttransport durch die Maschine ergibt. WP sind Stellen der Maschine, in denen die Arbeitsorgane unmittelbar auf das VG in Realisierung des Verarbeitungsprozesses einwirken (siehe auch Abschn. 1.4).

Im Ergebnis der verfahrens- und maschinentechnischen Entwicklung dominiert die *kontinuierliche Arbeitsweise*, Klasse III, die höhere Produktivitäten ermöglicht und bessere Voraussetzungen zur Automatisierung bietet. Diskontinuierlicher und Chargenbetrieb sind überall dort noch anzutreffen, wo dies entweder das Verarbeitungsverfahren erfordert oder infolge zu geringer Produktmengen wirtschaftlich begründet ist.

Hinsichtlich *Steuerung* sind drei Automatisierungsstufen unterscheidbar:

Stufe 1 handgesteuerter Betrieb
Stufe 2 halbautomatischer Betrieb
Stufe 3 automatischer Betrieb.

Bei Stufe 1 leitet die Bedienperson jeweils den nächsten Arbeitstakt der Maschine von Hand ein, bei Stufe 2 laufen bestimmte Abläufe automatisch ab, andere erfordern noch Steuerungseingriffe des Bedieners. Demzufolge werden die Maschinen unterschieden in:

- *Handbediente Maschinen*, z. B. Bügelpresse: Bediener liefert mechanische Energie und Signal zur Durchführung und Steuerung der Verarbeitungsvorgänge sowie zur VG-Zuführung und Produktabführung
- *Teilautomatische Maschinen*, Teilautomaten, z. B. Knopfnähmaschine: Bediener liefert Signal zur Steuerung der Verarbeitungsvorgänge, übernimmt oder unterstützt VG-Zuführung und Produktabführung
- *Automatische Maschinen*, Automaten, z. B. Webmaschine, Verpackungsmaschine: Bediener überwacht Arbeitsablauf und verändert gegebenenfalls – bei Sortimentswechsel oder aus Gründen schwankender VG-Qualität – den Programmablauf.

## 2.5 Besonderheiten der Verarbeitungsanlagen

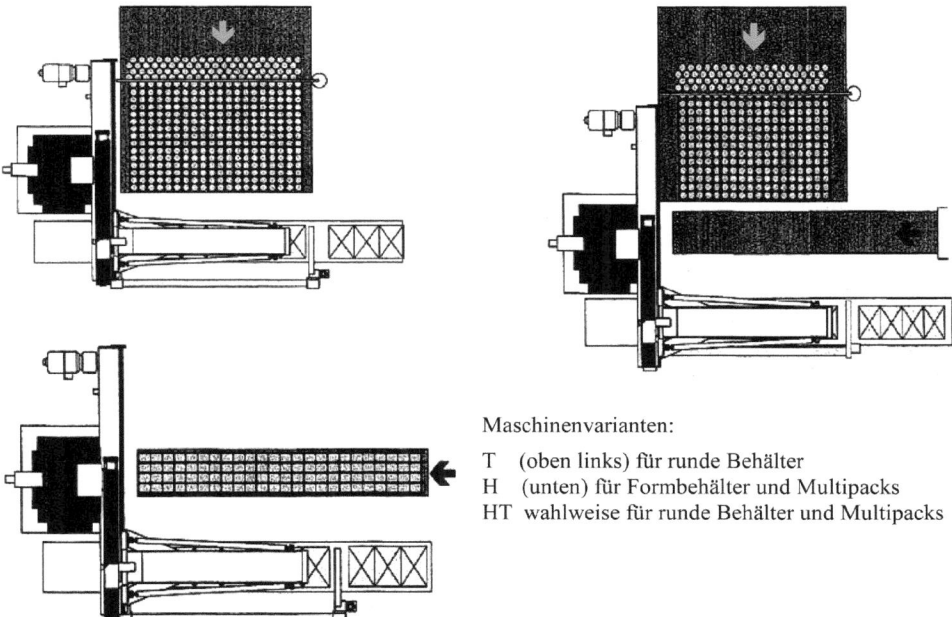

Maschinenvarianten:
T  (oben links) für runde Behälter
H  (unten) für Formbehälter und Multipacks
HT wahlweise für runde Behälter und Multipacks

**Abb. 2.14** Flexible Maschine am Beispiel Kastenpacker Linapac II von KRONES AG [1.24]

Moderne Maschinen sind oft in *Modulbauweise* konzipiert für *flexiblen Einsatz*:

- verfahrensflexibel hinsichtlich VG- und Produktsortiment
- raumflexibel hinsichtlich möglicher Aufstellungsvarianten, besonders der Gutzuführungs- und Produktabführungsrichtungen.

Diese Maschinen ermöglichen eine flexible Projektierung hinsichtlich Produktsortiment, räumlicher Anordnung und somit eine flexible Linienführung der Anlage.

Besonders fortgeschritten ist die Modulbauweise in der Verpackungstechnik, z. B. bei Maschinen in Getränkeabfüllanlagen: Etikettiermaschinen, Palettier- und Entpalettiermaschinen, Kastenauspacker/-einpacker (Abb. 2.14) sind hinsichtlich VG und räumlicher Anordnung weitgehend flexibel einsetzbar.

**Handhabungs- und Kontrollelemente** Diese Elemente haben *qualitätsgerechte Gutströme* für Folgeprozesse der Anlage zu gewährleisten; sie erfüllen Funktionen wie:

- Dosieren: Herstellen/Abteilen der für den Folgeprozess benötigten Gutmenge
- Ordnen: Herstellen/Wiederherstellen einer bestimmten Gutordnung
- Kontrollieren der Anwesenheit: Gut *nicht da* bedeutet *Lücke* im Strom

- Kontrollieren der Qualität: Nichtqualitätsgerechtes Gut ist auszuschleusen, auszusortieren.

Zu diesen Funktionen und zu funktionserfüllenden Prinzipen wird auf Mechanismen einer Datenbank der VAT [2.12] und auf [2.13–2.18] verwiesen. Besonders die Elemente zum Ordnen und Kontrollieren sind oft gemeinsam mit Koppelelementen zu betrachten.

Haben die Hauptausrüstungen *eigene Organe* für Gutaufnahme und Produktabgabe und erfolgt dies außerdem in einbahnigen Gutströmen, ist deren funktionelle Einordnung bei der Systemstrukturierung meist unproblematisch. Beispiele: Einlauf- und Auslaufsterne bei Flaschenfüll- und Etikettiermaschinen in Getränkeabfüllanlagen.

**Verkettungselemente** [2.14–2.22] Nach ihrer Funktion im System Anlage werden diese Elemente in *Förderer, Speicher und Koppelelemente* unterschieden (siehe auch Abschn. 1.4 und Abb. 2.13). Hierfür kommen Förderer wie Bandförderer, Kettenförderer oder einzelne Elemente der Materialflusstechnik wie Tragrollen, Transportketten usw. in Betracht.

In Verarbeitungsanlagen werden sowohl *Stetigförderer* als auch *Unstetigförderer* eingesetzt, je nach *Verkettungsgrad der Gutstromkopplung*:

- Stetigförderer bei hohem Verkettungsgrad zur maschinellen Kopplung meist kontinuierlich oder getaktet ablaufender Gutströme
- Unstetigförderer zur Gutstromkopplung an Schnittstellen mit niedrigerem Verkettungsgrad, so innerhalb einer Anlage oder zu anderen Anlagen und Teilsystemen des Betriebes, so zum Wareneingangs- oder -ausgangslager (siehe Abb. 1.3), deren Gutströme nicht maschinell miteinander gekoppelt sind und keine Kontinuität an diesen Stellen erfordern, z. B. der Palettentransport mittels Gabelstapler, der Kannentransport in Spinnereien (Abschn. 5.5).

Innerhalb der Anlage dominieren Stetigförderer und diese in meist ortsfester Anordnung.

Unter *Verkettungsgrad* soll der Grad der Automatisierung und Kontinuität der Gutstromkopplung verstanden werden. Dieser ist am höchsten bei automatisch und kontinuierlich ablaufendem Gutfluss – analog Klasse III der Maschine; er ist demzufolge bei ausschließlich manuellem Gutfluss am niedrigsten. Ausschließlich manueller Gutfluss ist in entwickelten Industrieländern lange schon die seltene Ausnahme. Zumindest kommen solche Unstetigförderer wie Gabelstapler oder Gabelhubwagen, meist in Verbindung mit Transport-, Lagerhilfsmitteln und weiteren Mitteln der Materialflusstechnik [2.20] zum Einsatz.

Auf die *Vielfalt* der allgemein einsetzbaren, handelsüblichen *Stetigförderer und Zubehörgeräte*, sei hier vorab nur hingewiesen (ausführlicher in Kap. 4):

- DIN 15201, Teil 1 – Begriffe – veranschaulicht 10 Gruppen von Stetigförderern
- DIN 15201, Teil 2 – Zubehörgeräte – veranschaulicht Zusatzeinrichtungen, die der Zuführung, Verteilung, Zusammenführung, Ordnung, Abführung oder Messung des Fördergutes dienen, gegliedert in 5 Gruppen.

## 2.5.4 Betrieb, Steuerung, Prozessüberwachung

Dieser Abschnitt beschränkt sich auf einige *Besonderheiten* bei Verarbeitungsanlagen und *Hinweise* der Übersicht halber zur Steuerung maschinentechnischer Ausrüstungen und Anlagen. Ansonsten wird auf die einschlägige Literatur verwiesen sowie auf spezielle zu Antrieb und Steuerung verarbeitungstechnischer Systeme, z. B. [2.23–2.26]. Hingewiesen sei auch auf aktuelle *Entwicklungstrends* zu *energieeffizienten Antrieben* für fördertechnische Anlagen, die auch für Anlagen der VAT relevant sind, z. B. [2.27].
Das Steuerungssystem der Anlage ist charakterisiert durch

- die Steuerung der Maschinen und anderen Anlagenelemente
- die den Anlagenelementen übergeordnete, die Elementefunktion koordinierende Steuerung, die nach einem hierarchischen Konzept strukturierte Steuerungstechnik auf Anlagenebene.

Der Stand der Technik ermöglicht es, in das eigentliche Steuerungssystem der Anlage neben der Antriebssteuerung der MTA weitere Funktionen einzubeziehen, so Funktionen der Prozessüberwachung, -steuerung und -regelung.
*Prozessüberwachung* kann beinhalten:

1. Erfassung und Berechnung spezifischer Prozesskenngrößen
2. Kommunikation mit Bedien- und Überwachungspersonal bei möglicher manueller Dateneingabe/Datenkorrektur
3. Signalisation kritischer Prozesssituationen, z. B. Faserbandalarm in Spinnereianlagen
4. Anzeige aktueller Prozesssituationen wie Störungen, Kennwerte wesentlicher Größen, z. B. Bandfeinheit und Anzeige von Handlungsanweisungen
5. Trendüberwachung und Vorhersage von Prozesssituationsänderungen, z. B. Verläufe der Bandfeinheit über wählbare Intervalle
6. Protokollierung des Prozessablaufes, Langzeitspeicherung von Prozessdaten
7. Überwachung technischer Zustände bis hin zu Diagnostik, z. B. Anzeige auszutauschender Schneidmesser, deren Schneide die Toleranzgrenzen bald oder bereits erreicht hat.

*Prozesssteuerung/-regelung* kann umfassen:

1. Prozessführung: Steuerung der einzelnen Prozessphasen innerhalb des Prozessablaufes unter Berücksichtigung möglicher Zustände
2. Prozesssicherung: Verhinderung den Prozess gefährdender Zustände
3. Prozessstabilisierung: Stabilisierung ausgewählter Prozessvariablen bei gestörtem Betrieb innerhalb eines Sollbereiches zur Erfüllung z. B. bestimmter Effektivitätsanforderungen

4. Prozessoptimierung: Auswahl von Zielfunktionen nach aus Prozessanalyse gewonnenen Daten und Steuerung ausgewählter Regelgrößen nach diesen Funktionen.

Komplexe Anlagen erfordern *hierarchisch strukturierte Steuerungssysteme*, z. B. in vier Ebenen mit entsprechender Anlagentechnik:

1. Prozessebene:       Sensoren/Aktoren
2. Maschinenebene:  Maschinensteuerungen
3. Anlagenebene:     Anlagensteuerung
4. Leitebene:             Leitsysteme.

Der MTA-Projektant muss in der *Aufgabenstellung zur Steuerungstechnik* alle möglichen Betriebszustände der Anlagenelemente einbeziehen:

1. Nennlastbetrieb der Anlage mit $Q_{rp}$ = konst. oder in zulässigen Grenzen schwankender Produktivität $Q_r(t)$, siehe Abschn. 3.2
2. An- und Abfahren der Anlage bei Beginn/Ende der Betriebszeit oder bei Sortimentswechsel
3. Stillsetzung der Anlage oder Leerlauf infolge Ausfall eigener Elemente oder angrenzender Systeme
4. Wiederinbetriebnahme nach Stillstand oder Ausfall
5. NOT-AUS der Anlage oder einzelner Anlagenteile (nach DIN EN ISO 12100 *Not-Halt*).

Bei NOT-AUS sind in der Verzögerungsphase eine bestimmte Funktionserfüllung und die technische Sicherheit gegen Überlastung der MTA zu fordern. Vor Wiederinbetriebnahme können visuelle Kontrolle und manueller Eingriff in den Gutstrom zur Beseitigung von Gutstau vorgesehen sein.

Zur Gewährleitung technischer Sicherheit und kontinuierlicher Gutströme haben sich die Anlagenelemente antriebs- und signalseitig übergeordneter Betriebsstrategien unterzuordnen., z. B. unter die aus der Fördertechnik bekannte Anfahr- und Signalordnung. *Störeinflüsse* auf die Kontinuität des Gutstromes wie

- Gutrückstau im Ausgangsstrom einer MTA
- Gutüberschuss, nichthandhabungsgerechtes Gut oder unzulässige Gutordnung im Eingangsstrom einer MTA

sind durch geeignete Mittel stromab bzw. stromauf fernzuhalten.

Den Erfordernissen der Automatisierung folgend, ging und geht die Entwicklung der Antriebs- und Steuerungstechnik immer mehr zu stufenlos stellbaren und dezentralen, peripheren Antrieben, die eine bessere Anpassung an die Prozessdynamik der Verarbeitung und einen effektiveren Anlagenbetrieb ermöglichen.

So wird z. B. der Antrieb von Arbeitsorganen moderner Verarbeitungsmaschinen immer mehr peripher angesteuert (Abb. 2.15).

## 2.5 Besonderheiten der Verarbeitungsanlagen

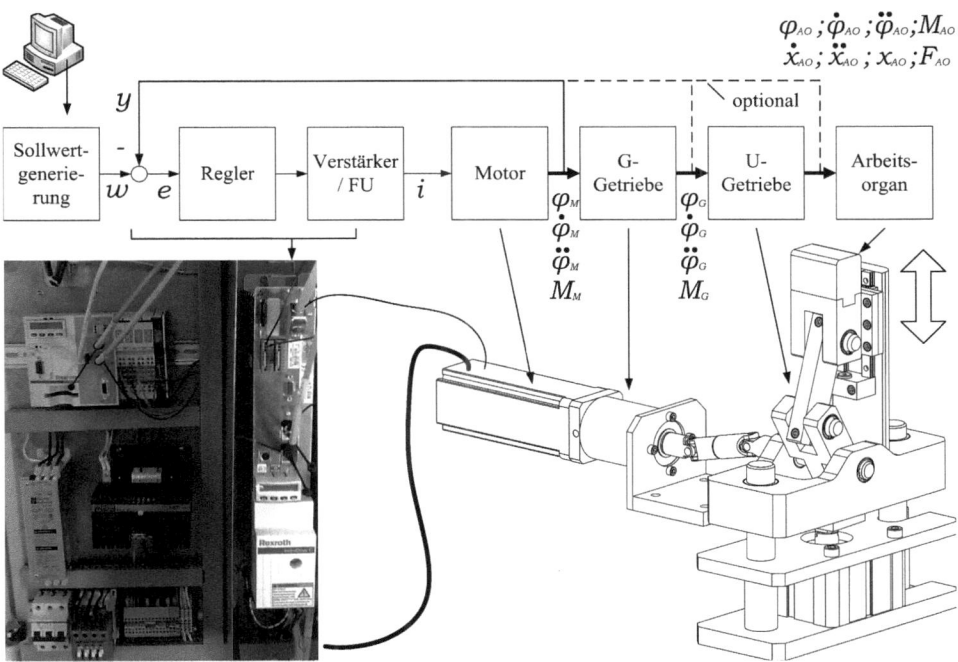

**Abb. 2.15** Typische Antriebssteuerung eines Arbeitsorgans von Verarbeitungsmaschinen [2.23]

*Voraussetzungen* für einen hohen Automatisierungsgrad der Anlage sind:

1. Hinreichend zuverlässige Anlagenelemente, ermöglicht
   - maschinentechnisch durch Hersteller und Anwender (Instandhaltung, Fahrweise)
   - verarbeitungstechnisch durch qualitätsgerechte VG (Maßtoleranzen, Stoffparameter)
2. Automatisierte Kontrollprozesse nach jedem technologischen Prozess, z. B. zum Erkennen und Ausschleusen nichtqualitätsgerechter VG und Zwischenprodukte, z. B. mit Ausschleusern gekoppelte Flascheninspektoren in Abfüllanlagen (Abschn. 1.8)
3. Prozesserkennungstechnik zum Erfassen aktueller Zustände (Füllstand von Speichern, ...).

**Grundsätzliche Betriebsstrategien** Die zu wählende *Betriebsstrategie* einer MTA als Grundlage für den Entwurf des Steuerungskonzeptes hängt wesentlich von der verarbeitungstechnisch gewählten bzw. festliegenden Prozessführung ab.

Nach dem *Zeitverhalten der Produktivität* sind grundsätzlich *zwei Strategien* zu unterscheiden (siehe Abschn. 3.2):

Strategie I: Betrieb mit *fester* Produktivität $Q_r$ = konst.; bei VM oft $n_p$ = konst.
Strategie II: Betrieb mit *variabler* Produktivität $Q_r$ = f(t) bei Nutzung der internen Redundanz $\varphi$ im gestörten Anlagenbetrieb.

Strategie II ist zumindest bei den Hauptelementen immer mehr vorherrschend. Für stellbare Antriebe kommen thyristor- oder frequenzgesteuerte Motore und Stellgetriebe, auch polumschaltbare Motore und Schaltgetriebe zum Einsatz. Strategie I kann verarbeitungsbedingt erforderlich sein, z. B. bei Fünfwalzwerken für Schokoladenmassen (Abschn. 4.5.1).

Ein Steuerungskonzept muss neben den bekannten Grundlagen für stoffverarbeitende Anlagen auch anlagenspezifische Besonderheiten berücksichtigen und Forderungen erfüllen, so z. B. bestimmte Gutstromverhältnisse an Schnittstellen/Koppelstellen, die bei Bedarf zur Steuerung der Arbeitsgeschwindigkeit angrenzender Maschinen dienen.

### 2.5.5 Restriktionen für den Projektanten

Der Projektierungsprozess ist durch viele Restriktionen gekennzeichnet. Bei Verarbeitungsanlagen ergeben sich diese besonders aus den *Einsatzbedingungen*, die nach ihrem Einfluss auf den Projektierungsprozess gruppiert etwa in folgender Rangfolge wirken können:

1. VG, Verarbeitungshilfsmittel, herzustellendes Produkt
2. Verarbeitungsverfahren
3. Zwänge aus dem Gutstrom-Handling, aus der Gutstrom-Verkettung
4. Gegebenheiten des Standortes: Flächen, lichte Raumhöhe, feste Einbauten, …
5. Restriktionen aus weiteren Einflussfaktoren (siehe auch Abb. 4.1, Abschn. 4.1) sind z. B.
   - Kosten, Termine: einzuhaltende Vorgaben
   - extreme klimatische Bedingungen: z. B. tropische
   - Arbeitskräfte: Qualifikationsniveau, Leistungsfähigkeit
   - Produktionslogistik: Auftragsdurchlauf, Schichtregime, Springertätigkeit.

Besonders die Gruppen 1 bis 3 können an den MTA-Projektanten erhöhte Anforderungen stellen, sind sie doch für den Nicht-Verarbeitungstechniker fachspezifische Restriktionen.

Sind Verfahren und VG (Abschn. 3.1) vorgegeben, hat der Projektant darauf kaum noch Einfluss. Er muss mit einschlägigen Lieferanten die geeigneten MTA vorauswählen und spezifische Anforderungen wie Maschinenspezifikationen vereinbaren. Erfüllen Lieferprogramme nicht diese Anforderungen (siehe auch Abschn. 4.4), sind *Sonderausführungen* erforderlich.

Der für die Strukturierung maßgebende Gutstrom kann bestimmte, begrenzte funktionelle und räumliche Gestaltungslösungen erzwingen, z. B. die Weiterverarbeitung eines

## 2.5 Besonderheiten der Verarbeitungsanlagen

mehrbahnigen Stückgutstromes nach Backöfen oder Gießanlagen. Relativ langsame mehrbahnige Gutströme sind oft auch für Verpackungsprozesse zu einbahnigen Strömen hoher Geschwindigkeit zusammenzuführen und mit Lücken für bestimmte Eingriffe wie Qualitätskontrolle, kombiniert mit Auswerfern zu versehen. Beispiel: Leerflascheninspektor in Getränkeabfüllanlagen.

Bei Rationalisierungsaufgaben (Grundfälle b bis d, Abschn. 2.1.2) sind oft räumliche Gegebenheiten die bedeutendste Restriktion. Industriegrundstücke und -bauwerke sind intensiv zu nutzen. Das zwingt zu Beschränkung in der Gestaltungsphase (Kap. 6). Hinsichtlich Vorauswahl auch räumlich realisierbarer MTA sollten räumliche Gegebenheiten bereits im Groben frühzeitig in die Phasen Dimensionieren und Strukturieren einbezogen werden.

### 2.5.6 Anforderungen an Konstruktion und Entwicklung

Nicht für alle Verarbeitungsaufgaben stehen sofort geeignete MTA zur Verfügung. Dieses Problem liegt vor, wenn

1. im Zuge des technischen Fortschritts neue Verfahren und/oder neue Verkettungsaufgaben zu realisieren sind, es sich also nicht um Routine-Projektierung handelt
2. neue Märkte zu erschließen sind für Anlagen, deren MTA noch nicht alle für die neuen Einsatzgebiete geeignet sind.

Der Projektant hat dann aus Anlagensicht *Forderungen an Konstruktion und Entwicklung* zu stellen. Er sollte so vorgehen, dass für Entwicklung, Konstruktion (VDI 2221, 2222, 2225, 2234) und Realisierung geringster Aufwand entsteht.

Eine einfache *Suchstrategie* kann die Beantwortung folgender, der Reihe nach zu durchlaufender Fragen sein, die von geringstem Aufwand ausgeht und bei einer Neuentwicklung endet:

1. MTA laufender Angebote/eigener Fertigung geeignet?
2. MTA gemäß 1 anpassbar? Möglichkeiten:
   - Geänderte Zu- und Abführung
   - Zusatzeinrichtungen, z. B. Sonderformat, Gutkennzeichnung, Qualitätskontrolle
   - Verwendung wesentlicher Baugruppen, z. B. Grundmaschine mit Einbeziehung von Baugruppen anderer MTA/anderer Hersteller
   - Zusätzliche Maßnahmen für Arbeitsschutz, Umweltschutz, Qualitätssicherung
3. Sonderausführung sinnvoll? Möglichkeiten:
   - Vereinfachte Universalmaschine, wenn vorhandene Vielfalt der Verarbeitungsfunktionen im konkreten Fall nicht erforderlich ist, d. h. abgerüstete Maschinenvariante
   - Konstruktion einer Maschine bei Wiederverwendung bewährter Baugruppen für bestimmte Funktionen, z. B. Dosieren, Schneiden
4. Neuentwicklung erforderlich?

## 2.6 Beispiele

### 2.6.1 Verfahren und Maschinentechnik einer Schokoladenfabrik

Am Beispiel einer Schokoladenfabrik zeigt Abb. 2.16, welche Vielzahl von VG, Prozessen und MTA von der Rohstoffannahme bis zum verpackten Produkt in einem Verarbeitungsbetrieb bei der Planung derartiger Anlagentechnik zu beachten sein kann.

Die einzelnen *Verfahrensfließbilder* sind hier zur Demonstration der Komplexität und Vielfalt zu einem *Gesamtfließbild* verbunden, das so nur im Extremfall – dem Neubau einer gesamten Schokoladenfabrik – Planungsgrundlage wäre. Technologisch abgrenzbare Produktionsbereiche umfassen im Wesentlichen:

- Rohstoffe: Annehmen, Kontrollieren, Lagern, Bereitstellen zur Verarbeitung; beim Hauptrohstoff Kakaobohne außerdem: Reinigen, Rösten, Brechen zu Kernbruch
- Produktionslinien zur Herstellung von: Kakaomasse, Kakaobutter, Kakaopulver, Schokoladenmasse
- Produktion der Schokoladenartikel: Tafeln, Pralinen, Hohlfiguren usw.
- Abfälle und Abprodukte: Entsorgen, Aufbereiten von Reststoffen wie Kakaoschalen.

Schokoladenfabriken sind meist auf bestimmte Produkte spezialisiert. Auch haben sie aus wirtschaftlichen Gründen nicht alle das gesamte technologische Spektrum. So verarbeiten manche Fabriken fremdbezogene Schokoladenmasse, die in Spezial-Tankfahrzeugen temperiert, zu vereinbarten Bedarfszeitpunkten nach dem Prinzip JIT (*just in time*) angeliefert wird.

Zur Herstellung von Schokoladenmasse sind dargestellt:

- ein Verfahrensschema in Abb. 2.17
- ein Anlagenbeispiel in Abb. 2.18.

Die Herstellung von Schokoladenmasse ist durch biochemische, mechanische und Wärmeprozesse gekennzeichnet [1.6, 2.28]. Wesentliche Voraussetzungen für hohe Produktqualität und Produktivität sind: Einhaltung bestimmter *Rohstoffanforderungen* und *Betriebsbedingungen*. Weiteres dazu am realen Beispiel in Kap. 4 und 7, dem das in Abschn. 2.3.2 dargestellte Lieferangebot zu Grunde liegt.

Zum Verfahren:

- Varianten: Zerkleinern der Masseteilchen mit oder ohne Vorwalzen
- Vorwalzen auf ca. 150...200 μm verkürzt das Feinwalzen auf Endfeinheit von ca. 15...25 μm
- Verfahren *ohne* Vorwalzen (Abb. 2.18) erfordert eine größere Anzahl Feinwalzwerke (Pos. 38).

## 2.6 Beispiele

A   Rohkakaobohnen
A1  Kakaobohnen, gerein.
B   Kakaokernbruch
C   Kakaoschalen
D   Kakaomasse
E   Kakaokuchenbruch
F   Kakaobutter, gefiltert
G   Kakaopulver
H   Kakaobutter, gebl.
I   Kakaomasse, gebl.
J   Fremdfett
K   Fremdfett
L   Lezithin
M   Kristallzucker
N   Kakaopulver
O   Milchpulver
P   Produkt, verpackt
Q   Schokoladenmasse

1   Elevator
2   Trogkettenförderer
3   Steinausleser
4   Metallseperator
5   Windreiniger
6   Kreissieb
7   Silo
8   Rohrkettenförderer
9   Schachtröster
10  Becherwerk
11  Entschalungsanlage
12  Schlagmühle
13  Kakaomassetank
14  Vakuummischer
15  Differentialmühle
16  Spindelmühle
17  Schwingsieb
18  Wärmebehälter
19  Kakaopresse
20  Kakaobutterwaage
21  Vorbrecher
22  Gegenstromkühler
23  Pulverisieranlage
24  Absackanlage
25  Buttertank
26  Butterfilteranlage
27  Desodorierung
28  Kakaobuttertank
29  Temperierung
30  Abblockung von F
31  Abblockung von D
32  Sackaufgabe
33  Mischer
34  Muldenband
35  Zweiwalzwerk
36  Schneckenförderer
37  Stahlbandförderer
38  Fünfwalzwerk
39  Konticonche
40  Schokoladenmassetank
41  Überziehanlage bzw. Massivartikel- oder Hohlkörperanlage
42  Verpackungsanlage,  43  Förderer

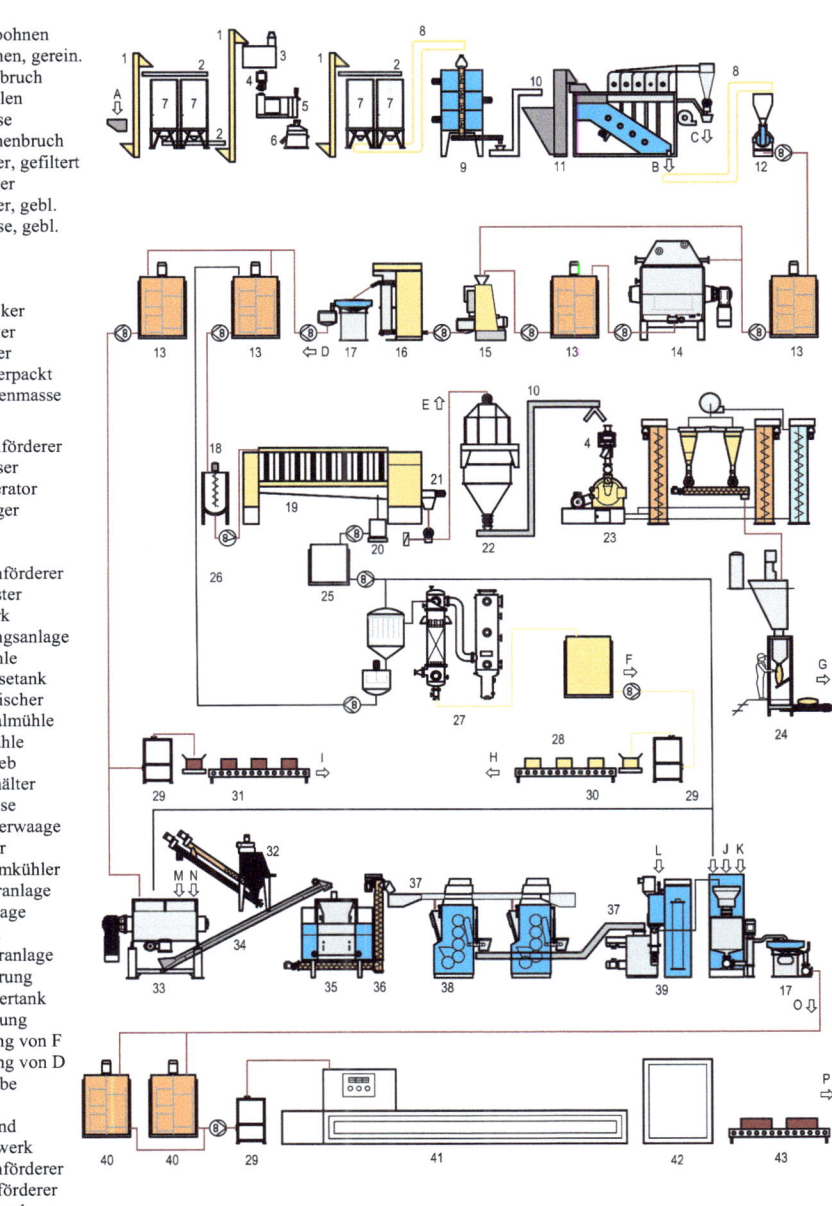

**Abb. 2.16** Verfahrensfließbilder einer Schokoladenfabrik (Auszug aus PETZHOLDT-Heidenauer [1.26])

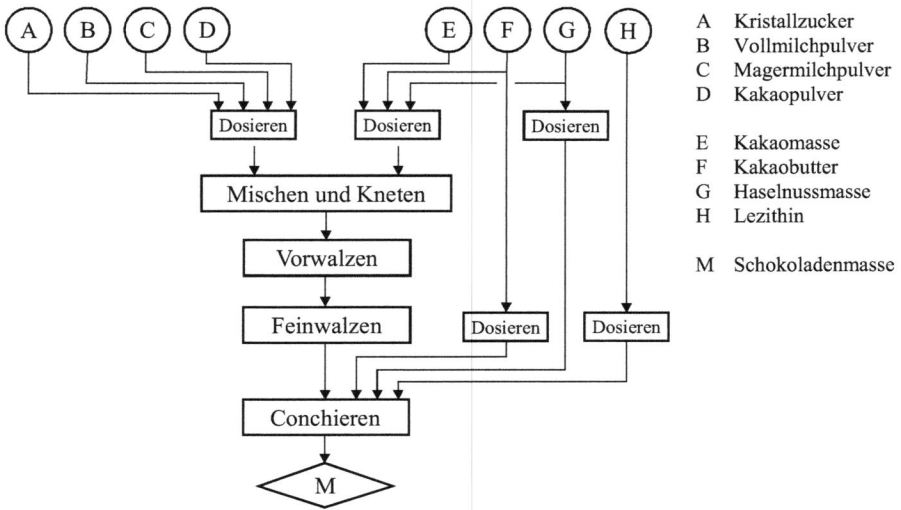

**Abb. 2.17** Verfahrensschema zum Herstellen von Schokoladenmasse

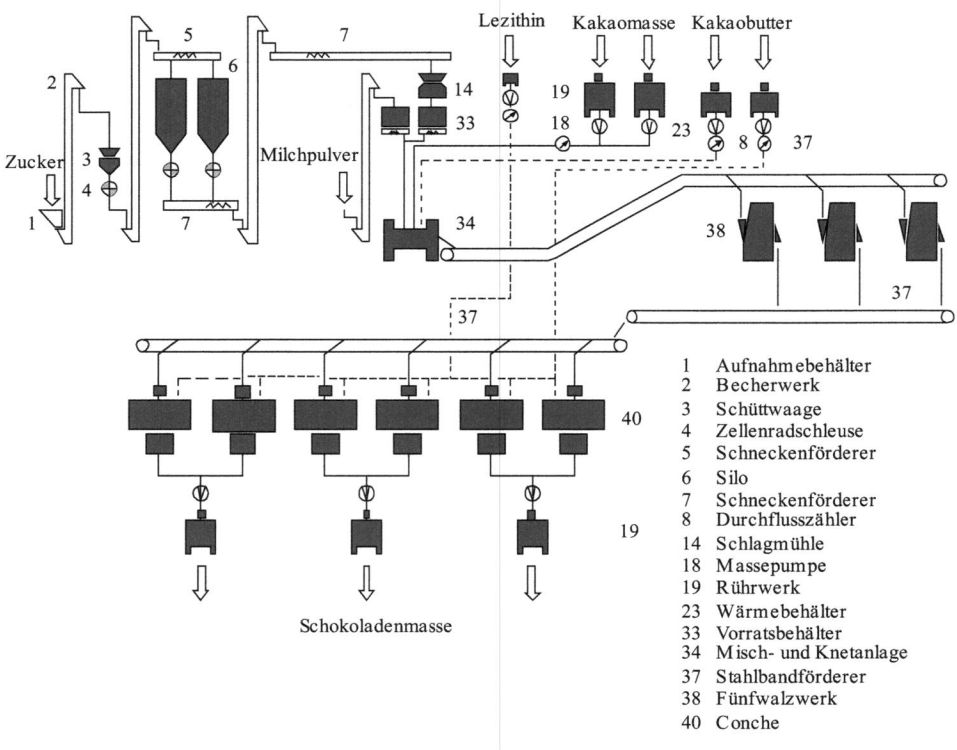

**Abb. 2.18** Anlagenbeispiel Schokoladenmasseherstellung – schematische Darstellung

## 2.6 Beispiele

**Abb. 2.19** Kastenstrom mit Leergut am Auspacker Linatec II [1.24]

**Abb. 2.20** Flaschenstrom nach der Etikettiermaschine Solomatic [1.24]

Zu Produktivitäten und Verkettungstechnik derartiger Anlagen:

- Einzellinien gemäß Abb. 2.18 sind allgemein wirtschaftlich im Bereich 0,5 (0,75)... 6 (8) t/h; darüber hinaus sind mehrere, parallel zu betreibende Linien erforderlich
- Verkettung durch Standardelemente der Materialflusstechnik, teilweise angepasst an die VG
- Stahlbandförderer (Pos. 37) für den Massetransport in branchentypischer Ausführung mit speziellen Gutabgabeeinrichtungen (Abstreifer – hier nur angedeutet).

### 2.6.2 Gutströme von Getränkeabfüllanlagen

Folgende Beispiele betreffen typische Gutströme in Getränkeabfüllanlagen, speziell die in Abschn. 1.4 und 1.8 dargestellten Abfüllanlagen.

Abbildung 2.19 zeigt einen in den Kastenpacker eingelaufenen Kastenstrom mit leeren Flaschen, die hier mittels Greifermechanismus entnommen und dem Flaschenbereich

**Abb. 2.21** Speicherstrom, Einzelflaschenstrom, Gebindestrom [1.24]

zugeführt werden. Die leeren Kästen gelangen weiter zu Kastenwender (Abführung von Fremdkörpern), Kastenwaschmaschine und Kasteneinpacker. Die Modulbauweise des Kastenpackers (Maschinentyp wie in Abb. 2.14) ermöglicht seine Funktion als Auspacker (hier dargestellt) oder als Einpacker (dann als Pos. 16 in Abb. 1.10).

Abbildung 2.20 zeigt einen einbahnigen Flaschenstrom nach der Etikettiermaschine.

Abbildung 2.21 veranschaulicht drei Gutströme einer Flaschenabfüllanlage in technologischer Reihenfolge.

- Gefüllte und verschlossene Flaschen im mehrbahnigen Speicherstrom vor der Etikettierung
- Einzelflaschenstrom nach der Etikettierung
- Gebindestrom nach der Gebindebildung.

# 3 Betriebsverhalten der Anlage und ihrer Elemente

## 3.1 Betriebsverhalten und seine Einflussfaktoren

Das Betriebsverhalten der Anlagenelemente ist die *Teileigenschaft ihrer Qualität*, die nur bei ihrer zweckentsprechenden Anwendung sichtbar wird und nur dort hinreichend bestimmt werden kann. Es ist die Anwenderqualität, die sich unter den konkreten Einsatzbedingungen ergibt. Aus dem Betriebsverhalten der Elemente resultiert das Betriebsverhalten der Anlage.

Auf das Betriebsverhalten haben Verarbeitungsgut (VG), technologische Ausrüstung, Bedien- und Überwachungspersonal sowie Instandhaltung (Ih) entscheidenden Einfluss; dazu kommen logistische und weitere Einsatzbedingungen (EB).

**Bestandteile des Betriebsverhaltens** Es werden hier folgende *vier Bestandteile* unterschieden, die sich gegenseitig beeinflussen und demzufolge als Einheit, im Zusammenhang zu betrachten sind:

1. Produktivität
2. Zuverlässigkeit
3. Effektivität
4. Umweltbeziehungen.

Zum Betriebsverhalten von Verarbeitungsmaschinen sei auch auf die aktuelle Lehre [3.1, 3.2] verwiesen, von welcher hier mitunter vereinfachend abgewichen wird.

Nach [1.7] wird für die Verpackungstechnik, besonders wegen der hohen Qualitätsanforderungen an Verbraucherpackungen, zusätzlich die *Produktqualität* als fünfter Bestandteil des Betriebsverhaltens einbezogen.

Die Produktqualität ist im Folgenden (Abschn. 3.2 und 3.3) bei der Quantifizierung von Produktivität und Zuverlässigkeit immer *Voraussetzung* der qualitätsgerechten Produktion und wird deshalb hier nicht als eigener Bestandteil behandelt.

Sollten im speziellen Fall Produkte unterschiedlicher Qualitätsstufen, so als Produkte 1. und 2. Wahl, produzierbar und verkaufsfähig sein, kann eine derartige Qualitätsunterscheidung als weitere Detaillierung der Zeitgliederung des Maschineneinsatzes (Abschn. 3.2.2) vorgenommen sowie in Produktivität, Zuverlässigkeit und Effektivität einbezogen werden.

*Produktivität und Zuverlässigkeit* stellen den technologisch-technischen und produktionslogistischen Sachverhalt, besonders hinsichtlich der produzierbaren Produktmenge dar.

*Effektivität* umfasst alle ökonomischen Beziehungen, die sich aus dem Produktionsprozess ergeben und die schließlich für den Betreiber von vorrangigem Interesse sind: z. B. als Herstellungskosten pro Produkt oder Gewinn.

Unter *Umweltbeziehungen* sind die von der Anlage ausgehende Umweltbeeinflussung und der auf die Anlage einwirkende Umwelteinfluss zu verstehen. Diese Seite des Betriebsverhaltens ist ein weiteres Maß für den Gebrauchswert der Anlage mit zunehmend steigender Bedeutung, so mit der Einhaltung von Emissionsgrenzwerten und der Unterschreitung dieser Grenzwerte als weiteres Verkaufsargument des Maschinen- und Anlagenbaus.

Grundlagen zur Darstellung des Betriebsverhaltens in der VAT sind besonders:

- Die *Produktivitäts- und Kostencharakteristik* der Verarbeitungsmaschine (Abschn. 3.2.1)
- Die *Zeitgliederung des Maschineneinsatzes* (Abschn. 3.2.2).

Neben den verarbeitungstechnischen Bedingungen, wie die grundsätzliche technologische Eignung einer MTA für die Verarbeitungsaufgabe, ist die Kenntnis ihres Betriebsverhaltens, besonders der Wechselwirkung zwischen den vier Bestandteilen und der Einflussmöglichkeiten von Projektant und Betreiber, die unbedingte Voraussetzung für richtige Dimensionierung und effektiven Anlagenbetrieb: Auswahl der MTA nach Art und Leistungsfähigkeit, so durch Wahl der Betriebsdrehzahl in Abhängigkeit der VG-Qualität, z. B. Wahl der Füllgeschwindigkeit einer Flasche in Abhängigkeit der Getränke- und Flaschenart in einer Abfüllanlage.

**Einflussfaktoren** Die Gesamtheit der realisierten Gebrauchseigenschaften einer Anlage spiegelt sich schließlich in ihrem Betriebsverhalten wider. Die Anlage soll einen hohen Gebrauchswert haben und längere Zeit nutzbar sein. Bei der Projektierung sind dazu hersteller- und anwenderbedingte Einflüsse zu beachten:

- Technologische: Verarbeitungsverfahren, VG, …
- technische: maschinentechnische, …
- organisatorische und logistische: Auftragsdurchlauf, Schichtregime, Springereinsatz, …
- ökonomische: Kaufpreis, Betriebskosten, …
- kommerzielle: Beschaffbarkeit, Vertragsgestaltung, …
- ökologische und soziale: Anforderungen beim Anwender.

## 3.1 Betriebsverhalten und seine Einflussfaktoren

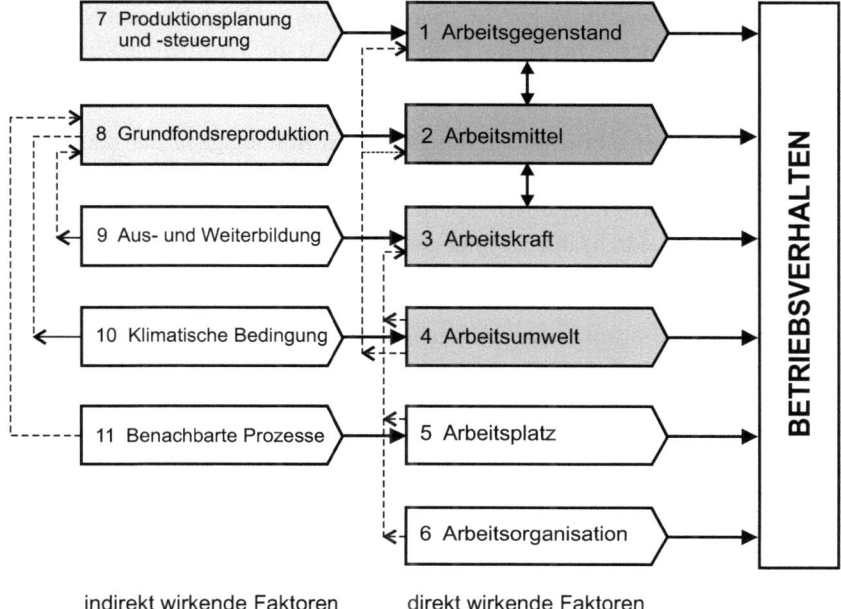

**Abb. 3.1** Einflussfaktoren, die auf das Betriebsverhalten wirken

Je umfangreicher hierzu Kenntnisse vorliegen und Berücksichtigung finden, desto besser sind die beabsichtigten Projektziele erreichbar. Der Hersteller liefert eine MTA mit bestimmten Gebrauchseigenschaften, der Anwender kann diese durch seine *Einsatzbedingungen* mehr oder weniger nutzen. Das Betriebsverhalten der MTA und damit der Gebrauchswert der gesamten Anlage ergibt sich aus einem *Komplex wirkender Einflussfaktoren* (EF) mit einer Vielzahl hersteller- und anwenderbedingter Einflussgrößen (EG).

Der Projektant darf keinen wesentlichen Einfluss außer Acht lassen. Dazu dient die Darstellung in Abb. 3.1, die den grundsätzlichen *Wirkungsmechanismus der Einflussfaktoren*, von dem das Betriebsverhalten abhängt, zeigt. So sind bei EF 2 technischer Zustand und technologisch-technische Eignung einer MTA, bei EF 3 Qualifikation, Motivation und Leistungsvermögen des Bedienpersonals bedeutsame EG. Die Einflussfaktoren können unterschieden werden

- nach ihrer Wirkungsnähe in *direkt* wirkende (1 bis 6) und *indirekt* wirkende (7 bis 11)
- nach ihrer Wirkungsintensität, die von Fall zu Fall unterschiedlich sein kann.

Diese Darstellung ist gleichzeitig der Versuch einer quantitativen Unterscheidung der Wirkungsintensitäten (höhere Graustufe = größere Wirkung). Im konkreten Fall ist immer von den realen Bedingungen auszugehen. Die direkten EF muss der Projektant *immer* einbeziehen, die indirekten *von Fall zu Fall*.

In der VAT ist das *Verarbeitungsgut* (EF 1) *dominierend*, das besonders bei Naturprodukten in Verbindung mit der Arbeitsumwelt oft wesentlich die Verarbeitbarkeit beeinflusst, z. B. in einer Spinnerei [1.27, 1.28]:

- Wahl der Betriebsdrehzahl einer Spinnmaschine in Abhängigkeit der bei Naturfasern oft schwankenden Qualität, Einhaltung bestimmter Luftfeuchtigkeit, damit der Verarbeitungsprozess optimal oder überhaupt funktionsstabil ablaufen kann
- geringere Ringspindeldrehzahlen infolge geringerer thermischer Belastbarkeit von Chemiefasern.

EF 7 soll die Produktionsplanung und -steuerung (PPS) im weitesten Sinne beinhalten:

- Wirtschaftliche Vorbereitung: Verbrauchervorgaben, z. B. Produktpreis-Obergrenze
- kommerzielle Vorbereitung: Herkunftsland (bei Naturprodukt bestimmte VG-Qualität)
- logistische Vorbereitung: VG und Hilfsstoffe, Schichtregime, Auftragsdurchlauf
- Stabilität des VG- und Produktprogramms; Instabilität führt zu veränderten Verarbeitungsbedingungen, so zu anderen Einstellparametern.

EF 8 schließt neben der Neuinvestition auch die Frage nach der *Anpassbarkeit* der Anlage an technischem Fortschritt, Modetrends, veränderte Handelsbeziehungen ein. Während Verarbeitungsanlagen relativ langlebig sind bzw. sein sollen, sind zukünftige Verfahrensentwicklung und Produktionssortimente nur bedingt vorhersehbar. Eine Anlage sollte so *flexibel* sein, dass sie sich an veränderte Bedingungen mit vertretbarem Aufwand anpassen lässt. Die Praxis zeigt, dass in einem Verarbeitungsbetrieb *ständig umgebaut* wird, was wesentlich begründet ist in der *Modernisierbarkeit der Maschinentechnik*, vorwiegend der kostenintensiven Maschinen und anderen Hauptausrüstungen.

Anders bei *langlebiger Verkettungstechnik*, besonders universell einsetzbaren Förderern, die moralisch kaum verschleißen. Diese sind im Gegensatz zu branchentypischer, oft gutstromspezifischer Verkettungstechnik über mehrere Maschinengenerationen weiterverwendbar.

EF 1 bis 4 stehen in enger Wechselwirkung: So muss die Bedienperson auf veränderte VG-Qualität durch entsprechende Betriebsparameter reagieren, um ein Produktionsziel zu erreichen.

Auch Arbeitsplatz und Arbeitsorganisation (EF 5 und 6) beeinflussen Produktivität und Zuverlässigkeit: Nicht instandhaltungs- und nicht wartungsgerechte Platzverhältnisse verlängern Ausfallzeiten, nicht bedarfsgerecht bereitgestellte VG und Hilfsstoffe erhöhen Verlustzeiten.

**Einsatzbedingungen und Fahrweise** Die Gesamtheit der Einflussfaktoren stellt die EB dar, unter denen die Anlage betrieben wird; besonders die *Fahrweise*, die zu wählende Betriebsdrehzahl der MTA, hängt wesentlich von diesen Bedingungen ab.

Welche Einflüsse auf die Fahrweise wirken und welche *Einflussmöglichkeiten* der Anwender hat, soll Abb. 3.2 zeigen, mit der Unterscheidung der EB in *zwei Gruppen*:

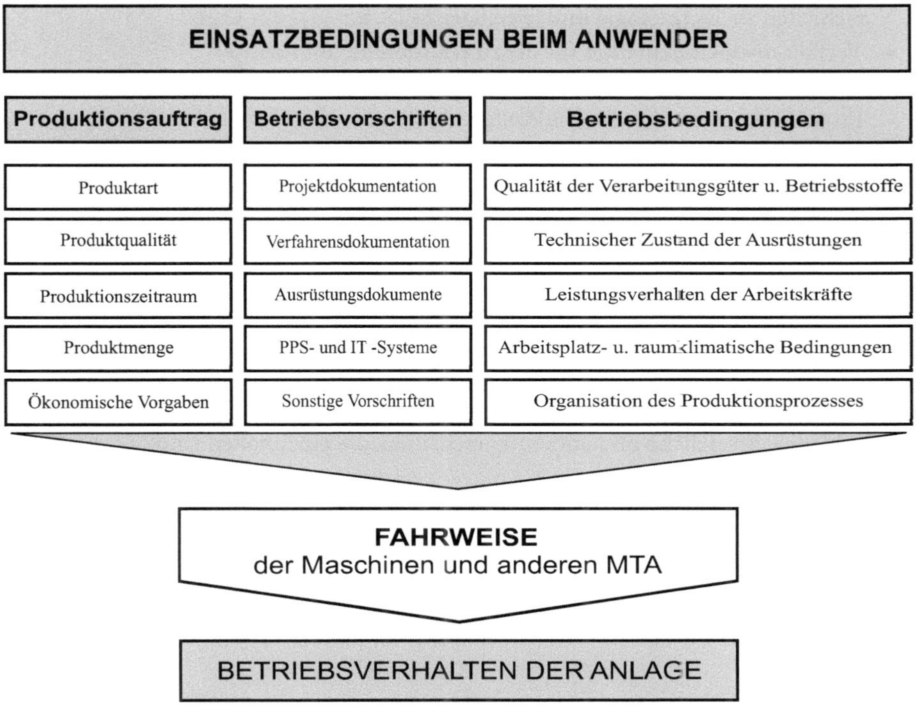

## 3.1 Betriebsverhalten und seine Einflussfaktoren

| EINSATZBEDINGUNGEN BEIM ANWENDER ||| 
|---|---|---|
| **Produktionsauftrag** | **Betriebsvorschriften** | **Betriebsbedingungen** |
| Produktart | Projektdokumentation | Qualität der Verarbeitungsgüter u. Betriebsstoffe |
| Produktqualität | Verfahrensdokumentation | Technischer Zustand der Ausrüstungen |
| Produktionszeitraum | Ausrüstungsdokumente | Leistungsverhalten der Arbeitskräfte |
| Produktmenge | PPS- und IT-Systeme | Arbeitsplatz- u. raumklimatische Bedingungen |
| Ökonomische Vorgaben | Sonstige Vorschriften | Organisation des Produktionsprozesses |

**FAHRWEISE** der Maschinen und anderen MTA

**BETRIEBSVERHALTEN DER ANLAGE**

**Abb. 3.2** Einfluss der Einsatzbedingungen auf Fahrweise und Betriebsverhalten

1. Mit dem konkreten Produktionsauftrag wechselnde EB: herzustellendes Produkt nach Art, Qualität, Zeitraum, Menge und ökonomischen Vorgaben (in der Spinnerei z. B.: 50 t Baumwollgarn, 20 tex, 25 % Uster-Kennlinie, Lieferfrist 14 Tage, Preis pro kg)
2. relativ unabhängig vom jeweiligen Produktionsauftrag wirkende EB: Betriebsvorschriften und Betriebsbedingungen.

Bei konkretem Produktionsauftrag ergibt sich die zu wählende Betriebsdrehzahl oft aus Art und Qualitätsanforderungen der Produkte und der zum Einsatz kommenden VG, so aus Toleranzen und anderen Qualitätsmerkmalen.

Da in der Projektierung die materiell-technische Seite im Mittelpunkt steht, Handlungsvorschriften und deren Dokumentation oft unterschätzt werden, sei auf deren Bedeutung für den Anlagenbetrieb besonders hingewiesen: Zum sachkundigen Umgang des Personals mit der Anlagentechnik sind die in Betriebsvorschriften zu dokumentierenden Handlungsanweisungen und -empfehlungen grundlegende Voraussetzung. Dem Bedien-, Überwachungs- und Ih-Personal müssen derartige Dokumente zur Verfügung stehen.

Bei *Inbetriebnahme* einer neuen Anlage oder *Wiederinbetriebnahme* nach Rekonstruktion müssen **Betriebsvorschriften** vorliegen:

1. Vorschriften zu Technologie und jeweiliger MTA in:
   - Verfahrensdokumentation für die zu realisierenden Prozesse
   - Ausrüstungsdokumentation für die einzelnen Ausrüstungen
   - Projektdokumentation für die Anlage als Ganzes
2. Vorschriften zu Einarbeitung und Qualifizierung des Personals
3. Vorschriften zu Arbeits-, Brand-, Umwelt- und Havarieschutz (technische Sicherheit auch bei außergewöhnlicher Belastung); siehe Kap. 7.

Die erste Dokumentengruppe ist Bestandteil des Lieferumfangs. Vorschriften zur Einarbeitung und Qualifizierung sollten durch Lieferer und Betreiber *gemeinsam* erarbeitet werden, damit betriebsspezifische Bedingungen Beachtung finden. Bei der dritten Gruppe hat der Lieferer mindestens hinzuweisen auf:

- Einschlägige gesetzliche und andere Vorschriften, die einzuhalten sind
- erforderliche Verhaltensweisen des Anlagenpersonals
- Konsequenzen falscher Verhaltensweisen.

Der Betreiber wird nach eigenem Ermessen einzelne Vorschriften weiter detaillieren. Deren ständige Einhaltung – *die technologische Disziplin!* – und Aktualisierung entsprechend technischem Fortschritt oder anderweitig veränderter Bedingungen ist Sache des Betreibers.

**Anforderungen an das Verarbeitungsgut** Die *Qualität* der VG hat auf die Leistungsfähigkeit der Anlage entscheidenden Einfluss:

Qualitätsniveau und Schwankung bestimmter Parameter beeinflussen zu wählende Betriebsdrehzahlen der Maschinen sowie Störanfälligkeit und Ausfallverhalten aller Anlagenelemente, besonders die verarbeitungstechnisch bedingte Ausfallzeit (siehe Abschn. 3.2).

Höhere Produktivitäten erzwingen neben höherem technischen Aufwand *erhöhte Qualitätsanforderungen* an das VG, z. B. feinere Toleranzen; daraus ergeben sich zwei grundsätzliche Aufgaben, die gemeinsam von Maschinen- und Anlagenbau sowie Anwenderindustrie gegenüber den Zulieferern durchzusetzen sind:

1. Die Zulieferindustrie hat die geltenden VG-Normen konsequent einzuhalten.
2. Die Normen sind dem technischen Fortschritt anzupassen.

Anlagenplaner und Betreiber müssen die branchenspezifischen Normen und anderen Vorschriften für ihr VG-Sortiment kennen und anwenden.

Als *besonders weit fortgeschritten* können Normung und Vorschriftenwerk auf dem Gebiet der *Verpackungstechnik* [1.7, 1.24] angesehen werden, was aus den Qualitätsanforderungen an Verpackungen und ihrem branchenübergreifenden Einsatz resultiert.

In den Ausrüstungsdokumenten sind auch Maßnahmen zur *Erhaltung der Funktionsfähigkeit* der Anlagenelemente durch den Anlagenhersteller vorzuschreiben. Die *Instandhaltung* beeinflusst wesentlich die Anlagenzuverlässigkeit, sie muss *kurze Ausfallzeiten* und *große Reparaturraten* (siehe Abschn. 3.3) zum Ziel haben. Um Wartezeiten bei Reparaturbedarf zu minimieren, kann *Ih-Personal vor Ort* eine wirksame Maßnahme sein. *Verarbeitungstechnische und maschinentechnische Störungen* sind minimierbar, wenn z. B.

- Verschleißgrenzen nicht überschritten werden, z. B. bei Schneidmessern
- Einstellparameter exakt vorgenommen und im Betrieb beibehalten werden.

## 3.2 Produktivität

### 3.2.1 Produktivität einer Verarbeitungsmaschine

Für Produktivität – Produktmenge pro Zeiteinheit, praxisüblich auch Durchsatz, Ausbringung – steht in der VAT das Zeichen Q mit der Unterscheidung:

- *Rechnerische Produktivität* $Q_r$, auch Einstellproduktivität; ergibt sich meist aus der Betriebsdrehzahl als theoretische Größe, wenn die Maschine oder eine *andere* MTA störungs- und ausfallfrei funktioniert; Idealzustand, der in Abhängigkeit der EB nicht während der gesamten Betriebszeit vorliegen kann
- *Tatsächliche Produktivität* $Q_t$; ergibt sich im Betrieb infolge des realen Störungs- und Ausfallverhaltens der MTA, so dass in einem bestimmten Produktionszeitraum tatsächlich weniger Produkte erzeugt werden können, als $Q_r$ zunächst erwarten lässt.

*Produktivität* ist das wichtigste Kopplungskriterium bei verketteten Anlagen (Abschn. 5.1.3). $Q_r$ und $Q_t$ stehen, bedingt durch Störungs- und Ausfallverhalten, Verarbeitungsverfahren und Einsatzbedingungen in stochastischem Zusammenhang. Die *Produktivitäts- und Kostencharakteristik* einer Verarbeitungsmaschine (Abb. 3.1) veranschaulicht den grundsätzlichen Zusammenhang zwischen $Q_r$ und $Q_t$, der von Fall zu Fall (Maschinentyp, VG-Qualität u. a.) unterschiedlich stark ausgeprägt sein kann.

Das praktische Erkennen dieses theoretisch erklärbaren Zusammenhangs im konkreten Fall wird dadurch erschwert, dass $Q_r$ und alle daraus ableitbaren Größen wie rechnerische Produktmenge $M_r$ während der Betriebszeit infolge der Dynamik verarbeitungstechnischer Prozesse zeitvariant sind, so dass eigentlich mit $Q_r(t)$ und $M_r(t)$ gerechnet werden müsste. Im Hinblick auf praktische Berechenbarkeit genügen aber oft näherungsweise konstante Werte für bestimmte Zeitabschnitte.

Aus den Verläufen $Q(n)$ und $k_{ges}(n)$ sind bestimmte Drehzahlbereiche für die Produktion bedeutsam. Liegt projektseitig bei einer Maschine die *Betriebsdrehzahl* $n_p$ dem Normalbetrieb zu Grunde, kann der Anwender bei Bedarf/gestörtem Anlagenbetrieb Gebrauch machen von:

1. Drehzahlerhöhung, z. B. zum Ausgleich von Produktionsverlust bei Ausfall paralleler Elemente (Fall 1): Stellbereich $n_p \ldots n_{po}$

2. Drehzahlreduzierung zur Aufrechterhaltung des Anlagenbetriebes bei verminderter Produktivität (Fall 2: Betrieb bei geringerer Drehzahl, z. B. infolge Störung anderer Elemente oft günstiger als Stillsetzen der Anlage): Stellbereich $n_p \ldots n_{ko}$
3. kurzzeitig extremer Drehzahlerhöhung, die sinnvoll sein kann (Fall 3): Stellbereich $n_{po} \ldots n_N$.

**Charakteristische Betriebsfälle** (siehe auch Abschn. 2.5.4)

a) Betrieb mit $Q_{rp}$ = konst., z. B. verfahrensbedingt (seltenerer Fall) – *Strategie I*
   Entweder wird die Maschine generell so betrieben oder nur bei bestimmten Anwendungsfällen, z. B. produktabhängig
b) Betrieb im Bereich $Q_{r1} \ldots Q_{rp} \ldots Q_{r2}$ (häufigster Fall) – *Strategie II*

Zu beachten ist, dass die Maschine

1. überhaupt – unabhängig vom konkreten Anwendungsfall – einen maschinentechnisch möglichen Stellbereich $Q_{rmin} \ldots Q_{rN}$ hat
2. im konkreten Fall einen möglichen und projektseitig wählbaren Bereich $Q_{r1} \ldots Q_{r2}$ hat, abhängig von Anlagenstruktur und Produktivität angrenzender Elemente
3. im Normalbetrieb mit $Q_{rp}$ = konst. produziert oder im Bereich $Q_{r1} \ldots Q_{r2}$ produzieren kann
4. in einem Stellbereich für kurzzeitige Spitzenbelastung produzieren kann, z. B. bis $Q_{rN}$.

Kann die Maschine bei vorliegender Verarbeitungsaufgabe in einem Bereich $Q_{rmin} \ldots Q_{rmax}$ produzieren, ist aber projektseitig für den Normalbetrieb in den Grenzen $Q_{rmin} < Q_{rp} < Q_{rmax}$ dimensioniert, wird ihre rechnerische Produktivität nicht ausgenutzt: Die Maschine wird mit *Reserve* betrieben, die bei Bedarf sowohl zur Produktionserhöhung ($Q_{rp} \ldots Q_{rmax}$) als auch zur Produktionsverringerung ($Q_{rp} \ldots Q_{rmin}$) für den Anlagenbetrieb nutzbar ist. In dem Fall hat die Maschine *Redundanz*, eine im Normalbetrieb nicht notwendige Reserve.

Wird die Maschine im störungsfreien Anlagenbetrieb mit $Q_{rp}$ betrieben und hat einen *systemnutzbaren* Stellbereich im Intervall $\{Q_{r1}, Q_{r2}\}$ von $\Delta Q_r$, so verfügt sie über die *interne Elementredundanz*

$$\varphi = \pm \frac{\Delta Q_r}{Q_{rp}} \tag{3.1}$$

und die bei Bedarf nutzbare Produktivität

$$Q_r = Q_{rp} \cdot (1 + \varphi), \tag{3.2}$$

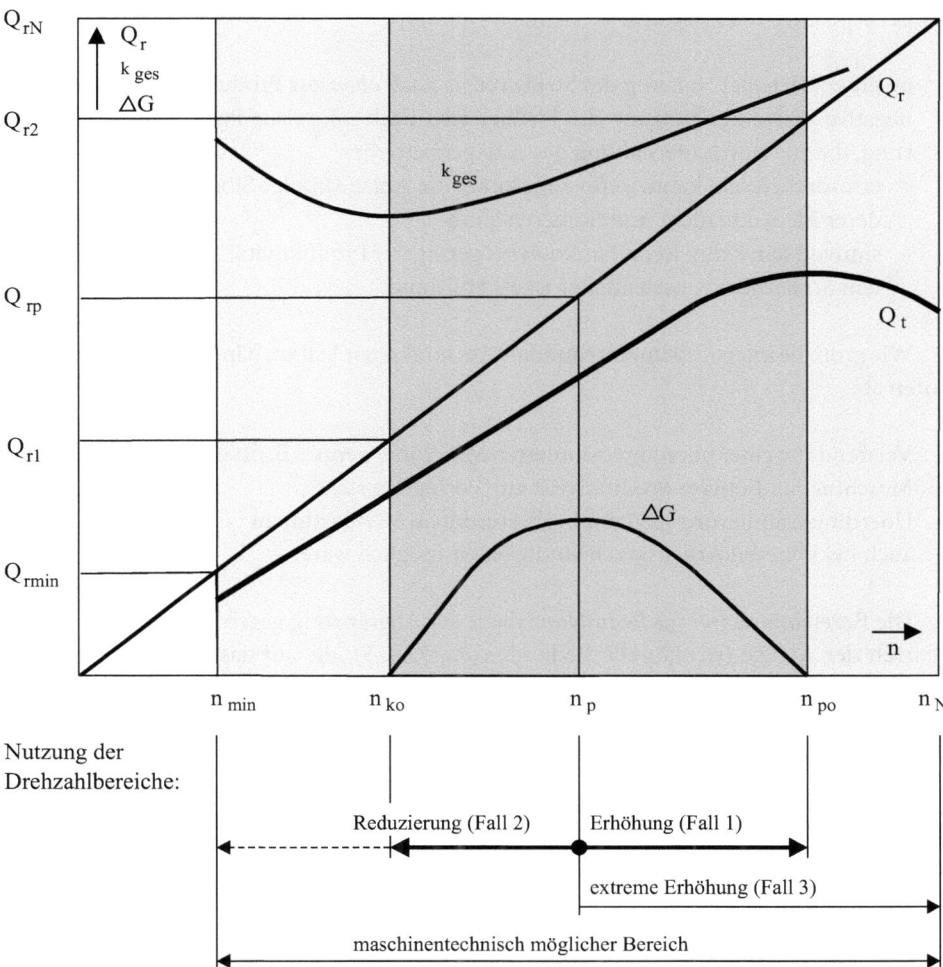

| $Q_r$, $Q_t$ | rechnerische, tatsächliche Produktivität |
| --- | --- |
| $\Delta G$ | Zusatzgewinn |
| $k_{ges}$ | spezifische Verarbeitungskosten |
| n | Drehzahl, die für die rechnerische Produktivität maßgebend ist |
| $n_N$ | Nenndrehzahl: unter Idealbedingungen maximal mögliche Drehzahl |
| $n_{ko}$, $n_{po}$ | kostenoptimale, produktivitätsoptimale Drehzahl |
| $n_{min}$ | minimal mögliche Drehzahl |
| $n_p$ | projektseitig dem Normalbetrieb zu Grunde gelegte Drehzahl |

**Abb. 3.3** Produktivitäts- und Kostencharakteristik einer Verarbeitungsmaschine

wobei $\varphi$ positive oder negative Werte haben kann:

- positive Werte bei Nutzung des Stellbereichs nach *oben* zur Produktivitätserhöhung
- negative Werte bei Nutzung des Stellbereichs nach *unten* zur Produktivitätsverringerung, die zur Aufrechterhaltung des Anlagenbetriebes
  - erforderlich sein kann, wenn andernfalls die Anlage infolge Störung oder Ausfall anderer Elemente nicht funktionieren kann
  - sinnvoll sein kann, wenn Funktion bei geringerer Produktivität, bis hin zu so genanntem *Schleichgang*, vorteilhafter ist als Stillstand.

Wie groß die interne Elementredundanz im konkreten Fall ist, hängt von mehreren Faktoren ab:

- Verwendung einer überdimensionierten Maschine, wenn z. B. für einen Prozess nur eine Maschine mit höherer Produktivität zur Verfügung steht
- Überdimensionierung liegt nur bei bestimmtem VG-Sortiment vor, deren Verarbeitung auch bei höheren Arbeitsgeschwindigkeiten möglich wäre.

Die Bezeichnung *interne Redundanz* dient der Abgrenzung gegenüber anderen Redundanzen der Anlage (strukturelle Redundanzen, Kap. 5), die auf das betrachtete Element Maschine bezogen *extern* vorhanden sind, auf dieses einwirken und dessen Betrieb beeinflussen können. Somit ist immer zu unterscheiden zwischen der intern *vorhandenen* und der extern *nutzbaren* Redundanz einer MTA.

**Nutzungsmöglichkeiten der internen Redundanz**

1. Ausgleich eingetretener oder infolge der EB bei Betrieb mit $Q_{rp}$ vermutlich eintretender Minderproduktion, die durch zeitweilig höhere Produktivität vermieden werden soll
2. Anpassung an bestimmte Funktionszustände der Anlage, so bei Ausfall paralleler Elemente
3. Stellbereich als Grundlage für die Steuerung/Regelung, z. B. bestimmter Teilanlagen.

Bei der technologischen Strukturierung (Kap. 5) können nur wenige der real wirkenden Einflussgrößen quantitativ einbezogen, mathematisch modelliert und deren Wirkungen vorausberechnet werden. Ursachen dafür sind *stochastischer Charakter, Vielfalt* mancher Einflüsse und ungenügende Kenntnis deren Wirkungsintensität im konkreten Fall.

Unabhängig davon, welche Ziele einer Projektlösung zu Grunde liegen, ist es immer erforderlich, die während einer *Betrachtungszeit T* (Nutzungsdauer oder kürzerer Planungszeitraum: Jahr, Monat, Tag, Schicht) durch die Anlage *tatsächlich* produzierbare Produktmenge $M_t(T)$ zu kennen.

Ausgehend von den gebräuchlichen Beziehungen der VAT, die auf der *Zeitgliederung des Maschineneinsatzes* (Abschn. 3.2.2) basieren, lassen sich für ein Anlagenelement *und* eine

## 3.2 Produktivität

Anlagenstruktur die praktisch sehr bedeutsamen Größen $M_t$ und $Q_t$ wie folgt berechnen:

$$M_t = Q_t \cdot t_B \quad \text{tatsächlich produzierbare Produktmenge} \tag{3.3}$$

$t_B$ Betriebszeit; geplanter Zeitraum, in dem produziert werden soll

$$Q_t = Q_r \cdot \frac{t_q}{t_B} \quad \text{tatsächliche Produktivität} \tag{3.4}$$

$t_q$ Qualitätszeit; Summe aller Zeitelemente, in denen während $t_B$ qualitätsgerecht produziert wird

$$Q_t = Q_r \cdot V \tag{3.5}$$

V Verfügbarkeit

Dieser Vorgriff auf die Zuverlässigkeitskenngröße *Verfügbarkeit* (Abschn. 3.3) erfolgt deshalb, weil Produktivität und Zuverlässigkeit immer *gemeinsam* zu betrachten sind.

### 3.2.2 Zeitgliederung des Maschineneinsatzes

Bei Betriebsanalysen zur Erfassung von Kennwerten zum Betriebsverhalten ist von *einheitlicher Zeitbasis* für die Elemente und das System auszugehen.

Geeignete Basis ist die *Zeitgliederung des Maschineneinsatzes* (Abb. 3.4), wobei das Ausfallverhalten der Anlagenelemente auf die geplante Maschinenzeit $t_M$ oder die Betriebszeit $t_B$ bezogen werden kann.

Diese Zeitgliederung stellt die typischen Zeitanteile in ihrem Zusammenhang dar; sie zeigt die im Betrieb allgemein vorkommenden Zeitbestandteile. Die Unterscheidung der Fälle a und b ist für Betriebsanalysen (zur Primärdatenerfassung, Abschn. 3.3.3) wichtig, damit einem zu analysierenden Anlagenelement die *eigenen* Ausfallparameter richtig zuordenbar sind.

Muss während einer Betriebsanalyse ein Anlagenelement stillgesetzt werden, ist immer zuerst zu fragen, was vorliegt:

*Eigener Ausfall* – ein Zeitelement von $t_A$ – oder *systembedingter Stillstand*, Zeitelement $t_S$?

Da die außerhalb $t_B$ liegenden Zeitanteile planbar sind und es beim Ausfallverhalten vorrangig um die stochastischen Ausfall- und Erneuerungsprozesse geht (Abschn. 3.3.1), ist es in den meisten Fällen sinnvoll, die *Betriebszeit $t_B$ als Zeitbasis* zu wählen.

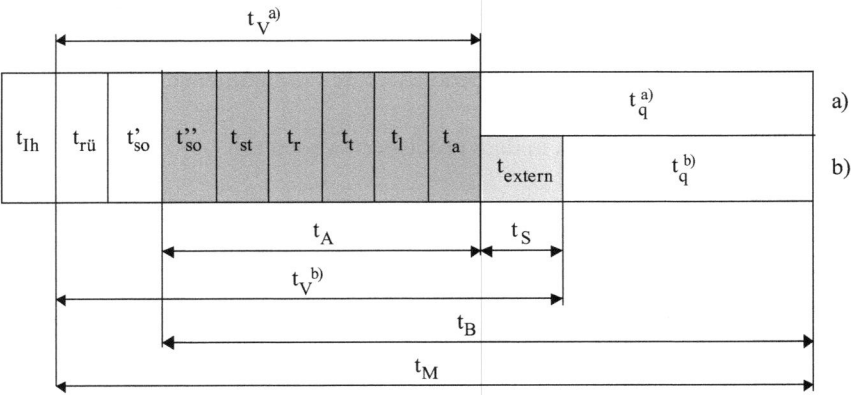

a) Maschine isoliert, d. h. unabhängig vom System Anlage betrachtet
b) Maschine im System Anlage betrachtet

| Zeitbestandteile | | Erläuterung |
|---|---|---|
| $t_M$ | Maschinenzeit | planbare Zeit, z. B. Schicht |
| $t_B$ | Betriebszeit | planbare Zeit, in der die Maschine produzieren soll |
| $t_V$ | Verlustzeit | gesamte Verlustzeit innerhalb der Maschinenzeit |
| $t_A$ | Ausfallzeit | Verlustzeit mit stochastischem Charakter |
| $t_S$ | Stillstandszeit | Erzwungene Stillstandszeit infolge anderer Systemelemente |
| $t_{Ih}$ | Instandhaltungszeit | Instandhaltung außerhalb der Maschinenzeit |
| $t_{rü}$ | Rüstzeit | Vorbereitungs- und Abschlusszeit außerhalb der Betriebszeit |
| $t_{so}'$ | sonstige Verlustzeit | Zeit ohne Ausfallcharakter, z. B. geplante Pausenzeit |
| $t_a$ | Ausschusszeit | Zeit, in der nichtqualitätsgerechte Produkte produziert werden |
| $t_l$ | Leerlaufzeit | Zeit, in der sich die Maschine im Leerlauf befindet |
| $t_t$ | Technolog. Verlustzeit | technologisch bedingte Verlustzeit |
| $t_r$ | Reparaturzeit | Instandsetzung innerhalb der Maschinenzeit |
| $t_{st}$ | Störungszeit | vorwiegend verarbeitungstechnisch bedingte Verlustzeit |
| $t_{so}''$ | sonstige Verlustzeit | Verlustzeit mit Ausfallcharakter, z. B. infolge Stromausfall |
| $t_{extern}$ | externes Zeitelement | Verlustzeit infolge Ausfall anderer Systemelemente |
| $t_q$ | Qualitätszeit | Zeit zur Produktion qualitätsgerechter Produkte |

**Abb. 3.4** Zeitgliederung des Maschineneinsatzes (Branchenneutral)

*Qualitätsgerechte Produkte* werden nur während der *Qualitätszeit* $t_q$ produziert. Diese Zeit ergibt sich für eine einzeln und eine als Anlagenelement betriebene Maschine demzufolge:

$$t_q = \begin{cases} t_B - t_A & \text{Einzelmaschine} \\ t_B - t_A - t_S & \text{Anlagenelement} \end{cases} \quad (3.6)$$

$t_A$ Ausfallzeit: Summe aller Ausfallzeiten während $t_B$
$t_S$ Summe aller auf das Anlagenelement während $t_B$ einwirkenden Stillstandszeiten

Gleichung 3.6 besagt, dass sich die Qualitätszeit $t_q$

- bei einer *einzeln betriebenen* Maschine aus der Differenz von Betriebszeit und Ausfallzeit ergibt
- bei einer *innerhalb der Anlage betriebenen* Maschine um die *systembedingte* Stillstandszeit $t_S$ reduziert; die Maschine kann während $t_S$ infolge Ausfall *anderer* Systemelemente nicht produzieren, obwohl sie selbst funktionsfähig ist, sie muss stillstehen.

Dieser Unterschied ist für *Betriebsanalysen* und zu ziehende Schlussfolgerungen zur Senkung von Produktionsverlust wesentlich. Von vorrangigem Interesse sind die Zeitanteile der Ausfallzeit $t_A$, weil diese das stochastische Ausfallverhalten widerspiegeln und Ansatzpunkte für die Aufdeckung von Reserven liefern.

*Wichtigster Ausfallzeitanteil* ist die *Störungszeit* $t_{st}$, die vorwiegend verarbeitungstechnisch bedingt ist und oft den zeitlich überwiegenden Anteil an der Ausfallzeit $t_A$ hat; sie hängt in starkem Maße von den – oft schwankenden – VG-Eigenschaften, den EB und der mit steigender Verarbeitungsgeschwindigkeit überproportional wachsenden Ausfallneigung ab.

In der Praxis bewähren sich *branchenspezifische Zeitgliederungen*, die auf die Spezifik der betreffenden Anlagen, deren typische Ausfallursachen zugeschnitten sind, sowie darauf aufbauende *Datenerfassungssysteme*. Beispiele: Zeitgliederung der Getränkeindustrie [3.3], Datenerfassungssystem SPIDERweb der Textilindustrie [3.4], Verpackungsanlagen DIN 8743.

### 3.2.3 Produktivität der Anlage

Die Produktivität der Anlage ergibt sich aus der Leistungsfähigkeit ihrer Elemente, ihrer Struktur und den Einsatzbedingungen.

Rechnerische und tatsächliche Produktivität werden begrenzt von *dem* Prozess mit der geringsten Kapazität, der *Schwachstelle*. Ist eine Schwachstelle durch geeignete Maßnahmen *aufgeweitet*, wird in der Regel ein anderer Prozess zur Schwachstelle, so dass dieser Begriff im Laufe der Nutzungsdauer auch relativ sein kann.

Im Interesse des effektiven Einsatzes der MTA ist immer die Kopplung annähernd gleich leistungsfähiger Prozesse anzustreben, was jedoch nur mehr oder weniger gelingt.

Kapitel 4 und 5 liefern theoretische Grundlagen zur Auswahl der Maschinen und anderen MTA, zu ihrer effektiven Kopplung und zur Quantifizierung der Anlagenproduktivität, ausgehend von den strukturellen Möglichkeiten der Elemente-Kopplung. Zum Einsatz kommen *analytische Berechnungsmethoden* (Kap. 8) und *Simulationsverfahren* (Kap. 9), die sowohl eine Vorausberechnung oder Abschätzung der Anlagenproduktivität im Planungsprozess als auch die zielgerichtete Analyse in Betrieb befindlicher Anlagen ermöglichen.

## 3.3 Zuverlässigkeit

### 3.3.1 Problemstellung, Grundlagen, Grundbegriffe

**Problemstellung** Die *Zuverlässigkeit* ist neben technisch-physikalischen und wirtschaftlichen Kenngrößen ein außerordentlich bedeutsames Kriterium zur Bewertung technischer Erzeugnisse und Systeme, im Folgenden *Betrachtungseinheit (BE)*. Zuverlässigkeit ist die Eigenschaft einer BE, ihrem Verwendungszweck unter bestimmten Betriebs- und Umgebungsbedingungen eine gewisse Zeitdauer zu genügen. Zuverlässigkeit ist *Qualität auf Zeit*.

Die Zuverlässigkeit technischer Erzeugnisse wird über *Zuverlässigkeitskenngrößen* (ZKG) definiert (DIN 40041, VDI 4001, 4004). Umfassendste ZKG ist die *Verfügbarkeit* (auch gebräuchlich: Nutzeffekt, Wirkungsgrad).

Die Anlagenzuverlässigkeit ist als ein *dominierendes Qualitätsmerkmal* für den Anlagenbetreiber von hoher wirtschaftlicher Bedeutung. Infolge der Dynamik verarbeitungstechnischer Systeme lässt sich die Anlagenverfügbarkeit als wichtigste ZKG zur Quantifizierung des Leistungsvermögens nicht ohne Weiteres vorausberechnen. Hierzu bekannte Berechnungsmethoden beschränken sich auf bestimmte Systemtypen oder Spezialfälle. Der wissenschaftlich-technische Stand ermöglicht es,

- mittels stochastischer Modelle auf Basis der Wahrscheinlichkeitsrechnung die Leistungsfähigkeit von Anlagen-Strukturvarianten zumindest näherungsweise vorauszubestimmen
- Strukturvarianten mittels analytischer Berechnung und/oder dynamischer Simulation zu bewerten und Lösungsvarianten zu begründen
- das Betriebsverhalten der Anlage *von vornherein* in die Vorbereitungsphase einzubeziehen, im laufenden Betrieb *online* zu erfassen und im Sinne bestimmter Steuerungs-, Wartungs- und Ih-Strategien zu beeinflussen.

**Grundlagen** Die *Zuverlässigkeitstheorie* beruht weitgehend auf Modellen und Methoden der Wahrscheinlichkeitsrechnung [3.5, 3.6, ...]. In DIN 40041 sind die wichtigsten Begriffe der Zuverlässigkeit technischer Erzeugnisse (zur Vermeidung von Missverständnissen *mehrsprachig*) standardisiert. Diese ursprünglich für die Elektrotechnik ausgearbeitete DIN ist heute für die Technik allgemeingültig. Die Begriffe stimmen weitgehend mit denen der Qualitätssicherung und Statistik [3.7, 3.8, 3.9] überein. Zu Transport- und Lagersystemen: VDI 3581, 3633, 3649.

**Ausgewählte Begriffe**
*Betrachtungseinheit (BE)* Für das jeweilige Ziel zu betrachtende Einheit, z. B. Maschine oder Teilanlage als Element einer Anlage. Ziele können sein:

## 3.3 Zuverlässigkeit

- Zuverlässigkeitsanalyse, z. B. zur Aufdeckung von Reserven
- Betriebsdatenerfassung (BDE), z. B. für Informationsrückfluss von Anwender zu Hersteller
- Beseitigung erkannter Schwachstellen der Anlage.

Zu unterscheiden sind *nichtreparierbare* BE, z. B. Maschinenelemente, die bei Verschleiß auszutauschen sind und *reparierbare* BE wie Maschinen und andere MTA der Anlage.

Nichtreparierbare BE sind *nicht* Gegenstand dieses Buches; folgende Ausführungen beziehen sich deshalb immer auf reparierbare BE.

***Zustandsbegriffe*** für mögliche Zustände einer BE, gekennzeichnet durch bestimmte Merkmale:

1. *Funktion* (auch: Betrieb)
   BE befindet sich in Funktionserfüllung (in Betrieb); mögliche Funktionszustände hierbei:
   - Teillast: $Q_r < Q_{rp}$
   - Normallast: $Q_r = Q_{rp}$
   - Überlast: $Q_r > Q_{rp}$
2. *Ausfall* (auch: Störung)
   Beendigung der Funktionsfähigkeit; Ausfallzustand ist an bestimmte Ausfallkriterien gebunden; nach *Funktionsbeeinträchtigung* sind zu unterscheiden:
   - Vollausfall (Totalausfall): vollständiger Funktionsverlust
   - Teilausfall: infolge Ausfall einzelner Funktionsmerkmale eingeschränkte Funktionsfähigkeit, Betrieb jedoch unter Umständen aufrechterhaltbar, z. B. Herstellung von Produkten zweiter Wahl
   
   Nach *Änderungsgeschwindigkeit* sind zu unterscheiden:
   - Sprungausfall: Ausfall tritt sofort ein, z. B. infolge Bruch eines Schneidmessers
   - Driftausfall: Ausfall benötigt Zeit, z. B. Abnutzung eines Schneidmessers
3. Stillstand (immer: erzwungener Stillstand)
   - *BE infolge anderer Systemelemente stillgesetzt*
   - *BE kann nicht funktionieren, obwohl selbst funktionsfähig.*

Der *Ausfall* als *zentrales Ereignis* der Zuverlässigkeitstheorie ist über Kriterien definierbar. In der VAT ist die Definition der *Ausfallkriterien* oft problematisch; Ausfall einzelner Funktionsmerkmale kann z. B. das Überschreiten eines Toleranzbereiches sein, das noch nicht zwingend zur Außerbetriebnahme führen muss. Ein Ausfall liegt jedoch dann vor, wenn *kein qualitätsgerechter* Funktionsvollzug mehr möglich ist, keine qualitätsgerechten Produkte herstellbar sind.

Für eine erfolgreiche Zuverlässigkeitsbetrachtung ist es bei Anlagen der VAT nicht ausreichend, nur die Zustände *Funktion* und *Ausfall* der Berechnung zu Grunde zu legen, da besonders die Maschine nicht nur mit konstantem Wert $Q_r$ produziert, demzufolge *viele Funktionszustände* haben kann. Mit nur *einem* Funktionszustand wäre nur die *Zeitverfüg-*

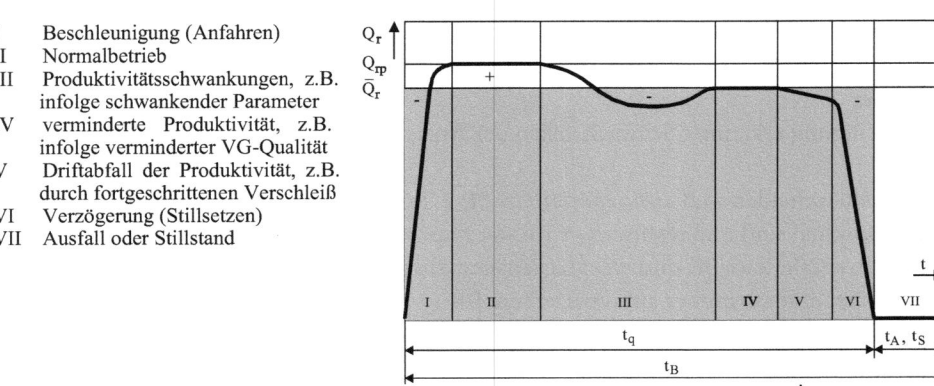

| I | Beschleunigung (Anfahren) |
| --- | --- |
| II | Normalbetrieb |
| III | Produktivitätsschwankungen, z.B. infolge schwankender Parameter |
| IV | verminderte Produktivität, z.B. infolge verminderter VG-Qualität |
| V | Driftabfall der Produktivität, z.B. durch fortgeschrittenen Verschleiß |
| VI | Verzögerung (Stillsetzen) |
| VII | Ausfall oder Stillstand |

**Abb. 3.5** Zustandsperiode – grundsätzlich mögliche Zustände einer Verarbeitungsmaschine

*barkeit* berechenbar, nicht aber die während der Betriebszeit $t_B$ tatsächlich produzierbare Produktmenge $M_t(t_B)$.

Im realen Betrieb kann eine Verarbeitungsmaschine grundsätzlich die in Abb. 3.5 dargestellten Zustände I bis VII annehmen, aber nur in den Funktionszuständen (Zustände I bis VI) qualitätsgerecht produzieren. Die aus dieser theoretisch unterstellten Zustandsperiode ersichtlichen Zustände müssen nicht alle bei *einer* Maschine und nicht während *einer* Betriebsphase, einem Zyklus $t_B$ und $t_q$ vorkommen. Bezogen auf $\overline{Q_r}$ als Mittelwert von $Q_r(t)$ über t liegen Zustände mit Produktionsverlust (−) und Zustände mit Überschuss (+) vor.

Infolge der Dynamik der Verarbeitungsprozesse ist eine mathematische Beschreibung des Verlaufs $Q_r(t)$ nicht ohne Weiteres möglich, meist auch nicht erforderlich. Oft genügt es, mit einem $Q_r$-Mittelwert während der Betriebszeit $t_B$ zu rechnen. Bei ausgeprägten Produktionsunterschieden, z. B. bei Sortimentsproduktion, kann auch mit unterschiedlichen Mittelwerten während einzelner Zeitabschnitte von $t_B$ gerechnet werden.

Zuverlässigkeitsbetrachtungen sollten von den *möglichen* Zuständen der Maschinen ausgehen und klären, ob $Q_r$-Mittelwerte für manche Zeitabschnitte als Modellvereinfachung den realen Betrieb hinreichend widerspiegeln. Das führt zu praktikablen *Zweizustandsmodellen* (Funktion mit $\overline{Q_r}$ und Ausfall) anstelle kaum beherrschbarer *Mehrzustandsmodelle*.

Bestimmte Zustände wie *Anfahren* der Anlage haben branchenbezogen unterschiedliches Gewicht. Sind größere Maschinenmassen zu beschleunigen wie bei Kalandern der Textilveredelung oder Druckmaschinen der Polygrafie, dauert der Anfahrzustand länger als bei vielen anderen Maschinen, z. B. Lebensmittel- oder Verpackungsmaschinen. Der Projektant muss auch wissen, ob in diesen Zuständen qualitätsgerechte Produkte produziert werden oder nicht. Ist früher in der Polygrafie relativ viel Anfahrmakulatur angefallen, so konnte dieser Abfall durch technischen Fortschritt bedeutend reduziert werden.

3.3 Zuverlässigkeit

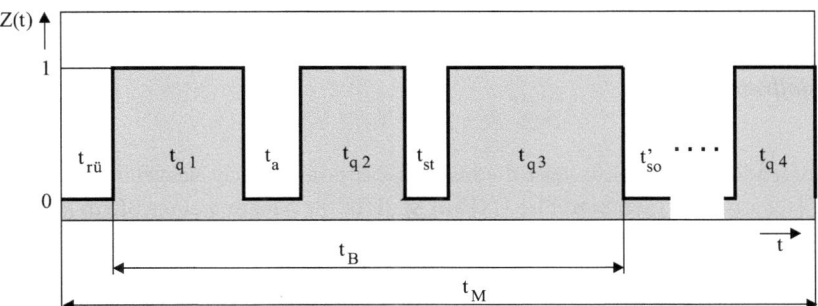

**Abb. 3.6** Verlauf der Zustandsvariablen Z(t) im alternierenden Erneuerungsprozess am Beispiel

### 3.3.2 Zuverlässigkeitskenngrößen und -primärdaten

Bestimmte Eigenschaften der Zuverlässigkeit werden als *Zuverlässigkeitskenngrößen* (ZKG) definiert. Werden diese mit Wertangaben versehen, liegen *Zuverlässigkeitskennwerte* (ZKW) vor. Derartigen Kenngrößen liegen Zufallsprozesse, *stochastische Prozesse* zu Grunde.

Bei reparierbaren BE wird vom *stochastischen Ausfall- und Erneuerungsprozess*, auch vom *alternierenden* Erneuerungsprozess gesprochen:

- In einer Folge von Zustandsperioden wechseln sich Funktions- und Ausfallzustände zu stochastischen Zeitpunkten ab.
- Sowohl die Zeitpunkte des Eintretens dieser Zustände als auch die Funktions- und Ausfalldauern sind Zufallsgrößen, die bestimmten Verteilungen/Verteilungsfunktionen unterliegen.

Abbildung 3.6 zeigt eine mögliche Realisierung dieses stochastischen Prozesses, wobei die Elementezustände durch *Zustandsvariable* Z(t) dargestellt sind mit Z(t) = 1 für Funktion und Z(t) = 0 für Ausfall. Jeder Funktionszeit $t_{qj}$ (j = 1, 2, ...) folgt ein Ausfallzeitelement $t_{Aj}$ von $t_A$. Zum besseren Verständnis der schließlich vorrangig interessierenden *praktikablen* ZKG sei auf einige Grundlagen der Wahrscheinlichkeitstheorie hingewiesen, die vom Ausfall ausgehen:

*Ausfallwahrscheinlichkeit* $F_T(t) = P(T \leq t)$: Wahrscheinlichkeit dafür, dass die BE spätestens zum Zeitpunkt *t* ausfällt; T als Zufallsgröße *Lebensdauer*.

*Überlebenswahrscheinlichkeit* $R_T(t) = 1 - F_T(t) = P(T > t)$: Wahrscheinlichkeit dafür, dass die BE im Intervall $\{0, t\}$ nicht ausfällt, das Intervall überlebt.

Daraus folgen die für Zuverlässigkeitstheorie und -praxis *grundlegenden Größen*:

**Ausfallrate, Erneuerungsrate, Verfügbarkeit**

- *Ausfallrate* $\lambda(t)$

$$\lambda(t) \cdot dt = P(t < T \leq t + dt / T > t) \tag{3.7}$$

Wahrscheinlichkeit dafür, dass die bis zum Zeitpunkt t nicht ausgefallene BE im Intervall $\{t, t + dt\}$ ausfällt. Somit ist $\lambda(t)$ ein Maß für die Neigung einer BE, in Abhängigkeit vom Alter auszufallen. Im Laufe der Nutzung einer reparierbaren BE sind drei typische Phasen mit charakteristischen Verläufen $\lambda(t)$ zu unterscheiden (so genannte Badewannenkurve):
  1. Phase der Frühausfälle, in der die Ausfallrate degressiv auf Normalwert sinkt: Einlaufphase, z. B. bei Inbetriebnahme neuentwickelter MTA
  2. Phase der Normalausfälle mit annähernd gleichbleibender Ausfallrate: Dauerbetrieb mit so genannten Normalausfällen
  3. Phase der *Spätausfälle*, Ausfallrate steigt progressiv infolge von Verschleißprozessen: Endphase der Nutzung, Außerbetriebnahme kann durch Generalreparatur hinausgezögert werden, so lange dies wirtschaftlich vertretbar ist.

- *Erneuerungsrate* (auch: Reparaturrate) $\beta(t)$

$$\beta(t) \cdot dt = P(t < T_A \leq t + dt / T_A > t) \tag{3.8}$$

Wahrscheinlichkeit dafür, dass die bis zum Zeitpunkt t ausgefallene BE im Intervall $\{t, t + dt\}$ ihre Funktionsfähigkeit wiedererlangt, d. h. repariert wird; $T_A$ als Zufallsgröße *Ausfalldauer* (auch: Reparaturdauer).

- *Verfügbarkeit*

$$V(t) = P(Z(t) = 1) \tag{3.9}$$

Die Verfügbarkeit ist die Zustandswahrscheinlichkeit dafür, eine allein betriebene BE zu einem beliebigen Zeitpunkt t (t > 0) in Funktion vorzufinden. V(t) ist durch Lebensdauer T und Ausfalldauer $T_A$ bzw. Ausfallrate $\lambda(t)$ und Erneuerungsrate $\beta(t)$ beschreibbar. Das Komplement zur Verfügbarkeit ist die **Nichtverfügbarkeit**: $\overline{V} = 1 - V$.

Ausfall-, Erneuerungsrate und Verfügbarkeit sind real *zeitabhängige* Zufallsgrößen. Für den *stationären Betrieb* – nur dieser soll hier interessieren – wird mit *mittleren* Ausfall- und Erneuerungsraten, im Folgenden kurz *Ausfall- und Erneuerungsraten* gerechnet; zeitabhängige Größen würden einen praktikablen Umgang sehr erschweren oder unmöglich machen.

**Abb. 3.7** Einschwingphase der Verfügbarkeit V(t)

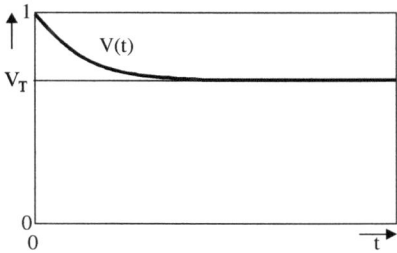

**Praktikable Rechengrößen**

- *Ausfallrate*

$$\lambda = \frac{1}{\Theta} \qquad (3.10)$$

$\Theta$ mittlerer Ausfallabstand, mittlere Funktionsdauer, *MTBF* (*mean time between failures*)

- *Erneuerungsrate*

$$\beta = \frac{1}{T_A} \qquad (3.11)$$

$T_A$ mittlere Ausfalldauer, mittlere Erneuerungs-/Reparaturdauer, *MTTR* (*mean time to repair*)

Eine weitere Kenngröße, die **Ausfallkennziffer** $\kappa$ (= Kappa) findet im Hinblick auf Rechenvorteile Verwendung:

$$\kappa = \frac{\lambda}{\beta} \, . \qquad (3.12)$$

Beim ausschließlichen Gebrauch von $\lambda$ und $\beta$ im Folgenden anstelle strenggenommen $\lambda(T)$ und $\beta(T)$ sei der Bezug auf eine Betrachtungszeit T immer vorausgesetzt, resultieren doch die Werte für $\lambda$ und $\beta$ aus Analysen bestimmter Zeiträume.

Für die *Verfügbarkeit* V(t) gilt: Nach dem Fundamentalsatz der Erneuerungstheorie (Satz von *Smith*) geht V(t) für t $\rightarrow \infty$ in den stationären Wert, hier **Zeitverfügbarkeit** $V_T$, über (Abb. 3.7).

Eine neue BE ist unmittelbar bei Inbetriebnahme 100 %ig verfügbar (Wert 1); nach einer bestimmten Gebrauchsdauer sinkt deren Verfügbarkeit auf ihren stationären Wert $V_T < 1$, die spezifische Zeitverfügbarkeit der BE im stationären Betrieb:

$$\lim_{t \to \infty} V(t) = V_T = \frac{\beta}{\lambda + \beta} = \frac{1}{1 + \kappa} \quad \text{Zeitverfügbarkeit } V_T \, . \qquad (3.13)$$

Ausgehend davon, dass in der VAT auch *Teillast-Funktionszustände* interessieren, soll neben der Aussage zur zeitlichen Nutzbarkeit einer BE die im jeweiligen Funktionszustand vorliegende Produktivität zur Charakterisierung der BE mit herangezogen werden [2.16, 3.10].

Es soll deshalb die als **Mengenverfügbarkeit** V bezeichnete Verfügbarkeit als Quotient aus tatsächlich herstellbarer zu projektierter rechnerischer Produktmenge definiert und im Folgenden *kurz Verfügbarkeit* genannt werden. Zur praktischen Handhabung soll diese *mengenbezogene* Verfügbarkeit allgemein definiert werden:

$$V = \frac{1}{Q_{rp}} \cdot \sum_z p_Z \cdot Q_r(Z) \quad \text{Mengenverfügbarkeit} \tag{3.14}$$

$p_Z$ Zustandswahrscheinlichkeit:
  Wahrscheinlichkeit dafür, mit welcher sich die BE im Zustand Z befindet
$\sum_z$ Summe über alle Zustände z

Kann abschnittsweise mit $Q_r$-Mittelwerten gerechnet werden, ist diese mengenbezogene Verfügbarkeit unter Bezug auf Abb. 3.3 und 3.4 auch zu berechnen als *Zweizustandsmodell*:

$$V(t_B) = \frac{1}{Q_{rp} \cdot t_B} \cdot \sum_j \overline{Q}_{rj} \cdot t_{qj}; \quad j = 1, 2, \ldots, J \tag{3.15}$$

$\overline{Q}_{rj}$ mittlere Produktivität während der Zustandsperiode j
$t_{qj}$ Qualitätszeit der j-ten Zustandsperiode; J Anzahl der Zustandsperioden innerhalb $t_B$
$\sum_j$ Summe über alle j

In Gl. 3.15 ist für $Q_r$ ein solcher Wert einzusetzen, dass sich die gegenüber dem realen Betrieb unvermeidlichen Überschuss- und Verlustmengen ausgleichen. Aus Abb. 3.2 ist zu folgern, dass bei einer Verarbeitungsmaschine $V_T$ und demzufolge V produktivitätsabhängig sind. Die zur Beschreibung derartiger Elemente geeigneten Modelle sollten deshalb die Einbeziehung $V = V(Q_r)$ im Bedarfsfall ermöglichen.

Produziert eine Maschine ausschließlich mit $Q_r$ = konst., genügt zur Berechnung von $Q_t$ die aus den Mittelwerten der ZKG *Ausfallrate λ* und *Erneuerungsrate β* bzw. der Zuverlässigkeitsprimärgrößen *Funktionsdauer Θ* und *Ausfalldauer $T_A$* berechenbare *Zeitverfügbarkeit $V_T$* (DIN 40041, VDI 4004).

**Verfügbarkeits-Kennwerte** Bei stoffverarbeitenden Maschinen liegt die Zeitverfügbarkeit meist im Wertebereich 0,85 ... 0,995, d. h. 15 ... 0,5 % kann die Maschine während ihrer geplanten Betriebszeit infolge eigener Ausfallzeit nicht produzieren.

*Verkettungselemente* müssen eine in der Größenordnung höhere Verfügbarkeit haben, damit diese nicht die Hauptelemente der Anlage behindern. Dieser Forderung wird entsprochen, wenn die *Nichtverfügbarkeit* des Verkettungselements (Vk) verschwindend klein gegenüber der Maschinen-Nichtverfügbarkeit ist:

$$\overline{V}_{Vk} = 1 - V_{VK} \ll \overline{V}_M = 1 - V_M \, .$$

**Tab. 3.1** Verfügbarkeitswerte am Beispiel von Spinnereien (Angaben aus [3.11])

| Maschine | Verfügbarkeit in % | Bemerkung |
|---|---|---|
| Ring-Spinnmaschine | 96,5 … 98,0 | mit Doffer |
| | 93,0 … 97,5 | bei Abnahmekolonne |
| Rotor-Spinnmaschine | 92,1 … 97,4 | |
| Flyer | 75,0 … 85,0 | |
| Strecke | 75,3 … 88,0 | 1. Passage |
| | 74,9 … 80,0 | 2. Passage |
| Karde | 95,0 … 97,0 | |
| Kämm-Maschine | 90,0 … 97,0 | |
| MTA der Putzerei | 95 | |

Bezogen auf den oberen Verfügbarkeitswert 0,995 würde das eine Nichtverfügbarkeit der Verkettungselemente von $\ll 0{,}005$ bedeuten. Der untere Wert darf kein Maßstab sein, da Maschinen mit derartig geringen Verfügbarkeiten sich kaum für die Verkettung in hochproduktiven Anlagen eignen. Für Verkettungselemente sind deshalb Verfügbarkeitswerte von $V_{Vk} \geq 0{,}9995$ zu fordern und zu realisieren, da diese Güter nur transportieren, nicht verarbeiten. Zu beachtende Unterschiede:

- Der Guttransport mittels bewährter Förderer/Förderprinzipe wird eine hohe Verfügbarkeit ermöglichen.
- Dagegen wird ein kompliziertes Koppelelement zum Verteilen oder Sammeln von Gutströmen infolge seines komplizierteren Aufbaus eine geringere Verfügbarkeit haben, zumal es sich vielleicht noch um kompliziert handhabbares Gut handelt.

In letzterem Fall muss eine auch hier zu fordernde, hohe Verfügbarkeit durch überproportional hohen technischen Aufwand erkauft werden. *Zahlenwerte* von Textilmaschinen in Spinnereien sollen die *Größenordnung* der Verfügbarkeit dieser branchentypischen Maschinen veranschaulichen (Tab. 3.1). Verfügbarkeitswerte und andere ZKW gelten immer nur bezogen auf *bestimmte Einsatzbedingungen*.

Tabelle 3.2 veranschaulicht am Beispiel einer Karde, mit welchen *Abhängigkeiten* im konkreten Fall bei diesem Maschinentyp zu rechnen ist: Bandfeinheit (Nm, ktex), Betrieb mit oder ohne automatischem Kannenwechselsystem (KHC), Kannendurchmesser (600, 800, 1000 mm).

Mit derartigen Zahlenangaben kann der Anwender – hier die Spinnerei – die tatsächlich produzierbare Produktmenge, die Garnmenge in kg/h, für den jeweiligen Produktionsauftrag planen.

**Tab. 3.2** Abhängigkeit der Verfügbarkeit einer Karde DK 760 (Angaben aus [3.11])

| Bandfeinheit | | Verfügbarkeitswerte in % | | | | | |
|---|---|---|---|---|---|---|---|
| | | mit KHC | | | ohne KHC | | |
| Nm | Ktex | 600 | 800 | 1000 | 600 | 800 | 1000 |
| 0,15 | 6,5 | 95 | 97 | 99 | 89 | 92 | 95 |
| 0,17 | 6 | 94,5 | 96,5 | 98,5 | 88,5 | 91,5 | 94,5 |
| 0,18 | 5,5 | 94 | 96 | 98 | 88 | 91 | 94 |
| 0,20 | 5 | 93,5 | 95,5 | 97,5 | 87,5 | 90,5 | 93,5 |
| 0,22 | 4,5 | 93 | 95 | 97 | 87 | 90 | 93 |
| 0,25 | 4 | 92,5 | 94,5 | 96,5 | 86,5 | 89,5 | 92,5 |
| 0,29 | 3,5 | 92 | 94 | 96 | 86 | 89 | 92 |

### 3.3.3 Erfassung von Zuverlässigkeitsprimärdaten

Zuverlässigkeitsprimärdaten (ZPD) sind Ausgangsdaten zur Berechnung der ZKW oben genannter und weiterer Kenngrößen.

Allen ZPD ist gemein, dass sie aus bestimmten – zum Zeitpunkt der Erfassung zu Grunde gelegenen – Einsatzbedingungen (EB) resultieren und nur für diese gelten. Der Bezug auf bestimmte Einsatzbedingungen (Abschn. 3.1) ist zur Reproduzierbarkeit der Daten erforderlich. ZPD sollten deshalb immer mit Angaben zum Geltungsbereich versehen werden.

ZPD dienen der Berechnung des tatsächlichen Leistungsvermögens einer Betrachtungseinheit. Es handelt sich deshalb vorwiegend um technische Daten. Aber auch wirtschaftliche, produktions-organisatorische und umweltbezogene Daten werden zur Charakterisierung des Betriebsverhaltens benötigt. Derartige Daten kommen auch als Entscheidungsgrundlage für Maßnahmen zur Erhöhung der Zuverlässigkeit und allgemein im Rahmen der *Zuverlässigkeitsarbeit* (Abschn. 3.3.4) in Betracht.

**Primärdatenquellen** Zur Primärdatenermittlung werden Quellen empfohlen, gruppiert nach Dokumentenart bzw. Methode (Tab. 3.3).

Die *Primärdatenerfassung* während einer *Betriebsanalyse* (Abschn. 3.6) ist eine wirksame Methode zur Gewinnung und Aktualisierung praxisrelevanter Daten, wenn keine BDE *online* erfolgt.

Auf den Nutzen der Befragung von Bedienern und Ih-Personal sei ausdrücklich hingewiesen, weil diese *Erfahrungsträger vor Ort* die typischen Störungs- und Ausfallursachen und deren ungefähre Dauer von Untersuchungsobjekten am besten kennen.

In der VAT hat die *zeitunabhängige* Datenerfassung vorrangige Bedeutung, weil diese in relativ kurzem *Beobachtungszeitraum* repräsentative Ergebnisse hinreichender statistischer Sicherheit ermöglicht. Bei kurzen Ausfallzeiten wiederholen sich typische Ausfälle bereits in wenigen Schichten hinreichend oft. Bei gleichbleibenden EB sind oft 2 bis 5 Schichten bereits ausreichend. So kurze Beobachtungszeit ist dort ausreichend, wo Ausfallzeitelemente

## 3.3 Zuverlässigkeit

**Tab. 3.3** Analysequellen für Primärdaten

| | Quellen zur Datengewinnung | |
|---|---|---|
| 1 | Anlagendokumente | Ausrüstungsdokumente: Maschinenunterlagen, ... Verfahrensdokumente Projektdokumente |
| 2 | Aufschreibungen/Abrechnungen des Anwenders | Produzierte Mengen Produktionsabläufe: Schichtregime, VG-Sortiment Instandhaltungsmaßnahmen, Reparaturursachen Ergebnisse von online-BDE Verarbeitungsparameter, Qualitätssicherungs-Maßnahmen |
| 3 | Wirtschaftliche Abrechnungen des Anwenders | Verarbeitungskosten Grundmittelrechnung Instandhaltungskosten |
| 4 | Primärdatenerfassung durch Betriebsanalyse | zeitunabhängige Daten zeitabhängige Daten |
| 5 | Befragung von Erfahrungsträgern | Erfahrung des Personals vor Ort |
| 6 | Analogiebetrachtungen | Betrachtung ähnlicher Anlagen, ähnlicher EB |

im Sekunden- bis maximal 10...15-Minutenbereich liegen und das Zeitelement Störungszeit $t_{st}$ dominiert. Das trifft z. B. auf die meisten Verpackungsanlagen zu, bei denen dieses Zeitelement oft im 5...20-Sekundenbereich liegt.

*Zeitabhängige* Datenerfassung, d. h. auch die Erfassung des Verschleißverhaltens hat bei gut gewarteten Anlagen für vorliegendes Analyseziel untergeordnete Bedeutung, da sich der technische Zustand der MTA kaum ändert (Zeitelement $t_r \approx$ konst.). Zur Bestimmung von Ausfall- und Erneuerungsrate nach Gln. 3.10 und 3.11 mittels der aus Betriebsanalysen gewinnbaren Größen $\Theta$ und $T_A$ sind folgende Beziehungen geeignet:

*Mittlerer Ausfallabstand*, MTBF (*mean time between failure*):

$$\Theta = \sum_j \frac{t_{q_j}}{N_A}; \quad j = 1, 2, \ldots, N_A \tag{3.16}$$

$t_{q_j}$   Qualitätszeit der j-ten Zustandsperiode
$N_A$   Anzahl der Ausfälle im Beobachtungszeitraum
$\sum_j$   Summe über alle j

*Mittlere Ausfalldauer*, MTTR (mean time to repair):

$$T_A = \sum_j \frac{t_{Ai}}{N_A}; \quad j = 1, 2, \ldots, N_A \qquad (3.17)$$

$t_{Ai}$ i-tes Zeitelement der Ausfallzeit t ($t_{st}$, $t_a$, $t_l$) der j-ten Zustandsperiode

Je mehr Ausfall- und Erneuerungsphasen im Beobachtungszeitraum vorliegen, desto statistisch sicherer ist das Ergebnis. Allgemeingültige Mindestwerte für $N_A$ können nicht angegeben werden. Beobachtungszeiträume sind von Fall zu Fall, auch in Abhängigkeit des Analyszieles festzulegen.

Die mit Gln. 3.16 und 3.17 zu berechnenden Primärdaten für $\Theta$ und $T_A$ sind wie $\lambda$ und $\beta$ ebenfalls zeitunabhängige Mittelwerte.

Liegen bei *erstmalig* zu analysierenden Anlagen noch keine Kenntnisse zu Ausfall- und Erneuerungsdauern der MTA vor, ist zunächst in *Testbeobachtungen* die zu erwartende Größenordnung dieser Primärdaten zu ermitteln und danach der Beobachtungszeitraum festzulegen.

Zur Charakterisierung des Ausfallverhaltens der Anlagenelemente gehört neben den ZKW auch die *Verteilung* der Ausfallzeitelemente während der Beobachtungszeit. Das reale Ausfallverhalten kann näherungsweise *statistischen Verteilungstypen* [3.8, 3.9] zugeordnet und so analytischen Berechnungs- und Simulationsmodellen zugängig gemacht werden. Der am häufigsten angewandte Typ ist die *Weibullverteilung*, eine zweiparametrige, stetige Funktion mit Lage- und Formparameter, die je nach Formparameter als Exponential- oder logarithmische Normalverteilung vorliegt. In der Praxis sind viele Probleme geschlossen nur mittels der relativ einfachen *Exponentialverteilung*, d. h. bei konstanter Ausfallrate lösbar.

In der VAT kann aus folgenden Gründen oft näherungsweise mit Exponentialverteilung gerechnet werden:

- Die meisten Einflussgrößen (Abschn. 3.1) wirken annähernd zeitunabhängig.
- Ein annähernd gleichbleibender technischer Zustand der Anlagenelemente ist durch vorbeugende Ih gewährleistbar (Zeitelement $t_{Ih}$ außerhalb $t_B$).
- Im stationären Dauerbetrieb treten im Wesentlichen *Normalausfälle* auf.

Im konkreten Fall ist jedoch immer nachzuweisen, mit welchem Verteilungstyp gerechnet werden darf.

### 3.3.4 Zuverlässigkeitsarbeit

Unter dem Begriff *Zuverlässigkeitsarbeit* ist die Gesamtheit der Aufgaben und Tätigkeiten von der Planung bis zur Überwachung der Zuverlässigkeit der technischen Erzeugnisse eines Unternehmens einschließlich seiner Außenbeziehungen auf diesem Gebiet zu verstehen. Zu diesem komplexen Gebiet geben VDI-Richtlinien einen Überblick und Empfehlungen:

VDI 4003, 4007 zu Zuverlässigkeitsmanagement, Zuverlässigkeitszielen, Organisation und Zusammenarbeit der Zuverlässigkeitsstellen, Zuverlässigkeitsmanagement und Berichtswesen.

VDI 4008 zu Voraussetzungen und Anwendungen von Zuverlässigkeitsanalysen, Verfahren der Zuverlässigkeitsanalyse und deren Eignung zur Ermittlung der Zuverlässigkeitsmerkmale technischer Erzeugnisse, sowie zu Zuverlässigkeitsmodellen.
Einige Aspekte dieser Richtlinien sind:

- *Beteiligte Stellen* bei der Entstehung und Verwendung eines Systems/Produkts sind AN, AG, Verwender und – unabhängiger – Überwacher, tätig sowohl im Innenverhältnis eines Unternehmens als auch im Außenverhältnis zwischen beteiligten Unternehmen bzw. Institutionen.
- *Tätigkeitsarten* der Zuverlässigkeitsarbeit sind Zielsetzen, Planen, Anleiten, Überwachen, ausgeübt in Form verschiedener Maßnahmen.
- *Typische Störquellen* bei komplexen bzw. neuen und großen Systemen/Produkten sind:
  - Schnittstellen
  - Verschiedenartigkeit
  - viele Vertragspartner
  - komplizierte Struktur
  - neue technische Prozesse
  - neue Beanspruchungen
  - unzureichende Stabilität
  - neue Sicherheitsvorschriften
  - neue Partner in der Zusammenarbeit
  - fehlende Erfahrung
  - andere Parameter
  - neue Leistungsmerkmale
  - andere ergonomische Bedingungen.

## 3.4 Effektivität

### 3.4.1 Einleitung

Während sich *Produktivität* und *Zuverlässigkeit* auf technologisch-technische und produktionslogistische Beziehungen beschränken, werden unter dem Begriff *Effektivität* alle *ökonomischen Einflüsse und Wirkungen* einbezogen. Die Effektivität der Produktion ergibt sich aus dem Verhältnis von Nutzen zu Aufwand. Der Nutzen für den Anwender besteht im

Gebrauchswert der Anlage, dem die Investitionskosten und Betriebskosten entgegenstehen. Der Projektant sollte die Betriebskosten nach Art, Höhe und Beeinflussbarkeit beim Anwender kennen und in die Wirtschaftlichkeitsberechnungen einbeziehen.

*Ziel dieses Abschnittes* sind Aussagen zur Effektivität als Teil des Betriebsverhaltens, nicht die Gesamtkosten einer Anlageninvestition. Zu Investitionskosten – aus wirtschaftlicher Sicht ein bedeutendes Entscheidungskriterium – wird auf Kap. 10 verwiesen.

Die Einbeziehung der Zuverlässigkeit als Qualitätskriterium in die technisch-ökonomische Bewertung der Anlage führt zu praktisch kaum lösbaren *Optimierungsproblemen*. Gründe dafür sind:

1. Bei der Formulierung der Effektivitäts- bzw. Bewertungskriterien wäre die Gesamtheit der gestellten Optimierungsanforderungen quantitativ zu erfassen.
2. Es besteht Unsicherheit in der Kenntnis der zu erwartenden Beanspruchungen und damit in der Beschreibung des Zuverlässigkeitsverhaltens.
3. Restriktionen (in Abschn. 2.5.5 genannte und weitere, z. B. bei Rationalisierungsvorhaben).

Ziel muss ein solches *Zuverlässigkeitsniveau* der Projektlösung sein, das die maßgebenden Effektivitätskriterien *optimal* erfüllt. Grundsätzliche Bewertungsmöglichkeiten für eine Projektlösung sind die *mehrdimensionale* Bewertung unter Einbeziehung von Produktivität, Zuverlässigkeit, Effektivität und weiterer Kriterien oder die *eindimensionale* Bewertung nach einem *übergeordneten Kriterium*, z. B. Kosten. Als besonders praxistauglich ist die eindimensionale Bewertung anzusehen.

In der Anlagenplanung stellt der *Vergleich von Lösungsvarianten* eine ständige Aufgabe dar (Variantengrundsatz, Abschn. 2.4.1). Es sind sowohl Teil- als auch Gesamtlösungen zu bewerten. Hilfreich sind hierfür die in Abschn. 2.4.2 genannten Verfahren und weitere wie Gebrauchswert-Kosten-Analyse, Punktbewertung [1.13, 2.7]. Es hat sich bewährt,

- zunächst *Strukturvarianten* für die zu realisierenden Verarbeitungsprozesse zu konzipieren
- diese nach bestimmten *Zielen* technisch-ökonomisch zu bewerten und
- durch Einbeziehung zuverlässigkeitserhöhender Maßnahmen *schrittweise* zu verbessern und zur Gesamtlösung zusammenzufügen.

### 3.4.2 Effektivitätskriterien

Bei gleichen EB ist die *eindimensionale Bewertung* für den Variantenvergleich ausreichend, wenn es gelingt, ein aussagefähiges Bewertungskriterium zu vereinbaren.

## 3.4 Effektivität

***Bewertungskriterien*** für den Gebrauchswert der Anlage können sein:

1. Spezifische Verarbeitungskosten $k_{ges}$ oder Gewinn G (siehe auch Abb. 3.3)
2. tatsächlich produzierbare Produktmenge $M_t$ gemäß Gln. 3.3 und 3.5
3. Flexibilität bei Sortimentsproduktion
4. Verarbeitbarkeit von Gütern schwankender Qualität und wechselnder Sortimente.

Die Anlage hat ihre Aufgabe während einer *Betrachtungszeit T* unter vorgegebenen technologischen und anderen Bedingungen zu erfüllen. Aus den unter 1. und 2. genannten und weiteren Kriterien seien folgende *Zielfunktionen* (ZF) für die Projektlösung formuliert. ***Zielfunktionen*** zu Bewertung und Auswahl einer Projektvariante:

ZF 1    Die spezifischen Verarbeitungskosten sollen minimal sein:

$$k_{ges}(T) = \frac{K_{ges}(T)}{M_t(T)} \rightarrow \text{Minimum!} \tag{3.18}$$

$K_{es}(T)$   Gesamtkosten im Zeitraum T
$M_t(T)$   tatsächliche Produktmenge im Zeitraum T

ZF 2    Der Gewinn soll maximal sein:

$$G(T) = g(T) \cdot M_t(T) \rightarrow \text{Maximum!} \tag{3.19}$$

g(T) spezifischer Gewinn (Gewinn pro Produkteinheit) im Zeitraum T

ZF 3    Die Produktmenge soll maximal sein:

$$M_t = Q_r(T) \cdot V(T) \cdot t_B(T) \rightarrow \text{Maximum!} \tag{3.20}$$

Hat die Anlage infolge ihrer Verkettung mit vor- oder nachgeschalteten Anlagen zu jeder Zeit t eine bestimmte rechnerische Produktivität $Q_0(t)$ zu gewährleisten, muss sie sich an diese jeweils aktuelle Produktivität anpassen, so dass als weitere ZF (oder Randbedingung) in Betracht kommt:

ZF 4    Die rechnerische Produktivität soll jederzeit einen bestimmten Wert $Q_0$ haben:

$$Q_{rp}(t) = Q_0(t) \tag{3.21}$$

Die ZF 1 oder ZF 2 sollten einer Anlage *immer* und über die *gesamte Nutzungsdauer* zu Grunde liegen. ZF 3 bedeutet maximale Produktionskapazität; sie kommt nur für bestimmte Zeitabschnitte in Betracht, z. B. für Saisonbetrieb oder zur Aufholung eingetretener Verluste. ZF 1 bis ZF 3 sind für eine Projektvariante auch kombiniert zu betrachten.

ZF 4 ist in Abhängigkeit von Anlagenverfügbarkeit und -steuerung im realen Betrieb nur bedingt einzuhalten, erforderlichenfalls mittels vor-/nachgeschalteter Ausgleichs- oder Störungsspeicher.

*Saisonbetrieb* und *Sortimentsproduktion* können das Bewertungsproblem erschweren. Ein praktischer Weg ist hier:

- Bewertung der Projektlösung zunächst für *die* Zeitabschnitte, für die *ein* Ziel und das jeweilige Produkt bzw. Produktsortiment zutrifft.
- Danach sind die Einzelergebnisse zu summieren, gewichtet mit den entsprechenden Zeitanteilen der Nutzungsdauer.

### 3.4.3 Kosten

Die zum Anlagenbetrieb erforderlichen Aufwendungen verursachen Kosten, die zeitlichen Schwankungen unterliegen können. Hinsichtlich des betriebswirtschaftlich bedeutsamen *Planungs- und Abrechnungszeitraumes* eines Jahres und des *Langzeitverhaltens* der Anlage ist es meist sinnvoll, von *mittleren Jahreskosten*, d. h. *auch* mittleren Jahres-Produktmengen auszugehen. Mit den Beziehungen für die *Gesamtkosten*

$$K_{ges} = K_F + K_B + K_{Ih} + K_R + K_S \quad \text{Gesamtkosten} \quad (3.22)$$

$K_F$ Festkosten (Abschreibungen), $K_B$ Betriebskosten, $K_{Ih}$ Instandhaltungskosten
$K_R$ Raumkosten
$K_S$ Schadenskosten, resultierend aus der Nichtverfügbarkeit der Anlage infolge Ausfall

und für die *Betriebskosten*

$$K_B = K_V + K_E + K_L + K_A \quad \text{Betriebskosten} \quad (3.23)$$

$K_V$ Verarbeitungskosten; Kosten für Verarbeitungsgüter, -hilfsmittel und Betriebsstoffe
$K_E$ Energiekosten
$K_L$ Lohnkosten
$K_A$ Aufbereitungs- und Recyclingkosten

sind alle durch die Anlage verursachten Kosten erfassbar.

Außer den Festkosten, die durch Ausrüstungs- und Investitionsaufwand (Anschaffungspreis) festliegen und nach einem Abschreibungsplan – linear, degressiv oder leistungsbezogen – in die laufenden Kosten eingehen, kann der Anwender die Kosten durch Fahrweise und Produktionsorganisation beeinflussen:

- *Betriebskosten* liegen zwar mit technologischem Verfahren, MTA und Einkaufspreisen für VG, Verarbeitungshilfsmittel und Betriebsstoffen fest, können jedoch durch sparsamen Verbrauch beeinflusst werden: Materialökonomie durch Minimierung von Gutverlusten!
- *Energiekosten* sind durch umsichtige Fahrweise wie Vermeiden von Maschinenstillstand durch rechtzeitiges Reduzieren der Betriebsdrehzahl bei kurzzeitigem Gutmangel infolge Störung vorgeschalteter Prozesse, günstig beeinflussbar: Energieökonomie!

## 3.4 Effektivität

- *Raumkosten* beinhalten alle laufenden Aufwendungen für Heizung, Beleuchtung, Reinigung, gegebenenfalls Lüftung und Klimatisierung des von der Anlage beanspruchten Raumes; bauliche Abschreibungen sollen in $K_F$ enthalten sein.
- *Aufbereitungs- und Recyclingkosten* beinhalten z. B. Aufwände für Wasseraufbereitung, Recycling von Gutabfall, aber auch Erlöse, z. B. aus Verkauf aufbereiteter Abfallprodukte (siehe Beispiel Abschn. 3.5).
- *Schadenskosten* infolge Ausfall sind durch Produktionsverluste entstehende *Folgekosten* wie finanzielle Sanktionen des Handels bei nicht vertragsgemäßer Lieferung. Bei Verarbeitungsanlagen im nicht durchgehenden Schichtbetrieb sind diese Kosten nicht so bedeutsam wie bei Anlagen im durchgehenden Betrieb, bei denen keine Zeitreserve vorliegt.
- Lohn- und Instandhaltungskosten bedürfen hier keiner Erläuterung.

Ein bedeutendes Auswahlkriterium kann der von der Anlage *beanspruchte Raum* sein, wenn dieser die Projektlösung in einer vorhandenen Bauhülle begrenzt oder dessen Wert für eine zusätzliche Produktionserweiterung einzubeziehen ist. Erschwerend wirkt, dass der von einer Anlagenvariante beanspruchte Raum, einschließlich der Freiräume für die Hilfsfunktionen, erst *nach* der *räumlichen* Strukturierung festliegt, die Variantenbewertung aber bereits bei der *technologischen* Strukturierung erfolgen soll.

Beim Vorgehen nach dem Stufen- und dem Variantengrundsatz (Abschn. 2.4.1) wird die Lösungsvariante schrittweise im Mehrfachzyklus erarbeitet (Abb. 2.3), so dass der schließlich beanspruchte Raum immer genauer ermittelbar ist.

Im Planungsprozess sind oft die Kosten der Hauptausrüstungen (Maschinen, ...) bereits in den Angebotsphasen genau kalkuliert, während die Verkettungstechnik zunächst – infolge der noch nicht festliegenden räumlichen Gestaltung – durch pauschale Kostenzuschläge näherungsweise Berücksichtigung findet. Zu den Kosten der Verkettungstechnik folgende Hinweise:

**Kosten der Verkettungstechnik** Kosten und Zuverlässigkeit der Verkettungstechnik werden wesentlich durch das Förderprinzip vorausbestimmt. Die Erkenntnis, dass die Kosten der Verkettungselemente bei Verarbeitungsanlagen allgemein etwa 5...20 % der Anlagenkosten nicht übersteigen, rechtfertigt den für eine hohe Zuverlässigkeit dieser Elemente (Abschn. 3.3.2) erforderlichen Aufwand. Allein aus Kostensicht können diese Elemente *überdimensioniert* gestaltet und betrieben werden, auch wenn ein Zuverlässigkeitszuwachs immer mit progressiv steigenden Kosten zu erkaufen ist!

Überdimensionierung betrifft hier Antrieb, Bauteile, Gut-Aufnahmevermögen und Fördergeschwindigkeit. Speichervolumen, Förderquerschnitte und -geschwindigkeiten sollten so überdimensioniert sein, dass sie auch im gestörten Anlagenbetrieb nicht zum Engpass werden.

**Besonderheit bei Förderern und Speichern** Die Kosten von Förderern und Speichern ergeben sich in bestimmten Bereichen aus konstanten – von Transportweg bzw. Speichergrö-

**Abb. 3.8** Konstante und variable Kosten von Stetigförderern und Speichern – idealisierter Verlauf

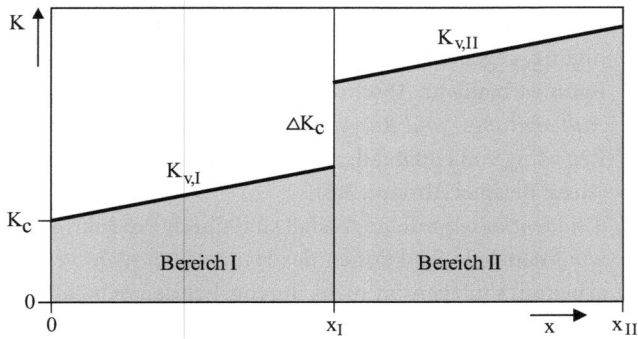

ße unabhängigen – Kosten und mit wachsendem Transportweg/wachsender Speichergröße steigenden, variablen Kosten (Abb. 3.8).

In einem ersten Transportweg- bzw. Speicherbereich I ($0\ldots x_I$) betragen die Gesamtkosten $K_I = K_c + K_{v,I}(x)$. Bei Überschreiten dieses Bereiches muss mit höheren Kosten $K_{II} = K_c + \Delta K_c + K_{v,II}(x)$ gerechnet werden. Die Erhöhung um $\Delta K_c$ ist dadurch bedingt, dass nun beim Förderer ein stärkerer Antrieb, beim Speicher eine stärkere Tragkonstruktion erforderlich ist.

Außerdem können die variablen Kosten steigen, wenn z. B. ein stärkeres Gurtband oder eine größere Silowandstärke notwendig geworden ist.

### 3.4.4 Nutzen

Der Nutzen einer Anlageninvestition ergibt sich aus quantifizierbarem und verbalem Nutzen des Anlagenbetreibers.

**Quantifizierbarer Nutzen**

- Kostensenkung durch Senkung der spezifischen Verarbeitungskosten wie Verringerung von Packmittelabfall, Reduzierung des Personaleinsatzes, Energieeffizienz
- Umsatz- und Erlössteigerung durch Mehrproduktion, z. B. infolge höherer Verfügbarkeit
- Umsatz- und Erlössteigerung durch Qualitätssteigerung der Produkte bzw. durch neue Produkte, die höhere Verkaufspreise und Erlöse ermöglichen
- Vermeidung staatlicher Sanktionen durch Vermeidung der Umweltbelastung, z. B. durch wirksamere Abwasserreinigung (siehe Beispiel Abschn. 3.5)
- Erschließung neuer Absatzmärkte.

## 3.5 Umweltbeziehungen

**Verbaler Nutzen**

- Höhere Personalmotivation durch verbesserte Arbeitsbedingungen
- Verringerung der Umweltbelastung, z. B. der Lärm- und Staubemission
- bessere Image-Pflege des Unternehmens durch Präsentation modernster Anlagentechnik.

Der quantifizierbare Nutzen ist der entscheidende wirtschaftliche Effekt einer Projektlösung, der zu verschiedenen Investitionsrechnungen herangezogen werden kann (Abschn. 10.2), der verbale kann ein *zusätzliches* Bewertungskriterium sein.

### 3.5 Umweltbeziehungen

Die Anlage steht mit ihrer Umwelt in Wechselbeziehung: Einerseits wirken auf den Anlagenbetrieb die *Umweltbedingungen* als Teil der Einsatzbedingungen, andererseits können von der Anlage *Umweltbelastungen* (Emissionen) ausgehen. Zu den Umweltbedingungen zählen:

- Klimatische Bedingungen wie Temperatur, Luftfeuchte, Luftbewegung (Störung, Zirkulation), Staub- und Keimgehalt der Luft
- Arbeitsbedingungen: Arbeitsplatzgestaltung, Versorgung, ...

Umweltbewusstsein, Wahrnehmung der Verantwortung für Mensch und Natur sowie Zertifizierung von Produkten und Produktionsabläufen gemäß DIN EN ISO 14001 gehören heute zu moderner Unternehmensführung, zusammenzufassen auch unter dem Begriff *Fabrikökologie* [3.12]. Hinzuweisen ist auch auf die Entsorgung von Produktionsabfällen, z. B. von Verpackungsprozessen, und auf die Kreislaufwirtschaft [3.13].

Der Projektant muss die von der Anlage ausgehende Umweltbeeinflussung kennen und geeignete Maßnahmen zur Vermeidung oder Minderung der Umweltbelastung treffen. So ergibt sich z. B. aus den Bleich- und Färbeprozessen der Textilveredlung und den Waschprozessen der Wolle die Notwendigkeit der Abwasserbehandlung *vor* der Einleitung von Abwässern in öffentliche Netze oder Flüsse.

Dazu ein Beispiel zu *umfassendem Umweltschutz* durch *wegweisende* Technik (Abb. 3.9). Ein großes Wollkämmerei-Unternehmen [3.14] hat an einem Gemeinschaftssystem für Umweltmanagement und Umweltprüfung – EG-Öko-Audit-Verordnung Nr. 1836/93 – teilgenommen und ein Umweltschutz-Vorhaben als integralen Bestandteil der Produktionsanlagen aufgebaut. Das zu Grunde liegende Konzept schließt *Energieeffizienz* durch Kraft-Wärme-Kopplung, Recycling und Verkauf von Abprodukten ein. Die bedeutendsten Effekte dieses Vorhabens sind:

- Beseitigung der Pestizide aus der Schafwolle
- Senkung der Abwasserschadstoffe um 99 % und des Frischwasserverbrauchs um 65 %.

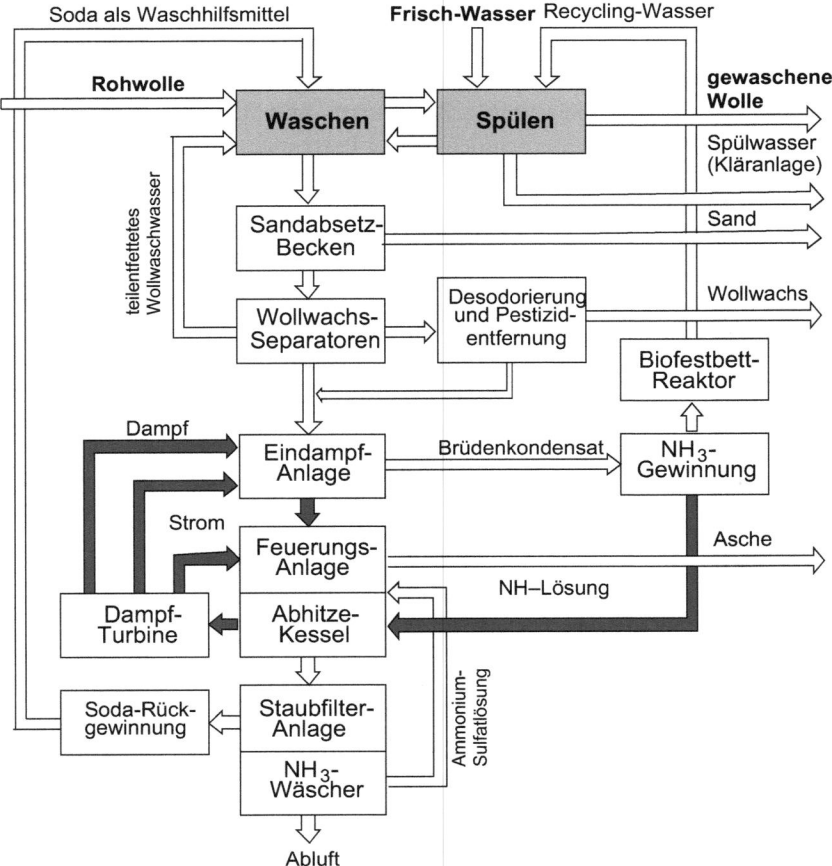

**Abb. 3.9** Reinigungssystem für Wollwaschwasser in Verbindung mit Kraft-Wärme-Kopplung und Recycling [3.14]

## 3.6 Betriebsanalysen

### 3.6.1 Ziele und Etappen der Analyse

Betriebsanalysen erfolgen aus Anlass oder von Zeit zu Zeit mit bestimmten Zielen. Analyseobjekte (kurz: Objekte) sind in Betrieb befindliche Anlagen, Teilanlagen oder einzelne MTA.

**Vorwiegende Ziele**

- Datengewinnung: Prozessdaten, Zuverlässigkeitsprimärdaten (Abschn. 3.3.3)
- Datenaktualisierung: in Zeitabständen, aus Anlass, z. B. nach einer Modernisierung

## 3.6 Betriebsanalysen

- Erkennung von Engpässen: Schwachstellen der Anlage
- Nachweis von Rationalisierungseffekten.

Derartige Analysen stützen sich auf die Betriebsdatenerfassung (BDE), bei der zunächst immer zu klären ist: Welche Daten sind zu welchem Zweck wo und wie zu erfassen?

**Etappen der Analyse**

1. Vorbereitung der Analyse
2. Durchführung der Analyse (eigentliche Datenerfassung)
3. Auswertung der Analyseergebnisse (Betriebsdaten und andere).

### 3.6.2 Vorbereitung

Inhalte dieser Etappe sollten sein:

- Festlegung von *Ziel, Mittel und Weg* der Analyse
- *Unterteilung des Objekts* Anlage in technologisch sinnvolle, für die Datenerfassung überschaubare *Abschnitte, Vorauswahl relevanter Störstellen*
- Klärung der *Zeitbasis*; einheitliche Basis bei Erfassung einzelner Objekte, damit Vergleichbarkeit z. B. der ZKW gegeben ist
- Entscheidung, ob *grobe* Erfassung mit Strichlisten für Ereignisse mittlerer Dauer hinreichend oder *detailliertere* Erfassung mit Zeitpunkt des Ereigniseintritts und realer Dauer notwendig ist, letztere erfordert Festlegung der Erfassungsgenauigkeit, z. B. 1 s, 5 s, 1 min
- Klärung der *Zeitgliederung* (Abschn. 3.2.2), damit von Anfang an die Prozess- und Maschinenspezifik differenzierte Beachtung findet, vor allem *typische Ausfallursachen* und daraus resultierende Zeitelemente nach Art und Größenordnung erfassbar sind
- Klärung der für das Analyseziel relevanten *Betriebszustände* (Produkt- und Formatvarianten, Maschinen-Einstellparameter, ...) und der *Erfassungsdauer*, damit alle Zustände statistisch gesichert erfassbar sind
- *Einweisung des Untersuchungspersonals*: Beobachter, Aufschreiber, Auswerter, gegebenenfalls in einer Person; besonders bei visuellen und manuellen Methoden
- *Einbeziehung und frühe Information* aller im Management involvierten, besonders der personalrechtlich relevanten Personen (Betriebsrat, Personalrat) über die Ziele und Erfassungsmethoden (Stoppuhr, Foto- oder Videoaufnahmen)
- *Bereitstellung der Analyseausrüstung* (Stoppuhr, Kladde, Notebook, Erfassungsblatt, ...)
- *Einbeziehung und frühe Information* des Bediener- und Ih-Personals über Ziele und Methoden der Analyse, damit im Beobachtungszeitraum der reale Produktionsablauf nicht verfälscht wird, das Personal sich so wie immer verhält und seine Produktionserfahrung als Partner des Untersuchungspersonals mit einbringt, z. B. bei Zuordnung nicht sofort erkennbarer Ausfallursachen

- Festlegung eines solchen *konkreten Untersuchungszeitraumes* (Kalendertermin) in Abstimmung mit dem Anlagenbetreiber, in dem alle relevanten Betriebszustände in diesem Zeitraum auch vorkommen.

Die Vorbereitungsphase ist für den Erfolg der Analyse sehr bedeutsam. Auf die richtige Wahl der Analyse-Systemschnittstellen (Objektauswahl) und den Nutzen *zeitiger* und umfassender Information und *Einbeziehung* des betreffenden Personals ist ausdrücklich hinzuweisen, andernfalls auf den *Schaden* bei Informationsversäumnissen. Dies ist besonders wichtig bei visueller Beobachtung von Objekten, die gegenüber automatischer BDE nur gelegentlich erfolgt.

### 3.6.3 Durchführung und Auswertung

Ist die Analyse gemäß erster Etappe vorbereitet, folgen nun:

- Erfassung der Primärdaten mit den in der Vorbereitung festgelegten Methoden
- statistische Aufbereitung und Auswertung der Primärdaten [3.8, 3.9], z. B. Ermittlung von Mittelwert und Standardabweichung der Ausfallzeitelemente, Bestimmung des Verteilungstyps einer Kenngröße, z. B. der Ausfallrate Darstellung der erkannten kausalen Zusammenhänge, z. B. von Ausfall-Zeitelement und Ausfallursachen in Vorbereitung der Auswertung.

Die **Methoden der Betriebsdatenerfassung** sind in drei Gruppen einteilbar:

1. Visuelle Beobachtung und manuelle Aufschreibung: Stoppuhr, Erfassungsblatt, (Waage?)
2. Maschinelle Methoden: spezielle Erfassungs- und Auswertungsgeräte
3. Automatische Methoden: Online-Erfassung und -Auswertung mittels integrierter Technik.

Die *erste* Methode erfordert den geringsten Vorbereitungsaufwand. Sie ist dort vorteilhaft anwendbar, wo *einmalige*, auch *erstmalige* oder zunächst *orientierende* Erfassungen an wenigen unterschiedlichen Objekten oder erkannten Schwachstellen erfolgen sollen. An das Beobachtungspersonal – besonders wenn Beobachter auch Aufschreiber ist – sind jedoch höhere *Anforderungen* als bei maschinellen und automatischen Methoden zu stellen. Hierzu zählen:

- Kenntnisse der verarbeitungs- und maschinentechnischen Zusammenhänge, möglichst in der Praxis bereits selbst erworbene oder durch Einweisung erhaltene Kenntnisse, zumindest soweit, wie es zum Erkennen und Zuordnen von Ausfallursachen erforderlich ist.

## 3.6 Betriebsanalysen

- Verantwortungsvolle Beobachtung/Aufschreibung, das bedeutet: vollständiges und fehlerfreies Erfassen der Primärdaten über den gesamten Beobachtungszeitraum, Registrieren der während der Beobachtung vorgelegenen EB wie Raumklima, VG-Qualität und Formatvariante, Betriebsdrehzahl der Maschine, damit Kausalbeziehungen später reproduzierbar sind.

*Maschinelle* und *automatische* Methoden dienen der selbsttätigen Datenerfassung und deren statistischer Aufbereitung; sie arbeiten weitgehend unabhängig vom subjektiven Einfluss des Menschen, erfassen und verarbeiten größere Datenmengen pro Zeiteinheit. Die technischen Mittel hierzu reichen von einfachen Erfassungsgeräten für begrenzte Anwendungen bis hin zu rechnergestützten Betriebsdaten-Erfassungssystemen als feste Bestandteile der Anlage, z. B. das Informationssystem SPIDERweb [3.4] für Spinnereien, das kritische Prozesszustände anzeigt, aber auch für die Instandhaltung wichtige Verschleißzustände von Werkzeugen (z. B. Kratzer-Garnituren von Karden, siehe Beispiel Abschn. 5.5) darstellt.

Solche BDE liefern umfassende Informationen, erfordern aber großen technischen Vorbereitungsaufwand: Die Datenerfassung muss industriezweig- und anwenderspezifisch konzipiert werden, um einerseits Datenmengen zu begrenzen, andererseits den konkreten Anwendererfordernissen zu entsprechen. Sind BDE einmal installiert, beschränkt sich der laufende Aufwand auf Wartung und Instandhaltung der Erfassungs- und Auswertetechnik.

In modernen Anlagen sind Produktions- und andere Daten, z. B. Aussagen zur aktuellen Anlagenverfügbarkeit mittels entsprechender Sensortechnik ständig am Bildschirm aktuell verfolgbar – wenn Prozessüberwachung erforderlich ist – oder von Zeit zu Zeit abfragbar und verschiedenen Interessenten zur Verfügung zu stellen.

**Vorteile einmal installierter BDE**
Einmal installierte BDE

- dienen der Produktionsplanung, -durchführung und -abrechnung
- erleichtern und ermöglichen schnellere operative Entscheidungen des Menschen mit geringerem Risiko, da z. B. Folgen manueller Stelleingriffe wie Anpassung der Betriebsdrehzahl an veränderte Verarbeitungsbedingungen besser abschätzbar sind
- geben dem Ih-Personal Hinweise auf aktuelle Verschleißzustände und Wartungsintervalle, erleichtern die Fehlersuche im Havariefall durch Anzeige der Fehlerursache
- geben dem Projektanten Hinweise für künftige Projekte, auch für weitere konstruktive Entwicklung der Maschinentechnik durch Nutzung bisheriger Anwendererfahrung.

Die *Auswertung* erfasster Daten und anderer Analyseerkenntnisse erfolgt in zweierlei Hinsicht:

1. Betriebsverhalten: Aktualisierung von Zuverlässigkeits- und anderen Kennwerten von Maschinen und anderen Objekten zur Nutzung in weiterer Anlagenplanung

2. Ableitung geeigneter Maßnahmen im Sinne des zunächst formulierten Analyszieles, z. B. technologische und technische Maßnahmen zur Beseitigung/Minimierung einer Schwachstelle, logistische und ergonomische Maßnahmen zur Verbesserung von Abläufen und Arbeitsbedingungen.

## 3.7 Beispiele

Folgende Praxisbeispiele betreffen Betriebsanalysen auf Basis unterschiedlicher Erfassungs- und Auswertungstechnik:

Beispiel Abschn. 3.7.1 zeigt Ergebnisse einer Analyse mit rechnergestützter Erfassungs- und Auswertungstechnik eines spezialisierten Ingenieurbüros.

Beispiel Abschn. 3.7.2 basiert auf visueller Beobachtung und manueller Aufschreibung eines Anlagenbetreibers. Ziel dieser Analyse war, die Ursachen für die nicht vertragsgemäße Anlagenverfügbarkeit nach einer Erweiterungsinvestition aufzudecken.

### 3.7.1 Datenerfassung in einer Brauerei

Beispiel zur Erfassung von Zuverlässigkeitsprimärdaten.

In Abb. 3.10, 3.11, 3.12 und 3.13 werden Analyseergebnisse auszugsweise dargestellt, die von einem auf derartige Analysen spezialisierten Ingenieurbüro [3.15] im Rahmen einer BDE von einer Getränkeabfüllanlage mittels rechnergestützter Erfassungs- und Auswertungstechnik gewonnen wurden mit dem Ziel der Aufdeckung von Schwachstellen als Ansatzpunkte für Maßnahmen zur Erhöhung der Anlagenverfügbarkeit.

Aus Gründen des begrenzten Buchumfangs wird nur das Ergebnis gemäß Abb. 3.13 kommentiert. Abbildung 3.13 zeigt anschaulich die zum Analysezeitpunkt April 2001 vorgelegenen Verfügbarkeiten der analysierten MTA und die zum Kontrollzeitpunkt August 2002 im Praxistest festgestellten Verfügbarkeitssteigerungen. Diese Steigerungen sind Ergebnis der Mängelbeseitigung, besonders eindrucksvoll bei Einpacker, aber auch Schrumpfer und Palettierer.

### 3.7.2 Analyse einer Käsereianlage

Beispiel für Betriebsanalyse einer Erweiterungsinvestition; in Anlehnung an [3.16] (Zahlen geändert).

**Ausgangssituation** Der zwischen AG und AN vereinbarte Produktionszuwachs durch eine Erweiterungsinvestition wurde auch nach kosten- und zeitaufwändiger Nachbesserung nicht voll erbracht. Die Produktion wird häufig durch Anlagenstillstände infolge von Blockierungseffekten zwischen manchen Anlagenelementen unterbrochen. Die Erprobung

3.7 Beispiele

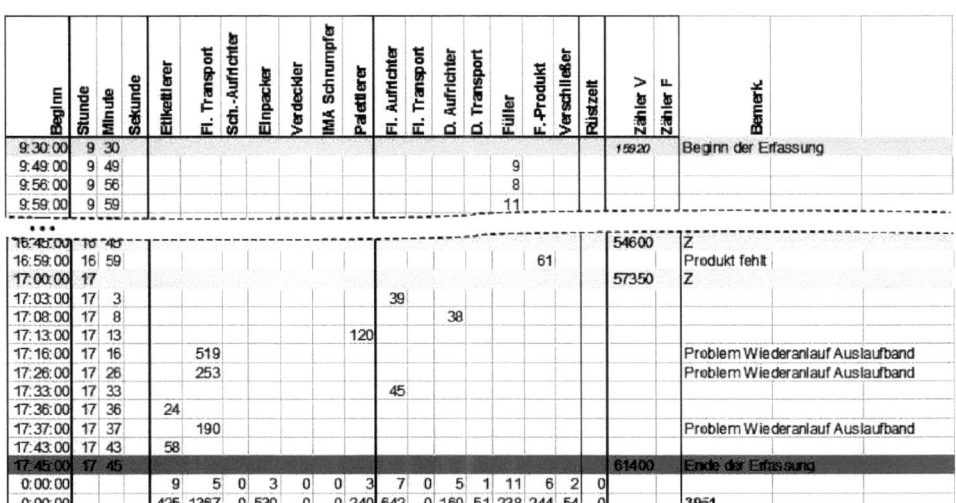

**Abb. 3.10** Automatische Erfassung zu einzelnen Analyseobjekten der Anlage

| LINIE | AUFTRAG | BEGINN | ENDE | ZUST | GEF.MENGE | DAUER | TEXT | |
|---|---|---|---|---|---|---|---|---|
| H4 | 709672 | 07.01.2002 14:05 | 07.01.2002 14:17 | 0 | 1.344 | 12 | | |
| H4 | 709672 | 07.01.2002 14:17 | 07.01.2002 14:22 | 201 | 0 | 5 | Vaux ständig Störung | |
| H4 | 709672 | 07.01.2002 14:22 | 07.01.2002 14:54 | 301 | 0 | 32 | Vaux | |
| H4 | 709672 | 07.01.2002 14:54 | 07.01.2002 15:18 | 0 | 2.664 | 24 | | |
| H4 | 709673 | 07.01.2002 09:00 | 07.01.2002 09:40 | 2 | 0 | 40 | 103 Spülen auf 73 D | |
| H4 | 709673 | 07.01.2002 09:40 | 07.01.2002 11:15 | 0 | 5.376 | 65 | | |
| H4 | 709673 | 07.01.2002 11:15 | 07.01.2002 11:20 | 201 | 0 | 5 | Tubenabfüller Einstellarbeiten | |
| H4 | 709673 | 07.01.2002 11:20 | 07.01.2002 13:20 | 301 | 0 | 120 | Vaux ständig Störung | |
| H4 | 709673 | 07.01.2002 13:20 | 07.01.2002 14:00 | 0 | 6.528 | 40 | | |
| H4 | 709673 | 07.01.2002 14:00 | 07.01.2002 14:05 | 0 | 1.536 | 5 | | |
| H4 | 709674 | 07.01.2002 16:05 | 07.01.2002 16:45 | 2 | 0 | 40 | | 103 |
| H4 | 709674 | 07.01.2002 16:45 | 07.01.2002 16:57 | 0 | 0 | 12 | | |
| H4 | 709674 | 07.01.2002 16:57 | 07.01.2002 17:08 | 201 | 0 | 11 | einstellarbeiten Karton. Überlast | |
| H4 | 709674 | 07.01.2002 17:08 | 07.01.2002 19:03 | 0 | 10.752 | 85 | | |
| H4 | 709674 | 07.01.2002 19:03 | 07.01.2002 19:23 | 201 | 0 | 20 | Drehstation Vaux | |
| H4 | 709674 | 07.01.2002 19:23 | 07.01.2002 20:00 | 0 | 4.032 | 37 | | |
| H4 | 709894 | 07.01.2002 06:00 | 07.01.2002 06:10 | 0 | 44 | 10 | | |
| H4 | 709894 | 07.01.2002 06:10 | 07.01.2002 06:15 | 201 | 0 | 5 | Abfüller Disp. Einstellarbeiten | |
| H4 | 709894 | 07.01.2002 06:15 | 07.01.2002 06:16 | 301 | 0 | 1 | Abfüller Disp. Einstellarbeiten | |
| H4 | 709894 | 07.01.2002 06:16 | 07.01.2002 07:46 | 303 | 0 | 90 | Disp. Klumpen drin | |
| H4 | 709894 | 07.01.2002 07:46 | 07.01.2002 09:00 | 0 | 9.048 | 74 | DF Pulpe zu Null | |
| H4 | 710112 | 07.01.2002 15:18 | 07.01.2002 15:28 | 2 | 0 | 10 | | 101 |
| H4 | 710112 | 07.01.2002 15:28 | 07.01.2002 16:05 | 0 | 4.224 | 37 | Pulpe zu Null | |
| H4 | 711084 | 07.01.2002 20:00 | 07.01.2002 20:36 | 2 | 0 | 36 | | 103 |
| H4 | 711084 | 07.01.2002 20:36 | 07.01.2002 20:48 | 0 | 1.344 | 12 | | |
| H4 | 711084 | 07.01.2002 20:48 | 07.01.2002 20:53 | 201 | 0 | 5 | Einstellarbeiten Drehstation 1 | |
| H4 | 711084 | 07.01.2002 20:53 | 07.01.2002 21:17 | 301 | 0 | 24 | Drehstation 1 | |
| H4 | 711084 | 07.01.2002 21:17 | 07.01.2002 21:45 | 0 | 2.859 | 28 | | |
| H4 | 711084 | 08.01.2002 06:00 | 08.01.2002 06:10 | 0 | 1.173 | 10 | DF | |
| H4 | 711086 | 08.01.2002 06:10 | 08.01.2002 06:15 | 2 | 0 | 5 | 101 Rüsten auf 49 GB | |
| H4 | 711086 | 08.01.2002 06:15 | 08.01.2002 06:50 | 0 | 2.688 | 35 | | |
| H4 | 711086 | 08.01.2002 06:50 | 08.01.2002 06:55 | 201 | 0 | 5 | Vaux ständig Störung | |

**Abb. 3.11** Automatische Datenerfassung zur Anlage als System

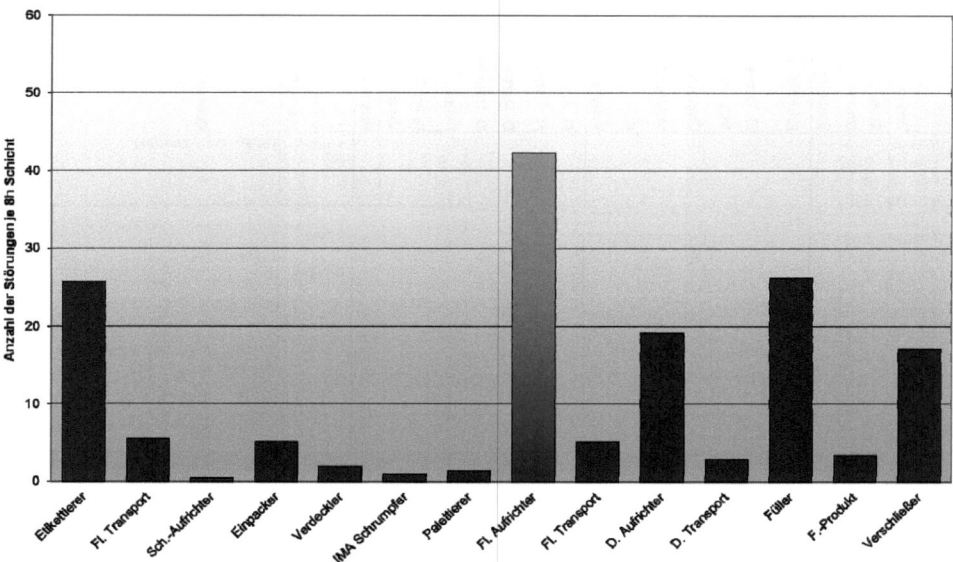

**Abb. 3.12** Auswertung der Ausfallanzahl

noch nicht ausgereifter Anlagenteile konnte – bedingt durch das Produktionsregime im Mehrschichtbetrieb – nur etappenweise und zeitlich verkürzt durchgeführt werden.

Die Anlage ist in zwei Ebenen gegliedert (Abb. 3.14).

- Untere Ebene: Altanlage mit Käsepressen 1 bis 4, die im Wesentlichen beibehalten wurde
- obere Ebene: Erweiterungsteil mit Käsepressen 5 bis 7, angeordnet über Pressen 2 bis 4.

**Zielstellung** Es sind die Ursachen der ungenügenden Anlagenproduktivität zu analysieren und Maßnahmen zur Realisierung des fehlenden Produktivitätszuwachses vorzuschlagen, im Einzelnen:

1. Ermittlung der Hauptverursacher durch Auswertung der vorliegenden Analyse-Aufschreibungen
2. Analyse der Systemstruktur und Darstellung möglicher struktureller Redundanzen
3. Ermittlung technischer Mängel, die ohne umfangreichen Umbau der Anlage zu minimieren sind.

Anlagensteuerung und MSR-Technik sind nicht Analysegegenstand, da diese nicht grundsätzlich zu beanstanden sind und der AN bei seinen Nachbesserungsmaßnahmen diese ohnehin mit einbezieht.

**Analyse** Analyseobjekt ist die produktivitätsbegrenzende Teilanlage 1 (Koppelelemente ohne Positionsangabe) in Abb. 3.14.

3.7 Beispiele

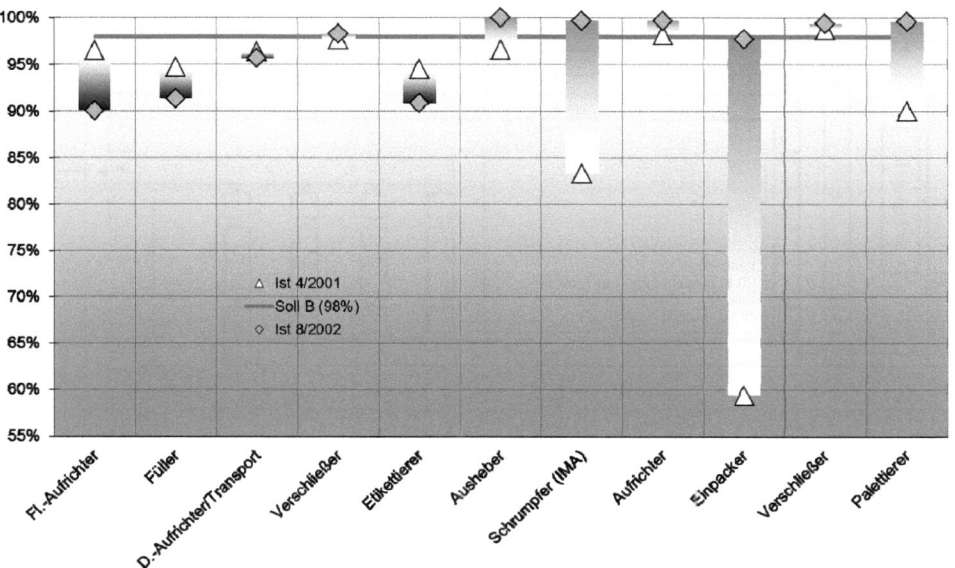

**Abb. 3.13** Auswertung der Verfügbarkeit

*Technologisches Verfahren und Arbeitsweise in Kurzdarstellung* Der Käsefertiger Casomatic füllt jeweils mehrere auf Förderer 16 bereitstehende Formen gleichzeitig mit Rohkäse. Die Vollformen (Rohblock-Format 16 oder 14 kg) werden getaktet zum Deckelaufleger 20 transportiert, gedeckelt und getaktet und über Förderer 26, 27 zu den Käsepressen 1 bis 7 oder über Höhenförderer 28 in die obere Ebene zu den Pressen 5 bis 7 weitertransportiert. Die Pressen entziehen den Rohblöcken die überschüssige Molke.

Die gefüllten Formen verlassen getaktet Teilanlage 1, laufen in Teilanlage 2 ein, wo die Trennung von Käseblock, Deckel und Form erfolgt. Die Käseblöcke laufen weiter zum Salzbad (nicht Betrachtungsgegenstand). Formen und Deckel werden in der Waschmaschine 82 gereinigt und weitertransportiert: Formen zur Füllstation der Casomatic, Deckel zum Deckelaufleger. Formen und Deckel werden in bestimmter Anzahl im Formen- bzw. Deckellager (52/62 bzw. 93/95) vorgehalten und im Kreislauf betrieben.

Die weiter zur Gesamtanlage gehörenden – hier nicht dargestellten – vor- und nachgelagerten Prozesse (Milchzuführung, Wasserzu- und -abführung, ...) stellen keine Produktivitätsbegrenzung dar.

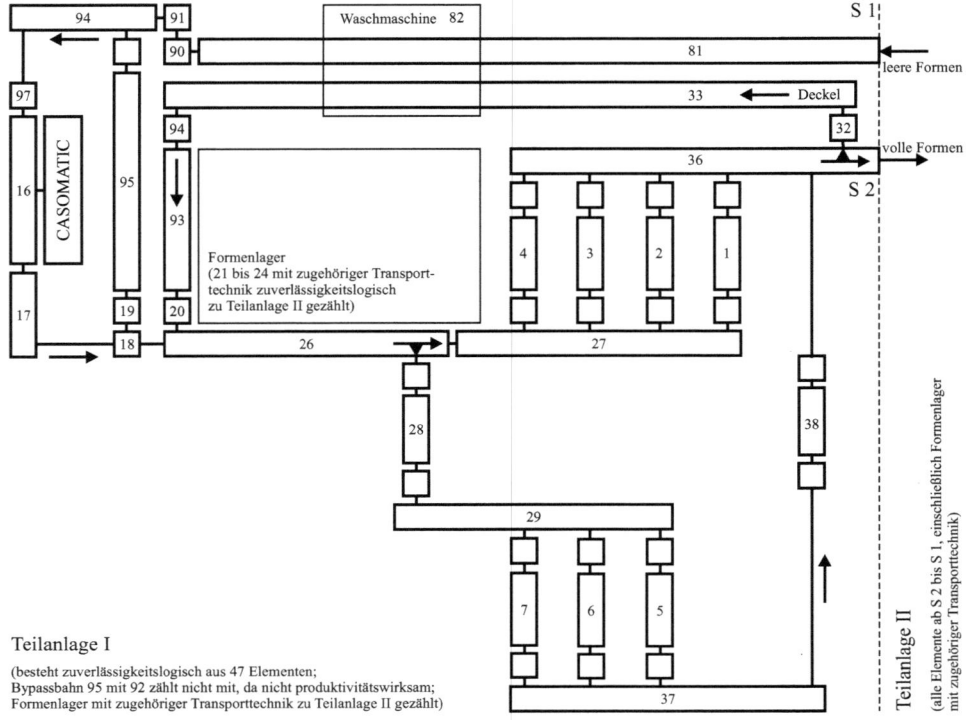

**Abb. 3.14** Für die Analyse gewähltes Schaltbild der Anlage

*Verarbeitungsgüter*
- Leere Form (von Schnittstelle S1 bis Füllstation Casomatic) und Deckel (von Schnittstelle S2 bis Deckelaufleger); formstabiles Stückgut, gut transportier- und handhabbar
- Rohkäseblock in Formaten 16 oder 14 kg; ein noch nicht formstabiles Stückgut, druck- und abriebempfindlich, ohne Formträger noch nicht transportierbar
- Vollform – Rohkäseblock in Form mit Deckel – als Transporteinheit ein formstabiles, nicht staudruckempfindliches Gut von ca 600 mm Länge, 400 mm Breite, 280 mm Höhe, mechanisch gut transportier- und handhabbar.

*Produkte*
- Vollform, die als Transporteinheit an Schnittstelle S2 ohne Deckel Teilanlage 1 verlässt
- Käseblock, der als transportfähiges Gut Teilanlage 2 in Richtung Salzbad verlässt.

*Produktionskapazitäten* Die Anlagenkapazität wird bestimmt durch Käsefertiger Casomatic und Taktzeit, in der die Formen die Anlage durchlaufen.
Kapazitäten *vor* Erweiterung (Altanlage):

$Q_{t\,alt}$ = 6000 bzw. 5250 kg/h bei einer Formentaktzeit von $t_{alt}$ = 10,5 s t

Kapazitäten *nach* Erweiterung (zu analysierende Anlage):

a) Vertragsgarantie des AN (Soll-Zustand)
   Die dem AG garantierten Produktivitäten 7500 kg/h bei 16 kg-Block, 6560 kg/h bei 14 kg-Block sollten erreicht werden durch:
   - Verkürzung der Formentaktzeit auf 8,2 s
   - Anlagenverfügbarkeit von 95 %
   - Verstärkung der betreffenden Antriebe
   - Erhöhung der Leistungsfähigkeit des Käsefertigers.
   
   Aus $Q_t = 7500$ bzw. 6560 kg/h als tatsächlich erreichbare Produktivität und $V = 0{,}95$ wäre eine rechnerische Produktivität von $Q_r = Q_t/V = 7895$ kg/h bzw. 6905 kg/h zu schlussfolgern, siehe Gl. 3.5.

b) Erreichte Anlagenkapazität (Ist-Zustand)
   Die bei Inbetriebnahme erkannten Mängel konnten auch durch Nachbesserungen nicht behoben werden. Im Dauerbetrieb sind nur 7100 bzw. 6213 kg/h erreichbar, bedingt durch die mit 8,7 s zu lange Taktzeit.

c) Kapazität Käsefertiger
   Dieser arbeitet mit fester Produktivität, ermöglicht nach seiner Erweiterung $Q_r \approx 9000$ bzw. 7900 kg/h, hat also über 13 % Reserve gegenüber den vom AN garantierten Produktivitäten. Produktivität und Verfügbarkeit mit ($V > 0{,}98$) stellen keine Beschränkung der Anlagenkapazität dar.

*Vergleich Soll-Ist-Zustand* Die Ist-Taktzeit 8,7 s verfehlt um 0,5 s die Soll-Taktzeit, so dass die geforderte Produktionskapazität nur zu $(8{,}2/8{,}7) \cdot 100\,\% = 94{,}25\,\%$ erreicht wird. Da der Käsefertiger mit konstanter Produktivität arbeitet, heißt das: anstelle 95 % Anlagenverfügbarkeit wurden nur $0{,}9425 \cdot 95\,\% = 89{,}5\,\%$ erreicht. Die Anlage hat in vorliegender Form *keine Reserven*. Infolge des Zeitregimes ist keine zusätzliche Betriebszeit zur Sicherstellung der geplanten Tagesmenge erschließbar.

*Technische Mängel* Die Beobachtung der Anlage über mehrere Schichten ergab:
- Die zu lange Taktzeit resultiert aus Störungen, insbesondere an Koppelstellen, so dass der Formentakt unterbrochen wird.
- Relativ oft addieren sich kurze Ausfallzeiten zu erheblicher System-Stillstandszeit, die auch durch Beschleunigung nachfolgender Förderer nicht voll kompensierbar ist. Das System hat, bedingt durch fehlende Störungsspeicher, keine strukturelle Redundanz zur Minimierung von Stillstandszeiten.
- Einige Förderer und Koppelelemente sind unterdimensioniert, so dass bereits geringe Unregelmäßigkeiten im Formentransport (Kippeln, Verkanten) zu Ausfällen führen: längere Förderer (26, 27, 29, 36, 37) haben zu geringe Beschleunigung. Die Höhenförderer (28, 38) sind in Verbindung mit ihren Koppelelementen (Überschieber) Engpässe der Anlage: sie zur Blockierung der Anlagen-Ebenen.

Technische Dokumentation des AN und dokumentierter Investitionsablauf zeigen:
- Förderer und Koppelelemente weisen theoretisch in ihren Arbeitsdiagrammen zwar Zeitreserven aus, die aber praktisch nicht realisierbar sind.
- Diese Erweiterungsinvestition erfolgte *etappenweise bei laufender Produktion* des AG. Für Probebetrieb und Erprobung hatte der AN offenbar zu wenig Zeit geplant, wodurch besonders neuentwickelte Anlagenelemente nicht ausgereifte Konstruktionen darstellen.

**Schlussfolgerungen und Maßnahmen**  *Wichtigste, allgemeingültige Schlussfolgerungen*
- Derartig komplexe Anlagen sind *mit struktureller Redundanz* in Form von Störungsspeichern zu konzipieren, um Stillstandszeiten zu minimieren.
- Für Montage, Probebetrieb und Erprobung sind *genügend zusammenhängende Zeiten* zu planen und – das gilt besonders bei derartigen Eingriffen bei laufender Produktion – auch zu realisieren.

Maßnahmen, ohne grundlegenden Anlagenumbau realisierbar:
- Die Förderer 16, 17, 26, 27, 29, 36, 37 sind mit dem Ziel zu überprüfen, durch Antriebsverstärkung kürzere Beschleunigungsphasen und damit einen zügigeren Transportablauf zu erreichen.
- Umbau der Höhenförderer 28, 32 und Überschieber zur Aufnahme von jeweils vier anstelle bisher zwei Vollformen je Takt, wodurch die Anlagen-Ebenen weiter entkoppelt werden.
- Die Funktionsstabilität weiterer Elemente wie Deckelaufleger 20 und Deckelabnehmer 32 ist konstruktiv zu verbessern.

# Dimensionierung – Auswahl der Ausrüstungen 4

## 4.1 Wege und Auswahlkriterien

Zur Realisierung einer Verarbeitungsaufgabe stehen meist Maschinen und andere Ausrüstungen (MTA) mehrerer Hersteller/Anbieter zur Auswahl. Unterscheiden sich diese für vorliegende Aufgabe zunächst als geeignet erscheinenden MTA technisch nur geringfügig – bei mehreren Wettbewerbern mit ausgereiften Serienerzeugnissen oft der Fall –, so kann es aus technischer Sicht unerheblich sein, welcher Hersteller den Vorzug erhält.

**Wege der Auswahl**  Je nach Zugehörigkeit des Projektanten und Aufgabenstellung werden bei der Auswahl einer MTA unterschiedliche Wege beschritten:

- Der *Projektant einer Maschinenbaufirma* wählt vorzugsweise MTA der eigenen Firma aus oder bestimmter Kooperationspartner, mit denen bereits positive Erfahrungen vorliegen.
- Der *Verarbeitungstechniker* oder *Projektant einer Anwenderfirma*, der meist zunächst beabsichtigte Investitionen bis zu einem bestimmten Grad vorklärt, z. B. mit einer technologischen Projektstudie, holt zunächst Angebote mehrerer Anbieter ein und wählt das am günstigsten erscheinende aus.
- Der *Projektant* eines *unabhängigen Ingenieurbüros* hat hierzu entweder freie Hand oder arbeitet im Interesse verschiedener Firmen, die er dann auch bevorzugt einbezieht.

**Auswahlkriterien**  Die Auswahl vor allem der Maschinen und zugehörigen Verkettungstechnik ist oft infolge der speziellen Verarbeitungsaufgabe ein komplizierter Prozess, bei dem der Projektant die Forderungen des Anwenders, der mitunter zunächst nur erste Vorstellungen hat, mit den Liefermöglichkeiten der einschlägigen Hersteller in Übereinstimmung bringen muss. In diesen Auswahlprozess sind eine *Vielzahl Auswahlkriterien* einzubeziehen, die in vier Gruppen gegliedert werden sollen:

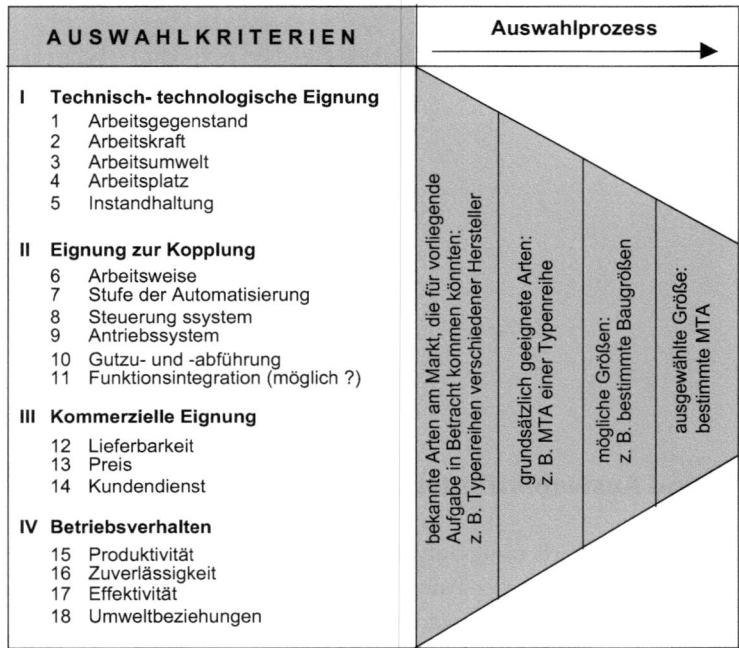

**Abb. 4.1** Auswahlkriterien und Auswahlprozess für eine MTA

I  Eignung zum Funktionsvollzug (Verarbeiten, Verketten, …)
II  Eignung zur Kopplung
III  kommerzielle Eignung
IV  Betriebsverhalten.

Abbildung 4.1 zeigt die gruppierten Auswahlkriterien. Die Kriterien der Gruppen I und II entscheiden darüber, ob das Erzeugnis eines Anbieters überhaupt in Betracht kommt.

Für das System Anlage haben manche Kriterien *erhöhte Bedeutung*, etwa die Kriterien 2, 4, 6 bis 10, 15, 16, 18, wenn sich gegenüber einer einzeln einzusetzenden MTA im System *neue Möglichkeiten* ergeben, z. B.:

- geringerer Personalbedarf durch Mehrmaschinenbedienung
- intensivere Nutzung von Produktionsräumen durch Überdeckung von Funktionsflächen.

Je nach Zielstellung, Marktlage und Anwenderbedingungen haben manche Kriterien unterschiedliches Gewicht.

## 4.2 Auswahl der Hauptelemente

### 4.2.1 Auswahlprozess

Zur Realisierung der technologischen Prozesse sind geeignete Maschinen und andere Hauptelemente (Abschn. 1.4) auszuwählen. Bei zu verkettenden Hauptelementen muss deren *funktionelle Eignung* nach den Kriteriengruppen I und II gegeben sein, die weiteren Kriterien sind damit nachrangig. Zur *Auswahl der Hauptelemente* einer neu zu planenden oder zu modernisierenden Anlage ist *Branchenerfahrung* und *Detailkenntnis* erforderlich, die vom Projektanten der Maschinentechnik und vom Verarbeitungstechniker des Anwenderbetriebes zu fordern ist.

**Auswahl einer Maschine**

- Aus der funktionellen Eignung resultiert der in Frage kommende *Maschinentyp*.
- Stehen Maschinen einer *Typenreihe* zur Auswahl, entscheidet deren *Produktionskapazität* (Produktivität Abschn. 3.2.1, Zuverlässigkeit Abschn. 3.3.2), vor allem über die *Anzahl* der Maschinen für einen technologischen Prozess (Parallelsysteme Kap. 5 und 8).
- Stehen geeignete Maschinen *mehrerer Anbieter* zur Auswahl, und sind diese etwa gleich leistungsfähig, können *Preis* und *weitere Effektivitätskriterien* wie spezifische Verarbeitungskosten (Abschn. 3.4.2) entscheidend sein.
- Liegen Angebotspreise dicht beisammen oder ist der Preis für den Interessenten ohnehin nicht so bedeutsam, werden weitere Kriterien den Ausschlag geben wie *Instandhaltung* (Ih-Eignung, Reinigungsaufwand, Verschleißteilbedarf) oder *Service*.

Die funktionelle Verkettung erfolgt über den *maßgebenden* Gutstrom, den Gutstrom im Hauptfluss (Abschn. 1.4). Liegt dieser nach Art und Intensität fest, z. B. als Ausgangsstrom einer Herstellanlage wie kleinstückiger, mehrbahniger Gutstrom einer Back- oder Schokoladenüberziehanlage (Beispiel Abschn. 4.5.2), kann der Projektant diesen entweder so hinnehmen oder den Erfordernissen der Verkettung bezüglich Strombreite und Gutordnung verändern.

Eine zunächst in die Auswahl gezogene Ausrüstung muss zur gutstrombezogenen Verkettung entweder bereits konzipiert sein – häufigster Fall – oder sich dazu umrüsten lassen.

Folgende *Hinweise zu den Auswahlkriterien* verdeutlichen, was der Projektant bei einer Hauptausrüstung mindestens zu bedenken hat:

1. Arbeitsgegenstand: VG und Verarbeitungshilfsmittel, z. B. Verpackungsmittel
   Funktionelle Eignung zum Verarbeiten, verarbeitungstechnisches Handhaben, Kontrollieren; Formatbereich, Guttoleranzen, Produktsortiment, Modeerscheinungen
2. Arbeitskraft: Bedien- und Kontrollpersonal
   Qualifikation, physische, psychische, geistige Belastung/Belastbarkeit

3. Arbeitsumwelt: Raumklima
   Wirkungen der Klimafaktoren auf die MTA und Emissionen der MTA auf die Umwelt
4. Arbeitsplatz: räumliche Bedingungen
   Liegen räumliche Restriktionen beim Anwender hinsichtlich Bauraum und Bodentragfähigkeit vor? Wie raumflexibel ist die MTA einsetzbar? Modulbauweise möglich?
5. Instandhaltung (Ih)
   Wartungs- und Ih-Eignung, Verschleißteilbedarf, Anforderungen an Ih-Personal, technische Voraussetzungen wie Hebezeuge, ...
6. Arbeitsweise: Klasse I, II, III (Abschn. 2.5.3)
   Ist Kopplung mit angrenzenden Prozessen möglich? Anzustreben: Kopplung von MTA gleicher Arbeitsweise, andernfalls sind Ausgleichsspeicher zwischenzuschalten
7. Stufe der Automatisierung
   Wie ist die MTA steuerbar? Anzustreben: weitgehend automatisierter Anlagenbetrieb
8. Steuerungssystem
   Steuerungssystem der MTA? Anzustreben: gleichartige Steuerungen in einer Anlage, zumindest einheitliche Schnittstellen, auch wegen Ih, Service, BDE
9. Energiesystem:
   Art der Antriebsenergie, Typ der Antriebselemente? Anzustreben: weitgehend einheitliche Energieträger, Nutzung der beim Anwender vorhandenen Energieträger, Begrenzung der Artenvielfalt, auch wegen Ih, Service
10. Gutzuführung, Gutabführung
    Arbeitsorgane hierfür vorhanden? Ist die MTA in den Stofffluss integrierbar, ohne Weiteres oder mit welchem Aufwand?
11. Funktionsintegration
    (nur für Verkettungselemente bedeutsam)
12. Lieferbarkeit
    MTA im Zeitrahmen des Vorhabens lieferbar? Besonders bei Maschinen dann problematisch, wenn Klärung/Vereinbarung umfangreicher Zusatz- und Sonderausstattung zwischen AN und AG längere Zeit beansprucht. Lieferfrist kann dann erst nach Klärung letzter technischer Einzelheit beginnen.

Preis und Kundendienst (13, 14) werden als betriebswirtschaftliche Grundkenntnisse vorausgesetzt.

Die Kriterien der Gruppe II schließen Kenntnisse zur *gutstrombezogenen Kopplung* ein, die sowohl für die Strukturierung (Kap. 5, 8 und 9) als auch die Gestaltung (Kap. 6) der Anlage erforderlich sind. Hinsichtlich ihrer *Kopplung* sind zwei *Arten der Gutströme* zu unterscheiden (Abb. 5.11, Abschn. 5.1.3):

1. *Gutstrom im Hauptfluss:*
   Der für die Strukturierung maßgebende Gutstrom: z. B. Flaschenstrom in der Getränkeabfüllanlage; Baumwollvlies zwischen Kardieren und Strecken in der Spinnerei.

4.2 Auswahl der Hauptelemente

**Tab. 4.1** Ausgewählte Technische Daten einer Kakaopressen-Typenreihe [1.26]

| Technische Daten | HHP 6 | HHP 12 | HHP 14 |
|---|---|---|---|
| Produktivität in kg/h bei Kakaomasse mit 54,5 % Fettgehalt und 8 … 24 % Restfett im Kakaokuchen | 190 … 750 | 500 … 1875 | 740 … 2700 |
| Elektr. Anschluss in kVA | 20 | 32 | 38 |
| Dampfbedarf in kg/h bei Sattdampf 3 bar | 25 | 50 | 90 |
| Masse netto/brutto in t, ca. | 18/19 | 23/26 | 38/43 |
| Maschinenmaße (Länge, Breite, Höhe) in mm | 5650, 2750, 2550 | 8210, 2500, 3500 | 8350, 2600, 3050 |
| Flächenbedarf (Breite × Länge in mm) als Aufstell- und Bedienfläche insgesamt | 4000 × 7500 | 4000 × 10.000 | 5150 × 10.550 |

2. *Gutströme im Nebenfluss:*
Neben dem Hauptfluss ein- und ausgehende Gutströme der Prozesse, die für die Verkettung zwar nicht maßgebend, aber mit einzubeziehen sind: z. B. Bier, Kronenkorken, nicht qualitätsgerechte Flaschen; Kurzfasern, Nissen, Staub beim Kardieren und Kämmen in Spinnereien; Verarbeitungshilfsmittel bei Verpackungsprozessen wie Packmittelverschnitt.

### 4.2.2 Auswahl einer Maschine am Beispiel

Beispiel für Auswahl einer Maschine
- innerhalb des Verfahrenszuges zur Kakaoverarbeitung gemäß Abb. 2.16, Abschn. 2.6.1 mit zentraler Bedeutung für alle Folgeprozesse
- zum Verarbeiten von hochviskosem Gut (Kakaomasse) zu niedrigviskosem Produkt (Kakaobutter) und Zwischenprodukt (Kakaokuchen, -kuchenbruch)
- zyklischer Arbeitsweise (Klasse I) und raumflexibler Aufstellungsmöglichkeit.

**1 Aufgabenstellung** Die Modernisierung einer Schokoladenfabrik erfordert zur Verarbeitung von Kakaomasse zu Kakaokuchen als Vorstufe der Herstellung von Kakaopulver geeignete Kakaopressen.

Es sollen Maschinen der in Tab. 4.1 dargestellten Typenreihe mit den für die Auswahl relevanten technischen Daten in Betracht kommen. Geforderte Produktivitätswerte $Q_{rp}$ (Mindestwerte) für den Prozess Pressen:

2500 kg/h bei Restfettgehalt 22 … 24 %; 500 kg/h bei Restfettgehalt 8 … 12 %.

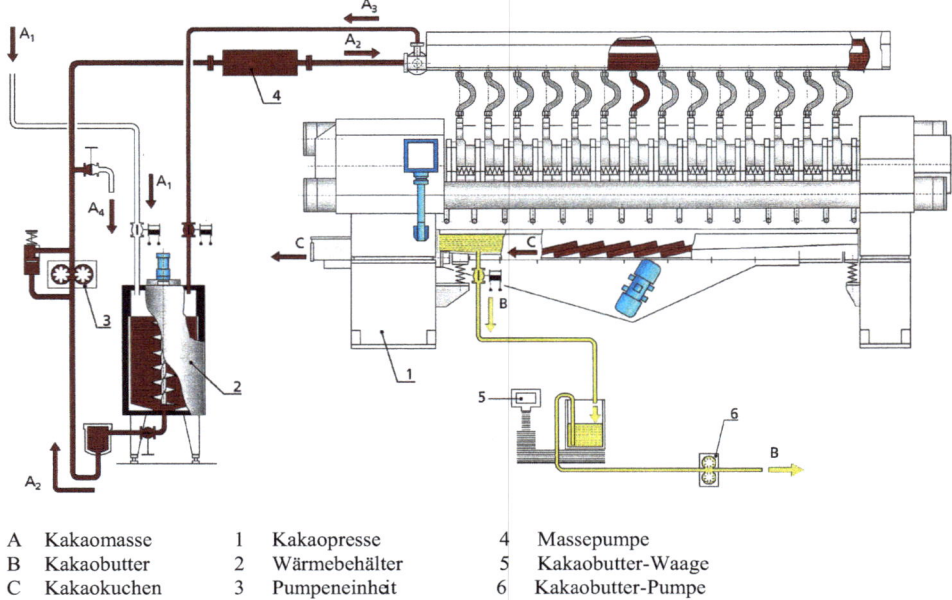

| A | Kakaomasse | 1 | Kakaopresse | 4 | Massepumpe |
| B | Kakaobutter | 2 | Wärmebehälter | 5 | Kakaobutter-Waage |
| C | Kakaokuchen | 3 | Pumpeneinheit | 6 | Kakaobutter-Pumpe |

**Abb. 4.2** Schematische Darstellung der Kakaopresse HHP 14 [1.26]

## 2 Auswahlgesichtspunkte
- Hinsichtlich Produktivität wäre der Prozess realisierbar in den Varianten:
  a) $1 \times$ HHP 14 mit $Q_r = 740 \ldots 2700$ kg/h
  b) $1 \times$ HHP 12 und $1 \times$ HHP 6 mit $Q_r = (500 \ldots 1875) + (190 \ldots 750) = 690 \ldots 2625$ kg/h
  c) 2 Maschinen Typ HHP 12 mit $Q_r = 2 \cdot (500 \ldots 1875) = 1000 \ldots 3750$ kg/h
  d) 4 Maschinen Typ HHP 6 mit $Q_r = 4 \, (190 \ldots 750) = 760 \ldots 3000$ kg/h.
- Produktivitätsreserve: In der Reihenfolge b, a, d, c steigende Reserve
- Verfügbarkeit: Varianten b, c, d gewährleisten gegenüber a eine höhere Verfügbarkeit für den Prozess Pressen (Ausfall einer Maschine führt nicht zwangsweise zu Totalausfall, siehe Parallelsystem Abschn. 5.1.2.3 und 8.3)
- Flächenbedarf: In der Reihenfolge a, b, c, d steigender Flächenbedarf (d ca. 200 % von a).

**3 Entscheidung** Variante a erhält den Vorzug mit der Begründung:
- Variante d entfällt sofort, da Preis-Leistungsverhältnis und Flächenbedarf völlig unrealistisch
- größerer Flächenbedarf der Varianten b und c bei begrenztem Raumangebot nicht vertretbar
- höhere Produktivitätsreserve als Variante a nicht erforderlich

## 4.2 Auswahl der Hauptelemente

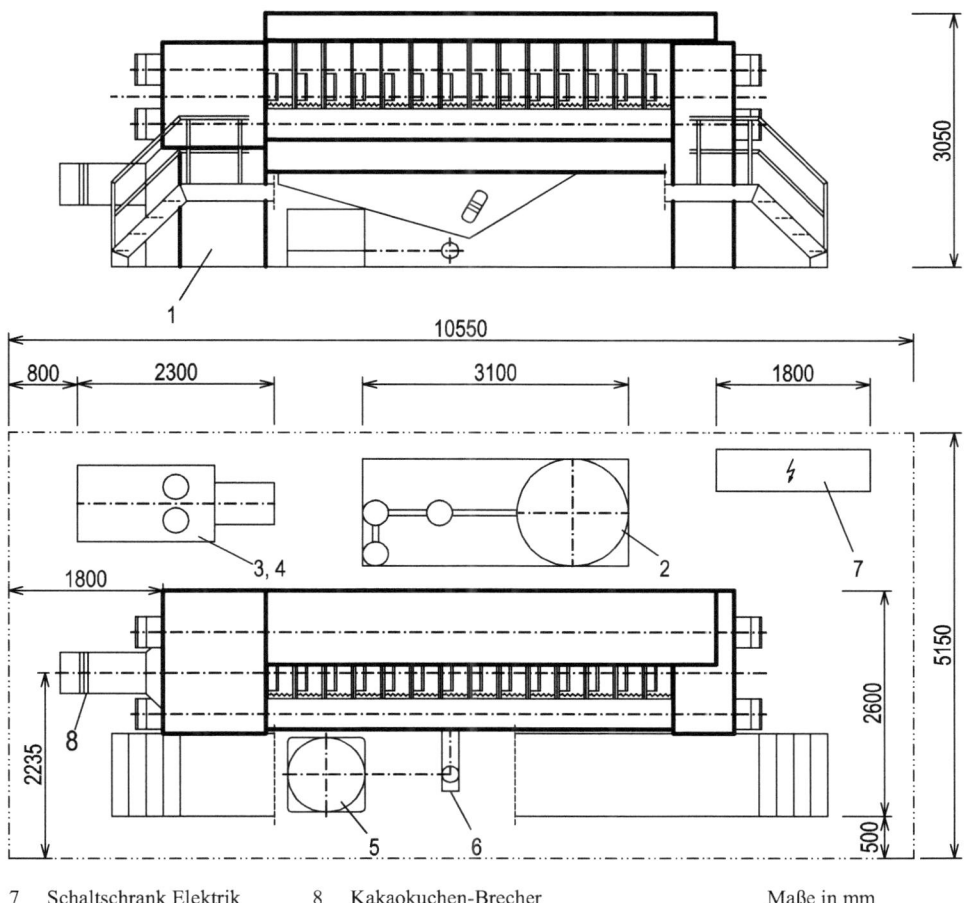

| 7 Schaltschrank Elektrik | 8 Kakaokuchen-Brecher | Maße in mm |

**Abb. 4.3** Aufstellungsvariante Kakaopresse HHP 14 [1.26]

- Nachteil, dass der Prozess *Pressen* bei Störung der HHP 14 total ausfällt, wird in Kauf genommen, da ein vertraglich gebundener Kooperationspartner bei längerer Ausfalldauer $t_A$ (Havariefall) Kakaomasse zur Aufrechterhaltung der Produktion *JIT* (*just in time*) liefert.

**4 Bildliche Darstellung** In Abb. 4.2 und 4.3 ist die ausgewählte Presse als *Projektbaustein* mit *Arbeitsprinzip* und *Gestaltungsmöglichkeit* dargestellt. Die Aggregate 2, 3, 4 und 7 sind raumflexibel, d. h. auch anders als dargestellt aufstellbar.

## 4.3 Auswahl der Verkettungselemente

### 4.3.1 Auswahlprozess

Die Auswahl der Verkettungselemente erfolgt analog Abschn. 4.2.1, nur dass jetzt die Verkettungsfunktionen *Koppeln, Transportieren, Speichern* und deren funktionserfüllende Prinzipe die Ausgangspunkte sind.

Handelt es sich um firmen- oder branchenspezifische Verkettungstechnik, die meist in Modulbauweise vorliegt, sind dann nur die benötigten Komponenten einer Baureihe auszuwählen. Bei Entwicklungsbedarf siehe Abschn. 2.5.6 und die hier folgenden Abschnitte.

Wird handelsübliche Verkettungstechnik benötigt, werden Angebote einschlägiger Unternehmen der Materialflusstechnik [2.20] eingeholt. Der Anbieter konfiguriert dann auf der Grundlage von *Spezifikationsfragebögen* die für den Einsatz geeigneten Komponenten. Damit auch in jedem Fall das richtige Förderprinzip zu Grunde gelegt werden kann, ist bei manchem Gut mitunter die *Bemusterung* erforderlich.

### 4.3.2 Förderprinzip und Funktionen der Verkettung

Die grundsätzliche Funktion der *Koppelelemente, Förderer* und *Speicher* im System Anlage ist in Abschn. 1.4 genannt.

Bei der Auswahl der *Verkettungselemente* hat das *Förderprinzip* analog dem Arbeitsprinzip der Maschine *oberste Priorität*; es entscheidet über Funktion und Zuverlässigkeit dieser Elemente und damit der gesamten Anlage. Nicht sicher handhabbares Gut wie

- forminstabile Stückgüter
- zu Adhäsion oder Kohäsion neigende Schüttgüter
- Güter mit nicht hinreichend bekannten Eigenschaften

sollte einer *Bemusterung* zu Förder- und Speicherbarkeit sowie Gutstromverzweigbarkeit unterzogen werden, um nicht vorschnell ungünstigere Prinzipe anzuwenden.

**Förderprinzip** Es ist durch das Zusammenwirken der drei Teilfunktionen *Tragen, Transportieren* und *Leiten* des Gutes charakterisiert mit den entsprechenden technischen Elementen (Tab. 4.2):

- Tragen: Guttragmittel
- Transportieren: Guttransportmittel
- Leiten: Gutleitmittel.

Ausgangspunkt der Entscheidung für eine technische Lösung – sei es für einen bewährten Förderer oder ein neu zu entwickelndes Koppelelement – ist der zu verkettende

## 4.3 Auswahl der Verkettungselemente

**Tab. 4.2** Förderprinzipe am Beispiel weitgehend bekannter Förderer

| Beispiel | Guttragmittel | Guttransportmittel | Gutleitmittel |
|---|---|---|---|
| Bandförderer | Gurt-, Draht-, Stahlband | Bewegtes Band | Seitliche Führungen |
| Schneckenförderer | Schneckentrog | Rotierende Schnecke | Schneckentrog |
| Pneumat. Förderer | Rohr | Luftstrom | Rohr |
| Rutschen | Gleitunterlage | Schwerkraft | Seitliche Führungen |

Gutstrom mit seinen Eigenschaften, dazu kommt oft noch die Instationarität mancher Prozesse.

Manche Gutströme erfordern zu ihrer Handhabung, besonders zur Kopplung mit *nachfolgenden* Prozessen die kombinierte Anwendung *mehrerer Einzelprinzipe*: So kann ein von der Herstellungsanlage ausgehender, mehrbahniger Stückgutstrom zur Kopplung mit Verpackungsprozessen zusätzlich längs oder quer über Transportketten bewegte Guttransport- und Gutführungsmitnehmer erfordern, um die verpackungsgerechte Gutordnung zu erzielen.

**Funktionen der Verkettung** Zum Transportieren und Speichern existieren *bekannte Funktionsprinzipe* und vielfältige technische Lösungen der Materialflusstechnik sowie eine Vielzahl handelsüblicher Ausrüstungen, meist für den flexiblen Einsatz im Baukastenprinzip konzipiert [2.20, 2.21].

Dagegen sind zum Koppeln mancher Gutströme *anlagenspezifische*, meist *individuelle* Lösungen erforderlich. Universelle Lösungen existieren hier bestenfalls bei Verpackungsanlagen, so in den Bereichen Sammelpacken und Palettieren, wo infolge der Gebindebildung das einzelne Gut, die Verbraucherpackung nicht mehr gehandhabt werden muss. Folgende Ausführungen betreffen die *komplexe Funktion des Koppelns*. Aufgabe der Kopplung ist es, den Gutfluss an der Systemschnittstelle der zu verkettenden Elemente zu gewährleisten. Technisches Mittel dazu ist das *Koppelelement*, das entsprechend Abb. 4.4 betrachtet wird. Anstelle der Systemschnittstelle, z. B. $x_{1,2}$, tritt das Koppelelement mit eingangs- und ausgangsseitiger Schnittstelle in Haupttransportrichtung $x_E$, $x_A$.

Zur Beschreibung des Gutstromes an diesen Stellen sind dann die y-z-Koordinaten heranziehbar. Zur Realisierung einer Kopplungsaufgabe ist technisch bedingt eine bestimmte Transportstrecke $x_A - x_E > 0$ erforderlich. Diese Koordinatenzuweisung erfolgt hinsichtlich der grafischen Darstellung des Elements als Makro und dessen Manipulation am Bildschirm.

Ausgehend von Analysen der Stückgutströme in Verarbeitungsanlagen [2.13] werden für die Charakterisierung von Koppelelementen folgende *Gesichtspunkte* (GP) als wesentlich angesehen und entsprechende Funktionen als Grundlage deren Analyse und Synthese abgeleitet:

1. Die *Anzahl zu koppelnder Ströme*, resultierend aus der technologischen Anlagenstruktur, führt zu den Funktionen

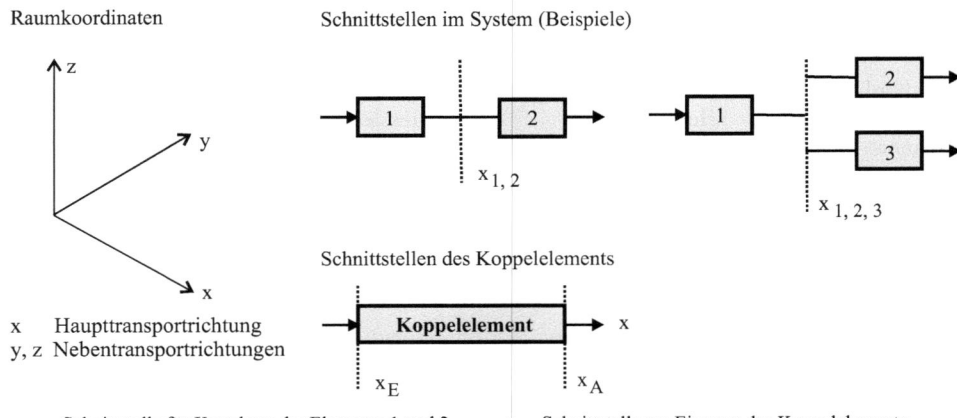

**Abb. 4.4** Koordinaten und Schnittstellen des Gutstromes

- Koppeln *unverzweigter* Ströme
- Koppeln *verzweigter* Ströme.
2. Die Anschlussbedingungen der zu verkettenden Elemente (bei Maschinen: Formatbereich für Gutstrombreite und -höhe, Gutordnung im Strom, ...), resultierend aus den Verarbeitungsprozessen, führen zu den Funktionen
   - Koppeln *gleicher* Ströme
   - Koppeln *ungleicher* Ströme.
3. Die Flexibilität, resultierend aus prozessbedingtem Produktivitätsverlauf $Q_r(t)$, stochastischem Ausfall- und Erneuerungsprozess und wechselnder Sortimentsproduktion, führt hinsichtlich Zeitverlauf und Gutsortiment zu
   - *gleichbleibender* Funktionserfüllung
   - *wechselnder* Funktionserfüllung.
4. Die räumlichen Bedingungen, resultierend aus gegebener oder wählbarer Lage der zu verkettenden Elemente im Raum, führen zu
   - Funktionserfüllung *ohne* Richtungsänderung
   - Funktionserfüllung *mit* Richtungsänderung.

Die sich strukturbedingt ergebende Funktion (GP 1) soll die ein Koppelelement *bestimmende* sein und als *Grundfunktion* bezeichnet werden, die weiter zu realisierenden prozess-, flexibilitäts- und raumbedingten (GP 2 bis 4) sind dann *Zusatzfunktionen*, die sich im Projektierungsprozess als Restriktionen der Grundfunktion darstellen.

Mit den in Abb. 4.5 dargestellten Grundfunktionen sollen alle in Verarbeitungsanlagen vorkommenden *strukturellen Kopplungsprobleme* erfassbar sein. Auf ein *allgemeines Verzweigen*, Sammeln mehrerer und Verteilen in mehrere Ströme durch ein einziges Element, wie es der aus der Fördertechnik bekannte, so genannte irreduzible Transportknoten

## 4.3 Auswahl der Verkettungselemente

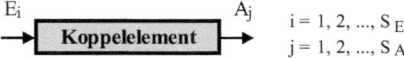

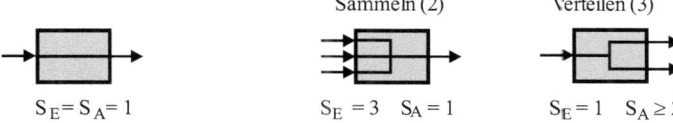

- $E_i$ Menge der Eigenschaften der Eingangsströme
- $A_j$ Menge der Eigenschaften der Ausgangsströme
- $S_E$ Anzahl der Eingangsströme
- $S_A$ Anzahl der Ausgangsströme

**Abb. 4.5** Grundfunktionen der Koppelelemente

[4.1] z. B. in Kommissioniersystemen darstellt, wird hier verzichtet. Ein derartiges Verzweigungsproblem ist in Verarbeitungsanlagen auch durch Kombination der Funktionen (1) bis (3), d. h. durch in Reihe geschaltete Koppelelemente lösbar.

Unter *Zusatzfunktionen* sind hier solche Funktionen zu verstehen wie:

- Zuführen/Einschleusen einzelner VG zum Lückenschließen
- Abführen/Ausschleusen nichtqualitätsgerechter VG (Beispiel: K 1 bis K 4 in Abb. 1.5)
- Erhalten einer bestimmten Gutordnung
- Ändern einer vorliegenden Gutordnung (Beispiel Abschn. 4.5.2).

Zur Suche funktionserfüllender Strukturen oder für Funktionsanalysen zu rationalisierender Elemente ist es hilfreich, Funktionen in *Teilfunktionen* zu zerlegen und für diese *einfacheren* Funktionen geringerer Komplexität dann Strukturen zu entwickeln.

Für Verarbeitungsanlagen kann die in Abb. 4.6 dargestellte **Funktionshierarchie** Grundlage für konstruktive Entwicklung und Analyse sein.

Methodisch nützlich sind hierzu auch Erkenntnisse der *Montage- und Handhabungstechnik* (VDI 2860). Einige Kernaussagen dieser VDI-Richtlinie (Zitate):

- *Handhaben* ist eine Teilfunktion des Materialflusses. Weitere Teilfunktionen sind Fördern und Lagern (VDI 2411).
- Handhaben ist das Schaffen, definierte Verändern oder vorübergehende Aufrechterhalten einer vorgegebenen räumlichen Anordnung... in einem Bezugskoordinatensystem.
- Die räumliche Anordnung eines Körpers ergibt sich aus seinen sechs Freiheitsgraden der Bewegung (VDI 2861). Das *körpereigene Koordinatensystem* beschreibt den zu handhabenden Körper ... Koordinatenursprung und Richtung der Achsen sind ... entsprechend Körpergeometrie und Aufgabenstellung wählbar und können sich z. B. aus Schwerpunkt, Symmetrieachsen oder bestimmten ausgezeichneten Körperpunkten,

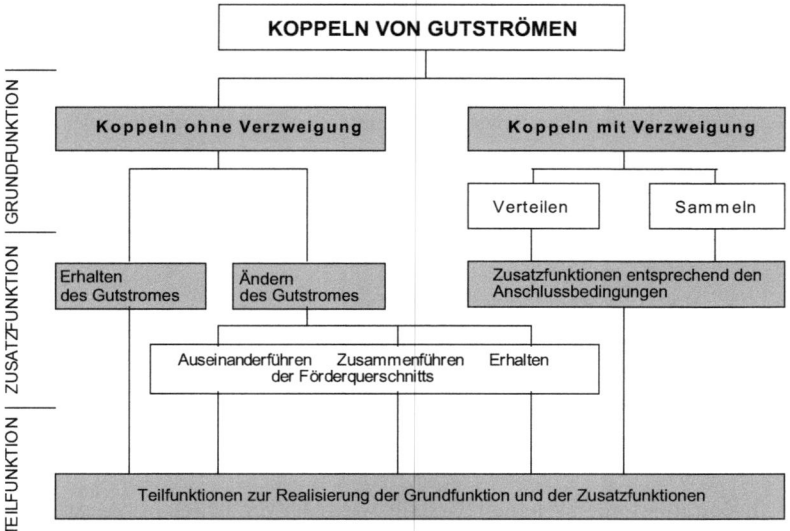

**Abb. 4.6** Funktionshierarchie für das Koppeln von Gutströmen

-kanten oder -flächen ergeben. Die räumliche Anordnung eines geometrisch bestimmten Körpers im *Bezugskoordinatensystem* ist definiert durch seine Orientierung und Position.
- Die *Orientierung* eines Körpers ist die Winkelbeziehung zwischen den Achsen des körpereigenen Koordinatensystems und denen des Bezugskoordinatensystems.
- Die *Position* eines Körpers ist der Ort, den ein bestimmter körpereigener Punkt im Bezugskoordinatensystem einnimmt. (Zitatende).

VDI 2860 definiert dann zur Quantifizierung von Handhabungsaufgaben die Kenngrößen *Orientierungsgrad, Positionierungsgrad, Ordnungszustand*, gliedert die Handhabungsfunktionen in 5 Teil- und 7 Elementarfunktionen (Tab. 4.3) und gibt für diese und weitere, zusammengesetzte Funktionen *Funktionssinnbilder* an. Diese ermöglichen eine anschauliche Darstellung der *Funktionsfolge* als Grundlage der konstruktiven Entwicklung oder Analyse.

**Einflussfaktoren** Die Kenntnis der allgemein wirkenden und im konkreten Fall zu berücksichtigenden Einflüsse ist die entscheidende Voraussetzung für die Auswahl richtiger Förderprinzipe und effektiver Arbeitsprinzipe sowie für Dimensionierung und Gestaltung.

Die von Projektant und Konstrukteur einzubeziehenden Informationen sollen folgende, *gruppierte Einflussfaktoren* umfassen:

## 4.3 Auswahl der Verkettungselemente

**Tab. 4.3** Teilfunktionen und Elementarfunktionen nach VDI 2860

| Nr. | Teilfunktionen | Elementarfunktionen |
|---|---|---|
| 1 | Speichern | Halten von Mengen |
| 2 | Mengen verändern | Teilen, Vereinigen |
| 3 | Bewegen: Schaffen und Verändern einer definierten rämlichen Anordnung | Drehen, Verschieben |
| 4 | Sichern: Aufrechterhalten einer definierten räumlichen Anordnung | Halten, Lösen |
| 5 | Kontrollieren | Prüfen: Anwesenheit, Identität, Form u. a. |

1. Technische Faktoren
   - Kopplungsaufgabe, die zu erfüllende Funktion
   - Verarbeitungsgut, das für die Kopplungsaufgabe wesentlich ist
   - Anschlussbedingungen der zu verkettenden Elemente
   - Randbedingungen: Flexibilität, Raum, Umwelt, …
2. Arbeitswissenschaftliche und ergonomische Faktoren
   - Bedienung, Instandhaltung
   - Umweltbeeinflussung, Arbeitssicherheit
3. Kommerzielle und ökonomische Faktoren
   - Beschaffbarkeit, Kundendienst
   - Fertigung, Montage
   - Kosten, Produktqualität.

Die *technischen* Faktoren sind für Auswahl, Dimensionierung und Gestaltung *bestimmend*, alle weiteren sind *Randbedingungen*:

- *Einzuhaltende* wie Grenzwert Schalldruckpegel, Arbeitssicherheit
- *anzustrebende* wie Bedienungs- und Instandhaltungsfreundlichkeit.

Im Wesentlichen sind aus den Einflussfaktoren bestimmbar:

- Aus der Kopplungsaufgabe die *Teilfunktionen* und deren *Funktionsfluss* als Grundlage für die Arbeitsprinzipe
- aus dem Gut das Förderprinzip
- aus den zu koppelnden Elementen die Kopplungsparameter hinsichtlich Geometrie und Produktivität an den Schnittstellen ($x_E$, $x_A$, siehe Abb. 4.4) sowie die Anforderungen bezüglich Arbeitsweise (Analogie: Funktionsklassen der Maschinen Abschn. 2.5.3) und Funktionsstabilität gegenüber dynamischer Verarbeitungsprozesse.

Grundlage der zunächst analysierenden Betrachtung soll der in Abb. 4.7 dargestellte *Wirkungsmechanismus der Einflussfaktoren* sein. Deren Kenntnis erleichtert die Berücksichtigung aller einzubeziehenden Einflüsse auf den Wirkungsebenen:

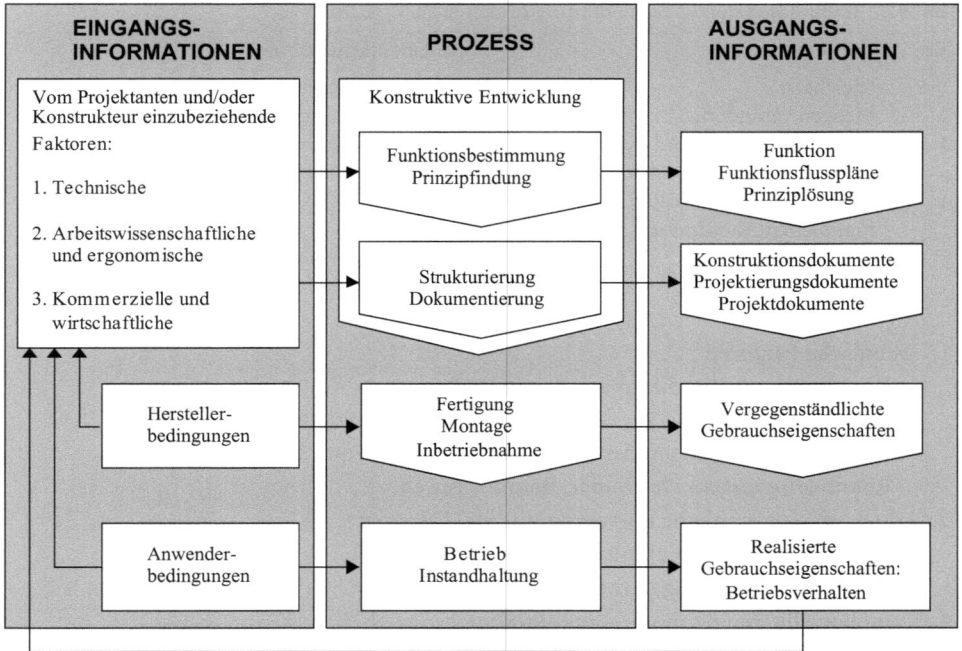

**Abb. 4.7** Wirkungsmechanismus der Einflussfaktoren für Analyse und Synthese von Koppelelementen

- Projektant, Konstrukteur
- Hersteller
- Anwender.

### 4.3.3 Beschreibung von Gutströmen

#### 4.3.3.1 Entscheidende Einflussgrößen

Es werden die für *Gut* und *Anschlussbedingungen*, die zunächst wichtigsten Einflussgrößen der technischen Faktoren, wesentlichen Merkmale dargestellt.

**Guteigenschaften** Das Gut soll durch 10 Merkmale bzw. Merkmalsgruppen charakterisierbar sein:

1  Form
2  Abmessungen
3  Masse
4  Schwerpunktlage

## 4.3 Auswahl der Verkettungselemente

5   Oberfläche
6   Mechanische Eigenschaften
7   Stoff
8   Sonstige Eigenschaften
9   Zustand
10  Toleranzen.

In ANLAGE 4.1 und 2.1 sind diese Merkmale am Beispiel *Gutgruppe I* (Abschn. 2.5.1), teilweise am *Stückgut*, erläutert. Die Verkettung der vielfältigen Gutströme dieser Gutgruppe erfordert gegenüber anderen Gutgruppen die technisch aufwändigsten Lösungen.

Hinsichtlich optimaler Lösungen ist das Gut *umfassend* zu analysieren. Es sind zunächst möglichst viele Merkmale einzubeziehen, damit das Lösungsfeld konzipierbarer Prinzipe nicht von vornherein zu begrenzt ist. Neben den für die eigentliche Verarbeitung gewünschten Merkmalen können bei manchem Gut innerhalb der Anlage *weitere Eigenschaften* bedeutsam werden, die bisher unbekannt waren oder nicht beachtet zu werden brauchten:

- *Eigenschaften* der Förder- und Speicherbarkeit (Abschn. 2.5.1)
- *Ordnungszustand*: Eine verarbeitungstechnisch erreichte Gutordnung sollte auch auf Verkettungselementen *beibehalten* werden, wenn der Folgeprozess diese Ordnung erfordert.

An den Schnittstellen und im Koppelelement können *Reibungsvorgänge* – beabsichtigte und unbeabsichtigte – sehr bedeutsam sein. So können mitunter wechselnde Zustände von Gutoberflächen (z. B. trockene/nasse Flasche in Abfüllanlagen:) derartige Vorgänge beeinflussen. Welche Eigenschaften für die Funktionserfüllung wesentlich sind, ist zunächst nicht immer bekannt. Das gilt besonders für neue Anwendungsfälle wie

- neuartiges Gut infolge Mode oder technischem Fortschritt
- neuartige Förder- und Arbeitsprinzipe, z. B. wenn herkömmliche Prinzipe eine Produktionssteigerung nicht mehr ermöglichen.

**Anschlussbedingungen** Diese sollen durch 6 Merkmalsgruppen beschrieben werden:

1. Kopplungsparameter geometrischer Art, z. B. Förderquerschnitt
2. Produktivitätsbereich
3. Arbeitsweise, analog Klasse I, II oder III Abschn. 2.5.3
4. Förderprinzip, gegebenenfalls weitere Prinzipe

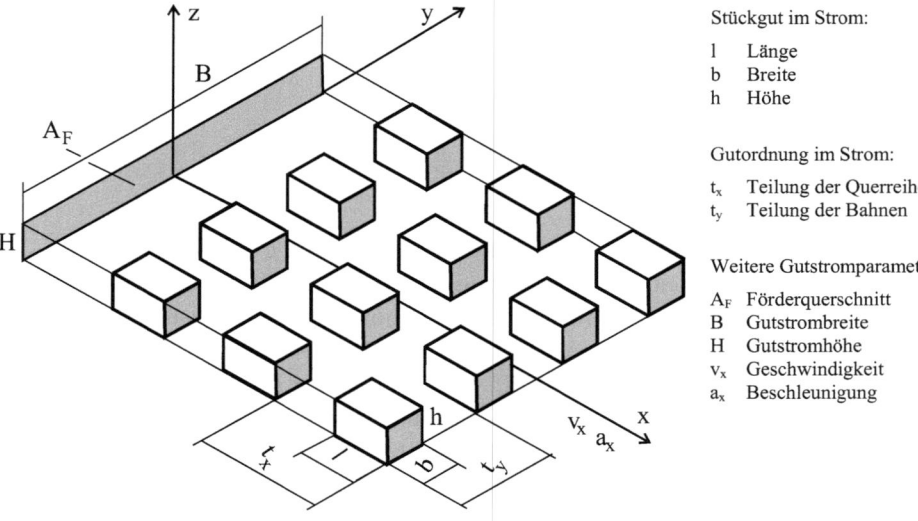

**Abb. 4.8** Prozessbedingte Größen des Gutstromes am Beispiel eines idealisierten Stückgutstromes

5. Fähigkeit zur Gutab- und Gutaufnahme; aktives oder passives Verhalten, räumliche Lage entsprechender Organe
6. Betriebszustände, die möglich sind.

Darüber hinaus sind Antriebs- und Steuerungsbedingungen bedeutsam: Welche Antriebsenergie? Eigener Antrieb erforderlich?

### 4.3.3.2 Arten der Gutströme

Die pro Zeiteinheit zu transportierende Gutmenge sei auch hier mit *Produktivität Q* bezeichnet. Je nach Gutart – Gutgruppen und Gutvarianten siehe Abschn. 2.5.1 – sind zu transportierende Gutmengen in bestimmten Größen messbar und betreffende Gutströme zu unterscheiden:

| Anzahl | z | (meist in Stück) | Stückgutstrom |
|---|---|---|---|
| Volumen | V | (z. B. in $dm^3$, $m^3$) | Volumenstrom |
| Masse | m | (z. B. in g, kg, t) | Massenstrom |

Mit der Transportgeschwindigkeit v – bei Förderern meist in m/s – kann die Produktivität dann durch folgende Gleichungen bestimmt werden (in Klammern praxisübliche Bezeichnung):

**Stückgutstrom** $Q_z$ (Stückgutdurchsatz), dazu siehe Abb. 4.8

## 4.3 Auswahl der Verkettungselemente

a) Einbahniger Gutstrom einzelner Stückgüter

$$Q_z = \frac{v_x}{t_x} \qquad (4.1)$$

$v_x$ Transportgeschwindigkeit in x-Richtung
$t_x$ Teilung in x-Richtung

b) Einbahniger Gutstrom von Transporteinheiten, z. B. Palette einzelner Stückgüter

$$Q_z = z \cdot \frac{v_x}{t_x} \qquad (4.2)$$

z Anzahl der Güter in der Transporteinheit, z. B. Anzahl Versandpackungen pro Palette

c) Mehrbahniger, mehrlagiger Gutstrom einzelner Stückgüter

$$Q_z = \frac{N_y \cdot N_z \cdot v_x}{t_x} \qquad (4.3)$$

$N_y$ Anzahl der Bahnen (Längsreihen)
$N_z$ Anzahl der Lagen in z-Richtung
$t_x$ Teilung der Querreihen in x-Richtung

**Volumenstrom** $Q_V$ (Volumendurchsatz)

$$Q_V = A_F \cdot v \qquad (4.4)$$

$A_F$ Förderquerschnitt, Förderquerschnittsfläche
v Transportgeschwindigkeit

**Massenstrom** $Q_m$ (Massendurchsatz)

$$Q_m = A_F \cdot v \cdot \rho \qquad (4.5)$$

$\rho$ Dichte, bei Schüttgütern Schüttdichte

Im Folgenden wird der *Stückgutstrom* näher betrachtet, da dieser in maschinell verketteten Anlagen den größten Aufwand zur Guthandhabung an den Koppelstellen erfordert. Zu Volumen- und Massenstrom sei auf die Fachliteratur verwiesen, z. B. [2.5, 2.20].

**Zur Überdimensionierung der Verkettungselemente** Gleichungen 4.1, 4.2, 4.3, 4.4 und 4.5 enthalten je nach Anforderung der zu verkettenden Prozesse *feste* und *variable* Größen, die hinsichtlich einer optimalen Lösung beeinflussbar sind. Der Forderung nach hoher Verfügbarkeit der Verkettungselemente (Abschn. 3.3.2) kann durch Überdimensionierung der Produktivität, einer *bei Bedarf systemnutzbaren Produktivitätsreserve* entsprochen werden. Möglichkeiten dazu geben die variablen Größen:

v   Kontinuierlicher Transport bei geringerer Geschwindigkeit ist besser als diskontinuierlicher bei höherer Geschwindigkeit, da sich der negative Einfluss instationärer Prozesse beim An- und Abfahren weniger auswirkt. Das gilt besonders für transportempfindliches Gut.

$A_F$   Wenn verarbeitungstechnisch möglich, sollte ein Förderer so dimensioniert werden, dass bei Bedarf eine Förderquerschnitts-Reserve $\Delta A_F$ nutzbar ist: Damit kann Guttransport mit größerem Förderquerschnitt $A_F + \Delta A_F$ (erhöhte Produktion) oder kleinerem $A_F - \Delta A_F$ (gedrosselte Produktion) erfolgen. Bei Sortimentsproduktion sollte der Wechsel des Gutstromformats weitgehend automatisch erfolgen.

$t_x$   Die geplante Teilung $t_{x,p}$ sollte zunächst um $\Delta t_x$ größer als die Gutlänge in Transportrichtung sein, damit bei Bedarf, so zur Produktionserhöhung, mehr Güter im Strom transportierbar sind, ohne dass die Transportgeschwindigkeit erhöht werden muss.

Die anderen Größen liegen fest: Dichte $\rho$ ist gutspezifisch, kann aber variieren, z. B. infolge Feuchtigkeitsgehalt oder Herkunftsland bei Naturprodukten wie Kakaobohnen oder Getreide. $N_y$ und $N_z$ sind durch die Verarbeitungsprozesse bestimmt. Enthalten kompliziertere Stückgutströme in Längs- und Querrichtung geteilte Gutgruppen wie in Abb. 2.6 angedeutet, sind die Gln. 4.2 und 4.3 entsprechend anzuwenden: z kann dann die Gutmenge einer Gruppe in Längsteilung $t_x$ sein.

### 4.3.3.3  Kopplung von Gutströmen

Ausgehend von der Betrachtungsweise Abb. 4.4 und 4.8 sollen folgende Größen bzw. Eigenschaften den Gutstrom an den Schnittstellen $x_E$, $x_A$ beschreiben:

1. *Strukturbedingte Größen*: Anzahl zu koppelnder Ströme S
2. *Prozessbedingte Größen* zur Beschreibung
   - des Förderquerschnitts: Querschnitt $A_f$, Breite B, Höhe H, Durchmesser D; falls erforderlich, weitere, z. B. Lücken zwischen den Gutbahnen
   - des Transportgutes: Abmessungen, Masse, weitere Eigenschaften
   - der Ordnung formbeständiger Güter im Gutstrom: Teilungen $t_x$, $t_y$, $t_z$
   - der Gutbewegung: Geschwindigkeit v, Beschleunigung a, Produktivität $Q_r$, $Q_t$, $Q_{rp}$
3. *Flexibilitätsbedingte Größen* zur Beschreibung
   - des zeitlichen Funktionsablaufes: z. B. $Q_r(t)$
   - der Funktion bei Sortimentsproduktion der Produkte A, B, C: z. B. v = f(A), $Q_{rp}$ = f(B)
4. *Raumbedingte Größen*: Raumkoordinaten x, y, z und Winkelkoordinaten.

*Strukturbedingte* Größen folgen aus *technologischer* Anlagenstruktur, *prozessbedingte* aus Gut/Gutordnung und Verarbeitungsverfahren. Realisiert wird die Gutordnung durch die Vorgangsgruppe *Ordnen* als Handhabungsfunktion: Auswählen bzw. Eingruppieren von Gut nach bestimmten Ordnungsmerkmalen wie Geometrie, Lage, Farbe, Festigkeit, Masse, Dichte.

## 4.3 Auswahl der Verkettungselemente

Diesbezügliche Aufgabe des Koppelelements ist

- die *Beibehaltung* einer vorhandenen Gutordnung, wenn der unmittelbar folgende Prozess diese Ordnung zum Funktionsvollzug benötigt oder
- eine bestimmte Ordnung *herzustellen* als Voraussetzung für den Folgeprozess.

Die Bewegungsgrößen Geschwindigkeit v und Beschleunigung a können in allen Transportrichtungen x, y, z in Betracht kommen. Ist der Gutstrom einbahnig und einlagig, liegen die Bewegungsgrößen nur in x-Richtung der definierten Haupttransportrichtung vor. Geschwindigkeit und Beschleunigung von Gut und Gutstrom stimmen an den Schnittstellen $x_E$, $x_A$ überein, wenn die zu koppelnden Prozesse *alles* Verarbeitungsgut einer Schnittstelle *gleichzeitig* verarbeiten. Bei Stückgut passieren dann alle einzelnen Güter einer Querreihe die parallelen Wirkpaarungen der Maschine gemeinsam. Als *flexibilitätsbedingte* Größen sind alle über die prozessbedingten hinausgehenden anzusehen, die zu Änderungen des Funktionsablaufes führen: z. B. forcierter Betrieb zum Aufholen eingetretener Verluste, Anpassen der Anlage an Umstellzeitpunkte und Gutstromgeometrie bei Sortimentsproduktion. *Raumbedingte* Größen legen Position und Orientierung von Gutstrom und Koppelelement fest.

**Spezielle Erkenntnisse** In [2.16] sind Erkenntnisse zur Kopplung von Stückgutströmen dargestellt, ausgehend vom Flaschenstrom in Getränkeabfüllanlagen:

Der Flaschenstrom hat im Laufe der technischen Entwicklung zu immer höheren Verarbeitungsgeschwindigkeiten (... 12, 24, ..., 60, ... Tausend Flaschen/h) und damit höheren Transportgeschwindigkeiten einen bedeutenden *Funktionsprinzip- und Strukturwandel*, besonders in Zonen der Gutumorientierung in mehrbahnigen Speicherstrecken erfahren. Ausgangspunkte dieser Entwicklung waren die mit der Transportgeschwindigkeit *überproportional* gestiegene Lärmemission und Flaschenbeanspruchung infolge Flaschenstoß und -reibung [4.2]. Das führte zu neuen Funktionsprinzipen, schließlich zum bewährten *Glide-Liner-Prinzip*, welches Lärmemission und Flaschenstoß weitgehend minimierte.

Verallgemeinernd werden Eingangs- und Ausgangsstrom des Koppelelements, $E_{Kp}$ und $A_{Kp}$ in [2.16] durch die Menge der kopplungsrelevanten Eigenschaften $e_k$ und $a_k$ (k = 1, 2, ..., K) beschrieben, als *Zustandsvektoren* veranschaulicht und Übergangsfunktionen $A_{Kp}$ = $f(E_{Kp})$ aufgestellt; bei instationärem Gutstrom – in An- und Ablaufphasen der Verarbeitungsprozesse – ist dann mit $e_k$, $a_k$ = f(t) der Zeitbezug zu beachten, so bei Gutgeschwindigkeit durch v = $v_x$(t). Nach Beschreibung des Flaschenstromes durch K = 18 Eigenschaften werden Schlussfolgerungen zur Lösung von Kopplungsproblemen gezogen. Die so gewonnenen Erkenntnisse können *Anregung* für andere Gutströme/Kopplungsprobleme sein.

Abbildung 4.9 stellt Flaschenstromvarianten dar, die auch bei Gütern wie Dosen, Konservengläsern, Tabletten vorkommen können.

Praktisch sind derart idealisierte Gutströme *zwischen* Verarbeitungsprozessen nur durch bestimmte *Gutleitmittel* als *Ordnungshilfen* aufrechtzuerhalten. Können sich $t_x$ und $t_y$ infolge Reibschluss außerhalb der Maschinen stochastisch einstellen, liegen ungeordnete

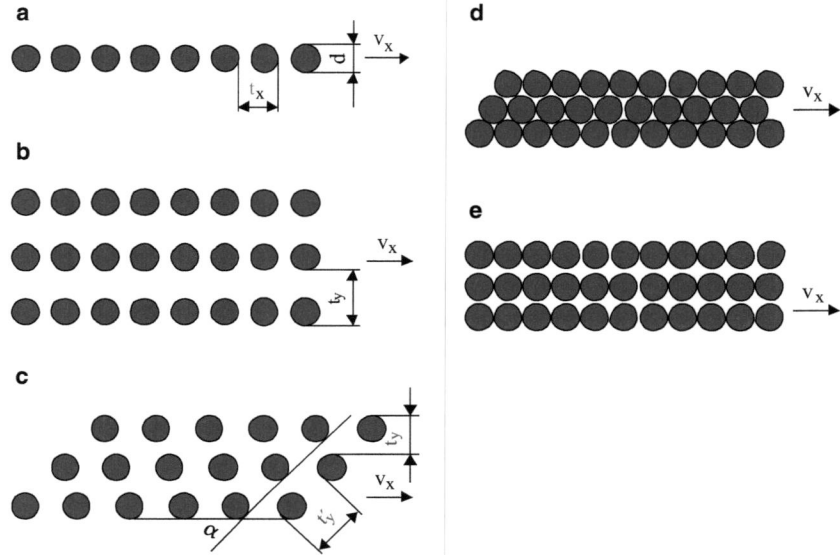

**Abb. 4.9** Idealisierte Gutstromvarianten am Beispiel des Flaschenstromes. **a** Einbahniger Strom, **b** mehrbahniger Strom mit Querreihen im rechten Winkel zu den Längsseiten, **c** mehrbahniger Strom mit Querreihen im rechten Winkel zu den Längsreihen, **d** mehrbahniger Strom in dichter Packung, **e** mehrbahniger Strom lückenloser Bahnen

Gutströme vor. Stabile Zustände in Form dichter Packung (d, e) ergeben sich nur innerhalb begrenzender Gutleitmittel (Geländer) und nur unter bestimmten Voraussetzungen, z. B. Staudruck, richtige Geländerweite.

In *Zonen der Umorientierung* (Richtungsänderung von v, Änderung von B) stellen sich bei fehlenden Ordnungshilfen zeitweise labile Gleichgewichtszustände zwischen einzelnen Gütern oder Gutgruppen ein, auch *Brücken*, die den Gutstrom blockieren können.

*Beispiele* zu den Gutstromvarianten: Einlauf-/Auslaufstrom Flaschenfüller, Etikettierer (a); Blisterstrom mit Bechern, Tabletten (b, c); Staustrom auf Speicherstrecke (d); Staustrom vor Verpackungsmaschinen (e). Gutstrom-*Breite* für diese Varianten:

$$B = \begin{cases} d & \text{Variante a} \\ (N_y - 1) \cdot t_y + d & \text{Variante b, e} \\ (N_y - 1) \cdot t'_y \cdot \sin \alpha + d & \text{Variante c} \\ ((N_y - 1) \cdot \sqrt{3}/2 + 1) \cdot d & \text{Variante d} \end{cases} \quad (4.6)$$

Bei der Festlegung der *Geländerweite W* ist die Maßtoleranz des Gutes, hier des Durchmessers zu beachten, so dass

$$W = B + \Delta B, \Delta B > 0 \quad (4.7)$$

zu wählen ist, wird in Gl. 4.6 mit dem Nennmaß für d gerechnet.

## 4.3 Auswahl der Verkettungselemente

Für den *zeitunabhängigen* mehrbahnigen, mehrlagigen Stückgutstrom – alle Güter in gleichem Abstand in x-Richtung – folgt die Transportgeschwindigkeit aus Gl. 4.3:

$$v_x = Q_z \cdot \frac{t_x}{N_y \cdot N_x} \ . \tag{4.8}$$

*Betriebszustände*, die für die Funktion von Verkettungselementen einzubeziehen sind:

1. Normalbetrieb der Anlage mit konstanter/variabler Produktivität $Q_r(t)$
2. An- und Abfahren der Anlage, z. B. bei Betriebsbeginn/-ende und bei Sortimentswechsel
3. Stillsetzung des Koppelelements oder Leerlauf infolge Ausfall anderer Elemente
4. Wiederinbetriebnahme nach Stillstand/Ausfall des Koppelelements
5. NOT-AUS der Anlage.

Bei NOT-AUS sind in der Bremsphase technische Sicherheit gegen *Überlastung* und eine bestimmte Funktionserfüllung zu fordern, vor Wiederinbetriebnahme kann *visuelle Kontrolle* und *manueller Eingriff* zum Beseitigen von Gutstau vorgesehen/zulässig sein.

Zur Gewährleistung technischer Sicherheit und kontinuierlicher Gutströme haben sich Verkettungselemente übergeordneten Betriebsstrategien unterzuordnen, z. B. unter die aus der Fördertechnik bekannte *Anfahr- und Signalordnung*.

### 4.3.3.4 Speicherprinzipe

Nach dem Funktionsprinzip der Gutbewegung im Speicher sind *Durchlaufspeicher* und *Rücklaufspeicher* zu unterscheiden (Abb. 4.10):

- Durchlaufspeicher funktionieren nach dem Prinzip *FIFO (first in first out)*
- Rücklaufspeicher nach dem Prinzip *LIFO (last in first out)*.

*FIFO* entspricht dem Gutlauf auf Förderern, wo auch das zuerst zugeführte Gut wieder zuerst abgegeben wird. *LIFO* ist überall dort anwendbar, wo *kein* Risiko für das Gut infolge zu langer Speicherzeit besteht. Für den Projektanten ist dieser Unterschied insofern bedeutsam, dass bei leicht verderblichen Gütern, z. B. viele Güter der Lebensmittelindustrie, das *LIFO*-Prinzip nur bei kurzer Speicherzeit in Betracht kommen darf. Auch sind technologisch bedingte Gutzustände der Verfahrensführung (Temperatur, Viskosität von Zwischenprodukten) oder überhaupt die Speicherfähigkeit empfindlicher Güter zu berücksichtigen.

Der im Bild benannte *Flowtable* ist z. B. zum Speichern kreisrunder Güter der Konservenindustrie gebräuchlich. Hinweis auf Abb. 2.11, Abschn. 2.5.2: Dieser Speicher ist ein kompliziert gestalteter Störungsspeicher, der zeitweise im *FIFO*- und zeitweise im *LIFO*-Prinzip arbeiten kann.

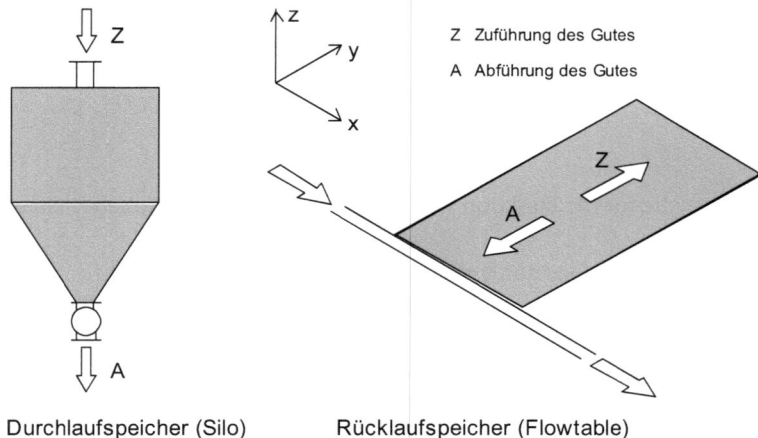

**Abb. 4.10** Durchlauf- und Rücklaufspeicher am Beispiel

### 4.3.3.5 Auswahlmöglichkeiten

Zur Lösung von Verkettungsaufgaben gibt es meist *mehrere* technische Möglichkeiten; der Projektant muss sich für die jeweils günstigste entscheiden:

- *Anlagenspezifische Elemente:* für einen Anlagentyp entwickelte gutspezifische Lösungen einer Branche, z. B. Scharnierbandketten-Förderer der Getränketechnik, Stahlbandförderer für Schokoladenmassetransport
- *Universell einsetzbare, handelsübliche Elemente:* modular nach dem Baukastenprinzip konzipierte, deshalb raumflexibel einsetzbare, z. B. Bandförderer, Rollförderer
- *Angepasste universelle Elemente:* Hersteller rüsten z. B. die mit dem Gut in Kontakt kommenden Bauteile für den Einsatz aggressiver oder hygroskopischer Güter aus
- *Systemlösungen für Teilanlagen:* z. B. Kombination Silo-Dosiereinrichtung-Förderer.

**Anlagenspezifische Elemente** (siehe Beispiel Abschn. 4.5.2)

Diese sind im Zusammenhang mit der anderen Anlagentechnik zu entwickeln, damit möglichst eine Anlage *aus einem Guss* entsteht:

- Ausgehend von technologischem Gesamtverfahren, den Maschinen, dem geplanten Anwendungsspektrum für bestimmte Produktivitäts*bereiche* und *Gutsortimente* sollte auch die erforderliche Verkettungstechnik nach den Regeln der Konstruktionsmethodik (VDI 2221, VDI 2222) konzipiert und erarbeitet werden.
- Anzustreben ist immer ein *modulares Konzept*, das den prozess- und raumflexiblen Einsatz bei hohem Wiederholteilgrad ermöglicht.
- Günstig erweisen sich *Typenkonzepte*, die auch als Angebotsgrundlage dienen können.
- Auch ein gut durchdachter Verkettungsbaukasten ist im Laufe der Zeit immer wieder durch neue Komponenten/Änderungen zu aktualisieren.

## 4.3 Auswahl der Verkettungselemente

**Tab. 4.4** Stetigförderer nach DIN 15201, Teil 1 mit Beispielen

| Gruppe | Bezeichnung | Beispiele von Stetigförderern |
|---|---|---|
| 1 | Bandförderer | Gurtband-, Drahtband-, Stahlbandförderer |
| 2 | Becherwerke | Gurtbecherwerk, Pendelbecherwerk |
| 3 | Kettenförderer | Gliederbandförderer, Stauscheibenförderer |
| 4 | Hängeförderer | Kreisförderer, Schleppkettenförderer |
| 5 | Schneckenförderer | Voll-, Band- und Segmentschneckenförderer |
| 6 | Schwingförderer | Schwingrinne, Schüttelrutsche |
| 7 | Rollen- und Kugelbahnen | Rollen- und Scheibenrollenförderer, Kugeltisch |
| 8 | Rutschen und Fallrohre | Wendelrutsche, Fallrohrsysteme (für Getreide, …) |
| 9 | Pneumatische Förderer | Druck-/Saugförderer mit Luft/Gas als Fördermittel |
| 10 | Hydraulische Förderer | Förderer mit Wasser als Fördermittel |

**Tab. 4.5** Zubehörgeräte für Stetigförderer nach DIN 15201, Teil 2 mit Beispielen

| Gruppe | Bezeichnung | Beispiele von Zubehörgeräten |
|---|---|---|
| 1 | Aufgeber, Austragseinrichtungen | Zellenradschleuse, Schneckenaufgeber |
| 2 | Übergabeeinrichtungen | Schwenkweiche, Ausschleuseinrichtung |
| 3 | Mess- und Prüfeinrichtungen | Bandwaage |
| 4 | Kontrolleinrichtungen | Zweiwegsperre, Einlaufstern |
| 5 | Sonstige Zubehörgeräte | Magnetscheider |

**Universell einsetzbare Elemente** (siehe Beispiel Abschn. 4.5.1)

Hierzu wird auf einschlägige Fachliteratur verwiesen, z. B. [2.20, 2.21, 4.3, 4.4]. Als Einstieg sei auch DIN 15201 empfohlen mit einer Vielzahl allgemein zur Verfügung stehender *Stetigförderer und Zubehörgeräte*:

Teil 1 veranschaulicht 10 Gruppen von Stetigförderern (Tab. 4.4), Teil 2 fünf Gruppen von Zubehörgeräten (Tab. 4.5), die der Zuführung, Verteilung, Zusammenführung, Ordnung, Abführung oder Messung des Fördergutes dienen.

*Auswahl und Berechnung* von Stetigförderern, aber auch von Unstetigförderern als universell einsetzbare Materialflussmittel der Fördertechnik sind im Einzelnen [2.20] zu entnehmen; auf die vielfältigen Einsatzmöglichkeiten besonders der *Draht- und Stahlbandförderer* auch für technologische Prozesse wird besonders hingewiesen.

## 4.4 Entwicklung neuer Verkettungstechnik

### 4.4.1 Entwicklungsbedarf

*Entwicklungsbedarf* entsteht bei:

- *Neu- und Weiterentwicklung* einer Anlage, wobei die Verkettungstechnik integraler Bestandteil der Anlage ist (z. B. Systemlösungen in Textil- oder Polygrafischer Industrie)
- *Rationalisierungsaufgaben* an Anlagentypen, wobei wiederholbare Anwendungen angestrebt werden: konstruktive Anpassungen für modifizierte Einsatzfälle
- *einmaligen* Aufgabenstellungen für speziellen Einsatzfall/Kundenwunsch.

*Entwicklungsergebnisse* sind dann:

- Komplette branchen- und anlagentypspezifische *Systemlösungen* in Modulbauweise nach einheitlichen Gesichtspunkten
- *Einzellösungen* für *wiederholbaren* Einsatz als Kompromiss zwischen Systemlösung und Sonderkonstruktion
- einmalige Speziallösungen als *Sonderkonstruktion*, auch auf Basis handelsüblicher Erzeugnisse, z. B. modifizierte Stetigförderer.

Immer sind der zu verkettende Gutstrom mit seinen Handhabungsmöglichkeiten und die Anforderungen der zu koppelnden Anlagenelemente Ausgangspunkte der Betrachtung.

### 4.4.2 Analyse bekannter Lösungen

Die Analyse bekannter Lösungen ist eine wesentliche Voraussetzung für die zielgerichtete und effektive Rationalisierung *vorhandener* und die Synthese *neuer* Lösungen.
**Vorrangige Analyseziele** bei Koppelelementen:
1. Beseitigung erkannter konstruktiver und technologischer Mängel, so zur Erhöhung der Zuverlässigkeit, Verringerung der Gutbeanspruchung
2. Automatisierungsgerechte Gestaltung
3. Erhöhung der Flexibilität für erweiterte Gutsortimente und modulare Anwendung als Projektbaustein
4. Produktionssteigerung der Anlage, so durch höhere Transportgeschwindigkeit.

Die Methoden zur Analyse sind Teil der konstruktiven Entwicklung: VDI 2221, 2222, 2727; [4.3, 4.5–4.8]. Sie sind objektspezifisch auszuwählen und anzuwenden.

## 4.4 Entwicklung neuer Verkettungstechnik

**Analyseschritte** bei Koppelelementen

1. Analyse der Funktion, der Teilfunktionen und deren Funktionsflussfolgen
2. Analyse des Förder- und Arbeitsprinzips zur Guthandhabung und der zu Grunde liegenden physikalischen Prinzipe
3. Analyse der konstruktiven Gestaltung.

**Schlussfolgerungen** aus Analysen der Flaschenströme von Getränkeabfüllanlagen, besonders im Hinblick auf die Reduzierung der Lärmemission [2.16, 4.2]:

1. Auf Reibschluss basierende Förderprinzipe führen in Zonen der Umorientierung des Flaschenstromes zu stochastischen Transportprozessen, damit nicht selten zu Störungen.
2. Übergänge technischer Mittel an den Schnittstellen des Koppelelements und innerhalb desselben verstärken die Stochastik der Transportprozesse.
3. Stochastische Transportprozesse führen zu Stoßprozessen zwischen Einzelflaschen und Flaschengruppen und demzufolge zu Lärmemission.
4. Staudruck im Flaschenstrom verstärkt in Zonen der Umorientierung die Stoßprozesse, wenn wirksame technische Umorientierungsmittel fehlen.
5. Reibungs-, Stoß- und Druckprozesse beanspruchen die Flaschen und führen zu Verschleiß deren Oberflächen, mitunter zu Glasbruch.
6. Aus Reibung und Stoß resultierende negative Wirkungen steigen progressiv mit dem Energieniveau, auf welchem sie sich vollziehen: Transportketten-, Gutgeschwindigkeit und Flaschenmasse bestimmen die kinetische Energie.

Infolge der Stochastik des Flaschenstromes kommt dem *praktischen Experiment* außerordentliche Bedeutung zu. Von den *Erkenntnissen* zu quantitativen Zusammenhängen von Reibung, Druck, Stoß, Lärm, Verschleiß seien folgende, für Rationalisierung und Neuentwicklung gleichermaßen wesentliche genannt (Basis: 0,5 Liter Euroflasche aus Glas, Scharnierbandkette nach DIN 8153, geschmiert):

- *Aufprallgeschwindigkeiten* sind zur Einhaltung von Lärmgrenzwerten wie $L_{eq} < 85\,dB(A)$ zu begrenzen auf: $v < 0,15\,m/s$ bei leeren und $< 0,20\,m/s$ bei vollen Flaschen.
- Gleichmäßig geschmierte Transportketten gewährleisten *annähernd gleiche* Reibungsverhältnisse Flasche/Kette (Funktionsvoraussetzung dieses Förderprinzips).
- Soll eine auf der Transportkette stehende Flasche auch in Beschleunigungsphasen *gleitfrei transportiert* werden, ist bei waagerechtem Transport und Haftreibungskoeffizienten 0,11…0,23 die Beschleunigung zu begrenzen auf $a_{grenz} \leq 1,10…2,15\,m/s^2$.
- *Qualitätsniveau* von Transportkette/Gleitunterlage ist Voraussetzung funktionssicherer Flaschenstromumorientierung. *Fertigungs- und Montagetoleranzen* zwischen Ketten-Tragflächen und parallelen Ketten sind zu begrenzen auf: $\Delta z \leq 0,2\,mm$ bei $Q_r \leq 30.000$ Flaschen/h; $\leq 0,1\,mm$ bei $Q_r > 30.000$ Flaschen/h.

Eine Analyse darf nicht nur vorliegende technische Lösungen betrachten, sondern sollte auch deren *bisherige Entwicklung* beachten. Der technische Fortschritt lässt Schlussfolgerungen für Weiter- und Neuentwicklung zu. So können neue Werkstoffe und Prozesserkennungstechnik künftig Funktionsprinzipe ermöglichen, die als technisch überholt galten, noch nie sicher realisierbar waren oder die Leistungsfähigkeit einer Anlage begrenzten. Diese Ausführungen am Beispiel des Flaschenstromes sind im Sinne des *methodischen Vorgehens* zu verstehen. Theoretischer Hintergrund und dargestellte technische Mittel können Anregung zur Lösung ähnlicher Aufgabenstellungen sein.

### 4.4.3 Synthese neuer Koppelelemente

Für das methodische Vorgehen zur Synthese neuer Koppelelemente sind in [2.13, 2.16] Abläufe vorgeschlagen:

1. Hauptprogramm zur Synthese neuer Koppelelemente (Auszugsweise in Abb. 4.11)
2. Unterprogramm zum experimentellen Nachweis des Funktionsprinzips (UP1)
3. Unterprogramm zur Suche funktionserfüllender Prinzipe niederer Komplexität (UP4)
4. Programm zur Auswahl von Förderprinzipen.

Jeweilige Ergebnisse der zu durchlaufenden Entwicklungsphasen sind:

| | |
|---|---|
| Funktionsbestimmung | Funktionen, Teilfunktionen, Funktionsflusspläne |
| Prinzipfindung | Förderprinzip, Arbeitsprinzipe, Prinziplösung |
| Strukturierung | Kennwerte des Betriebsverhaltens |
| Dokumentierung | Konstruktions-/Projektierungsdokumente. |

**Zur Prinzipfindung** Bei der Auswahl geeigneter Funktionsprinzipe sollten die Eingangsinformationen umfassen:

1. Transportposition des Gutes der zu koppelnden Elemente
2. Bekannte physikalische Grundprinzipe der Gutbewegung, basierend auf
   Reibschluss
   Formschluss
   Kraftfeldwirkung
   Druckfortpflanzung oder deren Kombinationen
3. Bekannte Koppelelemente ähnlicher Aufgabenstellungen
4. Bekannte Mechanismen zur Funktionsrealisierung.

Zur Prinzipfindung wird auch auf die Mechanismen-Vielfalt der VAT [4.8] hingewiesen. Die Vielfalt vorkommender Kopplungsprobleme erlaubt es nicht, die Synthese neuer Koppelelemente im Rahmen dieses Buches weiter darzustellen.

**Abb. 4.11** Programm zur Synthese neuer Koppelelemente (Auszug aus [2.13])

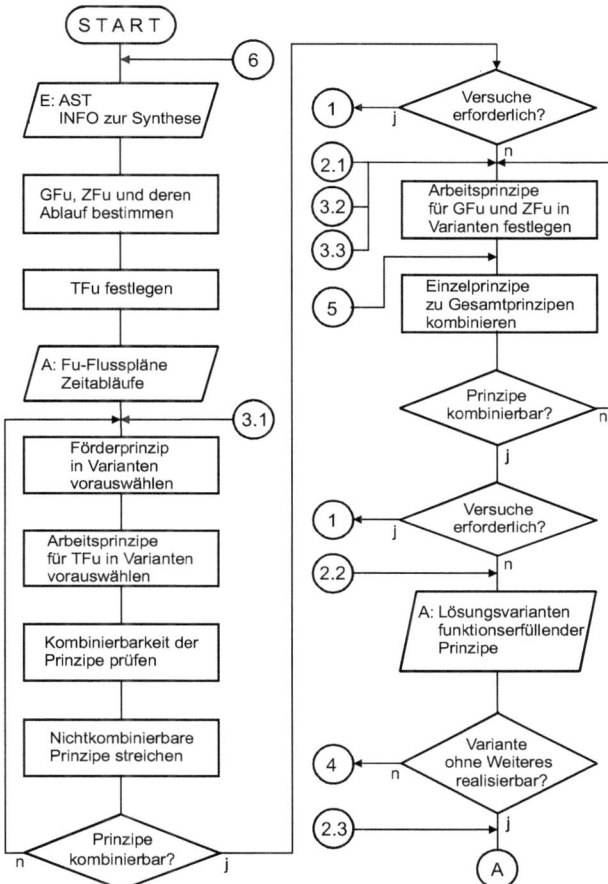

Das in Abschn. 4.5.2 gezeigte Beispiel soll Anregung sein für zu lösende ähnliche Kopplungsprobleme. Geht es um das Vereinzeln kleinstückiger Gutströme einer Herstellanlage für den anschließenden Verpackungsprozess, kann auch das Anlagenbeispiel Abb. 2.11, Abschn. 2.5.2 mit der in [2.14] ausführlichen Beschreibung der zu Grunde liegenden Verkettungsmechanismen zur Lösungsfindung anregen.

## 4.5 Beispiele

### 4.5.1 Angebot zum Herstellen von Schokoladenmasse

Beispiel für Dimensionierung und Layout-Entwurf. Zum Lieferangebot Abb. 2.5, Abschn. 2.3.2 werden auszugsweise folgende Angebotsteile dargestellt [2.6]:
- Ausrüstungsliste in Tab. 4.6, Verfahrensschema in Abb. 4.12, Layout-Entwurf in Abb. 4.13
- Teilansicht einer ähnlichen Anlage in Abb. 4.14.

**Tab. 4.6** Ausrüstungsliste – Auszug

| Lfd. Nr. | Pos. Nr. | St. | Bezeichnung der Ausrüstung |
|---|---|---|---|
| 1 | 201 bis 204 | 4 | Vibrationsboden, Dosierschnecke und Absperrklappe |
| 2 | 241 | 1 | Innenzahnradpumpe für Kakaomasse, 10,0 t/h, DN 80 |
| 3 | 242, 421, 243, 422 | 4 | Innenzahnradpumpe für Kakaobutter oder Fett, 5,0 t/h, DN 50 |
| 4 | 241.1 | 1 | Pneumatischer Kompakt-Kugelhahn DN 80 mit Heizmantel und Rückmeldung mit ASI |
| 5 | 242.1, 243.1 | 2 | Pneumatischer Kompakt-Kugelhahn DN 50 mit Heizmantel und Rückmeldung mit ASI |
| 6 | ohne Pos. | 1 | Übergangsstücke zur Komponentenzuführung zu Mischer bzw. Conche |
| 7 | 281 | 1 | Mischer HBM 1000 mit Wägesystem und Austragsschnecke |
| 8 | 621 | 1 | Muldenbandförderer 400 mm |
| 9 | 301 | 1 | Vorwalzwerk HVS 100 mit 300 mm Aufsatz und Förderer |
| 10 | 641, 641.1, 641.2 | 1 | Stahlbandförderer 400 mm, 2 pneumatische Abstreifer, 1 Nietwerkzeug |
| 11 | 351, 352 | 2 | Fünfwalzwerk HFS 180 E |
| 12 | 351.1, 352.1 | 2 | Feinheitsmesseinrichtung HMB 180 |
| 13 | 661, 661.1, 661.2, 661.3 | 1 | Stahlbandförderer 400 mm, 3 pneumatische Abstreifer |
| 14 | 401, 401.1, 402, 402.1, 403, 403.1 | 3 | 6 t-Zweiwellen-Conche HBC 6 mit pneumatischem Ablassventil, mit Schaltschrank |
| 15 | 401.2, 402.2, 403.2 | 3 | Innenzahnradpumpe für Schokoladenmasse, 20 t/h, DN 150 |

Lfd. Nr. 16 bis 27 hier weggelassen

## 4.5 Beispiele

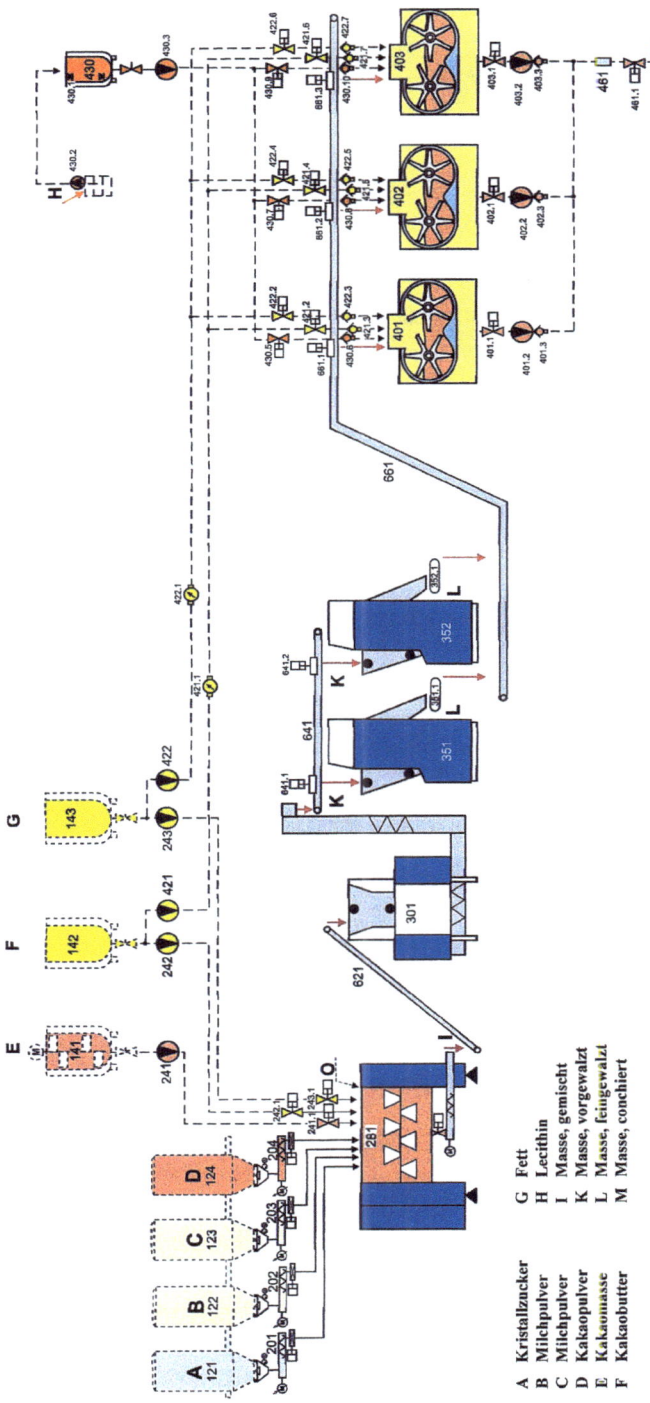

**Abb. 4.12** Verfahrensschema von PETZHOLD-Heidenauer [1.26]

A Kristallzucker
B Milchpulver
C Milchpulver
D Kakaopulver
E Kakaomasse
F Kakaobutter
G Fett
H Lecithin
I Masse, gemischt
K Masse, vorgewalzt
L Masse, feingewalzt
M Masse, conchiert

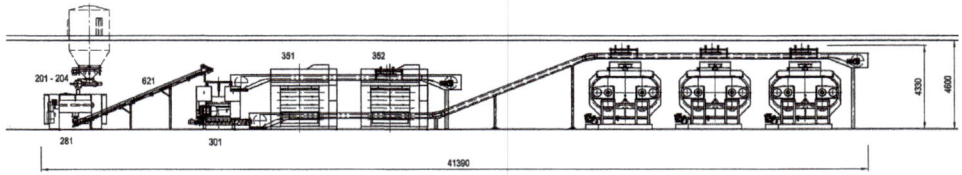
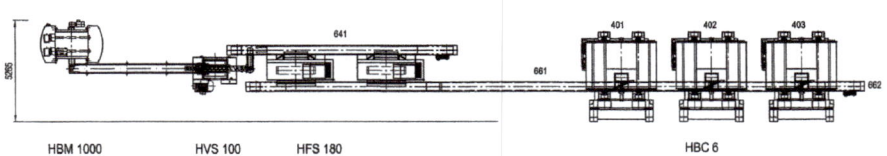

**Abb. 4.13** Layout-Entwurf von PETZHOLD-Heidenauer [1.26]

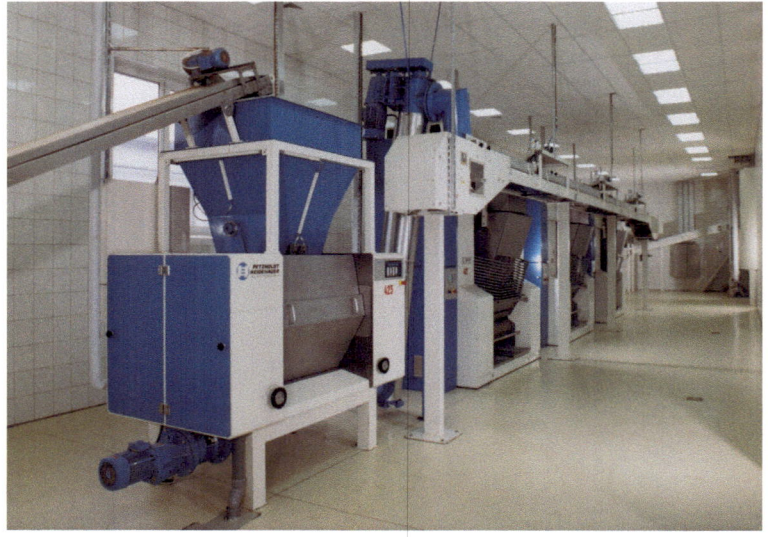

**Abb. 4.14** Teilansicht einer ähnlichen Anlage – Walzwerke mit Verkettungstechnik [1.26]

Von den weiteren Angebotsdokumenten seien hier übersichtshalber nur genannt:

- Spezifikation Rohstoffe (als Beispiel in Abschn. 7.2.5.4 dargestellt)
- Anschluss- und Verbrauchswerte Medien (Elt, Kaltwasser, Warmwasser, Druckluft)
- Beschreibung der technologischen Prozesse, empfohlene Betriebsparameter
- Betriebsparameter der Hauptausrüstungen
- Angaben zu Lebensdauer, Wartungs- und Ih-Intervallen von Verschleißteilen.

## 4.5 Beispiele

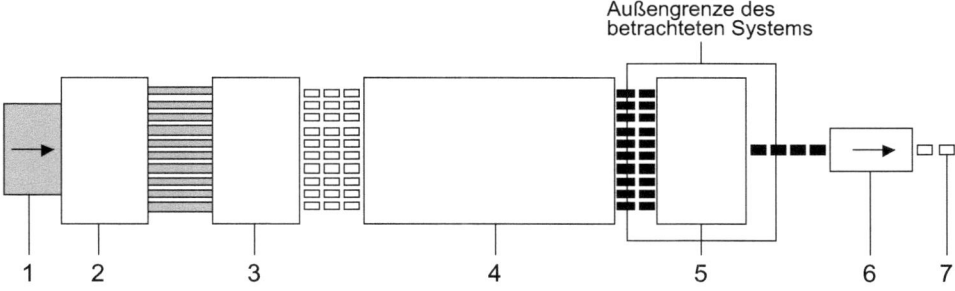

1 Grundmassebahn, Verarbeitungsgut (VG) in Ausgangsform
2 Längsschneiden der Massebahn
3 Querschneiden der Massestreifen
4 Überziehen des Stückgutstromes mit Schokolade und Kühlen
5 Zusammenführen des mehrbahnigen zu einem einbahnigen Gutstrom mit Systemgrenze der Bearbeitung
6 Verpacken der Stückgüter
7 Verpacktes VG in Endform

**Abb. 4.15** Anlagenschema

Zum besseren Verständnis der vorliegenden Fachspezifik wird auf die Darstellungen in Abschn. 2.6.1 verwiesen. Daraus ist das Herstellen von Schokoladenmasse als Teil der Vielfalt und Komplexität der Kakaoverarbeitungsprozesse einer Schokoladenfabrik erkennbar.

Dargestellte Dokumente sind Ergebnis der Angebotsphase, in der die Planungsetappe *Dimensionieren* kundenkonkret abgeschlossen ist und für die nächsten Phasen *Struktur- und Gestaltungsentwürfe* vorliegen. Bezogen auf die gewählte *Planungsstrategie* (Abb. 2.2) ist dieses Angebot als *Informationsangebot* einzuordnen mit einem weitergehenden Anarbeitungsstand – einer Detaillierung der Ausrüstungen und der räumlichen Gestaltung, die bereits dem Vorprojekt entsprechen kann, sollte es zum Liefervertrag kommen.

Der scheinbar hohe Angebotsaufwand in dieser frühen Projektphase ist wirtschaftlich gerechtfertigt, wenn der Angebotgeber – trotz kundenspezifischer Masse-Rezepturen – von *Typenprojekten* für derartige Anlagen ausgehen kann.

### 4.5.2 Lösungskonzept für ein Koppelelement

Entwicklung eines Koppelelements zur Gutstromzusammenführung, Beispiel zu Abschn. 4.3 und 4.4, Auszug aus [4.9].

**1 Aufgabenstellung** Es ist ein Lösungskonzept für ein Koppelelement zu erarbeiten, das einen mehrbahnigen Gutstrom kleinstückiger, schokoladenüberzogener quaderförmiger Güter zu einem einbahnigen zusammenführt. In der betreffenden Anlage (Abb. 4.15) soll das zu entwickelnde Zusammenführungselement 5 den Ausgangsstrom der Überziehmaschine 4 in den Eingangsstrom der Verpackungsmaschine 6 kontinuierlich überführen.

**Tab. 4.7** Geometrie der Gutströme (Maße in mm)

| Ausgangsstrom Überziehanlage = Eingangsstrom Kp | Eingangsstrom Verpackungsmaschine = Ausgangsstrom Kp |
|---|---|
| Breite $B_0 = 1000$, Randverschnitt $B_V = 25 \ldots 40$ <br> Teilungen: $t_{xE} = l + 10$; $t_y = b + 10$, $N_y = (B_0 - B_V)/b$ <br> $B = N_y \cdot b + (N_y - 1) \cdot (t_y - b)$ | Breite $B = b = 15 \ldots 40$ <br> Höhe $H = h = 10 \ldots 30$ <br> Teilung $t_{xA} = l + 10$ |

**Tab. 4.8** Guteigenschaften gemäß Merkmalsgruppen Abschn. 4.3.3.1

| Merkmalsgruppe | | Merkmale |
|---|---|---|
| 1 | Form | Geformtes, formbeständiges, quaderförmiges Stückgut |
| 2 | Abmessungen | Länge $l = 30 \ldots 100$ mm, Breite $b = 15 \ldots 40$ mm, Höhe $h = 10 \ldots 30$ mm |
| 3 | Masse | $m = 4 \ldots 100$ g im Formatbereich $30 \cdot 15 \cdot 10 \ldots 100 \cdot 40 \cdot 30$ |
| 4 | Schwerpunkt | ca. 1 mm oberhalb des Kreuzungspunktes der Raumdiagonalen des Quaders, wenn Unterseite ohne Schokoladenüberzug und Massen homogen sind |
| 5 | Oberfläche | Unterseite hat Eigenschaft der Grundmasse (Süßware, Backware), andere Flächen mit ca. 1,5 mm Schokoladenmasse, glatt, eben |
| 6 | Mechanische Eigenschaften | VG ist druck- und stoßempfindlich <br> Gleitwert $\mu \approx 0{,}1$ an beschichteter, $\mu \approx 0{,}4$ an unbeschichteter Oberfläche |
| 7 | Werkstoff | Entsprechend Spezifikation von Grundmasse und Schokolade |
| 8 | Sonstige Eigenschaften | Temperaturabhängige Empfindlichkeit der Überzugsschicht gegen Berührung, Relativbewegung sowie Chemikalien (Obstsäuren) |
| 9 | Zustand | ca. 5 °C; bei Erwärmung bis 10 °C keine wesentlichen Eigenschaftsänderungen |
| 10 | Toleranzen | Formtoleranzen sollen hier nicht interessieren; Temperatur im Bereich 5 ... 10 °C |

*Geometrie der Gutströme* Das Lösungskonzept ist auszuarbeiten für den Stückgut-*Formatbereich* Länge $l = 30 \ldots 100$ mm, Breite $b = 15 \ldots 40$ mm, Höhe $h = 10 \ldots 30$ mm.

Tabelle 4.7 zeigt die für das Koppelelement (Kp) relevanten Gutstromgeometrien (Bezeichnungen gemäß Abschn. 4.3.3.2). Die Gutabstände (= Lücken im Gutstrom) sind einheitlich mit 10 mm angenommen. In der Praxis können die Gutabstände in x-Richtung unterschiedlich sein. Gutstrombreite B ist beim einbahnigen Strom identisch mit der Stückgutbreite b, beim mehrbahnigen Strom außerdem abhängig von Längsreihen-Anzahl $N_y$ (auch: Bahnen oder Spuren) und Gutabstand $t_y$.

Die Lösungsprinzipe sollen weitgehend formatunabhängig sein, damit der Betreiber schnell sein Produktionsprogramm umstellen und flexibel auf Marktanforderungen reagieren kann.

**2 Präzisierung der Aufgabenstellung** Das Verarbeitungsgut soll als Transportgut die aus Tab. 4.8 ersichtlichen Eigenschaften haben.

## 4.5 Beispiele

*Produktivität und Fördergeschwindigkeit* Forderung: $Q_{rp} = 700 \ldots 1200$ Stück/min.

Folgende Berechnung soll die Größenordnung der im Extremfall zu erwartenden Fördergeschwindigkeiten veranschaulichen. Ausgehend von Formatbereich und konstanten Lücken von 10 mm in x-Richtung ergeben sich im Extremfall – bei Kombination „kleinstes Gut/kleinste Produktivität, größtes Gut/größte Produktivität" – die theoretisch möglichen Grenz-Fördergeschwindigkeiten.

Mehrbahniger Strom (Breite B = 1 m):

$$v_{x_{min}} = \frac{Q_r \cdot t_x}{N_y \cdot N_z} \cdot 10^{-3} = Q_r \cdot \frac{30 + 10}{68 \cdot 1} \cdot 10^{-3} = (700 \ldots 1200) \cdot 5{,}88^{-4} = 0{,}41 \ldots 0{,}71 \, \text{m/min}$$

$$v_{x_{max}} = \frac{Q_r \cdot t_x}{N_y \cdot N_z} \cdot 10^{-3} = Q_r \cdot \frac{100 + 10}{21 \cdot 1} \cdot 10^{-3} = (700 \ldots 1200) \cdot 5{,}24^{-3} = 3{,}67 \ldots 6{,}29 \, \text{m/min}$$

$$v_x = 0{,}41 \ldots 6{,}29 \, \text{m/min} \quad \text{bzw.} \quad 6{,}83 \ldots 105 \, \text{mm/s}$$

Einbahniger Strom:

$$v_{x_{min}} = Q_r \cdot t_x \cdot 10^{-3} = (700 \ldots 1200) \cdot 40 \cdot 10^{-3} = 28 \ldots 48 \, \text{m/min}$$

$$v_{x_{max}} = Q_r \cdot t_x \cdot 10^{-3} = (700 \ldots 1200) \cdot 110 \cdot 10^{-3} = 77 \ldots 132 \, \text{m/min}$$

$$v_x = 28 \ldots 132 \, \text{m/min} \quad \text{bzw.} \quad 470 \ldots 2200 \, \text{mm/s}$$

Diese Extremkombinationen kommen praktisch so nicht vor, da bei kleinen Gütern höhere und bei größeren Gütern geringere Produktivitäten realistisch sind.

*Förder- und Lösungsprinzipe* Am Ausgang des Kühltunnels befindet sich der Gutstrom auf einem Bandförderer als Guttrag- und -transportmittel. Das Gut wird nur an seiner unbeschichteten Unterseite berührt und durch Reibschluss waagerecht transportiert. Bei Prozess 5 sind sowohl stetige als auch unstetige Förderprinzipe möglich.

Da die beschichtete Gutoberfläche berührungsempfindlich ist, kommen als Gutleitmittel nur glatte Bänder in Frage, die sich mit Momentangeschwindigkeit des Gutes bewegen oder schräggestellte Führungsleisten, die das Gut nur im unteren Bereich berühren.

**3 Lösungsprinzipe** Zum Überführen des mehrbahnigen in den einbahnigen Gutstrom sollen die in Abb. 4.16 dargestellten Prinzip-Varianten zur Auswahl stehen.

*Variante 1* Drehen der Stückgutreihen durch ein von oben zugreifendes Arbeitsorgan (AO) und anschließendes Längsausrichten des Gutes, entweder durch asymmetrisch angestellte Bänder, Führungsleisten oder Drehteller.

*Variante 2* Vereinzelung durch schmale Gurtbänder und anschließendes, genaueres Längsausrichten wie bei Prinzip 1. Dieses Prinzip ist nicht formatunabhängig, da für jedes Gutformat gesonderte Einzelbänder nötig sind. Es wird deshalb nicht weiter betrachtet.

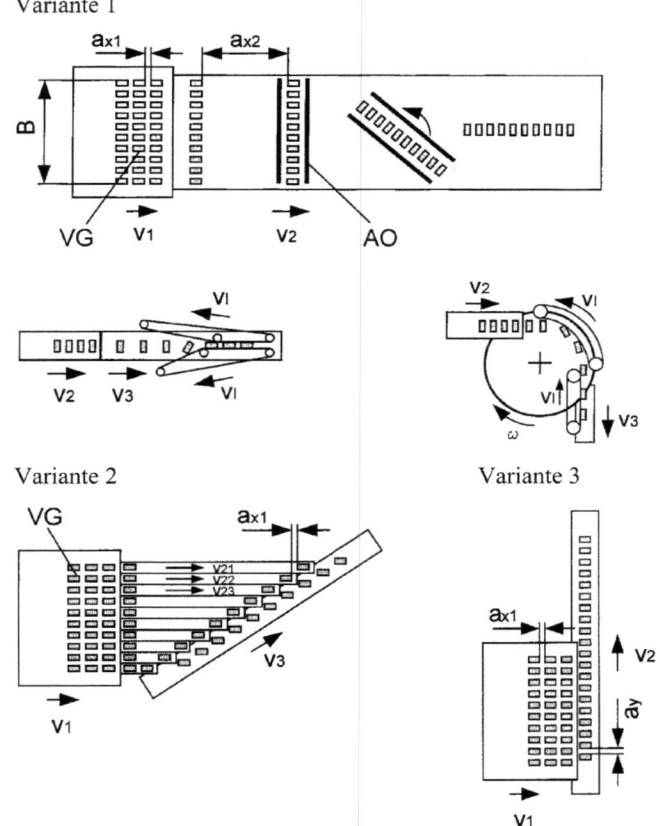

**Abb. 4.16** Prinzipskizzen zu den Varianten

*Variante 3* Abfahren der Gutreihen seitwärts durch angestelltes Gurtband und anschließendes Längsausrichten wie Prinzip 1. Das anzustellende Gurtband kann orthogonal oder um einen bestimmten Winkel versetzt, schräg angeordnet sein. In beiden Fällen muss $v_2$ so groß sein, dass das letzte Gutstück einer übergebenen Reihe auf Band 2 so weit transportiert ist, dass es nicht die Übergabe der nächsten Reihe behindert.

*Sicherstellung der Gutordnung* an der Übergabestelle Band 1 zu Band 2:

An der Übergabe tritt ein unerwünschter Effekt auf: So bald sich der Gut-Schwerpunkt über die beginnende Gurtumlenkung bewegt, kippt das Gut auf Band 2, während der hintere Teil noch auf Band 1 liegt und verrutscht in Transportrichtung $v_2$ infolge der Relativbewegung der Gut-Auflagepunkte.

## 4.5 Beispiele

**Abb. 4.17** Prinzip der Vorzugslösung und Übergabe Band 1 zu Band 2

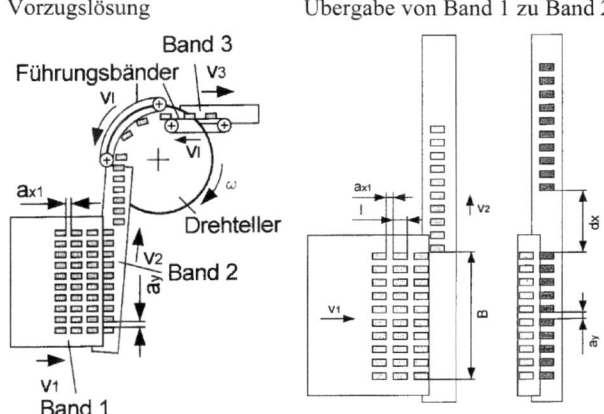

Ohne zusätzliche Maßnahmen wäre also eine ordnungsgemäße Übergabe nicht möglich. Zur Erhaltung der Gutordnung ist ein mechanischer, intermittierend arbeitender Reihen-Überschieber denkbar, der jeweils eine Gutreihe von Band 1 auf Band 2 schiebt.

**4 Vorzugslösung** Als Vorzugslösung wird die in Abb. 4.17 dargestellte Prinzip-Kombination vorgeschlagen und weiterverfolgt. Diese Lösung basiert auf Variante 3, kombiniert mit Drehteller.

Band 2 transportiert das Gut auf einen Drehteller, der das Gut durch Zentrifugalkraft an einem Führungsband ausrichtet. Je nach gewünschter Gutabgaberichtung wird das Gut nach einer bestimmten Bogenlänge vom Drehteller auf ein Band 3 abgestreift und als einbahniger Gutstrom abgegeben.

*Sicherstellung des kontinuierlichen Gutstromes* Um die geforderte Produktivität $Q_{rp}$ zu gewährleisten, muss Band 1 mit $v_1$ fördern. Hat Band 1 eine Gutreihe an Band 2 übergeben, muss Band 2 diese Reihe in der Zeit $t_1$ um die Strecke B weitergefördert haben. Nach Ablauf von $t_1$ hat Band 1 den Reihenabstand $a_{x1}$ zurückgelegt und beginnt mit der Übergabe der nächsten Reihe. Aus $t_1$ und B ergibt sich die nötige Geschwindigkeit $v_2$ für Band 2. Um eine Reihe von Band 1 zu Band 2 zu übergeben, ist eine bestimmte Zeit $t_2$ in Abhängigkeit der Gutlänge nötig. Der von Band 2 in der Zeit $t_2$ durch $v_2$ zurückgelegte Weg $d_x$ als ein Vielfaches des Bahnabstandes $a_y$ ist eine Lücke zwischen den Gutreihen auf Band 2.

Zur Lösung dieses Problems dient der aus Abb. 4.18 ersichtliche Mechanismus, bei dem die Bandumlenkung von Band 1 in x-Richtung so verschoben wird, dass jeweils eine Gutreihe möglichst schlagartig an Band 2 übergeben wird. Dazu wird die Platte über Band 2 geschoben. Ist das Gut an die Spitze der Platte gefördert, werden Platte und Umlenkrolle in negativer x-Richtung nach hinten bewegt. Geschieht dies schnell genug, verliert das Gut den Kontakt zu Band 1, bevor es als einbahniger Gutstrom auf Band 2 gelangt. Da die Umlenkrolle in ständigem Kontakt mit der Bandoberfläche von Band 1 steht, ist eine geeignete Reinigungseinrichtung (z. B. rotierende Bürste) erforderlich.

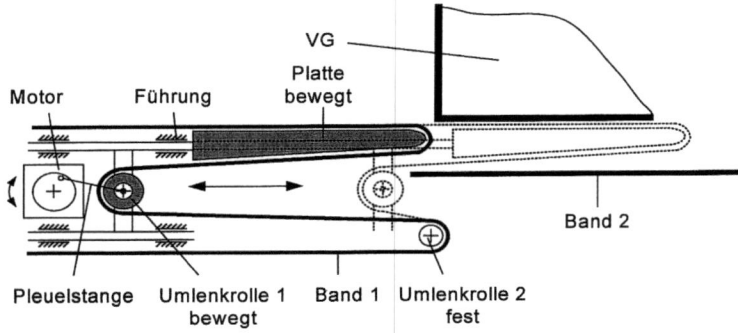

**Abb. 4.18** Übergabe-Mechanismus (z. B. nach SAPAL [4.10])

**Abb. 4.19** Anlage mit Störungsspeicher

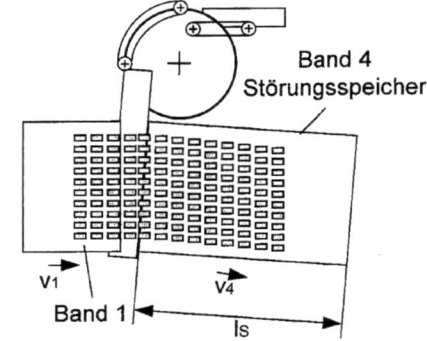

*Betrachtung für den Störfall* Da die Produktionsprozesse 1 bis 4 im Störfall von Koppelelement oder Verpackungsmaschine nicht ohne Weiteres angehalten werden dürfen, sind diese von den Prozessen 5 und 6 durch eine Störungsspeicherkapazität soweit zu entkoppeln, dass die Prozesse 1 bis 4 kurzzeitige Ausfalldauern der Elemente 5 und 6 ohne erzwungenen Stillstand überstehen. Durch verminderte Produktivität während eines derartigen Störfalls ist Produkt- bzw. Qualitätsverlust minimierbar. Das noch unverpackte Gut verträgt keine längere Verweilzeit/Erwärmung vor dem Verpacken.

Eine Möglichkeit der Entkopplung bietet ein Bandspeicher, der im Störfall so lange Gutreihen von Band 1 bei stillstehendem Band 2 aufnimmt (Abb. 4.19), bis entweder der Bediener die Störung behoben oder die Anlage per NOT-AUS stillgesetzt hat. Der Gutstrom wird im Störfall quer über das stillstehende Band 2 auf Band 4 geschoben, das mit $v_4 = v_1$ läuft. Je nach Gutformat, Produktivität und Länge von Band 4 ergibt sich eine bestimmte Speicherzeit, z. B. bei 3 m Bandlänge, 1000 Stück/min und größtem Format von mindestens 40 Sekunden.

Band 4 kann mit umgekehrter Förderrichtung die Gutreihen an Band 2 übergeben, wenn dies die Herstellanlage zulässt: bei zeitweiliger Abschaltung oder am Schichtende, wenn die letzten Gutreihen von Band 1 das Band 2 verlassen haben.

**5 Realisierbarkeit der Vorzugslösung** Ob die Gutströme so wie vorgeschlagen überhaupt und funktionssicher gehandhabt werden können und welche zusätzlichen Maßnahmen wie Überschieber, Ordnungshilfen erforderlich sind, muss der praxisnahe Versuch zeigen. Im Erfolgsfall ist das vorgeschlagene Lösungsprinzip die entscheidende Grundlage im weiteren konstruktiven Entwicklungsprozess.

Abschließende Bemerkung: Vorliegende Darstellung gibt wesentliche Inhalte der Studienarbeit wieder, ergänzt durch Hinweise des Autors. Die dort weiter untersuchten Bewegungsabläufe sind hier nicht mit dargestellt.

# 5 Strukturierung – technologische Struktur

## 5.1 Grundstrukturen, Bausteine, Kopplungskriterien

### 5.1.1 Grundstrukturen

Als technologische Struktur einer stoffverarbeitenden Anlage wird die nach technologischem, ausschließlich *funktionalem* Gesichtspunkt erfolgte Schaltung der einzelnen MTA zueinander verstanden. Die *Anlagenstruktur* umfasst somit die zur Erfüllung der Verarbeitungsaufgabe in bestimmter Weise miteinander in Beziehung stehenden Hauptelemente (Maschinen, ...) und die für deren Funktion erforderlichen Verkettungselemente.

**Möglichkeiten zur Strukturierung** Strukturierungsmöglichkeiten ergeben sich aus

1. dem Verarbeitungsverfahren in Form der Prozessfolge
2. den zur Realisierung der Prozesse ausgewählten, dimensionierten einzelnen MTA
3. den Anforderungen an das Betriebsverhaltens der Anlage als Anwenderbedingungen im Liefer- und Leistungsvertrag.

Schwierigkeiten bereitet hierbei die Einbeziehung des Ausfallverhaltens der MTA als Grundlage der Vorhersage von Anlagenverfügbarkeit und tatsächlicher Anlagenproduktivität, den oft entscheidenden Vertragsgrößen zwischen AG und AN (Abschn. 11.5). Im Folgenden soll deshalb der *Zuverlässigkeitsaspekt* bei der Entwicklung von Anlagenstrukturen im Mittelpunkt der Betrachtung stehen.

**Elementarsysteme** Es ist sinnvoll, die Anlage aus *Elementarsystemen* als *Bausteine der Struktur* aufzubauen. Werden diese auch hinsichtlich ihrer Redundanz betrachtet, kommen grundsätzlich Objekte folgender Art in Betracht (Abb. 5.1):

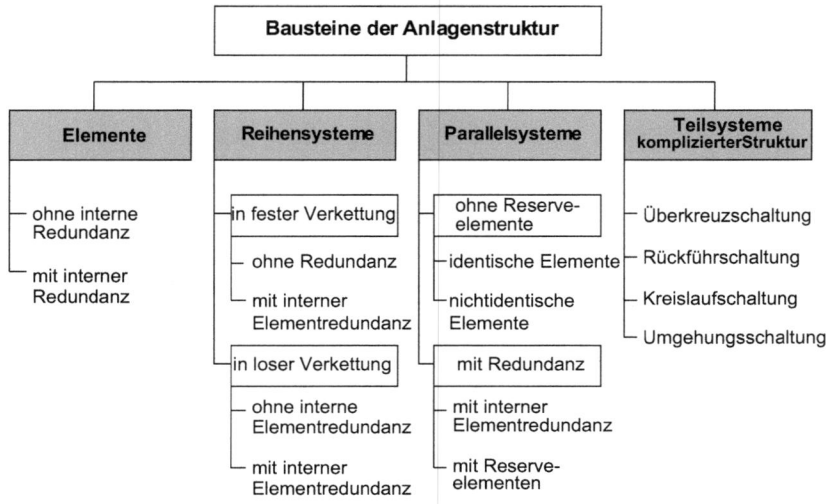

**Abb. 5.1** Elementarsysteme als Bausteine der Anlagenstruktur – Übersicht

1. Elemente ohne oder mit interner Redundanz: Maschinen und andere MTA
2. Reihensysteme in fester oder loser Verkettung: MTA für eine Prozessfolge
3. Parallelsysteme ohne oder mit Redundanz: mehrere MTA zur Realisierung eines Prozesses, auch einer Prozessfolge, die in parallelen Strängen realisiert wird
4. Teilsysteme *zuverlässigkeitslogisch komplizierter* Struktur: Elemente haben mehr als einen Eingang und einen Ausgang.

Die ersten drei Objektgruppen haben *zuverlässigkeitslogisch einfache* Struktur. Eine solche liegt vor, wenn das Gut diese Bausteine ausschließlich in *aufsteigender Prozessfolge* durchfließt und jedes Element nur *einen* Guteingang und nur *einen* Gutausgang hat. Damit ist eine Anlage als reines Reihen- oder Parallelsystem bzw. deren Kombination darstellbar.

Teilsysteme *zuverlässigkeitslogisch komplizierter Struktur* zeichnen sich durch zusätzliche *Reservekopplungen* aus, die nicht oder nicht ohne Weiteres analytisch berechenbar sind. Solche Strukturen sind in Verarbeitungsanlagen seltener als in Anlagen anderer Branchen, z. B. in Chemieanlagen und in Anlagen der Materialflusstechnik.

**Praktikable Modelle** Ziel sind praktikable Modelle zur analytischen, auch näherungsweisen Berechnung. Systeme komplizierter Struktur werden hier nicht näher betrachtet. Es werden lediglich Möglichkeiten zur Vereinfachung (Transformation) derartiger Strukturen aufgezeigt, die dann näherungsweise wie einfache Strukturen berechenbar sind (Abschn. 8.4). Die Alternative zur analytischen Berechnung komplizierter Strukturen ist die Simulation (Kap. 9).

Der Projektant sollte mit vertretbarem Aufwand für Modellierung und Berechnung das für eine neue Anlage beabsichtigte bzw. bei einer zu untersuchenden Anlage vorlie-

## 5.1 Grundstrukturen, Bausteine, Kopplungskriterien

**Tab. 5.1** Klassifizierung der Anlagen-Bausteine und strukturelle Möglichkeiten

| Gesichtspunkte | | Strukturelle Möglichkeiten |
|---|---|---|
| 1 | Funktionelle Anordnung der Elemente zu einander | Reihen- und Parallelsysteme |
| 2 | Verhalten des Systems bei Ausfall eines Elements | Nichtredundante und redundante Systeme |
| 3 | Verkettung der Elemente untereinander aus funktioneller Sicht | Feste und lose Verkettung |
| 4 | Kompliziertheit der Struktur | Einfache und komplizierte Struktur |
| 5 | Kopplungsmaßstab, bei redundantem System so genannter Reservierungsmaßstab | Hierarchieebene Element, Elementekette, Teilsystem |
| 6 | Einfluss der Elemente auf die Systemzuverlässigkeit | Wesentliche und unwesentliche Elemente |

gende Betriebsverhalten mit *praktisch hinreichenden* Kennwerten beschreiben. Dazu sind Kenntnisse zur *Modellvereinfachung* gegenüber der realen Anlage und Kenntnisse zur Anwendung *zuverlässigkeitserhöhender struktureller* Möglichkeiten erforderlich. Diesem Ziel dient die Klassifizierung der Anlagen-Bausteine nach 6 Zuverlässigkeitsgesichtspunkten mit den daraus resultierenden strukturellen Möglichkeiten (Tab. 5.1).

*Reihen- und Parallelsysteme* bedürfen keiner weiteren Erläuterung; sie ergeben sich unmittelbar aus Prozessfolge und Anzahl der kapazitätsseitig erforderlichen MTA für die Prozesse.

Ein *nichtredundantes Elementarsystem* liegt vor, wenn der Ausfall bereits *eines* Elements sofort zum Systemausfall führt. Hat das System aber *systemnutzbare Reserve*, liegt ein *redundantes System* vor, das nicht beim Ausfall eines Elements zwangsläufig und auch nicht sofort ausfallen muss. Es kann gegebenenfalls mit verminderter Produktivität weiterfunktionieren bzw. so lange während des Elementausfalls funktionieren, bis die Systemredundanz aufgebraucht ist, z. B. ein Störungsspeicher vollkommen entleert ist.

*Feste Verkettung* liegt vor, wenn die Elemente weder durch Störungsspeicher noch kombinierte Speicher, d. h. redundanzlos gekoppelt sind. *Lose Verkettung* setzt demzufolge immer die Kopplung der Elemente mittels Störungsspeicher oder kombinierte Speicher voraus, d. h. die Kopplung ist redundant: Ist ein Element ausgefallen, kann das andere in Abhängigkeit des aktuellen Speicherfüllungszustandes zumindest eine zeitlang weiter funktionieren.

Die *Hierarchieebene der Kopplung* ist bedeutsam für die Anzahl möglicher Systemzustände. Mit der Anzahl möglicher *Funktionszustände* steigt die Systemzuverlässigkeit.

*Wesentliche Elemente* im Sinne der Zuverlässigkeit sind alle *die* Elemente, deren Ausfallverhalten für das System bedeutsam ist.

*Unwesentliche Elemente* sind demzufolge solche, die infolge ihrer außerordentlich hohen Zuverlässigkeit die Systemfunktion praktisch nicht wesentlich beeinflussen. Sie brauchen

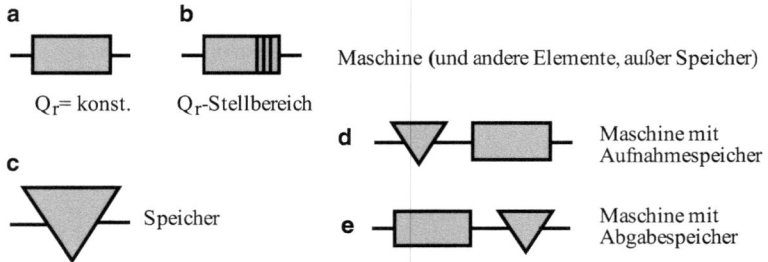

**Abb. 5.2** Elemente

im Zuverlässigkeitsschaltbild – meist Blockschaltbild – zumindest beim ersten Strukturentwurf nicht zu erscheinen, so die meisten Verkettungselemente, wenn sie die in Abschn. 3.3.2 genannte Bedingung $\tilde{V}_{Vk} = 1 - V_{VK} \ll \tilde{V}_M = 1 - V_M$ hinsichtlich ihrer Nichtverfügbarkeit erfüllen.

In Abschn. 5.1.2 werden am Beispiel der Kopplung zweier Prozesse Elementarsysteme einfacher Struktur sowie Elementarsysteme komplizierter Struktur dargestellt. Dazu gegebene Erläuterungen werden später, im Zusammenhang mit der analytischen Berechnung (Abschn. 5.3 und 5.4 und Kap. 8) und teilweise der Simulation (Kap. 9) weiter ergänzt.

## 5.1.2 Strukturbausteine

### 5.1.2.1 Elemente

Elemente des Systems Anlage sind die in Abschn. 1.4 dargestellten und in Abschn. 2.5.3 (Abb. 2.13) weiter spezifizierten Haupt- und Hilfselemente. Neben diesen, für vorliegendes Ziel nicht weiter zerlegbaren Bausteinen der Anlagenstruktur sind häufig vorkommende Elementekombinationen in festliegender Form im Planungsprozess ebenfalls als *Element* zu verwenden.

Als Element kommen demnach zunächst alle Maschinen und anderen Hauptelemente und alle Verkettungselemente in Betracht (Bausteine a bis c Abb. 5.2); sie können ohne oder mit interner Redundanz, d. h. ohne oder mit $Q_r$-Stellbereich betreibbar sein. Zum vorerst hier nur allgemein dargestellten Speicher folgen später (Abschn. 5.4, 8.2 und 8.5.3) weitere Erläuterungen.

In Verarbeitungsanlagen häufig vorkommende Elementekombinationen sind z. B. Maschine-Speicher-Kombinationen (Bausteine d, e), die wiederholt zum Einsatz kommen und deshalb als festliegende Betrachtungseinheit (BE) anzusehen sind. Dabei kann es sich um Ausgleichs-, Störungs- oder kombinierte Speicher handeln.

Als Bausteine d, e sind auch Maschinen anzusehen, die selbst *eigene Speicherkapazitäten* zur Entkopplung von angrenzenden Anlagenelementen haben, um z. B. ein sanfteres Stillsetzen bei Gutrückstau oder Gutmangel durch eine längere Verzögerungsphase zu er-

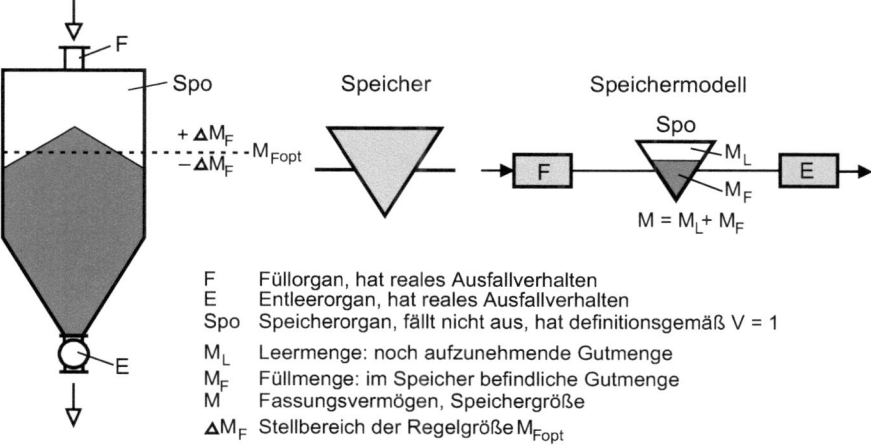

**Abb. 5.3** Speichermodell aus zuverlässigkeitslogischer Sicht am Beispiel eines Schüttgut-Silos

möglichen, was auch bei größeren bewegten Massen aus Sicherheitsgründen und Gründen der Qualitätserhaltung des Gutes erforderlich sein kann.

**Speichermodell** Speicher können in der VAT oft in Abhängigkeit des zu speichernden Gutes komplizierte MTA sein mit nicht zu vernachlässigendem Ausfallverhalten. Deshalb soll dieses Verkettungselement *zuverlässigkeitslogisch als Elementekette* angesehen und mit den Elementen definiert werden (Abb. 5.3):

- *Füllorgan* F und *Entleerorgan* E mit realem Ausfallverhalten
- *Speicherorgan* Spo, das den zu speichernden Inhalt repräsentiert, selbst aber absolut zuverlässig ist, d. h. nicht ausfallen kann
- Organe F und E repräsentieren ausschließlich das reale Ausfallverhalten des Speichers.

Sind *Störungsspeicher* nicht hinreichend funktionssicher, sind sie selbst Störquelle im System, so dass ihr Nutzen – Erhöhung der Systemverfügbarkeit durch Verringerung erzwungener Stillstandszeiten – von vornherein fraglich ist. Das zu speichernde Gut hat oft entscheidenden Einfluss auf die Funktionsstabilität des Speichers, weshalb Störungsspeicher in der VAT oft branchen- und gutspezifisch konzipiert werden. Dem zuverlässigen Füllen und Entleeren des Speichers kommt große Bedeutung zu:

- Die hierfür vorzusehenden Organe F und E müssen funktionssicher konzipiert (Förderprinzip), qualitätsgerecht ausgeführt und sachkundig betrieben werden; letzteres setzt gesteuerten bzw. geregelten Betrieb voraus, damit Extremzustände (Speicher total leer/total voll) vermieden werden.

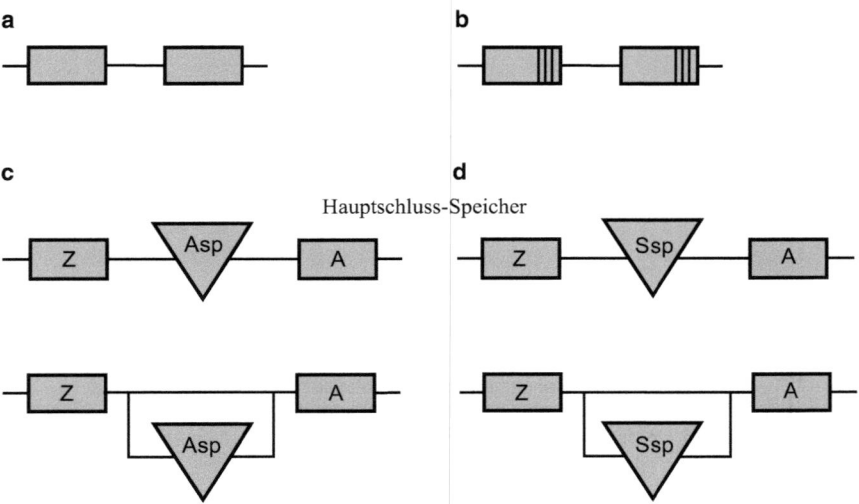

**Abb. 5.4** Reihensysteme ohne Gutstromschalter. **a** Reihensysteme in fester Verkettung, **b** Reihensystem wie **a**, jedoch mit redundanten Elementen, **c** Reihensysteme mit Ausgleichsspeicher (feste Verkettung), **d** Reihensysteme mit Störungsspeicher (lose Verkettung)

- Beim Speichern schwerfließender Schüttgüter, z. B. in einem Silo, ist das Entleeren oft problematischer als das Füllen. Es sind dann kompliziertere Entleerorgane (z. B. Zellenradschleusen in Kombination mit zusätzlichen Austragshilfen) erforderlich.
- Es sollte deshalb auch dem Anlagenelement Speicher als Elementekette F–Spo–E ein Verfügbarkeitswert < 1 der Vorausberechnung der Anlagenverfügbarkeit zugeordnet werden, um dessen potentielle *Unzuverlässigkeit* zumindest näherungsweise zu berücksichtigen.

### 5.1.2.2 Reihensysteme

Reihensysteme (Abb. 5.4) sind in technologischer Prozessfolge geschaltete Elemente. Sie können Speicher entweder im Hauptfluss oder im Nebenfluss enthalten. Es ist dann von *Hauptschluss-* bzw. *Nebenschluss-Speicher* zu sprechen.

Speicher können als *Ausgleichs-* oder *Störungsspeicher* (Asp bzw. Ssp) fungieren. Ausgleichsspeicher bedeutet *feste*, Störungsspeicher *lose* Verkettung. Beim Hauptschluss fließt das VG *immer* durch den Speicher, beim Nebenschluss nur *zeitweise,* wenn es die Speicherfunktion erfordert; beim Störungsspeicher demzufolge nur während Störung oder Ausfall angrenzender Systemelemente.

Es sind auch Speicher realisierbar, die *beide* Funktionen in sich vereinen, wenn z. B. der funktional erforderliche Ausgleichsspeicher überdimensioniert ist und bei Störung/Ausfall angrenzender Systemelemente hinreichend schnell auch eine Störungsspeicherfunktion übernehmen kann. Es liegt dann ein *kombinierter Speicher* vor.

## 5.1 Grundstrukturen, Bausteine, Kopplungskriterien

**Abb. 5.5** Reihensystem mit Störungsspeicher im Nebenschluss und Gutstromschaltern

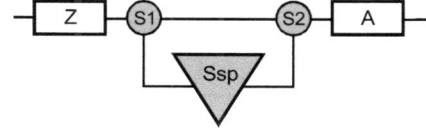

Speicher im Nebenschluss erfordern Einrichtungen für die *Gutstromumschaltung* (Schalter S 1 und S 2, Abb. 5.5), die den Gutstrom bei Bedarf in die gewünschte Richtung schalten. Derartige Schalter sind zusätzlich erforderliche Elemente mit eigenem Ausfallverhalten. Sind solche Schalter im ersten Strukturentwurf bzw. beim Variantenvergleich noch zu vernachlässigen, sollten sie im Laufe der weiteren Planung in die Zuverlässigkeitsbetrachtung einbezogen werden, zumindest näherungsweise mit einer Verfügbarkeit < 1, ähnlich wie bei anderen Verkettungselementen.

**Betriebszustände von Störungsspeichern** Das System gemäß Abb. 5.5 ermöglicht mindestens folgende Betriebszustände:

1. Normalbetrieb: Z und A funktionieren ungestört, das Gut fließt von Z über S 1 und S 2 zu A; der Speicher wird nicht benötigt, sein Füllungszustand verändert sich nicht.
2. Gestörter Betrieb infolge Ausfall von Z oder A; der Speicher nimmt seine Funktion auf:
    - Ausfall Z: Speicher gibt über S 2 so lange Gut an A ab bis er leer ist bzw. bis Z wieder in Funktion geht; er verhindert das sofortiges Stillsetzen oder Leerlauf von A wegen Gutmangel.
    - Ausfall A: Speicher nimmt über S 1 so lange Gut von Z auf, bis er voll ist bzw. A wieder in Funktion geht; er verhindert sofortiges Stillsetzen von Z wegen Gutrückstau.
3. Gestörter Betrieb infolge verminderter Produktion (Störung) von Z oder A; der Speicher nimmt seine Störungsspeicherfunktion auf:
    - Störung Z: Speicher liefert über S 2 die erforderliche Differenzgutmenge, damit A weiter funktionieren kann.
    - Störung A: Speicher nimmt über S 1 die von A nicht verarbeitbare Differenzgutmenge auf, damit Z weiter funktionieren kann.

Voraussetzungen für die unter 2. und 3. genannten Betriebszustände:

- *Bestimmter Füllungszustand* des Speichers im Normalbetrieb von Betriebsbeginn an und seine ständige Wiederherstellung nach Ausfall/Störung der Elemente Z und A, damit die angestrebte Entkopplung von Z gegenüber A erreicht werden kann.
- Entsprechendes Steuerungssystem für Speicher und Gutstromschalter.

### 5.1.2.3 Parallelsysteme

Ein Parallelsystem liegt vor, wenn für *einen* Prozess *mehrere* MTA vorgesehen sind. Solche Systeme werden auch *Kapazitätsteilung* oder *technologische Verzweigung* genannt. Parallelsysteme können in den Varianten *ohne* oder *mit* Reserveelementen vorliegen.

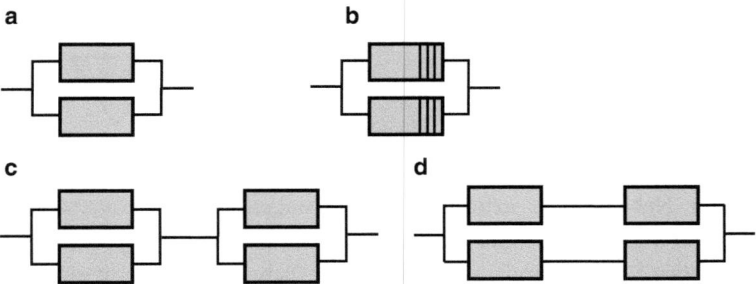

**Abb. 5.6** Parallelsysteme ohne Reserveelemente, **a** Parallelsystem redundanzloser Elemente, **b** Parallelsystem redundanter Elemente, **c** Kopplung von Parallelsystemen auf Prozessebene, **d** Kopplung von Parallelsystemen auf Elementebene

**Systeme ohne Reserveelemente** Alle Elemente des Systems (Abb. 5.6) sind funktionsbeteiligt, d. h. *Betriebselemente*.

Elemente des Parallelsystems können *ohne* interne Redundanz (Element hat keinen oder keinen systemnutzbaren $Q_r$-Stellbereich, Baustein a) vorliegen oder *mit* interner Redundanz (Element hat systemnutzbaren $Q_r$-Stellbereich, Baustein b). Baustein d ist eine Parallelschaltung von Element-Element-Kombinationen. Zu beachten ist der unterschiedliche *Kopplungsmaßstab*:

- Bausteine a bis c haben *Kopplung auf Prozessebene*, Kopplung über nur *einen* Gutstrom.
- Bei d liegt *Kopplung auf Elementebene* vor, über die *einzelnen* Gutströme.

Kopplung auf Prozessebene ermöglicht gegenüber Elementebene eine größere Anzahl Systemzustände. Ausgehend vom Kopplungsmaßstab, führt Baustein c demzufolge gegenüber d zu höherer Systemverfügbarkeit: Bei Elementebene fällt bei Ausfall eines Elements gleichzeitig der *gesamte* betroffene Strang aus, wogegen bei Prozessebene bei Ausfall eines Elements nicht zwangsläufig andere Elemente stillgesetzt werden müssen, interne Elementredundanz zur Anpassung der Produktivitäten vorausgesetzt. Ob jedoch diese zuverlässigkeitslogisch höhere Systemverfügbarkeit auch praktisch nutzbar ist, hängt von der Zuverlässigkeit der Gutstromkopplungen ab: Sammeln und Verteilen der Gutströme mit oder ohne entsprechende Umschalter müssen sicher beherrscht werden.

Abbildung 5.7 zeigt die Bausteine a, c und d der Abb. 5.6 *mit* Gutstromschaltern, konkret mit den in Abschn. 2.5.3 (Abb. 2.13) bereits dargestellten Verteil- bzw. Sammelelementen. In die Kopplung der Prozesse 1 mit 2 ist jeweils ein Förderelement integriert. Es ist ersichtlich, dass die Kopplung auf Prozessebene zwei Koppelelemente mehr erfordert. Das könnte bei nicht hinreichender Zuverlässigkeit den strukturellen Vorteil zunichte machen. Vor Wahl des Kopplungsmaßstabes ist deshalb immer zu prüfen, ob die Eigenschaften der Gutströme – Gut, Gutordnung im Strom, siehe Abschn. 4.3 – deren Verzweigung und Zusammenführung funktionssicher ermöglicht und welcher technische Aufwand zur zuverlässigen Gestaltung dieser Koppelelemente erforderlich ist.

**Abb. 5.7** Parallelsysteme mit Schaltern am Beispiel der Kopplung zweier Prozesse. **a** Kopplung der Prozesse auf Prozessebene, **b** Kopplung der Prozesse auf Elementebene

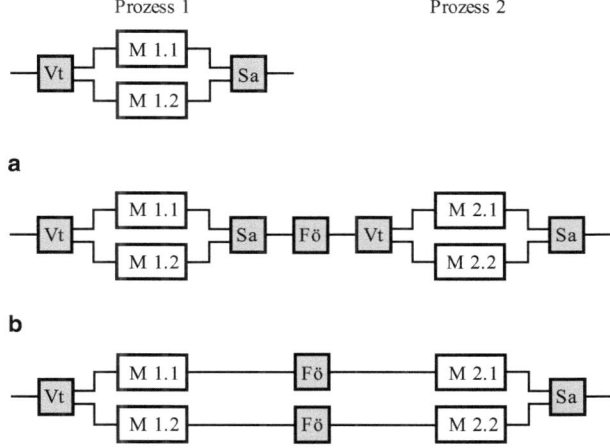

Die in Abb. 5.2 dargestellten kombinierten Bausteine können auch als Parallelsysteme Anwendung finden, die dann auf Prozessebene mit anderen Elementen zu koppeln sind (Abb. 5.8).

**Systeme mit Reserveelementen** Hat ein Parallelsystem zusätzlich zu den Betriebselementen zur Erhöhung der Verfügbarkeit *Reserveelemente* (Abb. 5.9), so können diese bei Bedarf die Funktion ausgefallener/gestörter Betriebselemente teilweise oder vollständig übernehmen. Reserveelemente müssen wirtschaftlich gerechtfertigt sein. Das gilt besonders dann, wenn kostenintensive Maschinen als Reserveelement in Betracht kommen sollen. Es können auch Reserve-Förderer oder -Förderstrecken sinnvoll sein, wenn sich dadurch die Anzahl nutzbarer Systemzustände im Störfall erhöht und der Verfügbarkeitsnutzen die Mehrkosten übertrifft.

Reserveelemente können in unterschiedlichem *Reservierungszustand* und mit unterschiedlicher *Priorität* zum Einsatz kommen (siehe Abschn. 8.3.2).

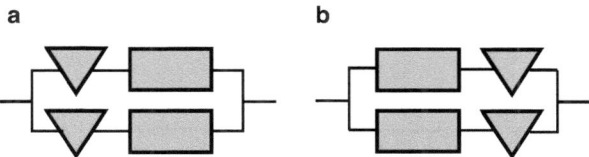

**Abb. 5.8** Parallelsysteme von Speicher-Maschine-Kombinationen. **a** Parallelsystem von Speicher-Maschine-Kombinationen, **b** Parallelsystem von Maschine-Speicher-Kombinationen

**Abb. 5.9** Parallelsystem mit Reserveelement

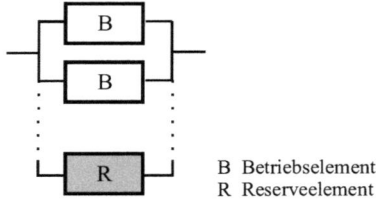

B Betriebselement
R Reserveelement

#### 5.1.2.4 Bausteine komplizierter Struktur

Bausteine zuverlässigkeitslogisch *komplizierter* Struktur sind Systeme, deren Elemente *mehr als nur einen* Guteingang oder -ausgang haben (Abb. 5.10) wie:

- Überkreuzschaltung: ermöglicht eine größere Anzahl Funktionszustände, damit eine höhere Systemverfügbarkeit
- Rückführschaltung: wenn Gut teilweise oder zeitweilig aus technologischen Gründen, z. B. zur Qualitätssicherung, in vorhergehende Prozesse rückgeführt werden soll
- Kreislaufschaltung: wenn betreffendes Element im Kreislaufbetrieb arbeiten soll, z. B. zur Erhaltung der Verarbeitbarkeit des Gutes bei Ausfall nachfolgender Systemelemente, wodurch sich die Systemverfügbarkeit erhöht, da andernfalls das betreffende Element nach erzwungenem Stillstand länger stillstehen würde
- Umgehungsschaltung: wenn Prozess/Prozesse bei bestimmten Verarbeitungsaufgaben übergangen/eingespart werden können, z. B. bei Anlagen mit Sortimentsproduktion.

Diese Schaltungsarten erfordern erhöhten Verkettungsaufwand, den der Verfügbarkeitsgewinn gerechtfertigen muss. Kreislaufschaltung kommt im Gegensatz z. B. zu Chemieanlagen bei Verarbeitungsanlagen seltener vor. Diese Schaltung kann dort sinnvoll sein, wo temperierte flüssige Massen, z. B. Schokoladenmassen, bei Ausfall nachfolgen-

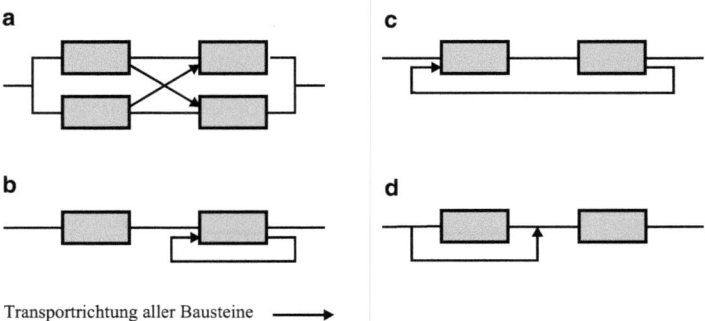

Transportrichtung aller Bausteine ⟶

**Abb. 5.10** Bausteine zuverlässigkeitslogisch *komplizierter* Struktur. **a** Überkreuzschaltung, **b** Kreislaufschaltung, **c** Rückführschaltung, **d** Umgehungsschaltung

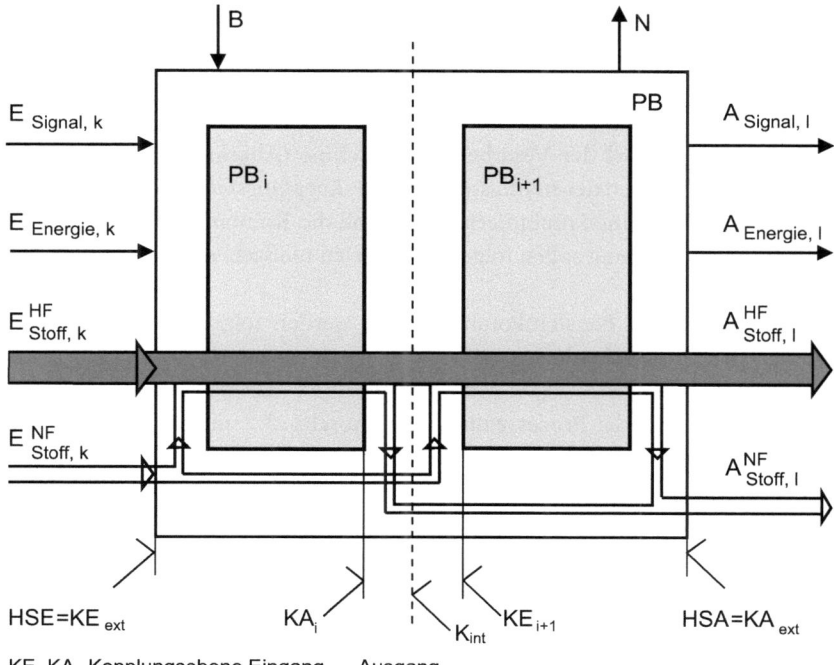

**Abb. 5.11** Modell einer Bausteinkombination aus Elementarbausteinen

der Prozesse während der Ausfalldauer im Kreislauf gefahren werden müssen, um ein Festwerden der Masse und Zusetzen von Transportrohren zu verhindern.

### 5.1.3 Bausteinkombination und Kopplungskriterien

Genannte Bausteine lassen sich zu beliebigen Systemstrukturen kombinieren. In Abhängigkeit von Branchenerfahrung und Projektierungsaufgabe können auch umfangreichere, komplexere Bausteine zum Einsatz kommen, die *bewährte Teillösungen* für bestimmte Prozesse, Prozessfolgen/Teilanlagen enthalten; Bausteine der Abb. 5.6, 5.7 und 5.8 sind Beispiele dafür.

**Gutstrom im Hauptfluss** Maßgebend für Anlagenstrukturierung und -gestaltung ist immer der Gutstrom im Hauptfluss, über den sich der Projektant aus der mitunter vorliegenden Vielfalt der Stoffflüsse Klarheit verschaffen muss. Bei der gutstrombestimmten Kopplung zweier Bausteine ist dies der Gutstrom, der durch beide Bausteine *gemeinsam* geht (Abb. 5.11).

Alle weiteren Gutströme sind Ströme im Nebenfluss, die *nachrangig* in Strukturierung und Gestaltung einzubeziehen sind. So ist im Flaschenbereich von Getränkeabfüllanlagen (Abb. 1.5, Abschn. 1.4) der Flaschenstrom der maßgebende Gutfluss im Hauptstrom, nicht das Getränk; dieses wird im Nebenfluss zugeführt.

Ausgehend vom Modell der Verarbeitungsmaschine (Abschn. 1.4) müssen bei einer *Bausteinkombination* neben der *stoffflussbestimmten Kopplungsfähigkeit* auch Energie- und Signalsysteme der Bausteine kombinierbar sein, soll die Kombination im System Anlage funktionieren. Zur Kopplung sollen folgende Kriterien maßgebend sein.

**Kopplungskriterien** Für Bausteinkombinationen werden folgende *Gruppen von Kopplungskriterien* (KK) unterschieden:

1. Produktionskapazität der Prozesse und MTA (Abschn. 3.2 und 3.3)
2. Parameter der MTA (Formatbereich und weitere Merkmale des Gutstromes an den Schnittstellen, Abschn. 4.3.3.3)
3. Arbeitsweise, Stufe der Automatisierung, Arbeitsorgane zur Gutzu- und Gutabführung der MTA (Abschn. 4.1: Kriterien 6, 7, 10)
4. Steuerungs- und Energiesystem der MTA (Abschn. 4.1: Kriterien 8, 9).

Die KK der Gruppe 1, die *Produktionskapazität* ist *vorrangig*; daraus ergeben sind Dimension und Anzahl der Hauptausrüstungen und damit die Struktur des Hauptsystems der Anlage. Für diese Gruppe werden **Kopplungskriterien der Produktionskapazität** (KK 1) definiert. Die Kopplung zweier Elemente, der Elemente 1 und 2, ist nur dann funktionsfähig, wenn folgende *Kriterien* erfüllt sind:

**KK 1.1** In einer Betrachtungszeit T muss die tatsächlich produzierte Produktmenge gleich sein:

$$M_{t1}(T) = M_{t2}(T) \quad (5.1)$$

Bei gleicher Betriebszeit $t_{B1} = t_{B2}$ müssen außerdem übereinstimmen:

$$Q_{t1}(T) = Q_{t2}(T) \quad (5.2)$$

**KK 1.2** Bei fester Verkettung müssen die rechnerischen Produktivitäten jederzeit übereinstimmen:

$$Q_{r1}(t) = Q_{r2}(t) \quad (5.3)$$

**KK 1.3** Bei loser Verkettung ist es ausreichend, wenn die Produkte aus Zeitverfügbarkeit, rechnerischer Produktivität und Betriebszeit übereinstimmen:

$$V_{T1} \cdot Q_{r1} \cdot t_{B1} = V_{T2} \cdot Q_{r2} \cdot t_{B2} \tag{5.4}$$

Daraus folgt, dass immer die *weitestmögliche Übereinstimmung* der Produktionskapazitäten der zu koppelnden Prozesse zu fordern ist. Dieser theoretischen Forderung kann praktisch nur mehr oder weniger entsprochen werden. Die Einhaltung dieser Kriterien ist jedoch Voraussetzung für den stationären Betrieb im Zeitraum T, z. B. der Betriebszeit $t_B$ einer Schicht. *Technische Mittel* zur Herbeiführung der Übereinstimmung:

a) Blocken der MTA, festkörpermechanisch (Königswelle, Zahnräder)
b) Ausgleichs- und Störungsspeicher zwischen den Prozessen
c) Steuerung von $Q_r(t)$ der MTA (virtuelle Programmwelle).

KK 2 und 3 sind branchenspezifische Funktionsvoraussetzungen. KK 4 beinhaltet keine unbedingten Funktionsvoraussetzungen; es sind auch MTA unterschiedlicher Steuerungs- und Antriebssysteme koppelbar. Es können aber kommerzielle und wirtschaftliche Aspekte ausschlaggebend sein. So kann ein Anwender Steuerungs- und Antriebssysteme *bestimmter* Hersteller fordern, z. B. wenn er bereits derartige Systeme im Hause hat und weitere Diversifizierung aus Service- und Ih-Gründen vermeiden möchte.

## 5.2 Systemstrukturierung und Erzeugnisentwicklung

### 5.2.1 Bewährte Abläufe zur Strukturierung

Die Systemstrukturierung erfolgt in Wechselwirkung zu Dimensionierung und Gestaltung (Abschn. 2.2). Das gilt sowohl für die Vorbereitungsphasen – die Angebotsphasen – als auch die Realisierungsphase.

Aufbauend auf der zu Grunde gelegten *Planungsstrategie* (Abb. 2.2) und der in Abschn. 2.3.1 dargestellten *Schrittfolge* (Schritte 1 bis 8) werden für den Entwurf des Hauptsystems der Anlage und die Integration der Hilfssysteme im Folgenden 12 Bearbeitungsschritte als *Strukturierungsstrategie* für Verarbeitungsanlagen empfohlen.

**Strukturierungsstrategie** *Entwurf des Hauptsystems der Anlage* in den Schritten 1 bis 7:

1. Präzisieren der Aufgabenstellung (VG, Prozessfolge, Ziele, ...)
2. Unterteilen der Gesamtanlage in relativ unabhängig zu bearbeitende Abschnitte
3. Auswählen der Ausrüstungsvarianten für das Hauptsystem (Abschn. 4.1 und 4.2)
4. Prüfen der Kopplungsfähigkeit innerhalb der Varianten (Abschn. 4.3)
5. Erarbeiten technologischer Strukturvarianten (Beachtung räumlicher Bedingungen)

6. Bewerten der Varianten (Abschn. 2.4)
7. Auswählen der – gegebenenfalls vorläufigen – Lösungsvariante für das Hauptsystem

*Komplettierung durch die Hilfssysteme* in den Schritten 8 bis 11:

8. Ausrüstungen für Transport, Speicherung und Kopplung der Gutströme im Haupt- und im Nebenfluss (Kap. 4)
9. Ausrüstungen zur Gewährleistung der Zuverlässigkeit und technischen Sicherheit der Anlage, sofern diese nicht bereits in den Schritten 5 und 8 vorliegen (Kap. 6 und 7)
10. Ausrüstungen für Signal- und gegebenenfalls für Energiefluss, wenn sich dies aus dem Gesamtsystem Anlage ergibt (Hinweise dazu in Abschn. 2.5.4)
11. Ausrüstungen für Ver- und Entsorgung der Anlage, sofern diese nicht bereits in den Schritten 8 und 9 vorliegen.

Der letzte Schritt dient der *Gewährleistung der Gebrauchseigenschaften* der Anlage:

12. Prüfen der komplettierten Lösungsvariante auf Erreichen der mit der präzisierten Aufgabenstellung vorgegebenen Ziele und Randbedingungen. Dieser Schritt dient gleichzeitig der Qualitätssicherung im Rahmen des Projektmanagements.

Diese Strategie ist für die Folge *Dimensionieren, Strukturieren, Gestalten* am Ablaufplan veranschaulicht (Abb. 5.12, Zahlen entsprechen jeweiligen Bearbeitungsschritten). Daran ist auch erkennbar, welche Rücksprünge auf vorangegangene Aktivitäten erforderlich sein können, bis die Lösung endgültig feststeht.

Die einzelnen Schritte sind nicht unabhängig vom Entwurf der räumlichen Struktur und infolge Rückkopplungen im Allgemeinen *mehrmals* zu durchlaufen. Selbst Schritt 12 kann noch Korrekturen der Entwurfsziele und Randbedingungen erfordern! So können im Extremfall noch Produktsortiment und VG-Toleranzen korrigiert werden müssen; beides hinsichtlich einer optimalen Gesamtlösung und im Einvernehmen mit dem künftigen Anlagenbetreiber, der schließlich überzeugt werden muss, von manchen ursprünglichen Forderungen/Erwartungen etwas abzurücken.

## 5.2.2 Anforderungen an den MTA-Projektanten

Das Objekt Verarbeitungsanlage erfordert vom MTA-Projektanten *fundierte Kenntnisse* und *praktische Erfahrungen* auf den Gebieten:

- Verarbeitungs-, Verfahrenstechnik
- Entwicklung, Montage, Erprobung und Betrieb von MTA
- Zuverlässigkeits- und Sicherheitstechnik
- Betriebswirtschaft
- Arbeitswissenschaften, Arbeits-, Brand-, Explosions- und Umweltschutz.

## 5.2 Systemstrukturierung und Erzeugnisentwicklung

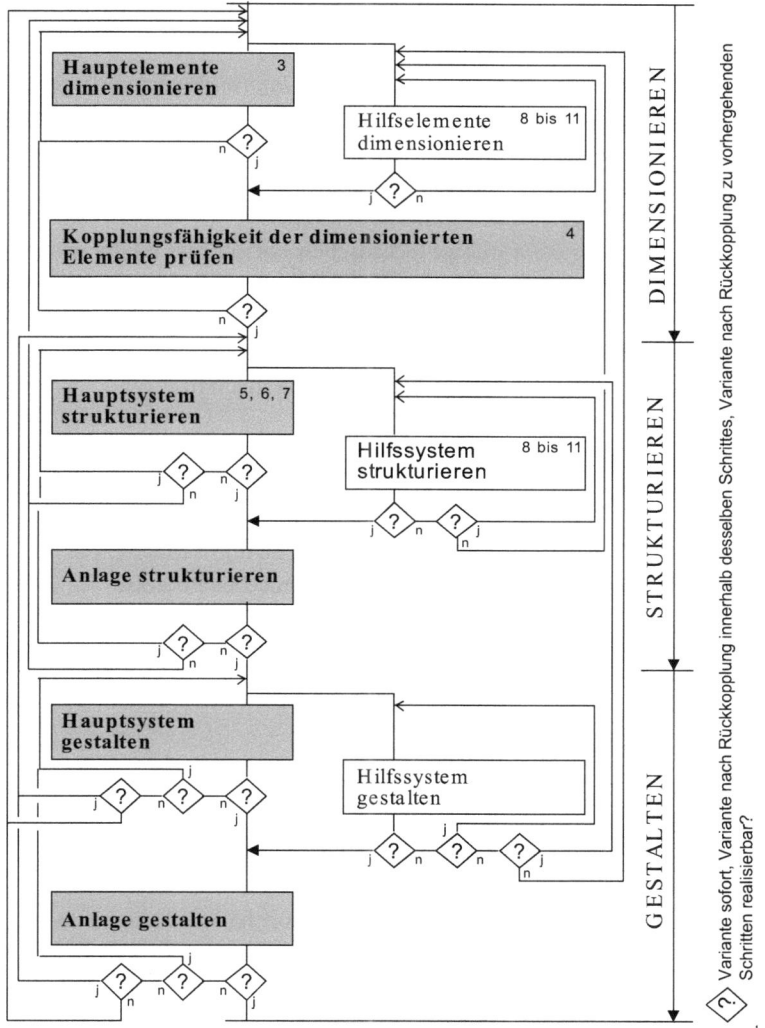

**Abb. 5.12** Ablaufplan zur Bearbeitungsfolge Dimensionieren, Strukturieren, Gestalten

Auf folgenden Gebieten muss er mindestens ein solches **Übersichtswissen** haben, das ihn im arbeitsteiligen Prozess zur sachkundigen Kommunikation mit den Spezialprojektanten befähigt:

- TUL-Technik und Intralogistik
- Antriebs-, Steuerungs-, Sensor- und MSR-Technik
- Informationstechnik und -verarbeitung. IT-Systeme und deren Anwendung
- Spezialgewerke: Bau-, Elektro-, Heizungs-, Lüftungs-, Klimatechnik, ...

Es sei darauf hingewiesen, dass bei mancher Aufgabenstellung (Abschn. 2.1.2)

- zu Bearbeitungsbeginn *unvollständige oder falsche Informationen* vorliegen können, so bei Rationalisierung nicht aktualisierte Baubestandszeichnungen oder Rohrleitungspläne
- zu treffende Entscheidungen infolge unausgereifter technologischer Verfahren und neuentwickelter Ausrüstungen *risikobehaftet* sein können
- die *MTA für das Hauptsystem* infolge technischen Fortschritts *relativ schnell moralisch verschleißen*, während manche Hilfssysteme moralisch und physisch oft sehr langlebig sein können, z. B. die auf bewährtem Förderprinzip basierenden und in Baukastenbauweise konzipierten Förderer, die besonders bei Rationalisierung nicht selten eine Weiterverwendung auch mancher Baugruppen ermöglichen.

Um den Marktanforderungen zu entsprechen, hat der Projektant schließlich solche Gesichtspunkte zu berücksichtigen wie:

- Flexibilität hinsichtlich Reaktion auf Kundenwünsche und Modetrends
- Dynamik und Stochastik technologischer und technischer Prozesse
- Stabilität gegenüber schwankenden Einsatzbedingungen
- Kontinuität hinsichtlich Erfüllung der Produktionsaufgabe.

### 5.2.3 Erzeugnisentwicklung

Der Projektant hat nicht selten in die Anlagenplanung neue Verfahren und neue Maschinentechnik einzubeziehen, für die zum Zeitpunkt der Systemplanung noch nicht alle MTA praxisreif zur Verfügung stehen.

Bei der *Erzeugnisentwicklung* haben Maschinen und andere Hauptelemente zunächst das Primat vor der Verkettungstechnik. Erst ab einem bestimmten Entwicklungsstand werden die zu lösenden *Verkettungsprobleme* immer mehr sichtbar.

Neu- oder weiterentwickelte Maschinentechnik soll *möglichst zeitig* dem Markt präsentiert werden – etwa auf Messen –, wodurch bereits im Frühstadium der Erzeugnisentwicklung Kaufinteresse entsteht, nicht nur an Einzelmaschinen, auch an neuer, *verketteter Anlagentechnik*.

Dadurch steht der Projektant vor dem Problem, dass zwar für das Hauptsystem Maschinen vorliegen, nicht aber alle zur Verkettung erforderlichen Elemente. Das betrifft besonders *anlagenspezifische Koppelelemente*, die infolge neuer Gutstromanforderungen noch zu entwickeln oder zur Praxisreife zu führen sind. Zunächst vernachlässigte – weil in ihrem Schwierigkeitsgrad unterschätzte – Verkettungstechnik kann dann zu konstruktiven Änderungen an Hauptelementen führen, zumindest an deren Gutzuführungs- und -abführungsbereichen.

Abschnitt 5.5.3 zeigt am Beispiel die Funktionsbestimmung für neue Koppelelemente im Zusammenhang mit der Anlagenstrukturierung.

**Kopplungsaufwand**: Bei der *Anlagenstrukturierung* ist ein *geringer Kopplungsaufwand* anzustreben. Dieser ist am geringsten, wenn

1. für jeden technologischen Prozess nur *ein* Hauptelement, meist eine Maschine, zum Einsatz kommt, der Gutstrom nicht verzweigt zu werden braucht
2. der Ausgangsstrom eines Elements *unmittelbar* Eingangsstrom des folgenden Elements sein kann, so dass zusätzlicher Aufwand zur Gutstromänderung entfällt.

Das setzt unmittelbar miteinander koppelbare Hauptelemente und Erhaltung der vorliegenden Gutordnung zwischen diesen voraus. Geringster Kopplungsaufwand ist aber nicht gleichbedeutend mit zuverlässigster Anlagenstruktur. Das gilt besonders dann, wenn die Gutströme auch bei Verzweigung einfach und funktionssicher koppelbar sind.

Zu Auswahl und Entwicklung von Verkettungselementen siehe Abschn. 4.3, 4.4 und 4.5.

## 5.3 Berechnung stochastischer Prozesse

### 5.3.1 Anwendung klassischer Zuverlässigkeitstheorie

Für die Einbeziehung der stochastischen Ausfall- und Erneuerungsprozesse der MTA zur Beschreibung des Betriebsverhaltens der Anlage sind gegenüber deterministisch berechenbaren Aufgaben kompliziertere Berechnungsmodelle, **Modelle der Zuverlässigkeitstheorie** erforderlich. Solche Modelle basieren auf der *Wahrscheinlichkeitsrechnung*, haben allgemein einschränkende Bedingungen zur Voraussetzung und spiegeln die realen Prozesse in Abhängigkeit ihrer *Modellvereinfachung* nur näherungsweise wider.

Ausgehend von den Modellen nach **Boole** und **Markow** [3.5], den *Klassikern* der Zuverlässigkeitstheorie, sind für die *Auswahl analytischer Berechnungsverfahren* für stoffverarbeitende Anlagen die **Gesichtspunkte** (GP) wesentlich [2.16]:

1. Anzahl der Elemente- und Systemzustände
2. Erneuerungsfähigkeit und Zeitverhalten der Elemente
3. Abhängigkeit der Serienelemente
4. Anzahl der wesentlichen Elemente, Systemstruktur, Betriebsstrategie
5. Anforderungen an Modellier-, Programmier- und Rechenaufwand
6. Genauigkeit der Ergebnisse und Qualität der Primärdaten.

Bei Verarbeitungsanlagen erzwingen mindestens die GP 1 bis 3 die Entscheidung zugunsten der *Markow*-Modelle. Die GP 4 (komplizierte Struktur zugelassen) und 5 sprechen zunächst dagegen. Dem ist jedoch durch geeignete Modellvereinfachung (GP 5: schrittweise Vereinfachung) und Anwendung von Näherungsverfahren (GP 6) zu begegnen.

Die geschlossene analytische Berechnung eines so komplizierten Systems, wie es allgemein die Anlage infolge ihrer Prozessdynamik und besonders im Fall mehrerer Störungsspeicher darstellt, ist mit den bekannten Mitteln der Zuverlässigkeitstheorie praktisch nicht möglich, aber auch nicht erforderlich.

Allein die GP 1 und 4 verdeutlichen das Problem: Kann ein Element Z Zustände annehmen (Z-1 Funktionszustände, Ausfall) und hat das System n Elemente, ergeben sich bereits bei fester Verkettung $Z^n$ Systemzustände. Im einfachsten Fall eines *Zweizustandsmodells* für das Element (Funktion, Ausfall) sind das bei 10 Elementen schon $2^{10} = 1024$ Systemzustände. Mindestens jedoch die Maschine als wichtigstes Systemelement hat einen genutzten $Q_r$-Stellbereich, d. h. eine Vielzahl möglicher Funktionszustände.

Gestützt auf weiterführende Untersuchungen und praktische Anwendungen [2.16, 3.10, 5.1] sollen für Verarbeitungsanlagen *Näherungsverfahren* auf theoretischer Basis

- *homogener Markowscher Ketten* für **Reihenschaltungen** und
- *Boolescher Algebra* für **Parallelschaltungen** Anwendung finden.

### 5.3.2 Anwendung praktikabler Berechnungsverfahren

In Abschn. 8.5.1 wird ein **praktikables Reduktionsverfahren** vorgestellt, das auf den genannten Grundlagen der Zuverlässigkeitstheorie beruht und durch Reduktion einer kompletten Anlage, durch schrittweise Vereinfachung die schrittweise Berechnung ermöglicht.

Unabhängig vom Problem der Reduktion einer Anlage genügen unter Voraussetzung *einfacher* Struktur zur Verfügbarkeitsberechnung einzelner, isoliert zu betrachtender Elementarsysteme prinzipiell *Berechnungsmodelle* für *Reihensysteme* und für *Parallelsysteme*. Beide Schaltungsarten können Elemente mit fester Produktivität und/oder interner Redundanz aufweisen. Zuverlässigkeitslogisch unwesentlich ist hierbei, ob es sich um Maschinen oder relativ einfache Verkettungselemente handelt. Beim *Parallelsystem* ist es wesentlich, ob diese Schaltungsart resultiert aus

- einer Kapazitätsteilung (alle Elemente sind Betriebselemente)
- einer Form der Reservierung (Reserveelemente) zur Erhöhung der Systemverfügbarkeit
- der wechselnden Massenverarbeitung, der Sortimentsproduktion.

**Voraussetzungen für Reduktionsverfahren** Geeignete Modelle müssen zur Anwendung im genannten Reduktionsverfahren

1. *modular* aufgebaut und über bestimmte Parameter miteinander koppelbar sein; modularer Aufbau soll Gestaltung nach einheitlichen Grundsätzen einschließen: Art und Dimension der Eingangs- und Ausgangsdaten
2. hinsichtlich ihrer zu Grunde liegenden Anwendungsbereiche bei gemeinsamer Anwendung *miteinander verträglich* sein; Verträglichkeit bezieht sich auf solche zuverlässigkeitslogisch relevanten Begriffe wie

## 5.3 Berechnung stochastischer Prozesse

- *unabhängige* oder *abhängige* Elemente
- *Unabhängigkeit* der Ausfall- und Erneuerungsprozesse.

**Zur Erfüllbarkeit dieser Voraussetzungen** Elemente sind *unabhängig*, wenn der Ausfall bzw. die Störung eines Elements sich nicht auf das Verhalten anderer Systemelemente auswirkt. Das ist in der Regel bei Elementen von Parallelsystemen gegeben: Bei Ausfall eines Elements können die anderen weiterfunktionieren. Das gilt strenggenommen aber nur dann, wenn die nicht ausgefallenen Elemente so weiterfunktionieren wie im Normalbetrieb, d. h. wenn deren Produktivität $Q_r$ nicht während dieses Zustandes verändert wird, denn dann läge wegen $V = f(Q_r)$ ein etwas verändertes Ausfallverhalten vor, was aber in der Praxis oft vernachlässigt werden kann.

*Reihenelemente eines fest verketteten Systems* dagegen haben in jedem Fall *abhängiges* Ausfallverhalten: Fällt ein Element aus, können die anderen nicht weiterfunktionieren, da sie kein VG erhalten bzw. transportieren können; sie müssen entweder in den Zustand *Stillstand* oder *Leerlauf* versetzt werden. In beiden Fällen liegt dann $Q_r = 0$ vor. Wichtigstes Merkmal für abhängiges Ausfallverhalten ist die *Abhängigkeit der Ausfallrate* vom Produktivitätsniveau:

- Die Betriebsausfallrate $\lambda = f(Q_r)$ geht bei *Stillstand* in $\lambda = 0$ über.
- Bei *Leerlauf* sinkt ihr Wert jedenfalls stark ab, da die verarbeitungstechnisch bedingte Ausfallzeit $t_{st}$ und andere Ausfallzeitelemente fehlen, so dass hier mit $\lambda \approx 0$ zu rechnen ist.

Unabhängigkeit der Ausfall- und Erneuerungsprozesse setzt *unbegrenzte Reparaturkapazität* voraus, was für praktische Berechnungen in der Regel vorausgesetzt werden kann. Dies bedeutet, dass die Ausfallzeitelemente $t_{Aj}$ nicht von der Anzahl ausgefallener Elemente abhängen: Jedes ausgefallene Element wird *sofort* repariert, ohne infolge anderer Elemente auf Reparatur warten zu müssen. Der Anwender sollte in eigenem Interesse ausreichende Reparaturkapazität vorhalten, bei hochproduktiven Anlagen möglichst *vor Ort*, um Ausfallzeiten zu minimieren.

**Beschreibung einer Betrachtungseinheit** *Kopplungsparameter* für die Verfügbarkeitsberechnung müssen den stofflichen Zusammenhang der Strukturbausteine widerspiegeln. Eine Betrachtungseinheit (BE) ist demzufolge durch bestimmte Kenngrößen zu beschreiben (siehe Abschn. 3.2 und 3.3).

Für stationären Betrieb und zeitunabhängiges Ausfallverhalten sind hierzu die Produktivitätskenngrößen $Q_r$ und $\varphi$ sowie die ZKG $\lambda$, $\beta$ und $V_T$ geeignet. Da $V_T$ gemäß Gl. 3.13 mit $\lambda$ und $\beta$ festliegt, genügt zur Beschreibung einer der **Kenngrößensätze**, je nachdem, welche ZKW vorliegen:

$$\begin{Bmatrix} Q_r \\ \varphi \\ \lambda \\ \beta \end{Bmatrix} \equiv \begin{Bmatrix} Q_r \\ \varphi \\ V_T \\ \beta \end{Bmatrix} \equiv \begin{Bmatrix} Q_r \\ \varphi \\ \lambda \\ V_T \end{Bmatrix} \quad (5.5)$$

Bei der Reduktion der Anlagenstruktur sind demzufolge in jedem Reduktionsschritt entsprechende *Datensätze* bereitzustellen (Eingangsdaten) und zu berechnen (Ausgangsdaten).

Die Reduktion der störungsspeicherlosen Anlagenabschnitte zu Ersatzelementen ist analytisch problemlos möglich, wenn auch dadurch – wie allgemein bei Reduktionsmodellen – Informationsverlust eintritt. Das ist aber hinzunehmen, da ohnehin Näherungslösungen beabsichtigt sind.

Die analytische Berechnung von Anlagen mit Störungsspeichern ist nur sehr begrenzt möglich (Abschn. 8.2). Für Anlagen mit *mehreren* Störungsspeichern und für komplizierte Strukturen kommen *Simulationsmodelle* (Kap. 9) in Betracht. Schließlich sei auf **Zuverlässigkeitsschaltbilder** hingewiesen. Sie sind

- ein anschauliches Mittel zur Darstellung der stochastischen Abhängigkeit bzw. Unabhängigkeit der Elemente und der insgesamt möglichen Systemzustände
- eine Voraussetzung der analytischen Berechenbarkeit eines komplexeren Systems
- besonders hilfreich zur Transformation zuverlässigkeitslogisch komplizierter in einfache Struktur (Abschn. 8.4)
- meist als Blockschaltbilder dargestellt.

Führt der Ausfall eines beliebigen Elements sofort zum Systemausfall – das ist bei redundanzlosen Systemen der Fall –, wäre das Zuverlässigkeitsschaltbild eine Reihenschaltung aller Systemelemente. Bei redundanten Systemen ergeben sich kompliziertere Schaltbilder, ausgehend von den möglichen Elemente- und Systemzuständen.

### 5.3.3 Wann analytische Berechnung, wann Simulation?

Zur Anwendbarkeit beider Verfahren wird vorab eine Kurzaussage getroffen; tiefer gehende Inhalte sind den betreffenden Kapiteln zu entnehmen.

**Analytische Berechnung** (Abschn. 5.4 und Kap. 8)

- ist auf Zuverlässigkeitskennwerte *einfacher* Verteilungstypen beschränkt
- ermöglicht schnell sinnvolle Strukturentwürfe in *Varianten,*
- liefert Näherungsergebnisse, die besonders geeignet sind für den *Variantenvergleich,*
- soll praktisch nur anwendbar sein auf Systeme mit nur *einem* Störungsspeicher.

Im Fall *mehrerer* Störungsspeicher ist eine Berechnung bedingt möglich, wenn das System in Teilsysteme mit jeweils nur *einem* Speicher aufgeteilt werden kann und an deren Schnittstellen Kennwerte aus Analysen (BDE) vorliegen, die das Ausfallverhalten der angrenzenden Teilsysteme mit repräsentieren.

## 5.4 Berechnung von Elementen

**Simulation** (Kap. 9)

- ist auf Zuverlässigkeitskennwerte *beliebiger* Verteilungstypen anwendbar
- erfordert eine vorgegebene oder *vorhandene* (reale) Struktur
- liefert Ergebnisse *beliebiger* Genauigkeit (Zeitfaktor)
- erfordert aufwändigere Soft- und Hardware, auch größeren Vorbereitungsaufwand
- ist auf Systeme mit *mehreren* Störungsspeichern anwendbar.

**Beide Verfahren**

- benötigen Zuverlässigkeitsprimärdaten als Datenbasis
- liefern Ergebnisse, die nur so gut sind wie die Primärdaten (-genauigkeit)
- ergänzen sich bei gemeinsamer Anwendung:
  – Analytische Berechnung für Strukturentwürfe und Betriebsanalyse
  – Simulation für Optimierung von Entwürfen und Betriebsanalyse.

### 5.4 Berechnung von Elementen

Zur Strukturierung des Systems Anlage sollen folgende, in den Abb. 5.2, 5.3, 5.4 und 5.5 dargestellten *Bausteine als Elemente* verwendet werden:

1. MTA *ohne* interne Redundanz: z. B. Maschine *ohne* systemnutzbaren $Q_r$-Stellbereich
2. MTA *mit* interner Redundanz: z. B. Maschine *mit* systemnutzbarem $Q_r$-Stellbereich
3. Speicher als Verkettungselement in den Varianten:
   - Ausgleichsspeicher als Kopplungsvoraussetzung (Abschn. 5.1.3)
   - Störungsspeicher als zuverlässigkeitserhöhendes bzw. eine bestimmte Systemverfügbarkeit gewährleistendes Mittel
   - Maschine-Speicher-Kombination.

**Elementarmodelle einer MTA** Den ersten beiden Bausteinen sollen die *Elementarmodelle* mit den Datensätzen (Abschn. 3.2 und 3.3) zu Grunde liegen:

**MTA ohne interne Redundanz** (Baustein a, Abb. 5.2)

$$\left\{\begin{array}{l} Q_r = \text{konst.} \\ \lambda = \text{konst.} \\ \beta = \text{konst.} \end{array}\right\} \tag{5.6}$$

Aus Gl. 5.6 folgt mit Gl. 3.13: Mengenverfügbarkeit $V = $ Zeitverfügbarkeit $V_T$

**MTA mit interner Redundanz** (Baustein b, Abb. 5.2)

$$\left\{\begin{array}{r} Q_r = (1 + \varphi) \cdot Q_{rp} \\ \lambda = f(Q_r) \\ \beta = \text{konst.} \end{array}\right\} \quad (5.7)$$

Bei systemnutzbarem $Q_r$-Stellbereich ist Mengenverfügbarkeit $V \neq$ Zeitverfügbarkeit $V_T$.

Die *Ausfallhäufigkeit* ist bei den meisten anderen Hauptelementen *produktivitätsabhängig*, da mit steigender Verarbeitungsgeschwindigkeit besonders die verarbeitungsbedingte Störungsneigung zunimmt (Zeitelement $t_{st}$).

Dagegen ist die *Ausfalldauer* allgemein nicht oder nur unwesentlich produktivitätsabhängig. Deshalb soll in beiden Fällen mit konstanter Erneuerungsrate $\beta$ gerechnet werden. Dies sei im Hinblick darauf, dass fast immer $t_r \ll T_A(t_B)$ vorliegt, zulässig. Sollte im Einzelfall der Einfluss von $Q_r$ auf $\beta$ *nicht* vernachlässigbar, auch nicht durch Instandhaltung und Bedienung ausgleichbar sein, wären kompliziertere als die in Kap. 8 verwendeten Systemmodelle erforderlich. Kann für Teilzeiten von $t_B$ mit diskreten, d. h. abschnittsweise konstanten $Q_r$-Werten und zugeordneten $\beta$-Werten gerechnet werden, sind kompliziertere Modelle vermeidbar.

**Speichermodell** (Abb. 5.3) Zur Beschreibung dieser Elementekette sind die Kenngrößen geeignet:

- F und E durch Produktivität und ZKG: $Q_{rF}, \lambda_F, \ldots$
- Spo durch Fassungsvermögen M, Füllmenge $M_F$, zeitliche Füllmenge m(t).

Für die Verkettung des Speichers über sein Füll- bzw. Entleerorgan mit den anderen Anlagenelementen gelten die Kopplungskriterien für feste Verkettung (Abschn. 5.1.3), demzufolge das Berechnungsmodell für Reihensysteme in fester Verkettung (Abschn. 8.1). F und E müssen sich hinsichtlich ihrer rechnerischen Produktivität ($Q_{rF}, Q_{rE}$) ständig den zu koppelnden Elementen Z und A anpassen, wobei auch $Q_{rF} \neq Q_{rE}$ vorliegen kann.

Während das Füllen von Speichern meist problemlos realisierbar ist, kann das Entleeren infolge der Gutspezifik erhebliche Probleme bereiten. So neigt z. B. schwerfließendes und darüber hinaus hygroskopisches Schüttgut zu Brückenbildung und Verstopfung am Siloauslauf, so dass ein funktionssicherer Siloaustrag nur mittels aufwändiger Austragsorgane möglich ist. Dem ist durch entsprechende ZKW für F und E von Fall zu Fall Rechnung zu tragen.

**Berechnung von Ausgleichsspeichern** Ausgleichsspeicher sind *deterministisch, analytisch exakt* berechenbar. Zur Berechnung der mengenbezogenen Speichergrößen dienen folgende Beziehungen. Die sich im Speicher zum Zeitpunkt t befindliche Gutmenge m(t) ergibt sich zu:

$$m(t) = m_0 + Q_{rF} \cdot t_F - Q_{rE} \cdot t_E \quad (5.8)$$

## 5.4 Berechnung von Elementen

$m_0$    zum Zeitpunkt t, z. B. zu Schichtbeginn, vorhandene Gutmenge
$Q_{rF}, Q_{rE}$    rechnerische Produktivität von F bzw. E (= rechnerische Produktivität des vor bzw. nach dem Speicher befindlichen Anlagenelements, z. B. Maschine)
$t_F, t_E$    Füllzeit bzw. Entleerzeit während der Betriebszeit $t_B$

Folgende *Betriebsfälle* sind zu unterscheiden:

$$Q_{rF} \cdot t_F > Q_{rE} \cdot t_E \quad \text{Gutaufnahme:} \quad \text{Füllstand nimmt zu}$$
$$Q_{rF} \cdot t_F = Q_{rE} \cdot t_E \quad \text{Guttransport:} \quad \text{Füllstand bleibt unverändert} \quad (5.9)$$
$$Q_{rF} \cdot t_F < Q_{rE} \cdot t_E \quad \text{Gutabgabe:} \quad \text{Füllstand nimmt ab}$$

Im Sonderfall $t_F = t_E$ folgt aus Gl. 5.8:

$$m(t) = m_0 + (Q_{rF} - Q_{rE}) \cdot t \quad (5.10)$$

Das *Fassungsvermögen M* des Speichers soll für verschiedene Ziele angegeben werden:

$$M = M_F + M_L \quad (5.11)$$

$M_F$ Füllmenge: im Speicher befindliche Gutmenge, auch Füllvolumen genannt
$M_L$ Leermenge: vom Speicher noch aufzunehmende Gutmenge, auch Leervolumen genannt

Mit diesen Gleichungen sind solche Fragen zu beantworten wie:

- Welche Größe muss der Ausgleichsspeicher haben: $M_{erf} = ?$
- Welche Zeit ist erforderlich bis zum Erreichen einer bestimmten Gutmenge: $t_{erf} = ?$
- Mit welcher Produktivität sind F und E und damit die angrenzenden Elemente Z und A zu betreiben, wenn bestimmte Werte für t und m(t) einzuhalten sind: $Q_{rF\,erf}, Q_{rE\,erf} = ?$

Die Kenntnis der zu einem beliebigen Zeitpunkt t im Speicher vorhandenen Gutmenge m(t) ist z. B. bedeutsam für Umstellzeitpunkte bei Sortimentsproduktion und für die Prozesssteuerung. In der VAT ist vielfach eine *bestimmte Betriebsfüllmenge* $M_F = M_{F0}$ eine beabsichtigte Funktionsvoraussetzung des Speichers.

**Zur Berechnung von Störungsspeichern** Störungsspeicher sind *nicht* deterministisch berechenbar. Die analytische Berechnung ist nur auf Basis komplizierterer, **stochastischer Modelle** in begrenztem Umfang und allgemein auch nur näherungsweise möglich. Grundsätzlich interessieren dieselben mengenbezogenen Größen wie bei Ausgleichsspeichern.

Es wird auf die Simulation (Kap. 9) und auf analytische Näherungsmodelle (Abschn. 8.2) verwiesen. Störungsspeicher sind aus wirtschaftlichem Aspekt nur so groß wie nötig zu dimensionieren. In Abschn. 8.5.3 sind dazu anzustrebende Ziele angegeben.

## 5.5 Beispiele

### 5.5.1 Vorprojekt einer Verpackungsanlage für Hartkaramellen – Teil 1

Diesem Beispiel liegt eine Studienarbeit [5.2] zu Grunde mit Projektbausteinen von [5.3]. Die Bearbeitung dieses Beispiels erfolgt kapitelübergreifend:
- Dieser Abschnitt umfasst die Aufgabenstellung (AST) bis einschließlich Strukturierung.
- Kapitel 6 – Gestaltung – veranschaulicht die wesentlichsten hier dimensionierten und strukturierten Anlagenelemente als Projektbausteine, in Weiterführung das methodische Vorgehen zur Layout-Entwicklung und das Anlagenlayout.
- In Kap. 7 – Anlagenrealisierung – werden einige ausführungstypische Projektdokumente dargestellt.

**1 Aufgabenstellung**  Für eine Verpackungsanlage für Hartkaramellen ist der technische Teil eines Vorprojektes zu entwerfen. Die neu zu erstellende Anlage ist in eine vorhandene Bauhülle zu projektieren.

*Gegeben sind:*
- Verarbeitungsverfahren in Form der Prozessfolge
- Bauhülle (Abb. 6.2, Abschn. 6.2.1) und ein zur Auswahl stehendes Sortiment maschinentechnischer Ausrüstungen
- Anlagenproduktivität im störungsfreien Betrieb: $Q_{rp} = 1200$ kg/h

**2 Präzisierung der Aufgabenstellung**  Verarbeitungsgüter sind Hartkaramellen, die als kontinuierlicher Schüttgutstrom auf dem Drahtbandförderer des Kühltunnels der Herstellanlage zum Weitertransport zur Verpackung bereitgestellt werden.

*Zwischenprodukte* sind gewickelte Hartkaramellen, verpackt in Schlauchbeuteln (Verbraucherpackungen) und sammelverpackt in Faltschachteln. *Produkte* sind die auf Flachpaletten gestapelten und transportgesicherten gefüllten Faltschachteln, die als Ladeeinheiten die Anlage verlassen und in den Versand gehen.

Eigenschaften der VG und Hilfsstoffe siehe Tab. 5.2.

*Betriebsbedingungen und weitere Anforderungen*
- Für den Bereich der ungewickelten Hartkaramellen wird gefordert: Temperatur 18 … 24 °C, relative Luftfeuchte 55 … 65 %.
- Zur Minimierung von Anlagenstillständen infolge Ausfall/Störung einzelner Elemente sind an geeigneten Stellen Speicherkapazitäten vorzusehen.
- Für den innerbetrieblichen Verkehr ist ein mindestens 2 m breiter Transportweg freizuhalten. Die Anlage ist räumlich so einzuordnen, dass sie den TUL-Prozessen optimal gerecht wird.
- Der Palettierprozess ist mit Kapazitätsreserve zu dimensionieren, die eine spätere Einbindung von perspektivisch geplanten weiteren Anlagen ermöglicht.

## 5.5 Beispiele

**Tab. 5.2** Eigenschaften der Verarbeitungsgüter und Hilfsstoffe

| | |
|---|---|
| Hartkaramellen ungewickelt | Form und Formatbereich entsprechend Anwenderspezifikation, massiv oder teilgefüllt, auf ca. 20 °C herabgekühlt (außen); Einzelmasse $m_{s1} \approx 4{,}9$ g; Schüttdichte $\rho_1 = 0{,}51 \text{g/cm}^3$; Schüttwinkel $\beta_1 = 27 \ldots 29°$ |
| Hartkaramellen gewickelt | Einzelmasse $m_{s2} \approx 5$ g; Schüttdichte $\rho_2 = 0{,}32 \text{g/cm}^3$; Schüttwinkel $\beta_2 = 29 \ldots 34°$ |
| Wicklung | Wachspapier, Zellplas; beidseitiger Dreheinschlag; Formate siehe Maschinendokumentation |
| Schlauchbeutel | Zellglas, beschichtetes Papier; Beutel ohne Seitenfalte, Füllmasse $m_B = 100$ g; Formate siehe Maschinendokumentation |
| Faltschachtel | Vollpappe, Wellpappe; Anzahl Beutel $n_B = 50$/Schachtel; Länge 400 mm, Breite 200 mm, Weiteres siehe Maschinendokumentation |
| Palette | Flachpalette $1200 \times 800$ mm; Anzahl Lagen je Palette: 8; Anzahl Schachteln/Lage: 12; Anzahl Schachteln $n_{Sch} = 96$/Palette |
| Hilfsstoffe | Etiketten: Papier $60 \ldots 70 \text{ g/m}^2$; Farbband 13 mm breit, schwarz; Selbstklebestreifen; Stabilisierungsmittel zur Palettensicherung |

**Tab. 5.3** Prozessfolge und geeignete Maschinen

| Prozess | Bezeichnung | Funktion | MTA |
|---|---|---|---|
| 1 | Einschlagen | Einzeleinschlag herstellen | Einschlagmaschinen EL 3, EU 4 |
| 2 | Dosieren | Menge für Verbraucherpackung bereitstellen | Dosiermaschine DW 4 |
| 3 | Beutelverpacken | Verbraucherpackung herstellen | Schlauchbeutelform-, -füll-, -verschließmaschine HM 2 |
| 4 | Füllen Faltschachtel | Transportpackung herstellen | Füllmaschine SF 2 |
| 5 | Schachtelverschließen | | Verschließmaschine SF 1 |
| 6 | Palettieren | Ladeeinheit herstellen | Palettiermaschine TWA 3 |
| 7 8 9 | Verkettungsprozesse werden realisiert durch: • Bandförderer nach TGL 47-… und Becherwerk TCD 1 für lose Hartkaramellen • Bandförderer nach TGL 47-… und Scheibenrollenbahnen TIB für Schachteln | | |

**3 Dimensionierung** Prozessfolge und die zur Realisierung aus dem Projektierungskatalog des Projektträgers und aus Branchenkatalogen/Lieferangeboten ausgewählten MTA (Tab. 5.3):

Für Prozess 1 wären für vorliegende AST beide Maschinen, EU 4 und EL 3 geeignet. Es wird EL 3 gewählt, da diese gegenüber EU 4 unterschiedliche Einschlagarten ermöglicht. Die höheren Kosten werden im Interesse der flexibleren Reaktionsfähigkeit der Anlage auf sich ändernde Marktanforderungen in Kauf genommen.

Ausgehend von zu verarbeitendem Mengenstrom und Leistungsfähigkeit der ausgewählten Maschinen ist in Tab. 5.4 für jeden Prozess die erforderliche Maschinenanzahl ausgewiesen. Aus der gewählten Produktivität der Maschine für den Normalbetrieb $Q_{rp}$ und ihrer Produktivitätsobergrenze $Q_{r2}$ (siehe dazu Abb. 3.3) ergibt sich die vorliegende

**Tab. 5.4** Mengenströme zur Berechnung der Anzahl Maschinen

| Prozess | Mengenstrom, umgerechnet auf maschinengerechte Dimension | Anzahl Maschinen bei gewähltem Produktivitätsbereich $Q_{rp} \ldots Q_{r2}$ | Anzahl | Reserve in % |
|---|---|---|---|---|
| 1 | 20.000 g/min → 4000 Stück./min | 667 … 740 Stück/min | 6 | 12,5 |
| 2 | 20.000 g/min → 200 Wägungen/min | 33 … 45 Wägungen/min | 6 | 36 |
| 3 | 200 Wägungen/min → 200 Beutel/min | 67 … 80 Beutel/min | 3 | 20 |
| 4 | 200 Beutel/min → 4 Schachteln/min | 67 … 80 Beutel/min | 3 | 20 |
| 5 | 4 Schachteln/min → 240 Schachteln/h | 240 … 600 Takte/min | 1 | 150 |
| 6 | 4 Schachteln/min → 240 Schachteln/h | 240 … 1100 Schachteln/h | 1 | 358 |

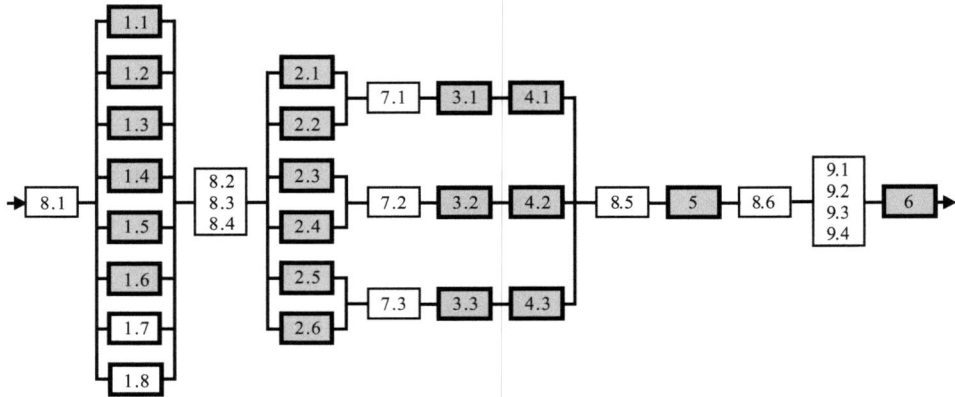

**Abb. 5.13** Blockschaltbild der Systemstruktur der Verpackungsanlage

Produktivitätsreserve, die bei Bedarf, z. B. bei Produktivitätsminderung oder Ausfall paralleler Maschinen nutzbar ist.

Infolge der geringen Auslastung könnte die Verschließmaschine den Schachtelstrom einer weiteren Anlage, die Palettiermaschine mindestens noch zweier Anlagen aufnehmen, Verkettbarkeit mit entsprechend gesteuerten Speicherstrecken für die Produktsortimente vorausgesetzt.

Auf Berechnungen zur Dimensionierung der Verkettungstechnik wird hier verzichtet.

**4 Strukturierung** Ausgehend von den ausgewählten Maschinen (Tab. 5.3 und 5.4) ist in Abb. 5.13 die technologische Anlagenstruktur veranschaulicht, komplettiert durch die in Abschn. 6.6.1 bei der räumlichen Gestaltung ausgewählten Verkettungselemente: Förderer als Projektbausteine des Projektierungskataloges für diesen Anlagentyp.

## 5.5 Beispiele

Der Forderung der präzisierten AST nach hoher Systemzuverlässigkeit wird neben den Reservemaschinen mit folgenden Speicherkapazitäten entsprochen:

- Aufnahmespeicher als Teil der Einschlagmaschinen 1.1 bis 1.8
- Aufnahmespeicher der Dosiermaschinen 2.1 bis 2.6
- Staustrecken der Bandförderer 8.5 und 8.6 sowie der Transportstrecke 9.1 bis 9.4.

Positionen 7 bis 9 betreffen die zwischen den technologischen Prozessen vorgesehenen Förderer. Real erforderliche Koppelelemente wie Abgabe- und Übergabestationen der Förderer sind hier weggelassen.

### 5.5.2 Strukturierung und Gestaltung einer Spinnerei

Beispiel einer Anlage zur Herstellung von Fadenformgut (Abb. 2.10, Abschn. 2.5.1) ohne mechanische Verkettung der technologischen Prozesse und weitgehende Prozess-Entkopplung durch mobile Speicher.

**1 Aufgabenstellung** Für eine Kurzstapelspinnerei zur Produktion von Baumwollgarn sind die Hauptausrüstungen zu dimensionieren, die Anlage in ihren Hauptausrüstungen technologisch zu strukturieren und eine räumliche Anordnungsvariante darzustellen. Geforderte Produktionsparameter:
- Produkt: Baumwollgarn, kardiert, Garnfeinheit 50 Nm (= Garnmasse 50 g/1000 m)
- Verarbeitungsgut (VG): Baumwolle, gepresst zu Ballen, in Faserqualität:
  Stapellänge 1,125 Zoll; Stapellänge HVI SL 2,5 %, 28,5 mm
  Faserfeinheit 4,1 mic; Faserfestigkeit 29 cN/tex; Reifegrad 80 %; UR-Wert 47 %
- Produktivität im Normalbetrieb: $Q_{rp}$ = 800 kg/h.

Es sind Ausrüstungen von TRÜTZSCHLER [1.27] zu verwenden und mittels firmeninternem Spinnplan zu dimensionieren. Für Nichttextiltechniker erfolgt zunächst eine Kurzdarstellung des Verarbeitungsverfahrens.

**2 Verarbeitungsverfahren** Allgemein sind Spinnereien durch charakteristische textile Prozesse und Abteilungen gekennzeichnet (Tab. 5.5). Spinnereien werden in Abhängigkeit der eingesetzten VG (Naturfasern, synthetische Fasern in Form von Flocken, Ballen, …) und des beabsichtigten Produkts (Garne in unterschiedlichen Qualitäten und Mengen) dimensioniert und gestaltet.

Vorliegende Aufgabe wird auf die Prozessfolge Öffnen und Mischen bis Feinspinnen begrenzt. Die hier einbezogenen Prozesse 1 bis 6 sind in Tab. 5.6 erläutert. Vorstrecken eines aus mehreren Kardenbändern zusammengeführten Bandes führt zu gleichmäßigerem Faserband (Ausgleich von Dickenunterschieden). Bei der zweiten Passage durchläuft das Band in umgekehrter Richtung das Streckwerk, wodurch es verfestigt wird. Zum Guttransport zwischen den Prozessen (Prozess-Nr.):

**Tab. 5.5** Prozesse von Kurzstapelspinnereien – allgemeine und hier betrachtete

| Prozesse von Spinnereien allgemein | | Abteilung | betrachtete Prozessfolge | |
|---|---|---|---|---|
| 1 | Zusammenstellen der Ballenpartie | Vorbereitung | | |
| 2 | Entfernen der Verpackungsmittel | | | |
| 3 | Aufstellen der Ballen, Klimatisieren | | | |
| 4 | Öffnen und Mischen | Putzerei | 1 | **Öffnen und Mischen** |
| 5 | Reinigen | | 2 | **Reinigen** |
| 6 | Kardieren | Karderie | 3 | **Kardieren** |
| 7 | Strecken | Streckerei | 4 | **Vorstrecken** |
| | | | 5 | **Regelstrecken** |
| 8 | Herstellen des Vorgarns | Flyerei | | |
| 9 | Feinspinnen | Feinspinnerei | 6 | **Feinspinnen** |
| 10 | Umspulen | Spulerei | | |
| 11 | Verpacken | Packerei | | |

- Baumwollflocken (von 1 zu 2, von 2 zu 3): Saugpneumatik in Rohrleitungen
- Faservlies, Faserband (von 3 zu 4, von 4 zu 5): Kannentransport- und -wechselsystem
- Streckenband (von 5 zu 6): Streckenkannen-Transport- und -wechselsystem
- Faserabfall und Verunreinigungen (2 bis 6): Absaugung aller Verarbeitungsstellen, die das VG mechanisch belasten und Weitertransport mittels Saugpneumatik zum Abscheider.

Zum Guttransport zwischen den Prozessen hier nur soviel:
- Sind die Kannen gefüllt, erfolgt manueller, halb- oder vollautomatischer Weitertransport und Austausch durch leere Kannen.
- Ausgehend von automatischer Anzeige der Betriebszustände „Kanne voll", „Kanne leer" erfolgen Kannentransport und -wechsel nach festgelegtem Logistiksystem.
- Da jede Spinnstelle der Spinnmaschine jeweils das Faserband einer Streckenkanne verarbeitet, erfordert der Spinnprozess bei voller Maschinenauslastung so viele Streckenkannen, wie Spinnstellen vorhanden sind.

Diese textilen Prozesse/Fertigungsverfahren zeichnen sich durch hohe Komplexität und weitgehende Perfektionierung aus. Weiter Interessierte werden auf die Fachliteratur verwiesen: als Einstieg [5.4], zur Wertschöpfungskette textiler Verfahren, insbesondere zur Weiterverarbeitung von Garnen zu technischen Textilien [5.5].

**3 Dimensionierung der Hauptausrüstungen** Die nach einem Spinnplan nach Typ und Anzahl berechneten und ausgewählten Maschinen sowie ausgewählte Kennwerte sind in Tab. 5.7 dargestellt. Diese Maschinen gewährleisten eine Anlagenproduktivität von $Q_{rp} = 823$ kg/h.

## 5.5 Beispiele

**Tab. 5.6** Kurzcharakteristik der Prozesse

| Prozess | | Kurzcharakteristik |
|---|---|---|
| 1 | Öffnen und Mischen | Schichtweises Abtragen der Baumwollflocken aus den Ballen, die zuvor klimatisiert und als gemischte Partie auf den Ballenöffner gelegt wurden; Absaugen der Flocken. |
| 2 | Reinigen | Entfernen von Kurzfasern, Nissen und sonstigen Verunreinigungen. |
| 3 | Kardieren | Längsausrichten der Flockenfasern durch rotierende Längsreißer-Garnituren, dabei Formen der Fasern zu einem Faservlies (bis 1,5 m breit), Abscheiden von Kurzfasern und restlichen Verunreinigungen, Formen des Faservlieses zu einem Faserband; Ablegen dieses Kardenbandes in so genannte *Kannen* (meist 1 m Durchmesser) als Zwischenspeicher. |
| 4 | Vorstrecken | Verziehen der aus *mehreren* Kannen (z. B. 4 bis 8) zusammengeführten Kardenbänder zu *einem* Faserband; Ablegen des Bandes in Kannen (z. B. 4 bis 8). Vorstrecken meist in zwei Passagen: das zuerst vorverzogene und in Kannen abgelegte Band (1. Passage) wird nochmals aus diesen Kannen dem Streckwerk zugeführt und verzogen (2. Passage: Hauptverzug) und in Kannen für die Regelstrecke abgelegt. |
| 5 | Regelstrecken | Weiteres Strecken des Faserbandes analog Vorstrecken: die Einzelbänder aus den Kannen des Vorstreckens durchlaufen das nun geregelte Streckwerk, meist wiederum in zwei Passagen (Bandfeinheit: 2 bis 6 ktex = 2 bis 6 kg/1000 m); Ablegen des Streckenbandes in Streckenkannen (Durchmesser ca. 0,45 m, ca. 100 ... 200 m Streckenband) als Zwischenspeicher vor dem Spinnprozess. |
| 6 | Feinspinnen | Jede Spinnstelle der Spinnmaschine verarbeitet das in der Streckenkanne bereitgestellte Band im Spinnprozess zum Garn, das unmittelbar auf die Garnspule (Durchmesser bis 400 mm, Höhe 150 ... 200 mm) aufgewickelt und automatisch zur Packerei transportiert wird. |

**4 Strukturierung der Anlage** Mit diesen Maschinen ergibt sich die Systemstruktur der Anlage (Abb. 5.14). Die dem Gutfluss zwischen den technologischen Prozessen dienenden mobilen Speicherkapazitäten (Kannen) sowie der auch als Zuführungsspeicher der Karde fungierende Aufgabeschacht sind mit dargestellt.

Durch diese weitgehende Entkopplung der textilen Prozesse und die Kopplung der Parallelsysteme auf Prozessebene (siehe Abschn. 5.1.2.3) hat die Anlage eine hohe strukturelle Zuverlässigkeit.

**5 Gestaltungskonzept** Vorangestellt sei ein Blick in eine reale Putzerei (Abb. 5.15) mit den Prozessen 1 und 2: im Vordergrund der Ballenöffner, dahinter die Reinigungsanlage.

Abbildung 5.16 zeigt die Anlagenelemente der Prozesse 1 und 2 in räumlicher Konfiguration mit der Materialtransport- und Absaugrohrtechnik gemäß des in Abb. 5.17 dargestellten Gestaltungsbeispiels der Gesamtanlage (VG rot hervorgehoben).

Der Ballenöffner ist wegen des beweglichen Flockenabtragmoduls gegen unbefugten Zugang durch einen *Lichtschranken-Sperrbezirk* gesichert. Derartige oder ähnliche Schutz-

**Tab. 5.7** Maschinen und ausgewählte Kennwerte, berechnet von [1.27] mittels Spinnplan [5.6]

| Prozess | Maschine | Anzahl | | Spinn-/Spulstellen | | | Lieferung in m/min | Abfall in % | Nutzeffekt[2] | effektive Auslastung in % |
|---|---|---|---|---|---|---|---|---|---|---|
| | | berechnet | gewählt | pro Maschine | erforderlich gesamt | vorgesehen gesamt | | | | |
| 1 | Ballenöffner | – | 1 | – | – | – | – | – | [1] | [1] |
| 2 | Reinigungsanlage CC 1 | – | 1 | – | – | – | – | 3,0 | [1] | [1] |
| 3 | Karde TC 11 | 6,90 | 7 | 1 | 6,9 | 7 | 420,1 | 2,5 | 96,0 | 98,6 |
| 4 | Vorstrecke TD 7 (V) | 3,84 | 4 | 1 | 3,8 | 4 | 850,0 | 0,5 | 85,0 | 95,9 |
| 5 | Regelstrecke TD 8 | 4,58 | 5 | 1 | 4,6 | 5 | 850,0 | 0,5 | 85,0 | 91,6 |
| 6 | OE-Rotorspinnmaschine Autocoro 8 | 9,42 | 10 | 480 | 4519,5 | 4800 | 153,7 | 0,5 | 98,7 | 94,2 |

[1] keine Angabe
[2] entspricht Verfügbarkeit

5.5 Beispiele

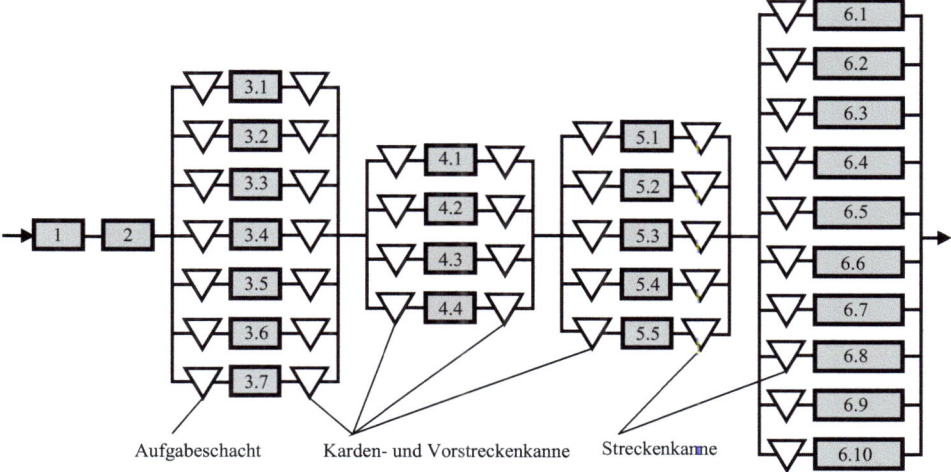

**Abb. 5.14** Blockschaltbild der Gesamtanlage

**Abb. 5.15** Blick in eine reale Putzerei

maßnahmen für Mensch und Anlagentechnik sind gängige Praxis bei beweglichen, weit ausladenden Maschinenteilen.

Die in ihren Hauptausrüstungen dimensionierte und strukturierte Anlage ist ein Gestaltungsbeispiel in einem Produktionsraum mit einem Säulen-Längsraster von 18 m, einem Säulen-Querraster von 6 m und jeweils 7 Säulenfeldern. Mit der Raumlänge von $7 \cdot 18 = 126$ m und der Raumbreite von $7 \cdot 6 = 42$ m hat die Anlage einen Flächenbedarf von

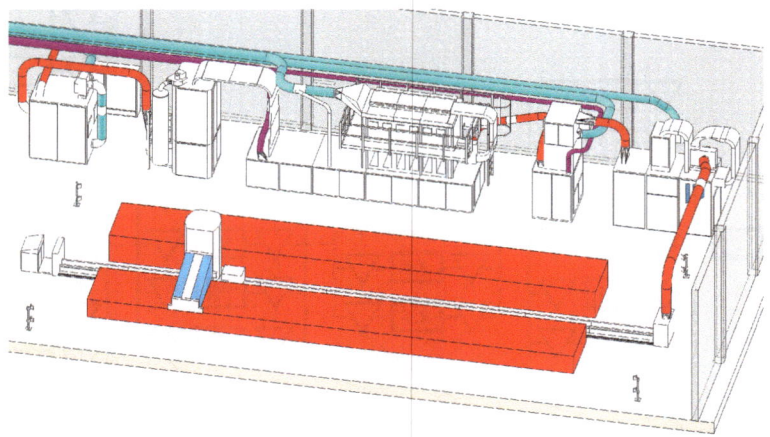

**Abb. 5.16** Putzerei mit Ballenöffner und Reinigungsanlage (Prozesse 1 und 2)

126 · 42 = 5292 qm (!). Von bedeutendem Längeneinfluss ist die Gruppe der Spinnmaschinen, die bei vorliegender Spinnstellen-Anzahl eine Länge von ca. 55 m hat.

Die räumliche Konfiguration der Prozesse 3 bis 5 zeigt Abb. 5.18. Der räumlichen Gestaltung dieses Beispiels liegen branchenübliche Mindestabstände der Maschinen und Funktionsflächen für Bedienung, Instandhaltung und Materialtransporte zu Grunde.

**Zu weiteren Aspekten derartiger Anlagen** Zu weiteren Aspekten bei Planung und Betrieb von Spinnereien werden Ergebnisse innovativer Produktentwicklung der Fa. RIETER [1.28], einem ebenfalls weltweit agierenden Planer und Hersteller von Spinnereitechnik, an ausgewählten Beispielen dargestellt.

**Prozessverkürzung am Beispiel der Streckprozesse** Abbildung 5.19 zeigt am Beispiel des Streckprozesses die Prozessverkürzung: Bisherige, separate Streckpassagen sind durch einen unmittelbar nach den Karden angeordneten Streckmodul ersetzt. Diese Gestaltungsmöglichkeit ist das Ergebnis innovativer Weiterentwicklung des Streckprozesses und der perfektionierten Maschinentechnik (Streckmodul). Vorteile sind insbesondere:

Verringerung von Produktionsfläche und -raum und daraus folgende Senkung der Investitionskosten für die Bauhülle und der laufenden Kosten für Raum und Energie (Kosten $K_F$, $K_R$, $K_E$, Abschn. 3.4.3).

**Senkung des Energieverbrauchs am Beispiel Ring- und Kompaktspinnen** Die Garnherstellkosten setzen sich etwa wie folgt zusammen: Investitionskosten 40 %, Abfallkosten 23 %, Hilfsmaterialkosten 9 %, Personalkosten 2 %, Energiekosten 26 %.

Abbildung 5.20 veranschaulicht Ringspinnmaschinen mit überflur angeordnetem, automatisiertem Spulentransport- und -wechselsystem. Abbildung 5.21 zeigt den um 5 bis 8 % gegenüber den vergleichbaren Maschinen der weltweiten Konkurrenz-Unternehmen

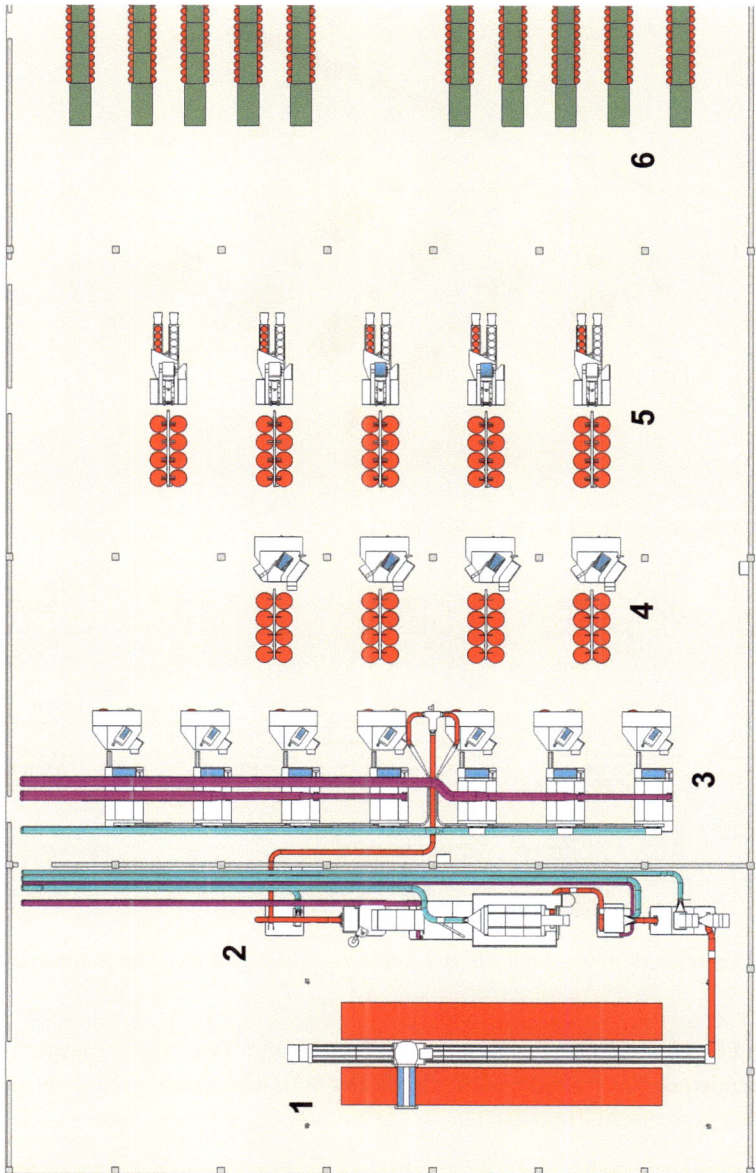

**Abb. 5.17** Gestaltungsbeispiel der Anlage (Maschinengruppe 6 wegen Länge teilweise abgeschnitten)

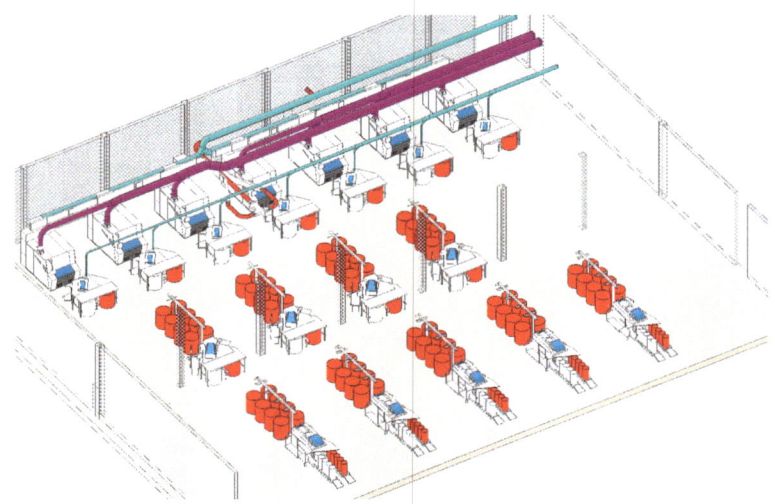

**Abb. 5.18** Karden und Strecken (Prozesse 3 bis 5)

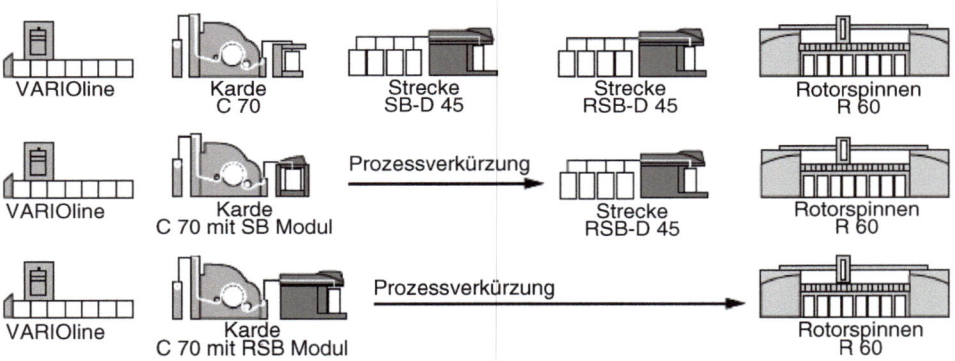

**Abb. 5.19** Prozessverkürzung am Beispiel Strecken zwischen Kardieren und Rotorspinnen

gesenkten Energieverbrauch der Kompakt-Spinnmaschine G 45. Diese Einsparung ist umso bedeutender, da der Energieverbrauch mit der Spindeldrehzahl progressiv ansteigt (im Bild Anstieg vereinfacht linearisiert).

**Informations- und Datenerfassungssystem SPIDERweb** Der modulare Aufbau dieses innovativen Systems ermöglicht den Anschluss an beliebig viele Maschinen von Putzerei bis Spinnerei. Damit ist die gesamte Spinnerei am PC überwachbar. Eine Erweiterung ist jederzeit möglich. Maschinenlaufzeiten, Nutzeffekte (Verfügbarkeiten), Maschinenbelegung usw. können am PC verfolgt und analysiert werden. Spiderweb stellt vielfältige Optionen bereit, z. B.: Werden an verschiedenen Stellen der Spinnerei Daten online benötigt, können mehre PC angeschlossen werden. Sollen Produktionsdaten von Spiderweb an andere Syste-

5.5 Beispiele

**Abb. 5.20** Ringspinnmaschinen G 32 von RIETER [1.28]

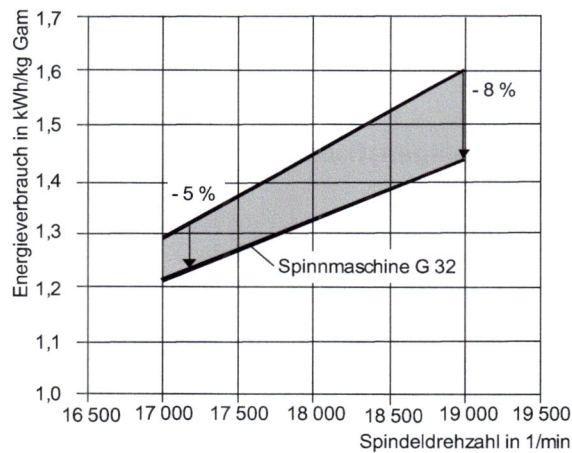

**Abb. 5.21** Energieverbrauch von Ringspindel-Spinnmaschinen nach RIETER [5.7]

me übertragen werden, z. B. in eine Ressourcenplanung-Software, offeriert Spiderweb auch eine Lösung. Dank der offenen Datenbank ist die Datenübernahme in ein übergeordnetes System möglich.

**Erhöhung der Energie- und Raumeffizienz durch höhere Spindelanzahl** Durch höhere Spindelanzahl konnte z. B. bei der Kompaktspinnmaschine K 45 der Platzbedarf bei gleicher Produktivität bedeutend gesenkt werden (Abb. 5.22).

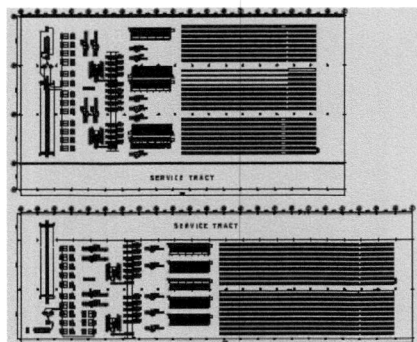

**Abb. 5.22** Reduzierter Platzbedarf am Beispiel der Spinnmaschine K 45. Dimensionierungs- und Gestaltungsbeispiel: 25 Maschinen a 1200 Spindeln erfordern 11.300 qm, die gleiche Produktivitätskapazität ergeben 11 Maschinen a 1632 Spindeln, benötigen aber nur eine Fläche von 9800 qm, was einer Flächeneinsparung von 13 % entspricht. Anstelle der bisherigen Fläche (obere Darstellung) ergibt sich bei sonst beibehaltenem Anordnungskonzept ein größeres Verhältnis von Länge zu Breite der Spinnerei, was kein Nachteil sein muss

### 5.5.3 Anlagenstruktur erfordert neue Koppelelemente

Beispiel zu Systemstrukturierung und Erzeugnisentwicklung, Abschn. 5.2.

An einem einfachen Beispiel, der Kopplung zweier technologischer Prozesse, wird die Entwicklung einer Anlagenstruktur unter Einbeziehung der *Funktionsbestimmung* für zu entwickelnde Koppelelemente gezeigt (Abb. 5.23):

Prozess 1 sei durch Maschine M 1, Prozess 2 durch Maschine M 2 oder zwei Maschinen M 2.1, M 2.2 realisierbar. Die Gutströme unterscheiden sich prozessbedingt, z. B. durch ihre Strombreite B: B 1 entspricht einem mehrbahnigen, B 2 einem einbahnigen Gutstrom.

Im Fall 3.1 sind die Grundfunktion *Koppeln unverzweigter Ströme* und die für das *Koppeln ungleicher Ströme* erforderlichen Zusatzfunktionen zu erfüllen. Die Anlagenstrukturierung ist mit dem Einsatz des Koppelelements Kp zum Ändern der Gutstrombreite abgeschlossen.

Im Fall 3.2 seien die Varianten a, b, c die Realisierungsmöglichkeiten, gekennzeichnet dadurch, dass für die Teilfunktionen (Abschn. 4.3.2) *Erhalten* und *Ändern* sowie für *Verzweigen* ein komplexes Koppelelement (Variante 3.2b) oder mehrere, für die einzelnen Funktionen konzipierte Elemente (Varianten 3.2a, 3.2c) in Betracht kommen können. Die Vorzugsvariante ist nur unter Beachtung des Gutes und seiner Ordnung im Strom bestimmbar. Zu diesen Varianten sei auf den Flaschenstrom einer Abfüllanlage bezogen bemerkt:

Variante a ist dann sinnvoll, wenn das Verzweigen nur ausgehend vom einbahnigen Strom ohne Weiteres erfolgen kann.

Variante b kommt der Forderung nach kontinuierlicher Gutstromänderung am nächsten.

## 5.5 Beispiele

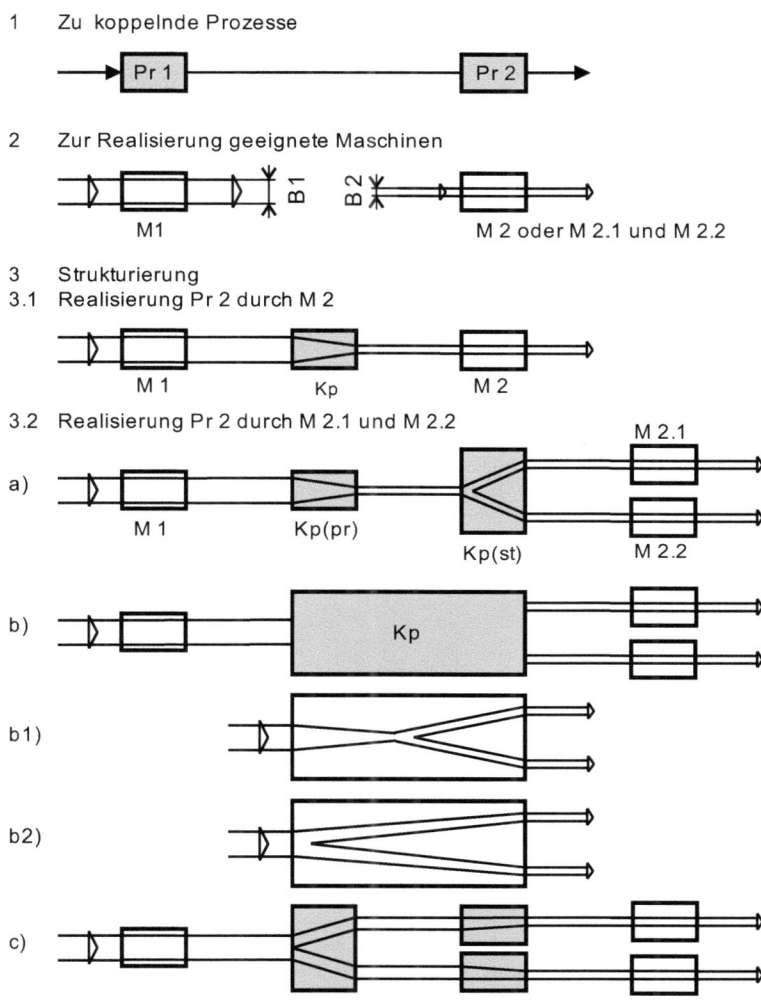

Kp(pr) Koppelelement mit prozessbedingter Übergangsfunktion
Kp(st) Koppelelement mit strukturbedingter Übergangsfunktion

**Abb. 5.23** Entwicklung einer Anlagenstruktur am Beispiel der Kopplung zweier Verarbeitungsprozesse

Variante c hat außerdem den Vorteil des Verzweigens bei geringerer Gutgeschwindigkeit. Auch können die zwei parallelen, unabhängig von einander funktionierenden Koppelelemente die Systemverfügbarkeit günstig beeinflussen.

# 6 Gestaltung – räumliche Anordnung, Layout

## 6.1 Grundlagen und Ziele des Layout

Die Darstellungen zu dieser wohl aufwändigsten Planungsphase werden auf die wesentlichsten Arbeitsinhalte und Methoden begrenzt. Zur *Layoutgestaltung im Einzelnen* wird weiter auf Literatur zu Betriebs- und Fabrikplanung verwiesen, z. B. [1.11, 1.17, 6.1, 6.2]. Darüber hinaus gibt [6.3] einen Überblick über bisherige Planungsmethoden und Entwicklungstrends.

**Grundlagen** der räumlichen Gestaltung sind:

- *Dimensionierte MTA* und *technologische Struktur* der zu projektierenden Anlage, die im Ergebnis der bisherigen Projektierungsphasen Dimensionieren und Strukturieren vorliegen
- Kenntnisse zu *Industriebauwerken*, die zur Bewertung der *räumlichen Gegebenheiten* bei Projektierung in vorhandene Bauwerke bzw. zu *begründeten Raumanforderungen* als Grundlage für die Bauprojektierung bei Neubauprojekten befähigen
- Kenntnis der *räumlichen Standortfaktoren*,
- Kenntnis der *einzuhaltenden Vorschriften* und *Sicherheitsbestimmungen*,
- Kenntnisse zu *methodischem Vorgehen* und *Hilfsmitteln* zum Erarbeiten des *Layout*.

Eine bisher ausgewählte oder zunächst in die engere Wahl gezogene Strukturvariante schließt die prozess- und maschinenseitige Koppelbarkeit der Anlagenelemente ein (in Abschn. 4.2 bis 4.3 untersucht), so dass jetzt die Aufgabe darin besteht, die MTA am günstigsten *räumlich anzuordnen*. Lässt das die Baulichkeit nicht ohne Weiteres zu – z. B. infolge zu geringer Tragfähigkeit der Geschossdecke, zu geringer Raumhöhe –, und kommen kostenaufwändige bauliche Maßnahmen *nicht* in Betracht, sind solche Fragen zu klären wie:
MTA anderer Hersteller? Zwei kleinere anstelle einer großen MTA? Strukturelle Änderungen (Rückkopplungen entsprechend Abb. 5.12, Abschn. 5.2.1)?

Wurden die räumlichen Anwenderbedingungen *von vornherein* beachtet, sind tiefgreifende Änderungen vermeidbar.

**Ziele und Funktionen des Layout** Das im Ergebnis der Gestaltung schließlich vorliegende *Layout* soll als *bildliche Darstellung* die vorausgedachte Anlage mit ihren wesentlichen Elementen, räumlichen Bauwerksbeziehungen und den in der späteren Produktion tätigen Menschen in zwei- oder dreidimensionaler Darstellung widerspiegeln. Das Layout ist eine wichtige Grundlage für

- Projektverteidigungen in den einzelnen Planungsphasen: Entscheidungen anhand des jeweiligen Layout-Entwurfs (Abschn. 2.1)
- Projektierung der Spezialgewerke: Layout-Entwurf als Grundlage der AST
- Montage der Ausrüstungen: Layout mit allen maßlich festgelegten Ausrüstungen ist Arbeitsgrundlage für die Montage
- Rationalisierungsmaßnahmen im späteren Gebrauch: Layout als *Gedächtnisträger* zur Rekonstruktion ursprünglicher technischer Zustände und für geplante Änderungen.

Ziel muss sein, bei *geringstem* Flächen- und Raumbedarf, *optimalen* Arbeitsbedingungen und *günstigstem* Stofffluss den größtmöglichen Produktionsausstoß zu gewährleisten. Das Layout soll die ermittelte technologische und räumliche Zuordnung der Objekte zeigen. In diesem Ergebnis der Gestaltungsphase werden auch die entscheidenden Überlegungen zu Objektkopplung und Art und Weise der Anordnung der Objekte deutlich: untereinander, zu den festen Bestandteilen des Bauwerks und den Transportwegen.

Hier schlagen sich auch Fragen des Arbeits- und Brandschutzes und der Arbeitsumwelt nieder. So können je nach Betriebsregime und Produktionsablauf auch psychologische und soziale Belange einzubeziehen sein wie die Einrichtung von Pausenflächen und Ruheräumen.

Das Layout berücksichtigt auch *die* Faktoren, die sich auf die materielle Realisierung des Projektes und besonders auf die *nachfolgende Betriebsphase* der projektierten Anlage beziehen. Dazu gehört z. B. auch die instandhaltungsgerechte Objektanordnung (Zugänglichkeit, Transportwege, Hebezeuge), die auf schnelle und nachhaltige Reparatur gerichtet sein muss.

**Gestaltungslösung** Die *Gestaltungslösung* – als Zielfunktion der Gestaltung $Z_{Gest}$ – soll ein Optimum der einzubeziehenden Teilziele sein:

$$Z_{Gest} = Z_T + Z_L + Z_{St} + Z_{Sf} + Z_{Si} + Z_P \rightarrow \text{Optimum!} \qquad (6.1)$$

$Z_T$  Teilzielfunktion zur Minimierung des *Transportaufwandes*
$Z_L$  Teilzielfunktion zur Minimierung der zur Ver- und Entsorgung erforderlichen *Leitungssysteme*

$Z_{St}$  Teilzielfunktion zur Begrenzung der von den Anlagenelementen ausgehenden bzw. sie beeinträchtigenden *Störeinflüsse* (Lärm, Gase, Schwingungen, Stäube u. a.) auf das zulässige Mindestmaß

$Z_{Sf}$  Teilzielfunktion zur Erfassung der *Standortfaktoren*, die am Aufstellungsort der Anlage wirken und evtl. einen Anpassungsaufwand bewirken können (besonders bei Rationalisierungsvorhaben)

$Z_{Si}$  Teilzielfunktion zur Berücksichtigung der *Sicherheits- und Schutzbestimmungen* (Gesundheit, Brand, Explosion, Umwelt)

$Z_P$  Teilzielfunktion zur Berücksichtigung *perspektivischer Änderungen* (z. B. Dimensionierung und Flexibilität von Verkettungselementen)

Dieses, ganz allgemein formulierte Ziel ist jedoch praktisch nur teilweise erreichbar; der Projektant muss im Gestaltungsprozess immer wieder Kompromisse eingehen, z. B. dann, wenn *mehrere* technologische Prozesse in beengtem Raum zu realisieren sind.

## 6.2 Räumliche Gegebenheiten und Raumanforderungen

### 6.2.1 Industriebauwerke

*Gebäude* und *bauliche Anlagen* sind Voraussetzung der Produktions-, sowie der Versorgungs- und Entsorgungsprozesse, von denen die spezifischen Bauwerksanforderungen in konstruktiver, gestalterischer und schutztechnischer Hinsicht ausgehen.

*Industriebauwerke* (IBW) wirken ihrerseits auf die mögliche Gestaltung des Produktionsprozesses ein. Aus der Projekt-AST (Grundfälle der Projektierung, Abschn. 2.1.2) ergibt sich demzufolge das Bauwerk

- bei Neubau *als zu errichtende Bauhülle*, ausgehend von den Anforderungen der Anlage
- bei Erweiterung oder Anpassung bestehender Anlagen als zu beachtende *räumliche Restriktion* mit mehr oder weniger Freiheit zum An- oder Umbau.

Vom Anlagenprojektanten sind *Grundkenntnisse* zu IBW zu fordern, so zu:

- *Bauwerksarten*: Flachbau, Hallenbau oder Geschossbau (Abb. 6.1)
- Festlegungen für Türen, Tore, Verkehrswege, Mindestabstände, Trennwände sowie Vorschriften zu Arbeits- und Brandschutz: [6.4]
- Betrieb von Flurförderern, Hebezeugen und anderen, fest installierten oder mobil betriebenen Mitteln der Materialflusstechnik [2.20, 2.21]: Tragkräfte, Gestaltungsvarianten, ...
- Arbeitsplatzgestaltung: Greifräume, Raumklima, z. B. [6.5, 6.6, 6.7]
- *Maßordnung im Bauwesen* (DIN 18000) und daraus ableitbare Vorzugsmaße für Systemlängen, -breiten und -höhen (SL, SB, SH) sowie Deckentragfähigkeiten [6.8, 6.9]

| | Flachbauten | Hallenbauten | Geschossbauten |
|---|---|---|---|
| Bauform | 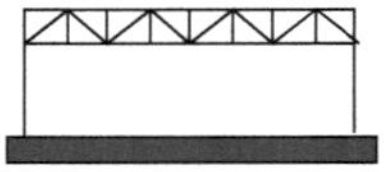 | 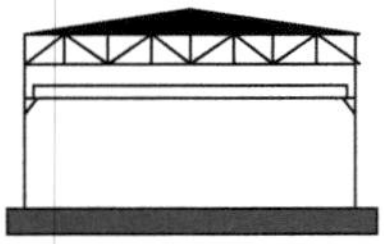 | 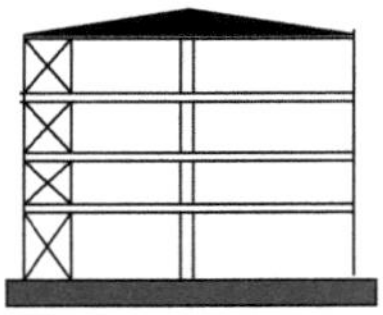 |
| Raumhöhe | 5 … 6 m | 6 … 15 m | 3,5 … 5 m |
| Stützenabstand | 5 … 8 m | 5 … 8 m | 5 … 8 m |
| Spannweite | 10 … 18 (50) m | 15 … 30 (50, 60) m | 9 … 15 m |
| Einsatzgebiete | Maschinenbau<br>Textilindustrie<br>Druckindustrie<br>Lebensmittelindustrie<br>Lager | Großmontage<br>Großmaschinenbau<br>Stahlwerke, Gießereien<br>Behälterbau<br>Großraumlager | Feinmechanik, Optik<br>Elektronik<br>Lebensmittelindustrie<br>Bekleidungsindustrie<br>Verwaltung, Labore |

**Abb. 6.1** Industriebauwerke mit Nutzungsbeispielen (in Anlehnung an [1.17])

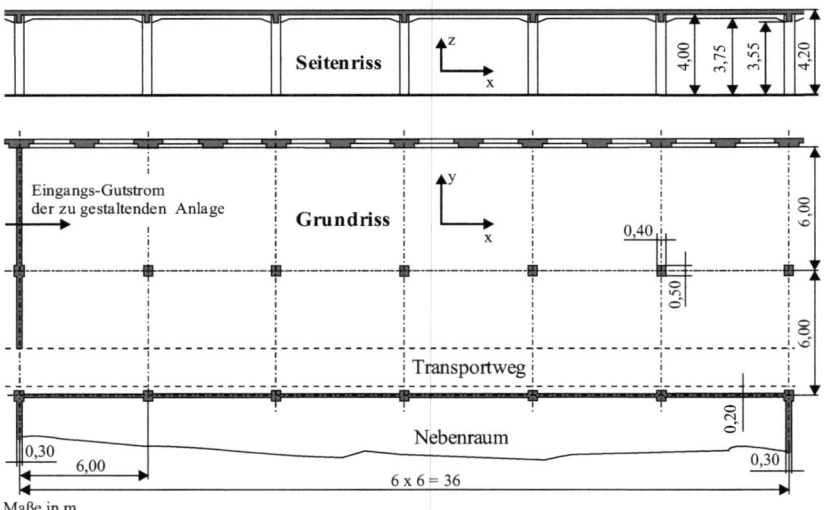

**Abb. 6.2** Grund- und Seitenriss eines Produktionsraumes im Geschossbau

- Energiebedarf für Heizung, Lüftung, Klimatisierung (HLK) je Bauwerksart (DIN 18599)
- Bedingungen der Instandhaltung (DIN 31031).

**Produktionsfläche** Für den Anlagenprojektanten sind von einer Produktionsfläche am Beispiel einer Geschossbau-Etage folgende Einzelheiten von Interesse (Abb. 6.2):

## 6.2 Räumliche Gegebenheiten und Raumanforderungen

- Rasterlinien: Querraster $2 \cdot 6$ m = 12 m, Längsraster $6 \cdot 6$ m = 36 m
- nutzbare Breite/Länge: B = 5,5 + 0,5 + 5,75 = 11,75 m; L = 36,0 − 0,15 = 35,85 m
- Stützenabmaße: 0,5 m in Quer- , 0,4 m in Längsrichtung
- lichte Höhen: Decke 4,2 − 0,2 = 4,0 m; Unterzug 3,75 (in Stützennähe 3,55) m
- Deckentragfähigkeit: hier z. B. 1,5 kN/m$^2$; örtliche Einschränkungen?
- Verkehrswege, Zugang und Fluchtmöglichkeiten: hier bisher nicht vorgesehen
- Fensterfront (falls vorhanden): Lage und Wandabmessungen der Fenster
- eventuell mitnutzbare Nebenflächen: hier angedeutet
- Gutstrom/Gutstromrichtung, wovon eine zu gestaltende Anlage ausgehen soll.

In *Vertikalebene* des IBW interessieren im Wesentlichen (Abb. 6.3):

- Flur- und Obergeschossebenen für die Aufstellung der MTA, mitunter auch die Unterflurebene, z. B. zur Aufstellung eines Becherwerkes, dessen Guteinlauf nicht über die Flurebene ragen soll
- Höhenraster und lichte Raumhöhen für die vertikalen Dimensionen der MTA
- Stützen und Unterzüge, die die Anordnungsmöglichkeiten einschränken
- Installationsebenen für Medienzuführung (Energien, Steuerungsleitungen, ...)
- Deckendurchbrüche als Durchgang z. B. für Höhenförderer oder als – zeitweilige oder ständige – Montageöffnungen, auch für Generalreparaturen (GR); derartige Durchbrüche sind bei Nichtgebrauch sicher zu verschließen!
- Außenwanddurchbrüche als zeitweilige Montageöffnungen (seltenerer Fall)
- Lage der Gebäude-Flurebene zur Außenflurebene (sind diese Ebenen nicht gleich, kommen Rampen für Warenein- und -ausgang in Betracht).

Neben diesen IBW kann für Anlagen der VAT im Einzelfall auch eine *Freibauweise* in Betracht kommen, z. B. für bestimmte Aufbereitungs- und Entsorgungsanlagen oder Siloanlagen als Teil komplexerer Anlagen. Tabelle 6.1 nennt beispielhaft wesentliche Vor- und Nachteile der einzelnen Bauweisen.

Weiteres zu IBW und deren Nutzung siehe: DIN 277, VDI 2388, VDI 3644 [6.8, 6.9].

### 6.2.2 Räumliche Einflussfaktoren

Es sind äußere und innere Einflussfaktoren zu unterscheiden.

**Äußere Faktoren** Einflussfaktoren zur Einbindung der Anlage in das betriebliche Gesamtkonzept sind

- Hauptachsen des Betriebes und damit hauptsächlichste Produktionsflussrichtung: Materialfluss vom Wareneingangs- bis zum Warenausgangslager
- Hauptachsen für Transport- und Personenfluss, perspektivische Erweiterung

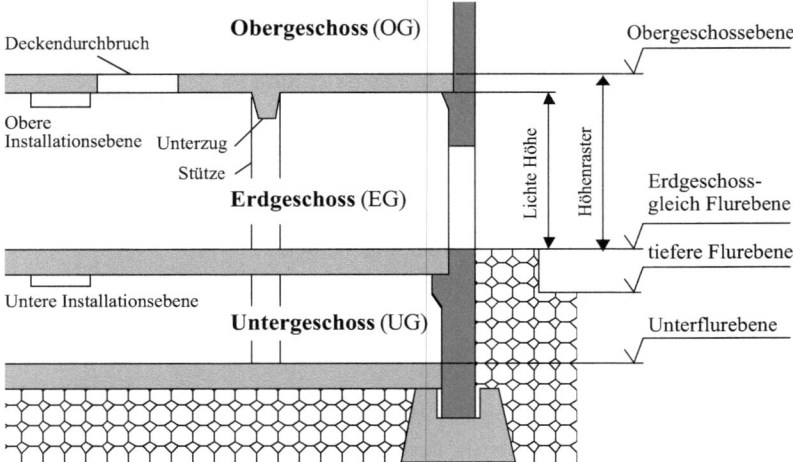

**Abb. 6.3** Vertikalgliederung eines Industriebauwerkes

**Tab. 6.1** Vor- und Nachteile der Bauweisen

| Bauweise | | Vorteile, Nachteile |
|---|---|---|
| Flachbau Hallenbau | V | vielseitige Anordnungsmöglichkeiten auf zusammenhängender Fläche Übersichtlichkeit, flurgleiche Zugängigkeit, keine Treppen und Aufzüge Flachbau: kurze Bauzeit, geringe Baukosten, größere Bodentragfähigkeit Hallenbau: Kranbarkeit schwerer Lasten, große Bodentragfähigkeit |
| | N | Größerer Grundstücksbedarf, höhere Kosten für HLK |
| Geschossbau | V | wirtschaftlichste Nutzung der Grundstücksfläche niedrigere Kosten für HLK, Labor- und Büroräume gut integrierbar einfachere Abtrennmöglichkeit einzelner Produktionsbereiche |
| | N | beengtere Raumverhältnisse, Stützen Treppen und Aufzüge, fehlende Erweiterungsmöglichkeit |
| Freibau | V | geringster Bauaufwand, im Allgemeinen nur Fundamentierung |
| | N | Aufwand für Witterungsschutz der Anlagentechnik, z. B. Einhausung |

- Störfaktoren: Umwelteinflüsse wie Emissionen in Hauptwindrichtung
- Schutzabstände: Bauwerksabstände hinsichtlich Brandschutz und Transportweg.

**Innere Faktoren** Einflussfaktoren am Standort der Anlage betreffen

- Arbeitsplätze: Funktionsflächen, Bedienposition, Beleuchtung, Raumklima
- Schutzgüte (Schutzbestimmungen)
- Anordnung der Anlage und ihrer Einzelobjekte
- Störfaktoren (Vermeidung bzw. Minderung von Emissionen jeglicher Art)
- Transportmittel (Auswahl mit perspektivischem Aspekt)

- Wegbreiten, Tür- und Tormaße in Abhängigkeit einzusetzender TUL-Mittel (Gabelstapler, Gabelhubwagen, ...), einschließlich Zuschlag für Personenverkehr
- Bauwerk (Deckentragfähigkeit, Stützen, Unterzüge, lichte Höhe, ...).

Die Aufstellung der einzelnen MTA soll

- flächen- und raumsparend sowie umweltfreundlich sein
- günstige Installation und kurze Wege bei Mehrmaschinenbedienung ermöglichen
- ver- und entsorgungsgerecht sein, Ver- und Entsorgungsnetze sind zu nutzen
- horizontale Mindestabstände von 800 mm zu anderen MTA, Bauwerksteilen und Hebezeugen im Allgemeinen nicht unterschreiten
- auf Dehnfugen des Fußbodens, Kanälen und Gruben untersagt sein
- bei schwingungserregenden Objekten nicht ohne Isolierung vorgenommen werden.

Einflussfaktoren der Anlagentechnik sind:

- Transportmittel: Vorentscheidung über Unterflur-, Flur-, Wechselflur- oder Überflurtransport ist für spätere Organisation der Produktions- und der TUL-Prozesse, für Installationsführung und gesamte Zuordnung der Objekte von großer Bedeutung. Teilentscheidungen sind oft bereits durch andere Betriebsbereiche vorbestimmt, z. B. hinsichtlich eines zügigen Stoffflusses.
- Spezielle anlagentechnische Einrichtungen: Vom Projektanten werden auf Basis der technologischen Prozesse Forderungen erhoben, z. B. zentrale Förderanlage zur Entsorgung, variable Beleuchtungs- bzw. Kraftstrominstallationen, Zwischenlagerungen in Maschinennähe.

Ausgewählte Standortfaktoren im Einzelnen siehe Abschn. 6.5.

### 6.2.3 Montageanforderungen

In der Gestaltungsphase sind bereits auch Anforderungen zu berücksichtigen, die sich aus der späteren Realisierung ergeben. Bei der Montage als Teil der Investrealisierung sind zu unterscheiden:

- *Innenmontage:* Vormontage beim Hersteller und
- *Außenmontage:* Montage vor Ort beim Betreiber.

*Montageanforderungen* in der Gestaltungsphase ergeben sich immer aus der *Außenmontage,* aus der Innenmontage nur von Fall zu Fall. Für die Außenmontage sind bereits in der Gestaltungsphase die wesentlichen Realisierungsbedingungen vorzuklären und die für das Ausführungsprojekt erforderlichen Dokumente anzuarbeiten wie:

- Aufstellungspläne: Layout mit exakt bemaßten MTA-Standorten
- Pläne der zu erstellenden Fundamente, Tragroste und Bühnen
- Pläne für Reihenfolge und Zeitablauf der Montage
- Montagehilfsmittel und Montagepersonal (in Wechselwirkung).

Eine wichtige Montagebedingung ist z. B. der Anlieferungszustand der MTA zum Montageort: vormontiert (teilmontiert) oder komplettmontiert.

*Innenmontage* von Anlagenteilen beim Hersteller erfolgt im Hinblick auf:

- Funktionserprobung/-kontrolle bestimmter MTA, deren Funktion nur im Zusammenbau sicher zu prüfen ist
- Aufwandsminimierung: Auf der Außenbaustelle beim Betreiber erforderliche Anpassungen/Änderungen sind zeit- und kostenintensiver als im Hause des Herstellers; das betrifft vor allem qualifiziertes Fachpersonal des Herstellers.

*Außenmontage* der Anlage beim Betreiber umfasst:

- Innerbetrieblichen Transport der MTA zum Aufstellungsort
- Komplettmontage – Aufstellung, Justierung, Befestigung der MTA – der
    1. teilmontiert angelieferten Ausrüstungsteile, z. B. große Maschinen, Förderer in Modulbauweise, Nachrüstung empfindlicher, transportgefährdeter Teile
    2. komplett montiert angelieferten MTA
    3. zu verkettenden MTA
- Funktionsnachweis der einzelnen MTA und der kompletten Anlage.

Projektseitige Voraussetzungen zu Transport und Montage der MTA sind:

- Transport vom Hersteller zum Betreiber
  Einhaltung maximaler Transportmaße und -massen (Lichtraumprofil Deutsche Bahn, Lichte Höhe Straßenbrücken, Container-Innenmaße), Anlieferung großer MTA auch in Segmenten/Modulen zur Komplettmontage vor Ort
- Transport beim Betreiber zum Aufstellungsort: Zufahrtswege, Zugänglichkeit, TUL-Mittel
- Montageöffnungen im Bauwerk;
  neben Türen und Toren können Decken- und Mauerdurchbrüche erforderlich sein
- Bodentragfähigkeit:
  gegebenenfalls bauseitige Fundamente, Tragroste und Bühnen
- Klärung der Montagebedingungen am Aufstellungsort zwischen AN und AG; Montagehilfsmittel und -personal (Leitmonteur, Hilfskräfte), Montageöffnungen?

### 6.2.4 Instandhaltungsaspekte

Hinsichtlich *Instandhaltung* sind solche Fragen zu klären wie

- GR vor Ort oder in spezieller Werkstatt?
- Reparatur: Platzbedarf zum Austausch sperriger Teile?
- Reparaturkapazitäten vor Ort zur Verkürzung von Anlagenstillstandszeiten?
- Transportwege, Hebezeuge, Zwischenlagerflächen für Reparatur?

### 6.2.5 Störeinflüsse

Störeinflüsse auf die räumliche Gestaltung können potentielle Gefährdungen und Vorschriften zu Arbeitsschutz, Arbeitsgestaltung, Brandschutz, technische Sicherheit sein. Da der Anlagenprojektant diese Aspekte nicht nur in der Gestaltungsphase, sondern im gesamten Planungsprozess zu beachten hat und schließlich im Ausführungsprojekt entsprechende Nachweise führen muss, wird dazu auf Kap. 7 verwiesen.

Bei der Wahl von Anlagenstandort und Objektanordnung sollte die *Minimierung des Gesamttransportaufwandes* vorrangiges Ziel sein. Es kann deshalb vorteilhafter sein, zunächst die Anlage *räumlich optimal* anzuordnen und dann zu prüfen, ob ihre Funktionsfähigkeit durch *Störeinflüsse* beeinträchtigt wird und welche Maßnahmen – Schutzmaßnahmen bis hin zur Standortänderung – gegebenenfalls erforderlich sind. Erfolgen andernfalls Standortwahl und Anlagengestaltung von vornherein unter Beachtung derartiger Störeinflüsse, besteht die Gefahr, dass eine räumlich *optimale* Gestaltung überhaupt nicht erst in Betracht gezogen wird.

*Störfaktoren*, die über die räumliche Kombinierbarkeit verschiedener technologischer Prozesse oder deren Ausschluss entscheiden, sind z. B. Brand- und Explosionsgefahr, Gas- und Staubemission, Schwingungen, Lärm. Zur Beurteilung solcher Einflüsse und zur Entscheidung kommen für den Projektanten in Betracht:

- allgemeine Vorschriften zu Schadstoffkonzentrationen
- Branchen- und betriebsspezifische Vorschriften und Regelungen des Anlagenbetreibers
- Dokumentation des Herstellers zu den Einsatzbedingungen der MTA.

## 6.3 Standortbestimmung

### 6.3.1 Einordnung einer Produktionsstätte in den Betrieb

Eine Produktionsstätte – Abteilung, Bereich, spezielles Bauwerk – ist in die Gesamtkonzeption des Betriebes und der Umgebung einzuordnen. Ist diese Entscheidung bereits bei Neuprojektierung (Neubau) von vielen Faktoren abhängig, so wirken bei nachträglicher

Einordnung in einen bestehenden Betrieb (Altbau) die realen Gegebenheiten zusätzlich auf die Entscheidung ein:

- Haupttransportfluss, Personenverkehr, mögliche Erweiterungsrichtungen
- Flächen und Räume der bestehenden bzw. zu errichtenden Bauwerke
- Lage zu Betriebsbegrenzungen und Baufluchtlinien der anderen Bauwerke
- Mindestabstände von Bauwerken wegen Brandgefährdung
- Gesamtgestaltung von Betrieb und Umwelt als architektonischer Aspekt
- Bodenbelastbarkeit.

Hinzu kommen die am *Anlagenstandort* zu berücksichtigenden Einflüsse wie:

- Verarbeitungsflussrichtung, -richtungen
- Flächen- und Raumbedarf der MTA, einschließlich Hilfsflächen
- Medienzuführung und Entsorgung; Transportmittel und Intralogistik
- Stützen, Unterzüge, feste Einbauten als Restriktionen der Objektaufstellung
- Verkehrs- und Fluchtwege, Lichtverhältnisse, Raumklima.

## 6.3.2 Bestimmung des Anlagenstandortes

Oft liegt mit der Anlagen-AST der Grundfall der Projektierung (Abschn. 2.1.2) und damit der Anlagenstandort – zumindest im Groben – fest. Liegt dieser noch nicht fest, sind zur räumlichen Einordnung zwei Aufgaben zu erfüllen:

1. Vorbestimmung des Standortes innerhalb des Betriebes
2. Einordnung der Anlage in den vorbestimmten Standort, den Produktionsbereich.

Auch kann die Standortwahl von vornherein durch *gegebene Festpunkte* vorbestimmt sein; das gilt besonders bei Erweiterung oder Modernisierung. Der Standort eines Produktionsobjektes wird vorrangig bestimmt durch Anzahl und Wichtung seiner *Beziehungen und Beziehungsintensitäten,* dazu gehören:

- Produktionsflüsse: Gutströme im Haupt- und im Nebenfluss (Abschn. 1.4 und 5.1.3), die primär der Produktion dienen
- Gutströme, die sekundär mit dem Anlagenbetrieb in Verbindung stehen: Ver- und Entsorgung, z. B. Betriebsmittel, Betriebsstoffe, Abprodukte
- Logistikbeziehungen: Informations- und Belegflüsse zur Auftragsabwicklung
- Personenverkehr: Verkehrswege, Fluchtwege
- Umweltbeziehungen: Raumklimatische Faktoren, die für den Standort bedeutsam sind.

Wichtigste, da kostenintensivste Beziehung, ist der **Materialfluss**, sowohl *innerhalb* der Anlage als auch zu und von *benachbarten* Prozessen. Standorte sind deshalb so zu wählen,

## 6.3 Standortbestimmung

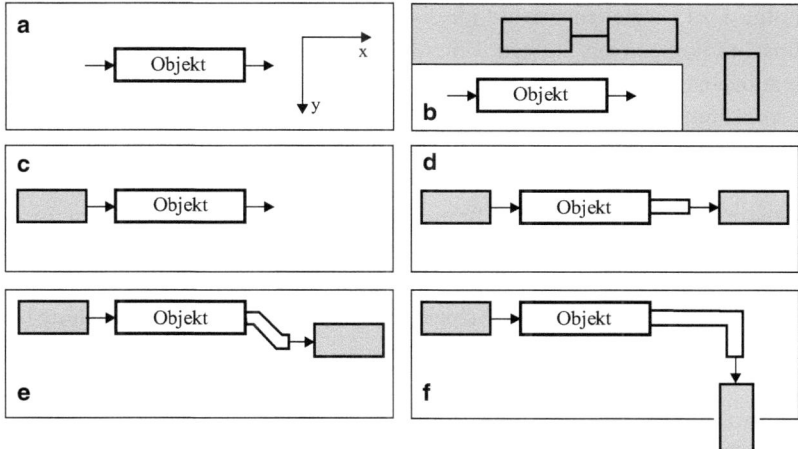

**Abb. 6.4** Standortbestimmung auf der xy-Ebene unter typischen Gegebenheiten (Beispiele)

dass die *Materialflussintensitäten* insgesamt – gemessen in Mengen, Wegstrecken, Häufigkeiten – möglichst minimal sind. Dazu sei verwiesen auf Methoden der Fabrikplanung: Transportflussanalyse, Transportmatrix zur Minimierung von Transportflüssen und Transportkosten [1.17, 2.5]; Modelle zur Einbeziehung von *Logistikprozessen* [1.23, 6.3, 6.11, 6.12], VDI 5200 als weitere Grundlagen zur Produktionsoptimierung.

**Varianten der Standortbestimmung** Ist ein Investitionsobjekt – Anlage, Teilanlage, MTA – in einen Produktionsraum einzuordnen, wird bei Aufstellung auf einer vorhandenen Fläche in xy-Ebene von folgenden, für die VAT typischen Varianten der Standortbestimmung auszugehen sein (Abb. 6.4):

a) Fläche uneingeschränkt nutzbar: Standort frei wählbar.
b) Fläche durch vorhandene oder geplante andere Anlagen oder Einbauten *eingeschränkt*: Standort auf verkleinerter Fläche wählbar.
c) Standort *einseitig* festgelegt durch Kopplung an vorhandenen – vor- *oder* nachgelagerten – Prozess (Verfahrenserweiterung durch zusätzliche Prozesse): Standort liegt fest, Anlage ohne Weiteres integrierbar.
d) Standort *mehrseitig* festgelegt durch Prozess-Integration in vorhandene vor- *und* nachgelagerte Prozesse, die in *einer* Linie liegen: Längenanpassung in x-Richtung erforderlich.
e) Standort *mehrseitig* festlegt wie d, jedoch befinden sich die vor- und nachgelagerten Prozesse auf um $\Delta y$ *versetzten* Linien: Anpassungen in xy-Richtung erforderlich, Längenanpassung und relativ *geringe* Gutstromumlenkungen.
f) Wie d, jedoch deutlicher Richtungswechsel von x- in y-Richtung: Anpassungen mit *wesentlicher* Gutstromumlenkung.

Varianten a bis f beziehen sich auf idealisiertes Flächenangebot. Real können bauspezifische Einschränkungen aus Stützen, Unterzügen, Deckentragfähigkeit hinzukommen.

Diese zunächst flächenbezogene Betrachtung ist analog auch auf den Raum übertragbar, also die Anordnung eines Objektes in der Vertikalen, auf *mehreren Ebenen* in einem oder über mehrere Geschosse.

Der *Planungsaufwand* für diese Varianten ist abhängig vom Schwierigkeitsgrad der Gutstromkopplung im Hauptfluss. Braucht *keine* Gutordnung im Strom beachtet zu werden, was auf Güter der Gruppen II und III (Abschn. 2.5.1) zutrifft, sind die Planungsaufwände relativ unabhängig von der Gutstromkopplung. Bei Gütern der Gutgruppe I (Stückgut, ...) ist – bezogen auf den Schwierigkeitsgrad der Gutstromkopplung (Kap. 4) – zu bemerken:

- Der Aufwand steigt von Variante a zu e bzw. f.
- Variante a bis c erfordern keine Änderungen des Objektes.
- Varianten d, e, f erfordern Änderungen: Verkettungsaufwand.
- Es ist bei d bis f immer auch zu prüfen, ob derartige Änderungen durch Eingriff in vorliegende Gegebenheiten minimierbar oder vermeidbar sind, also zu fragen:
Ist eine *Standortänderung* der behindernden Objekte erstens technisch möglich und zweitens wirtschaftlicher? Diese Fragen zielen zumindest auf die Erhaltung der Gutstromordnung ab (Grundsatz 6, Abschn. 2.4.1).

### 6.3.3 Flächen- und Raumbedarf

Die Kenntnis der grundsätzlich für eine Anlage zu berücksichtigenden Flächen ist Voraussetzung der *Flächenbedarfsermittlung* für neu zu projektierende Anlagen mit neuer Bauhülle bzw. der Flächennutzung in einem vorhandenen Bauwerk.

**Flächengliederung** Zur Flächen- und Raumbedarfsermittlung müssen Planungsteam und alle weiteren Beteiligten (Planungsinstitutionen, Architekten, ...) von *einheitlicher Flächengliederung* ausgehen, um Missverständnisse und Planungsfehler zu vermeiden (gemäß Ordnungs- und Vereinheitlichungsgrundsatz, Abschn. 2.4.1). Bei der Planung einer Fabrik ist von der Unternehmens-Grundstücksfläche auszugehen und die Flächengliederung in Teilflächen funktionsbezogen vorzunehmen. Grundlegende Fachliteratur zur Flächengliederung in der Fabrikplanung: [1.11, 1.12, 6.10, 6.11]; DIN 277 und VDI 3644.

Die Planung von Verarbeitungsanlagen soll sich hier nur auf die *Produktionsfläche* und deren *Teilflächen* beziehen:

1. *Nettoproduktionsfläche*: Summe der zu Produktion und Instandhaltung vor Ort dienenden Flächen; diese Flächen dienen der Haupt-, Hilfs- und Nebenproduktion
2. *Lagerfläche*: Summe der abgrenzbaren Lagerflächen für unvollendete Produktion innerhalb des Raumes der Anlage, auch als Zwischenlagerfläche bezeichnet

## 6.3 Standortbestimmung

3. *Transportfläche*: Summe der gekennzeichneten, jedoch baulich nicht fest abzugrenzenden Flächen für Materialtransport und Personenverkehr, auch als Verkehrsfläche bezeichnet
4. *Hilfsfläche*: Summe der Flächen für Leitungs- und Kontrollfunktionen sowie zur Betriebsmittel- und Werkzeugausgabe, auch als Zusatzfläche bezeichnet.

**Flächen- und Raumbedarfsermittlung** Flächen- und Raumbedarfsermittlung stehen am Beginn der Gestaltungsphase. Die innerhalb des Bauwerks vorgesehene bzw. vorzusehende *Produktionsfläche* $A_P$ stellt die Summe der genannten vier Flächenanteile dar:

$$A_P = A_N + A_L + A_T + A_H \tag{6.2}$$

$A_N$  Nettoproduktionsfläche
$A_T$  Transportfläche (Verkehrsfläche)
$A_L$  Lagerfläche (Zwischenlagerfläche)
$A_H$  Hilfsfläche (Zusatzfläche)

Auf die Größe der erforderlichen Gesamtfläche wirken besonders:

1. Objekt (z. B. Maschine)
2. Verarbeitungsverfahren
3. Produktionsorganisation
4. Masse, Größe und Art der Verarbeitungsgüter
5. Lagerung und Transport am Objekt/Arbeitsplatz
6. Wartung und Instandhaltung des Objektes.

**Funktionsflächen** Die daraus ableitbaren *Funktionsflächen gliedern sich* in:

1. *Objektgrundfläche*: Fläche der Umrissprojektion des Objektes in allen Arbeitsendstellungen; schließt zu öffnende Türen und Schwenkbereiche beweglicher Elemente ein.
2. *Bedienungsfläche*: Fläche zur ordnungsgemäßen und unfallfreien Bedienung des Objektes, zur Ablage von Hilfs- und Kontrollmitteln und für prozess- und objektspezifische Tätigkeiten. Diese Fläche hat auch für automatisierte Objekte Gültigkeit.
3. *Wartungsfläche*: Fläche für Funktionserhaltung des Objektes, Reinigung und Pflege, d. h. auch Beseitigung von Gutabfall. Die vom Objekt aus gemessene Tiefenabmessung soll mindestens 800 mm betragen.
4. *Lagerfläche*: Fläche zum dezentralen Speichern von Verarbeitungshilfsmitteln, z. B. Verpackungsmitteln unmittelbar am Objekt.
5. *Reparaturfläche*: Fläche, um notwendige, meist in größeren Abständen auftretende Reparaturen durchzuführen; wird nur zeitweilig benötigt, z. B. zum Aus- und Einbau von Motoren, Auswechseln von Lagern, sie ist deshalb überdeckbar mit anderen Funktionsflächen. Mitunter ist Zugang mit Transportmitteln zu gewährleisten.

6. *Anteilige Transportfläche*, die bei Objektverkettung zu den allgemeinen Flächen 1 bis 5 hinzukommt: Fläche zwischen den Objekten – ausschließlich Haupttransportweg –, die z. B. für Zwischentransporte, Förderer oder als Weg des Maschinenbedieners benötigt wird.

Die Funktionsflächen *mehrerer* Objekte können sich *teilweise überdecken*, z. B. Bedienungs-, Wartungs- und Reparaturflächen, wodurch der Gesamt-Flächenbedarf geringer als die Summe der Objekt-Einzelflächen ist. Überdeckungen dürfen jedoch nicht zu Behinderungen führen. Ist z. B. die in Abb. 6.5 abgebildete Maschine in x-Richtung längs eines Verteilförderers mehrfach aufgestellt und soll der Bediener in x-Richtung 830 mm für Bedienung und 500 mm für Wartung beanspruchen, so können die Maschinen im Abstand von 2100 mm anstelle 2600 mm angeordnet werden, was einem Längengewinn von 500 mm pro Maschine bzw. ca. 20 % entspricht. Siehe dazu auch Abschn. 6.4.2 und Anlagenbeispiel in Abschn. 6.6.1.

Die *Nettoproduktionsfläche* $A_N$ ergibt sich somit als Summe der Objekt-Funktionsflächen, verringert um die durch Überdeckung mögliche Flächeneinsparung $\Delta A_F$

$$A_N = \sum_i A_{F,i} - \sum_i \Delta A_{F,i} \tag{6.3}$$

$A_{F,i}$    Funktionsfläche des i-ten Objekts (Maschine, Förderer, ...)
$\sum_i$    Summe über alle Objekte

Beziehen sich die Flächen gemäß Gln. 6.2 und 6.3 zunächst auf die *Horizontale*, die x-y-Ebene als Ausgangsbasis der Flächenplanung, so sind diese analog anwendbar auf die Vertikale, die Ebenen in z-Richtung. Letzteres ist besonders bedeutsam bei Vorhaben mit stark ausgeprägter *vertikaler* Objekt-Anordnung. Vertikale Raumeinsparung durch Überdeckung dürfte jedoch die Ausnahme sein.

Dient der *Maschinengrundriss* der Flächenermittlung, so ist mit den *Seitenrissen* der Raumbedarf ermittelbar; zur Maschinenhöhe (in Abb. 6.5: 1535 mm) sind dann noch Höhenzuschläge für Bedienung, Instandhaltung erforderlich.

**Methoden zur Ermittlung des Flächenbedarfs** Für die Fabrikplanung kommen nach [1.17] zur Flächenbedarfsermittlung in Betracht:

- *Flächenfaktoren* und *Ersatzflächen* [1.11] sowie *Zuschlagsfaktoren* [6.10]
- *Probelayout* als experimentelle Bedarfsermittlung und Methode der *funktionalen Flächenermittlung* [1.12] sowie mittels *generalisierter* Zuschlagsfaktoren [6.11].

Eine Methode zur Flächenbedarfsermittlung für eine Werkstätte berücksichtigt die in Gl. 6.2 genannten Transport-, Lager- und Hilfsflächen durch folgende Zuschläge auf die Nettoproduktionsfläche $A_N$ [1.17]:

### 6.3 Standortbestimmung

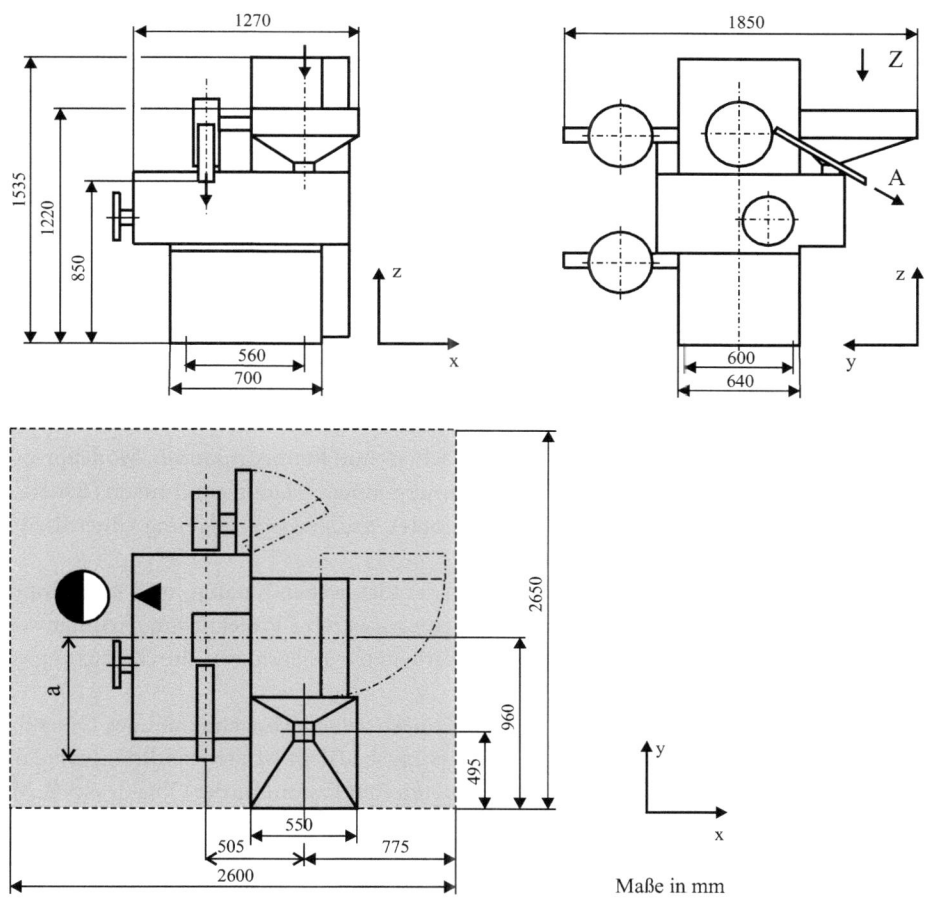

**Abb. 6.5** Funktionsflächenbedarf am Beispiel einer Einschlagmaschine EL 3 [5.3]

Für $A_T$ und $A_L$ werden jeweils 40 %, für $A_H$ 20 % auf $A_N$ zugeschlagen, so dass sich als Produktionsfläche einer Werkstätte ergibt:

$$A_P = A_N + A_N \cdot (0{,}4 + 0{,}4 + 0{,}2) = 2 \cdot A_N \tag{6.4}$$

Diese, aus umfangreichen statistischen Untersuchungen gewonnenen Zuschlagsfaktoren gelten allgemein für Werkstätten der Fertigungstechnik. Aber auch für Anlagen der VAT können sie Grundlage eines ersten Grobentwurfs sein. Für Anlagen der VAT sollen hier *Probelayout* und *Zuschlagfaktoren* herangezogen werden, letztere Methode für die Arbeitsplatzgestaltung (Abschn. 6.5.1).

## 6.4 Erarbeitung des Layout

### 6.4.1 Methoden, Hilfsmittel, Planungsfortschritt

Während bei Dimensionieren und Strukturieren meist quantifizierbare Faktoren wie technische und wirtschaftliche Grundlage getroffener Vorentscheide waren, ist beim Gestalten darüber hinaus mit erhöhtem Anteil nichtquantifizierbarer Faktoren wie Sicherheit, Brandschutz, Ästhetik zu rechnen.

**Methoden und Hilfsmittel** Die Fabrikplanung kennt zu räumlichem Anordnen und Gestalten von Werkstätten und zu Objektanordnung eine Reihe Methoden und Hilfsmittel, auf die verwiesen wird: Sankey-, Kreisdiagramm, Dreieck- und Probierverfahren [1.11, 1.12, 1.18, 6.1, 6.2].

Hilfsmittel dabei sind z. B. *Rasterung* von Flächen- und Raumstrukturen, Modellprojektierung im *Regelmaßstab* 1 : 100 oder 1 : 50, rechnergestützte Planungstechniken (Baustein- und Dialogprojektierung mit CAD-Planungstools), teambasierte Planung (interdisziplinärer Erfahrungsaustausch).

Für die Gestaltungsphase sind Erfahrungen der klassischen Katalog- und Bausteinprojektierung [1.11] auch heute am PC nützlich, wenn angestrebte Projektlösungen unter weitgehender Nutzung von *Bausteinen* zu bereits erarbeiteten *Teillösungen*, durch Nutzung von *Projektierungs-Erfahrung*, zu erarbeiten sind.

Bausteine des Methodenbereichs werden *Projektierungs*-Bausteine, die des Objektbereichs *Projekt*-Bausteine genannt. Ein Projektierungsbaustein ist die Handlungsvorschrift zur Anwendung der im Projektbaustein dokumentierten Parameter des Objektes (z. B. Maschine, Maschinengruppe, Teilanlage). Eine Anlage ist so gesehen eine *Baustein-Kombination*, die funktionelle und räumliche Zusammenschaltung einzelner MTA und Teilanlagen.

Da bei Verarbeitungsanlagen die *gutstrombezogene Kopplung* der Objekte im *Hauptfluss* das Problem der Materialflussminimierung weitgehend entschärft, sind bei der Planung dieses Anlagentyps oft empirische Verfahren, so das *Probierverfahren* in Verbindung mit *Baustein- und Dialogprojektierung* in der Praxis ausreichend. Beim Probierverfahren werden durch Umordnen und Verschieben von Objekten Anordnungsvarianten generiert und schrittweise zur Gestaltungslösung geführt.

**Planungsschritte zum Feinlayout** Nach dem Planungsfortschritt sind zu unterscheiden:

- *Grobentwurf* (Groblayout): Darstellung der Funktionseinheiten mit grundsätzlichen, jedoch noch unverbindlichen Standorten der Objekte, raumneutral oder raumkonkret (entspricht etwa 1. Planungsphase, Abb. 2.1 und 2.4)
- *Verfeinerter Entwurf*: Detailliertere Darstellung der Objekte der Funktionseinheiten mit maßlich festgelegten Standorten der wichtigsten Objekte, raumkonkret (entspricht etwa 2. Planungsphase)

## 6.4 Erarbeitung des Layout

- *Feinlayout*: Detaillierte Darstellung der Funktionseinheiten mit exakt bemaßten Standorten aller Objekte und unter Beachtung der Standortfaktoren wie Sicherheitsabstände, Ver- und Entsorgungstechnik, Arbeitsplatz (Ergebnis der Ausführungsprojektierung, 3. Phase).

Als **Layoutformen** kommen nach der Realisierbarkeit *Ideallayout und Reallayout*, nach dem Abstraktionsgrad der Darstellung *Blocklayout und Konturenlayout* in Betracht:

- Ideallayout: Idealisierte Darstellung der Funktionseinheiten ohne Beachtung räumlicher und anderer Restriktionen
- Reallayout: Die unter Beachtung von Restriktionen schließlich real machbare räumliche Darstellung, die zum Feinlayout führen kann
- Blocklayout: Objekte in stark vereinfachter Form dargestellt als Rechtecke, Quadrate
- Konturenlayout: Objekte vereinfacht, jedoch mit charakteristischen Konturen dargestellt.

Ein Ideallayout kann zunächst eine Anlagenvariante mit minimalem Raumbedarf darstellen, von welcher im Laufe der weiteren Planung Abstriche erforderlich sein können.

Das *Feinlayout* kann mittels CAD-Technik als Konturenlayout nahezu beliebig realitätsnah generiert werden. Die *Objektdarstellung* sollte sich aber auf das *Wesentliche* beschränken. Zu viele Einzelheiten über die wesentlichen Objektoberflächen hinaus beeinträchtigen die Übersichtlichkeit des Layouts. Bei der Wahl der *Realitätsnähe* der Darstellung ist immer auch der Maßstab des Layouts zu bedenken.

**Objektdarstellung am Anlagenbeispiel** Zu Objektdarstellung und Layoutentwicklung dienen im Folgenden MTA-Beispiele von [5.3] des in Kap. 5, Abschn. 5.5.1 angearbeiteten und in Abschn. 6.6.1 weitergeführten Vorprojektes *Verpackungsanlage für Hartkaramellen*.

### 6.4.2 Objekte und ihre Darstellung

**Darstellung von Einzelobjekten** Als Projektbausteine für die Layout-Entwicklung werden Objekte in 2- oder 3D-Darstellung, sowohl in Block- als auch Konturendarstellung verwendet. Für die zunächst grobe Flächen- und Raumbedarfsermittlung sind relativ grobe Konturen eines Objektes ausreichend, weil so der Informationsgehalt auf das Wesentliche beschränkt ist.

Als Projektbausteine für die Layout-Entwicklung werden Objekte als 2D-Modelle entweder komplett in Grund- und Seitenrissen (Beispiel Abb. 6.5) oder für den zunächst abzuschätzenden Flächenbedarf der Anlage nur als Grundriss dargestellt. Die in den Projektbaustein eines Einzelobjektes einzubeziehenden Informationen sind im Wesentlichen in Abb. 6.6 am Beispiel in Grundrissdarstellung veranschaulicht:

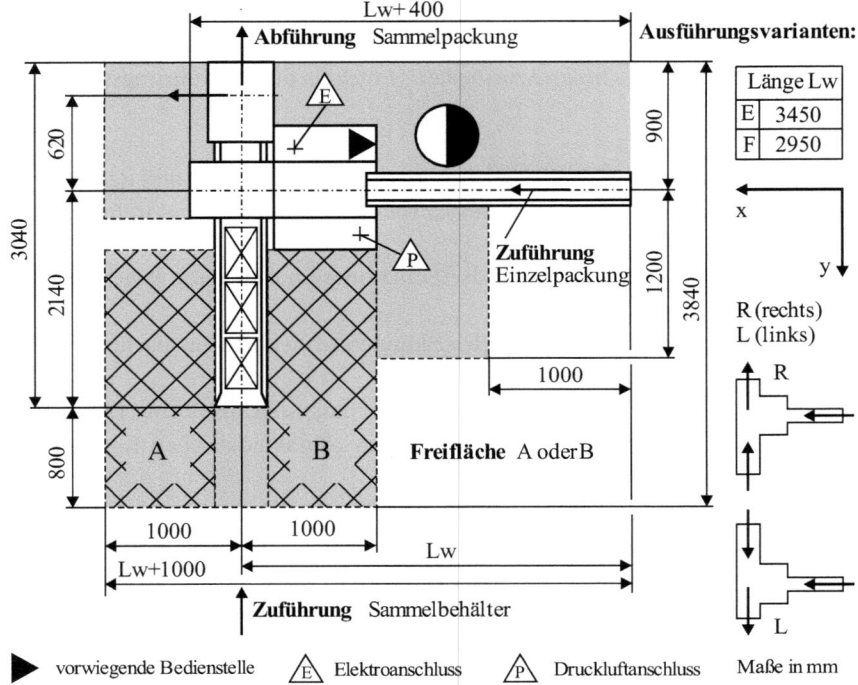

**Abb. 6.6** Objektdarstellung am Beispiel einer Füllmaschine SF 2 R

- Außenmaße in den Hauptachsen: Wählbare Längen Lw + 400 mm in x-Achse, 3040 mm in y-Achse
- Flächenbedarf: freizuhaltende Funktionsflächen, teilweise wählbar (Fläche A oder B)
- Guttransport: Zuführung Einzelpackung und Sammelbehälter, Abführung Sammelpackung
- Standort des Bedieners: Mensch als halbgefüllter Kreis, an vorwiegender Bedienstelle, kenntlich gemacht durch schwarzes Dreieck
- Medien-Anschlussstellen
- Mögliche Ausführungsvarianten, wenn *flexibler* Baustein, z. B. durch Buchstaben kenntlich gemacht: Rechts- (R) oder Linksausführung (L), Länge Lw in Varianten E oder F.

Enthält ein Projektbaustein außer der bildlichen Darstellung textliche Informationen zur *Anwendung* im Projektierungsprozess, ist er gleichzeitig *Projektierungsbaustein*.

**Darstellung von Projekt-Teillösungen** Bewährte Teillösungen für einen Anlagentyp sind in Folgeprojekten wiederholt anwendbar; sie werden als *integrierte Projektbausteine* gestaltet. Die Anwendung solcher Bausteine dient der Aufwandsminimierung in Angebotsphasen, aber auch in der Ausführungsphase, da der Projektant von bestimmten, räumlich

## 6.4 Erarbeitung des Layout

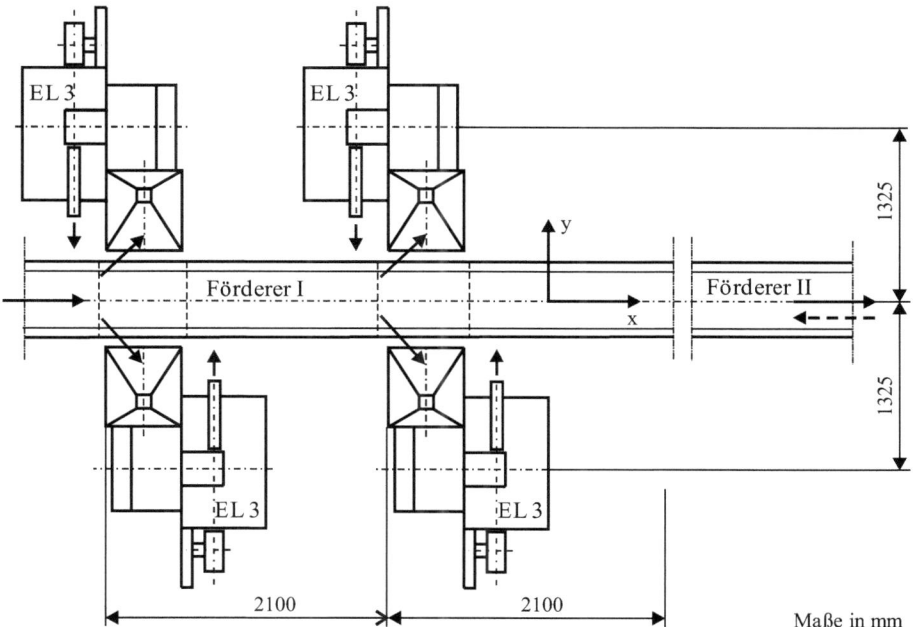

**Abb. 6.7** Projektbaustein am Beispiel EL 3/Gurtbandförderer in beidseitiger Anordnung [5.3]

festliegenden Zuordnungen oder Zuordnungsvarianten ausgehen kann. Neben der Zeitverkürzung ermöglichen derartige Bausteine raumoptimale Zuordnungen der Einzelobjekte.

Im Folgenden sind zwei typische *Beispiel-Teillösungen* dargestellt. Abbildung 6.7 zeigt die Anordnung einer **Maschinengruppe** (Parallelsystem der in Abb. 6.5 dargestellten Maschine EL 3) mit einem oberen Förderer I (Verteilelement) und einem unteren Förderer II (Sammelelement). Beide Förderer sind gutstrombedingt – für Hartkaramellen als kleinstückiges Schüttgut – als Gurtbandförderer ausgeführt. Hinweis zum Förderniveau in z-Richtung: OK Gurtband Zuführung (Förderer I) 1500 mm, Abführung (Förderer II) 500 mm über Boden.

Eine Projekt-Teillösung für eine **Prozessgruppe** ist z. B. der flexibel einsetzbare Baustein in Abb. 6.8, gekennzeichnet durch:

- Objekte in maßlich festgelegter Zuordnung, die auch spiegelbildlich in x- und y-Achse anzuordnen sind
- Dosierwaagen DW 4 mit Aufnahmespeicher als Ausgleichs- und Störungsspeicher
- Becherwerk TCD 1 mit flexiblem Längenmaß 2655*, größte Höhe 2510 mm
- Schlauchbeutel-Packmaschine HM 2 in 4 Varianten zum Becherwerk aufstellbar mit angegebenen Abgaberichtungen an Maschine SF 2
- Zuführförderer mit OK Gurtband 2180 mm über Boden mit angegebenen Zuführrichtungen.

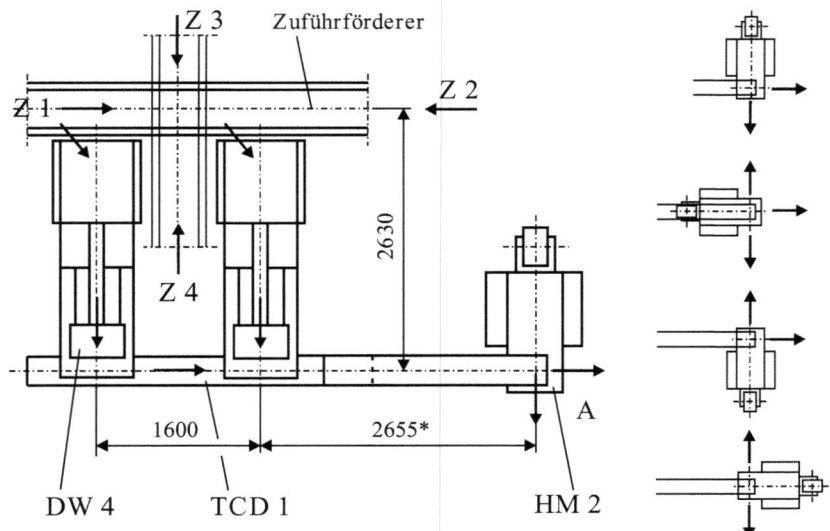

**Abb. 6.8** Flexibler Projektbaustein am Beispiel der Teillösung Förderer/DW 4/TCD 1/HM 2 [5.3]

Allein dieser Baustein ermöglicht bei Nutzung aller räumlichen Kombinationsmöglichkeiten der einzelnen Bestandteile bereits 32 Anordnungsvarianten. Dabei sind das flexible Längenmaß und die Zuführungsrichtungen der Bandförderer noch nicht mit einbezogen. Damit hat der Projektant weitreichende Gestaltungsmöglichkeiten für die Gesamtanlage.

### 6.4.3 Anordnung und Verkettung von Objekten

**Bausteinkombinierbarkeit und Objektanordnung** Bausteine sind nur miteinander kombinierbar, wenn an ihren Kopplungsebenen

1. alle vier Funktionsbereiche (Stoff, Energie, …, Abschn. 1.4) und
2. alle wesentlichen Parameter koppelbar sind (Kopplungskriterien, Abschn. 5.1.3).

Für die räumliche Anordnung der zu koppelnden Objekte sind somit maßgebend:

- der Funktionsbereich Raum: äußere Abmessungen und Konturen der Objekte
- die zweite Gruppe der Kopplungskriterien, die bei Dimensionierung und Strukturierung (Kap. 4 und 5) bereits zu beachten war, jetzt bei der Gestaltung erneut Betrachtungsgegenstand ist, wenn räumliche Restriktionen Änderungen erzwingen.

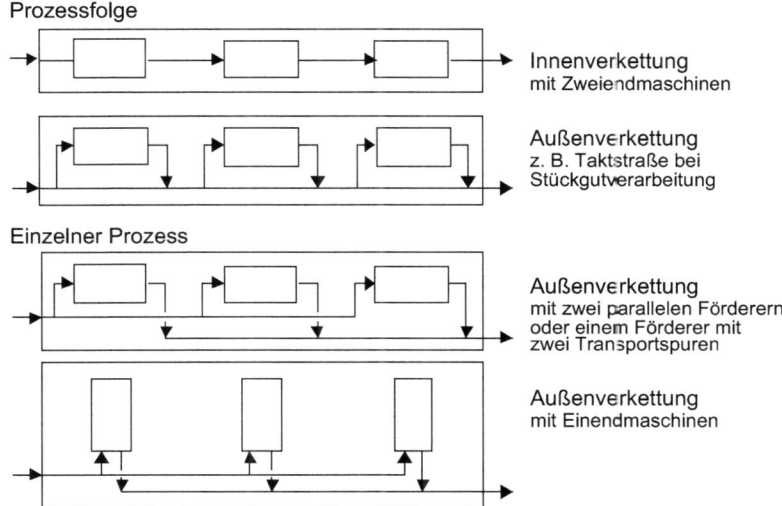

**Abb. 6.9** Verkettungsarten aus räumlicher Sicht

Sind bei einem Ideallayout noch keine räumlichen Restriktionen zu berücksichtigen, so führen die realen Gegebenheiten in der Regel zu Änderungen der Objektanordnung. Daraus resultiert maschinentechnischer Mehraufwand: aufwändigere Verkettungstechnik, gegebenenfalls zusätzliche Tragkonstruktionen und Eingriffe in Maschinen und andere Objekte.

**Objektanordnung** Objekte sind so anzuordnen, dass ein geringer Flächenbedarf entsteht, dazu gehören:

- Anordnung im rechten Winkel zu Rasterlinien des IBW: orthogonal oder parallel zu Stützenrasterlinien, Außenwänden, Verkehrswegen
- Abstände zu Teilen des IBW und zu anlagenfremden Objekten
- Minimal mögliche Abstände zwischen den anlageneigenen Objekten.

**Objektverkettung** Bei der Strukturierung (Kap. 5, 8 und 9) erfolgt die Objektkopplung ausschließlich nach *technologischem* Gesichtspunkt. Die über den Gutstrom zu verkettenden Objekte (MTA) sind nun *räumlich* so anzuordnen, dass geringer Flächen- und Raumbedarf entsteht. Es sind grundsätzlich zwei Arten der *räumlichen Verkettung* zu unterscheiden (Abb. 6.9):

1. *Innenverkettung*: Gutstrom durchfließt in technologischer Reihenfolge die Elemente; Ausgangsstrom eines Elements ist Eingangsstrom des folgenden
2. Außenverkettung: Gutstrom fließt in technologischer Reihenfolge an den Elementen vorbei; das Element erhält das VG von außen über einen vom Hauptstrom abgezweigten

Teilstrom und gibt das verarbeitete Gut wieder an den Hauptstrom zur Weiterverarbeitung ab.

Wenn auch die gutstrombezogene Kopplung die räumliche Anordnung dieser Objekte weitgehend vorbestimmt – besonders bei Stückgutströmen mit definierter Gutordnung –, so beeinflussen weitere Kriterien den endgültig zu wählenden Objektstandort, so:

- Anordnung stationär oder mobil
- Objektanordnungswinkel, Objektabstände
- Eignung der Objektstandorte, Störfaktoren.

**Stationäre oder mobile Anordnung** Stationäre Anordnung an *einem* Standort ist bei Verarbeitungsanlagen die Regel. Mobile Anordnung ist die Ausnahme; sie ermöglicht aber die schnelle Anpassung an sich ändernde Marktbedingungen, bessere Kapazitätsauslastung auch bei geändertem Produktsortiment und mitunter intensivere Flächennutzung. Beispiel mobiler Anordnung: Spezialmaschinen in Anlagen der Obst- und Gemüseverarbeitung, besonders während der Erntezeit.

**Objektanordnungswinkel** Dies ist der zwischen Hauptachsen des anzuordnenden Objektes und Bauwerksachsen entstehende Winkel, der auf die Raumausnutzung großen Einfluss hat und im Bereich 0 ... 360° zu wählen ist. Auf diesen Winkel nehmen viele Faktoren vorteilhaft Einfluss, so:

- Objektanordnung neben Transportwegen
- Zu- und Abführen sperriger Maschinenteile oder Verarbeitungsgüter
- Heranführen von Flurtransportmitteln an Ablageflächen
- Überdeckung von Funktionsflächen mehrerer Objekte
- Bedienwege bei Mehrobjektbedienung
- Gutfluss zwischen den Objekten (abhängig von Gutzu- und Gutabgabestellen).

Objektanordnungswinkel und Flächenbedarf stehen in Beziehung: *Rechtwinklige* Objektanordnung ermöglicht allgemein *geringeren* Flächenbedarf, ist deshalb am häufigsten anzutreffen. Dafür sprechen auch die in der Regel orthogonalen Bauwerks- und Maschinenachsen und die sich daraus ergebenden Gutstrom-Richtungen.

**Anordnungsebene** Die Anlagenobjekte können *horizontal* (alle MTA auf einer Ebene), *vertikal* (MTA in unterschiedlichen Ebenen/Geschossen) oder kombiniert angeordnet werden. Horizontale bzw. im Wesentlichen horizontale Anordnung ist in der VAT überall dort anzutreffen, wo die Verarbeitungsprozesse vorwiegend horizontal ablaufen und demzufolge nicht der Schwerkrafttransport dominiert – im Gegensatz z. B. zu Mühlen- und Mischfutterbetrieben.

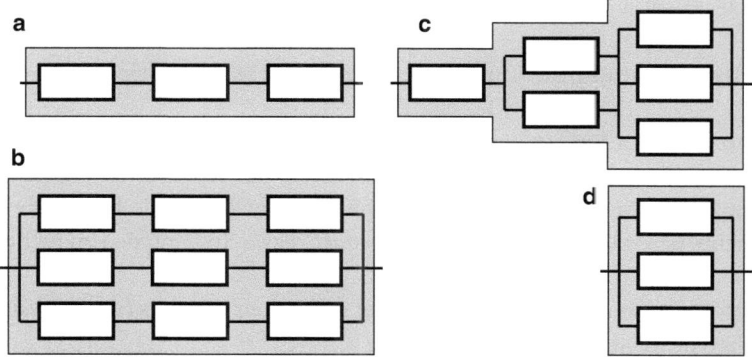

**Abb. 6.10** Systemtypen von Anlagen und ihr grundsätzlicher Flächenbedarf

Vorteile horizontaler Anordnung:

- Geringster Bau- und Aufstellungsaufwand, da direkte Aufstellung auf dem Fußboden, ohne oder mit nur geringem Fundament- bzw. Tragkonstruktionsaufwand
- hohe Übersichtlichkeit der Produktion: gute Sichtbeziehungen für das Betriebspersonal
- problemloser Flurtransport auch mit mobilen TUL-Mitteln (Gabelstapler, ...)
- geringster Montage-, Bedien- und Ih-Aufwand, da anlagenbedingte Arbeitsbühnen, Podeste und Laufstege entfallen.

### 6.4.4 Systemtypen und Gestaltungsmöglichkeiten

Bei Anlagen mit *festliegender Prozessfolge* liegt die *Reihenfolge* der räumlich anzuordnenden Hauptausrüstungen und damit der zu integrierenden Verkettungselemente fest. Damit reduziert sich das Gestaltungsproblem auf die Erarbeitung der räumlich günstigsten Anordnung in technologischer Reihenfolge.

Anlagen der VAT können in unterschiedlicher technologischer und räumlicher Struktur gestaltet werden. Es ist immer von *mehreren Varianten* (Variantengrundsatz, Abschn. 2.4.1) auszugehen und davon, dass die auszuwählende Vorzugslösung meist ein Kompromiss ist. Um die Optimallösung finden zu können, muss der Projektant die Gesichtspunkte kennen, aus denen sich *Strukturierungs- und Gestaltungsmöglichkeiten* ergeben. Das sind im Wesentlichen *Systemtyp*, *Anordnungsebene* und *Gutstromkopplung* (Abschn. 4.3):

**Systemtypen** Ausgehend von Prozessfolge und Anzahl MTA zur Prozessrealisierung (Abschn. 4.2 und 5.1), sind *Systemtypen folgender Art* zu unterscheiden (Abb. 6.10):

a) Reihensystem: alle Prozesse durch jeweils nur *eine* MTA realisiert (Linientyp)
b) Parallele Reihensysteme zur Realisierung der Prozessfolge (Strangtyp)

c) Reihen-Parallel-System: Prozesse durch unterschiedliche Anzahl MTA realisiert (Mischtyp)
d) Parallelsystem zur Realisierung nur *eines* Prozesses (Maschinengruppe).

Die Systemtypen a bis c stellen Anlagen am Beispiel von drei Prozessen mit maximal drei MTA je Prozess in idealisierter Form dar, die so nur im Idealfall – keine räumliche Behinderung – realisierbar ist. Ausgehend von Flächen- und Raumbedarf der einzelnen MTA (Abschn. 6.3.3) ist zum *Gesamtflächenbedarf* dieser Systemtypen zu bemerken:

- Typ a erfordert aus alleiniger Sicht der nicht möglichen Überlagerung *seitlicher* Funktionsflächen die relativ größte Fläche.
- Typ b ermöglicht infolge seitlicher Überlagerung eine gegenüber a geringere Fläche.
- Typ c ermöglicht bei den parallelen MTA seitliche Flächenüberlagerung, kann aber ein vorhandenes Flächenangebot nur im Sonderfall auszunutzen: Nutzung der von der idealen Rechteckfläche abweichenden Teilflächen durch andere MTA oder vorhandene Einbauten.
- Typ d nutzt infolge seitlicher Überlappung eine vorhandene Fläche ideal aus; stellt aber infolge nur *eines* Prozesses einen Anlagen-Sonderfall dar, vergleichbar etwa mit einer Fertigungsstätte im Werkstattprinzip bei unverketteten Maschinen.

In diese – vereinfachte – Bewertung des Flächenbedarfs ist noch kein Flächenbedarf für Verkettungstechnik einbezogen. Dieser ist in Abhängigkeit der Gutstromdimensionen und des Verkettungsaufwandes bis zum Feinlayout zu berücksichtigen.

### 6.4.5 Vom Raumkonzept zum Layout

#### 6.4.5.1 Entwurfsstrategie

Entwürfe zum Layout gehen von Flächen- und Raumbedarf der Einzelobjekte und – bei Objektanordnung in vorgegebener Bauhülle – von zur Verfügung stehendem Raum aus.

Das Layout ist, wie das gesamte Projekt, *vom Groben zum Feinen* und zunächst nach dem *Variantengrundsatz* zu entwickeln (Abschn. 2.4.1). Dazu soll die mit Abb. 6.11 dargestellte *Entwurfsstrategie* dienen. Angegebene Rückkopplungen zeigen, dass einzelne Bearbeitungsphasen auch mehrfach zu durchlaufen sind. Noch der verfeinerte Layout-Entwurf kann Änderungen erfordern, lassen sich nicht bei allen Objekten die Raum-Anforderungen erfüllen (siehe auch Ablaufplan Abb. 5.12).

**Raumkonzept** Ausgehend von festgelegtem Anlagenstandort, Flächen- und Raumbedarf der entscheidenden Anlagenelemente und vom Systemtyps der Anlage ist zunächst ein Raumkonzept zu entwerfen. Mit diesem Konzept wird die *grundsätzliche Raumaufteilung* entsprechend der *technologischen Reihenfolge* der strukturierten Anlagenteile, der *Funktionseinheiten* vorgenommen. Anlagen mit *festliegender* Prozessfolge und verketteten MTA

## 6.4 Erarbeitung des Layout

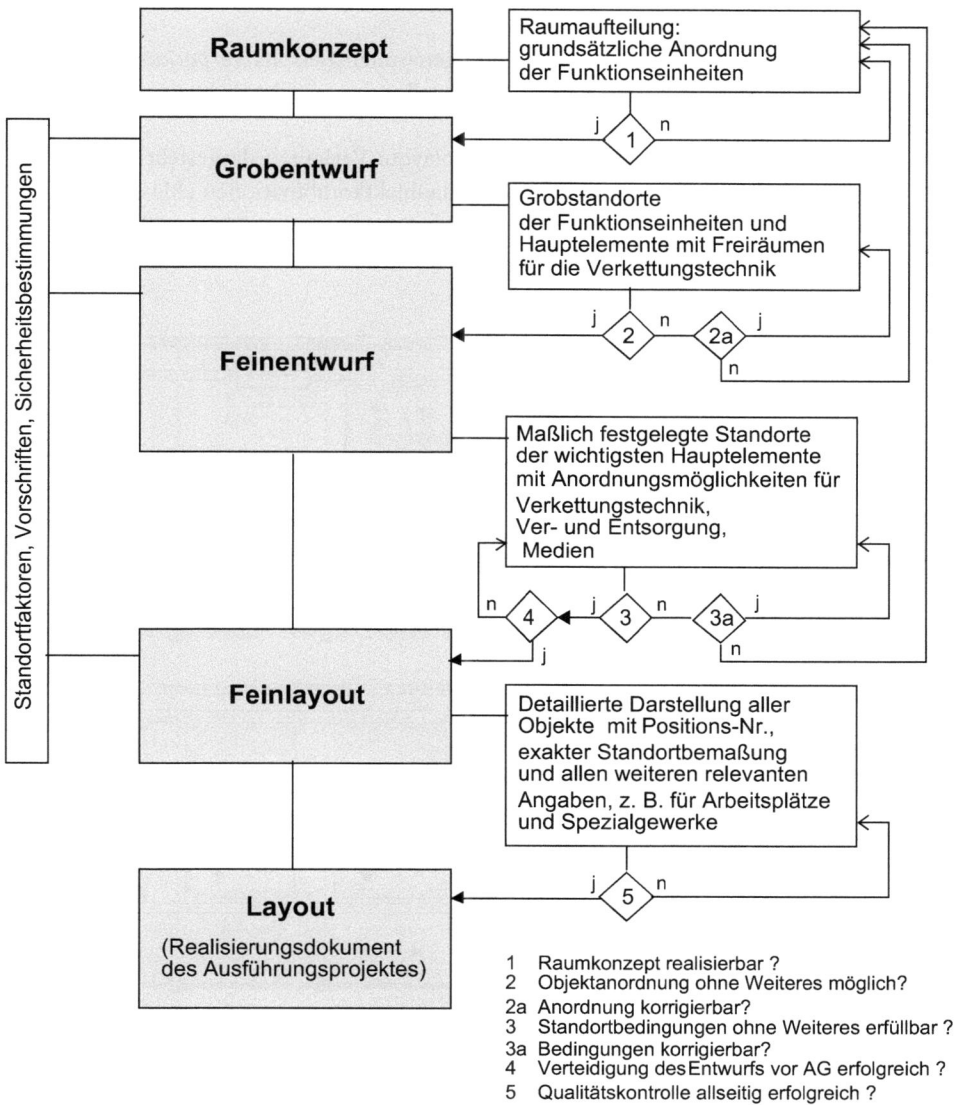

**Abb. 6.11** Entwurfsstrategie zum Layout

erleichtern die Erarbeitung der Gestaltungslösung, da die *technologische Reihenfolge* der Objekte vorliegt. Die Anordnung der Anlage im Raum und ihrer Einzelobjekte zueinander soll dann nach dem theoretischen Ziel gemäß Gl. 6.1 erfolgen.

### 6.4.5.2 Entwurf am Anlagenbeispiel

Im Folgenden wird die Layoutentwicklung am genannten Beispiel *Verpackungsanlage für Hartkaramellen* (Abschn. 6.6.1) in Grundrissdarstellung veranschaulicht.

**Entwurfsvarianten** Beispielhaft sind drei Groblayout-Varianten dargestellt (Abb. 6.12), die auf dem Flächenbedarf der Einzelobjekte und Objektkombinationen (Maschinengruppe EL 3 und Bausteine DW 4/TCD 1/HM 2, zusammengefasst mit SF 2) in technologischer Reihenfolge basieren.

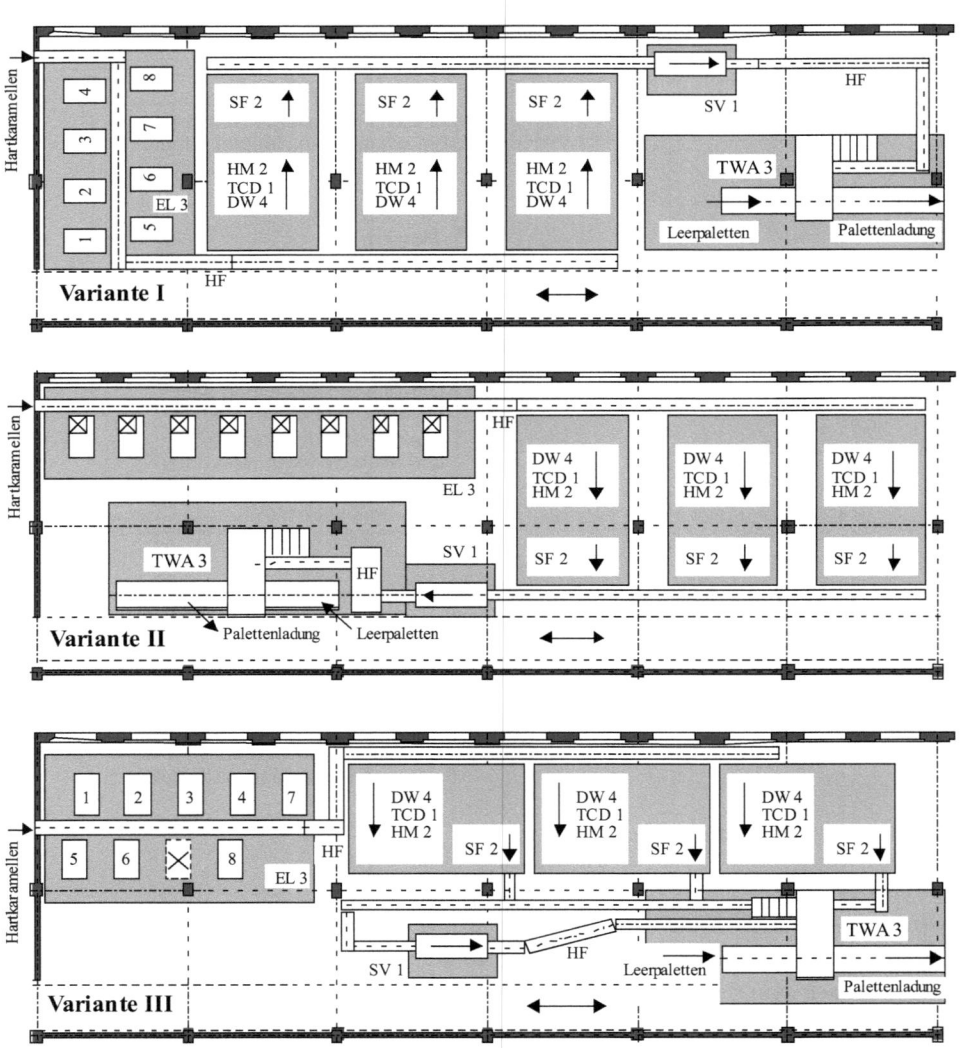

**Abb. 6.12** Layoutvarianten

## 6.4 Erarbeitung des Layout

*Arbeitsgrundlagen* des zu entwickelnden Layouts sind

1. Produktionsraum in Grund- und Seitenriss (Abb. 6.2); eingehender Hartkaramellen-Gutstrom an linker Trennwand
2. vorliegender Systemtyp: Reihen-Parallelsystem, Typ c gemäß Abb. 6.10, wodurch sich als hauptsächliche Transportfluss-Richtung die x-Richtung anbietet
3. Standortbestimmung gemäß Variante c, Abb. 6.4, ausgehend vom eingehenden Hartkaramellen-Gutstrom in den Prozess 1, wobei die genaue Lage des Guteintritts in den Produktionsraum in y-Richtung noch offen ist
4. Projektbausteine des Hauptsystems: Parallelsystem Einschlagmaschinen EL 3 bis Palettiermaschine TWA 3 gemäß Struktur-Blockschaltbild (Abb. 5.13, Abschn. 5.5.1)
5. Flächenbedarf der Einzelobjekte (Beispiele in Abb. 6.5 und 6.6) und der sich aus Projektbausteinen (Beispiele in Abb. 6.7 und 6.8) ergebende Flächenbedarf
6. grundsätzlich erforderliche Verkettungstechnik (Positionen 8.1 bis 9.4), die auch zwei Höhenförderer HF enthält zur Überbrückung der Niveau-Unterschiede der Arbeitshöhen (Transporthöhen über Boden in mm): HF 1 zwischen Abgabeförderer Maschinengruppe EL 3 (500) und Zuführförderer der DW 4 (2180) sowie HF 2 zwischen SV 1 (500) und Einlaufhöhe TWA 3 (2000).

Die in Abb. 6.12 dargestellten Grob-Varianten stellen flächenmäßig grundsätzliche Anordnungsmöglichkeiten dar, unabhängig von jeweiligen Vor- und Nachteilen. Neben den Hauptelementen der Anlage ist ihre grundsätzlich mögliche Verkettbarkeit durch symbolische Transportstrecken dargestellt. Es kommt in diesem Entwurfsstadium vorrangig auf die *mögliche* Streckenführung an, noch nicht auf deren einzelne Förderer und Koppelelemente. Deren Raumbedarf ist jedoch bereits grob abzuschätzen und zu berücksichtigen.

In die **Variantenbewertung** und Entscheidung der Vorzugslösung sind auch Gesichtspunkte der Systemzuverlässigkeit wie die Integrationsmöglichkeit von *Speicherstrecken* einzubeziehen, auch wenn diese bereits Gegenstand der Strukturierung waren. Es können sich auch weitere zuverlässigkeitserhöhende Möglichkeiten ergeben, ohne zusätzlichen Raum zu beanspruchen.

Ein *wesentliches Bewertungskriterium* von Layout-Varianten ist der Gutfluss. Allgemein ist die Variante mit den wenigsten Gutumlenkungen, kürzesten Transportwegen und demzufolge dem geringsten Verkettungsaufwand die günstigste. Abbildung 6.13 zeigt vereinfacht die Gutflüsse der Varianten I bis III. Als Vorzugsvariante käme aus alleiniger Sicht des Gutflusses Variante II in Betracht. Die wesentlichsten Vor- und Nachteile (V, N) der Anordnungsvarianten nennt Tab. 6.2.

Diese und möglicherweise weitere Vor- und Nachteile sind gegeneinander abzuwägen. Liegt der Kaufinteressent bzw. AG bereits fest, sollte dies im Ergebnis einer Projektberatung oder Projektverteidigung erfolgen, um den realen Bedingungen und berechtigten Erwartungen des künftigen Betreibers zu entsprechen.

Ergebnis kann schließlich das in Abschn. 6.6.1 gezeigte Feinlayout sein, das von den Vorteilen der Layoutvariante II ausgeht, aber deren Nachteile durch Verlagerung der Palet-

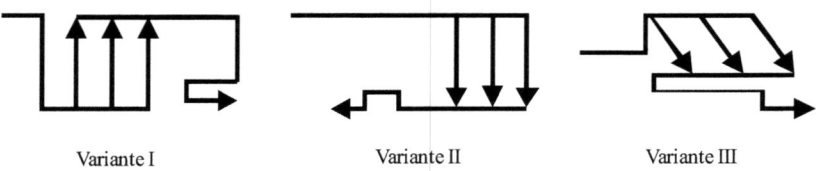

Variante I  Variante II  Variante III

**Abb. 6.13** Gutfluss der Layout-Varianten

**Tab. 6.2** Vor- und Nachteile der Layoutvarianten

| Variante | Vorteile, Nachteile | |
|---|---|---|
| I | V | Intensive Flächennutzung |
| | N | Nicht alle EL 3 austauschbar bei GR[1)] |
| II | V | Günstigste Streckenführung<br>Alle EL 3 austauschbar bei GR |
| | N | Beengter Aktionsraum für Gabelstapler zum Palettenumschlag<br>Kurze Staulänge vor Palettiermaschine |
| III | V | Intensive Flächennutzung, dadurch größere Freifläche für anderweitige Nutzung |
| | N | Erhöhter Flächenbedarf für EL 3 infolge Leerstelle, nicht alle EL 3 austauschbar bei GR; Komplizierte Streckenführung mit erhöhtem Verkettungsaufwand |

[1)] Austauschbarkeit bei Generalreparatur bezieht sich auf vorhandene räumliche Zugänglichkeit

tiermaschine in den Nebenraum vermeidet. Da eine Säule die planmäßige Anordnung der Maschine 7 der Maschinengruppe EL 3 einschränkt, muss diese Maschine an anderer Stelle platziert werden, wenn auch bei Mehrbedarf an Transportstrecke. Aus diesem Nachteil kann sich perspektivisch ein Vorteil ergeben: freie Stellfläche für eine weitere Maschine.

## 6.5 Ausgewählte Standortfaktoren und Layoutanforderungen

### 6.5.1 Arbeitsplatz

Der Arbeitsplatz ist in der Hierarchie *Betrieb, Produktionsstätte, Anlagentechnik, Arbeitsplatz* als *unterste Planungsebene* in den Planungsphasen *Dimensionieren, Strukturieren, Gestalten* zunehmend konkreter herauszuarbeiten. Neben der Anlagentechnik findet damit der Mensch als Akteur im Produktionsprozess immer mehr Beachtung. Maßgebende **Gestaltungsfaktoren** sind:

- *Arbeitskräftebedarf* ergibt sich nach Anforderungsprofil (Qualifikation, physische Belastbarkeit) und Anzahl: *Tätigkeitsprofil* aus Dimensionierung, *Anzahl* aus Strukturierung, Mehrmaschinenbedienung, Springertätigkeit.

## 6.5 Ausgewählte Standortfaktoren und Layoutanforderungen

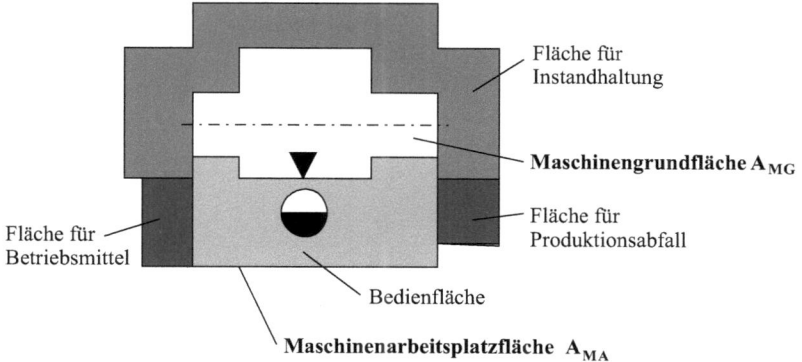

**Abb. 6.14** Teilflächen einer Maschinenarbeitsfläche (frei nach [6.11])

**Abb. 6.15** Struktur der Maschinenarbeitsfläche nach [1.17]

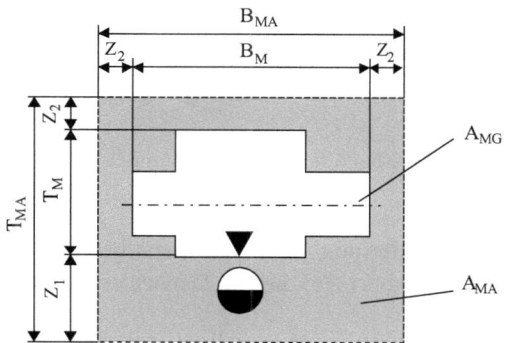

- *Tätigkeitsprofil* (Bedienung, Überwachung, ...) führt zur *Art des Arbeitsplatzes* als Steh-, Sitz- oder flexiblem Platz nach ergonomischen Gesichtspunkten (Greifräume, Körperhaltungen) mit erforderlichem Flächenbedarf an der Maschine oder separat (z. B. Laborplatz).
- *Technische Ausstattung* umfasst z. B. Ablageflächen, Beleuchtung, Kommunikationstechnik, Büro- oder Laborausstattung.
- *Raumklimatische Bedingungen* sind Temperatur, Belüftung, ...

Betrachtungsgegenstand im Folgenden ist der *Maschinen*-Arbeitsplatz.

**Maschinenarbeitsplatz** Maschinenarbeitsplätze müssen neben dem eigentlichen Bedienraum – *Bedienfläche und lichte Höhe* – weitere, *funktionsbezogene Freiräume* aufweisen. Ausgehend von jeweiliger Maschinengrundfläche, der Grundrissprojektion, sind entsprechende *Freiflächen* zu berücksichtigen. Abbildung 6.14 zeigt allgemein vorzusehende Teilflächen für eine separat aufgestellte Maschine. Bei der Dimensionierung dieser Teilflächen hat neben dem Funktionsvollzug die *Arbeitssicherheit* oberste Priorität. Aus der Fachliteratur sind dazu unterschiedliche Mindestmaße und Sicherheitszuschläge bekannt. Zur

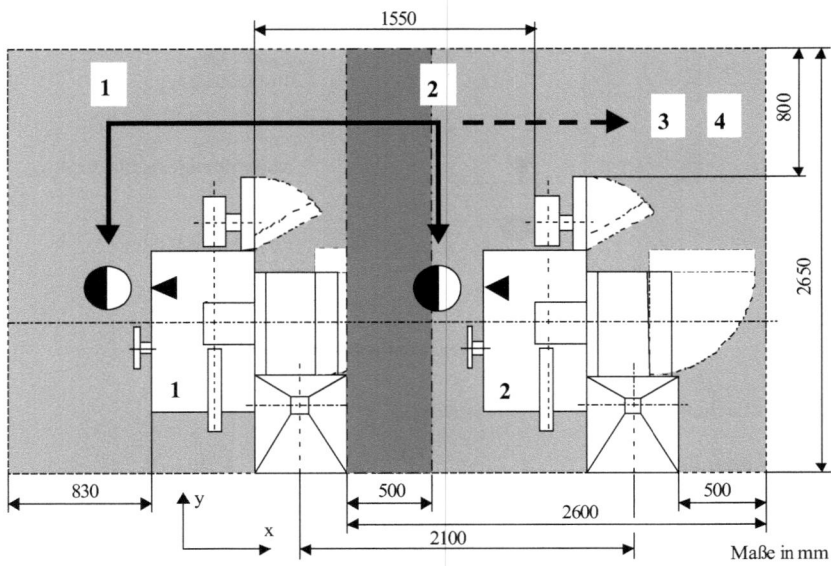

**Abb. 6.16** Maschinenarbeitsplatz am Beispiel der Einschlagmaschinen EL 3 [5.3]

Dimensionierung von Maschinenarbeitsplätzen kann die auf [6.13] zurückgehende Darstellung (Abb. 6.15) dienen. Danach ergibt sich die *Maschinenarbeitsfläche* $A_{MA}$ zu:

$$A_{MA} = B_{MA} \cdot T_{MA} = (B_M + 2 \cdot Z_2) \cdot (T_M + Z_1 + Z_2) \tag{6.5}$$

$B_M$  Breite der Maschine
$T_M$  Tiefe der Maschine
$B_{MA}$  Breite des Maschinenarbeitsplatzes
$T_{MA}$  Tiefe des Maschinenarbeitsplatzes
$Z_1$  Zuschlagsmaß für Bedienung ($Z_{11}$) und Sicherheit ($Z_{12}$);
   $Z_1 = Z_{11} + Z_{12} = 0{,}7\,\text{m} + 0{,}3\,\text{m} = 1{,}0\,\text{m}$
$Z_2$  Zuschlagsmaß für Wartung; $Z_2 = 0{,}4\,\text{m}$

Am Beispiel der Maschine EL 3 (Abb. 6.5) und deren Einsatz als verketteter Projektbaustein (Abb. 6.7) zeigt Abb. 6.16 einen konkreten Arbeitsplatz, der *Mehrmaschinenbedienung* ermöglicht. Bei dieser Bausteinkonfiguration kann eine Arbeitskraft bis zu 3 oder 4 Maschinen bedienen. Bedienungsfunktionen sind im Wesentlichen: Überwachen, Wechseln abgelaufener Verpackungsmittelrollen, Eingreifen bei Störung.

Die Bedientiefe beträgt an der engsten Stelle 0,83 m. Das ist gegenüber den genannten Zuschlagsmaßen zwar mehr als die reine Bedientiefe ($Z_{11} = 0{,}7\,\text{m}$), jedoch weniger als die mit Sicherheitszuschlag $Z_{12}$ insgesamt geforderte Tiefe ($Z_1 = 1{,}0\,\text{m}$). Diese Arbeitsplatztiefe ist hier ausreichend, da von der gleichartigen Nachbarmaschine keine Gefahr ausgeht und die Arbeitskraft jederzeit auch in die daneben größere Freifläche ausweichen kann.

Nach der Arbeitsstättenverordnung [6.14] muss für jeden Arbeitnehmer an seinem Arbeitsplatz eine *freie Bewegungsfläche* von mindestens 1,50 qm zur Verfügung stehen. Kann dies aus betrieblichen Gründen nicht eingehalten werden, ist in der Nähe des Arbeitsplatzes mindestens eine gleich große Bewegungsfläche bereitzustellen. *Weitere Anforderungen an die Arbeitsplatzgestaltung sind*

- einfache Zugängigkeit (gilt auch für Instandhaltung) und kurze Bedienwege
- ausreichende Beleuchtung und gute Sichtverhältnisse, möglichst auch Sichtbeziehungen zu anderen Arbeitsplätzen
- Überschaubarkeit aller wichtigen Details am Arbeitsplatz.

### 6.5.2 Sicherheitsabstände

**Objektabstände** Beim Ausarbeiten des Layouts sind *Mindestabstände* zwischen den Objekten und zu festen Einbauten einzuhalten: Zu große Abstände führen zu Flächen- und Raumvergeudung, zu kleine zu Funktionsbeeinträchtigung und Personengefährdung. *Mindestabstände* für typische Tätigkeiten bzw. Zuordnungen:

- *Wartungsarbeiten* erfordern eine möglichst allseitige Zugängigkeit des Objektes. Tiefen- und Breitenabstand sollen einschließlich eines Sicherheitszuschlages aus Schutzgründen grundsätzlich mindestens 0,8 m betragen.
- *Bedienung* und *Überwachung* können prozess- und objektspezifische Zuschläge zum genannten Mindestabstand erfordern.
- *Reparaturen* vor Ort mit Aus- und Einbau sperriger Teile und Einsatz hierzu geeigneter TUL- Mittel können größere Abstände erfordern.

**Mindestabstände in der Horizontalen** Zwischen Maschinen und anderen Anlagenelementen untereinander und zu baulichen Objekten und Transportwegen im Industriebau sind aus Funktions- und Sicherheitssicht Mindestabstände einzuhalten. Der Projektant muss sich bei der Positionierung der Ausrüstungen auf allgemein anerkannte Richtwerte für solche Abstandsmaße stützen. Aus der Fachliteratur bekannte Richtwerte unterscheiden sich mitunter erheblich.

Als *Anhaltswerte* können solche Richtwerte aus der Fabrikplanung dienen [6.15], die zwischen ständig und nicht ständig besetzten Arbeitsplätzen unterscheiden [6.1, 6.15] und Mindestabstände in Abhängigkeit der Objekt-Grundfläche angeben (Abb. 6.17).

Der Abstand zu Stützen oder Wänden kann objektspezifisch auch kleiner sein, wenn Bedienung, Wartung und Instandhaltung dies ermöglichen. So können Anlagenelemente auch näher an derartige Bauwerksteile herangerückt werden, wenn lediglich Montage- und Demontagegesichtspunkte zu beachten sind.

## Objektgruppe I

Objekte, die bezüglich einer Nachbarschaftsbeeinträchtigung keine oder zu vernachlässigende translatorische bzw. rotatorische Bewegungen ausführen; Arbeitsplatz ständig besetzt

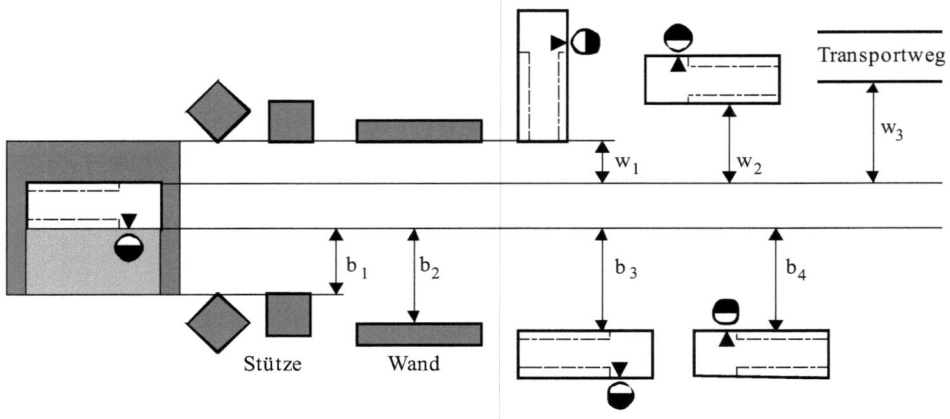

## Objektgruppe II

Objekte wie Gruppe I, Arbeitsplatz jedoch nicht ständig besetzt

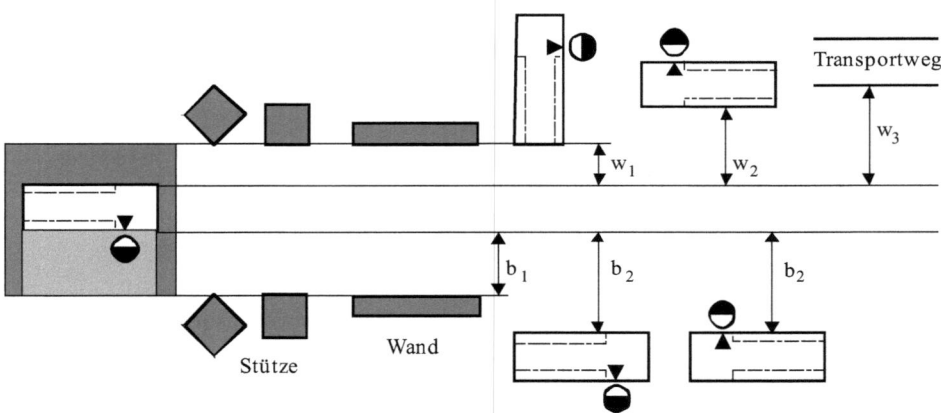

| Objektgrundfläche in qm | zur Bedienung in m | | | | zur Wartung in m | | |
|---|---|---|---|---|---|---|---|
| | $b_1$ | $b_2$ | $b_3$ | $b_4$ | $w_1$ | $w_2$ | $w_3$ |
| < 4 | 0,8 | 0,9 | 1,0 | 1,1 | 0,8 | 0,9 | 1,1 |
| 4…8 | 0,8 | 1,0 | 1,1 | 1,2 | 0,8 | 0,9 | 1,1 |
| > 8 | 1,0 | 1,1 | 1,2 | 1,4 | 0,8 | 1,0 | 1,1 |

**Abb. 6.17** Mindestabstände von und zwischen Objekten nach [6.1]

## 6.5 Ausgewählte Standortfaktoren und Layoutanforderungen

**Mindestabstände in der Vertikalen** Neben der Flächenbedarfsermittlung in der Horizontalen und den dabei zu beachtenden Mindestabständen hat der Projektant ebenso die *räumlichen* Verhältnisse – analoge Flächen und Abstände in der Vertikalen – in die Layout-Gestaltung einzubeziehen. Hierbei kommen oft Abstände folgender Art in Betracht:

- Abstand zwischen Oberkante (OK) Objekt und Unterkante (UK) Bauwerksdecke, Unterzug oder Dachbinder: möglichst $\geq 0,2 \ldots 0,5$ m
- OK Laufsteg bzw. Bedienpodest bis UK Bauwerksdecke oder UK darüber befindlicher Bauteile (Tragkonstruktion, Schutzabdeckung): möglichst $\geq 1,8 \ldots 2,0$ m
- Arbeitsplatzhöhe im Lichten: möglichst $\geq 2,0$ m
- Sicherheitsabstand zwischen OK Arbeitsplatz bzw. Objekten der Anlage zu TUL-Mitteln (Überflurmittel wie Krane, Kreisförderer, auch Flur- und Unterflurmittel zur Ver- und Entsorgung): siehe einschlägige Vorschriften der Förder- und Materialflusstechnik, z. B. DIN EN 16307, DIN 15185, [2.20, 2.21]
- Abstände zwischen vertikal angeordneten Objekten, die funktionsbedingt sind, z. B.: Höhendifferenzen ausgleichende geneigte Transportstrecken zur Verkettung horizontal aufgestellter Objekte, vertikal oder stark geneigte Förderer (Fallrohrsysteme, Höhenförderer) zur Verkettung vertikal angeordneter Objekte.

### 6.5.3 Maßangaben im Layout

Maßangaben beziehen sich auf Abstands- und Längenangaben. Hierbei sind unterschiedliche *Funktionen* zu beachten (Abb. 6.18):

- Objekt-Abstands- und -Standortmaße geben die Lage eines Objektes im Raum an, sind räumliche Vorgaben für die Objekt-Montage.
- Objekt-Maße veranschaulichen die Objektdimensionen (Länge, Breite, Höhe, auch besonders hervorzuhebender Objektteile).
- Hauptmaße (Stichmaße) dienen Kontrollzwecken im arbeitsteiligen Prozess.
- Maßangaben für die Spezialgewerke (z. B. Deckendurchbruch für Bau-AST) sind Schnittstellen im arbeitsteiligen Prozess.

An die *Qualität* der Maßangaben sind bestimmte Anforderungen zu stellen:

- Einzelmaße und aus ihrer Summierung entstehende Kettenmaße/Gesamtmaße: Zur Fehlervermeidung sind Toleranzangaben sinnvoll.
- Genauigkeit der Zahlenwerte: Nennmaß und Maßtoleranzen, Exaktmaß und Ungefährmaß.
- Maßeinheiten: Im Anlagenbau sind mm-, im Bauwesen cm- oder m-Bereiche sinnvoll.
- Sinnvolle Genauigkeitsangabe: Größere Abstandsmaße, die nur der zusätzlichen Information dienen, sollten gerundet werden, z. B. auf 1 oder 10 cm.

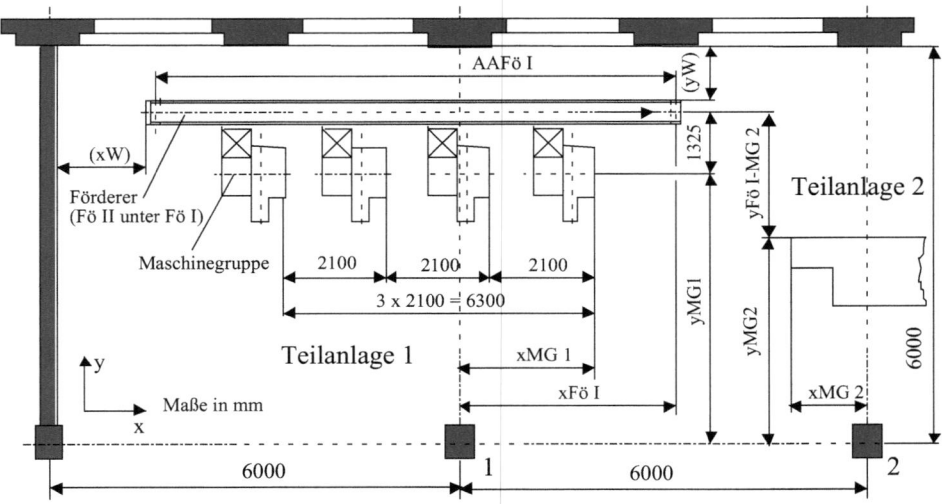

| Maßangabe | Bedeutung | Funktion |
|---|---|---|
| 2100, 1325 | Maße für außenverkettete Maschinen am Beispiel Projektbaustein Bild 6-7 | 2100 für Montage 1325 für Montage Fö I |
| 6300 | Kettenmaß, das sich als Summe der Objektabstände ergibt | Hinweis, Kontrolle, auch Montage |
| xMG 1, yMG 1 | Bezugsmaße Maschinengruppe 1 | Kontrolle, Montage |
| xFö I, 1325 | Bezugsmaße Förderer I | Kontrolle, Montage |
| xW, yW | Maße für lichte Weite/Durchgang | Hinweis |
| xMG 2, yMG 2 | Bezugsmaße Maschinengruppe 2 bzw. Teilanlage 2, wenn relativ unabhängig von Teilanlage 1 | Kontrolle, Montage |
| yFö 1-MG 2 | Bezugsmaß, wenn zwingender Abstand in y-Richtung zu Teilanlage 1 | Kontrolle, Montage |
| AAFö I | Achsabstand Förderer I | Kontrolle, Hinweis |
| 6000 | Längs- und Seitenraster des IBW | Flächenangebot |

**Abb. 6.18** Maßangeben im Layout und ihre Funktion im Planungsprozess – Beispiele

Der MTA-Projektant muss beim Layout auch die im Bauwesen geltenden Maßtoleranzen kennen. Dazu wird auf DIN 18202 verwiesen und auf die besonders für Autorenkontrolle und Bauabnahme nützlichen Baustellenhandbücher [6.16].

**Sinnfälligkeit von Bezugslinien**

- Maschinenachse oder -außenfläche (z. B. Maße 2100, 1325, xMG1), je nach Gutstromverkettung oder Montageanforderung wählbar
- Stützenachse besser als -außenkante, da Stützenfluchtlinie baustatisch bedeutsamer
- Stützenfluchtlinie besser als Innenfläche Außenwand (im Etagenbau nehmen Außenwandbreite und Stützendimension mit steigender Geschosszahl ab), besonders bedeutsam bei Anlagen mit vertikaler Ausrichtung über mehrere Etagen (Stützenachsen baustatisch in vertikaler Fluchtlinie)
- Standort- oder funktionell bedingte Bezugslinien, letztere für das Zusammenspiel der MTA bedeutsam.

### 6.5.4 Weitere Standortfaktoren im Überblick

Zu weiteren in der Fabrikplanung behandelten Standortfaktoren der Layoutplanung wird verwiesen auf: [1.18, 6.1, 6.2, 6.6, 6.7]. Im Folgenden erhält der MTA-Projektant zu *wichtigen Spezialgewerken*, mit denen er in den Planungsphasen in Verbindung kommen kann, Hinweise auf einschlägige Quellen (Auswahl).

**Flussgestaltung und Flussoptimierung** Für den Stoff-, Personen-, Energie- und Informationsfluss sind bedeutsam:

- Gestaltung und Einordnung in das Betriebslayout [6.2], VDI 5200
- Gestaltung der Koppelstellen zum Umfeld [6.17]
- Softwarelösungen der Fabrikplanung [6.18], VDI 3633.

**Transport-, Umschlag- und Lagermittel**

- Entscheidungshilfen zur Auswahl geeigneter TUL-Mittel unter Beachtung bauwerksrelevanter Einflussfaktoren [1.12, 2.5]
- Belastungsgrenzen für manuelles Heben und Ziehen von Lasten [6.19, 6.20].

**Verkehrswege**

- Anordnen von Türen und Toren, Breite und lichte Höhe von Wegen für Fahr- und Personenverkehr [6.4, 6.21]
- Vorschriften und Regelungen in Bauordnungen für den Gefahrenfall [6.14, 6.22], DIN 4066, DIN 4844, DIN 14011.

**Haus- und Versorgungstechnik**

- Haus- und Versorgungstechnik (HVT), deren Installationsführung und Einordnung spezifischer HVT-Anlagen in den zu Grunde liegenden Maschinenaufstellungsplan [6.16, 6.23]
- HVT als möglichst flexibel zu gestaltende Spezialgewerke [6.24].

**Beleuchtung und Sichtbeziehungen**

- Beleuchtungsanlagen für Arbeitsplätze und Allgemeinbeleuchtung sollen mit den Umgebungsbedingungen optimale Beleuchtungsverhältnisse gewährleisten [6.24]
- Sichtbeziehungen im Raum (zu anderen Arbeitsplätzen) und nach außen (Fenster, Türen) dienen der Verbindung des Menschen zur Umwelt [6.4].

**Sicherheit, Brandschutz, Explosionsschutz**

- Arbeitsstätten-VO [6.14], Arbeitsschutzgesetz [6.25], Betriebssicherheits-VO [6.26], Gefahrstoff-VO [6.27], DIN EN 1127 und DIN 18230 enthalten grundlegende Anforderungen an Arbeits-, Brand- und Explosionsschutz
- Abschn. 7.2.4.6 nennt weitere Vorschriften
- Bauordnungen der Länder können darüber hinaus spezifische Anforderungen des Brand- und Explosionsschutzes vorschreiben.

## 6.6  Beispiele

### 6.6.1  Vorprojekt einer Verpackungsanlage für Hartkaramellen – Teil 2

Dieses in Abschn. 5.5.1 angearbeitete Beispiel wird nun fortgesetzt.

**5 Gestaltung**  Auf Basis des gegebenen Raumes (Abb. 6.2, Abschn. 6.2.1) und der Groblayout-Vorzugsvariante II (Abb. 6.12, Abschn. 6.4.5.2) werden im Ergebnis der Layout-Erarbeitung folgende *Gestaltungslösungen* dargestellt:

- Gesamtansicht der Verpackungsanlage im Grundriss: Abb. 6.19
- Seitenrisse mit Höhenprofil ausgewählter Förderer: Abb. 6.20
- Bauangaben zu Einhausung und Wanddurchbrüchen: Abb. 6.21
- Lagerflächen für Packstoffe und weitere Angaben zu Spezialgewerken: Abb. 6.22.

## 6.6 Beispiele

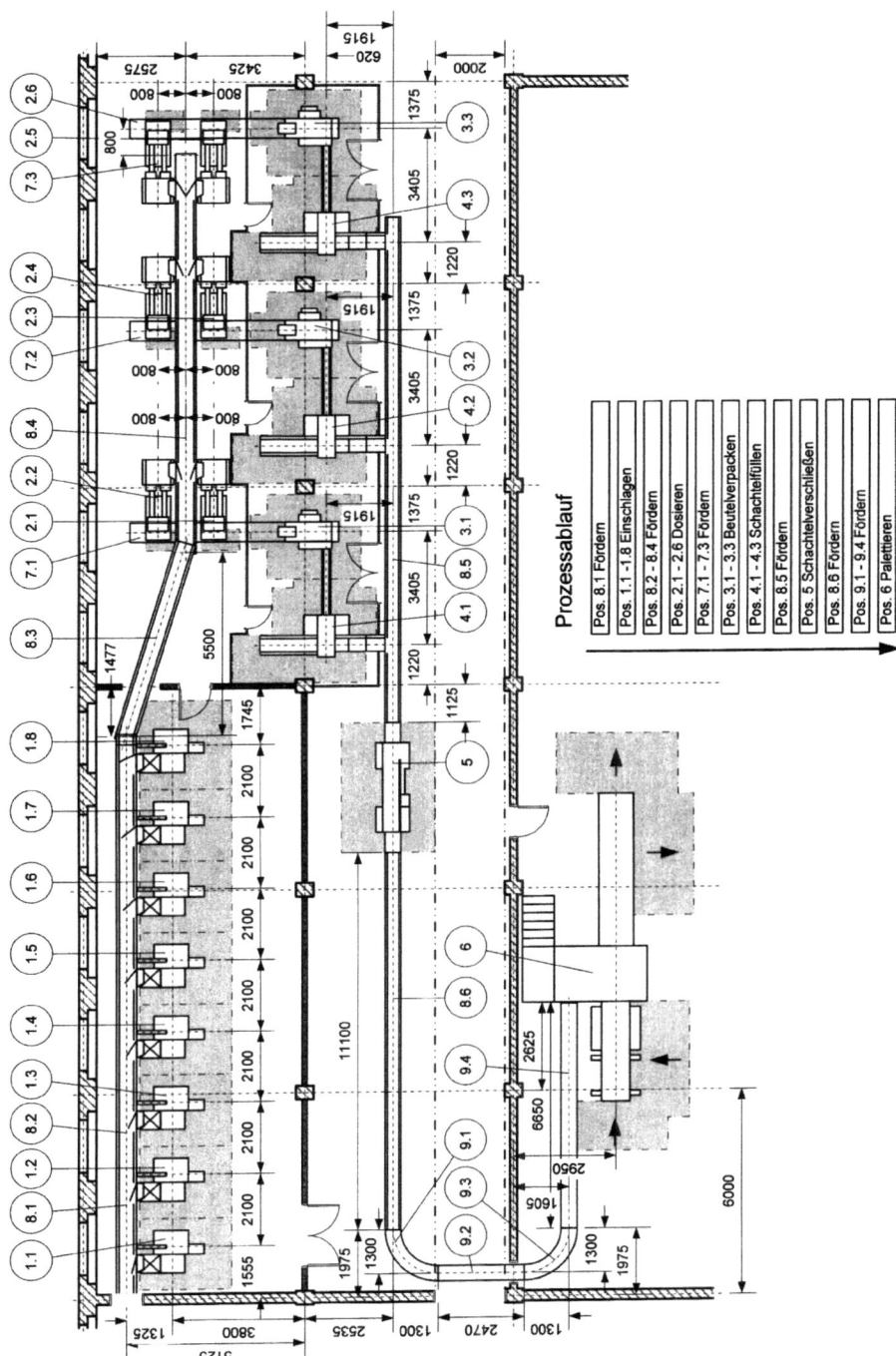

**Abb. 6.19** Aufstellungsplan (Layout) der Verpackungsanlage (Maße in mm)

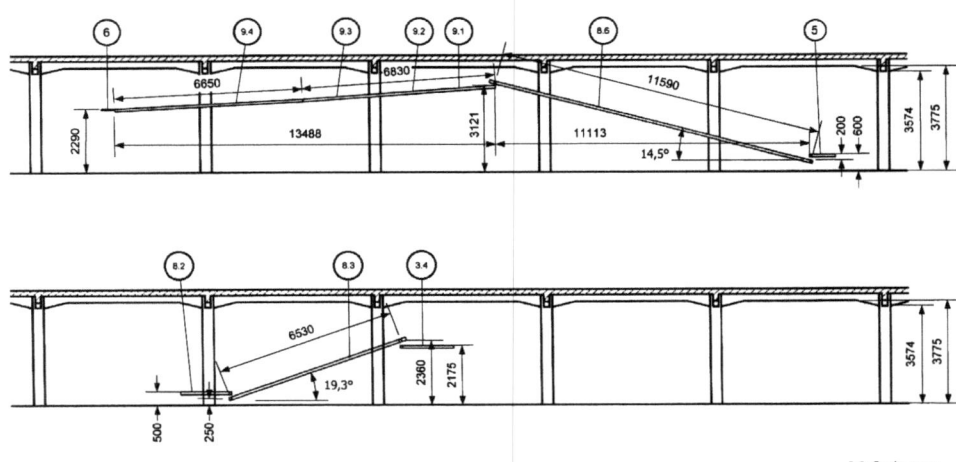

**Abb. 6.20** Höhenprofil ausgewählter Förderer

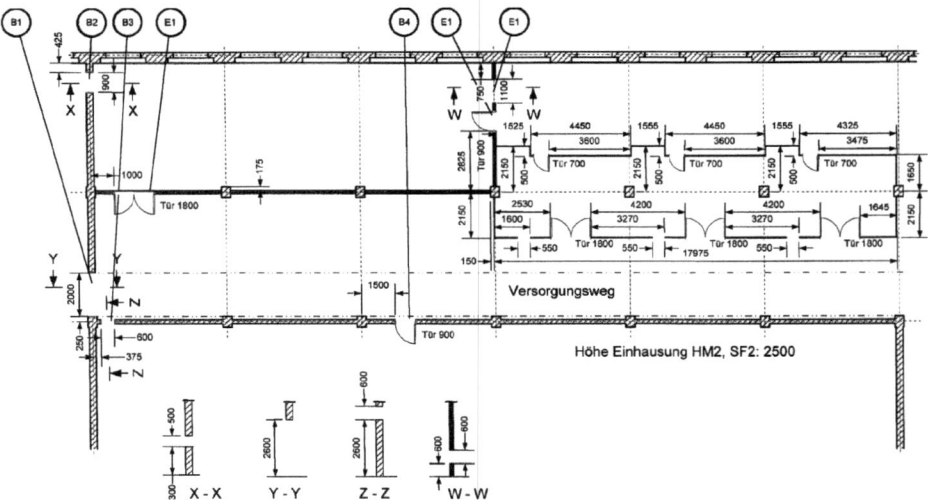

**Abb. 6.21** Bauangaben zu Einhausung und Wanddurchbrüchen

Weitere, mit den Gestaltungslösungen erarbeitete bzw. angearbeitete Dokumente sind insbesondere:
- Beschreibung des Gutdurchlaufes, dient auch dem besseren Verständnis des Layouts
- Ausrüstungslisten, auszugsweise in Tab. 6.3 und 6.4
- Aufgabenstellungen für Spezialgewerke; hier nur zum Gewerk *Bau* (Abb. 6.21 und 6.22).

6.6 Beispiele

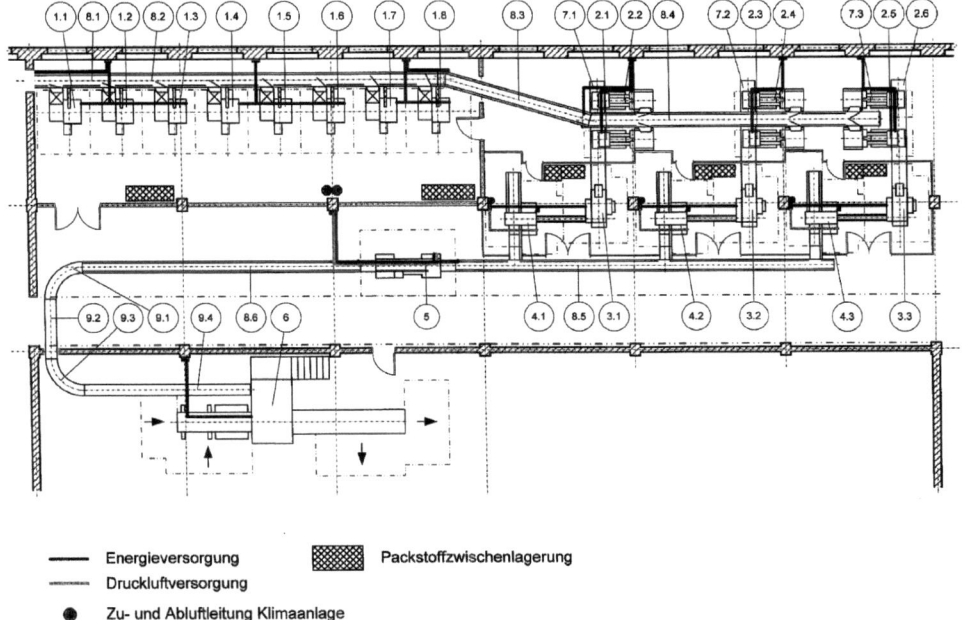

— Energieversorgung   ▓▓▓ Packstoffzwischenlagerung
----- Druckluftversorgung
● Zu- und Abluftleitung Klimaanlage

**Abb. 6.22** Lagerflächen für Packstoffe und Angaben für Spezialgewerke – Auszug

**Tab. 6.3** Auszug aus Ausrüstungsliste 1 – Maschinen

| Position | Anzahl | Bezeichnung | Hinweise |
|---|---|---|---|
| 1.1 | 1 | Einschlagmaschine EL 3 – A2 | |
| 1.2 | 1 | Einschlagmaschine EL 3 – A2 | |
| ... | | | |
| 1.8 | 1 | Einschlagmaschine EL 3 – A2 | |
| ... | | | |
| 4.1 | 1 | Füllmaschine EF 2 – EL | mit Übergabeförderer TOE 1 |
| ... | | | |
| 6 | 1 | Palettiermaschine TWA 3 – B1 | mit Leerpalettenmagazin und Palettenrollenbahn |

*Hinweise zum Layout*

- Für die Maschinen der Prozesse 1 und 3 sind Einhausungen zur Gewährleistung raumklimatischer Betriebsbedingungen vorgesehen (Abb. 6.21).
- Anordnung der Maschinengruppen 1 bis 3 und Einhausungen lassen An- und Abtransport einer kompletten Maschine ohne Verschieben anderer Maschinen oder Demontage

**Tab. 6.4** Auszug aus Ausrüstungsliste 2 – Förderer

| Position | Anzahl | Bezeichnung | Hinweise |
|---|---|---|---|
| … | | | |
| 8.4 | 1 | Gurtbandförderer | Achsabstand 11790 mm |
| 8.4.1 | 1 | Antriebsstation 1 BEF 400-0,25 TGL 47-540 | inklusive Gurtband |
| 8.4.2 | 1 | Spannstation B 400 × 20 TTGL 47-541 | |
| 8.4.3 | 5 | Zwischenstück B 400 × 1980 TGL 47-542 | |
| 8.4.4 | 1 | Zwischenstück B 400 × 1300 TGL 47-542 | |
| 8.4.5 | 3 | Rutsche C 400 × 30 TGL 47-550 | |
| 8.4.6 | 3 | Rutsche D 400 × 30 TGL 47-550 | |
| 8.4.7 | 3 | Abgabestation BEG 400 × 180 TGL 47-544 | |
| 8.4.8 | 7 | Stützwinkelpaar E TGL 47-546 | inklusive Stabaufhängung |
| … | | | |

von Einbauten zu. So ist ein Maschinenaustausch bei Ersatzinvestition oder GR kurzzeitig möglich. Bandförderer 8.5 ist deshalb verfahrbar aufgestellt.
- Neben Freiflächen für Bedienung, Reinigung und Instandhaltung sind Lagerflächen für Packstoffe und andere Hilfsmittel an den Maschinengruppen vorgesehen (Abb. 6.22).
- Für die Montage sind in Abb. 6.20 für ausgewählte Förderer die Höhenverhältnisse mit Richtmaßen angegeben. Höhenmaße verstehen sich von OK Boden bis OK Guttragmittel (Band, Rollenbahn), Achsabstandsmaße der Bandförderer von Antriebs- bis Spanntrommel.

**6 Beschreibung des Gutdurchlaufes** Beispiel für Kurzbeschreibung/Erläuterungsbericht gemäß Abb. 2.4 bzw. 7.2:

Die ungewickelten Karamellen werden von Bandförderer 8.1 über Abstreicher den Aufnahmespeichern der Einschlagmaschinen 1.1 bis 1.6 (EL 3) – bei Bedarf den Reservemaschinen 1.7, 1.8 – zugeführt. Die verpackten Karamellen werden über unteren Bandförderer 8.2, Höhenförderer 8.3 und Förderer 8.4 zu den Aufnahmespeichern der Maschinen 2.1 bis 2.6 (DW 4) transportiert.

Die dosierten Mengen gelangen über die Becherförderer 7.1 bis 7.3 (TCD 1) zu den Maschinen 3.1 bis 3.3 (HM 2), welche die fertigen Beutel den Maschinen 4.1 bis 4.3 (SF 2) zuführen. Diese übergeben die gefüllten Schachteln dem Bandförderer 8.5 zum Transport zur Verschließmaschine 5 (SV 1).

Nach dem Höhenförderer 8.6 laufen die Schachteln durch Schwerkraft über die Scheibenrollenbahnen 9.1 bis 9.4, die gleichzeitig als Speicherstrecke dienen, zur Palettiermaschine 6 (TWA 3). Gabelstapler beschicken diese Maschine mit Leerpaletten und transportieren die Palettenladungen ins Versandlager.

## 6.6 Beispiele

**7 Aufgabenstellungen für Spezialgewerke** Aus Platzgründen erfolgen hier nur Angaben zum Spezialgewerk *Bau*. Die zu Grunde liegende Studienarbeit [5.2] enthält auch Aufgabenstellungen für die Gewerke *Elektrik* (Antriebsenergien nach Art und Bedarf), *Steuerung* (z. B. Vorrangschaltung der Schachteln auf dem Förderer 8.5 zur Kollissionsvermeidung) und *Klimatisierung* (entsprechend präzisierter AST geforderte Bedingungen), auf deren Darstellung hier verzichtet wird.

*Aufgaben am Baukörper und vorgesehene Einhausungen*
- In Abb. 6.21 genannte Wanddurchbrüche sind herzustellen:
  - Durchgang B 1 zum Verkehrsweg für Fahr- und Personenverkehr
  - Durchbrüche B 2 und B 3 für Förderer
  - Türdurchbruch B 4 als Verbindung zwischen Haupt- und Nebenraum.
- In der gesamten Hauptfläche ist der Fußboden mit einem entsprechend den Vorschriften für Lebensmittelbetriebe geltenden abriebfesten Belag zu versehen, der auch Transporte mit Gabelstapler und Gabelhubwagen mit Verkehrslasten bis 15 kN/m$^2$ zulässt.
- Die MTA sind ohne zusätzliche Fundamente direkt auf dem Fußboden aufgestellt, manche Förderer an der Decke abgehängt. Im Lieferumfang sind Befestigungsmittel als Montagehilfsmittel enthalten.
- Dargestellte Einhausungen sind herzustellen, vorzugsweise in Trockenbau. Für die Gruppe der Einschlagmaschinen EL 3 und die drei Gruppen HM 2/SF 2 sind unterschiedliche klimatische Anforderungen zu erfüllen (Betriebsbedingungen präzisierter AST: Abschn. 5.5.1).

Abbildung 6.22 zeigt vorgesehene Lagerflächen für Packstoffe. Über die vorgeschlagene Leitungsführung für Energie und Klimatisierung haben die Spezialprojektanten noch zu befinden.

**8 Ausrüstungslisten** Die in Abschn. 5.5.1 dimensionierten und strukturierten Ausrüstungen liegen nach der räumlichen Gestaltung der Anlage nun auch in ihrer *räumlichen Konfiguration* fest.

Die Maschinen sind in *Ausrüstungsliste 1* gruppenweise mit genauer Bezeichnung aufgelistet, die Förderer in *Ausrüstungsliste 2* (auszugsweise in Tab. 6.3 bzw. 6.4). Alle Maschinen und Förderer sind als Erzeugnis mit eigener Positions-Nr. bezeichnet. Diese Positions-Nr. übernimmt der Betreiber in seine *Erzeugnis-Lebensdauer-Datei*, auch als Kommunikations-Grundlage mit dem Lieferer/Hersteller für Service- und Ih-Leistungen.

Sind in Abschn. 5.5.1 bisher nur die Typenbezeichnungen angegeben (Tab. 5.3), so bezeichnen nun die Zusatz-Zeichen die Maschine in ihrer genauen Spezifikation gemäß technologischer Funktion und räumlicher Gestaltungsvariante.

DW 4/TCD 1/HM 2 stellen einen Projektbaustein dar, der standardmäßig diese räumliche Zuordnung (je zwei DW 4 für eine HM 2) vorsieht. Davon abweichende Konfigurationen wären als Sonderlösungen in der Ausrüstungsliste zu kennzeichnen.

Modular konzipierte Förderer sind *baugruppenweise* komplett aufzulisten. So enthält der Gurtbandförderer Position 8.4 (Tab. 6.4) neben den Grundbaugruppen zusätzliche Koppelelemente (Rutschen, Abgabestationen) zur Verkettung mit den Bausteinen DW 4/TCD 1/HM 2.

**9 Abschließende Hinweise zu diesem Anlagenbeispiel** Diesem Beispiel liegen Maschinen und Förderer älterer Bauart zu Grunde. An diesen Ausrüstungen sind typische Projektierungstätigkeiten in den Planungschritten Dimensionieren, Strukturieren und Gestalten dargestellt. Die auszugsweise wiedergegebenen Inhalte der Studienarbeit enthalten verallgemeinernde methodische Hinweise des Autors.

Dazu in den Gegensatz gestellt ist das folgende Beispiel einer modernen Hochleistungs-Verpackungs-anlage (Abschn. 6.6.2), reduziert auf das Vereinzeln der kleinstückigen Güter nach der Herstellanlage und das Einzelverpacken.

### 6.6.2 Hochleistungs-Verpackungssystem für kleinstückige Güter

Für das in Abb. 2.11, Abschn. 2.5.2 dargestellte Verkettungsbeispiel zeigt Abb. 6.23 eine *Gestaltungslösung* für Verpackungsmaschinen in Parallelschaltung mit fünf Betriebsma-

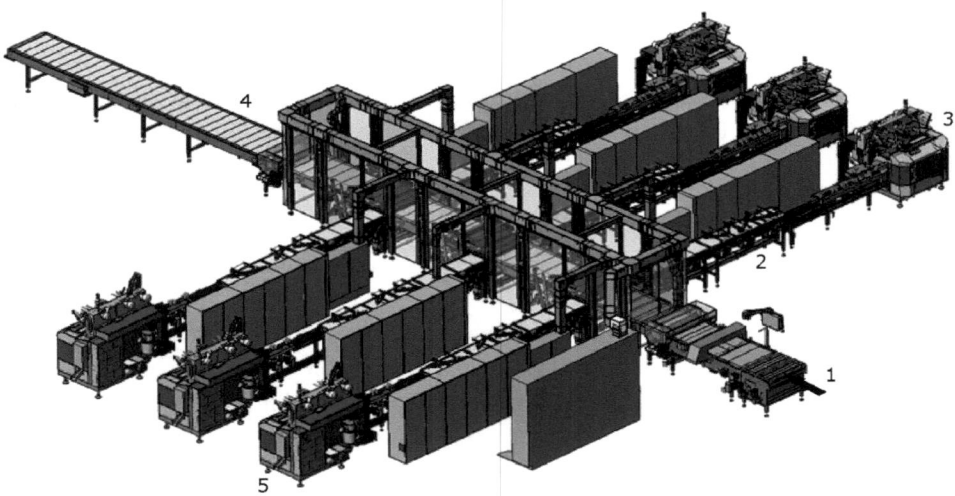

1 Vereinzelungsstation
2 Verteil- und Zuführsystem (mit Schaltschränken für Antriebs- und Steuerungstechnik)
3 Verpackungsmaschinen (rechte Reihe)
4 Speichersystem (hat Durchlauf- und Rücklaufspeicherfunktion)
5 Verpackungsmaschinen (linke Reihe)

**Abb. 6.23** Gestaltungslösung eines Verpackungssystems am Beispiel THEEGARTEN-PACTEC [1.25]

schinen und einer Reservemaschine, die sich in warmer Redundanz befindet (siehe auch Abschn. 5.1.2.3 und 8.3.2).

Dieses vollautomatisch arbeitende Maschinensystem verpackt z. B. gegossene Schokoladenartikel in Einzeleinschlag – Buncheinschlag – bei einer Produktivität im Normalbetrieb von bis zu 4500 Produkte pro Minute. Das hier zu Grunde liegende Gutverteil- und Zuführsystem mit kombiniertem Störungs- und Ausgleichsspeicher ermöglicht die Erweiterung auf 14 Verpackungsmaschinen, wovon sich dann jeweils zwei in Reserve befinden. Diese erweiterte Version liefert im Normalbetrieb bis zu 10.800 Produkte pro Minute.

Das durch Sensortechnik überwachte und gesteuerte Maschinensystem erreicht nach Herstellerangaben eine Zeitverfügbarkeit von mindestens 99,7 %. Diese außerordentlich hohe Verfügbarkeit wird insbesondere durch die Reservemaschine/-maschinen in Verbindung mit dem als Durchlauf- *und* Rücklaufspeicher arbeitenden Speicher ermöglicht.

# Anlagenrealisierung 7

## 7.1 Projektmanagement der Realisierung

Auf die Vorbereitungsphase des Investitionsvorhabens *Verarbeitungsanlage,* die mit dem Verbindlichen Angebot bzw. Vorprojekt endet, folgt nun die Realisierungsphase mit Ausführungsplanung und allen weiteren Aktivitäten bis zum Abschluss des Vorhabens.

Für die Erarbeitung der *technischen Ausführungsdokumente* muss der Projektträger über ingenieurtechnisches Fachwissen und Können, d. h. *Engineering* einschließlich *Know-how* auf entscheidenden Gebieten (neue Verfahren, hochproduktive Maschinen) verfügen, möglichst so umfassend, dass den potentiellen Interessenten einer Branche auch *Komplettlösungen aus einer Hand* angeboten und geliefert werden können.

Die Aktivitäten der Realisierungsphase erstrecken sich von der Projektleitung als *technisch-wirtschaftliche Organisationsaufgabe* über Vertragsgestaltung, Beachtung gesetzlicher Grundlagen, Basic- und Detail-Engineering bis zu Montage und Inbetriebnahme.

**Organisation der Ausführungsplanung** Zur Weiterführung des in den vorangegangenen Planungsphasen vorbereiteten Vorhabens hat die Geschäftsleitung des Projektträgers *grundsätzliche Festlegungen* zu treffen, die eine effektive Ausführungsplanung sowie die materielle, kapazitätsmäßige, terminliche und finanzielle Projektabwicklung gewährleisten. Dazu gehören:

1. Berufung einer *Projektleitung* (Projektleiter, Projektteam): Neuberufung oder – wenn eine solche schon aus den vorangegangenen Planungsphasen existiert – personelle Anpassung an die Anforderungen der Realisierungsphase
2. Festlegung eines *Verantwortlichen* für die *materielle* Realisierung und – bei größeren Vorhaben – eines *Baustabes*
3. Entscheidungen zur *Projektorganisation* für die Dauer der Projektabwicklung (Abläufe und grundsätzlich wahrzunehmende Aufgaben: Abschn. 1.5 und 1.6 sowie ANLAGE 2.1).

*Weitere wesentliche Festlegungen* zu Beginn der Realisierungsphase betreffen nach [1.17]:

4. Erstellung und Einreichung von Genehmigungsanträgen (Bauanträge, Anträge zur Abfallbeseitigung, ...) und Einholung von Gutachten und Genehmigungen
5. Erstellung von *Bedarfslisten*, basierend auf Ausrüstungslisten und Leistungsverzeichnissen mit Angabe von Liefer- und Montageterminen sowie Beschaffungs- und Installationskosten
6. Erarbeitung von *Ausschreibungen* und Einholung von Angeboten (sowie deren Vergleich, Bewertung, Auswahl) für Ausrüstungen, Bau- und Montageprozesse, Hard- und Software, Engineering unter Beachtung erforderlicher Zeitabläufe
7. *Auftragsvergabe* (Zuschlagserteilung, Vertragsgestaltung) für Lieferungen und Leistungen
8. *Montageplanung* (Baufreiheit, Baustelleneinrichtung, Ausrüstungsmontage)
9. *Technisch-organisatorische Arbeitskomplexe*, z. B. Neueinführung, Veränderung oder Anpassung von Organisationssystemen (PPS, Leitstandstechniken, BDE-Systeme)
10. Planung von *Produktionsanlauf* und *Personalaufbau* sowie *Information* aller Beteiligten zum Vorhaben
11. Projektablaufplanung mit:
    - Strukturierung der Leistungsinhalte: Bildung inhaltlich definierter Arbeitspakete (Aktivitäten, Gewerke) mit zeitlicher Zuordnung (Meilensteinbildung) und Zuordnung zu Projektphasen (Ausschreibung, Montage, ...)
    - Ablaufplanung: Analyse der funktionell und zeitlich bedingten Aufeinanderfolge (Vernetzung) der Arbeitspakete (Ablaufstruktur)
    - Zeit- und Terminplanung: Ermittlung der Vorgangsdauer der Arbeitspakete, Terminberechnungen, Ableitung von Pufferzeiten, Engpassterminen, kritischen Wegen
    - Kapazitätsplanung: Zuordnung von Kapazitäten zu Arbeitspaketen in zeitlicher Abstimmung (iterative Termin- und Kapazitätsabstimmung)
    - Kosten- und Finanzbedarfsermittlung: Bestimmung der Kostenentwicklung aus terminisiertem Kapazitätseinsatz und daraus folgender terminbezogener Finanzbedarf unter Beachtung der Budgetierung.

**Inhalte der Realisierungsphase** Die Planungsstrategie Abb. 2.2, Abschn. 2.1.1 legt für diese Phase als wesentliche Inhalte bis zur Inbetriebnahme der Anlage fest:

1. *Ausführungsplanung* mit dem Ergebnis: Ausführungsprojekt mit allen Planungsdokumenten bis zum Vorhabensabschluss
2. *Durchführung* aller zur Realisierung des Vorhabens erforderlichen materiellen und immateriellen Leistungen.

Die Ausführungsplanung kann als aufwändigste Planungsphase nach [2.2] 8 bis 15 % des Investitionsvolumens beanspruchen, da nun die gesamte weitere Realisierung des Vorha-

## 7.1 Projektmanagement der Realisierung

bens bis zur nutzungsreifen Übergabe an den Betreiber zu planen ist. In dieser Planungsphase sind neben den Darstellungen zur Anlage (Feinlayout, Wirtschaftlichkeitsberechnungen, ...) auch die weiteren Leistungen der Realisierung in entsprechenden Dokumenten zu planen. Dazu dienen Beschaffungs-, Zeitablauf-, Kosten-, Finanz-, Montagepläne und Ablauf-Kontrollpläne.

Sind die Planungsarbeiten mit der *Projektabschlussprüfung* und der *Projektverteidigung* vor dem AG erfolgreich beendet, besteht die weitere Aufgabe des Projektteams in der *Mitwirkung während der materiellen Realisierung*. Diese Aktivitäten in den weiteren Realisierungsetappen betreffen dann im Wesentlichen:

- Qualitätssicherung durch *Autorenkontrolle*: Kontrolle der materiellen Ausführung
- Änderungsdienst: Behebung erkannter Fehler, Berücksichtigung neuerer Erkenntnisse.

**Abläufe und Informationsbeziehungen** Abbildung 7.1 veranschaulicht am Beispiel der Lieferung einer Anlage – auf das Wesentliche reduziert – das vom Projektträger in der Realisierungsphase zu organisierende Zusammenspiel der am Vorhaben Beteiligten und die zu durchlaufenden Realisierungsetappen:

Für seine zu erbringenden materiellen Leistungen bezieht der AN als Anlagenlieferer sowohl interne Kapazitäten als auch externe Nachauftragnehmer – Zulieferer – für alle nicht selbst bereitzustellenden Ausrüstungen ein.

Der AG als Anlagenbetreiber benennt einen *Beauftragten* für das Vorhaben, der als Ansprechpartner nach außen seine Interessen bis zur Übernahme der Anlage wahrnimmt und auch erforderliche Mitwirkungshandlungen (z. B. bei Montage) organisiert.

*Grundlage des Handelns* des Projektteams sind das vom Projektmanagement festgelegte *allgemeine Aufgabenspektrum* (Abschn. 1.5 und 1.6) und die im Liefer- und Leistungsvertrag vereinbarte *konkrete Leistungserbringung* (Kap. 11, insbesondere Abschn. 11.3, 11.7).

Welche Aufgabenvielfalt im Rahmen eines größeren Vorhabens allgemein wahrzunehmen ist, bzw. an welchen Aufgaben das Projektteam mitzuwirken hat, zeigen auch die Leistungsphasen 4 bis 9 des Leistungsbildes Technische Ausrüstung der HOAI (ANLAGE 2.1, Abschn. 2.1.1). Es werden nicht immer *alle* diese Aufgaben bei *einem* Vorhaben vorliegen. Der Aufgabenumfang hängt wesentlich von der Komplexität der Aufgabe (siehe Grundfälle der Projektierung, Abschn. 2.1.2) und vorliegendem Vorbereitungsstand ab. Einfluss auf Aufgabenvielfalt und Arbeitsaufwand hat auch der *Verantwortungsrahmen*, in welchem der Projektträger auftritt:

Als AN einer Teilanlage, als HAN einer kompletten Anlage, als GAN eines Produktionsabschnittes/einer ganzen Fabrik oder auch nur als NAN eines anderen AN. Das Management des Projektträgers muss auf alle in seinem Geschäftsinteresse liegenden Fälle vorbereitet sein.

**Planungsaufwand in der Ausführungsphase** Für die *Vorkalkulation des Planungsaufwandes* in der Ausführungsphase nennt z. B. [2.2] die in Tab. 7.1 dargestellten Prozentwerte als durchschnittliche Erfahrungswerte für Industrieprojekte, die für die Aufschlüsselung

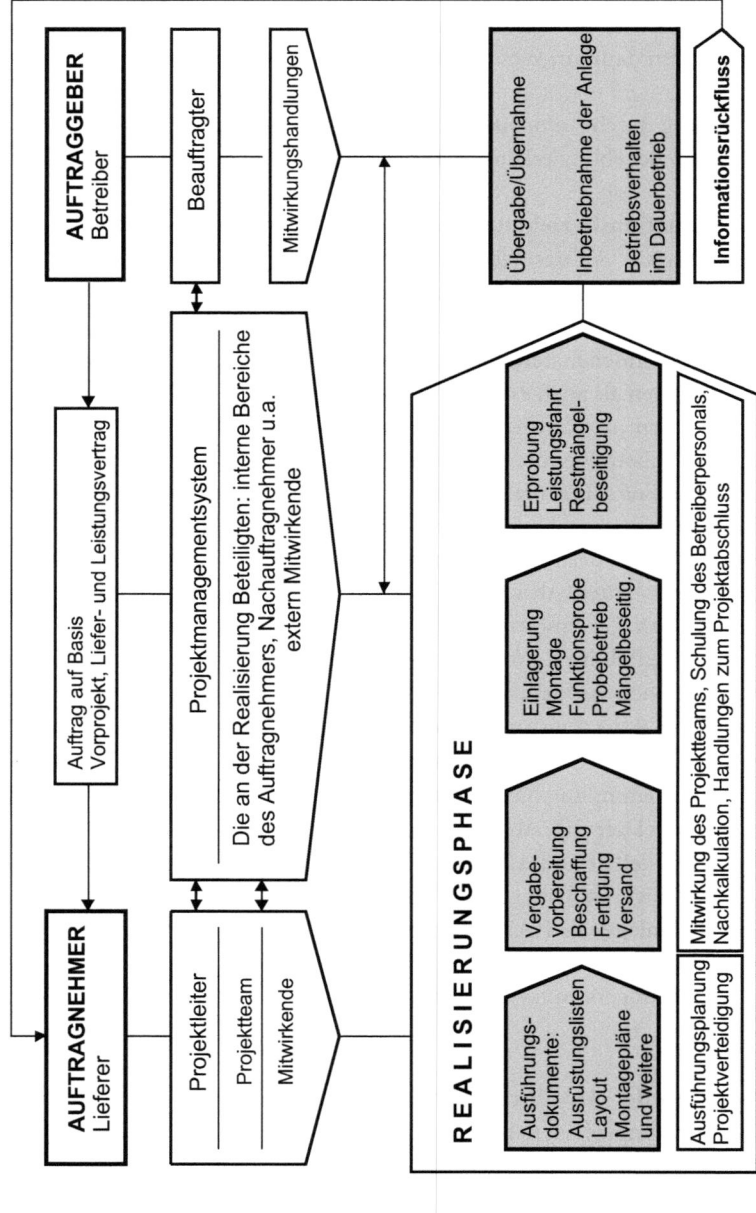

**Abb. 7.1** Abläufe und Informationsbeziehungen in der Realisierungsphase

## 7.1 Projektmanagement der Realisierung

**Tab. 7.1** Planungsanteile der Ausführungsplanung von Industrieobjekten nach [2.2]

| Industrieprojekte (ohne Bauplanung) | | % | Bauprojekte | | % |
|---|---|---|---|---|---|
| 1 | Vorbereitung der Ausführ-Planung | 5 | 1 | Grundlagenermittlung | 3 |
| 2 | Vorbereitung der Bauplanung | 4 | 2 | Projekt- und Planungsvorbereitung | 7 |
| 3 | Detailplanung I: Ausschreibungen/Bestellungen | 25 | 3 | System- und Integrationsplanung | 11 |
| 4 | Detailplanung II: Koordinierung | 15 | 4 | Genehmigungsplanung | 6 |
| 5 | Montageplanung | 5 | 5 | Ausführungsplanung | 25 |
| 6 | Montageleitung | 20 | 6 | Vorbereitung der Vergabe | 10 |
| 7 | Inbetriebnahme, Anschlussarbeiten | 6 | 7 | Mitwirkung bei der Vergabe | 4 |
| | Projektmanagement | 20 | 8 | Bauüberwachung | 31 |
| | | | 9 | Objektbetreuung, Dokumentation | 3 |
| | Detailplanung total | 100 | | Bauplanung total | 100 |

der einzelnen Tätigkeitsarten dienen können. Damit kann der für diese Phase vorzuplanende Gesamtaufwand (genannte 8 bis 15 % vom Investitionsvolumen, falls dieses bereits annähernd bekannt) auf Projektteam und einzubeziehende Bereiche des Projektträgers aufgeschlüsselt werden. Weiteres dazu in Kap. 10. Es sei dahingestellt, ob diese Relationen heute noch haltbar sind; grobe Orientierung können sie aber auch für Vorhaben der VAT sein.

Hauptakteur ist das Projektteam, das in der Ausführungsplanung interne Bereiche (kaufmännische, technische, ...) und externe Mitwirkende (Behörden, ...) einbezieht und mit den Ausführungsdokumenten die materielle Realisierung (Beschaffung, Fertigung usw.) sowie die weiteren immateriellen Leistungen (Schulung des Betreiberpersonals, ...) planmäßig vorbereitet und in der weiteren Projektabwicklung mitwirkend begleitet.

Bei der Realisierung einer Anlageninvestition sind die *zeitlich aufeinanderfolgenden Realisierungsetappen*, die sich aus unterschiedlichen Gründen (schrittweise Realisierung von Teilprojekten, Parallelarbeit zur Zeitverkürzung) überlappen, wie folgt zu unterteilen:

1. Ausführungsplanung, dokumentiert im Ausführungsprojekt (Abschn. 7.2)
2. Etappen der materiellen Realisierung (Abschn. 7.3)
3. Immaterielle Leistungen des AN (Abschn. 7.4)
4. Vereinbarungen zu Nachkontakten (Abschn. 7.5).

## 7.2 Ausführungsplanung und Ausführungsprojekt

### 7.2.1 Präzisierung der Aufgabenstellung

Mit dem bestätigten Angebot bzw. Vorprojekt liegt die Aufgabe im Wesentlichen fest. Festgelegt sind bisher solche Inhalte wie:

1. Verarbeitungsaufgabe: Verfahren, Verarbeitungsgüter (VG), herzustellende Produkte
2. Betriebsbedingungen beim AG: räumliche, raumklimatische, organisatorische
3. Ausrüstungen zur Realisierung der Verarbeitungsaufgabe in noch nicht durchgehend detaillierter Spezifikation des AN:
    - Hauptausrüstungen nach Typ, Größe, Konfiguration, *weitgehend* detailliert
    - Verkettungstechnik, für die Kaufentscheidung des AG *hinreichend* spezifiziert
4. Anlagenstruktur gemäß Layout-Entwurf und entscheidende bauliche Bedingungen
5. Prinzipielles Steuerungs- bzw. Automatisierungskonzept und dessen Einbindung in die Infrastruktur des Betreibers
6. Grobaussage zu Personal- und Energiebedarf
7. Grobaussage zu Arbeits-, Brand-, Umweltschutz
8. Finanzielle, zeitliche, organisatorische und kommerzielle Rahmenbedingungen:
    - Kosten-Obergrenzen oder Vorkalkulationskosten, Pauschalkosten je Leistungseinheit
    - Grobaussage zu Lieferfristen bzw. Lieferzeiträumen
    - Entscheidende Montagebedingungen und Mitwirkungshandlungen des AG.

**Aufgabenstellung noch aktuell?** Zwischen Angebots-Aufgabenstellung (AST) und Ausführungsplanung kann *längere Zeit* vergangen sein. Der Projektant sollte eine aus der Angebotsphase vorliegende AST *immer auf Aktualität überprüfen*; je präziser die AST, desto größer die Sicherheit für den weiteren Projektierungsprozess. Erfährt die Aufgabe keine wesentlichen Änderungen, ist davon auszugehen, dass mit bestätigtem Vorprojekt keine *größeren* Risiken vorliegen. Es sollten aber *Fragen zur Aktualität* der AST gestellt werden wie:

1. Hat der AG neue Erkenntnisse zur Verarbeitungsaufgabe und möchte er diese berücksichtigt haben? Es könnten geänderte Guteigenschaften einzubeziehen sein, da evtl. auch andere Herkunftsländer in Betracht kommen (besonders bedeutsam bei Naturprodukten). Es können neue Verfahrensvarianten dazukommen, resultierend aus technischem Fortschritt und geänderten Marktbedingungen bezüglich der herzustellenden Produkte.
2. Liegen dem AN neue Erkenntnisse zur besseren Realisierung der Verarbeitungsaufgabe vor und sollte er diese noch berücksichtigen? Günstigere Maschinenbau-Erzeugnisse und neuere wissenschaftlich-technische Ergebnisse können dies ermöglichen.

3. Ergeben sich neue, günstigere räumliche Bedingungen? Der AG kann neuere Vorstellungen haben, was besonders bei kompliziert strukturierter Altbausubstanz und im Zusammenhang mit bereits bestehenden Anlagen nicht selten der Fall ist.
4. Sind bisherige Baubestandszeichnungen aktuell, vor allem vollständig revidiert? So können nachträglich vorgenommene Einbauten wie Energietrassen, Absaugkanäle oder Umbauten nicht eingezeichnet sein. Im Zweifelsfall sollte sich der MTA-Projektant selbst vor Ort informieren bzw. die Baubestandsunterlagen vom AG ausdrücklich für verbindlich erklären lassen!
5. Sind die zu Grunde gelegten Vorschriften und Bestimmungen aktuell?
6. Bei neuem Verarbeitungsverfahren, das ein älteres ablösen soll:
Ist das neue Verfahren tatsächlich ausgereift? Wenn nicht, sollte eine alternative Betriebsmöglichkeit mit vorgesehen werden, um die Produktion in jedem Fall zu gewährleisten. Dies kann in älteren Betrieben dadurch möglich sein, dass noch vorhandene, konventionelle Technik eine Zeitdauer weitergenutzt wird.

In der VAT vollzieht sich der technische Fortschritt infolge der unterschiedlichsten VG und der oft dem Modetrend unterworfenen Produkte besonders dynamisch. Einerseits sind bewährte und sichere Lösungen anzustreben, andererseits verlocken neueste Erkenntnisse zu deren Einbeziehung, um die Anlage so modern wie möglich zu gestalten. Daraus resultieren vor allem die Fragen 1, 2 und 6.

Im Ergebnis der Aufgabenpräzisierung ist zu unterscheiden zwischen *weiter detaillierten Bedingungen* und *Änderungen*. Erstere liegen im Interesse des Projektanten, letztere können den Leistungsumfang des AN positiv oder negativ beeinflussen mit vertraglichen Folgen (Vertragsnachträgen):

- *Mehraufwand*, z. B. vereinbarter Einsatz kostenintensiverer Maschinentechnik, erhöht Lieferpreis und kann zu späterem Liefertermin führen.
- *Minderaufwand*, z. B. infolge einfacherer räumlicher Bedingungen, kann den Leistungspreis senken.

Letzteres sollte der AN möglichst vermeiden, indem er anderen Aufwand dem AG als Kompensation begründet gegenrechnet, denn erfahrungsgemäß trägt er – bedingt durch Preis- und Zeitdruck – immer ein technisches und wirtschaftliches Risiko.

## 7.2.2 Planungsmethodik und Projektinhalte

Ausgehend von der in Abschn. 2.1.1 gewählten Planungsstrategie (Abb. 2.2) und der für die Ausarbeitung der Projektdokumente dargestellten Methodik (Schrittfolge 1 bis 8, Abb. 2.4, Abschn. 2.3.1) sind nun *in weiterer Detaillierung* die Ausführungsdokumente auszuarbeiten (Abb. 7.2).

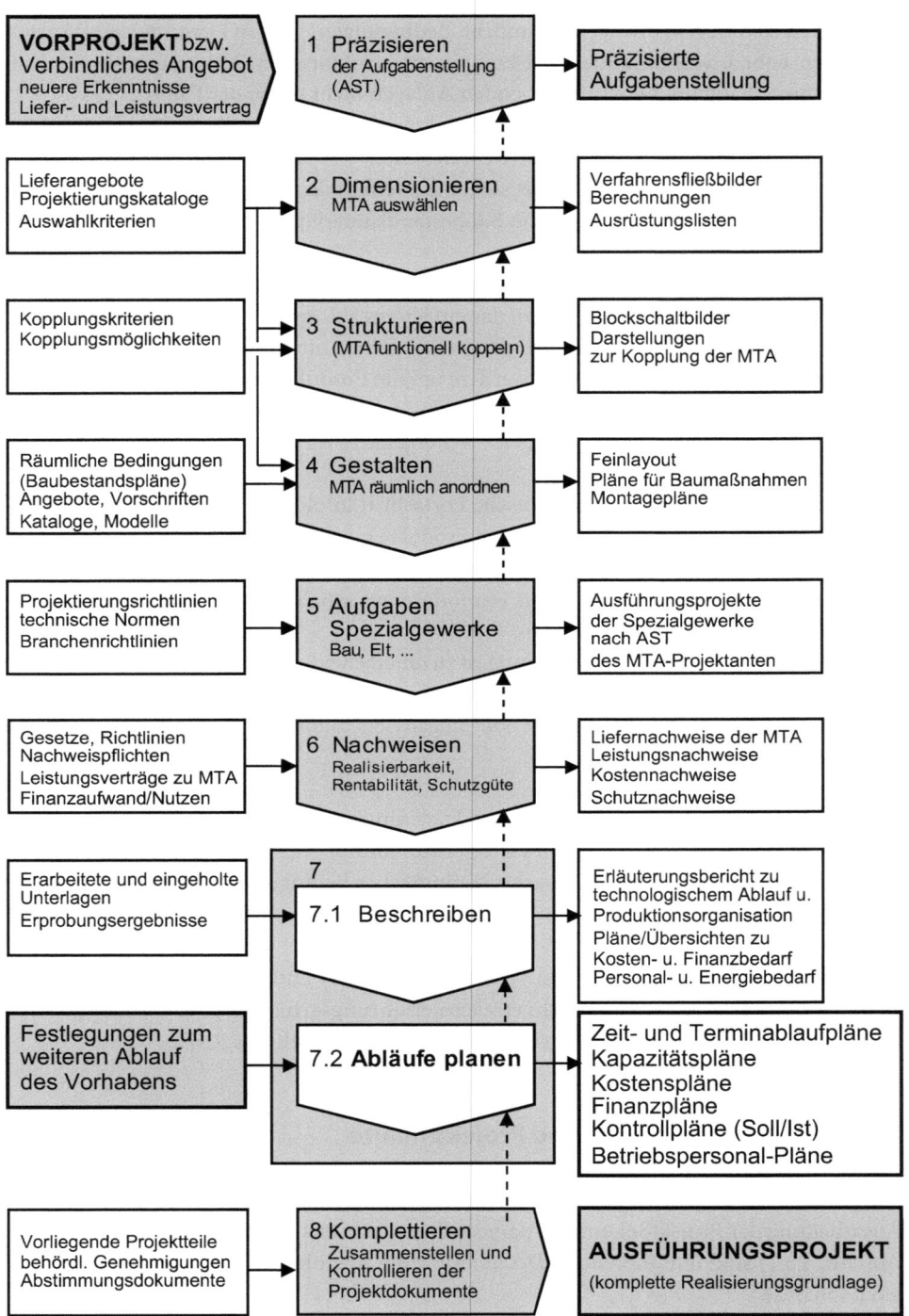

**Abb. 7.2** Vom Verbindlichen Angebot bzw. Vorprojekt zum Ausführungsprojekt

## 7.2 Ausführungsplanung und Ausführungsprojekt

Grundsätzlich sind für Angebot, Vorprojekt und Ausführungsprojekt analoge Schritte zu durchlaufen, jedoch mit immer detailliertere Eingangs- und Ausgangsinformationen, immer höherem Informationsgehalt. In der Ausführungsplanung ist nun die Anlage vor allem *technisch im Einzelnen detailliert* und *als Ganzes* in geeigneter Weise darzustellen:

- Ausrüstungen in *genauer Konfiguration*, z. B. Maschinen: Grundmaschine, gegebenenfalls auch Ausstattungsvarianten in *Ausrüstungsliste* exakt bezeichnet
- Ausrüstungen in *Spezifikationen* beschaffungs- und betreibergerecht detailliert
- Gesamtanlage im Ganzen, auch in Teilen (Ausschnitten) auf Zeichnungen und digitalem Datenträger im *Feinlayout*
- Ausrüstungen im Feinlayout für Kontroll- und Montagezwecke *maßlich* festgelegt.

Der MTA-Projektant legt zunächst die zur Durchführung der Verarbeitungsaufgabe erforderliche Maschinentechnik fest. Danach erarbeitet bzw. komplettiert er die zur Spezialprojektierung erforderlichen Aufgabenstellungen für die einzubeziehenden Gewerke (Bau-, Energie-, Steuerungs-, Prozessüberwachungstechnik, …).

**Gliederung von Ausführungsprojekten** Für Ausführungsprojekte ist keine feste Form vorgeschrieben. Die in Abschn. 2.3.3 dargestellte Gliederung ist *eine* Möglichkeit:

1. Allgemeiner Teil
2. Technisch-technologischer Teil
3. Ökonomischer Teil
4. Kommerzieller Teil
5. Organisatorischer Teil
6. Geltende Vorschriften
7. Genehmigungen
8. Weitere Realisierung (Ablaufpläne).

Zu diesen Teilen werden im Folgenden *Funktion und Inhalte* – ohne Anspruch auf Vollständigkeit – in *Kurzdarstellung* genannt, die je nach Größe, Komplexität und Realisierungsbedingungen des Vorhabens zu bearbeiten und zu dokumentieren sind.

**Sicherung des planmäßigen Projektablaufs** Die in den weiteren Realisierungsetappen zu erbringenden materiellen und immateriellen Leistungen (Abschn. 7.3 und 7.4) sind in den Dokumenten festzuschreiben, zur Sicherung der planmäßigen Projektabwicklung kontrollierbar gestaltet. Hierzu hat das Management des Projektträgers Festlegungen zu treffen (Ablauf- und Terminmanagement, Controlling, …). Geeignete Pläne dazu sind:

- Ablaufpläne, in denen Reihenfolge und Abhängigkeiten durchzuführender Arbeiten festgelegt sind, z. B. Netzpläne oder Balkenpläne für Beschaffung, Montage, Erprobung

- Kontrollpläne zur Qualitätsüberwachung mit Kontrollanlässen, -fristen, -handlungen, z. B. Wareneingangskontrolle von Zulieferteilen, Funktionskontrolle montierter Anlagenabschnitte, Festschreibung von Erprobungsergebnissen
- Kontrollpläne für Termine, Kapazitäts-, Kosten- und Finanzverbrauch.

Zur Kontrolle und Sicherstellung der Abläufe dienen *Soll-Ist-Vergleiche*. Bei Abweichungen vom Soll-Ablauf (meist Zeitverzug, Kostenüberschreitung) sind *Maßnahmen* zur Wiederherstellung der Planmäßigkeit zu ergreifen oder – wenn dies nicht möglich – für die weitere Projektabwicklung ein neuer Soll-Ablauf zu planen, der auch Konsequenzen haben kann, z. B. Sanktionen.

Für die in Abschn. 1.6 (Abb. 1.10) genannten *Planungsaufgaben* müssen geeignete *Planungstechniken* bereitstehen. Solche Planungstechniken sind in [7.1–7.2] ausführlich begründet und an Fallbeispielen dargestellt.

In *diesem* Kapitel sollen nur Termin- und Kapazitätsplanung Betrachtungsgegenstände sein (Abschn. 7.2.3 und 7.2.5). Dazu hat der Projektant fachspezifische Zuarbeiten zu leisten. Zu Kosten- und Finanzplanung wird in Kap. 10 hingewiesen.

## 7.2.3 Planungstechniken

### 7.2.3.1 Projektablauf- und Terminplanung

Am Anfang der Planung sollte ein *Planungsplan* stehen, der alle wesentlichen Planteile mit zeitlichen Abläufen darstellt. Ein solcher Plan geht von einem – geforderten oder selbstgesetzten – *Planungszeitraum/Endtermin* aus und ordnet die einzelnen Planteile in ihren Abhängigkeiten zeitlich ein (Beispiel in Abb. 7.3). Dieser erste Plan soll die zeitliche Machbarkeit darstellen. Als Planungstechnik genügt hier die relativ einfache *Balkenplantechnik*, da es noch nicht auf die Detaillierung der Planteile in Einzelaufgaben (Arbeitspakete, Aktivitäten) mit ihren oft komplexen Abhängigkeiten ankommt.

Für *Lastenheft* kann auch *Pflichtenheft* oder *Aufgabenstellung* stehen.

Zentraler Planteil ist der bereits in Abschn. 1.6 (Abb. 1.11) begründete *Projektstrukturplan*, von dem alle folgenden Pläne ausgehen. Für die Dauer der Planteile sind *Zeitschätzungen* übliche Praxis. Die *Zeiteinheit*, auf die die Planteile zu beziehen sind – hier z. B. Woche – hängt von der Vorhabensdauer ab (dazu weiter unten).

In der weiteren Planung sind für die einzelnen Planungsaufgaben *geplante Abläufe* (Soll-Abläufe) festzuschreiben. Da praktische Abläufe meist von geplanten abweichen, sind zu bestimmten Zeitpunkten (Kontrollterminen, Meilensteinen) *Soll-Ist-Vergleiche* anzustellen und Maßnahmen zur Projektabwicklung abzuleiten.

Zur Ablauf- und Terminplanung bewähren sich besonders die *Balkenplantechnik (BPT)* und die *Netzplantechnik (NPT)*. Letztere bietet weitergehende Planungs- und Kontrollmöglichkeiten und wird vor allem bei größeren und komplexeren Vorhaben mit vielen Beteiligten angewandt. Zur NPT wird auf DIN 69900, [7.2, 7.4–7.6] verwiesen. Hier nur soviel:

7.2 Ausführungsplanung und Ausführungsprojekt

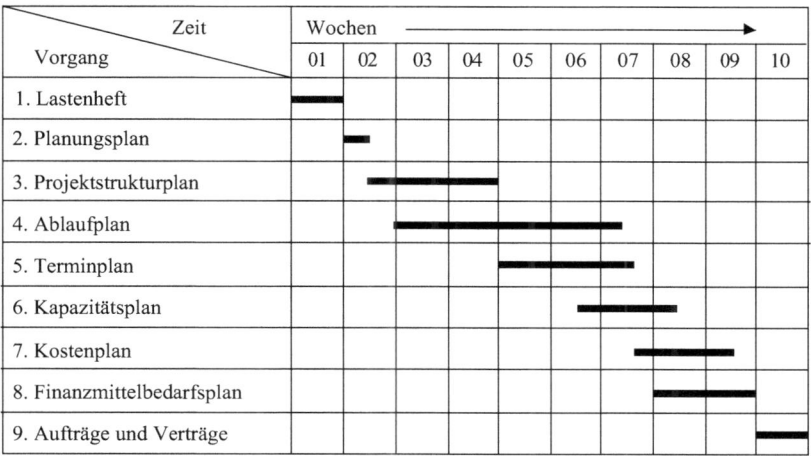

**Abb. 7.3** Planung der Planung in einem *Planungsplan* nach [7.3]

- Die NPT zwingt zur systematischen Aufgabengliederung, ausgehend von der Projektplanung (Abschn. 1.5 und 1.6).
- NPT-Verfahren basieren auf funktionalen Elementen (Vorgang, Ereignis, Anordnungsbeziehung (AOB)) und formalen Elementen (Knoten, Pfeile); Kernelement ist der Vorgang der untersten Hierarchieebene (Arbeitspaket: Aktivität, Tätigkeit).
- NPT und damit zusammenhängendes Projektmanagement werden durch eine Vielzahl inhaltsreicher Software-Programme unterstützt (siehe genannte Quellen).

Die bekanntesten Netzplantechniken nennt Abb. 7.4. Es bedeuten:

- Vorgang: Ablaufelement, das ein bestimmtes Geschehen beschreibt mit Anfang, Ende und Dauer; für Planungseinheit steht auch der Begriff Arbeitspaket
- Ereignis: Ablaufelement, das einen bestimmten Zustand beschreibt mit bestimmten Zeitpunkten wie Kalenderdatum, Anfangs- und Endtermin, Stichtag, Meilenstein
- AOB: Anordnungsbeziehung, die zwischen Vorgang und Ereignis besteht.

Die NPT unterscheidet *deterministische* und *stochastische* Methoden. Erstere Methoden gehen von festen Vorgangsdauern aus. Dazu gehören z. B. CPM (Critical Path Method) und MPM (Metro Potential Method). Bei stochastischen Methoden wird von Wahrscheinlichkeiten für Vorgangsdauern und Eintrittszeitpunkten der Ereignisse ausgegangen, bekannteste dieser Methoden ist PERT (Program Evaluation and Review Technique). CPM, MPM und PERT sind Basismethoden der NPT, auf denen eine Vielzahl von Variationen aufbaut.

Vorgangsknotennetzpläne sind besonders geeignet zur Zeitablaufplanung. Grundlagen zur Aufstellung dieser Pläne sind eine *Vorgangsliste*, die *Zeitdauer* jedes Vorgangs und die AOB. Vorgänge werden dargestellt mit Kenn-Nr., Vorgangsbezeichnung, Vorgangsdauer sowie Vorgangsbeginn und -ende (Abb. 7.5).

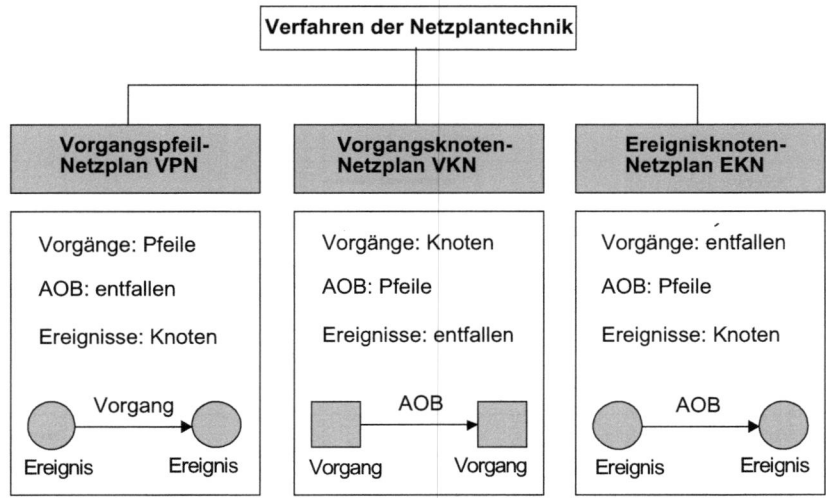

**Abb. 7.4** Verfahren der Netzplantechnik [7.4]

| Kenn-Nr. | Vorgang | Vorgänger | Dauer | FAZ | FEZ | SAZ | SEZ | GP |
|---|---|---|---|---|---|---|---|---|
| 1 | | | | | | | | |
| 2 | | | | | | | | |
| 3 | | | | | | | | |

Vorgangstabelle

| Kenn-Nr. | |
|---|---|
| Bezeichnung | |
| Dauer | |
| FAZ | FEZ |
| SAZ | SEZ |

Vorgang

FAZ frühestmöglicher Anfangszeitpunkt   SAZ spätestmöglicher Anfangszeitpunkt
FEZ frühestmöglicher Endzeitpunkt   SEZ spätestmöglicher Endzeitpunkt
GP Gesamtpuffer

**Abb. 7.5** Vorgangsliste und Vorgang – Darstellungsbeispiele

Die Anfangszeit eines Vorgangs resultiert aus der Endzeit des unmittelbaren Vorgänger-Vorgangs. Ist ein Vorgang von mehreren Vorgänger-Vorgängen abhängig, ergibt sich die Anfangszeit aus der längsten, der terminlich spätesten Vorgänger-Endzeit.

Zunächst werden der Netzplan entsprechend Vorgangsliste und Anordnungsbeziehungen entworfen und die Vorgangsdauern eingetragen. Danach werden in einer *Vorwärtsrechnung*, ausgehend vom *Start*vorgang die FAZ und FEZ aller Vorgänge bestimmt. In einer *Rückwärtsrechnung* sind dann die SAZ und SEZ aller Vorgänge bestimmbar, ausgehend vom *Ziel*vorgang. Daraus sind Pufferzeiten, zeitkritische Vorgänge und zeitkritische Pfade (Wege) bestimmbar, die bei der Projektabwicklung besonderes Augenmerk (Kontrollen) erfordern.

## 7.2 Ausführungsplanung und Ausführungsprojekt

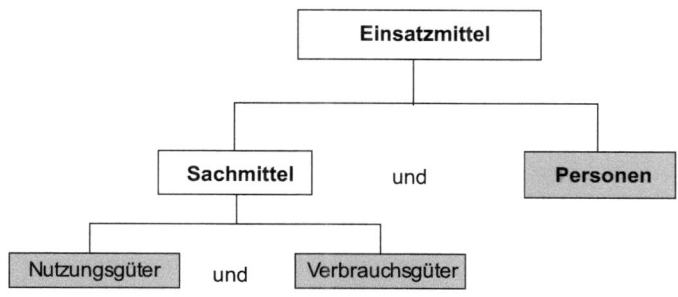

**Abb. 7.6** Bestandteile der Einsatzmittel

Sind alle Vorgangsdauern bestimmt, können, ausgehend von Start- und Endtermin die Vorwärts- und Rückwärtsrechnungen vorgenommen und damit die relevanten Zeitelemente (FAZ, ..., SEZ) und Pufferzeiten ermittelt werden. Zur Bestimmung der *Vorgangsdauer*:

In der Praxis überwiegt die *deterministische Zeitschätzung*, an der immer *mehrere* Fachleute beteiligt sein sollten. Die für die Dauer zu wählende Zeiteinheit (ZE) hängt von Verwendungszweck und Komplexität des Projektes ab. Meist wird die ZE mit 0,5 bis 1 % der Projektlaufzeit gewählt. Danach wäre bei Laufzeiten von mehr als zwei Jahren als ZE *Woche*, bei Laufzeiten um ein Jahr *Tag* und bei Laufzeiten von einigen Wochen *Stunde* zu wählen [7.7].

Zu *Projektablauf- und Terminplanung* mittels Balkenplan- und Netzplantechnik siehe Beispiele in Abschn. 7.2.5.1 und 7.2.5.2.

### 7.2.3.2 Kapazitätsplanung

Folgende Darstellungen verwenden Grundlagen der Fabrikplanungspraxis, insbesondere von [7.2].

Zur Planung der für die Projektabwicklung erforderlichen *Einsatzmittel* (Abb. 7.6) ist für alle Vorgänge zunächst der *Kapazitätsbedarf* zu ermitteln. Einsatzmittel (EM) sind Sachmittel *und* Personen. Sachmittel sind zu unterteilen in *Nutzungsgüter* (langlebige EM, z. B. Transportfahrzeug, Hebezeug, Schweißgenerator als Montagehilfsmittel) und *Verbrauchsgüter* (kurzlebige EM, z. B. Isolationsmaterial, Reinigungsmittel).

**Kapazität der Einsatzmittel** Unter Kapazität ist hier *Leistungsfähigkeit* oder *Leistungsvermögen* zu verstehen, wobei zwischen *qualitativer* und *quantitativer* Kapazität zu unterscheiden ist:

- Die qualitative Kapazität bezieht sich auf Fähigkeit und Eignung des EM zur Erfüllung einer bestimmten Arbeitsaufgabe (AP, Aktivität, Vorgang).
- Die quantitative Kapazität bezieht sich auf Anzahl und Einsatzdauer des EM zur Bewältigung einer bestimmten Menge dieser Aufgaben.

Bei Personen entscheiden die fachlichen Fähigkeiten (Berufsbild, Qualifikation, Flexibilität) und das Leistungsvermögen (Arbeitsmenge pro Zeit) über ihren Einsatz. Personen sind nach ihren Berufsbildern/Arbeitsmerkmalen für die Kapazitätsplanung sinnvoll zu gruppieren, z. B. in MTA-Projektanten, Spezialprojektanten, Monteure, Transportarbeiter usw.

Die technische Eignung von Sachmitteln (Spektrum ihrer Parameter) und ihre Produktivität (Arbeitsmenge pro Zeit) entscheiden über ihren Einsatz. Damit ist die EM-Kapazität bei Personen aus ihrer *Anzahl* und *Einsatzdauer* (ED) als *Personenstunden* (P · h), bei Sachmitteln entsprechend ihrer *spezifischen Aufgabe* (z. B. m$^2$ Wandfläche, m$^3$ Förderstrom, kN Tragkraft) aus ihrer Anzahl, Produktivität und ED bestimmbar. EM können in Wert- oder Mengeneinheiten beschrieben werden (z. B. in € oder in kg, Stück).

**Kapazitätsbedarf und -aufkommen** Der Kapazitätsbedarf zur Abwicklung eines Vorhabens ist aus den in einer Zeitperiode zu lösenden Aufgaben zu bestimmen (Berechnung, Schätzung).

Sind Termine und Zeitabläufe *vor* der Kapazitätsbestimmung geplant (meist gängige Praxis), sind Kapazitätsbedarfs-Schwankungen über den Zeitabschnitten unvermeidbar. Personelle und materielle Engpässe führen bei festliegenden Zeitabläufen dann oft zu *Termin- und Kostendruck*, da das Aufkommen der Einsatzmittel des Projektträger-Unternehmens meist über längere Zeiträume annähernd konstant ist.

Abbildung 7.7 zeigt am Beispiel des Personeneinsatzes für eine ausgewählte Zeitspanne (7. bis 14. Woche), welche Unter- und Überlastungen sich ergeben können, wenn das Projektteam einen planmäßigen Personalbestand von 4 Personen hat. Hierbei ist noch nichts dazu gesagt, um *welche Tätigkeiten* es sich handelt. Zur praxistauglichen Kapazitätsplanung gehören in jedem Fall die *Tätigkeitsmerkmale* und die *Disponibilität* der Personen dazu. Ein so kleines Team könnte zwei MTA-Fachprojektanten, einen Spezialprojektanten für Antriebs-, Steuerungs- und EDV-Technik und einen allgemein einsetzbaren Mitarbeiter haben. Für weitere Spezialgewerke könnte nur die AST für die externe Ausführung erarbeitet werden.

Kapazitätsausgleich ist bei kleinen Projektierungseinheiten ohne zeitliche Verlagerung einzelner Aufgaben kaum denkbar. Je größer eine Projektierungseinheit, desto einfacher sind Personalbedarf und Personalaufkommen von vornherein zeitlich zu planen und weitgehend in Übereinstimmung zu bringen.

Kann der Projektträger an *mehreren* Vorhaben gleichzeitig arbeiten, sind Bedarfsspitzen und Engpässe im Aufkommen durch *Multiprojektkoordination* teilweise auszugleichen, indem die Planungsphasen der einzelnen Projekte zeitlich versetzt eingeordnet werden. Eine weitere Möglichkeit zur Vermeidung zu großer Kapazitätsengpässe ist die zeitliche Verlagerung von Vorgängen *innerhalb eines Vorhabens*. Von letzterer Ausgleichsmöglichkeit muss ein kleinerer Projektträger ohnehin Gebrauch machen, sollen andere Möglichkeiten (z. B. zeitweiliger Einsatz zusätzlicher Planungskräfte) nicht in Betracht kommen.

Da sich Zeit-, Kosten- und Kapazitätsplanung gegenseitig bedingen, liegt ein *Optimierungsproblem* vor. Es könnte noch die Finanzplanung hinzugezählt werden, wenn diese als

## 7.2 Ausführungsplanung und Ausführungsprojekt

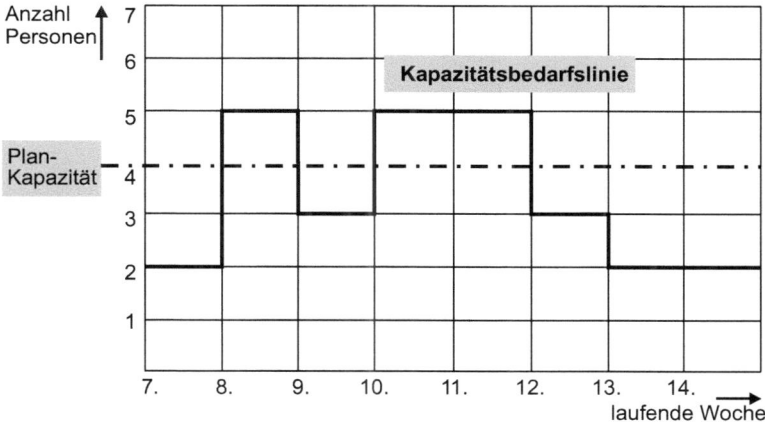

**Abb. 7.7** Kapazitätsganglinie für einen ausgewählten Zeitabschnitt am Beispiel Personeneinsatz

begrenzender Faktor zu beachten wäre. In der Praxis hat oft die *Zeitplanung* das Primat: Es wird von geforderten Terminen und Bearbeitungszeitspannen ausgegangen. Festgelegte Zeitabläufe ziehen dann die Kapazitäts-, Kosten- und Finanzplanung nach. Haben Kosten oder Finanzierung das Primat (Kostenrahmen, Finanzbudget), sind Vorhabensgröße und mitunter auch -qualität – der Gebrauchswert der Anlage! – von vornherein begrenzt.

Vor Allem unterschiedliche Beschaffungs- und Lieferfristen erfordern eine frühzeitige Bedarfsplanung der EM. Die durch den EM-Einsatz verursachten Kosten gehen in die Kostenrechnung ein (Kap. 10), für die der MTA- und der Spezialprojektant zuarbeitet.

**Berechnungsgrößen zur Einsatzmittelplanung** Die EM-Planung ist Teil der Projekt-Kapazitätsplanung. EM-Bedarfsermittlung und -Bedarfsdeckung für die Vorhabensrealisierung erstrecken sich von der untersten Hierarchieebene (Einzelaktivitäten, AP) bis zum Gesamtprojekt. Abbildungen 7.8 und 7.9 zeigen *Berechnungsgrößen* und Berechnungen von EM-Leistungsvermögen (EML) bzw. EM-Bedarf (EMB). Diese Darstellungen basieren auf der zurückgezogenen DIN 69902, die aber hier wegen der detaillierten Begriffsbestimmung noch angeführt wird.

Das zu Grunde gelegte Berechnungsbeispiel (z. B. für eine Bau- oder Transportaufgabe) erfordert für das Arbeitsergebnis AE = 1500 m$^3$ einen Personalbedarf von EMB = 5 Personen. Zu beachten ist, dass immer die richtige Dimension verwendet wird:
- Arbeitsergebnis z. B. in *Flächen-, Volumen-, Masseinheit, Stück*
- EM-Bedarf entweder in *Personen* (P) oder – bei Sachmitteln – z. B. in *Anzahl* für Nutzungsgüter (z. B. Transportfahrzeuge) bzw. bei Verbrauchsgütern die entsprechende Dimension, z. B. *kg* für Farbe, $m^2$ bei Isolationsmatten
- Einsatzdauer in *Tag* (d), *Stunde* (h), *Woche* oder *Monat*.

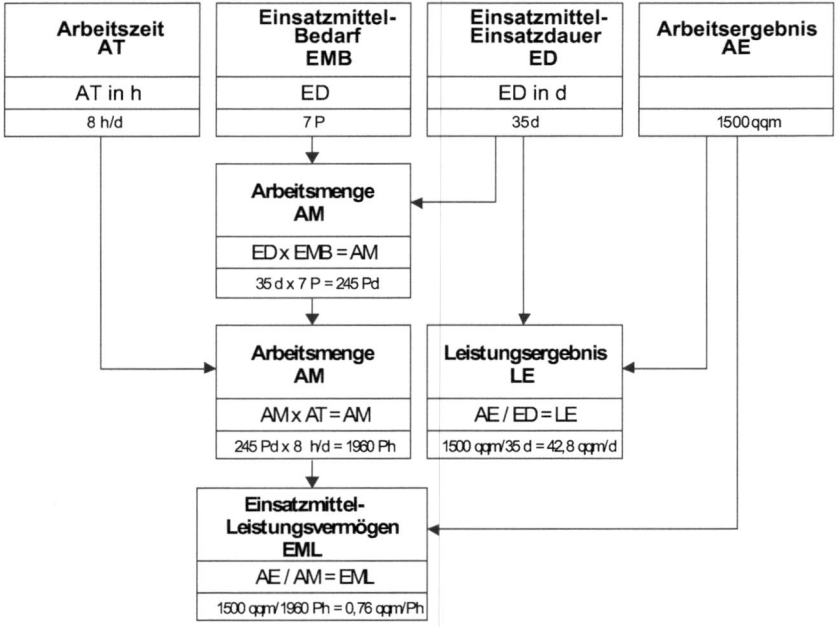

**Abb. 7.8** Berechnung des Einsatzmittel-Leistungsvermögens (EML), leicht verkürzt nach [7.2]

Folgende Beziehungen seien hervorgehoben:

$$\text{EMB} = \frac{\text{AM}}{\text{ED}} \quad \text{Einsatzmittelbedarf} \tag{7.1}$$

AM Arbeitsmenge
ED Einsatzdauer

$$\text{AM} = \frac{\text{AE}}{\text{EML}} \quad \text{Arbeitsmenge} \tag{7.2}$$

AE Arbeitseinheit
EML Einsatzmittel-Leistungsvermögen

$$\text{LB} = \frac{\text{AE}}{\text{ED}} \quad \text{Leistungsbedarf} \tag{7.3}$$

**Beispiel** Ermittlung der erforderlichen Personenzahl zum Putzen von 60 m² Wandfläche bei einer Zeitvorgabe von 3 h und einem Leistungsvermögen von EML = 8 m²/Personenstunden (Ph):

## 7.2 Ausführungsplanung und Ausführungsprojekt

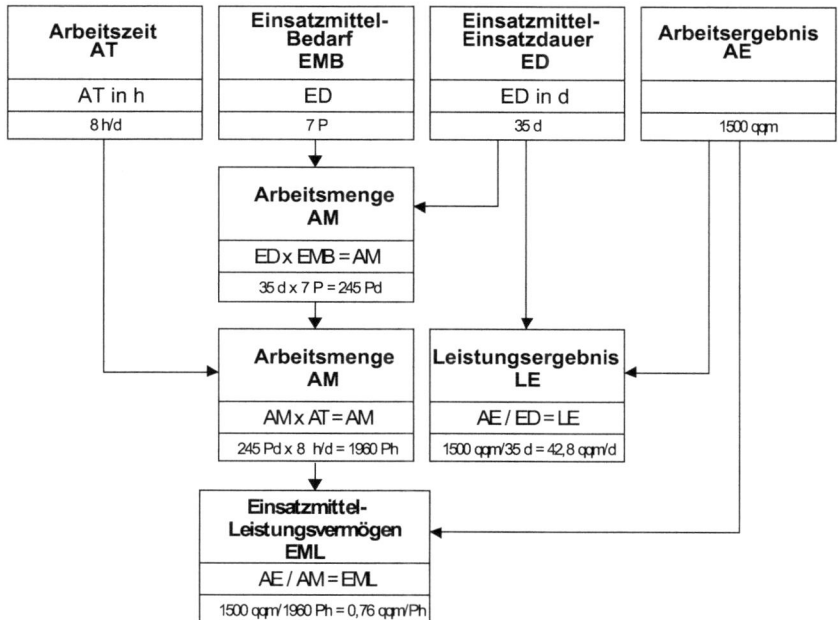

**Abb. 7.9** Berechnungen zum Einsatzmittelbedarf (EMB), leicht verkürzt nach [7.2]

$AE = 60\,m^2$, $ED = 3\,h$, Anzahl Personen = ?

Gl. 7.2 ergibt: $AM = 60\,m^2/(8\,m^2/Ph) = 7{,}5\,Ph$

Gl. 7.1 ergibt: $EMB = 7{,}5\,Ph/3\,h = 2{,}5\,P$; daraus folgen *Planungsmöglichkeiten*:

a) 2 Personen, führt zu Zeitverlängerung auf $ED = (2{,}5/2) \times 3\,h = 3{,}75\,h$

b) 3 Personen, führt zu Zeitverkürzung auf $ED = (2{,}5/3) \times 3\,h = 2{,}5\,h$

c) 3 Personen bei unveränderter ED: zwei Personen arbeiten z. B. 3 h, eine Person steht dann 1,5 h eher für andere Arbeiten zur Verfügung; Möglichkeit c wäre noch variierbar.

**Kapazitätsbelastungs-Diagramm** In Kapazitäts-Belastungsdiagramme (KBD) wird die notwendige Kapazität (Sachmittel oder Personen) über Zeitpunkt (FAZ, SAZ) und Dauer (Wochen, Tage, h) eingetragen. Auf der Grundlage einer um die AM ergänzten Terminliste (oder eines Balken- oder Netzplanes) wird der Kapazitätsbedarf berechnet. Dabei wird von vorhandenen oder geplanten Aufgaben ausgegangen und festgestellt, welche Kapazität nach Art, Anzahl, Zeitpunkt und Dauer zur Durchführung erforderlich ist: Wieviel EM werden wann und wie lange benötigt.

KBD sind vorzugsweise für frühest mögliche Anfangszeitpunkte zu erstellen. KBD für Personal zeigen, wie viele Mitarbeiter benötigt werden. Wird von der Zeitablaufplanung ausgegangen (vom Primat der Zeit!), sind für einzelne Zeitabschnitte sowohl Kapazitäts-*Überlastungen* als auch -*Unterbelastungen* unvermeidbar, da bisher unterstellt wurde, dass

**Tab. 7.2** Kapazitätsbedarf am Beispiel Mitarbeiter im Projektteam für ausgewählte Vorgangsfolge des Zeitablauf-VKN in Abschn. 7.2.5.2

| Vorgangs-Nr. | Dauer Wochen | FAZ | SAZ | Arbeitsmenge P·h | lfd. Zeiteinheit Woche | EM-Bedarf Personen |
|---|---|---|---|---|---|---|
| 1 | 0 | 0 | 0 | 0 | 0 | |
| 2 | 4 | 0 | 0 | 20 | 0–4 | 0,125 |
| 3 | 2 | 0 | 1 | 100 | 0–2 | 1,25 |
| 4 | 3 | 2 | 3 | 60 | 2–5 | 0,5 |
| 5 | 20 | 5 | 8 | 20 | 5–25 | 0,025 |
| 6.1 | 4 | 4 | 8 | 640 | 4–8 | 4 |
| 6.2 | 2 | 8 | 11 | 160 | 8–10 | 2 |
| 6.3 | 1 | 10 | 13 | 40 | 10–11 | 1 |
| 7.1 | 1 | 8 | 8 | 80 | 8–9 | 2 |
| 7.2 | 1 | 11 | 14 | 80 | 11–12 | 2 |

alle EM jederzeit unbegrenzt zur Verfügung stehen. Es gibt aber verschiedene Möglichkeiten zum Kapazitätsausgleich (siehe unten).

*Vorgehensweise* bei vorliegendem Zeitablaufplan:

Zunächst sind in eine Tabelle (z. B. Tab. 7.2) die aus dem Zeitablauf-VKN bekannten Werte für Vorgangs-Nr., Vorgangsdauer, FAZ, SAZ einzutragen, danach die für die einzelnen Vorgänge durch Kalkulation oder Schätzung bestimmten Arbeitsmengen (in P·h). Daraus ist für die laufenden Zeiteinheiten (Wochen) der EM-Bedarf (Personalbedarf) zu berechnen. Im Kapazitäts-Belastungsdiagramm sind dann die Arbeitsmengen je Vorgang (gepunktete Linie) einzutragen, die in ihrer Summe die Gesamtbelastung je Zeitperiode ergeben (Abb. 7.10). Aus der Gesamtbelastung ist im Vergleich zu der planmäßig vorhandenen Kapazität die Belastung der Zeitabschnitte erkennbar: meist Unter- und Überlastungen, die in geeigneter Weise ausgeglichen werden müssen.

**Soll-Ist-Vergleich der Kapazität** Der Vergleich des EM-Bedarfs (Soll-Kapazität) mit dem EM-Bestand (Ist-Kapazität, Kapazitäts-Aufkommen) zeigt, ob der Bedarf durch das Aufkommen gedeckt ist und welche Unter- bzw. Überlastung vorliegt. Dabei sind als *Kapazitätsgruppen* für Personen und Sachmittel zu betrachten

- das verfügbare Personal nach Eignung (Berufsbild, Fachkompetenz) und Anzahl
- die verfügbaren Sachmittel nach Art und Menge je Zeitperiode.

Einsatzmittel sind im Unternehmen so zu planen, dass sich Bestand und Bedarf möglicht ausgleichen. Das ist praktisch nur bedingt erfüllbar. Je größer das Projektträger-Unternehmen, desto leichter ist dieser Ausgleich möglich. Kann eine Projektierungseinheit *gleichzeitig* an mehreren Projekten arbeiten (Multiprojektkoordination), sind zeitweilige Über- und Unterlastungen weitgehend auszugleichen.

## 7.2 Ausführungsplanung und Ausführungsprojekt

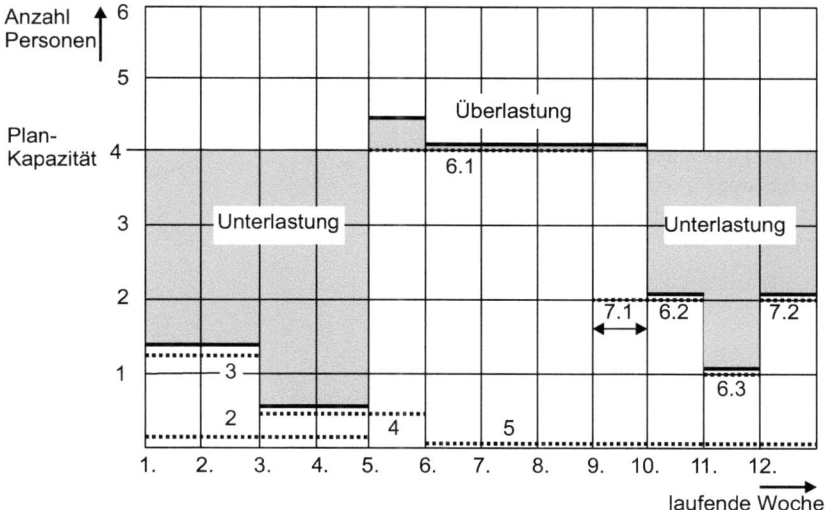

**Abb. 7.10** Kapazitäts-Belastungsdiagramm am Beispiel Mitarbeiter des Projektteams für den in Tab. 7.2 dargestellten Kapazitätsbedarf

In der Praxis ist jedoch *Kapazitätsausgleich* oft auch *innerhalb* eines Vorhabens erforderlich, woraus sich Konsequenzen, besonders für die Zeitplanung ergeben.

**Kapazitätsausgleich** Dieser kann im Wesentlichen mit drei Zielsetzungen erfolgen:

1. Ausnutzung der Pufferzeiten
2. Nutzung möglicher Terminänderungen
3. Nutzung von Kapazitätsänderungen.

Möglichkeiten des Kapazitätsausgleichs im Rahmen der Pufferzeit zeigt Abb. 7.11. Kapazitätsausgleich darf jedoch nicht losgelöst von Kosten- und Terminplanung erfolgen (siehe Hinweis in Abschn. 1.6).

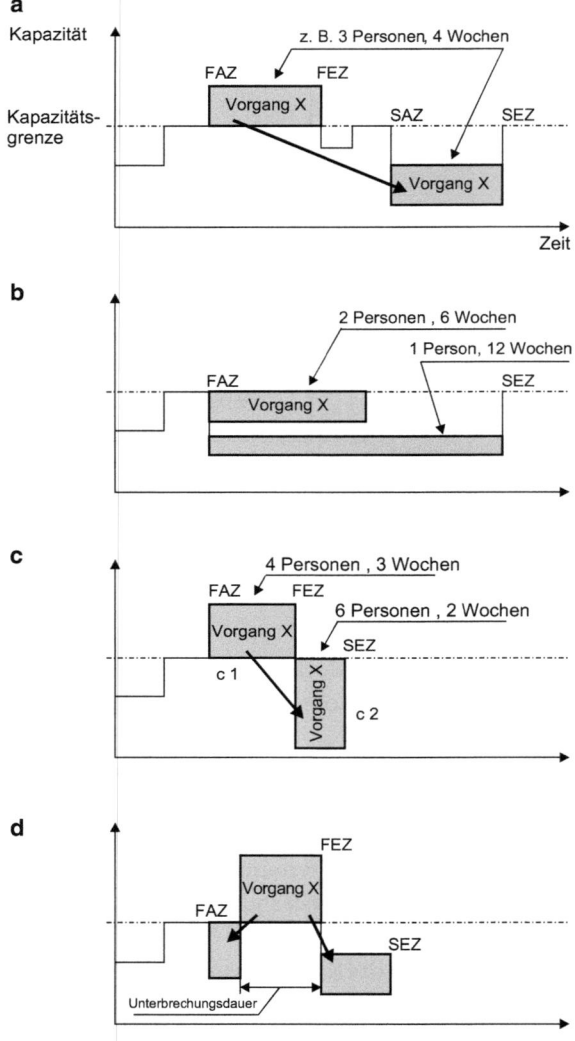

**Abb. 7.11** Kapazitätsausgleich im Rahmen der Pufferzeit (in Anlehnung an [7.2]). **a** Verschiebung eines Vorgangs, **b** Streckung eines Vorgangs, **c** Stauchung (c1) und Stauchung mit Verschiebung (c2) eines Vorgangs, **d** Unterbrechung eines Vorgangs

## 7.2.4 Teile der Projektdokumentation

Folgende Abschnitte nennen Projektdokumente in Kurzform, gegliedert nach *Funktion* und *Inhalten*.

### 7.2.4.1 Allgemeiner Teil

*Funktion*: Informations- und Entscheidungsgrundlage für Geschäftsleitung von AG und AN.
*Inhalte*, als *Übersicht* und *Zusammenfassung* den folgenden Teilen vorangestellt:

7.2 Ausführungsplanung und Ausführungsprojekt

- Allgemeine Angaben zum Vorhaben: Vertragspartner, Projektziele, Projektabwicklung
- Kurzdarstellung der wesentlichsten Ergebnisse: Kostenaufwand, Nutzen, Zeitablauf
- Bestehende Risiken.

### 7.2.4.2 Technisch-technologischer Teil

*Funktion*: Fachliche Grundlage der materiellen und immateriellen Realisierung.
*Inhalte*: Technisch-technologische Darstellung des Vorhabens, gegliedert in abgrenzbare Fachgebiete bzw. Teilprojekte wie

1. Technologisches Projekt
2. Projekte der Spezialgewerke (Spezialprojekte)
3. Informationstechnischer und organisatorischer Teil (Logistikprojekt).

*Technisch-technologische Dokumente des technologischen Projekts*, Beispiele:

- Feinlayout mit maßgenauer Angabe der Objekt-Standorte im Regelmaßstab 1 : 100 oder 1 : 50, Vergrößerungen in 1 : 20 oder 1 : 10
- Ausrüstungslisten mit exakter, beschaffungsgerechter Spezifikation der Objekte
- Bedarfslisten zu Energie, Personal, Verarbeitungshilfsmittel, …
- Aufgabenstellungen für Spezialgewerke
- Abriss-/Demontagepläne, falls Voraussetzung für Baufreiheit
- Montagepläne, gegebenenfalls in Verbindung mit Abriss/Demontage
- Betriebsvorschriften: technologische Vorgaben, Anforderungen an Betreiber, …
- Grundlagen der Ausführungsplanung: Betriebsbedingungen wie VG-Qualität, Raumklima, Berechnungen, Lagepläne, Gebäudegrund- und Seitenrisse.

*Technische Dokumente von Spezialprojekten,* Beispiele:

- Fundament- und Wanddurchbruchpläne als Teile des Bauprojekts
- Darstellungen zur Anlagensteuerung als Teile des MSR-Projekts
- Trassenführung für Ver- und Entsorgung als Teile der Ver- und Entsorgungsprojekte
- Projekt Klimatechnik für Räume mit besonderer Anforderung.

*Technische Dokumente des Logistikprojekts*: IT-Methoden und -Werkzeuge, PPS-System, …

**Technisch-technologischer Teil** ist für die weitere Projektabwicklung die **entscheidende Realisierungsgrundlage**, auf der alle anderen Projektteile basieren. Bei nachträglichen Änderungen, besonders bei Erweiterungen, sind immer die Auswirkungen auf andere Projektteile zu prüfen und gegebenenfalls entsprechende Korrekturen vorzunehmen.

### 7.2.4.3 Ökonomischer Teil

*Funktion*: Wirtschaftliche Entscheidungsgrundlage (Weiterführung, Änderung, Abbruch?).
*Inhalte*:

- Wirtschaftliche Zielstellung und erreichtes Ergebnis: Kosten, Nutzen
- Wirtschaftlichkeitsberechnungen, z. B. Amortisationsrechnungen gemäß Kap. 10
- Kostenübersichten, gegliedert nach materiellen und immateriellen Leistungen für Teilprojekte, Gewerke, Ausrüstungen/Ausrüstungsgruppen
- Finanzierungskonzept als Vorschlag des AN oder vereinbartes Konzept, falls sich der AG ein solches nicht selbst vorbehält.

### 7.2.4.4 Kommerzieller Teil

*Funktion*: Nachweis der kommerziellen Realisierbarkeit des Vorhabens.
*Inhalte*: (Kap. 11)

- Liefer- und Leistungsverzeichnisse für materielle und immaterielle Leistungen
- Liefer- und Leistungsnachweise für materielle und immaterielle Leistungen: Vorverträge und Vereinbarungen zu grundsätzlicher Liefer- und Leistungsbereitschaft
- Zahlungsbedingungen und weitere Inhalte.

### 7.2.4.5 Organisatorischer Teil

*Funktion*: Information über die logistischen Betriebsgrundlagen des Investitionsobjektes.
*Inhalte*:

- Organisation von Produktion, Instandhaltung, Service
- Auftragsverwaltung und Informationsflüsse im Produktionsbereich
- IT-Methoden und -Werkzeuge, gegebenenfalls PPS-System
- Qualitätsmanagement, BDE.

### 7.2.4.6 Vorschriften und Schutznachweise

*Funktion*:
Nachweis, dass die Projektlösung auf anerkannten Regeln der Technik und geltendem Recht basiert.
*Inhalte*:

- Technische Vorschriften und Normen (VDI, VDE, DIN, …)
- Gesetze, Verordnungen, Branchenrichtlinien
- Schutznachweise (Arbeits-, Brand-, Explosions-, Umweltschutz, Anlagensicherheit)
- Verbleibende Gefährdungen und Gefahrenabwehr (Schutzmaßnahmen).

**Informationspflichten** Der Projektant hat sich über einschlägige Vorschriften und zu führende Schutznachweise *umfassend* zu informieren. Das gilt für Inlands- *und* Auslandsgeschäfte. Bei Anlagen-Export kann diese Informationen auch der AG des Empfängerlandes beibringen bzw. die einzuhaltenden Bedingungen als Vertragsgrundlage erklären.

Abbildung 7.12 zeigt beispielhaft einschlägige Gesetze und Verordnungen des Bundes- und Landesrechts. Die Einhaltung derartiger Vorschriften ist im Ausführungsprojekt

## 7.2 Ausführungsplanung und Ausführungsprojekt

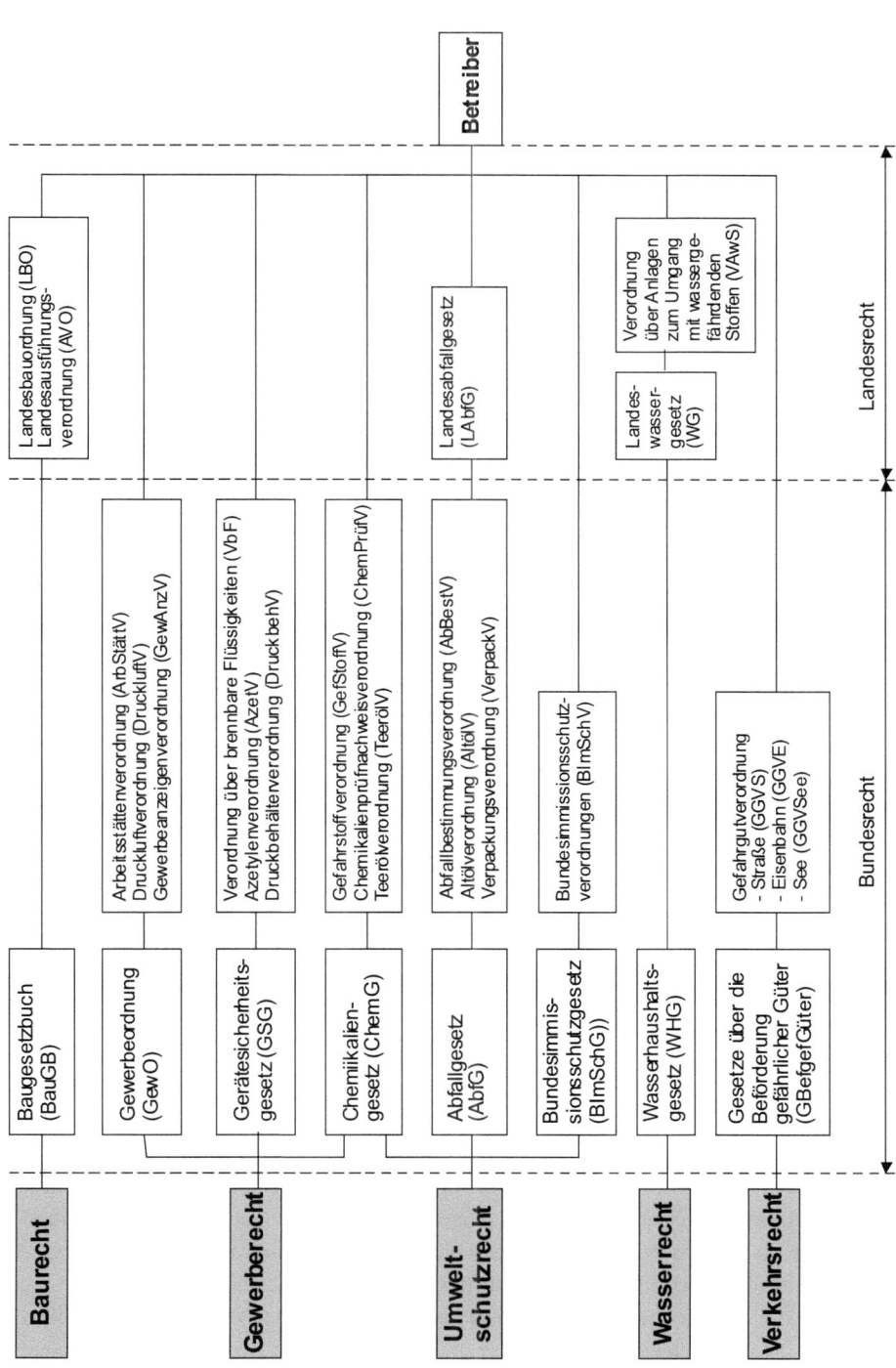

**Abb. 7.12** Gesetze und Verordnungen der Bundesrepublik Deutschland – Beispiele nach [1.20]

nachzuweisen. Hinzuweisen ist auch auf den gestiegenen Umfang und Einfluss von EU-Verordnungen auf das deutsche Bauordnungsrecht und das Vergaberecht.

So ist hier auch die Verordnung (VO) über Fertigpackungen anzuführen, die derzeit in der Fassung von 2008 gilt [7.8]. Diese VO regelt insbesondere Füllmengen, Füllmengentoleranzen und Kennzeichnung (Inhaltsbestandteile, ...) von Fertigpackungen. Sie ist von allen Unternehmen, die Fertigpackungen planen (Projektträger) oder produzieren und in den Vertrieb bringen (Anlagenbetreiber) als Rechtsgrundlage zu beachten. Umstritten ist die auf EU-Beschluss erfolgte Freigabe der bis dahin standardisierten – sinnvollen – Füllmengenabstufung, die in derzeitiger Fassung einen Preis-Leistungsvergleich bei vielen Konsumgütern erschwert.

Können aus bestimmten Gründen – bei Ausschöpfung aller technisch-ökonomisch vertretbaren Möglichkeiten – manche Vorschriften nicht oder nicht vollständig eingehalten werden (z. B. Mindestabstände infolge beengter Raumverhältnisse), sind *technische Ausweichlösungen* oder Sonderregelungen anzustreben, wobei oberstes Gebot der Gesundheits- und Arbeitsschutz des Menschen ist. Wie bei der Erzeugnisentwicklung gilt auch bei der Anlagenprojektierung der Grundsatz „*Sicherheit schaffen ist besser als Vorsicht fordern*".

Auf weitere Vorschriften sei hingewiesen:

a) Die mit den Standortfaktoren, Abschn. 6.5.4 genannten Vorschriften
b) Branchenvorschriften, z. B. der Lebensmittelindustrie: [7.9–7.11]
c) Sicherheit von Maschinen: DIN EN ISO 12100 und 13850, DIN EN 953 (z. B. Nahrungsmittelmaschinen DIN EN 1672, Verpackungsmaschinen DIN EN 415), Stetigförderer DIN EN 617 bis 620
d) Leitsätze zum sicherheitstechnischen Gestalten, DIN 31000; Symbole und farbliche Kennzeichnung, DIN 4844.

### 7.2.4.7 Genehmigungen

*Funktion*:
Information zu Genehmigungspflichten und Stand der Genehmigungsverfahren.
*Inhalte*:

- Einschlägige Genehmigungspflichten: Auflistung
- Eingeholte Genehmigungen: Nennung, Darstellung
- Noch abzuschließende, problematische Genehmigungsverfahren mit Lösungsvorschlägen (Sonderregelung, Ausnahmegenehmigung?).

Es besteht auch hier *Informationspflicht des Projektverantwortlichen*. Bei Inlandsgeschäften sind mit den örtlichen Behörden des jeweiligen Bundeslandes Genehmigungspflichten und -verfahren im Gegensatz zu Auslandsgeschäften relativ einfach zu klären. Genehmigungspflichten sind je nach Liefer- und Leistungsumfang wahrzunehmen:

Liefert z. B. der Anlagenhersteller als GAN eine schlüsselfertige Anlage, obliegen ihm diese Pflichten. Ist im Anlagen-Liefervertrag z. B. die Ver- und Entsorgung ausgeschlossen, liegt die Genehmigungspflicht für diese Gewerke nicht beim Anlagen-Projektanten. Dieser wird aber mit dem Ausführungsprojekt den AG über die Versorgung (Energie-Verbrauchs- und Anschlusswerte, ...) und die von der Anlage ausgehenden Emissionen (Abwasser, Abgase, ...) informieren.

#### 7.2.4.8 Weitere Realisierung
*Funktion*:
Information zu geplantem Projektablauf und zu Kontrollmitteln, Plan des weiteren Ablaufs und dessen Kontrolle (Soll-Ist-Vergleich, Checklisten).
*Inhalte*:

- Zeitablauf- und Terminpläne für die materiellen und immateriellen Leistungen
- Kapazitätspläne mit zeitlichem und terminlichem Kapazitätsbedarf
- Ablauf- und Kontrollpläne für Kosten und Finanzbedarf
- Handlungen zum Projektabschluss: Archivierung der Projektdokumente, Sicherung von ingenieurtechnischem Know-how, Nachkalkulation, Nachkontakte.

### 7.2.5 Beispiele zur Projektdokumentation

#### 7.2.5.1 Balkenplan zur zeitlichen Projektabwicklung
Abbildung 7.13 zeigt einen Zeitablaufplan der *Grobplanung* als Balkenplan mit vorgesehenen Zeitabschnitten (Monat bzw. ½ Monat) für die Hauptaktivitäten, die allgemein zur Vorbereitung und Realisierung einer Verarbeitungsanlage erforderlich sind.

Diese Zeitabschnitte sind *Zeiträume*, in denen die Aktivitäten ablaufen sollen, noch keine *Zeitdauern*. Zeitdauern der Einzelaktivitäten (Teilaufgaben und Arbeitspakete, siehe Abschn. 1.6) mit frühestem und spätestem Termin und Sicherheitszeiten (Pufferzeiten) sind Gegenstand der *Feinplanung*, für die bei größeren, komplexeren Vorhaben der Netzplan vorteilhafter ist.

Die möglichst frühzeitige Angebotseinholung ist besonders für Ausrüstungen mit erfahrungsgemäß langer Lieferzeit – so genannte Langläufer – wichtig. Der Projektträger schließt mit potentiellen Lieferanten *Vorverträge*, um die terminliche Machbarkeit zu sichern und dem AG der Anlagentechnik einen möglichen Abschlusstermin (im Beispiel der 31.10.2012) nennen zu können. Bei der Angebotseinholung müssen noch nicht *alle* MTA-Spezifikationen umfassend geklärt sein. Besonders bei flexibel einsetzbaren Maschinen zur Sortimentsproduktion bedarf der produktabhängige Ausstattungsgrad längerer Abstimmungszeit zwischen AN und AG.

Derartige Grobpläne müssen die für die Projektabwicklung *wesentlichen* Aktivitäten enthalten. Noch nicht erforderlich sind hier solche zunächst terminlich unbedeutenden Aktivitäten wie Schulung des Betreiberpersonals. Bedeutsam sind aber bestimmte Mitwirkungshandlungen des Betreibers, wenn z. B. Baufreiheit durch Außerbetriebnahme und

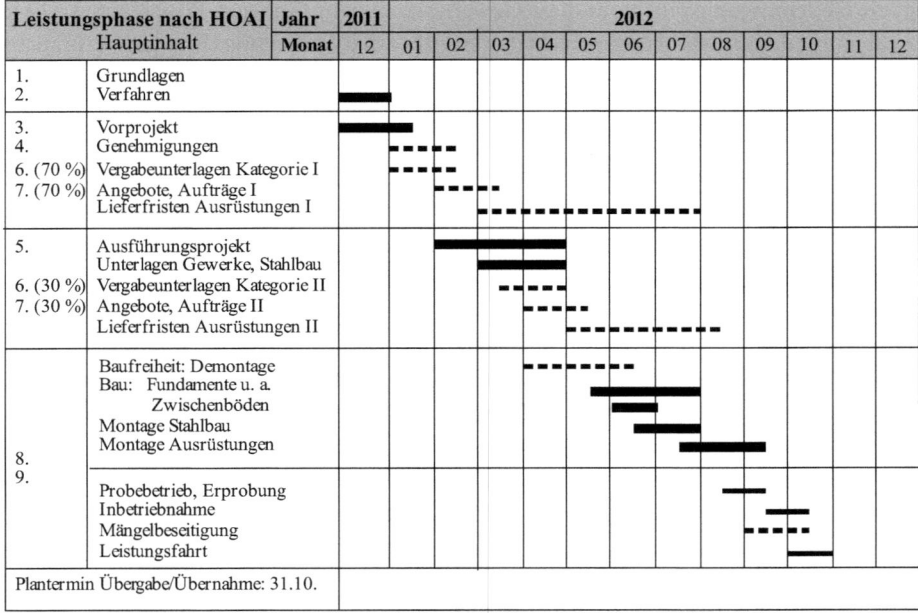

**Abb. 7.13** Grobablaufplan einer Anlageninvestition am Beispiel Balkenplan

Demontage von Alttechnik erforderlich ist. Diese ist zeitlich so (spät) einzuordnen, dass dem Betreiber möglichst wenig Produktionsausfall entsteht.

### 7.2.5.2 Netzplan zum Zeitablauf

Bezugnehmend auf Abschn. 7.2.3 und in Fortführung des Grobplanes Abschn. 7.2.5.1 soll der Zeitablauf der Projektabwicklung mittels der Netzplantechnik detaillierter geplant werden. Dazu werden die Hauptaktivitäten des Balkenplans in Vorgänge unterteilt, Zeitschätzungen für die Vorgangsdauern vorgenommen und zunächst eine *Vorgangsliste* aufgestellt (Tab. 7.3).

In diese Vorgangsliste werden (Kenn-)Nr., Vorgang, Vorgänger(-Vorgang) und Dauer eingetragen. Als Zeiteinheit ist *Woche* gewählt, die bei weiterer Detaillierung des Netzplanes in die dann sinnvollere Einheit *Tag* aufgelöst werden kann. Die Anfangs- und Endzeitpunkte der Vorgänge ergeben sich aus Reihenfolge und Abhängigkeiten der Vorgänge untereinander. Bei diesem Beispiel folgen die Vorgänge unmittelbar, ohne Zeitverzug aufeinander, so dass der Anfangszeitpunkt eines Vorgangs gleich dem Endzeitpunkt des Vorgängers ist. Die weiteren Bearbeitungsschritte sind:

- In der *Vorwärtsrechnung* – beginnend mit dem Startvorgang – werden die *frühesten* Anfangs- und Endzeitpunkte (FAZ, FEZ) berechnet und in die Liste eingetragen.

## 7.2 Ausführungsplanung und Ausführungsprojekt

**Tab. 7.3** Vorgangsliste – Fallbeispiel (etwa für eine Anlage Abschn. 5.5.1 und 6.6.1) mit Vorgangsdauer in Wochen

| Nr. | Vorgang | Vorgänger | Dauer | FAZ | FEZ | SAZ | SEZ | GP |
|---|---|---|---|---|---|---|---|---|
| 1 | Entscheidung (E): Start | – | 0 | 0 | 0 | 0 | 0 | kritisch |
| 2 | Genehmigungen | 1 | 4 | 0 | 4 | 0 | 4 | kritisch |
| 3 | Vergabe I (Langläufer, …) | 1 | 2 | 0 | 2 | 1 | 3 | 1 |
| 4 | Angebote I, Aufträge | 1 | 3 | 2 | 5 | 3 | 6 | 1 |
| 5 | Lieferung I | 4 | 20 | 5 | 25 | 8 | 28 | 3 |
| 6 | Ausführungsprojekt | | | | | | | |
| 6.1 | MTA-Projekt | 2 | 4 | 4 | 8 | 4 | 8 | kritisch |
| 6.2 | Spezialprojekte | 6.1 | 2 | 8 | 10 | 11 | 13 | 3 |
| 6.3 | Ausführungsprojekt, Verteidigung vor AG | 6.1; 6.2 | 1 | 10 | 11 | 13 | 14 | 3 |
| 7 | Vergabe II | | | | | | | |
| 7.1 | Vergabe MTA | 6.1 | 1 | 8 | 9 | 8 | 9 | kritisch |
| 7.2 | Vergabe Spezialgewerke | 6.2 | 1 | 11 | 12 | 14 | 15 | 3 |
| 8 | Angebote II, Aufträge | | | | | | | |
| 8.1 | Angebote MTA, Entscheidung, Aufträge | 7.1 | 4 | 9 | 13 | 9 | 13 | kritisch |
| 8.2 | Angebote Spezialgewerke, Entscheidung, Aufträge | 7.2 | 3 | 12 | 15 | 15 | 18 | 3 |
| 9 | Lieferung II | | | | | | | |
| 9.1 | Lieferung MTA | 8.1 | 16 | 13 | 29 | 13 | 29 | kritisch |
| 9.2 | Lieferung Spezialgewerke | 8.2 | 12 | 15 | 27 | 18 | 30 | 3 |
| 10 | Schulung Betreiberpersonal | 6.3 | 2 | 20 | 22 | 21 | 23 | 1 |

**Tab. 7.3** (Fortsetzung)

| Nr. | Vorgang | Vorgänger | Dauer | FAZ | FEZ | SAZ | SEZ | GP |
|---|---|---|---|---|---|---|---|---|
| 11 | Baufreiheit: Demontage Alttechnik | 10 | 2 | 22 | 24 | 23 | 25 | 1 |
| 12 | Bauleistungen | 11 | 3 | 24 | 27 | 25 | 28 | 1 |
| 13 | Stahlbauleistungen | 5; 12 | 1 | 27 | 28 | 28 | 29 | 1 |
| 14 | Montage | | | | | | | |
| 14.1 | Montage MTA | 5; 9.1; 13 | 3 | 29 | 32 | 29 | 32 | kritisch |
| 14.2 | Montage Spezialgewerke | 9.2; 14.1 | 2 | 27 | 29 | 30 | 32 | 3 |
| 14.3 | Komplettmontage | 14.1; 14.2 | 1 | 32 | 33 | 32 | 33 | kritisch |
| 15 | Probebetrieb, Erprobung | 14.3 | 1 | 33 | 34 | 33 | 34 | kritisch |
| 16 | Mängelbeseitigung | 15 | 1 | 34 | 35 | 34 | 35 | kritisch |
| 17 | Inbetriebnahme, Restmängelbeseitigung | 16 | 0,5 | 35 | 35,5 | 35 | 35,5 | kritisch |
| 18 | Leistungsfahrt, Übergabe/Übernahme (Ziel) | 17 | 0,5 | 35,5 | 36 | 35,5 | 36 | kritisch |

## 7.2 Ausführungsplanung und Ausführungsprojekt

- Analog dazu werden in der *Rückwärtsrechnung* – vom Zielvorgang beginnend – die *spätesten* End- und Anfangszeitpunkte (SEZ, SAZ) ermittelt und eingetragen.
- Stimmen bei einem Vorgang früheste und späteste Zeitpunkte überein, hat der Vorgang *keine Zeitreserve* zum folgenden Vorgang, d. h. er ist *kritisch*. Liegt jedoch SAZ später als FAZ, hat der Vorgang einen Zeitpuffer; dieser Vorgang könnte bei Bedarf um den Gesamtpuffer GP = SAZ – FAZ nach hinten verschoben werden.
- Die Vorgänge, die kritisch sind, bilden den *kritischen Pfad,* auf dem – bei Beibehaltung der Vorgangsdauern und des Endtermins – keinerlei Zeitreserve vorliegt.

*Planungsergebnis* ist der in Abb. 7.14 dargestellte *Netzplan*.

Dieser Plan ist ein einfaches Gestaltungsbeispiel als Vorgangsknoten-Netzplan mit nur 25 Vorgängen. Für reale Anlageninvestitionen sind Netzpläne mit mehreren hundert Vorgängen keine Seltenheit, besonders bei größeren und komplexen Vorhaben mit vielen Beteiligten, deren zeitliches Zusammenspiel flexibel und kontrollfähig zu planen ist.

Eine derart zeitkritische Projektabwicklung und noch zu grobe Vorgangsfolge wäre nicht praxistauglich. Bei der Zeitablaufplanung müssen *detailliertere* Vorgänge, *Zeitreserven* und auch *Kontrolltermine* zwischen den für die Projektabwicklung zeitrelevanten Vorgängen eingeplant werden.

**Wege zu Zeitreserven in der Projektabwicklung** Bezogen auf den berechneten Ablauf sind z. B. denkbar:

- Verkürzung von Vorgangsdauern durch größere Bearbeitungskapazität, z. B. Zeitstraffung der Vorgänge 6.1 bis 6.3 und 14.1 bis 14.3
- Verschiebung des Endtermins nach hinten; der mit 36 Wochen Laufzeit berechnete Endtermin liegt ohnehin um ca. vier Wochen früher als der Grobplan-Termin
- Erhöhung der Parallelarbeit, z. B. Vorziehen des Anfangszeitpunktes Vorgang 6.1 in der Erwartung, dass alle genehmigungspflichtigen Projektteile realisierbar sind
- Vorziehen von Montageabläufen, z. B. durch früheren Pfad 7.1-8.1-9.1, auch gleitende Montage bei noch laufenden Lieferungen – der dann kritisch werdende Pfad 10-11-12-13 ist *dann* vorziehbar, wenn der Betreiber einer früheren Stillsetzung der Alttechnik zustimmt.

Vorliegendes Netzplan-Beispiel ist je nach praktischem Bedarf *weiter zu detaillieren.* So sind besonders die Abläufe des Ausführungsprojektes und die Montageabläufe weiter unterteilbar:

In die Ausführungsplanung ist sowohl für die technischen Aufgaben der MTA- und Spezialprojektierung als auch für die weiteren Aufgaben, an denen neben dem Projektteam andere Fachgebiete mitwirken (Vergabe-, Vertrags-, Kapazitäts-, Kosten- und Finanzplanung) eine wesentlich größere Anzahl von Vorgängen einzubeziehen.

Bei Montageabläufen sind z. B. *nutzbare Ausbaustufen* (Teilanlagen), *Montageunterbrechungen* infolge noch produzierender Alttechnik, Lieferfristen der Ausrüstungen, Einsatz-

256　　　　　　　　　　　　　　　　　　　　　　　　7　Anlagenrealisierung

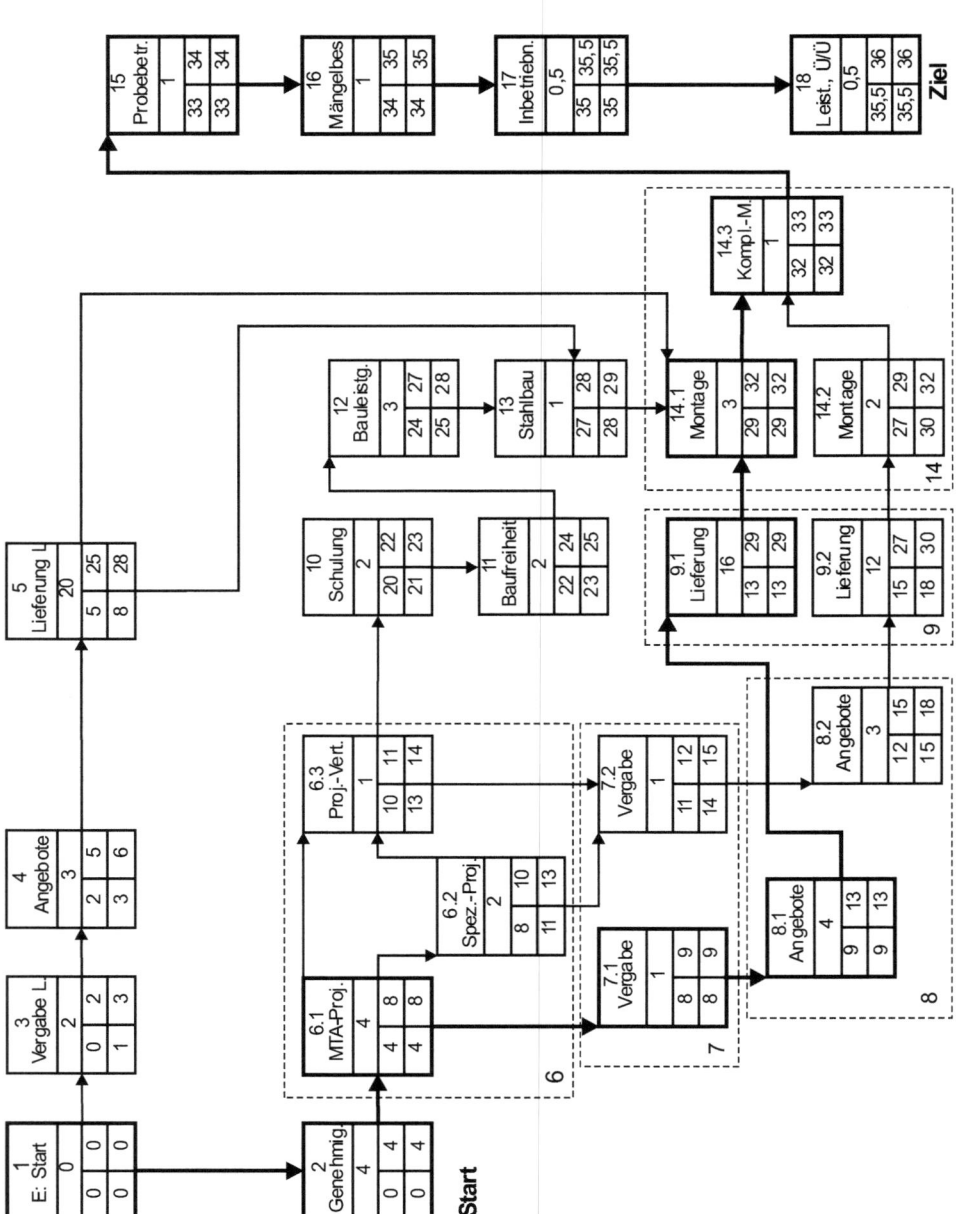

**Abb. 7.14** Zeitablaufplan der Realisierung – Beispiel eines Vorgangsknoten-Netzplanes

## 7.2 Ausführungsplanung und Ausführungsprojekt

mittel (Hilfskräfte, Material, Energie, Hebezeuge) bedeutende Gesichtspunkte, die hinreichend detailliert geplante Abläufe erfordern.

Damit kann sich schnell die Anzahl der Vorgänge auf über 100 erhöhen. Wenn kleinere Netzpläne (20 bis 40 Vorgänge) noch ohne Rechentechnik aufzustellen sind, so benötigen umfangreichere Pläne Rechenprogramme, auch schon hinsichtlich ihrer erforderlichen Anpassung an den Realisierungsfortschritt.

Überdimensionale Netzpläne sollten jedoch wegen ihrer praktischen Unhandlichkeit vermieden werden. Immerhin müssen Menschen verschiedener Fachgebiete – trotz aller Rechentechnik – bei der Projektabwicklung möglichst eng zusammenarbeiten. Praktische Abläufe (Ist-Abläufe) weichen nicht selten von geplanten (Soll-Abläufen) ab. So erfordern auch Netzpläne immer wieder die Soll-Ist-Kontrolle und müssen in bestimmten Abständen, zu festgelegten Kontrollterminen (Meilensteinen) fortgeschrieben werden.

Ein zu großer Netzplan kann in fachlich abgrenzbare *Teil-Netzpläne*, z. B. in Ausführungs-, Beschaffungs-, Montage-, Kostenplan aufgelöst werden. Das Zusammenspiel der Teilpläne ist durch entsprechende Schnittstellen und einen koordinierenden Kontrollplan (Masterplan) zu gewährleisten.

### 7.2.5.3 Betriebsvorschriften

Tabelle 7.4 zeigt beispielhaft eine Betriebsvorschrift für die Anlage zum Herstellen von Schokoladenmasse, bereits als Bestandteil des betreffenden Lieferangebotes (siehe Abschn. 2.3.2 und 4.5.1). Diese Vorschrift gilt auch für das Ausführungsprojekt.

Betriebsvorschriften dienen der Einhaltung der vom Projektträger vorgeschriebenen Einsatzbedingungen (siehe Abschn. 3.1). Das ist eine wichtige Voraussetzung für das im Liefervertrag zugesagte Betriebsverhalten der Anlagentechnik (der Produktivitäts-, Zuverlässigkeits- und Effektivitätskennwerte, siehe Abschn. 3.2, 3.3 und 3.4) als vorrangiges Interesse des Betreibers.

Als wichtige Dokumente sollen derartige Vorschriften den sachgemäßen Umgang mit der Anlagentechnik und den qualitätsgerechten Vollzug der Verarbeitungsaufgabe gewährleisten.

Der Projektträger hat je nach Branche Betriebsvorschriften und -empfehlungen bereitzustellen. Es kann sich hierbei um einzuhaltende Betriebsdrehzahlen, Prozessparameter, raumklimatische Bedingungen (Temperatur, Luftfeuchtigkeit, ...), aber auch um Verfahrensdokumente (Abschn. 2.5.1) handeln.

### 7.2.5.4 Spezifikation Rohstoffe

Eine Spezifikation für Rohstoffe zum Herstellen von Schokoladenmasse zeigt Tab. 7.5, ebenfalls als Angebotsbestandteil und auch gültig für das Ausführungsprojekt.

Mit derartigen *Rohstoff-Spezifikationen* verpflichtet der Projektträger den Anlagenbetreiber zur Verwendung nur einwandfreier Verarbeitungsgüter als eine wesentliche Voraussetzung für die Qualität der vereinbarten Produkte – hier Schokoladenmasse – und der in der Projektdokumentation zu Grunde gelegten Anlagenproduktivität.

**Tab. 7.4** Betriebsvorschrift zu Temperaturen von Schokoladenmasse – Auszug aus [2.6]

| Maschine | Prozesstemperaturen |
|---|---|
| Mischer (281) | Entscheidend für den Mischprozess sind Bearbeitungszeit und Temperatur der zu mischenden Komponenten. Von wesentlichem Einfluss ist die Temperierung des Mischerbehälters (ca. 55 °C); damit kann die Grundtemperatur jeder Rezeptur unterschiedlich sein. Rezepturabhängig ist mit Produkttemperaturen am Mischer-Austrag von ca. 25 … 40 °C zu rechnen. |
| Vorwalzwerk (301) Fünfwalzwerk (351, 352) | Im Vorwalzwerk wird die Masse, bedingt durch *einen* Reibspalt, wenig thermisch belastet. Dagegen erzeugen die Walzen im Fünfwalzwerk Reibungswärme (über 35 °C), die zur Verflüssigung der Kakaobutter führt und den erforderlichen Massefilm ermöglicht. Zum Schutz von Masse und Walzen vor Überhitzung reguliert eine automatische Wasserkühlung die Reibungswärme. Die untere Einzugswalze sollte eine Temperatur von ca. 35 °C haben. Bis zur oberen Gegendruckwalze steigt die Walzentemperatur auf ca. 50 … 55 °C. Die Messerwalze hingegen wird auf eine um ca. 20 °C niedrigere Temperatur heruntergekühlt. Das abgegebene Walzgut besitzt eine ca. 5 … 10 °C höhere Temperatur. |
| Batch-Conchen (401 bis 404) | In den Conchen schwanken die Temperaturen zwischen 55 und 80 °C. Milchmassen dürfen nicht über 60 °C erwärmt werden, da sonst die Denaturierung der Eiweißstoffe einsetzt. Bei Temperaturen über 80 °C nimmt die Masse einen Geruch und Geschmack an, der an zu starkes Rösten der Kakaobohnen erinnert. Conchen werden durch Warm- und Kaltwasser, entsprechend der gewünschten Conchiertemperatur, temperiert. |

## 7.3 Materielle Realisierung

Abschnitte 7.3.1, 7.3.2, 7.3.3, 7.3.4, 7.3.5, 7.3.6 und 7.3.7 geben einen Überblick über *wesentliche Inhalte* der folgenden Realisierungsetappen, ohne Anspruch auf Vollständigkeit. Projektträger (Fachplaner und Fachprojektant) und Betreiber (Beauftragter zur Projektabwicklung und Betriebstechnologe) erhalten Hinweise zu typischen Sachverhalten und sinnvollen Verhaltensweisen.

### 7.3.1 Beschaffung und Fertigung

Die in den Ausrüstungslisten spezifizierten Ausrüstungen (Maschinentechnik, Spezialgewerke, Labor- und Büroausrüsungen, …) werden vom Bereich Einkauf nach Liefertermin und Anlieferungsort gemäß *Beschaffungsplan* beschafft. *Anlieferungsort* kann je nach Ausrüstungsart und Standort des Zulieferers sein:

a) das Betriebsgelände des Betreibers; für bestimmte Ausrüstungen auch schon der Montageort (bei Anlieferung *JIT*), wenn dies mit dem AG so vereinbart ist

## 7.3 Materielle Realisierung

**Tab. 7.5** Spezifikation Rohstoffe – Auszug aus [2.6]

| Rohstoff | Kenngröße | Maßeinheit | Kennwert |
|---|---|---|---|
| Kristallzucker | Korngröße | Mm | 0,5 … 1,5 |
|  | Wassergehalt | % | ≤ 0,05 |
| Kakaomasse | Fettgehalt | % | ≥ 52,0 |
|  | Feinheit | % < 75 µm | ≥ 99,0; bezogen auf Einwaage |
|  | Wassergehalt | % | ≤ 1,5 |
|  | Schalengehalt | % | ≤ 1,75 |
|  | Keimzahl | Keime/g | ≤ 5000 |
|  | ph-Wert | – | 5,3 … 6,0 |
|  | Silikat (salzsäurelösl. Asche) | % | 0,1 … 0,2; bezogen auf fettfreie Trockenmasse |
| Kakaobutter | Klarschmelzpunkt | °C | 32 … 35 |
|  | Wassergehalt | % | ≤ 0,1 |
| Kakaopulver | Fettgehalt | % | 10 … 12 |
|  | Feingehalt | % < 75 µm | 99,5 ± 0,2; bezogen auf Einwaage |
|  | Wassergehalt | % | ≤ 4,5 |
|  | Schalengehalt | % | ≤ 3,0; Pulver 12 % Fett, hergestellt aus Kakaomasse mit 54 % Fett |
|  | Keimzahl | Keime/g | ≤ 5000 |
|  | pH-Wert |  | 5,7 … 7,5 |
|  | Silikat (salzsäurelösl. Asche) | % | 0,1 … 0,2; bezogen auf fettfreie Trockenmasse |

b) das Projektträgerunternehmen, wenn hier eine Zwischenlagerung bzw. Komplettierung mit anderen Anlagenteilen vorgesehen ist
c) ein neutraler, vertraglich vereinbarter Einlagerungsort in der Nähe des Betreibers.

Fall a ist als Regelfall anzusehen, Fall b kommt für bestimmte Teile der Ausrüstung in Betracht. Der Anlieferungsort dient der *kurzzeitigen* Einlagerung bis zu Montagebeginn. In jedem Fall hat eine *Eingangskontrolle* zu erfolgen zur Prüfung von Identität, Qualität und Vollständigkeit der Lieferung anhand der Bestell- und Lieferpapiere.

Ausrüstungen von Verarbeitungsanlagen enthalten neben der von AN *zu beschaffenden* bzw. von AG *selbst bereitzustellenden* Maschinentechnik des Serienmaschinenbaus meist auch anlagenspezifisch zu fertigende Komponenten: technologischer Stahlbau wie Traggerüste, Laufstege; Sondermaschinen, bestimmte Verkettungstechnik, so gutspezifische Handhabungstechnik.

Auch kann es erforderlich sein, dass der AN eine *fremdbezogene* Maschine im eigenen Haus für die spezielle Verarbeitungsaufgabe selbst *umrüstet*, wenn dies durch den Zulieferer technisch nicht oder nur unter ungünstigeren preislichen oder terminlichen Bedingungen erfolgen kann.

## 7.3.2 Versand, Transport, Einlagerung

Für den Versand zum Betreiber müssen im Ausführungsprojekt entsprechende *Transportvorschriften und -hinweise* gegeben sein. Bei Maschinen und anderen großvolumigen Teilen sind Angaben zu Masse, Größe (Länge, Breite, Höhe), Transportposition (z. B. „stehend"), Empfindlichkeit und Schutz vor Beschädigung erforderlich.

Es kann auch bereits die Konstruktionsabteilung für größere Ausrüstungen, die nur komplettmontiert zu versenden sind, einen *bestimmten Container* nach Typ und Abmessungen (z. B. ISO-Container nach DIN 15190) der konstruktiven Entwicklung als Transportvoraussetzung zu Grunde gelegt haben. Solche Vorgaben sind vor allem bei Überseetransport üblich. Auch werden großvolumige Ausrüstungen – aus Transportgründen in Baukasten- bzw. Segmentbauweise konzipiert und angeliefert – erst beim Betreiber komplettmontiert (Beispiele: Flaschenreinigungsmaschinen, Spinnmaschinen).

Damit kann die Versandabteilung das Frachtgut nach Ladeeinheit (einzelne oder gruppierte Ausrüstungen), Packungsart (Kiste, Container) und Transportweg (Straße, Schiene, See-, auch Luftweg bei kleinerem oder besonders eiligem Gut, z. B. einer Nachlieferung) auswählen und den Versand zum Bestimmungsort zu den im Vertrag vereinbarten Bedingungen (Kap. 11: Mustervertrag: Lieferung, Gefahrübergang, Lieferverzug) veranlassen.

Bei Zwischenlagerung von Frachtgut beim Betreiber ist dieses bis Montagebeginn sicher einzulagern. Dazu gehört: Schutz vor schädigendem Witterungseinfluss, Diebstahl, Beschädigung.

## 7.3.3 Montage

Die Montage erfolgt auf Basis der Montagepläne, von denen im Ausführungsprojekt *zwei Arten* bereitzustellen sind:

1. Pläne zur technischen Ausführung: Aufstellungs-, Fundament-, Installationspläne; Montagereihenfolgepläne, auch Qualitätssicherungspläne (Kontrollhandlungen nach Montagestufen)
2. Pläne zum Montagefortschritt: Ablauf-, Termin-, Kapazitäts- und Kostenpläne; Fortschrittskontrollpläne.

Im Maschinen- und Anlagenbau – das gilt besonders auch für Anlagen der VAT – werden Ausrüstungen sowohl beim Hersteller *komplettmontiert* (einzelne, nicht zu große Maschinen) als auch zunächst nur *teilmontiert* (größere, besonders raumflexibel einsetzbare Maschinen und andere Ausrüstungen in Baukasten-Bauweise wie Förderer, Speicher, Gerüste) und dann vor Ort, beim Betreiber komplettmontiert.

Demzufolge sind bereits in die *Gestaltungsphase* die in Abschn. 6.2.3 genannten *Montageanforderungen* einbezogen, die von der Unterscheidung in *Innenmontage* (Vormontage

## 7.3 Materielle Realisierung

beim Hersteller) und *Außenmontage* beim Betreiber ausgehen. Die *Vormontage* von Anlagenteilen beim Hersteller erfolgt hinsichtlich:

- Funktionsprobe bestimmter MTA, deren Funktion nur im Zusammenbau aller Baugruppen sicher zu prüfen ist
- Aufwandsminimierung bezüglich Zeit und Montagepersonal und erforderlicher Änderungen, die beim Hersteller rationeller durchführbar sind als auf der Außenmontage-Baustelle.

**Dokumente für die Außenmontage** Die in der Gestaltungsphase angearbeiteten Dokumente (Abschn. 6.2.3) sind nun *fertigzustellen*. Dazu gehören für die Außenmontage:

- Aufstellungspläne (Layout)
- Pläne für Fundamente, Tragroste, Bühnen
- Montagereihenfolge- und Montagezeitablaufpläne
- Montagevoraussetzungen: Baufreiheit, Montagehilfsmittel (z. B. Hebezeuge), Personal.

Technische Voraussetzungen für Transport und Montage, die im Ausführungsprojekt zu berücksichtigen sind:

Die Montage der Maschinen und anderen Technik beim Betreiber erfolgt gemäß der Montageablaufpläne und erforderlichen Montagehilfsmittel, in der Regel in *Leitmontage* des AN mit Hilfskräften des AG (Kap. 11: Mitwirkungshandlungen als Vertragsgegenstand).

Die für die Montage erforderlichen baulichen Voraussetzungen, die *Baufreiheit*, muss zu Montagebeginn ganz oder abschnittsweise gemäß Bauablauf- und Montageablaufplan vorliegen. Das kann im Leistungsumfang des AN enthalten sein, wenn dieser z. B. als GAN fungiert. Die Baufreiheit wird aber oft als Mitwirkungspflicht des AG vereinbart, vor allem dann, wenn dies aus ökonomischen Gründen für den AG günstiger ist (bei relativ geringem Aufwand und eigenem Demontagepersonal) als für den AN (besonders bei Auslandsgeschäften).

Baufreiheit durch den AG kommt besonders bei Rationalisierungsvorhaben in Betracht, wenn nur begrenzte Änderungen der Bausubstanz vorzunehmen sind oder ein für die neue Technik zu nutzender Raum einfach nur leerzuräumen ist.

**Typische Probleme** Während der Montage können Probleme auftreten, die vom Montagepersonal nicht allein zu entscheiden sind, wie:

1. Layout und/oder Montageplan enthalten *Maßfehler*.
2. Gelieferte Ausrüstungen haben *Maßabweichungen* gegenüber den Abmessungen, die dem Layout zu Grunde gelegt wurden, z. B. infolge technischer Änderungen beim Zulieferer.

3. *Änderungen*, die im Zuge des technischen Fortschritts oder aus Beschaffungsgründen vorgenommen wurden, die der Projektant zwar bestätigt, jedoch in den technischen Unterlagen nicht mehr oder nicht durchgängig berücksichtigt hat.
4. Das Montagepersonal hat eine größere Ausrüstung *fehlerhaft platziert*. Dieser Fehler ist nicht ohne größeren Aufwand (Neuplatzierung) korrigierbar, kann aber vielleicht auch in Kauf genommen werden (z. B. durch Umleitung eines Gutstromes?).
5. Baubestandszeichnungen sind *nicht aktuell*: Die dem Ausführungsprojekt zu Grunde gelegenen Zeichnungen weisen abweichende Baulichkeiten auf, die eine layoutkonforme Montage nicht zulassen.

Diese Beispiele mögen genügen. In solchen Fällen ist der fachlich zuständige MTA- bzw. Spezialprojektant zur Entscheidung hinzuzuziehen. Oberste Priorität müssen Funktion und Zuverlässigkeit der Gesamtanlage haben, die in jedem Fall zu gewährleisten sind, erst danach kommen Änderungsaufwand und -kosten. Die *grundsätzliche Vorgehensweise* für derartige Entscheidungen muss im Änderungsmanagement festgelegt sein:

Wer entscheidet sachkundig, wer ist entscheidungsbefugt, welche Folgen sind zu bedenken?

### 7.3.4 Funktionsprobe, Probebetrieb, Mängelbeseitigung

Funktionsprobe montierter Maschinen und funktionell abgrenzbarer Anlagenabschnitte und schließlich Probelauf der Gesamtanlage dienen dem Nachweis, dass alle Ausrüstungen bestimmungsgerecht gefertigt und montiert sind und grundsätzlich, im Zusammenspiel der Systeme, dem Stoff-, Energie- und Steuerungssystem, funktionieren und dass Konformität mit den Planungsdokumenten vorliegt (gemäß Konfigurations- und Qualitätsmanagement).

**Funktionsprobe** Die Funktionsprobe bezieht sich zunächst auf *separat betreibbare*, einzelne Betrachtungseinheiten der Anlage wie einzelne Maschinen und Maschinengruppen, einschließlich zugehöriger Verkettungstechnik und deren Funktionsfähigkeit im Einzelnen. Hierbei sind sowohl die maschinellen Funktionen (Zusammenspiel der Baueinheiten, Bewegungsabläufe der Arbeitsorgane usw.) als auch die Verarbeitungsfunktionen (Betrieb mit Verarbeitungsgut) zu testen. Bei nachgewiesener Funktionsfähigkeit wird die Funktionsprobe schließlich auf immer größere Anlagenabschnitte bis hin zur Gesamtanlage erweitert.

Je mehr Erfahrung der AN mit derartigen Anlagen hat (ausgereifte Technik, bekannte Verarbeitungsbedingungen, fachkundige Monteure, präzises Justieren der Arbeitsorgane), desto weniger Zeit wird die Funktionsprobe beanspruchen, im Idealfall kann ein *Kurzzeittest* genügen.

## 7.3 Materielle Realisierung

**Probebetrieb** Sind die Anlagenabschnitte und die Gesamtanlage funktionsfähig, kann zum Probebetrieb unter realen Einsatzbedingungen (EB) übergegangen werden. Es ist nachzuweisen, dass die Anlage im *Langzeittest* die Verarbeitungsaufgaben qualitätsgerecht unter *normalen* EB erfüllen kann. Dieser *qualitative Nachweis* bezieht sich auf die Herstellung qualitätsgerechter Produkte (Art, Parameter und Toleranzen von VG und Produkt) unter vertraglich vereinbarten EB. Der *quantitative Nachweis* betrifft die pro Zeiteinheit (meist Stunde) herstellbare Produktmenge, die Produktivität der Anlage.

**Nachweis der vereinbarten Anlagenproduktivität** Im Probebetrieb ist zunächst nachzuweisen, dass die vertraglich vereinbarte rechnerische Produktivität $Q_r$ der Verarbeitungsmaschinen und anderen Anlagenelemente erreichbar ist und einige Stunden stabil gefahren werden kann.

Verarbeitungsmaschinen können meist in einem bestimmten Drehzahlbereich produzieren, dem planmäßig vorgesehenen Produktivitätsbereich (siehe Produktivitäts- und Kostencharakteristik, Abschn. 3.2.1). Ist ein solcher Bereich vereinbart, muss der Probebetrieb den *gesamten* Produktivitätsbereich umfassen, bei Sortimentsproduktion möglichst mit allen VG, zumindest mit allen vorgesehenen Formaten.

Basiert das Vorhaben ausschließlich auf ausgereifter und bewährter Technik und allgemein üblichen, dem AN bekannten EB, und wurde deshalb auf die Erprobung verzichtet, muss während des Probebetriebes auch der Nachweis der vereinbarten tatsächlichen Produktivität $Q_t$ geführt werden: Über einen längeren Zeitraum (mehrere Schichten) ist nachzuweisen, welche *tatsächliche Produktmenge* $M_t$ im Dauerbetrieb *stabil* produziert werden kann. Insbesondere ist nachzuweisen, ob und in welchem Maße der vertraglich festgelegte ZKW *Verfügbarkeit* V erreicht wird (Kap. 11: Qualitäts- und Abnahmevereinbarungen).

Die in einer bestimmten Betriebszeit $t_B$ produzierbare Menge ergibt sich aus Gln. 3.3 und 3.5 zu

$$M_t(t_B) = Q_r \cdot t_B \cdot V, \tag{7.4}$$

wenn mit konstanter Produktivität bzw. mit einem Mittelwert für $Q_r$ in diesem Zeitraum gerechnet werden kann. Wird im Probebetrieb die tatsächlich produzierte Produktmenge innerhalb einer repräsentativen Betriebszeit erfasst, ist mit genannter Beziehung der praktisch erreichbare Verfügbarkeitswert leicht zu berechnen; dies gilt auch dann, wenn $Q_r$ während $t_B$ in zulässigen Grenzen geschwankt hat.

Zur Veranschaulichung ein Beispiel aus der Getränkeindustrie:

Soll die Füll- und Verschließmaschine als Leitmaschine einer Abfüllanlage planmäßig mit $Q_{rp} = 60.000$ Flaschen pro Stunde unter bestimmten EB (z. B. Bier, 0,5-Liter-Flasche, Kronenverschluss, bestimmte Etikettierung) betrieben werden und ist die Anlagenverfügbarkeit mit mindestens V = 0,85 vereinbart, so muss die Anlage im Dauerbetrieb pro Stunde mindestens 51.000 Flaschen qualitätsgerecht liefern. Würde V nur um 0,5 oder 1 % verfehlt, d. h. nur ein V-Wert von 0,845 bzw. 0,84 erreicht, hätte der Anlagenbetreiber bei 200 Ziehtagen im Jahr und $t_B = 16$ h/d bereits einen Verlust von jährlich 960.000 bzw. 1.920.000 nicht abgefüllter Flaschen, Getränkeverlust infolge Glasbruch nicht mitgerechnet.

Der AN muss dem AG in jedem Fall eine *bestimmte Produktionskapazität* der Anlage zusichern – das kann in allen Branchen mit den zwei *Kenngrößen* $Q_{rp}$ und $V$ (immer als Mengenverfügbarkeit verstanden!) und *genau definierten Einsatzbedingungen* erfolgen. Infolge der oft großen Anzahl Anlagenelemente und der Prozessdynamik der VAT sind in der Massenproduktion, wozu die Konsumgüterproduktion ganz besonders zählt, oft auch kleinste Produktivitätsabweichungen wirtschaftlich bedeutsam, so auch Verfügbarkeitsabweichungen in der Größenordnung von 0,1 %.

**Mängelbeseitigung** Die während Funktionsprobe und Probebetrieb erkannten Mängel sind in *Mängelprotokollen* zu erfassen und schrittweise durch geeignete Maßnahmen zu beseitigen.

### 7.3.5 Erprobung, Leistungsfahrt, Restmängelbeseitigung

Bei ausgereifter Verfahrens- und Anlagentechnik (Routineprojekte) genügen im Allgemeinen Funktionsprobe und Probebetrieb zum Nachweis der Betriebsfähigkeit der Anlage, so dass eine Erprobung entfallen kann. Ist die Betriebsfähigkeit ohne Erprobung *nicht* zu gewährleisten, ist eine solche im Ausführungsprojekt mit einzuplanen. Erprobungen können zwingend sein oder auch nur im Interesse des Anlagenherstellers liegen (Erkenntnisgewinn, Weiterentwicklung).

**Erprobung** Ist eine Erprobung z. B. infolge Neuheitsgrad von Verfahren und Ausrüstungen vorgesehen, wird diese auf Basis eines *Erprobungsprogramms* durchgeführt. Derartige Programme sind mehr oder weniger detailliert vorzugeben, je nach dem was, mit welchen Zielen und wie lange zu erproben ist. Inhaltlich ist das Aufgabe von Verfahrens- und konstruktiver Entwicklung. Hinsichtlich des *Erprobungszeitraumes* sind zwei Möglichkeiten zu unterscheiden:

1. Erprobung *vor* Inbetriebnahme der Anlage als *Realisierungsvoraussetzung,*
2. Erprobung *nach* Inbetriebnahme, d. h. während des Dauerbetriebes zum *Erkenntnisgewinn*.

Im zweiten Fall sind die Erprobungszeiten (-dauern) mit dem Produktionsablauf des Betreibers so abzustimmen, dass Produktionsausfall minimiert oder ganz vermieden wird. Besonders problematisch kann dies bei Mehrschichtbetrieb sein (siehe Analysebeispiel Abschn. 3.7.2).

Erprobungen werden als Vertragsgegenstand (Abschn. 11.3 und 11.7.4) mit vereinbart. Der Projektträger hat mit der Ausführungsdokumentation diese Aufgaben nach Verantwortlichkeit, Zeitdauer, Kapazität und Kosten einzuplanen, sich über den *Erprobungsfortschritt* zu informieren und bei Abweichungen (meist Zeit- und Kostenüberschreitung) Maßnahmen zur Gewährleistung der weiteren Projektabwicklung zu veranlassen.

## 7.3 Materielle Realisierung

Während der Erprobung, an der meist mehrere Fachspezialisten – Verfahrens- und Verarbeitungstechniker, Konstrukteure – beteiligt sind, stellen sich erfahrungsgemäß Mängel heraus, die schrittweise zu überwinden sind.

Ergebnis erfolgreicher Erprobung sind technologische, maschinentechnische und weitere Erkenntnisse, besonders die durch Kennwerte/-wertebereiche quantifizierten, vereinbarten Kenngrößen zum Betriebsverhalten (Kap. 3: Produktivität, Zuverlässigkeit, …) und zu Verarbeitungsprozessen (Temperaturen, Emissionen, Qualitätsparameter von VG und Produkt, …).

Der AN hat den materiellen Leistungsnachweis erbracht, wenn die Anlage im Rahmen der vereinbarten Grenzen alle VG verarbeitet, das Produktsortiment qualitativ und quantitativ produziert und die Verfahrensparameter wie vereinbart bzw. in allgemein üblichen Grenzen liegen.

**Leistungsfahrt** Schließlich kann noch eine so genannte *Leistungsfahrt* der Anlage nach Probebetrieb bzw. Erprobung vertraglich vereinbart oder von den Vertragspartnern gewünscht sein. In einem solchen, abschließenden Testlauf, der in Anwesenheit kompetenter Vertreter der Vertragspartner erfolgt, ist die Leistungsfähigkeit der Anlage – möglichst auch schon das Beherrschen der Anlagentechnik durch das Betreiberpersonal – dadurch anschaulich nachzuweisen, in dem verschiedene, anlagentypische Betriebszustände durchfahren sowie Grenzen und Möglichkeiten der Produktionskapazität aufgezeigt werden.

Nicht zuletzt sollte die Anlagensicherheit und Funktionsstabilität durch *simulierte Fehler* (Zuführen von falschem VG, Fehlverhalten des Bedieners, …) und deren Überwindung demonstriert werden. Besondere Beachtung muss hierbei die Funktionsfähigkeit und -stabilität vorgesehener *Sicherheits- und Überwachungstechnik* erfahren wie:

- Prozessüberwachungstechnik: Sensoren und Aktoren zum Schutz vor Formatüberschreitung und Überlastung von Arbeitsorganen
- Sperrbereichsschaltungen: Schutz vor Gutrückstau und Überschüttung an den Koppelstellen der Anlagenelemente
- Verhalten der Anlage bei NOT-AUS und Wiederanfahren nach diesem Zustand.

**Restmängelbeseitigung** Auch bei erfolgreicher Leistungsfahrt können sich noch *Restmängel* zeigen, für deren Beseitigung der AN (technische Mängel der Anlage), aber auch der AG (z. B. nicht qualitätsgerechtes VG) verantwortlich sein kann.

Neben den materiellen Restmängeln können sich auch aus technischen Unterlagen, besonders aus Bedienungs-, Wartungs- und Reparaturvorschriften Mängel herausstellen und Anwenderforderungen ergeben, z. B. zum besseren Verständnis und zu noch sicherer Bedienung. Derartige, immaterielle Mängel sind vom AN durch Nachbesserung abzustellen.

Probebetrieb, Erprobung und Leistungsfahrt erfolgen auf Basis der technisch-technologischen *Verfahrens- und Maschinendokumente*, die als Teile des Ausführungsprojektes *vor Ort* zur Verfügung stehen müssen. Während dieser Etappen erfolgt auch die schrittweise

*Einweisung des Betreiberpersonals* für Bedienung und Instandhaltung, das bereits frühzeitig durch den AN geschult sein sollte.

### 7.3.6 Übergabe/Übernahme, Inbetriebnahme

**Übergabe/Übernahme** Hat der AN mit der erfolgreichen Leistungsfahrt seinen materiellen Leistungsnachweis und die bis dahin erforderlichen immateriellen Leistungen erbracht, bietet er dem AG die Übergabe der Anlage an, die dieser bei Einverständnis in einem mehr oder weniger *feierlich gestalteten Akt*, der so genannten *Übergabe/Übernahme* zur Nutzung übernimmt. Sind bis dahin alle Zahlungsverpflichtungen des AG erfüllt, geht die Anlage mit diesem Akt in sein Eigentum über.

Je nach Vertragsbedingungen und Zahlungserfüllung (Kap. 11: Eigentumsvorbehalt und Zahlungsbedingungen) kann aber auch die Anlage noch im Eigentum des AN verbleiben. Spätestens zur Übergabe/Übernahme erhält der AG die vertraglich vereinbarte Projektdokumentation zu seiner Verfügung.

**Inbetriebnahme in den Dauerbetrieb** Nach Übergabe/Übernahme befindet sich die Anlage in Verantwortung des AG. Unabhängig davon, ob die Anlage sofort oder später, teilweise oder vollständig in den Dauerbetrieb geht, ist für beide Vertragspartner das Vorhaben realisiert, vorbehaltlich vielleicht noch zu erbringender immaterieller Restleistungen (Restzahlungen, Nachkalkulation), auch unabhängig weiter zu vereinbarender Nachkontakte (Abschn. 7.5).

### 7.3.7 Gewährleistung, Service

**Gewährleistung** Neben der Gewährleistungsdauer (üblich 12 bis 24 Monate), die in der Regel mit der Inbetriebnahme beginnt, kann sich der AN gegen zu schleppende Inbetriebnahme durch den AG – nicht selten durch verzögerte Baufreiheit – absichern: Beträgt die Gewährleistung z. B. 12 Monate, so kann diese auf 18 Monate nach Lieferung der letzten Ausrüstung begrenzt werden, um den AG zur zügigen Inbetriebnahme zu veranlassen.

Aus der Gewährleistung werden *Verschleißteile* meist ausgeschlossen. Diese sind aber im Lieferumfang zu benennen. Für Verschleißteile sollte der AN

- dem AG einen *Jahreserstbedarf* dieser Teile zum Kauf mit anbieten
- die zu erwartende Standzeit bei normalen EB angeben und Verschleißgrenzen nennen, bis zu denen produziert werden darf
- Anleitungen zum Nacharbeiten bei Abnutzung (z. B. Nachschleifen von Schneidmessern) mitliefern.

**Service** Serviceleistungen des AN können Leistungsgegenstand des Liefervertrages sein oder bei Vorhabensabschluss vereinbart werden.

Serviceleistungen können Ad-hoc oder im Rahmen turnusmäßiger Fristen (z. B. jährliche Durchsichten, Ersatzteillieferungen) erfolgen.

## 7.4 Immaterielle Leistungen

Auch für die Abschn. 7.4.1, 7.4.2, 7.4.3 und 7.4.4 gilt analog das im Vorspann zu Abschn. 7.3 Gesagte.

### 7.4.1 Mitwirkungshandlungen des Projektteams

Das Projektteam hat in der Realisierungsphase, vor allem bei der materiellen Realisierung – die Projektabwicklung begleitend – an Aufgaben unterschiedlichster Art mitzuwirken:

- Autorenkontrolle, beginnend mit Angebotseingang, über Fertigung, Montage, bis hin zu Probebetrieb, gegebenenfalls Erprobung und Leistungsfahrt – alle technischen Gewerke betreffend – mit dem obersten Ziel der *projektgetreuen Anlagenrealisierung;* besonders wichtig bei Qualitätsabweichungen infolge eingetretener Fehler oder technischer Änderungswünsche
- Unterstützung des Bereichs Beschaffung/Einkauf bei Angebotseinholung und -bearbeitung, besonders dann, wenn auf geänderte Ausrüstungen ausgewichen werden muss
- Zusammenarbeit mit den Bereichen Kosten- und Finanzplanung bei Erarbeitung der entsprechenden Pläne sowie bei Fortschrittskontrolle und Nachkalkulation
- Zuarbeit bei Vertragsänderungen, technische Sachverhalte betreffend
- Vereinbarung von Nachkontakten, z. B. zum Datenrückfluss aus BDE.

Die wohl bedeutendste Mitwirkungshandlung ist die *Autorenkontrolle*, die von den Fachspezialisten des Projektteams auch im eigenen Interesse wahrgenommen wird. Der Projektant kann Entscheidungen zu treffen haben, die sowohl aus fremdverursachten Abweichungen als auch fehlerhaften eigenen Projektdokumenten resultieren können.

Alle Mitwirkungshandlungen des Projektteams und Zusammenarbeits- und Mitwirkungspflichten der beteiligten Unternehmensbereiche muss das Management des Projektträgers *grundsätzlich* festlegen, damit der komplexe, arbeitsteilige Prozess der Projektabwicklung reibungsarm funktioniert.

## 7.4.2 Schulung des Betreiberpersonals

Der Anlagenbetreiber muss zum sachkundigen und umsichtigen Umgang mit der neuen Technik befähigt sein. Je besser das *Bedienungs- und Ih-Personal* die Anlagentechnik beherrscht, desto besser kann der Betreiber die Produktionskapazität der Anlage nutzen.

Genügt bei einfacher oder bereits bekannter Anlagentechnik vielleicht die Einweisung des Betreiberpersonals während Montage und Probebetrieb durch das Montagepersonal des Herstellers – infolge technischen Fortschritts immer mehr die Ausnahme –, so ist bei komplizierter Verfahrens- und Maschinentechnik, aber auch Prozessüberwachungs- und Steuerungstechnik eine Schulung des Personals erforderlich.

Der AN wird zunächst mindestens für seine Hauptausrüstungen ohnehin ein spezielles *Bedienungs- und Ih-Trainingsprogramm* dem AG im Liefervertrag mit anbieten bzw. die Absolvierung eines solchen Trainings schon hinsichtlich Gewährleistung als *Leistungsbestandteil* vorsehen, damit seine Anlagentechnik sachkundig und so effektiv wie möglich betrieben wird (dazu: Betriebsverhalten, Abschn. 3.1 bis 3.4 sowie Betriebs- und Steuerungsstrategien, Abschn. 2.5.4).

*Schulungsprogramme* können nur für konkrete Hersteller- und Betreiberbedingungen aufgestellt werden. Bei Anlagen der VAT sollte die Schulung neben den allgemeinen Bedienungs- und Ih-Anforderungen vor allem auch solche *Besonderheiten* umfassen wie:

- Wahl der richtigen Betriebsdrehzahl in Abhängigkeit schwankender VG-Qualität und EB, ausgehend von der grundsätzlichen Kenntnis des Zusammenhangs von Betriebsdrehzahl, Zuverlässigkeit bzw. Störanfälligkeit und Verarbeitungskosten (Abschn. 3.2)
- Betrieb von Störungsspeichern bzw. Speicherstrecken im Gutfluss: Betrieb mit verfügbarkeitsoptimaler Betriebsfüllmenge zur Minimierung von Betriebsunterbrechungen infolge Gutmangel oder Gutrückstau (Speicherstruktur: Abschn. 5.1.2.1, Betriebsstrategien: Abschn. 8.5.3)
- Voraussehen sich anbahnender außergewöhnlicher Betriebszustände infolge der Dynamik verarbeitungstechnischer Prozesse (siehe mögliche Betriebszustände, z. B. Driftabfall der Produktivität, Abb. 3.5)
- Verhalten bei außergewöhnlichen – auch simulierbaren – Betriebszuständen.

## 7.4.3 Rechnungslegung und Nachkalkulation

Der AN stellt dem AG seine Leistungen entsprechend der Zahlungsbedingungen in Rechnung, in der Regel Teilrechnungen für realisierte Teilleistungen (Kap. 11: Preis und Zahlungsbedingungen), einschließlich der Schlussrechnung nach erfolgter Übergabe/Übernahme. Der AG hat dann die vereinbarten Zahlungen zu leisten, bei vertragsgemäßer Leistungserbringung bis zum vollen Lieferpreis.

## 7.4 Immaterielle Leistungen

**Preisänderungen** Infolge zwischenzeitlich vereinbarter Zusatz- oder Minderleistungen kann sich der Gesamtpreis erhöhen oder verringern. Letzteres kann sich aus reduziertem Leistungsumfang, aber auch aus Preisabschlägen, z. B. Sanktionen infolge verminderter Qualität, ergeben. Im Anlagengeschäft sind an der Preisgestaltung und -abwicklung viele Beteiligte über längere Zeit planmäßig oder operativ tätig. Der Realisierungsfortschritt erfordert immer wieder *Entscheidungen*, oft am Montageort unter Zeitdruck. Es sind eingetretene Qualitätsmängel zu akzeptieren oder abzulehnen, zusätzliche Wünsche des AG möglichst positiv zu entscheiden, es ist Zeitverzug aufzuholen.

**Änderungsbelege** Damit in diesem komplexen Prozess nichts Wesentliches für die spätere Rechnungslegung verlorengeht und später z. B. berechtigte *Preisaufschläge aus Zusatzleistungen* bzw. *Preisabschläge aus Minderleistungen* auch akzeptiert werden, haben die Verantwortlichen beider Seiten, Projektleiter bzw. verantwortliche Fachspezialisten des Projektteams sowie Montageleiter einerseits und die Beauftragten des AG andererseits alle während der Realisierung vom Vertrag abweichenden Entscheidungen *aktenkundig* zu machen. Dazu dienen *Beratungsprotokolle* und/oder *Aktennotizen*, die von der jeweils anderen Seite entweder sofort, z. B. bei operativer Entscheidung am Montageort im *Bautagebuch*, oder im Nachgang *unterschriftlich bestätigt* werden sollten.

Aktennotizen zu gemeinsam in Beratungen getroffenen Entscheidungen bzw. telefonisch oder per Email gegebene Zusagen können auch dem Vertragspartner *zur Kenntnisnahme* zugesandt werden mit der Bitte, diese innerhalb einer Frist zu bestätigen. Am Ende der Aktennotiz sollte ein Satz nicht fehlen, da erfahrungsgemäß solche Fristen nicht immer ernst genommen werden, wie: „Sollten wir bei Fristablauf keine Rückäußerung erhalten haben, werten wir dies als Zustimmung". Derartige Absicherungen erweisen sich später, im Streitfall, als sehr wirkungsvoll, auch im gerichtlichem Streit. Im Nachteil ist dann die Seite, die keine derartigen Beweismittel hat.

**Nachkalkulationen** Nach Vorhabensabschluss werden AN und AG den wirtschaftlichen Effekt ihrer Leistungen überprüfen, nicht zuletzt auch hinsichtlich künftiger Vorhaben ähnlicher Art:

- Der AN ermittelt in der Nachkalkulation die *tatsächlich angefallenen Kosten;* daneben sollten vorgelegener Personaleinsatz und beanspruchte Realisierungszeiträume analysiert werden.
- Der AG als Betreiber überprüft nach einer repräsentativen Zeit im stationären Dauerbetrieb, etwa nach 6 Monaten oder einem Jahr, die *tatsächliche Rentabilität* der Anlageninvestition, die sich aus finanziellem Nutzen und anderen Effekten ergibt.

Für den Projektträger sind eigene Nachkalkulation und Rentabilitätsnachweis des Betreibers – vorausgesetzt, dieser gibt einen solchen Nachweis preis – für künftige, ähnliche Vorhaben von großem Wert. Die Rentabilität einer Anlageninvestition ist auch Gegenstand in Kap. 10.

### 7.4.4 Handlungen zum Projektabschluss

Abschlusshandlungen des Projektträgers betreffen hauptsächlich die abschließende Dokumentation des Vorhabens. Dazu zählen:

- Nachlieferung korrigierter/ergänzter Dokumente zum Ausführungsprojekt
- Abschlussbericht, anzufertigen unter Federführung des Beauftragten der Geschäftsleitung bzw. des Projektleiters
- Vorbereitung der Archivierung der Ausführungsdokumentation und der wesentlichen, während der weiteren Realisierung entstandenen Dokumente zur Projektabwicklung: Protokolle, Berichte, Rechnungs- und Zahlungsbelege
- Archivierung der gesamten aufzubewahrenden Dokumente zum Vorhaben.

Die ordnungsgemäße Gesamtdokumentation zum Vorhaben und deren Archivierung ist als *Erfahrungsschatz* für künftige Geschäftsbeziehungen/Anlagengeschäfte bedeutsam, aber auch bei eventuellen Streitigkeiten zur Rekapitulation der tatsächlich vorgelegenen Aktivitäten, Entscheidungen, Zustimmungen.

## 7.5 Nachkontakte, Informationsrückflüsse

Im Interesse weiterer Geschäftsbeziehungen sollten die Vertragspartner – Hersteller und Betreiber sind zumindest durch Service, aber wahrscheinlich auch spätere Ersatzinvestitionen ohnehin weiter in Kontakt – spätestens bei Vorhabensabschluss *Nachkontakte vereinbaren* und diese auch künftig durch Aktivitäten zum *gegenseitigen Nutzen* pflegen. Ziele solcher Nachkontakte können sein:

- Information über bekannt gewordene, die andere Seite interessierende technische Neuerungen: Betreiber informiert über neue Verarbeitungstechnologien, Hersteller über neue Maschinentechnik und Entwicklungstrends
- Unterstützung in der Kundenwerbung durch gemeinsames Auftreten auf Messen, Tagungen, Workshops und anderen Veranstaltungen als Informationsrückfluss von Betreiber zu Hersteller bzw. Projektträger
- Service als allgemein übliche Vertragsleistung.

**Informationsrückfluss** Dazu zählt die Übermittlung von *Daten zum Betriebsverhalten* der Anlage, die bei moderner Anlagentechnik im Rahmen der BDE (siehe Abschn. 3.6) ohnehin online anfällt. Solche Daten werden ohnehin für Produktions- und Ih-Planung und -Abrechnung ständig oder bei Bedarf aufgezeichnet.

Besonders interessant für Projektant und Hersteller sind Produktivitäts-, Zuverlässigkeits- und Effektivitätskennwerte der Anlage, aber auch einzelner Ausrüstungen, die für künftige Anlagenprojekte und Erzeugnisentwicklung nützlich sind.

## 7.5 Nachkontakte, Informationsrückflüsse

Der in der Praxis nicht immer leicht durchsetzbare Informationsrückfluss – Betreiber halten sich aus verschiedenen Gründen hier oft zurück – sollte bereits im Liefervertrag mit vereinbart sein. Oft resultieren diese Schwierigkeiten nur aus Unkenntnis infolge mangelnder Begründung/Aufklärung seitens des Maschinen- und Anlagenherstellers.

Der Informationsrückfluss solcher Daten ist für den Maschinen- und Anlagenbau besonders für Neu- und Weiterentwicklung wertvoll, liegen diese statistisch gesichert doch erst nach längerem Dauerbetrieb vor. Da Zuverlässigkeitskennwerte aus den stochastisch ablaufenden Ausfall- und Erneuerungsprozessen resultieren und demzufolge stark von den jeweiligen EB abhängen, sollte der Maschinen- und Anlagenbau mit der Anwenderindustrie einen *Mindestumfang des Datenrückflusses* vereinbaren, möglichst bis hin zu branchen- und firmenspezifischer Darstellung der Ausfallzeitelemente (siehe Zeitgliederung des Maschineneinsatzes, Abschn. 3.2.2), damit auch typische Ausfallzeitelemente in ihrer Relation bekannt werden, Ausfallursachen zuordenbar und Maßnahmen zur Minimierung typischer Ausfallzeiten besser zu ergreifen sind.

Das ist in *beiderseitigem Interesse*: Je besser der Maschinen- und Anlagenbau einer Branche das Betriebsverhalten seiner Erzeugnisse vorhersagen kann, desto besser können sich die Anwenderbetriebe bei ihrer Investitionsentscheidung darauf einstellen.

# 8 Berechnungen zur Strukturierung

## 8.1 Berechnung von Reihensystemen in fester Verkettung

### 8.1.1 Redundanzlose Reihensysteme

Redundanzlose Reihensysteme (Bausteine a, c, Abb. 5.4) haben ausschließlich *redundanzlose Kopplung* der Elemente und diese entweder

a) *keine* interne Redundanz oder
b) infolge angrenzender Elemente oder Systeme *keine systemnutzbaren* $Q_r$-Stellbereiche.

Für die Systemproduktivität $Q_r$ folgt aus KK 1.2, Gl. 5.3:

$$Q_r = Q_{ri}; \quad i = 1, 2, \dots, N \tag{8.1}$$

N Anzahl der Systemelemente

Das System funktioniert nur, wenn *alle* Elementeproduktivitäten $Q_{ri}(t)$ übereinstimmen. Bei fester Verkettung führt der Ausfall *eines* Elements *sofort* zu Systemausfall. Die System-Kenngrößen $\lambda$, $\beta$ und $V_T$ sind aus den Elemente-Kenngrößen (Abschn. 3.3.2) $\lambda_i$, $\beta_i$, $V_{Ti}$, $\kappa_i$ nach *Markow* [3.5] berechenbar:

**Systemausfallrate**

$$\lambda = \sum_{i=1}^{I} \lambda_i; \quad i = 1, 2, \dots, N \tag{8.2}$$

**System-Ausfallkennziffer**

$$\kappa = \sum_{i=1}^{I} \kappa_i; \quad i = 1, 2, \dots, N \tag{8.3}$$

**Systemerneuerungsrate**

$$\beta = \frac{\lambda}{\kappa} \qquad (8.4)$$

**Zeitverfügbarkeit des Systems** Mit Gl. 3.13 lässt sich die *Zeitverfügbarkeit des Systems* für praktische Anwendungen zweckmäßig schreiben, je nachdem, ob zunächst Kennwerte der Elemente (Index i) oder des Systems vorliegen:

$$V_T = \frac{\beta}{\lambda + \beta} = \frac{1}{1 + \kappa} = \frac{1}{1 + \sum_i \kappa_i} = \frac{1}{1 + \sum_i \left(\frac{1}{V_{Ti}} - 1\right)} \ ; \quad i = 1, 2, \ldots, N \qquad (8.5)$$

Systemerneuerungs- und Systemausfallrate lassen sich auch schreiben:

$$\beta = \frac{\sum_i \beta_i \cdot \left(\frac{1}{V_{Ti}} - 1\right)}{\sum_i \left(\frac{1}{V_{Ti}} - 1\right)} \quad \text{Systemerneuerungsrate} \qquad (8.6)$$

$$\lambda = \beta \cdot \left(\frac{1}{V_T} - 1\right) \quad \text{Systemausfallrate} \qquad (8.7)$$

Für die Elemente sind die Kenngrößen gemäß Gl. 5.6 anzuwenden.

Elemente dieses Modells sind auch Ausgleichsspeicher (Baustein c, Abb. 5.2), die bei hinreichend hoher Zuverlässigkeit der Organe F und E zur Modellvereinfachung zumindest beim ersten Strukurentwurf vernachlässigbar sind.

Das Modell gemäß Gl. 8.2 bis 8.7 gilt für *abhängiges* Ausfallverhalten der Elemente (siehe Abschn. 5.3.2): Fällt ein Element aus, werden die anderen Elemente sofort stillgesetzt oder im Leerlauf weiterbetrieben bis zur Wiederinbetriebnahme des Systems. In beiden Fällen sind die nicht ausgefallenen Elemente *stochastisch abhängig*: Ihre Ausfallrate ist bei Stillstand Null (Element kann nicht ausfallen), bei Leerlauf vernachlässigbar klein, da kein Gutfluss.

Zum Vergleich sei die Systemverfügbarkeit nach *Boolescher Multiplikation* angegeben, die ausschließlich für *unabhängige* Elemente gilt:

$$V_T = \prod_{i=1}^{N} V_{Ti}; \quad i = 1, 2, \ldots, N \qquad (8.8)$$

*Boole* liefert gegenüber *Markow* erwartungsgemäß kleinere Systemverfügbarkeiten, wobei die Abweichung mit steigender Elementeverfügbarkeit abnimmt. Die relative Abweichung der *Booleschen* Werte beträgt z. B. bei Systemen mit zwei bis vier Elementen bei $V_{Ti} = 0{,}8$ immerhin 2,7 ... 9 %, bei $V_{Ti} = 0{,}95$ nur noch 0,2 ... 1,2 %. Nach *Boole* berechnete Werte sind generell geringer – das könnte in der Anlagenplanung auch als Sicherheit beabsichtigt sein –; das würde aber die Realität nicht richtig widerspiegeln, da sich *Boole* auf *unabhängiges* Ausfallverhalten beschränkt, was bei stoffverarbeitenden Reihenelementen nicht vorliegen kann.

Außerdem liefert *Boole* mit $V_T$ nur das Verhältnis $\lambda/\beta$, nicht deren Einzelwerte. Der Wert z. B. von $\beta$ und damit $T_A$ ist aber für Störungsspeicher-Berechnungen unabdingbar.

### 8.1.2 Reihensysteme mit interner Elementredundanz

Haben die Elemente *systemnutzbare* Redundanz, liegt ein *redundantes* Reihensystem vor.

Die Systemkenngrößen sind mit Gl. 8.1 bis 8.7 aus den Elementekenngrößen gemäß Gl. 5.7 berechenbar. In Kenntnis der Produktivitätscharakteristik der Maschine (Abschn. 3.2.1) ist jedoch zu beachten, dass

- mit $Q_r$ die Ausfallrate steigt, weshalb in Gl. 8.7 mit $\lambda = f(Q_r)$ zu rechnen ist
- die mit positiver interner Redundanz sinkende Zeitverfügbarkeit den beabsichtigten Effekt, durch Nutzung des $Q_r$-Stellbereiches zumindest zeitweise mehr zu produzieren, sich verringern oder gar aufheben kann
- die Elemente ausreichend überdimensioniert, d. h. mit genügend Reserve betrieben werden sollten.

### 8.1.3 Beispiele zu Reihensystemen

**Beispiel 1 Reihensystem mit konstanter Produktivität – Anlage A**

Gegeben: Reihensystem in fester Verkettung ohne Elementredundanz ($Q_r$ = konst.), bestehend aus drei Maschinen und integrierter Verkettungstechnik (Abb. 8.1) mit den Elemente-Verfügbarkeiten:
Maschinen: $V_{M1} = 0{,}95$, $V_{M2} = 0{,}98$, $V_{M3} = 0{,}98$
Verkettungselemente: $V_{Fö} = 0{,}9995$, $V_{Kp} = 0{,}9990$

**Abb. 8.1** Redundanzloses Reihensystem

Gesucht: Systemverfügbarkeit, berechnet nach *Markow* und nach *Boole*:
a) Verfügbarkeit des Hauptsystems
b) Verfügbarkeit des gesamten Reihensystems
c) Verfügbarkeitsdifferenz von a und b.

Lösungsweg: Berechnung nach *Markow* mit Gl. 8.5, nach *Boole* mit Gl. 8.8

Lösung:

a) Hauptsystem

$$V_{Markow} \frac{1}{1 + \sum_{i=1}^{I}\left(\frac{1}{V_{Ti}} - 1\right)} = \frac{1}{1 + \left(\frac{1}{0,95} - 1\right) + 2\left(\frac{1}{0,98} - 1\right)} = \frac{1}{1,09344} = \underline{0,9145}$$

$$V_{Boole} = \prod_{i=1}^{I} V_{Ti} = 0,95 \cdot 0,98 \cdot 0,98 = \underline{0,9123}$$

b) System

$$V_{Markow} = \frac{1}{1,09344 + \left(\frac{1}{0,9995} - 1\right) + 2\left(\frac{1}{0,9990} - 1\right)} = \frac{1}{1,09594} = \underline{0,9125}$$

$$V_{Boole} = 0,9123 \cdot 0,9995 \cdot 0,999^2 \cdot = \underline{0,9100}$$

c) Differenz

$$\Delta V_{Haupt,a} = V_{Markow} - V_{Boole} = 0,9145 - 0,9123 = \underline{0,0022} \approx 0,22\,\% \text{ absolut}$$
$$\Delta V_{System,b} = V_{Markow} - V_{Boole} = 0,9125 - 0,9100 = \underline{0,0025} \approx 0,25\,\% \text{ absolut}$$

Bewertung der Lösung: Es ist erkennbar, dass *Boole* in beiden Fällen kleinere V-Werte als *Markow* liefert und dass die Differenz zwischen diesen Modellen mit sinkender Systemverfügbarkeit größer wird. V-Werte sind sowohl Zeit- als auch Mengenverfügbarkeiten.

**Beispiel 2 Reihensystem mit Produktivitätsstellbereich – Anlage B**

Gegeben: Redundantes Reihensystem in fester Verkettung, bestehend aus zu Anlage A analogen Elementen mit gleichen Verfügbarkeiten, jedoch mit $Q_r$-Stellbereichen in Stück/h (Abb. 8.2):
$Q_{r\,M1} = 200 \ldots 500$; $Q_{r\,M2} = 150 \ldots 600$; $Q_{r\,M3} = 250 \ldots 400$
Die Verkettungselemente können sich an den systemnutzbaren Stellbereich anpassen.

**Abb. 8.2** Redundantes Reihensystem

Gesucht: a) möglicher systemnutzbarer Stellbereich
b) planmäßig vorzusehende Produktivität mit der Bedingung, dass 2/3 des Stellbereiches als Reserve für forcierten Betrieb (Aufholen Produktionsverlust) im Normalbetrieb nicht genutzt werden sollen

c) tatsächliche Produktivität $Q_t$ im Normalbetrieb des nach *Markow* berechneten Systems

Lösungsweg:
Systemnutzbar ist ein Stellbereich, in dem alle drei Maschinen gemeinsam produzieren können; $Q_t$ ist nach Gl. 3.5 berechenbar, wenn für $Q_r$ die im Normalbetrieb vorzusehende Produktivität $Q_{rp}$ und die von Anlage A bekannte Systemverfügbarkeit eingesetzt wird.

Lösung: a) Produktion ist infolge M 1 und M 2 nur im Bereich 200 ... 400 Stück/h möglich

b) $Q_{rp} = 200 + 200 \cdot 1/3 = \underline{266{,}7 \text{ Stück/h}}$

c) $Q_t = Q_{rp} \cdot V_{sys} = 266{,}7 \cdot 0{,}9125 = \underline{243{,}4 \text{ Stück/h}}$

## 8.2 Berechnung von Reihensystemen in loser Verkettung

### 8.2.1 Vorbetrachtung und Auswahl geeigneter Modelle

Ein Reihensystem in loser Verkettung (Baustein d, Abb. 5.4) ist als Elementarsystem, bestehend aus Zuführelement Z, Störungsspeicher Ssp, Abführelement A durch *redundante Kopplung* der Elemente gekennzeichnet. Im Gegensatz zur festen Verkettung führt der Ausfall eines Elements *nicht* oder *nicht sofort* zu Systemausfall. Störungsspeicher *entkoppeln* angrenzende Elemente in bestimmtem Maße, wodurch diese relativ unabhängig voneinander funktionieren können.

Störungsspeicher erhöhen die Systemverfügbarkeit durch Reduzierung der systembedingten Stillstandszeit (Zeitelement $t_S$, Abschn. 3.2.2). Der dadurch erzielbare Verfügbarkeitszuwachs steigt mit der Speichergröße. Die auf eine bestimmte Produktivität $Q_{rp}$ bezogene Systemverfügbarkeit erhöht sich außerdem bei nutzbaren $Q_r$-Stellbereichen der Elemente.

**Anforderungen an Störungsspeicher-Modelle** Berechnungsmodelle müssen die Darstellung der Systemverfügbarkeit V als Funktion mindestens der *Speichergröße M* ermöglichen:

$$V = f(M) \tag{8.9}$$

Abbildung 8.3 zeigt den mittels Störungsspeicher grundsätzlich erzielbaren, *charakteristischen Verlauf der Zeitverfügbarkeit* über der Speichergröße M. V steht vereinfachend für $V_T$. Es ist erkennbar: Die Systemverfügbarkeit steigt von V(M = 0), dem Wert der festen

**Abb. 8.3** Charakteristischer Verlauf der Systemverfügbarkeit V(M) bei loser Verkettung

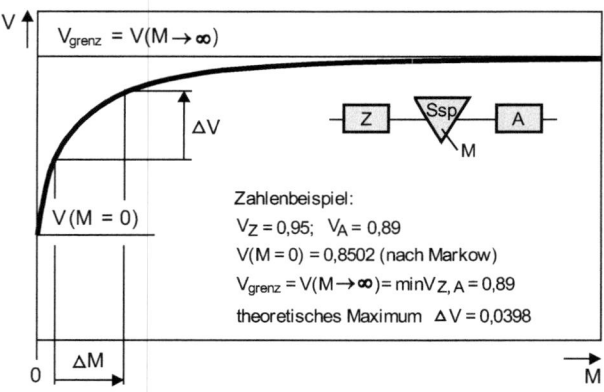

Verkettung – der mit Gl. 8.5 berechenbaren Zeitverfügbarkeit – mit wachsender Speichergröße zunächst stark an und nähert sich asymptotisch einem Grenzwert:

$$V_{Tgrenz} = \min\{V_{Ti}\}; \quad i = Z, A \tag{8.10}$$

Z Zuführelement: Element oder Teilanlage *vor* dem Speicher
A Abführelement: Element oder Teilanlage *nach* dem Speicher

Gleichung 8.10 besagt, dass das Element mit der geringeren Zeitverfügbarkeit die Systemverfügbarkeit begrenzt. Diese Grenze kann auch nicht mit einem noch so großen Speicher überschritten werden. Der mittels Störungsspeicher theoretisch überhaupt erzielbare Verfügbarkeitszuwachs beträgt:

$$\max \Delta V_T = V_T(M \to \infty) - V_T(M = 0) \tag{8.11}$$

Dieses Zahlenbeispiel veranschaulicht: Bereits kleine Speicher führen gegenüber fester Verkettung zu bedeutendem Verfügbarkeitszuwachs: Bei fester Verkettung (M = 0) hätte das System eine Verfügbarkeit von 0,8502. Bei 100%iger Entkopplung (M = ∞), praktisch nicht möglich – würde die Verfügbarkeit um 0,0398 auf maximal 0,89, der Verfügbarkeit des schwächsten Systemelements, steigen.

Praktisch ist ein Störungsspeicher nur so groß zu wählen, wie dies der wirtschaftliche Nutzen des Verfügbarkeitszuwachses, die erzielbare Mehrproduktion, rechtfertigt. Neben Kaufpreis und Betriebskosten kann der vom Speicher beanspruchte Produktionsraum ein bedeutendes Entscheidungskriterium sein, da dieser Raum für die eigentliche Verarbeitung fehlt.

Mit einer Speichergröße, die drei bis fünf mittlere Ausfalldauern überbrückt, werden oft schon 80...90 % des theoretisch möglichen Verfügbarkeitszuwachses erreicht.

Neben der Speichergröße M sind auch die *betreffenden Elementekenngrößen* zu berücksichtigen und damit ist in Erweiterung Gl. 8.9 das Problem zu lösen:

$$V = f(M, m(t), \lambda_i, \beta_i, Q_{ri}); \quad i = Z, A \tag{8.12}$$

## 8.2 Berechnung von Reihensystemen in loser Verkettung

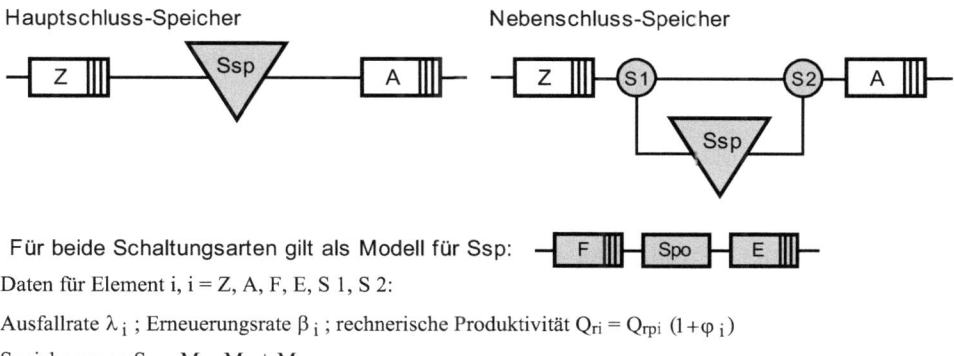

Für beide Schaltungsarten gilt als Modell für Ssp:

Daten für Element i, i = Z, A, F, E, S 1, S 2:

Ausfallrate $\lambda_i$; Erneuerungsrate $\beta_i$; rechnerische Produktivität $Q_{ri} = Q_{rpi}(1+\varphi_i)$

Speicherorgan Spo: $M = M_F + M_L$

**Abb. 8.4** Modelle für Elementarsysteme mit Störungsspeicher

M Speichergröße, Fassungsvermögen des Speichers
m(t) zu beliebigem Zeitpunkt t im Speicher befindliche Gutmenge
$Q_{ri}$, $\lambda_i$, $\beta_i$ rechnerische Produktivität, Ausfall-, Erneuerungsrate der Elemente Z und A

Hinsichtlich zuverlässigkeits-optimaler Anlagenstrukturen und Betriebsstrategien ist es sinnvoll, eine weitere Größe einzubeziehen: die *Füllmenge des Speichers* $M_F$ (siehe Abb. 5.3), deren Wert sich im Betrieb entweder *stochastisch* als m(t) einstellt oder als *Regelgröße* bei geplanter Betriebsstrategie zu verwenden ist. Wird noch die systemnutzbare interne Elementredundanz einbezogen, hat schließlich das zu lösende Speicherproblem die Form:

$$V = f(M, M_F, \lambda_i, \beta_i, Q_{ri}, \varphi_i); \quad i = Z, A \tag{8.13}$$

$M_F$ Füllmenge: Planungsgröße, auch Füllvolumen genannt
$\varphi_i$ systemnutzbare interne Redundanz

Für die Berechnung der Systemverfügbarkeit gemäß Gl. 8.13 werden analytisch lösbare Modelle benötigt, die den in Abb. 8.3 gezeigten Zusammenhang weitgehend widerspiegeln.

Ausgehend von den Schaltungsarten der Speicher (Abschn. 5.1) werden für Verarbeitungsanlagen die in Abb. 8.4 dargestellten Speichermodelle zu Grunde gelegt. Zwischen den Elementen Z und A real existierende Verkettungselemente (S 1, S 2; auch Förderer) können im Modell entfallen, wenn deren Ausfallverhalten von Z und A – als Reihensysteme Z-S1 bzw. S2-A – mit repräsentiert werden kann.

Das reale Ausfallverhalten der Schalter S 1 und S 2 sowie der Speicherorgane F und E kann bei Bedarf – besonders bei schwer handhabbaren Gutströmen – durch *reduzierte Verfügbarkeiten* für Z und A näherungsweise einbezogen werden.

Zur analytischen Lösung stochastischer Speichermodelle gab es bis ins letzte Viertel des vorigen Jahrhunderts vielfältige Bemühungen. So wurden für manche Gebiete der Industrie mathematische Lösungsansätze mit mehr oder weniger praktikablen Lösungen bekannt. Die praktische Arbeit mit solchen Modellen war durch hohen Programmier- und

Rechenaufwand zur Bewältigung großer Datenmengen in vertretbarer Bearbeitungszeit erschwert, so dass derartige Modelle nur wenig Eingang in die betriebliche Planungspraxis von Anlagen fanden.

Mit der Entwicklung der Rechentechnik, besonders ab den 1985er Jahren bis hin zum heutigen leistungsstarken PC gingen immer mehr Bemühungen zur Simulation komplizierter industrieller Prozesse einher, so auf den Gebieten Transporttechnik und Logistik, Fertigungstechnik sowie Verfahrens- und Verarbeitungstechnik.

Die Autoren sind der Auffassung, dass praktikable analytische Berechnungsmodelle zur Lösung bestimmter Speicherprobleme nach wie vor – auch in Verbindung mit Simulation – ihre Berechtigung haben.

**Ausgewählte Speichermodelle** Aus einer Untersuchung analytischer Speichermodelle aus verschiedenen Gebieten der Stoffwirtschaft [2.19] werden im Folgenden zwei Modelle als geeignete Berechnungsgrundlage für Verarbeitungsanlagen dargestellt:

- Das Modell nach *Stoyan* für Reihensysteme *ohne* interne Elementredundanz, anwendbar ausschließlich auf Betriebsstrategie I (konstante Elementproduktivität)
- Das auf *Lorenz/Kardos* basierende Modell für Systeme *mit* interner Elementredundanz, Betriebsstrategie II.

Diese für Verarbeitungsanlagen ausgewählten Modelle sind mit der einschränkenden Voraussetzung *exponentialverteilten Ausfallverhaltens* der zu koppelnden Elemente anwendbar, wenn im konkreten Fall auch die weiteren Voraussetzungen erfüllbar sind. Die Beschränkung auf Exponentialverteilung ist grundlegend dafür, das Speicherproblem überhaupt analytisch geschlossen lösen zu können.

Exponentialverteiltes Ausfallverhalten der Elemente heißt strenggenommen: Ausfall- und Laufdauern dieser Elemente sind exponentialverteilte Zufallsgrößen. Das ist in der Praxis bestenfalls näherungsweise erfüllt. Die Vorausberechnung von Anlagenstrukturen, besonders hinsichtlich des *Variantenvergleichs* wird aber in vielen Fällen mit diesen Modellen Ergebnisse praktisch hinreichender Genauigkeit ermöglichen. Vor Anwendung derartiger Modelle ist durch Betriebsanalyse (Kap. 3) zu prüfen, ob Exponentialverteilung vorliegt bzw. bis zu welcher Abweichung von dieser Verteilung näherungsweise gerechnet werden kann.

Sind die Modellvoraussetzungen nicht erfüllbar, heißt die Alternative: *Simulation* (Kap. 9).

### 8.2.2 Reihensysteme ohne interne Elementredundanz

Das *Stoyansche Modell* basiert auf *Markowscher* Theorie und hat als Voraussetzungen:

1. Füllmenge m(t) ist eine *Zufallsgröße*, die jeden Wert im Intervall $\{0, M\}$ annehmen kann

## 8.2 Berechnung von Reihensystemen in loser Verkettung

2. $Q_{rZ}$, $Q_{rA}$ = konst., d. h. Zuführ- und Abführelement haben *keinen* $Q_r$-Stellbereich
3. Für die Produktivität sind *zwei Fälle* zugelassen: $Q_{rZ} = Q_{rA}$ und $Q_{rZ} > Q_{rA}$
4. Exponentialverteiltes Ausfallverhaltens der Elemente Z und A.

**Speichermodell für Betriebsstrategie I** Dieses Modell unterscheidet zwischen Haupt- und Nebenschlussspeicher. Es kommt nur für Systeme mit *Betriebsstrategie I* (Abschn. 3.2.1) in Betracht. Die Einschränkung $Q_{rZ} \geq Q_{rA}$ resultiert aus der Erkenntnis, dass das Entleeren eines Speichers – besonders bei Schüttgut – oft problematischer ist als das Füllen. Aber auch der Fall, dass real A leistungsfähiger als Z ist, also $Q_{rZ} < Q_{rA}$ vorliegt, ist berechenbar: Es muss dann gedanklich das Gut *entgegengesetzt* durch den Speicher laufen, d. h. das leistungsfähigere Element A tritt an die Stelle des Modellelements Z.

Das ursprünglich für die Materialflusstechnik entwickelte Modell ist für die Anwendung auf Verarbeitungsanlagen modifiziert [2.19]: In die Originalgleichungen sind zur Vereinfachung die Größen eingeführt:

*Relative Produktivität $\mu$ des Entleerorgans*

$$\mu = Q_{rE}/Q_{rF}; \quad 0 < \mu \leq 1 \tag{8.14}$$

*Zeitliche Speicherreserve $\tau$ bezüglich des Füllorgans*

$$\tau = M/Q_{rF} \tag{8.15}$$

Da aber folgende Gleichungen immer noch recht unhandlich sind, empfiehlt sich die programmierte Berechnung.

**Lösungen V = f(M) für Nebenschluss-Speicher** Das Ausfallverhalten von Füll- und Entleerorgan wird zunächst nicht berücksichtigt:

$$V = \left\{ 1 + \frac{\beta_Z}{\lambda^*} \cdot \left( b - \frac{\lambda^*}{\beta^* \cdot \mu} \right) + \frac{\beta_A}{\lambda^*} - \left( 1 + \frac{\beta_Z}{\lambda^* \cdot \mu} + \frac{\beta_A}{\lambda^*} + \frac{a}{\lambda_Z} \right) \cdot e^{a \cdot \tau} \right\} \cdot c \tag{8.16}$$

$$a = \left( \frac{1}{\lambda^*} + \frac{1}{\beta^*} \right) \cdot \left( \frac{\lambda_A \cdot \beta_Z}{\mu} - \lambda_Z \cdot \beta_A \right)$$

$$b = \frac{\lambda_Z \cdot \beta_A}{\lambda_A \cdot \beta_Z} \cdot \left( 1 + \frac{\lambda^*}{\beta^*} \right) \cdot \left( 1 + \frac{\beta_Z}{\lambda^*} \right); \quad \lambda^* = \lambda_Z + \lambda_A; \quad \beta^* = \beta_Z + \beta_A$$

$$c = \left\{ \frac{\lambda_Z}{\beta^*} \cdot \left( 1 - \frac{1}{\mu} \right) - \frac{\beta_Z}{\beta^* \cdot \mu} + \frac{\beta_A}{\lambda^*} + 1 + d \cdot \left( 1 + \frac{\beta_Z}{\lambda^*} \right) \right.$$
$$\left. - \left[ \frac{1}{\mu} \cdot \left( 1 + \frac{\lambda_A}{\beta^*} + \frac{\beta_Z}{\lambda^*} \right) + 1 + \frac{\lambda_Z}{\beta^*} + \frac{\beta_A}{\lambda^*} + \frac{a}{\lambda_Z} \cdot \left( 1 + \frac{\lambda^*}{\beta_A} \right) \right] \cdot e^{a \cdot \tau} \right\}^{-1}$$

Das Ausfallverhalten der Organe F und E ist näherungsweise dadurch zu berücksichtigen, dass der nach Gl. 8.16 berechnete V-Wert um den *Korrekturwert* $\Delta V$ verringert wird:

$$\Delta V \approx \left( V - \frac{1}{1 + \kappa_Z + \kappa_A} \right) \cdot \frac{\kappa_F \cdot \kappa_E}{(1 + \kappa_F) \cdot (1 + \kappa_E)} \tag{8.17}$$

**Lösungen V = f(M) für Hauptschluss-Speicher** Das Ausfallverhalten von Füll- und Entleerorgan wird sofort durch *transformierte Parameter* berücksichtigt:

$$V = \left\{ 1 + \frac{\beta_Z'}{\lambda^*} \cdot b' + \frac{\beta_A'}{\lambda^*} - \frac{\beta_Z'}{\beta^*} - \left( 1 + \frac{\beta^*}{\lambda^*} + \frac{a'}{\lambda_Z'} \right) \cdot e^{a' \cdot \tau} \right\} \cdot c', \tag{8.18}$$

$$a' = \left( \frac{1}{\lambda^*} + \frac{1}{\beta^*} \right) \cdot (\lambda_A' \cdot \beta_Z' - \lambda_Z' \cdot \beta_A'); \quad b' = \frac{\lambda_Z' \cdot \beta_A'}{\lambda_A' \cdot \beta_Z'} \cdot \left( 1 + \frac{\lambda^*}{\beta^*} \right)$$

$$c' = \left\{ 1 - \frac{\beta_Z'}{\beta^*} + \frac{\beta_A'}{\lambda^*} + d' \cdot \left( 1 + \frac{\beta_Z'}{\lambda^*} \right) - \left[ 2 + \frac{\lambda^*}{\beta^*} + \frac{\beta^*}{\lambda^*} + \frac{a'}{\lambda_Z'} \cdot \left( 1 + \frac{\lambda^*}{\beta_A'} \right) \right] \cdot e^{a' \cdot \tau} \right\}^{-1}.$$

$\mu$ und $\tau$ wie bei Nebenschluss-Speicher; $\lambda^* = \lambda_Z' + \lambda_A'$; $\beta^* = \beta_Z' + \beta_A'$
Transformationsvorschrift:

$$\kappa_Z' = \kappa_Z + \kappa_F; \quad \kappa_A^* = \kappa_A + \kappa_E; \quad \lambda_Z' = \lambda_Z + \kappa_F \cdot \beta_F; \lambda_A^* = \lambda_A + \kappa_E \cdot \beta_E \tag{8.19}$$

$$\beta_Z' = \lambda_Z'/\kappa_A'; \quad \beta_A' = \lambda_A^*/\kappa_A^*; \quad \lambda_A^* = \beta_A' \cdot \left( \frac{1 + \kappa_A^*}{\mu} - 1 \right); \quad \kappa_A' = \lambda_A'/\beta_A' \tag{8.20}$$

**Zu den Ergebnissen** Für *Nebenschluss-Speicher* nach Gl. 8.16 berechnete V-Werte sind die *exakten Lösungen* eines aus 6 Differentialgleichungen und drei Nebenbedingungen bestehenden Gleichungssystems für den stationären Zustand des Systems.

Für *Hauptschluss-Speicher* liegen mit Gl. 8.18 *Näherungslösungen* vor, zurückgeführt auf den Fall des Nebenschluss-Speichers durch Transformation von $\lambda_A$ und $\kappa_A$. Für $\mu \to 1$ gehen diese in die exakten Lösungen über.

Diese Gleichungen geben die *Zeitverfügbarkeit* $V_T(M)_Z$ des Elements Z für das System mit *einem* Speicher an. Infolge $Q_r$ = konst. ist dies gleichzeitig die *Mengenverfügbarkeit*. Das Modell liefert Systemverfügbarkeiten, bezogen auf $Q_{rZ}$, in den Grenzen

$$\frac{1}{1 + \kappa_Z + \kappa_A} \leq V(M) \leq \min(V_{T,Z}; V_{T,A}) \tag{8.21}$$

Linkes Gleichheitszeichen gilt für M = 0 (feste Verkettung), rechtes für M → ∞ (keinerlei gegenseitige Behinderung der Elemente Z und A, praktisch nicht erreichbar).

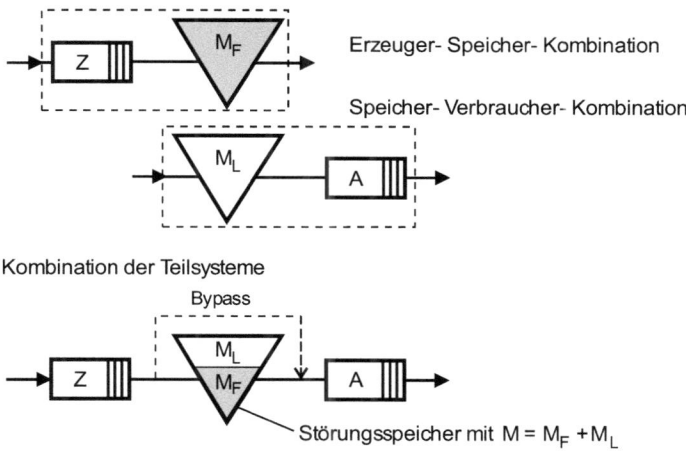

**Abb. 8.5** Modell zur Verfügbarkeitsberechnung eines Reihensystems mit einem Störungsspeicher bei gesteuertem Betrieb (Strategie II)

### 8.2.3 Reihensysteme mit interner Elementredundanz

Das auf *Lorenz* und *Kardos* zurückgehende Modell basiert auf einem für Chemieanlagen entwickelten Grundmodell einer *Erzeuger-Speicher-Kombination* zur Gewährleistung *hoher Versorgungsverfügbarkeit* für einen Verbraucher und hat zur Voraussetzung:

1. *Planmäßige* Wiederherstellung des Füllungsgrades des Speichers $\eta = M_F/(M_F + M_L)$ *sofort* nach jeder Füll- bzw. Entleerforderung
2. Wiederherstellung von $\eta$ mittels *interner Elementredundanz* $\varphi$ der Elemente Z bzw. A
3. Exponentialverteiltes Ausfallverhalten der Elemente Z und A.

Die Voraussetzungen 1 und 2 bedeuten *gesteuerten* Anlagenbetrieb (Strategie II, Abschn. 3.2.1) unter Voraussetzung *hinreichend großer* Elementredundanz, damit der planmäßige Füllungsgrad *nach jeder* Forderung an den Speicher wiederherstellbar ist.

**Speichermodell für Betriebsstrategie II** Zur Berechnung der Systemverfügbarkeit dient ein Modell, das auf der Kopplung einer Erzeuger-Speicher-Kombination mit einer Speicher-Verbraucher-Kombination beruht (Abb. 8.5).

Durch die einschränkende Voraussetzung planmäßiger Wiederherstellung des Speicherfüllungsgrades ist es möglich, den an sich zweiseitigen stochastischen Speicherprozess in zwei einseitig stochastische Prozesse zu zerlegen und im Fall exponentialverteilter Forderungen an den Speicher die Systemverfügbarkeit zu berechnen.

**Verfügbarkeit der Teilsysteme** Die Erzeuger-Speicher- bzw. Speicher-Verbraucher-Kombination ist näherungsweise wie folgt berechenbar:

$$V_Z(M_F) = 1 - \tilde{V}_Z \cdot \left(\exp -\frac{\tau_Z \cdot \lambda_Z \cdot \exp(-\frac{\tilde{V}_Z}{\varphi_Z})}{\tilde{V}_Z}\right) \quad \text{Verfügbarkeit Teilsystem Z-}M_F, \quad (8.22a)$$

$$V_A(M_L) = 1 - \tilde{V}_A \cdot \left(\exp -\frac{\tau_A \cdot \lambda_A \cdot \exp(-\frac{\tilde{V}_A}{\varphi_A})}{\tilde{V}_A}\right) \quad \text{Verfügbarkeit Teilsystem } M_L\text{-A.} \quad (8.22b)$$

In Gl. 8.22 bedeuten:

$\tilde{V}$ Nichtverfügbarkeit des betreffenden Elements Z bzw. A, definiert als $\tilde{V} = 1 - V$
$\tau$ zeitliche Speicherreserve, definiert als

$$\tau_Z = \frac{M_F}{Q_{rp,Z}} \quad \text{Zeitliche Speicherreserve Teilsystem Z-}M_F, \quad (8.23a)$$

$$\tau_A = \frac{M_L}{Q_{rp,A}} \quad \text{Zeitliche Speicherreserve Teilsystem } M_L\text{-A} \quad (8.23b)$$

$\varphi$ interne Elementredundanz gemäß Gl. 3.1, definiert als

$$\varphi_Z = \frac{\Delta Q_{r,Z}}{Q_{rp,Z}} \quad \text{Interne Redundanz Element Z} \quad (8.24a)$$

$$\varphi_A = \frac{\Delta Q_{r,A}}{Q_{rp,A}} \quad \text{Interne Redundanz Element A} \quad (8.24b)$$

Gleichung 8.22 liefert nur bei hinreichend großer Elementredundanz realistische V-Werte. Funktionieren Z und A im störungsfreien Betrieb mit gleicher Produktivität, muss erfüllt sein:

$$\varphi_Z \geq \frac{V_{T,A} \cdot t_{B,A}}{V_{T,Z} \cdot t_{B,Z}} - 1; \quad \varphi_A \geq \frac{V_{T,Z} \cdot t_{B,Z}}{V_{T,A} \cdot t_{B,A}} - 1 \quad (8.25)$$

Gleichung 8.25 kann einen positiven oder negativen $\varphi$-Wert liefern, je nachdem, welche Elementeverfügbarkeit überwiegt: z. B. bedeutet ein negativer $\varphi_Z$-Wert, dass Z bis zur Wiederherstellung des Füllungsgrades mit geringerer Produktivität funktionieren muss, da es leistungsfähiger als A ist.

Die zeitliche Speicherreserve $\tau$ gibt an, wie lange der Speicher noch Gut abgeben oder aufnehmen kann. Bei Erreichen der Grenzzustände $M_F(t) = 0$ (Speicher leer) bzw. $M_L(t) = 0$ (Speicher voll), die durch Steuerung der Anlagenelemente zu vermeiden sind, wäre das System nicht mehr funktionsfähig.

## 8.2 Berechnung von Reihensystemen in loser Verkettung

**Systemverfügbarkeit** Werden die Teilsysteme gemäß Gl. 8.22a und 8.22b nach *Markow*scher Theorie mittels Gl. 8.5 gekoppelt, d. h. die Teilspeicher $M_F$ und $M_L$ zu M zusammengefasst, ergibt sich die *Systemverfügbarkeit des Gesamtsystems*

$$V(M) = \frac{1}{\frac{1}{V_Z(M_F)} + \frac{1}{V_A(M_L)} - 1} \quad \text{Systemverfügbarkeit} \quad (8.26)$$

*Zur Modellanwendung*

1. Planmäßige Wiederherstellbarkeit der Betriebsfüllmenge unmittelbar nach jedem Füll- bzw. Entleervorgang muss nach Gl. 8.25 erfüllt sein.
2. Exponentialverteiltes Ausfallverhalten von Z und A muss zumindest näherungsweise vorliegen: Durch BDE ist zu klären, ob mit dieser Voraussetzung gerechnet werden darf.
3. Das Modell unterscheidet nicht zwischen Haupt- oder Nebenschlussspeicher, bezieht keine Elemente zur Gutstromumschaltung ein und berücksichtigt auch nicht das Ausfallverhalten des Speichers selbst. Dieses kann jedoch durch Abschläge der Verfügbarkeiten $V_Z$, $V_A$ oder durch fiktive Füll- und Entleerorgane F, E näherungsweise berücksichtigt werden.
4. Mit Gl. 8.22 bis 8.26 sind Systemverfügbarkeiten für *beliebige Betriebsfüllmengen* $M_F$ berechenbar. Durch Variation des Verhältnisses $M_F$ zu $M_L$ ist bei gegebener Speichergröße M auch die *verfügbarkeitsoptimale Füllmenge* $M_{Fopt}$ bestimmbar (Abschn. 8.5.3).
5. Es sind auch die in Abb. 5.3 dargestellten Maschine-Speicher-Kombinationen *einzeln* berechenbar:
   - die Erzeuger-Speicher-Kombination, wenn nachgeschalteter Speicher planmäßig als *Vollspeicher* ($M_F = M$) betrieben wird
   - die Speicher-Verbraucher-Kombination, wenn vorgeschalteter Speicher planmäßig als *Leerspeicher* ($M_L = M$) betrieben wird.

Bereits *einseitig* planmäßig betriebene Speicherkapazitäten wirken sich gegenüber fester Verkettung verfügbarkeitserhöhend aus, da bei Ausfall der Maschine das System noch so lange funktionieren kann, wie die Grenzfüllmengen ($M_F = 0$; $M_L = M$) nicht erreicht sind.

### 8.2.4 Berechnungsbeispiel – Teil 1: Verlauf V = f(Speichergröße)

**1 Ist-Zustand** Bei einer älteren Anlage mit sechs Verarbeitungsprozessen (Abb. 8.6) wurde die Produktionskapazität im Laufe der Zeit gesteigert. Es hat sich gezeigt, dass es bei den Prozessen 4 und 5 infolge Gutrückstau oder Gutmangel häufig zu Anlagenstillstand kommt, da der zwischengeschaltete Störungsspeicher mit derzeit 400 kg für die gesteigerte Produktion offensichtlich zu klein ist.

Die Anlage produziert mit $Q_{rp} = Q_{rp,1} \ldots Q_{rp,6} = 1800$ kg/h und hat im gesteuerten Betrieb die systemnutzbaren Teilanlagen-Redundanzen: $\varphi_{T1} = 0{,}3$, $\varphi_{T2} = 0{,}1$.

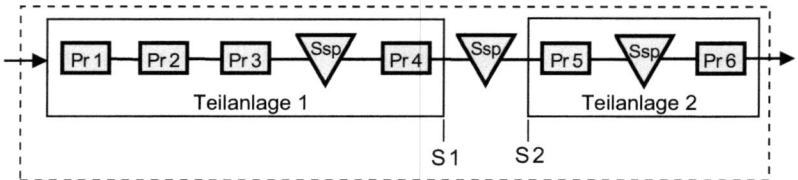

**Abb. 8.6** Anlage mit Schnittstellen für die BDE

**2 Aufgabenstellung**

Teil 1: Untersuchung, welche Verfügbarkeitserhöhung durch eine Speichervergrößerung möglich ist.
Teil 2: Berechnung der ökonomisch gerechtfertigten, optimalen Speichergröße (Abschn. 8.5.4.2).

**3 Lösungsweg** Berechnung $V = f(M)$ mit dem in Abschn. 8.2.3 dargestellten Speichermodell, zunächst orientierend mit Füllungsgrad $M_F = M/2$. Teilanlage 1 steht für Element Z, Teilanlage 2 für A. An den Schnittstellen S 1 und S 2 durchgeführte BDE hat ergeben:
  $V_{T,1} = 0{,}85$; $V_{T,2} = 0{,}95$; $T_{A,1} = 10{,}59$ min; $T_{A,2} = 3{,}158$ min; näherungsweise Exponentialverteilung

**4 Berechnung** Gleichung 8.22 erfordert Werte für Nichtverfügbarkeit $\bar{V}$, Ausfallrate $\lambda$ nach Gl. 3.11 bis 3.13 und zeitliche Speicherreserve $\tau$ nach Gl. 8.23.

Gl. 8.22: $\bar{V}_Z = 1 - V_Z = 1 - 0{,}85 = 0{,}15$; $\bar{V}_A = 1 - V_A = 1 - 0{,}95 = 0{,}05$
Gl. 3.11: $\beta_Z = \frac{1}{T_{A,Z}} = \frac{1}{10{,}59}$ min$^{-1}$; $\beta_A = \frac{1}{T_{A,A}} = \frac{1}{3{,}158}$ min$^{-1}$
Gl. 3.13:

$$\lambda_Z = \frac{\beta_Z}{V_Z} - \beta_Z = \frac{\frac{1}{10{,}59}}{0{,}85} - \frac{1}{10{,}59} = 0{,}01666 \text{ min}^{-1} = \frac{0{,}01666}{\text{min}} \cdot 60 \frac{\text{min}}{\text{h}} = 0{,}99983 \approx 1 \text{ h}^{-1}$$

$$\lambda_A = \frac{\beta_A}{V_A} - \beta_A = \frac{\frac{1}{3{,}158}}{0{,}95} - \frac{1}{3{,}158} = 0{,}01666 \text{ min}^{-1} = \frac{0{,}01666}{\text{min}} \cdot 60 \frac{\text{min}}{\text{h}} = 0{,}99983 \approx 1 \text{ h}^{-1}$$

Zeitliche Speicherreserve und Startwert $M_0$ (Startwert siehe Abschn. 8.5.3.2):

Gl. 8.23: Füllungsgrad $M_F = M_L = 0{,}5 \cdot M$, Anzahl zu überbrückender Ausfälle gewählt $x = 5$:

$$\tau = T_A \cdot 5 = 10{,}59 \cdot 5 = 52{,}95 \text{ min} = \frac{52{,}95 \text{ min}}{60 \text{ min/h}} = 0{,}8825 \text{ h}$$

Gl. 8.53: $M_0 = \tau \cdot Q_{rp} = 0{,}8825 \text{ h} \cdot 1800 \text{ kg/h} = 1588{,}5 \approx 1600 \text{ kg}$

## 8.2 Berechnung von Reihensystemen in loser Verkettung

**Tab. 8.1** Zahlenwerte zur Speicherberechnung

| i | M | $M_F = M_L$ | $\tau_Z = \tau_A$ | $V_Z(M_F)$ | $V_A(M_L)$ | $V(M)$ |
|---|---|---|---|---|---|---|
| 1 | 2 | 3 | 4 | 5 | 6 | 7 |
| – | 0 | 0 | – | 0,85 | 0,95 | 0,81360 |
| 1 | 200 | 100 | 0,05555 | 0,88017 | 0,97451 | 0,86036 |
| 2 | 400 | 200 | 0,11111 | 0,90428 | 0,98701 | 0,89364 |
| 3 | 600 | 300 | 0,16666 | 0,92354 | 0,99338 | 0,91789 |
| 4 | 800 | 400 | 0,22222 | 0,93893 | 0,99663 | 0,93596 |
| 5 | 1000 | 500 | 0,27777 | 0,95121 | 0,99828 | 0,94965 |
| 6 | 1200 | 600 | 0,33333 | 0,96103 | 0,99912 | 0,96021 |
| 7 | 1400 | 700 | 0,38888 | 0,96887 | 0,99955 | 0,96865 |
| 8 | 1600 | 800 | 0,44444 | 0,97513 | 0,99977 | 0,97491 |

Gl. 8.23: $\tau_Z = \tau_A = \tau = \frac{0{,}5 \cdot M_o}{Q_{rp}} = \frac{0{,}5 \cdot 1600 \text{ kg}}{1800 \text{ kg/h}} = 0{,}44444 \text{ h}$

Verfügbarkeiten der Teilsysteme für den Startwert $M_o = 1600$ kg nach Gl. 8.22:

$$V_Z(M_F = 800) = 1 - 0{,}15 \cdot \left( \exp - \frac{0{,}44444 \cdot 1 \cdot \exp\left(-\frac{0{,}15}{0{,}3}\right)}{0{,}15} \right)$$

$$= 1 - 0{,}15 \cdot 0{,}16578 = 0{,}97513$$

$$V_A(M_L = 800) = 1 - 0{,}05 \cdot \left( \exp - \frac{0{,}44444 \cdot 1 \cdot \exp\left(-\frac{0{,}05}{0{,}1}\right)}{0{,}05} \right)$$

$$= 1 - 0{,}05 \cdot 0{,}00456 = 0{,}99977$$

Die Systemverfügbarkeit des Gesamtsystems ergibt sich nach Gl. 8.26:

$$V(M_o = 1600) = \frac{1}{\frac{1}{0{,}97513} + \frac{1}{0{,}99977} - 1} = \frac{1}{1{,}02573} = \underline{0{,}97491}$$

Für alle weiteren Speichergrößen sind die berechneten Werte in Tab. 8.1 (Spalten 4 bis 7) dargestellt.

**5 Ergebnis** Eine Speichervergrößerung von M = 400 auf 1600 kg würde eine Verfügbarkeitserhöhung von $\Delta V = 0{,}97491 - 0{,}89364 = 0{,}0812$, also **ca. 8,1 %**. ergeben. Welche Speichergröße jedoch wirtschaftlich zu rechtfertigen ist, bleibt noch zu untersuchen. Ausgehend vom Verlauf V(M) wird in Abschn. 8.5.4.2 mit einem praktikablen Optimierungsverfahrens die *kostenoptimale Speichergröße* $M_{opt}$ berechnet.

Zu **Rechengenauigkeit** und **Niveau** von V(M): Kennwerte zur Berechnung der Systemverfügbarkeit sollten zur Vermeidung zu großer Ungenauigkeiten zunächst mindestens zwei Kommastellen mehr enthalten als der Ergebniswert. Als Ergebniswert der Systemverfügbarkeit sind drei Kommastellen praktisch hinreichend.

Der für $M_F = M_L$ berechnete Verlauf $V(M)$ muss nicht der *verfügbarkeitsmaximale* sein. Zur Übung werden weitere Berechnungen mit anderen Füllungsgraden/Primärdaten empfohlen! Durch Variantenrechnungen ist $\Delta V$ maximierbar (dazu Abschn. 8.5.3).

## 8.3 Berechnung von Parallelsystemen

### 8.3.1 Parallelsysteme ohne Reserveelemente

Parallelsysteme ohne Reserveelemente (Abb. 5.6) sind charakterisiert durch:

1. Alle Elemente sind Betriebselemente.
2. System kann *redundanzlose* oder *redundante* Elemente haben.
3. System kann aus *identischen* oder *nichtidentischen* Elementen bestehen. *Identisch*: absolut gleich in allen Parametern, strenggenommen praktisch nicht möglich; weitgehend ähnliche Elemente, z. B. Maschinen gleichen Typs und Betriebsalters können näherungsweise als solche zur Rechenvereinfachung betrachtet werden.
4. Ausfall eines Elements führt nicht notwendig zum Systemausfall. Ein solcher liegt erst bei Funktionszuständen vor, die vom übergeordneten System Anlage *nicht nutzbar* sind.

Element eines Parallelsystems kann auch eine *Elementekette* sein, deshalb wird es allgemein auch als *Strang* bezeichnet. Abbildung 5.6 zeigt demzufolge: a, b Elemente, c zwei auf Prozessebene und d zwei auf Element- bzw. Strangebene gekoppelte Parallelsysteme.

*Die Systemproduktivität* $Q_r$ ist die Summe der Strangproduktivitäten:

$$Q_r = \sum_{s=1}^{S} Q_{rs} \qquad (8.27)$$

$Q_{rs}$ rechnerische Produktivität des s-ten Stranges; S Anzahl paralleler Stränge

**Zeitverfügbarkeit des Systems** Die *Zeitverfügbarkeit* $V_T$ ist im einfachsten Fall gleicher Stränge nach dem *Multiplikationssatz* der Wahrscheinlichkeitsrechnung berechenbar:

$$V_T = \sum_{k=0}^{S-1} \binom{S}{k} \cdot V_s^{S-k} \cdot (1 - V_s)^k \qquad (8.28)$$

$V_s$ Verfügbarkeit des s-ten Stranges
S Anzahl paralleler Stränge
k Anzahl ausgefallener Stränge
$\binom{S}{k}$ Binomialkoeffizient, gibt Anzahl der Systemzustände für jedes k an

## 8.3 Berechnung von Parallelsystemen

**Tab. 8.2** Zustandstabelle zur Berechnung von Parallelsystemen ohne Reserveelemente

| Systemzustand Z | k | $\binom{S}{k}$ | $p_{Z(k)}$ | $\binom{S}{k} \cdot p_{Z(k)}$ | $Q_{r(Z(k))}/Q_{rp}$ |
|---|---|---|---|---|---|
| 1 | 0 | 1 | $0{,}90 \cdot 0{,}90 \cdot 0{,}90 = 0{,}729$ | 0,729 | 1 |
| 2 | 1 | 3 | $0{,}90 \cdot 0{,}90 \cdot 0{,}10 = 0{,}081$ | 0,243 | 2 / 3 |
| 3 | 2 | 3 | $0{,}90 \cdot 0{,}10 \cdot 0{,}10 = 0{,}009$ | 0,027 | 1 / 3 |
| 4 | 3 | 1 | $0{,}10 \cdot 0{,}10 \cdot 0{,}10 = 0{,}001$ | 0,001 | 0 |

Diese Zeile dient der Kontrolle, ob alle Zustände richtig erfasst sind; die Summe muss 1 sein (das sichere Ereignis). $\quad \sum p_{Z(k)} = 1$

Die Zeitverfügbarkeit $V_T$ sagt nur aus, mit welcher Wahrscheinlichkeit das System funktioniert, nichts aber zur produzierbaren Produktmenge; dazu muss die im jeweiligen Funktionszustand vorliegende Produktivität mit einbezogen werden.

**Mengenverfügbarkeit des Systems** Mit der *Zustandswahrscheinlichkeit* $p_{Z(k)}$

$$p_{Z(k)} = V_s^{S-k} \cdot (1 - V_s)^k \tag{8.29}$$

Z(k) System im Zustand k ausgefallener Stränge

und der im jeweiligen Zustand vorliegenden Produktivität $Q_r(Z(k))$, bezogen auf Normalproduktivität $Q_{rp}$, lässt sich die *Mengenverfügbarkeit* V des Systems berechnen:

$$V = \sum_{k=0}^{S-1} \binom{S}{k} \cdot p_{Z(k)} \cdot \frac{Q_r(Z(k))}{Q_{rp}} \tag{8.30}$$

Bei Anlagen der VAT ist es sinnvoll, nach der Systemverfügbarkeit unter bestimmten *Produktivitätsbedingungen* mit den betreffenden *Systemzuständen* zu fragen:

a) *Normallast*
   Alle *die* Zustände, für die $Q_r(Z(k)) = Q_{rp}$, d. h. die Systemproduktivität zu 100 % vorliegt.
b) *Teillast*
   Nur *die* Zustände, in denen das System eine *bestimmte* Produktivität $Q_{r0}$ erreicht, als Betriebsvoraussetzung mit angrenzenden Systemen, z. B. $Q_{r0} \geq 0{,}5\, Q_{rp}$.
c) System *funktioniert überhaupt*
   *Alle* Funktionszustände des Systems, alle Zustände mit $Q_r > 0$.

Bei Parallelsystemen mit wenigen Elementen sind *Zustandstabellen* (Tab. 8.2, siehe auch Beispiele Abschn. 8.3.4) ein anschauliches Mittel zur Berechnung der Systemverfügbarkeit.

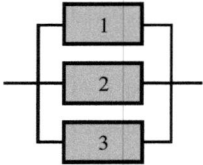

**Abb. 8.7** Redundanzloses Parallelsystem, Modell: identische Elemente/Stränge s = 1, 2, 3; $V_s$ = 0,9; $Q_{rs}$ = konst., infolge $Q_{rs}$ = konst. ist die zu berechnende Mengenverfügbarkeit gleich der Zeitverfügbarkeit

**Beispiel** Berechnung nach Gl. 8.27 bis 8.30 mittels Zustandstabelle (Tab. 8.2). Mengenverfügbarkeit des Systems unter genannten Produktivitätsbedingungen a, b, c:

$V_a$ = 0,729 (nur Zustand 1)

$V_b$ = 0,891 für z. B. $Q_{r(Z(k))} \geq 0,5 \cdot Q_{rp}$ (Zustände 1 und 2)

$V_c$ = 0,9 (Zustände 1 bis 3).

Bei größerer Elementezahl empfiehlt sich ein Rechenprogramm. Etwas aufwändiger ist die Berechnung bei nichtidentischen Elementen.

**Vorgehensweise bei redundanten Strängen** Bei Strängen mit systemnutzbarer interner Redundanz sind für den Normalbetrieb (k = 0) die für diesen Zustand geltenden $Q_r$-Werte der Stränge zu verwenden. In allen anderen Zuständen (0 < k < S) ist die $Q_r$-Reserve der nicht ausgefallenen Stränge soweit zu nutzen, dass die Anzahl der Zustände, in denen das System mit $Q_r$ = $Q_{rp}$ ( = 100%ig) produziert, maximal wird.

Dieser mathematisch formalen Vorgehensweise kann entgegenstehen, dass der Nutzung interner Elementredundanz maschinen- oder verarbeitungstechnisch Grenzen gesetzt sind, die den nutzbaren $Q_r$-Stellbereich infolge Trägheit von Steuerungs- und Antriebssystemen zeitlich beschränken. Das ist von Fall zu Fall zu klären und z. B. durch Abschläge des Redundanzeffektes zu berücksichtigen.

Ist ein Parallelsystem im Rahmen des Reduktionsverfahrens (Abschn. 8.5.1) in eine zu berechnende Anlage *zu integrieren,* und ist es *mindestens einseitig* lose verkettet, sind zur vollständigen Beschreibung neben $Q_{r,sys}$ und $V_{sys}$ mindestens eine der Systemkenngrößen $\lambda_{sys}$ oder $\beta_{sys}$ des Parallelsystems erforderlich; siehe hierzu *Kenngrößensätze* für eine BE (Abschn. 5.3.2). Zur Vervollständigung des Datensatzes ist *vorzugsweise* die Systemerneuerungsrate $\beta_{sys}$ zu verwenden (Abschn. 8.5.2).

## 8.3.2 Parallelsysteme mit Reserveelementen

### 8.3.2.1 Vorbemerkung

Parallelsysteme mit Reserveelementen (Abb. 5.9, Abschn. 5.1.2.3) haben neben den Betriebselementen zusätzliche Elemente, die bei gestörtem Betrieb die Funktion der ausgefallenen oder gestörten Elemente übernehmen und so der Aufrecherhaltung der Systemfunktion dienen.

*Charakterisierung der Reserveelemente*

1. Reserveelemente führen zu bedeutender Erhöhung der Systemverfügbarkeit; in Verbindung mit interner Elementredundanz und bei hinreichend schneller Funktionsaufnahme sind annähernd 100 %ige Systemverfügbarkeiten erreichbar.
2. Reserveelemente müssen zuverlässigkeits-ökonomisch gerechtfertigt sein, da sie kostenintensive MTA, meist Maschinen sind, die im Normalbetrieb nichts produzieren.
3. Reserveelemente können in unterschiedlichem *Reservierungszustand* vorliegen und mit unterschiedlicher *Priorität* betrieben werden.

**Reservierungszustand** Das ist der Grad der Bereitschaft zur Funktionsaufnahme bei Bedarf. Allgemein werden drei Bereitschaftsgrade unterschieden:

a) *Kalte Redundanz*: Das Element benötigt zur Funktionsaufnahme die volle Vorbereitungs- und Anlaufzeit wie z. B. bei Inbetriebnahme zu Schichtbeginn.
b) *Warme Redundanz*: Das Element befindet sich in erhöhter Betriebsbereitschaft und kann in kürzerer Zeit die Produktion aufnehmen.
c) *Heiße Redundanz*: Das Element befindet sich in einem dem Normalbetrieb entsprechenden Beanspruchungszustand, ohne jedoch zu produzieren. Das ist bei stoffverarbeitenden Anlagen strenggenommen nur bei Kreislaufbetrieb oder bei Thermoprozessen möglich, da sonst das Gut als wesentlichster Einfluss auf das Betriebsverhalten fehlt (Zeitelement $t_{st}$, Abschn. 3.2.2). Heiße Redundanz im zuverlässigkeitslogischen Sinn ist z. B. bei Energieanlagen (mitlaufender Reservegenerator) und Chemieanlagen anzutreffen.

Zum Reservierungszustand in der VAT:

- Kalte Redundanz, wenn z. B. ältere, noch funktionsfähige Maschinen, die zwar kostenseitig abgeschrieben sind, bei längerem Ausfall von Betriebsmaschinen den Produktionsverlust reduzieren helfen.
- Warme Redundanz, wenn z. B. die Reservemaschine eine zu lange Anlaufzeit erfordern würde, die durch erhöhte Betriebsbereitschaft reduzierbar ist. So können bei Verpackungsmaschinen mit Thermoprozessen zum Schweißen oder Heißsiegeln von Folien die Schweiß- oder Siegelbacken vorgewärmt werden.

- Heiße Redundanz ist eher die Ausnahme. So wäre das Temperieren z. B. flüssiger oder zähflüssiger Güter wie Schokoladenmassen, deren Erstarren bei Ausfall nachfolgender Anlagenelemente unbedingt vermieden werden muss, als solche Redundanzform anzusehen. Wenn aber eine im Leerlauf mit Betriebsdrehzahl mitlaufende Verpackungsmaschine, z. B. eine der Maschinen für kleinstückige Güter in Abb. 2.11, Abschn. 2.5.2 ohne wesentlichen Zeitverzug den Betrieb aufnehmen kann, läge bestenfalls näherungsweise heiße Redundanz vor.

Für die Ausfallrate eines Reserveelements als wichtigstes Merkmal zur Kennzeichnung seines Reservierungszustandes gilt folgende Relation:

$$0 = \lambda_{kR} < \lambda_{wR} < \lambda_{hR} \approx \lambda_B \tag{8.31}$$

kR, wR, hR kalte, warme, heiße Redundanz; B Betrieb

Diese Beziehung kann zur Abschätzung von ZKW für einen beabsichtigten Reservierungszustand dienen. Ist eine BDE einer größeren Anzahl gleichartiger/ähnlicher Elemente im Praxiseinsatz möglich, sind relativ schnell Zuverlässigkeitsprimärdaten zu gewinnen.

**Priorität** Systemelemente *ohne* Priorität: Alle Elemente werden *gleichberechtigt* betrieben, Jedes kann sowohl Betriebs- als auch Reserveelement sein. Ein in Betrieb genommenes Reserveelement produziert so lange, bis es ausfällt.

Systemelemente *mit* Priorität: Das System hat *bevorzugte* Betriebs- und bevorzugte Reserveelemente. Ein in Betrieb genommenes Reserveelement produziert nur so lange, bis das ausgefallene Betriebselement wieder in Betrieb geht. Betrieb mit Priorität ist dann sinnvoll, wenn das System *unterschiedliche* Elemente hat. Systeme mit Priorität stellen höhere Anforderungen an Organisation und Instandhaltung.

*Zur Berechnung derartiger Parallelsysteme* Aus der Literatur bekannte Modelle, die sich entweder auf *identische* Elemente, nur *einen* Reservierungs- oder nur einen Funktionszustand beschränken, sollen hier nicht in Betracht kommen, da sie nur für derartige Spezialfälle gelten.

In den Abschn. 8.3.2.2 bis 8.3.2.4 werden Näherungsmodelle dargestellt, mit denen der in der VAT oft komplizierte Sachverhalt praktisch hinreichend widergespiegelt werden soll.

### 8.3.2.2 Iterationsmethode

Zur überschlägigen Berechnung oder Vorauswahl von Strukturvarianten, die dann mittels Simulation weiter untersucht werden sollen, kann folgende *Vorgehensweise* dienen:

1. Die Zustandstabelle analog Berechnungsbeispiel Abb. 8.7 wird zunächst für das Parallelsystem ohne Reserveelemente aufgestellt.

## 8.3 Berechnung von Parallelsystemen

**Abb. 8.8** Modell für Parallelsystem allgemein

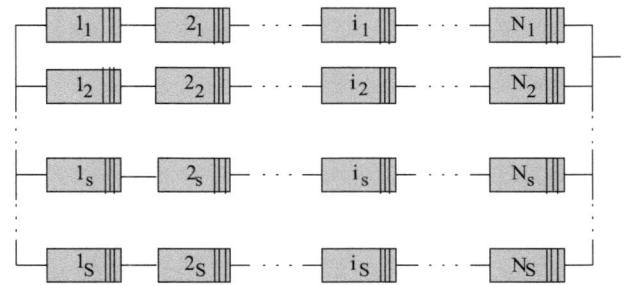

2. Den Betriebselementen wird ein Reserveelement hinzugefügt. Damit ergeben sich weitere Systemzustände, die entsprechend der Produktivitätsbedingung (Normallast, Teillast, …) einbezogen werden und somit einen Verfügbarkeitszuwachs $\Delta V$ bringen.
3. Ist dieser $\Delta V$-Wert bereits ausreichend, sind keine weiteren Reserveelemente erforderlich. Bei gleichzeitiger Nutzung interner Elementredundanz führt oft bereits ein einziges Reserveelement theoretisch zu annähernd 100 %iger Verfügbarkeit. Wie diese Redundanz praktisch nutzbar ist, hängt davon ab, wie schnell das Reserveelement seine volle Produktionsfähigkeit erreicht. Je nach Reservierungszustand und Spezifik des Elements (Rüstzeiten, Aufheizzeiten, …) sind Verlustzeiten und damit Produktivitätsverlust in Abzug zu bringen, d. h. der sich zunächst theoretisch ergebende $\Delta V$-Wert abzumindern.
4. Ist $\Delta V$ noch nicht ausreichend, wird ein weiteres Reserveelement hinzugefügt usw.

Die Berechnung der System-Erneuerungsrate ist bei Parallelsystemen mit Reserveelementen komplizierter (Abschn. 8.5.2).

### 8.3.2.3 Parallelsystem allgemein

Für den allgemeinen Fall von Parallelsystemen kann ein Modell von *Kleinert* [5.1] Anwendung finden (Abb. 8.8). Dieses lässt unterschiedliche Elemente und beliebige Funktionszustände zu.

Ein Parallelsystem ist danach eine so genannte *Reservegruppe*, die aus S parallelen Strängen und N Elementen je Strang besteht.

Parameter des s-ten Stranges:

$$V_s = \frac{1}{1 + \sum_{i_s}\left(\dfrac{1}{V(Q_r)_{i_s}} - 1\right)}; \quad i_s = 1, 2, \ldots, N, \tag{8.32}$$

$$\beta_s = \frac{\sum_{i_s} \beta_{i_s} \cdot \left(\dfrac{1}{V(Q_r)_{i_s}} - 1\right)}{\sum_{i_s}\left(\dfrac{1}{(Q_r)_{i_s}} - 1\right)}; \quad i_s = 1, 2, \ldots, N \tag{8.33}$$

$$\lambda_s = \beta_s \cdot \left(\frac{1}{V_s} - 1\right). \tag{8.34}$$

$V(Q_r)_{i_s}$ produktivitätsabhängige Zeitverfügbarkeit des Elements i des s-ten Stranges

Parameter des Systems:

$$V = \frac{1}{Q_{rp}} \cdot \sum_{Z \in M} p_Z \cdot Q_r(Z); \quad Q_r(Z) > 0, \tag{8.35}$$

$$p_Z = \prod_s \left\{ V_s^{z_s} \cdot (1 - V_s)^{1-z_s} \right\}; \quad s = 1, 2, \ldots, S \tag{8.36}$$

$$\beta = \frac{\sum_s \beta_s \cdot (1 - V_s)}{\sum_s (1 - V_s)}; \quad s = 1, 2, \ldots, S \tag{8.37}$$

Z Zustand des Systems, beschrieben durch alle $z_s$ ($z_1, z_2, \ldots, z_S$)
$z_s$ Zustandsvariable zur Charakterisierung des Zustandes des s-ten Stranges; für jedes s (s = 1, 2, ..., S) gilt: $z_s$ = 1, wenn Strang in Funktion, $z_s$ = 0, wenn Strang ausgefallen
M Menge aller Zustände Z, in welchem sich das System befinden kann

Das auf *Boolescher* Algebra basierende Modell liefert bei *Funktionsbeteiligung aller Elemente* bei Verwendung der realen Elementeparameter die exakte Lösung für die Systemverfügbarkeit.

Hat das System *Reserveelemente*, ist es nur anwendbar, wenn in Gl. 8.36 wegen Einhaltung der Bilanzgleichung $\sum p_Z = 1$ für die Strangverfügbarkeiten $V_s$ eine *Ersatzstrangverfügbarkeit* $V_{ers}$ definiert wird, mit welcher alle Elemente Betriebselemente sind. Die Ersatzverfügbarkeit $V_{ers}$ ist in drei Schritten herleitbar (jeder Strang sei ein Element):

1. Hat das System S Elemente, von denen sich R Elemente in Reserve befinden, so werden S − R zur Funktionserfüllung benötigt. Im Zustand Z(k = 0) werden die Reserveelemente *nicht* benötigt mit der Wahrscheinlichkeit

$$p = \prod_s V_s; \quad s = 1, 2, \ldots, S - R \tag{8.38}$$

Die Wahrscheinlichkeit dafür, dass die Reserveelemente in diesem Zustand zur Funktionserfüllung *benötigt* werden, beträgt dann

$$\tilde{p} = 1 - p \tag{8.39}$$

2. Das s-te Element hat im Betriebszustand die Zeitverfügbarkeit $V_{sB}$ und im Reservezustand $V_{sR}$. Die durchschnittliche Zeitverfügbarkeit der Elemente im Betriebszustand soll sein:

für Systeme *ohne Priorität*

$$\hat{V}_B = \frac{1}{S} \cdot \sum_s V_{sB}; \quad s = 1, 2, \ldots, S \tag{8.40}$$

für Systeme *mit Priorität*

$$\hat{V}_B = \frac{1}{S-R} \cdot \sum_s V_{sB}; \quad s = 1, 2, \ldots, S-R \tag{8.41}$$

für Elemente im Reservezustand

$$\hat{V}_R = \frac{1}{R} \cdot \sum_s V_{sR}; \quad s = S-R+1, \ldots, S \tag{8.42}$$

3. Mit den Wahrscheinlichkeiten p und p̄ befinden sich dann die Elemente in entsprechendem Zustand, so dass sich als *Ersatzverfügbarkeit* ergibt:

$$V_{ers} = \bar{p} \cdot \hat{V}_B + p \cdot \left( \frac{R}{S} \cdot \hat{V}_R + \frac{S-R}{S} \cdot \hat{V}_B \right) \tag{8.43}$$

### 8.3.2.4 Parallelschaltung einer größeren Anzahl Elemente

Die in den Abschn. 8.3.1 und 8.3.2 dargestellten Berechnungsmöglichkeiten sind auf beliebige Anzahl paralleler Elemente anwendbar. Da sich bei S Elementen schon beim Zweizustandsmodell (Abschn. 3.2) $2^S$ Systemzustände ergeben, steigt der Berechnungsaufwand mit wachsender Elementezahl stark an, so schon bei 10 Elementen auf bereits 1024 Zustände. Bei Verarbeitungsanlagen kommen aber auch mehr Elemente vor, so z. B. in größeren Verpackungssystemen oder in der Kunstfaserverarbeitung 20 bis 40 und mehr parallele Verpackungs- bzw. Spulmaschinen. So große Systeme erzwingen die Frage nach *Modellvereinfachung*.

**Ausgangspunkte zur Vereinfachung** können ein:

- Große Systeme haben eine große Anzahl *gleichartiger* oder in ihren Parametern ähnliche Elemente.
- Bei großen Systemen ist es deshalb gleichgültig, *welche* Elemente sich im Betriebs-, Reserve- oder Ausfallzustand befinden.
- Durch Instandhaltung ist bei großen Systemen zu gewährleisten, dass sich nur *wenige* Elemente *gleichzeitig* im Zustand Ausfall befinden.
- Je mehr Elemente ein System hat, um so geringer ist der Einfluss des einzelnen Elements.

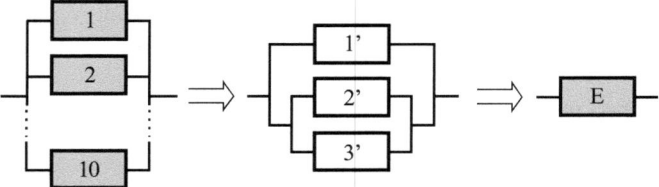

**Abb. 8.9** Reduktion größerer Parallelsystems am Beispiel von 10 Elementen

Daraus lässt sich folgendes Berechnungsverfahren vorschlagen: Reduktion des realen Systems durch *gruppierte Betrachtung* gleichartiger Elemente in ein fiktives System mit nur wenigen Elementen.

Am Beispiel: Können sich bei einem System mit 10 gleichartigen Elementen nicht mehr als zwei gleichzeitig im Zustand Ausfall befinden, ist die Reduktion in ein fiktives System mit drei Ersatzelementen sinnvoll (Abb. 8.9). Element 1' repräsentiert 8 reale Elemente bzw. 80 % der projektierten Kapazität des Systems, die übrigen zwei Elemente werden durch 2' und 3' repräsentiert. Die Berechnung des fiktiven Systems ergibt schließlich die Parameter des Ersatzelements E, das das reale System näherungsweise widerspiegelt.

Allgemein: Hat das System S parallele Elemente/Stränge, von denen nicht mehr als $S_{aus}$ gleichzeitig ausfallen können, dann produzieren $S - S_{aus}$ Elemente mit $V_s = 1$ (100 %) und $S_{aus}$ Elemente mit der Verfügbarkeit eines fiktiven Parallelsystems aus $S_{aus}$ Elementen. Daraus folgt die tatsächliche Produktivität $Q_t$ des Systems:

$$Q_t = V_{100\%} \cdot \frac{S - S_{aus}}{S} \cdot Q_{rp} + V_{aus} \cdot \frac{S_{aus}}{S} \cdot Q_{rp} = \frac{Q_{rp}}{S} \cdot (S - S_{aus} + V_{aus} \cdot S_{aus}) \qquad (8.44)$$

$Q_{rp}$  planmäßige rechnerische Produktivität des Systems
S  Anzahl Systemelemente
$S_{aus}$  Anzahl Elemente im Zustand Ausfall
$V_{aus}$  Verfügbarkeit des fiktiven Parallelsystems aus $S_{aus}$ Elementen

Aus Gl. 8.44 folgt mit Gl. 3.5 die Systemverfügbarkeit:

$$V = \frac{Q_T}{Q_{rp}} = \frac{1}{S} \cdot (S - S_{aus} + V_{aus} \cdot S_{aus}) \qquad (8.45)$$

**Beispiel**

Gegeben: Parallelsystem aus S = 10 gleichen Elementen mit $V_s = 0{,}95$, $Q_{rs} = 100$ kg/h, von denen sich maximal $S_{aus} = 2$ Elemente gleichzeitig im Zustand Ausfall befinden können

## 8.3 Berechnung von Parallelsystemen

**Tab. 8.3** Zustandstabelle zur Berechnung $V_{aus}$

| Zustand | k | Elementezustand | | $\left(\frac{S}{k}\right)$ | $\left(\frac{S}{k}\right) \cdot p_{Z(k)}$ | $Q_r(Z(k))/Q_{rp}$ |
|---|---|---|---|---|---|---|
| | | $z_1$ | $z_2$ | | | |
| 1 | 0 | 1 | 1 | 1 | $1 \cdot 0{,}95 \cdot 0{,}95 = 0{,}9025$ | 1 |
| 2 | 1 | 1 | 0 | 1 | $1 \cdot 0{,}95 \cdot 0{,}05 = 0{,}0475$ | 0,5 |
| 3 | 1 | 0 | 1 | 1 | $1 \cdot 0{,}05 \cdot 0{,}95 = 0{,}0475$ | 0,5 |
| 4 | 2 | 0 | 0 | 1 | $1 \cdot 0{,}05 \cdot 0{,}05 = 0{,}0025$ | 0 |

Gesucht: Tatsächliche Produktivität $Q_t$ und Verfügbarkeit des Systems

Lösungsweg: Berechnung $V_{aus}$ des fiktiven Parallelsystems mittels Gln. 8.27 bis 8.30 und Zustandstabelle (Tab. 8.3), danach $Q_t$ und Systemverfügbarkeit gemäß Gln. 8.44 bzw. 8.45.

Ergebnis: $V_{aus} = 0{,}9025$ (Zustand 1), wenn keine Zustände mit $Q_{rp} < 100\,\%$ interessieren

Gl. 8.44 → $Q_t = \frac{10 \cdot 100 \text{ kg/h}}{10} \cdot (10 - 2 + 0{,}9025 \cdot 2) = \underline{980{,}5 \text{ kg/h}}$

Gl. 8.45 → $V = \frac{1}{10} \cdot (10 - 2 + 0{,}9025 \cdot 2) = \underline{0{,}9805}$

### 8.3.3 Beispiele

#### 8.3.3.1 Parallelsysteme ohne Reserveelemente

**Beispiel 1 System ohne Redundanz**

Gegeben: Parallelsystem aus 3 ungleichen redundanzlosen Betriebselementen mit:
$V_1 = 0{,}90$; $V_2 = 0{,}95$; $V_3 = 0{,}92$; $Q_{r1} = Q_{r2} = Q_{r3} = $ konst.

Gesucht: 1. Zeitverfügbarkeit des Systems $V_T$
2. Verfügbarkeit des Systems V unter den Bedingungen:
a) Normallast (100 %), b) mindestens 2 / 3 Normallast, c) System funktioniert überhaupt
3. Vergleich und Bewertung der Ergebnisse von 1. und 2.

Lösungsweg:
Berechnung nach Gl. 8.27 bis 8.30 mittels Zustandstabelle (Tab. 8.4) unter Einbeziehung der Zustandsvariablen $z_s$, siehe auch Abschn. 3.3.2, Abb. 3.6; Normallast des Systems: $Q_{rp} = 3 \cdot Q_{rs}$.

Ergebnis: zu 1: $V_T = V_a = \underline{0{,}7866}$
zu 2: $V_a = \underline{0{,}7866}$; $V_b = \underline{0{,}9180}$; $V_c = \underline{0{,}9233}$
zu 3: Zeitverfügbarkeit ist nur identisch mit Mengenverfügbarkeit, wenn ausschließlich Normallast des Systems interessiert bzw. nur Normallast im Rahmen

**Tab. 8.4** Zustandstabelle Beispiel 1

| Z | k | Elementezustand | | | $\left(\frac{S}{k}\right) \cdot V_s^{S-k} \cdot (1-V_s)^k$ | Erfüllung $Q_{rp}$ (100 % = 1) | V | | |
|---|---|---|---|---|---|---|---|---|---|
| | | $z_1$ | $z_2$ | $z_3$ | | | a | b | c |
| 1 | 0 | 1 | 1 | 1 | $1 \cdot 0{,}90 \cdot 0{,}95 \cdot 0{,}92 = 0{,}7866$ | 1 | x | x | x |
| 2 | 1 | 1 | 1 | 0 | $1 \cdot 0{,}90 \cdot 0{,}95 \cdot 0{,}08 = 0{,}0684$ | 2/3 | – | x | x |
| 3 | 1 | 1 | 0 | 1 | $1 \cdot 0{,}90 \cdot 0{,}05 \cdot 0{,}92 = 0{,}0414$ | 2/3 | – | x | x |
| 4 | 1 | 0 | 1 | 1 | $1 \cdot 0{,}10 \cdot 0{,}95 \cdot 0{,}92 = 0{,}0874$ | 2/3 | – | x | x |
| 5 | 2 | 1 | 0 | 0 | $1 \cdot 0{,}90 \cdot 0{,}05 \cdot 0{,}08 = 0{,}0036$ | 1/3 | – | – | x |
| 6 | 2 | 0 | 1 | 0 | $1 \cdot 0{,}10 \cdot 0{,}95 \cdot 0{,}08 = 0{,}0076$ | 1/3 | – | – | x |
| 7 | 2 | 0 | 0 | 1 | $1 \cdot 0{,}10 \cdot 0{,}05 \cdot 0{,}92 = 0{,}0046$ | 1/3 | – | – | x |
| 8 | 3 | 0 | 0 | 0 | $1 \cdot 0{,}10 \cdot 0{,}05 \cdot 0{,}08 = 0{,}0004$ | 0 | | | |

$V_a = 0{,}7866$; $V_b = 0{,}7866 + (0{,}0684 + 0{,}0414 + 0{,}0874) \cdot 2/3 = 0{,}9180$
$V_c = 0{,}9180 + (0{,}0036 + 0{,}0076 + 0{,}0046) \cdot 1/3 = 0{,}9233$

je Bedingung einzubeziehende Zustände

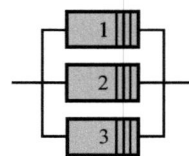

**Abb. 8.10** Parallelsystem mit systemnutzbarer interner Elementredundanz, Parallelsystem aus 3 Elementen mit: $V_1 = 0{,}90$; $V_2 = 0{,}95$; $V_3 = 0{,}92$; $Q_{rp} = Q_{r1} = Q_{r2} = Q_{r3}$; System im ungestörten Betrieb: $Q_{rp} = 3 \cdot Q_{rs}$. Alle Elemente haben 50 % interne Redundanz, die bei Bedarf ohne Zeitverzug nutzbar ist. Alle Elemente sind Betriebselemente

einer – übergeordneten – Anlage systemnutzbar ist. Ein Verfügbarkeitswert *ohne Bezug* auf eine konkrete Produktivitätsbedingung stellt die tatsächliche Produktionskapazität nicht hinreichend dar. So muss in den Fällen b und c zu den relativ hohen Verfügbarkeiten 0,9180 bzw. 0,9233 gesagt werden, dass das System während der geplanten Betriebszeit auch nur mit 1/3 Normallast produzieren kann.

Ohne derartige Zusatzangaben wären Wertangaben zu $V_{sys}$ und $Q_{rp}$ als verbindliche Zahlenwerte im Liefervertrag für den Anlagenbetreiber eher irreführend.

**Beispiel 2 System mit interner Elementredundanz** Gegeben (Abb. 8.10):

Gesucht: Systemverfügbarkeit für die Bedingungen:
  a) Normallast (100 %), b) mindestens 2/3 Normallast, c) System funktioniert überhaupt.

Lösungsweg:
Wie Beispiel 1, jedoch mit Nutzung der Elementredundanz (Tab. 8.5) gemäß Gl. 5.7:

8.3 Berechnung von Parallelsystemen

**Tab. 8.5** Zustandstabelle Beispiel 2

| Z | k | Elementezustand | | | $\left(\frac{S}{k}\right) \cdot V_s^{S-k} \cdot (1-V_s)^k$ | $Q_r(Z(k))/Q_{rp}$ | V | | |
|---|---|---|---|---|---|---|---|---|---|
|   |   | $z_1$ | $z_2$ | $z_3$ | | | a | b | c |
| 1 | 0 | 1 | 1 | 1 | $1 \cdot 0{,}90 \cdot 0{,}95 \cdot 0{,}92 = 0{,}7866$ | 1 | x | x | x |
| 2 | 1 | 1 | 1 | 0 | $1 \cdot 0{,}90 \cdot 0{,}95 \cdot 0{,}08 = 0{,}0684$ | 1 | – | x | x |
| 3 | 1 | 1 | 0 | 1 | $1 \cdot 0{,}90 \cdot 0{,}05 \cdot 0{,}92 = 0{,}0414$ | 1 | – | x | x |
| 4 | 1 | 0 | 1 | 1 | $1 \cdot 0{,}10 \cdot 0{,}95 \cdot 0{,}92 = 0{,}0874$ | 1 | – | x | x |
| 5 | 2 | 1 | 0 | 0 | $1 \cdot 0{,}90 \cdot 0{,}05 \cdot 0{,}08 = 0{,}0036$ | 1/2 | – | – | x |
| 6 | 2 | 0 | 1 | 0 | $1 \cdot 0{,}10 \cdot 0{,}95 \cdot 0{,}08 = 0{,}0076$ | 1/2 | – | – | x |
| 7 | 2 | 0 | 0 | 1 | $1 \cdot 0{,}10 \cdot 0{,}05 \cdot 0{,}92 = 0{,}0046$ | 1/2 | – | – | x |
| 8 | 3 | 0 | 0 | 0 | $1 \cdot 0{,}10 \cdot 0{,}05 \cdot 0{,}08 = 0{,}0004$ | 0 | | | |

$V_a = 0{,}7866 \cdot 1 + (0{,}0684 + 0{,}0414 + 0{,}0874) \cdot 1 = \underline{0{,}9838}$
$V_b = V_a = \underline{0{,}9838}$; $V_c = 0{,}9838 + (0{,}0036 + 0{,}0076 + 0{,}0046) \cdot 1/2 = \underline{0{,}9917}$

je Bedingung einzubeziehende Zustände

**Tab. 8.6** Vergleich der Verfügbarkeiten Beispiel 1 mit 2

| | $V_{sys1}$ | | $V_{sys2}$ | Zuwachs von $V_{sys}$ absolut $\Delta V_{abs} = (V_{sys2} - V_{sys1}) \cdot 100\,\%$ | Zuwachs von $V_{sys}$ relativ $\Delta V_{rel} = 100\,\% \cdot (V_{sys2} - V_{sys1})/V_{sys1}$ |
|---|---|---|---|---|---|
| a | 0,7866 | a | 0,9838 | 19,7 % | 25,1 % |
| b | 0,9180 | b | 0,9838 | 6,6 % | 7,2 % |
| c | 0,9233 | c | 0,9917 | 6,8 % | 7,4 % |

Ergebnis zu 1: $V_T = V_a = \underline{0{,}9838}$, da nur Normallast interessiert
zu 2: $V_a = \underline{0{,}9838}$; $V_b = \underline{0{,}9838}$; $V_c = \underline{0{,}9917}$

Für $V_a$ und $V_b$ ergeben sich gleiche Werte, da in beiden Fällen nur die Zustände 1 bis 4 einzubeziehen sind. Wäre bei b „mindestens 1/2 Normallast" gefordert, wären auch die Zustände 5 bis 7 einbeziehbar, und $V_b$ hätte dann einen höheren Wert. Für praktische Anwendungen sollten für V drei Kommastellen ausreichen. Zunächst sind jedoch zur Kontrolle $\sum p_{Z(k)} = 1$ mehr Kommastellen mitzuführen.

*Kommentar zu den Ergebnissen* Beispiele 1 und 2 (Tab. 8.6):

Redundanz bei Beispiel 2 führt gegenüber Beispiel 1 zu bedeutend höherer Systemverfügbarkeit, allerdings bei einem zur Veranschaulichung gewählten, relativ hohen Redundanzwert.

Während System 1 zu 92,33 % der Betriebszeit überhaupt funktioniert, produziert es mit Normallast nur zu 78,66 %. Wäre ausschließlich Normallast für die übergeordnete Anlage nutzbar, wäre für diesen Zustand Zeit- gleich Mengenverfügbarkeit $V_T = V = 0{,}7866$; System 1 produziert bei Normallast absolut 13,7 % weniger als es seine Zeitverfügbarkeit zunächst erwarten lässt. Dagegen sinkt bei System 2 die Verfügbarkeit infolge der nutzbaren Redundanz nur um 0,8 %.

**Tab. 8.7** Zustandstabelle zu System mit Reserveelement

| Zustand | $z_1$ | $z_2$ | $z_3$ | $z_4$ | k | $\left(\frac{S}{k}\right)$ | $\left(\frac{S}{k}\right) \cdot p_{Z(k)}$ | $Q_{rp}$ |
|---|---|---|---|---|---|---|---|---|
| 1 | 1 | 1 | 1 | 1 | 0 | 1 | 0,85188 | 1 |
| 2 | 1 | 1 | 1 | 0 | 1 | 4 | $4 \cdot 0,03483 = 0,13933$ | 1 |
| 3 | 1 | 1 | 0 | 1 | | | | 1 |
| 4 | 1 | 0 | 1 | 1 | | | | 1 |
| 5 | 0 | 1 | 1 | 1 | | | | 1 |
| 6 | 1 | 1 | 0 | 0 | 2 | 6 | $6 \cdot 0,00142 = 0,00854$ | 2/3 |
| 7 | 1 | 0 | 0 | 1 | | | | 2/3 |
| 8 | 0 | 0 | 1 | 1 | | | | 2/3 |
| 9 | 0 | 1 | 1 | 0 | | | | 2/3 |
| 10 | 1 | 0 | 1 | 0 | | | | 2/3 |
| 11 | 0 | 1 | 0 | 1 | | | | 2/3 |
| 12 | 1 | 0 | 0 | 0 | 3 | 4 | $4 \cdot 0,00006 = 0,00023$ | 1/3 |
| 13 | 0 | 0 | 0 | 1 | | | | 1/3 |
| 14 | 0 | 1 | 0 | 0 | | | | 1/3 |
| 15 | 0 | 0 | 1 | 0 | | | | 1/3 |
| 16 | | | | | | | 0,00000 | 0 |
| | | | | | | | $\sum p_{Z(k)} = 1$ | – |

### 8.3.3.2 Parallelsystem mit Reserveelement

Gegeben: Parallelsystem aus drei Betriebselementen (B) und einem Reserveelement (R) mit Priorität; Strangparameter: $V_s = 0{,}95$; $Q_{rs}$ = konst.

Gesucht: Systemverfügbarkeit V für die Bedingungen:
a) Normallast (100 %), b) mindestens 2/3 Normallast, c) System funktioniert überhaupt.

Lösungsweg: Zunächst Berechnung der Ersatzparameter gemäß Abschn. 8.3.2.3, danach Berechnung nach Gln. 8.27 bis 8.30 mittels Zustandstabelle (Tab. 8.7).

Berechnung: Gl. 8.38 → $p = 0{,}95 \cdot 0{,}95 \cdot 0{,}95 = 0{,}85737$
Gl. 6.39 → $\bar{p} = 1 - 0{,}85737 = 0{,}14262$
Gl. 8.41 → $\hat{V}_B = (0{,}95 + 0{,}95 + 0{,}95)/3 = 0{,}95$; gegeben $\hat{V}_R = 1$
Gl. 8.43 → $V_{ers} = 0{,}14262 \cdot 0{,}95 + 0{,}85737 \cdot \left(\frac{1}{4} \cdot 1 + \frac{3}{4} \cdot 0{,}95\right) = 0{,}96072$
$1 - V_{ers} = 0{,}03928$

Ergebnis (Mengenverfügbarkeit des Systems unter den Bedingungen a, b, c:

$V_a = 0{,}8519 + 0{,}1393 = \underline{0{,}9912}$ (Zustände 1 bis 5)
$V_b = 0{,}9912 + 0{,}0085 = \underline{0{,}9997}$ (Zustände 1 bis 11)
$V_c = 0{,}9998 + 0{,}0001 \approx \underline{1}$ (Zustände 1 bis 15).

Dieses Ergebnis zeigt, welchen Einfluss der Einsatz bereits *eines* Reserveelements – allerdings bei einem so kleinen System mit nur drei Betriebselementen – bereits bei redundanz-

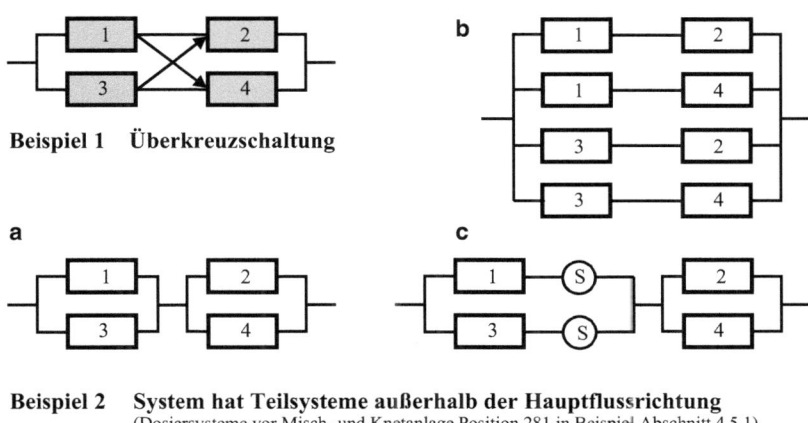

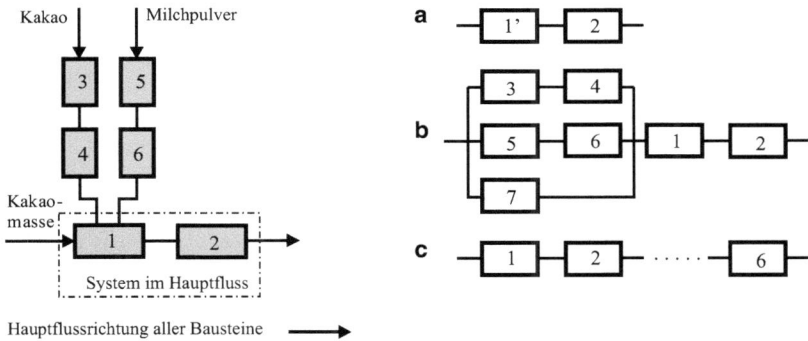

**Abb. 8.11** Transformation komplizierter in einfache Struktur an Beispielen

losen Elementen hat. Mit steigender Anzahl Betriebselemente sinkt jedoch der Einfluss *eines* Reserveelements.

## 8.4 Teilsysteme komplizierter Struktur

Um Bausteine und Teilsysteme zuverlässigkeitslogisch *komplizierter* Struktur wenigstens näherungsweise berechnen zu können, sind diese in geeigneter Weise in *einfache* Struktur zu transformieren. Hilfreich sind dazu Zuverlässigkeitsschaltbilder, die eine Berechnung nach den Modellen der Abschn. 8.1 bis 8.3 ermöglichen.

Das als *Ersatzstruktur* aufzustellende *Zuverlässigkeitsschaltbild* muss die realen Systemzustände so weit widerspiegeln, dass der stochastische Prozess des Systems näherungsweise erfasst werden kann.

Abbildung 8.11 zeigt an zwei Beispielen jeweils drei Transformationsmöglichkeiten als Grundlage der Berechnung.

*Transformationsmöglichkeiten zu Beispiel 1*

a) Zwei Parallelsysteme, auf Prozessebene zum Reihensystem gekoppelt; damit sind alle Zustände des realen Systems erfassbar
b) Parallelsystem aus vier parallelen Strängen mit jeweils zwei in Reihe geschalteten Prozesselementen, womit alle möglichen Systemzustände erfassbar sind
c) System wie a, jedoch mit Schaltern zur Gutstromumleitung bei Ausfall eines der beiden Elemente 2 oder 4 analog der Überkreuzschaltung; entspricht der Realität besser als a.

Variante b erfordert keine, a und c erfordern Koppelelemente. Wären diese außerordentlich zuverlässig, wären sie als *unwesentliche* Elemente (Abschn. 5.1.1) vernachlässigbar. Sind sie jedoch *nicht* vernachlässigbar, liefert vermutlich Variante b rein rechnerisch die höchste Verfügbarkeit (?), wogegen aber a und c die Realität besser widerspiegeln.

*Transformationsmöglichkeiten zu Beispiel 2*

a) Reihensystem aus Element 2 und Ersatzelement $1'$, das neben 1 die übrigen Elemente des realen Systems in geeigneter Weise repräsentiert
b) Parallel-Reihensystem, bei dem den Reihenelementen im Hauptfluss die Elemente der Nebenflüsse als Parallelsystem vorgeschaltet sind; zusätzlich ist ein fiktives Element 7 mit $V_7 = 1$ eingeführt, um die Zuführung der Kakaomasse – die zwar nicht zum betrachteten System gehört – zum Element 1 darzustellen
c) Sämtliche Systemelemente redundanzlos in Reihe geschaltet; Ausfall eines Elements führt sofort zu Systemausfall (am realitätsnächsten).

Diese Beispiele sind nur als Transformations-*Möglichkeiten* genannt. Der interessierte Leser kann diese Ersatzstrukturen mit selbstgewählten Elemente-Verfügbarkeiten, -Produktivitäten und internen Elementredundanzen berechnen und die sich ergebenden Systemverfügbarkeiten vergleichend bewerten. Da diese Teilsysteme in Verbindung mit vor- und nachgelagerten, übergeordneten Systemen/Anlagen funktionieren, sind nur *systemnutzbare Funktionszustände* für die Berechnung maßgebend!

## 8.5 Berechnung der Anlagenverfügbarkeit

### 8.5.1 Anwendung des Reduktionsverfahrens

Das in Abschn. 5.3 begründete Reduktionsverfahren wird am Strukturbeispiel erläutert und in Abschn. 8.5.4.1 am Zahlenbeispiel veranschaulicht.

## 8.5 Berechnung der Anlagenverfügbarkeit

**Zur Reduktion einer Anlage** Die Reduktion einer komplexen Anlagenstruktur soll durch *schrittweise Vereinfachung* im Ergebnis solche Teilsysteme liefern, deren Berechnung als *einfache* Struktur jeweils als Element (Abschn. 5.4), Reihen- und/oder Parallelsystem (Abschn. 8.1 bis 8.3) möglich ist.

Dieses Vorgehen führt gegenüber einer geschlossenen Berechnung der Systemverfügbarkeit zur Reduzierung real möglicher Systemzustände und damit zu Informationsverlust. Welche Abweichung der so ermittelten Verfügbarkeit von der Realität dabei entsteht, ist allgemein nicht auszusagen. Geht es bei Anlagenplanung und Analyse um *Bewertung und Vergleich* von *Strukturvarianten* bzw. Maßnahmen zur Minimierung von *Schwachstellen*, werden Ergebnisse, die das reale Verhalten zu 80…90 % widerspiegeln, bereits nützlich sein. Genaueres kann die Simulation realer Anlagentechnik liefern (Kap. 9). Ökonomisch vertretbar wäre dies auch nur dort, wo ein größerer Wiederholungsgrad vergleichbarer Anlagen vorliegt, z. B. in der Verpackungstechnik mit branchenübergreifenden Erzeugnissen.

Ausgehend vom *Kopplungsmaßstab* (Abschn. 5.1.2.3) wird ein *Ordnungssystem* gewählt, das den *Strang* als bestimmendes Merkmal voraussetzt (Abb. 8.12):

- Ein Strang 1. Ordnung liegt vor, wenn der Prozess durch ein *einziges* Element, ein Element 1. Ordnung, realisiert wird: Pr 1 durch M 1, Pr 4 durch M 4.
- Stränge 2. Ordnung liegen vor, wenn Prozesse durch *mehrere parallele* Stränge realisiert werden: Pr 2 und Pr 3 durch M 2.1–M 3.1; M 3.2 bzw. M 2.2–M 3.3, M 3.4. Ein Strang 2. Ordnung kann Stränge höherer Ordnung enthalten, z. B. M 3.1
- Eine Struktur n-ter Ordnung liegt vor, wenn die Prozessfolge durch Elemente von Strängen 1. bis n-ter Ordnung realisiert wird.
- Bei $n \geq 2$ soll es sich bei Strängen n-ter Ordnung um Parallelsysteme (n − 1)-ter Ordnung handeln, z. B. bilden M 3.3 und M 3.4 ein Parallelsystem 2. Ordnung.

Bei diesem Beispiel liegt demzufolge eine Struktur 3. Ordnung vor, deren Reduktion in 3 Teilschritten möglich ist. Diese Vorgehensweise bedeutet prinzipiell: Reduzieren der Elemente eines Stranges zu einem einzigen Strangelement und anschließendes Reduzieren der Stränge zu einem solchen nächst niederer Ordnung. Daraus lässt sich folgendes Verfahren ableiten.

**Verfahren zur Reduktion einer Anlage beliebiger Ordnung**

1. Unterteilen der Anlage in *störungsspeicherlose* Abschnitte
2. Unterteilen dieser Abschnitte in einsträngig miteinander koppelbare Teilabschnitte
3. Reduzieren dieser Teilabschnitte zu Ersatzelementen 1. Ordnung
4. Reduzieren der Elemente und Ersatzelemente 1. Ordnung jedes Abschnittes zu einem einzigen, den Abschnitt repräsentierenden Ersatzelement
5. Reduzieren der Ersatzelemente für die Abschnitte zu einem einzigen, die Anlage repräsentierenden Ersatzelement (E VA).

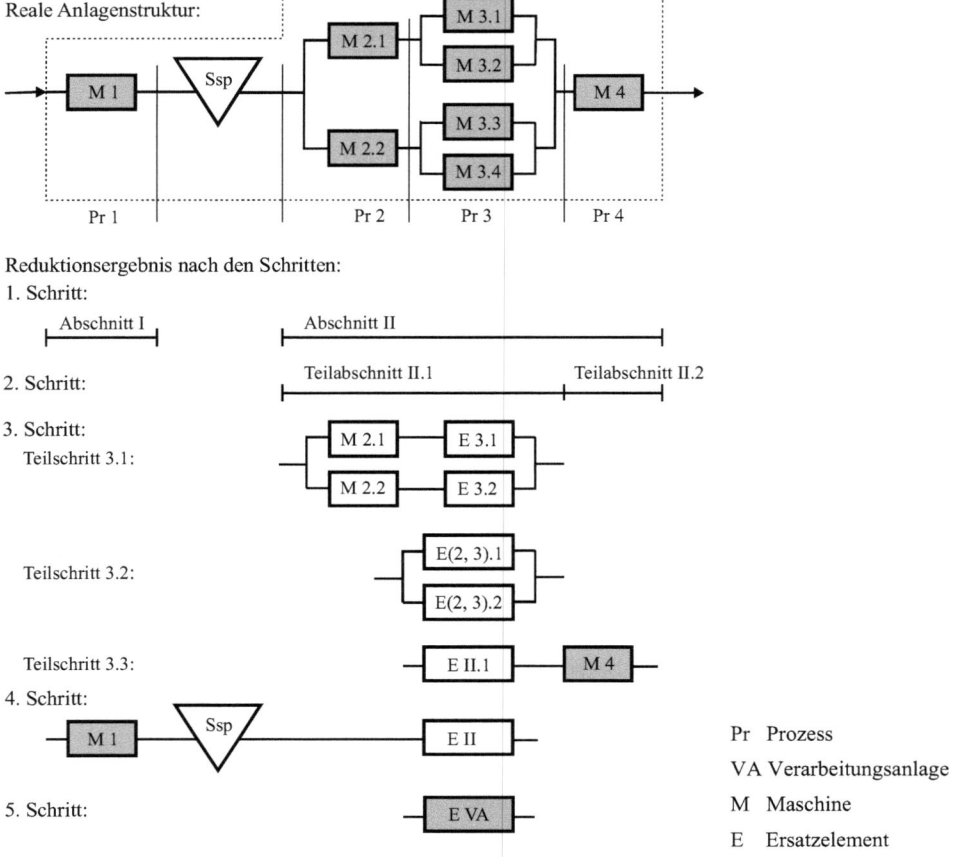

**Abb. 8.12** Reduktion einer Anlagenstruktur am Beispiel einer Prozessfolge

Am Zahlenbeispiel in Abschn. 8.5.4.1 werden die sich ergebenden Ersatzelemente und deren weitere Reduktion veranschaulicht. Beispielsweise repräsentiert das im Teilschritt 3.2 gewonnene Element E(2.3) den Anlagenstrang (M 2.1–M 3.1, M 3.2), d. h. einen der beiden Stränge 2. Ordnung, die jeweils ein Parallelsystem 2. Ordnung aufweisen, z. B. M 3.1 mit M 3.2.

Bei der Reduktion der Anlagenstruktur sind in jedem Schritt und Teilschritt entsprechende *Kenngrößensätze* (Abschn. 5.3) als Eingangsdaten bereitzustellen und als Ausgangsdaten zu berechnen.

Die analytische Berechnung von Anlagen mit Störungsspeichern ist nur begrenzt möglich (Abschn. 8.2.1, Rechenbeispiel in Abschn. 8.2.4 und 8.5.4.1). Für Anlagen mit *mehreren* Störungsspeichern und komplizierter Struktur kommen Simulationsmodelle in Betracht.

## 8.5.2 Ausfall- und Erneuerungsrate von Teilsystemen

### 8.5.2.1 Motivation
Eine Betrachtungseinheit (BE) ist durch die fundamentale Beziehung Gl. 3.13 hinreichend charakterisiert, wenn es nur um *zeitliches* Ausfallverhalten geht. Sind $\lambda$ und $\beta$ die System-Parameter, gilt diese Beziehung auch für beliebig strukturierte Systeme.

Die Berechnung von Reihensystemen nach *Markow*, Gl. 8.5 Abschn. 8.1 und die Modelle Abschn. 8.2 sowie die Anwendung des in Abschn. 8.5.1 dargestellten *Reduktionsverfahrens* erfordern neben der Zeitverfügbarkeit $V_T$ eine weitere Größe: Ausfall- oder Erneuerungsrate. Es soll die *Erneuerungsrate* zur Berechnung des Kenngrößensatzes gemäß Gl. 5.5 herangezogen werden, weil diese durch BDE leichter als die Ausfallrate zu gewinnen ist.

### 8.5.2.2 Erneuerungsrate von Reihensystemen
Hier werden Näherungsmodelle zur Berechnung der *Erneuerungsrate eines Teilsystems* dargestellt, so dass dann mit Gl. 3.13 bei Bedarf auch die System-Ausfallrate berechenbar ist.

**Berechnung bei fester Verkettung** Bei Systemen in *fester Verkettung* sind die Systemparameter $\lambda$ und $\beta$ sofort aus den Elementeparametern mit Gln. 8.2 bis 8.5 bzw. bei bekannter Systemverfügbarkeit mit Gln. 8.6 und 8.7 berechenbar.

**Berechnung bei loser Verkettung** Beim Störungsspeichermodell (Modelle in Abschn. 8.2) ist eine Betrachtung der Grenzfälle M = 0 (feste Verkettung) und M → ∞ (keinerlei gegenseitige Behinderung von Z und A) nützlich. Mit wachsender Speichergröße können die Elemente Z und A immer unabhängiger voneinander funktionieren.

Da das aus Z, A und dem Speicher bestehende System mit anderen BE nur über den Eingang von Z und den Ausgang von A koppelbar ist, müssen im allgemeinen Fall unterschiedlicher Erneuerungsraten ($\beta_Z \neq \beta_A$) für die Kopplung nach „links" und nach „rechts" unterschiedliche Systemerneuerungsraten Verwendung finden. Für die Beantwortung der Frage, welche $\beta$-Werte bei loser Verkettung die Realität im praktisch möglichen Bereich $0 < M < \infty$ widerspiegeln, ist es bedeutsam zu wissen, dass diese Werte zwischen dem $\beta$-Wert der *festen Verkettung* (Anwendung Gln. 8.2 bis 8.4)

$$\beta = (\lambda_Z + \lambda_A) \Big/ \left( \frac{\lambda_Z}{\beta_Z} + \frac{\lambda_A}{\beta_A} \right) \tag{8.46}$$

und dem $\beta_Z$- bzw. $\beta_A$-Wert liegen müssen und dass sich diese Werte mit wachsendem M immer mehr den Elementeparametern annähern.

**Berechnung bei Betriebsstrategie I** Zur Berücksichtigung der Speichergröße M können die von *Kleinert* [3.7] vorgeschlagenen Näherungsbeziehungen für Reihensysteme *ohne* interne Elementredundanz dienen:

$$\beta_{\text{links},I} \approx \frac{\lambda_Z + \lambda_A \cdot \exp(-\beta_A \cdot \tau_{AI}/2)}{\frac{\lambda_Z}{\beta_Z} + \frac{\lambda_A}{\beta_A} \cdot \exp(-\beta_A \cdot \tau_{AI}/2)} \quad \text{linksseitige Systemerneuerungsrate} \tag{8.47a}$$

$$\beta_{\text{rechts},I} \approx \frac{\lambda_A + \lambda_Z \cdot \exp(-\beta_Z \cdot \tau_{ZI}/2)}{\frac{\lambda_Z}{\beta_Z} + \frac{\lambda_A}{\beta_A} \cdot \exp(-\beta_A \cdot \tau_{AI}/2)} \quad \text{rechtsseitige Systemerneuerungsrate} \quad (8.47b)$$

$\tau_{AI} = M/Q_{rE}$ auf Entleerorgan E und Element A bezogene zeitliche Speicherreserve
$\tau_{ZI} = M/Q_{rF}$ auf Füllorgan F und Element Z bezogene zeitliche Speicherreserve

Gleichung 8.47 liegen die Vereinfachungen zu Grunde:

- Speicher immer halb gefüllt
- jeder Ausfall eines Elements bis zu einer Dauer, die der halben zeitlichen Speicherreserve entspricht, wird vollständig vom Speicher kompensiert, so dass kein Stillstand eintritt
- exponentialverteiltes Ausfallverhalten von Z und A.

In Gl. 8.47 ist der Parameter des jeweils der Kopplungsseite entgegengesetzten Elements mit der Wahrscheinlichkeit $P(T_A > \tau/2) = \exp(-\beta \cdot \tau/2)$, der Wahrscheinlichkeit dafür, dass eine Ausfalldauer größer als die halbe zeitliche Speicherreserve ist, multipliziert. Dadurch wird der mit wachsender Speichergröße abnehmende Einfluss dieses Elements berücksichtigt.

**Berechnung bei Betriebsstrategie II** Die für Betriebsstrategie I dargestellte näherungsweise Berechnung der Erneuerungsrate soll – nach entsprechender Anpassung – auch für Strategie II angewandt werden.

Der bei Strategie II planmäßig wiederherzustellende Füllungsgrad $\eta$ des Speichers ermöglicht es, mit einer Wahrscheinlichkeit $P(T_A > \tau) = \exp(-\beta \cdot \tau)$ zu rechnen, so dass sich als mittlere Systemerneuerungsraten ergeben:

$$\beta_{\text{links},II} \approx \frac{\lambda_Z + \lambda_A \cdot \exp(-\beta_A \cdot \tau_{AII})}{\frac{\lambda_Z}{\beta_Z} + \frac{\lambda_A}{\beta_A} \cdot \exp(-\beta_A \cdot \tau_{AII})} \quad \text{linksseitige Systemerneuerungsrate} \quad (8.48a)$$

$$\beta_{\text{rechts},II} \approx \frac{\lambda_A + \lambda_Z \cdot \exp(-\beta_Z \cdot \tau_{ZII})}{\frac{\lambda_Z}{\beta_Z} + \frac{\lambda_A}{\beta_A} \cdot \exp(-\beta_A \cdot \tau_{AII})} \quad \text{rechtsseitige Systemerneuerungsrate} \quad (8.48b)$$

$\tau_{AII} = M_L/Q_{rE}$ auf Entleerorgan E und Element A bezogene zeitliche Speicherreserve
$\tau_{ZII} = M_F/Q_{rF}$ auf Füllorgan F und Element Z bezogene zeitliche Speicherreserve

**Beispiel** zur Berechnung $\beta_{\text{links},I}$ und $\beta_{\text{links},II}$

Gegeben: Elemente Z, A: $\lambda_Z = 1{,}25\,\text{h}^{-1}$; $\beta_Z = 5\,\text{h}^{-1}$; $\lambda_A = 7{,}5\,\text{h}^{-1}$; $\beta_A = 15\,\text{h}^{-1}$
Speicher: $M = 200\,\text{kg}$, $Q_{rF} = Q_{rE} = 1000\,\text{kg/h}$; bei Strategie II sei $M_F = 0$, d. h. $M_L = M$.
Ergebnis: Gln. 8.47a und 8.48a liefern: $\beta_{\text{links},I} = \underline{8{,}09\,\text{h}^{-1}}$, $\beta_{\text{links},II} = \underline{5{,}01\,\text{h}^{-1}}$.

8.5 Berechnung der Anlagenverfügbarkeit

Der $\beta_{\text{links},\text{I}}$-Wert liegt noch relativ nahe beim $\beta$-Wert der festen Verkettung, der sich aus obigen Daten zu $\beta(M = 0) = 11{,}6\bar{6}$ ergibt. Dagegen stimmt $\beta_{\text{links},\text{II}}$ bereits gut mit $\beta_Z$ überein, d. h. Element Z funktioniert bei Strategie II unter getroffener Voraussetzung $M_F = 0$ wesentlich unabhängiger von A als bei Strategie I.

An die Genauigkeit der $\beta$-Werte muss keine hohe Anforderung gestellt werden, wenn die Zeitverfügbarkeiten von Z und A im Wertebereich $V_T > 0{,}8$ liegen. Gleichung 3.13 zeigt z. B. bei $V_T = 0{,}9$, dass ein um 20 % zu hoher $\beta$-Wert nur zu einer Abweichung von $\Delta V_T = 0{,}0153$ führt.

### 8.5.2.3 Erneuerungsrate von Parallelsystemen

Bei *Funktionsbeteiligung aller Elemente* definiert *Kleinert* [3.7] als mittlere Erneuerungsrate des Systems näherungsweise das *gewogene Mittel* der Erneuerungsraten der Stränge:

$$\beta \approx \frac{\sum\limits_{s} \beta_s \cdot (1 - V_s)}{\sum\limits_{s} (1 - V_s)}; \quad s = 1, 2, \ldots, S \tag{8.49}$$

Hat das System *Reserveelemente*, soll mit Ersatzausfallraten $\lambda_{\text{ers}}$ und Ersatzerneuerungsraten $\beta_{\text{ers}}$ gerechnet werden:

1. Es wird $\lambda_{\text{ers}}$ für die Elemente entsprechend Gl. 8.43 berechnet:

$$\lambda_{\text{ers}} = \bar{p} \cdot \hat{\lambda}_B + p \cdot \left( \frac{R}{S} \cdot \hat{\lambda}_R + \frac{S - R}{S} \cdot \hat{\lambda}_B \right) \tag{8.50}$$

$\hat{\lambda}_B, \hat{\lambda}_R$ mit Gl. 8.43 berechenbare Elementeausfallrate in Betriebs- (B), in Reservezustand (R)

$p, \bar{p}$ mit Gln. 8.38 und 8.39 berechenbare Wahrscheinlichkeiten

2. Mit Gl. 8.5 wird eine Ersatzerneuerungsrate $\beta_{\text{ers}}$ für die Elemente berechnet:

$$\beta_{\text{ers}} = \frac{\lambda_{\text{ers}}}{\frac{1}{V_{\text{ers}}} - 1} \tag{8.51}$$

3. Die mittlere Systemerneuerungsrate $\beta$ wird mit Gl. 8.49 berechnet, wobei anstelle der Elementeparameter $\beta_s$ und $V_s$ die Ersatzparameter $\beta_{\text{ers}}$ und $V_{\text{ers}}$ treten.

Der Berechnung der Ersatzparameter liegt der unter Abschn. 8.3.2 genannte Sachverhalt zu Grunde, dass die Ausfallrate eines Elements in kalter und warmer Redundanz geringer als im Funktionszustand ist. Wie bei Reihensystemen braucht auch hier an die Genauigkeit der Erneuerungsrate keine zu große Anforderung gestellt zu werden. Bei annähernd gleichen $\beta_s$ können bereits gemittelte $\beta_s$ – Werte praktischen Anforderungen genügen.

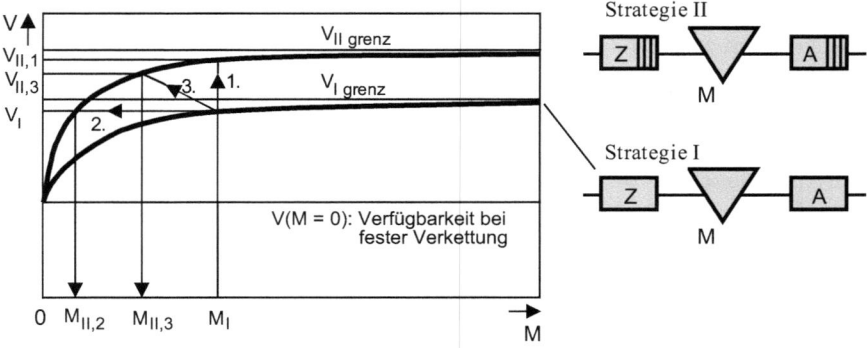

Nutzungsmöglichkeiten beim Übergang von I zu II:

1. $M = \text{konst.} \rightarrow V_{II,1} = V_I + \Delta V_1$
2. $V = \text{konst.} \rightarrow M_{II,2} = M_I - \Delta M_2$
3. $M, V = \text{konst.} \rightarrow V_{II,3} = V_I + \Delta V_3$ ; $0 < \Delta V_3 < \Delta V_1$ ; $M_{II,3} = M_I - \Delta M_3$ ; $0 < \Delta M_3 < \Delta M_2$

**Abb. 8.13** Verläufe V = f(M) und Nutzungsmöglichkeiten bei Übergang Betriebsstrategie I zu II

### 8.5.3 Zuverlässigkeitsoptimale Strukturen

#### 8.5.3.1 Betriebsstrategie und Störungsspeicher

Abbildung 8.13 veranschaulicht charakteristische Verläufe der Systemverfügbarkeit in Abhängigkeit der Betriebsstrategie. Strategie II, Nutzung der $Q_r$-Stellbereiche der Elemente im gesteuerten/geregelten Betrieb, ermöglicht höhere Verfügbarkeiten als Strategie I (Betrieb mit $Q_r = \text{konst.}$), da das System auf die Prozessdynamik reagieren kann. Beim *Übergang von Strategie I zu II* ist dieser positive Effekt unterschiedlich nutzbar:

- höhere Systemverfügbarkeit bei gleicher Speichergröße (1)
- kleinere Speicher bei gleicher Verfügbarkeit (2) oder
- beides teilweise (3).

Da mit steigender Speichergröße M der Verfügbarkeitszuwachs $\Delta V = f(\Delta M = \text{konst.})$ immer geringer wird, gibt es eine *verfügbarkeitsoptimale Speichergröße* $M_{opt}$, die bei Kenntnis des Verlaufs V = f(M) unter Einbeziehung wirtschaftlicher Kriterien – Verfügbarkeitsnutzen, Speicherkosten – berechenbar ist (siehe Abschn. 8.5.3.2 und 8.5.4.2).

#### 8.5.3.2 Wirtschaftlich optimale Größe von Störungsspeichern

Ein Störungsspeicher verursacht Kosten. Seine Größe muss wirtschaftlich gerechtfertigt sein.

Aus folgenden Überlegungen ist bei bekanntem Verlauf V(M) eine *wirtschaftlich optimale Speichergröße* $M_{opt}$ berechenbar:

## 8.5 Berechnung der Anlagenverfügbarkeit

- Der in Abschn. 8.2.1, Abb. 8.3 dargestellte Verlauf V = f(M) zeigt, dass die Vergrößerung von M um $\Delta M$ zu immer geringerem Verfügbarkeitszuwachs $\Delta V$ führt.
- Speicherkosten resultieren aus konstanten, von M unabhängigen Kosten und variablen, von M abhängigen Kosten (siehe Abschn. 3.4.3).
- Vorausgesetzt, ein Störungsspeicher ist überhaupt sinnvoll – diese Frage ist allgemein bereits für kleine Speicher positiv zu beantworten –, bringt die Vergrößerung von M so lange einen positiven Effekt, wie der mit $\Delta M$ erzielbare Gewinnzuwachs $\Delta G$ den Kostenzuwachs $\Delta K$ rechtfertigt, also die Bedingung eingehalten ist:

$$\Delta G(\Delta M) \geq \Delta K(\Delta M) \tag{8.52}$$

Daraus lässt sich ein **Verfahren zur Berechnung von $M_{opt}$** in fünf Schritten ableiten:

1. Diskretisierung einer gegebenen oder mittels Gl. 8.53 wählbaren *Startgröße $M_0$* in i gleiche, beliebig wählbare Abschnitte $\Delta M$.
2. Berechnung von $V_i = f(M_i)$ und $\Delta V_i = V_i - V_{i-1}$ für i = 1, 2 ... N (N Anzahl Abschnitte).
3. Berechnung des Gewinnzuwachses $\Delta G_i = g \cdot \Delta V_i \cdot Q_r \cdot t_B(T) = g \cdot \Delta M_T$ mit $\Delta G$ Gewinnzuwachs durch $\Delta V$; g spezifischer Gewinn (Gewinn pro Produkteinheit); $t_B(T)$ Betriebszeit im Zeitraum T, auf die sich die Berechnung beziehen soll: z. B. Planungsabschnitt Jahr oder Nutzungsdauer.
4. Berechnung der auf T bezogenen Kosten $\Delta K(\Delta M)$ und des gemäß Gl. 8.52 erforderlichen Verfügbarkeitszuwachses $\Delta V_{erf} = \Delta K(\Delta M)/g \cdot Q_r \cdot t_B(T)$.
5. Vergrößerung von M um $\Delta M$ so lange, wie Gl. 8.52 erfüllt bleibt, d. h. $\Delta V_i \geq \Delta V_{erf}$ ist. Bei $\Delta V_i \rightarrow \Delta V_{erf}$ ist $M_{opt}$ erreicht.

Die Genauigkeit dieses Optimalwertes ist durch kleinere $\Delta M$ in der Nähe des zunächst bestimmten Wertes beliebig erhöhbar, sollte jedoch in sinnvollem Verhältnis zur Genauigkeit der Primärdaten für $\lambda$ und $\beta$ stehen. Hinzu kommt, dass sich auch Einsatzbedingungen, die der Datenermittlung zu Grunde lagen, geändert haben können. Allgemein wird eine Speichergröße mit ±10...20 % Genauigkeit genügen.

Zur Bestimmung eines für den ersten Schritt erforderlichen *Startwertes* $M_0 \geq M_{opt}$ wird die Beziehung empfohlen:

$$M_0 = \tau \cdot Q_{rp} \quad \text{Startwert Mo} \tag{8.53}$$

$\tau$ zeitliche Speicherreserve mit $\tau = \max\{T_{A,Z}, T_{A,A}\} \cdot x$; Empfehlung: x = 3 ... 5

Gleichung 8.53 beruht darauf, dass der theoretisch überhaupt mögliche Verfügbarkeitsgewinn praktisch nahezu erreicht ist, wenn die zeitliche Speicherreserve eine Mindestzahl Ausfälle überbrückt: $\tau$ ist als Produkt des Maximums der Ausfalldauern $T_A$ der Elemente Z, A und einer Anzahl von Ausfällen x dargestellt.

Es sollte ausreichen, $\Delta M \geq (0{,}10 ... 0{,}20) \cdot M_0$ zu wählen, d. h. den Startwert in 5 bis 10 Abschnitte einzuteilen. Sollte $M_{opt}$ *nicht* im gewählten Bereich $0 ... M_0$ liegen, ist die

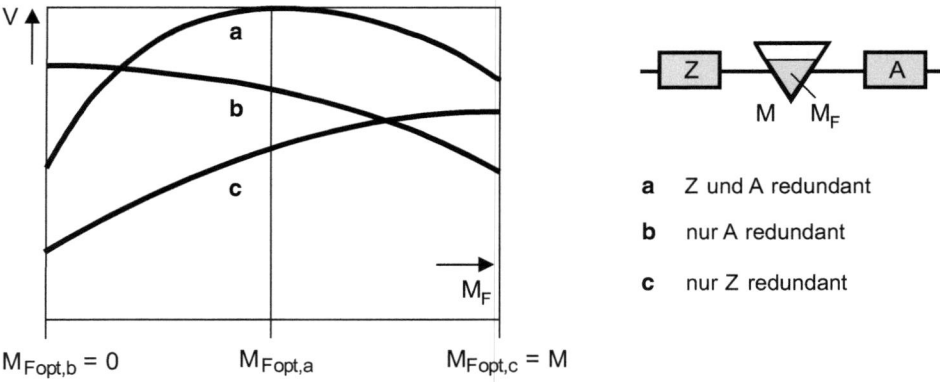

**Abb. 8.14** Verlauf V = f(M, $M_F$) für Betriebsstrategie II in Abhängigkeit interner Elementredundanz

Berechnung mit größerem Startwert fortzusetzen. Ebenso kann nach erster, orientierender Berechnung mit kleineren ΔM zur „Verfeinerung" des Optimalwertes weitergerechnet werden.

### 8.5.3.3 Verfügbarkeitsmaximale Füllmenge von Störungsspeichern

Die Systemverfügbarkeit ist maximierbar, wenn bei Strategie II die *optimale Betriebsfüllmenge* $M_{Fopt}$ vorausberechnet und als *Regelgröße* des Systems verwendet wird. Je nach Leistungsfähigkeit von Z und A (Redundanz, Verfügbarkeit) ergibt sich $M_{Fopt}$ für unterschiedliche Füllmengen (Abb. 8.14):

- Bei a ergibt sich $M_{Fopt}$ zwischen 0…M; im *Sonderfall* vollkommen gleich leistungsfähiger Elemente Z und A liegt das Maximum der Systemverfügbarkeit in der Mitte: bei $M_F = M / 2$.
- Bei b und c liegen die erreichbaren Maxima an den Rändern, bei den – möglichst zu vermeidenden – extremen Füllmengen: 0 bzw. M.

Daraus ist zu schlussfolgern:

Wenn noch *keine* oder nur *unzureichende* Kenntnis zum Ausfallverhalten der Anlagenelemente vorliegt, könnte der Speicher näherungsweise planmäßig mit der Betriebsfüllmenge $M_F = M / 2$ betrieben werden. Das ist wesentlich besser, als die Speicherfüllmenge gar nicht zu steuern (Strategie I), da hiermit extreme Füllungszustände (0 oder M) und damit Anlagenstillstände infolge Gutrückstau oder Gutmangel vermeidbar sind.

## 8.5 Berechnung der Anlagenverfügbarkeit

**Tab. 8.8** Daten der Maschinen

| Prozess | Anzahl Maschinen | Maschine | $T_A$ in min | $V_T$ |
|---|---|---|---|---|
| 1 | 1 | M 1 | 6 | 0,98 |
| 2 | 2 | M 2 | 3 | 0,99 |
| 3 | 4 | M 3 | 3 | 0,95 |
| 4 | 1 | M 4 | 6 | 0,98 |

### 8.5.4 Beispiele

#### 8.5.4.1 Berechnung der Anlagenverfügbarkeit im Reduktionsverfahren

Für die in Abb. 8.12 dargestellte Anlagenstruktur ist im Reduktionsverfahren (Abschn. 8.5.1) die Systemverfügbarkeit zu berechnen. Methodisch wird diese Aufgabe in drei Teilaufgaben zerlegt und schrittweise gelöst. Die jeweiligen Teil-Lösungen führen schließlich zur Systemverfügbarkeit der Anlage.

Gegeben:

Maschinen M 1 bis M 4 mit Werten für $T_A$ und $V_T$ aus BDE (Tab. 8.8). Die Maschinen der Prozesse 2 und 3 sind als jeweils identische Elemente anzusehen. Alle Prozesse werden planmäßig mit $Q_{rp} = 2000$ kg/h betrieben. Interne Elementredundanz der Maschinen ermöglicht einen Anlagenbetrieb mit $Q_r = Q_{rp} \cdot (1 \pm \varphi) = 2000 \cdot (1 \pm 0,5) = 1000\ldots 3000$ kg/h. Die Speichergröße beträgt M = 400 kg; der Speicher soll planmäßig immer zu 50 % gefüllt sein.

Gesucht:

1. Systemverfügbarkeit des Teilsystems Abschnitt II für die Bedingung, dass dieser Abschnitt der Anlage mindestens 75 % von $Q_{rp}$ produziert
2. Systemerneuerungsrate $\beta$ des Teilsystems Abschnitt II für die Bedingung unter 1
3. Systemverfügbarkeit der Anlage für die Bedingung, dass die Gesamtanlage mindestens 75 % von $Q_{rp}$ produziert.
4. Verfügbarkeitszuwachs infolge des Störungsspeichers gegenüber fester Verkettung.

Hinweise zur Lösung:

Zunächst ist schrittweise die Systemverfügbarkeit für die jeweils zu reduzierenden Teilsysteme zu berechnen. Da das Gesamtsystem einen Störungsspeicher enthält, werden schließlich für das Ersatzelement E II neben $Q_{rp}$, $\varphi$ und V für die Kopplung mit dem Speicher noch $\beta$ oder $\lambda$ benötigt.

Bei der schrittweisen Berechnung der Verfügbarkeit bis einschließlich Teilschritt 3.3 interessieren nur die in den vorangegangenen Teilschritten berechneten Verfügbarkeiten, d. h. die Verfügbarkeiten der betreffenden Teilsysteme sind unabhängig von den weiteren zuverlässigkeitsrelevanten Parametern $\beta$ oder $\lambda$. Das zeigt bereits auch Gl. 3.13: $V_T$ ist nur abhängig vom *Verhältnis* $\lambda/\beta$, nicht von deren absoluten Werten. Die absoluten Werte von $\beta$ oder $\lambda$ werden jedoch im Schritt 4 zur Berechnung benötigt.

**Tab. 8.9** Daten für die Berechnung

| Prozess | Anzahl | Maschine | $Q_{rp}$ in kg/h | $\varphi$ | $\beta$ in h$^{-1}$ | $V_T$ | $\kappa$ |
|---|---|---|---|---|---|---|---|
| 1 | 1 | M 1 | 2000 | ±0,5 | 10 | 0,98 | 0,02041 |
| 2 | 2 | M 2 | 1000 | ±0,5 | 20 | 0,99 | 0,01010 |
| 3 | 4 | M 3 | 500 | ±0,5 | 20 | 0,95 | 0,05263 |
| 4 | 1 | M 4 | 2000 | ±0,5 | 10 | 0,98 | 0,02041 |

Mittels der in Abschn. 8.5.2 dargestellten Algorithmen können dann die $\beta$-Werte der jeweiligen Teilsysteme näherungsweise berechnet werden.

Vor der eigentlichen Berechnung ist für alle vorgegebenen zeitbezogenen Daten die *gleiche Zeiteinheit* zu verwenden! Das betrifft hier $Q_{rp}$ und $T_A$. Wird die Produktivität in kg/h beibehalten, ist zunächst die Ausfalldauer und die daraus folgende Ausfallrate $\beta$ auch auf Stundenbasis umzurechnen. Außerdem sollte die so aufbereitete Datenbasis *übersichtlich* dargestellt werden.

**Lösung zu 1** Der Berechnung liegen die Daten gemäß Tab. 8.9 zu Grunde.

Die Erneuerungsraten der Maschinen sind gemäß Gl. 3.11 berechnet. Mit den Werten $Q_{rp}$, $\varphi$, $\beta$ und $V_T$ liegt für jede Maschine ein kompletter Datensatz gemäß Gl. 5.5 als Voraussetzung der weiteren Berechnung vor. Die zur Rechenvereinfachung gemäß Gl. 8.5 mit berechnete Ausfallkennziffer $\kappa$ sollte zur Vermeidung größerer Rechenungenauigkeit zunächst fünf Kommastellen enthalten.

In Abb. 8.12 sind bereits die nach den Schritten 1 und 2 vorliegenden Abschnitte I bis II.2 dargestellt, so dass die Berechnung hier mit Schritt 3 beginnen kann:

**Berechnung der Verfügbarkeit des Teilsystems Abschnitt II.1** (Prozessfolge 2, 3):

*Teilschritt 3.1* Zunächst sind die Stränge 1 und 2 zu berechnen. Da diese identisch sind, genügt Berechnung *eines* Stranges, z. B. Strang 1, gebildet aus M 2.1 und E 3.1.

**Berechnung E 3.1 als Parallelsystem von M 3.1 und M 3.2** gemäß Abschn. 8.3.1 (Tab. 8.10):

$$V_{E3.1} = 0{,}9025 + 2 \cdot 0{,}0475 \cdot 0{,}75 = \underline{0{,}97375} ; \quad \kappa_{E3.1} = 0{,}02696$$

**Berechnung des Reihensystems M 2.1-E 3.1** mit Gl. 8.5:

$$V_{M2.1-E3.1} = \frac{1}{1+\sum_i \kappa_i} = \frac{1}{1+0{,}01010+0{,}02696} = \frac{1}{1+0{,}03706} = \underline{0{,}96427}$$

## 8.5 Berechnung der Anlagenverfügbarkeit

**Tab. 8.10** Zustandstabelle für E 3.1

| Z | k | $z_1$ | $z_2$ | $p_{Z(k)} = \binom{S}{k} \cdot V_s^{S-k} \cdot (1-V_s)^k$ | $Q_r(Z(k))/Q_{rp}$ | $Q_r$ in kg/h |
|---|---|---|---|---|---|---|
| 1 | 0 | 1 | 1 | $0{,}95 \cdot 0{,}95 = 0{,}9025$ | 1 | 1000 |
| 2 | 1 | 1 | 0 | $0{,}95 \cdot 0{,}05 = 0{,}0475$ | 0,75 | 750 |
| 3 | 1 | 0 | 1 | $0{,}05 \cdot 0{,}95 = 0{,}0475$ | 0,75 | 750 |
| 4 | 0 | 0 | 0 | $0{,}05 \cdot 0{,}05 = 0{,}0025$ | 0 | 0 |

**Tab. 8.11** Zustandstabelle für Parallelsystem

| Z | k | $z_1$ | $z_2$ | $p_{Z(k)} = \binom{S}{k} \cdot V_s^{S-k} \cdot (1-V_s)^k$ | $Q_r(Z(k))/Q_{rp}$ |
|---|---|---|---|---|---|
| 1 | 0 | 1 | 1 | $0{,}964265 \cdot 0{,}964265 = 0{,}92981$ | 1 |
| 2 | 1 | 1 | 0 | $0{,}964265 \cdot 0{,}035735 = 0{,}03446$ | 0,75 |
| 3 | 1 | 0 | 1 | $0{,}035735 \cdot 0{,}964265 = 0{,}03446$ | 0,75 |
| 4 | 2 | 0 | 0 | $0{,}035735 \cdot 0{,}035735 = 0{,}00128$ | 0 |

*Teilschritt 3.2* **Berechnung des Parallelsystems E(2, 3).1–E(2, 3).2 mit Zustandstabelle** (Tab. 8.11):

$$V_{\text{EII.1}} = 0{,}92981 + 2 \cdot 0{,}03446 \cdot 0{,}75 = \underline{0{,}98149}\,; \quad \kappa_{\text{EII.1}} = 0{,}01886$$

*Teilschritt 3.3* **Berechnung E II als Reihensystem, gebildet aus E II.1 und M 4 mit Gl. 8.5:**

$$V_{\text{EII}} = \frac{1}{1 + \sum_i \kappa_i} = \frac{1}{1 + 0{,}01886 + 0{,}02041} = \frac{1}{1 + 0{,}03926} = \underline{0{,}96222}\,; \quad \kappa_{\text{EII}} = 0{,}03926$$

Mit $V_{\text{EII}} = 0{,}96222$ liegt die Systemverfügbarkeit des Abschnitts II vor.

*Schritt 4* Berechnung der weiteren Daten, die für das System M 1-Ssp-E II benötigt werden:
Für M 1 liegt ein kompletter Datensatz vor:
$Q_{rp} = 2000$ kg/h; $\varphi = \pm 0{,}5$; $V_T = 0{,}98$; $\beta = 10$ h$^{-1}$.

### Lösung zu 2
**Parallelsystem E 3.1**, gebildet aus M 3.1 und M 3.2, nach Gl. 8.49:

$$\beta_{\text{E3.1}} \approx \frac{\sum_s \beta_s \cdot (1 - V_s)}{\sum_s (1 - V_s)} = \frac{20 \cdot (1 - 0{,}95) + 20 \cdot (1 - 0{,}95)}{(1 - 0{,}95) + (1 - 0{,}95)} = \frac{2}{0{,}1} = \underline{20\,\text{h}^{-1}}$$

Infolge identischer Elemente ist der $\beta$-Wert dieses Parallelsystems identisch mit dem der Elemente.

**Reihensystem E(2,3).1**, gebildet aus M 2.1 und E 3.1:
Weitere Berechnung mit Gln. 8.2 bis 8.5:
$\beta_{M2.1} = 20 = \beta_{E3.1}$ ist bekannt; Berechnung $\beta_{E(2,3).1}$ des Reihensystems:

Gl. 8.5: $V_{E(2,3).1} = \dfrac{1}{1 + \sum_i \kappa_i} = \dfrac{1}{1 + 0{,}01010 + 0{,}02696} = 0{,}96427; \kappa = 0{,}03706$

Gl. 8.4: $\lambda_{M2.1} = 20 \cdot 0{,}01010 = 0{,}20202; \lambda_{E3.1} = 20 \cdot 0{,}02696 = 0{,}53916$

Gl. 8.2: $\lambda_{E(2,3).1} = \sum_{i=1}^{I} \lambda_i = 0{,}20202 + 0{,}53916 = 0{,}74118$

Gl. 8.3: $\kappa_{E(2,3).1} = \sum_{i=1}^{I} \kappa_i = 0{,}01010 + 0{,}02696 = 0{,}03706$

Aus Gl. 3.12 folgt die Strangerneuerungsrate

$$\beta_{E(2,3).1} = \dfrac{\lambda_{E(2,3).1}}{\kappa_{E(2,3).1}} = \dfrac{0{,}74118}{0{,}03706} = 20\,\text{h}^{-1}$$

**Parallelsystem E II.1**, gebildet aus den Strängen E(2, 3).1 und E(2, 3).2: Da identische Stränge vorliegen, ergibt sich $\beta_{EII.1} = \beta_{Strang} = 20\,\text{h}^{-1}$.

**Reihensystem E II**, gebildet aus E II.1 und M 4:

Gl. 8.5: $V_{EII} = \dfrac{1}{1 + \sum_i \kappa_i} = \dfrac{1}{1 + 0{,}01886 + 0{,}02041} = 0{,}96222; \kappa = 0{,}03926$

Gl. 8.4: $\lambda_{EII.1} = 20 \cdot 0{,}03926 = 0{,}78526$ und $\lambda_{M4} = 10 \cdot 0{,}02041 = 0{,}20408$

Gl. 8.2: $\lambda_{EII} = \lambda_{EII.1-M4} = \sum_i \lambda_i = 0{,}78526 + 0{,}20408 = 0{,}98936$

Gl. 8.3: $\kappa_{EII} = \kappa_{EII.1-M4} = \sum_i \kappa_i = 0{,}03926 + 0{,}02041 = 0{,}05967$

Nach Gl. 8.4 liegt damit die Strangerneuerungsrate des Abschnitts II fest:

$$\beta_{EII} = \dfrac{\lambda_{EII}}{\kappa_{EII}} = \dfrac{0{,}98936}{0{,}05967} = 16{,}58\,\text{h}^{-1}$$

**Lösung zu 3** Es ist nun das System M 1-Ssp-E II für die Bedingung $M_F = M_L = 200$ kg zu berechnen. Für die Anwendung des Speichermodells gemäß Gln. 8.22 bis 8.26 entsprechen M 1 und E II den Modellelementen Z und A, so dass mit $V_Z = V_{M1} = 0{,}98$ und $V_A = V_{EII} = 0{,}96222$ gerechnet wird.

Gleichung 8.22 erfordert Werte für Nichtverfügbarkeit $\bar{V}$, Ausfallrate $\lambda$ und zeitliche Speicherreserve $\tau$:

Gl. 8.22: $\bar{V}_Z = 1 - V_Z = 1 - 0{,}98 = 0{,}02; \bar{V}_A = 1 - V_A = 1 - 0{,}96222 = 0{,}03778$

Gl. 3.11: $\beta_Z = \beta_{M1} = 10\,\text{h}^{-1}; \beta_A = \beta_{EII} = 16{,}58\,\text{h}^{-1}$

Gl. 3.13: $\lambda_Z = \dfrac{\beta_Z}{V_Z} - \beta_Z = \dfrac{10}{0{,}98} - 10 = 0{,}20408\,\text{h}^{-1};$

$\lambda_A = \dfrac{\beta_A}{V_A} - \beta_A = \dfrac{16{,}58}{0{,}96222} - 16{.}58 = 0{,}65099\,\text{h}^{-1}$

## 8.5 Berechnung der Anlagenverfügbarkeit

Zeitliche Speicherreserve:

Gl. 8.23: Füllungsgrad $M_F = M_L = 200$ kg: $\tau_Z = \tau_A = \frac{200 \text{ kg}}{2000 \text{ kg/h}} = 0{,}1$ h

Die Verfügbarkeiten der Teilsysteme sind zu berechnen mit Gl. 8.22:

$$V_Z(M_F = 200) = 1 - 0{,}0{,}02 \cdot \left(\exp -\frac{0{,}1 \cdot 0{,}20408 \cdot \exp\left(-\frac{0{,}02}{0{,}5}\right)}{0{,}02}\right)$$

$$= 1 - 0{,}02 \cdot 0{,}37516 = 0{,}99250$$

$$V_A(M_L = 200) = 1 - 0{,}03778 \cdot \left(\exp -\frac{01 \cdot 0{,}65099 \cdot \exp\left(-\frac{0{,}03778}{0{,}5}\right)}{0{,}03778}\right)$$

$$= 1 - 0{,}03778 \cdot 0{,}20236 = 0{,}98477$$

**Systemverfügbarkeit des Gesamtsystems** ergibt sich mit Gl. 8.26

$$V(M = 400) = \frac{1}{\frac{1}{0{,}99250} + \frac{1}{0{,}98477} - 1} = \frac{1}{1{,}02302} = 0{,}97749 \approx \underline{0{,}9775}$$

**Lösung zu 4** Systemverfügbarkeit bei fester Verkettung nach Gl. 8.5:

$$V(M = 0) = \frac{1}{1 + \kappa_{M1} + \kappa_{EII}} = \frac{1}{1 + 0{,}02041 + 0{,}03926} = 0{,}94369 \approx \underline{0{,}9437}$$

$$\Delta V = V(M = 400) - V(M = 0) = 0{,}9775 - 0{,}9437 = 0{,}0338$$

Der Verfügbarkeitszuwachs beträgt somit 3,38 %.

Es sei darauf hingewiesen, dass vorliegende Berechnungen für die Bedingung „75 % von $Q_{rp}$" durchzuführen waren. Demzufolge gelten die Lösungen 1 bis 3 und der unter 4 durchgeführte Vergleich auch nur für diese Bedingung.

### 8.5.4.2 Berechnung der optimalen Speichergröße – Teil 2

**Aufgabenstellung** Ausgehend von dem in Abschn. 8.2.4 berechneten Verlauf V(M) soll nun die optimale Speichergröße $M_{opt}$ berechnet werden bei folgenden Vorgaben:

- Betriebszeit bei 200 Produktionstagen/a und 12 h/d: T = 2400 h/a
- spezifischer Gewinn g = 0,05 €/kg (entspricht Verlust bei Nichtverfügbarkeit)
- Kosten gemäß eines Angebotes für eine laufende Speicherkapazität von ΔM = 200kg: Kaufpreis: 9000 €; Betriebskosten 400 €/a
- Investition soll sich in 3 Jahren amortisieren.

**Tab. 8.12** Weitere Zahlenwerte zur Speicherberechnung

| i | M | $M_F = M_L$ | V(M) | $\Delta V_i$ | $\Delta G_i(\Delta M)$ | $\Delta K_i(\Delta M)$ |
|---|---|---|---|---|---|---|
| 1 | 2 | 3 | 7 | 8 | 9 | 10 |
| – | 0 | 0 | 0,81360 | – | – | – |
| 1 | 200 | 100 | 0,86036 | 0,04676 | 10.100 | 2600 |
| 2 | 400 | 200 | 0,89364 | 0,03328 | 7188 | |
| 3 | 600 | 300 | 0,91789 | 0,02425 | 7188 | |
| 4 | 800 | 400 | 0,93596 | 0,01807 | 5238 | |
| 5 | 1000 | 500 | 0,94965 | 0,01369 | 2957 | 3400 |
| 6 | 1200 | 600 | 0,96021 | 0,01056 | 2281 | |
| 7 | 1400 | 700 | 0,96865 | 0,00844 | 1823 | |
| 8 | 1600 | 800 | 0,97491 | 0,00626 | 1352 | |

**Berechnung** $M_{opt}$ ist nach dem zu Gl. 8.52 angegebenen Algorithmus in 5 Schritten berechenbar.

Ergebnis Schritt 1 und Teilergebnis $V_i = f(M_i)$ Schritt 2 liegen bereits in Tab. 8.1, Abschn. 8.2.4 vor, weitere Ergebnisse sind hier als Spalten 8 bis 10 (Tab. 8.12) nachgetragen.

Schritt 2: Werte für $\Delta V_i = V_i - V_{i-1}$ in Spalte 8.

Schritt 3: $\Delta G_i = g \cdot \Delta M_T$; $\Delta M_T = \Delta V_i \cdot Q_r \cdot T$, daraus Werte für $\Delta G_i = g \cdot \Delta V_i \cdot Q_r \cdot T$ in Spalte 9.

Berechnung mit $Q_r = Q_{rp}$, d. h. ohne Redundanz von Z und A (Redundanz nur zur Wiederherstellung des Speicher-Füllungsgrades).

Beispielhaft mit $i = 5$ ($M = 1000\,kg$) gerechnet:

$$\Delta G_5 = g \cdot \Delta V_5 \cdot Q_r \cdot T = 0{,}05\,€/kg \cdot 0{,}01369 \cdot 1800\,kg/h \cdot 2400\,h/a = 2.96\,€/a$$

Schritt 4: Berechnung der auf T bezogenen Kosten und des erforderlichen Verfügbarkeitszuwachses.

Kosten gemäß Angebot:

$$\Delta K(\Delta M) = 9000\,€/3a + 400\,€/a = 3400\,€/a$$

$$\Delta V_{erf} = \frac{\Delta K(\Delta M)}{g \cdot Q_{rp} \cdot T} = \frac{3400\,€/a}{0{,}05\,€/kg \cdot 1800\,\text{Flaschen}/h \cdot 2400\,h/a} = \underline{0{,}01574}$$

Zu den Kosten Spalte 10: Die Speichervergrößerung ab 400 kg erfordert eine aufwändigere Konstruktion, weshalb ab Zeile 3 höhere spezifische Kosten stehen.

8.5 Berechnung der Anlagenverfügbarkeit

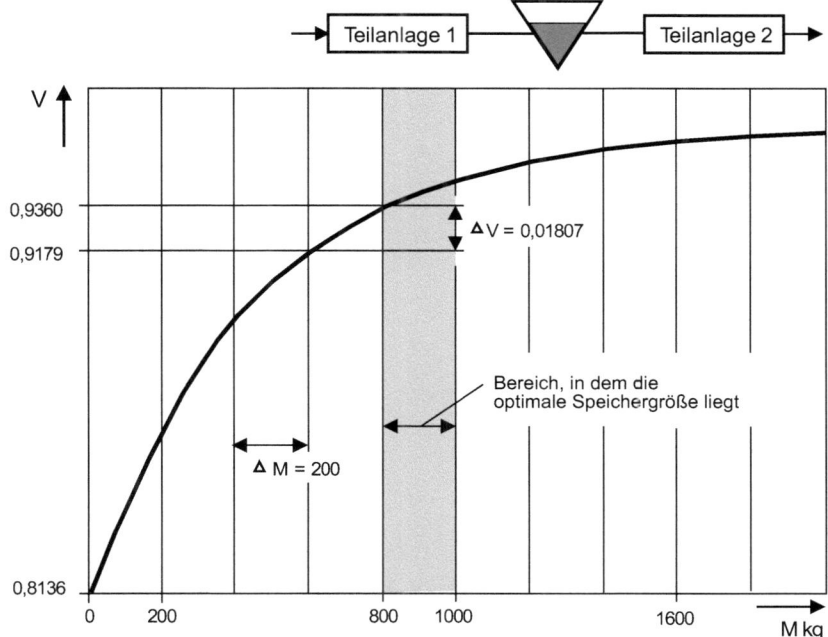

**Abb. 8.15** Verlauf V = f(M) zur Ermittlung der optimalen Speichergröße

Schritt 5: Vergrößerung von M um $\Delta M$ so lange, wie Gl. 8.52 erfüllt bleibt, d. h. $\Delta V_i \geq \Delta V_{erf}$ ist.
Diese Bedingung ist bis einschließlich i = 4 erfüllt: $\Delta V_4 = 0{,}01807 \geq \Delta V_{erf} = 0{,}01574$.

**Ergebnis** Damit liegt die optimale Speichergröße im Bereich $800 < M_{opt} < 1000$ kg (Abb. 8.15). In erster Näherung kann $M_{opt} \approx 900$ kg gewählt werden. Eine weitere Berechnung mit kleineren Werten $\Delta M$, z. B. 50 kg, im Bereich 800 ... 1000 kg würde das Ergebnis „verfeinern", worauf aber hier verzichtet wird.

# Simulation von Verarbeitungsanlagen 9

## 9.1 Definition und Eingrenzung

Unter der Methode *Simulation* wird grundsätzlich die Nachbildung und Untersuchung der Realität unter Nutzung eines *Modells* verstanden. Im Kontext dieses Lehr- und Arbeitsbuches wird die abzubildende Realität auf Verarbeitungsanlagen und das Modell auf mathematisch basierte Rechnermodelle eingegrenzt. Die globale *Zielstellung* der Simulation ist hier primär in der Unterstützung des Planungsprozesses zu sehen. Vorbereitung, Durchführung und Auswertung der Simulation werden im Allgemeinen als *Simulationsstudie* mit Projektcharakter (siehe Abschn. 9.3) bearbeitet.

Die Modellierung der Verarbeitungsanlagen kann prinzipiell mit jeder ausreichend algorithmierbaren Beschreibungsform von Programmsprachen, über Tabellenkalkulation bis zu automatisierten, mathematischen Formelwerken erfolgen, wird aber insbesondere durch spezifische softwaretechnische Werkzeuge, den so genannten *Simulationssystemen* effektiv unterstützt.

Sowohl die in Abb. 9.1 und 9.2 aufgeführten als auch alle weiteren Simulationslayouts und Beispiele sind mit dem für Verarbeitungsanlagen branchenspezifischen Simulationssystem PacSi © IKA Dresden [9.1] erstellt. Dabei sollen jedoch nicht die Spezifika dieses Simulationswerkzeuges aufgezeigt und diskutiert, sondern die für alle technisch führenden Simulationssysteme repräsentativen Anforderungen und Eigenschaften neutral illustriert werden.

Die Nutzung eines speziellen Simulationssystems hat gegenüber allen anderen Herangehensweisen den wirtschaftlichen und qualitätssichernden Vorteil, dass bewährte, sich wiederholende Vorgehensweisen wirkungsvoll automatisiert sind und für die Abbildung der Realität vorgefertigte und validierte Teilmodelle zur Verfügung stehen. Das kleinste, bezogen auf ein Simulationssystem abbildbare Teilmodell wird als *Element* bezeichnet.

Diese vorprogrammierten (modellierten) Elemente (Maschinen, Förderer, Speicher, ...) werden in Form einer *Bibliothek* archiviert und für die namensgebende elementare Konfiguration von *Strukturen* der Verarbeitungsanlagen zur Verfügung gestellt. Für alle in einer

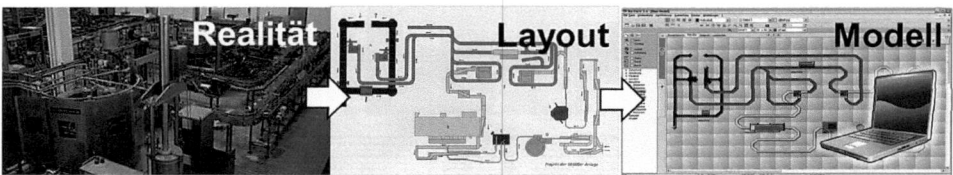

**Abb. 9.1** Abbildung der Realität durch ein Rechnermodell

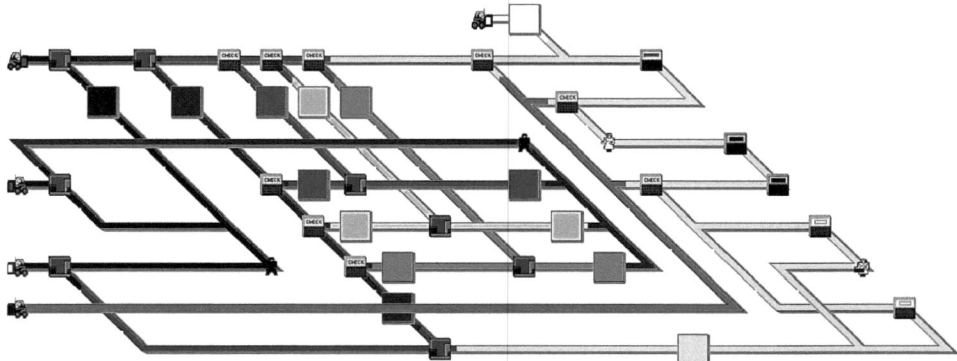

**Abb. 9.2** Beispiel komplexes Simulationslayout

Simulationsbibliothek enthaltenen Elemente wurden vorab grundsätzliche *Verhaltensfunktionen* (Zeitverhalten, Mengenverhalten, Ausfallverhalten, ...) programmtechnisch beschrieben. Diese Verhaltensfunktionen können innerhalb vorgegebener, funktionssicherer Bereiche durch *Parameter* (Arbeitsgeschwindigkeit, Ausfallabstand, Ausfalldauer, ...) angepasst bzw. variiert werden.

Alle Elemente eines Simulationssystems sind weiterhin programmtechnisch dafür vorbereitet, dass diese in Strukturen räumlich und funktionell zu verbinden sind und miteinander wie in realen Anlagen in Wechselwirkung treten können. Darüber hinaus existieren effektive Mechanismen, welche die Interaktion des Simulationsdurchführenden (Dateihandling, Simulationssteuerung, Diagrammerstellung, ...) mit dem Programm ermöglichen.

Für die Beschreibung der Verhaltensfunktionen der Elemente und die Modellierung der Wechselwirkungen stehen *kontinuierlich* oder *diskontinuierlich* berechnende Methoden zur Auswahl. Dies wird im Allgemeinen vom Simulationswerkzeug vorgegeben.

Die Untersuchung und Planung von Verarbeitungsanlagen kann in großen Teilen dem Arbeitsbereich der Simulation von *Materialfluss- und Logistiksystemen* zugeordnet werden. Hierfür sind erfahrungsgemäß Werkzeuge, die nach der Methode der diskontinuierlichen Simulation arbeiten, vorteilhaft. Entscheidend für die Ergebnisqualität und den dafür notwendigen Aufwand ist jedoch die über die grundsätzliche Methode hinausgehende *Eignung des Simulationswerkzeuges*. Diese wird insbesondere davon bestimmt, in wieweit die integrierten Bibliothekselemente das interessierende Verhalten der realen Anlagenelemente widerspiegeln können.

Wesentlich ist, dass die Eignung des Simulationswerkzeuges eine notwendige, jedoch keine hinreichende Bedingung ist. Erst die ausreichende *Branchen- und Prozesskenntnis* des Simulationsausführenden garantiert eine erfolgreiche Planung.

Sind alle diese Aspekte erfüllt, kann die Simulation die *Entscheidungsfindung* beim Planungsprozess durch Prozesstransparenz und quantitativ belastbare Werte absichern und unterstützen.

## 9.2 Grundlagen der Simulation

### 9.2.1 Trennung von Ursache und Wirkung

Ziel der Simulation von Verarbeitungsanlagen im Planungsprozess ist es, die Gesamtleistungsfähigkeit des zu betrachtenden Systems aus Maschinen und Verkettungselementen zu bestimmen. Dafür sind *strukturabhängige Kennzahlen* für solche Kenngrößen der Anlage zu ermitteln wie Produktivität (auch: Ausbringung), Verfügbarkeit (auch: Wirkungsgrad), Liefersicherheit.

Die grundsätzliche Funktion der einzelnen Anlagenelemente ist nicht Untersuchungsgegenstand, sondern wird mit einer konkreten Leistungsfähigkeit und Zuverlässigkeit als gegeben angenommen. Damit wird das relevante Betriebsverhalten der Einzelelemente durch diesen Elementen *ursächlich* zuzuordnende Parameter (Einstellgeschwindigkeit, Speicherkapazität, Ausfalldauer, ...) vorgegeben (→ *Eingabewerte*).

Alle in Abhängigkeit der strukturellen Zusammenschaltung resultierenden Parameter des Betriebsverhaltens (Zeiten von Rückstau und Mangel, Wartezeiten auf verfügbare Bediener, Abstand von Packmittelwechsel, ...) werden hingegen erst durch die Simulation fallbezogen berechnet (→ *Ergebniswerte*).

Dies soll in Abb. 9.3 an einem einfachen **Beispiel B1** mit nur zwei Elementen einer Verarbeitungsanlage visualisiert werden. Dieses Beispiel zeigt, dass die absoluten Werte des Eigenstörverhaltens der Elemente (*Ursache*) immer gleich bleiben, aber die Verlustanteile Rückstau- und Mangel (*Wirkung*) sich in der Simulation, wie auch in der Realität je nach struktureller Einbindung der Elemente unterschiedlich ausprägen.

Der wesentliche *Erkenntnisgewinn resultiert demzufolge aus dem Vergleich von Varianten*, welche durch unterschiedliche Strukturen und/oder veränderte ursächliche Parameter des Betriebsverhaltens einzelner Elemente vorgegeben sind. Dabei sollten im Sinne einer systematischen Experimentplanung und transparenten Auswertung so wenig wie möglich Veränderungen je Variante *gleichzeitig* vorgenommen werden.

Dieses Vorgehen, Ursache und Wirkung eindeutig zu trennen, sei noch einmal explizit am nichttrivialen Beispiel des Ausfallabstandes (in der Simulation häufig als *MTBF – Mean time between failures* betrachtet) erläutert.

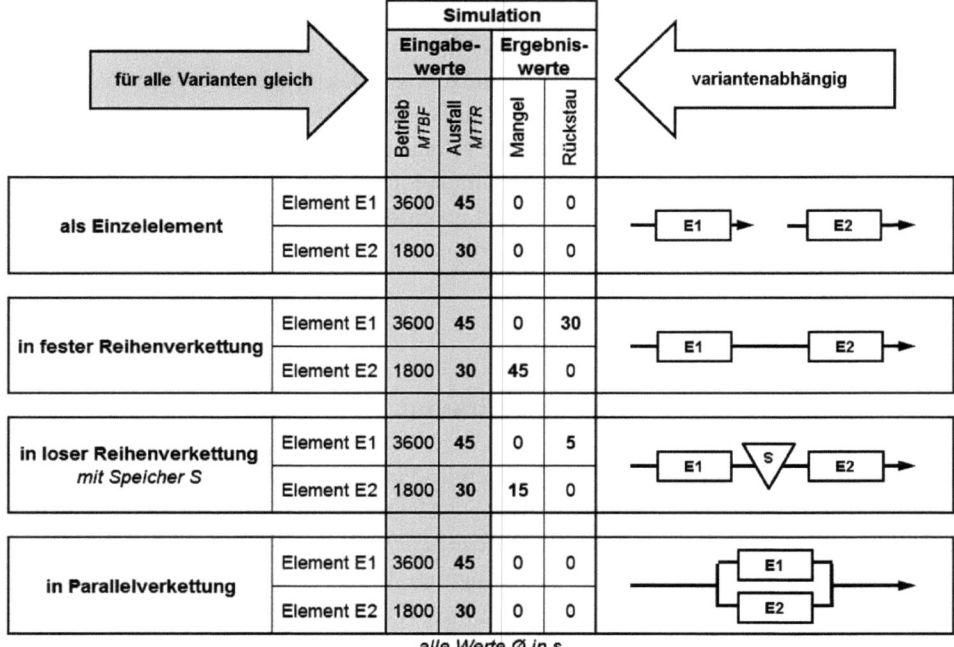

**Abb. 9.3** Eingabe- und Ergebniswerte der Simulation, B1

Betrachtet wird der Abstand zwischen dem Ende eines Ausfalls n (*Eigenstörung*) und dem nachfolgenden Ausfall n + 1. Auch bezogen auf eine einzige Störursache ist dieser Abstand objektiv nicht konstant, sondern variiert stochastisch. Deshalb soll im Weiteren unter der Bezeichnung Ausfallabstand der *durchschnittliche Wert* zwischen zwei aufeinanderfolgenden Eigenstörungen einer Störursache verstanden werden (Abb. 9.4).

Dieser *rechnerische* Ausfallabstand ist eine virtuelle Größe. Er ist nur für Einzelelemente unter folgenden Voraussetzungen zutreffend:

- nur eine Störursache
- uneingeschränkte Zufuhr aller benötigten Materialien
- uneingeschränkte Abführung aller Produkte.

Der auf die Uhrzeit zu beziehende *tatsächliche* Ausfallabstand resultiert aus der Überlagerung von Ausfallsituationen unterschiedlicher Ursachen und ist darüber hinaus strukturabhängig. Jedes Auftreten einer Störung anderer Ursache, einer strukturbedingten Rückstau- oder Mangelsituation verlängert den tatsächlichen Ausfallabstand gegenüber dem rechnerischen Ausfallabstand. Es wird auf Abschn. 3.2.2, Abb. 3.4 verwiesen, um den Unterschied zwischen Ausfall- und Stillstandzeit auch hier zu verdeutlichen.

## 9.2 Grundlagen der Simulation

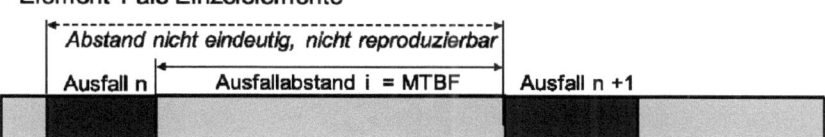

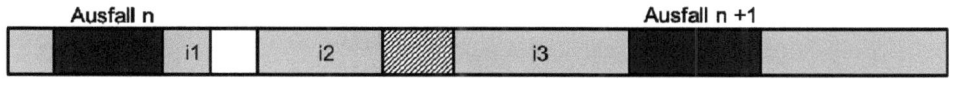

**Abb. 9.4** Definition des Ausfallabstandes

Um die Vergleichbarkeit von simulierten Varianten zu gewährleisten, ist also die Bestimmung und Vorgabe (*Eingabewert*) des strukturunabhängigen rechnerischen Ausfallabstandes notwendig, wogegen der tatsächliche Ausfallabstand (*Ergebniswert*) aus der Simulation ausgewählter Strukturen resultiert. Die Bestimmung des rechnerischen Ausfallabstandes stellt hohe Anforderungen an die *Situationserkennung* und *Ursachenzuordnung* von Datenerfassungssystemen. Die Nutzbarkeit automatisch erfasster Daten für Simulation und andere Anwendungsfälle wird entscheidend durch deren Eindeutigkeit und Reproduzierbarkeit bestimmt.

Ist eine vergleichbare Anlage zur manuellen oder automatischen Datenerfassung zugänglich, können an dieser der rechnerische und der tatsächliche Ausfallabstand bestimmt werden. Der rechnerische Ausfallabstand wird als Vorgabe der Simulation und der tatsächliche Ausfallabstand (*immer Durchschnittswerte!*) zum Abgleich mit dem Simulationsergebnis genutzt. Damit ist eine sichere Überprüfung (*Validierung*) des Modells möglich, bevor weitere Varianten modelliert und simuliert werden.

### 9.2.2 Statistische Sicherheit

Die Verarbeitungsanlagen sind geprägt durch eine *Vielzahl stochastischer Ereignisse*. Diese im Zeit- und Mengenbereich breit streuenden Ereignisse können sowohl unabhängig (Ausfälle, Ausschuss, …) als auch abhängig (Anforderung von Bedienvorgängen durch

**Abb. 9.5** Störung im Gutstrom [9.2]

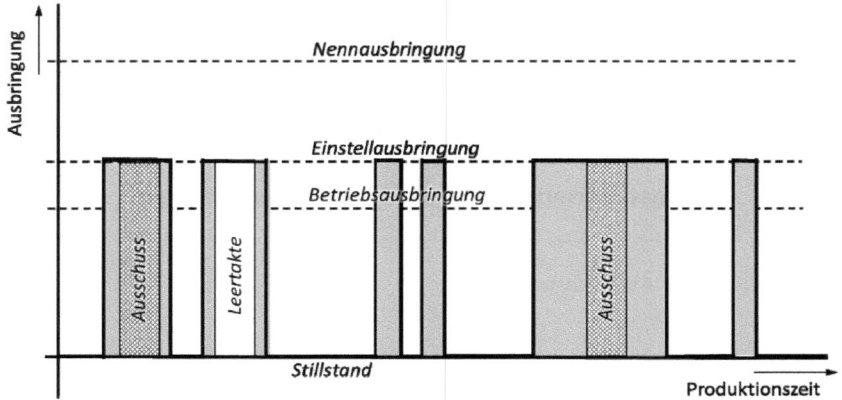

**Abb. 9.6** Betriebsverhalten eines isoliert betrachteten Anlagenelements (schematisch)

Materialverbrauch, Belegung von Fördertechnik, ...) voneinander auftreten und führen schon für die Einzelelemente zu einem signifikant dynamischen Betriebsverhalten.

Abbildung 9.5 veranschaulicht eine stochastisch bedingte Störung, wie sie bei mehrbahnigen Gutströmen der Verarbeitungstechnik nicht auszuschließen ist.

Die nachfolgende Darstellung in Abb. 9.6 zeigt anhand eines beliebig gewählten Ausschnittes der Produktionszeit, dass die durchschnittliche Betriebsausbringung eines isoliert betrachteten Anlagenelements kein realer Prozesszustand ist, sondern sich allein aus der sequentiellen Folge von Zuständen (z. B. qualitätsgerechte Produktion mit Einstellausbringung, Ausschuss ohne Stillstand, Leertakte ohne Stillstand, Stillstand durch Eigenstörung, ...) als virtueller (Durchschnitts-) Wert ergibt, wobei Abstand und Dauer der Zustände ständig breit variieren.

Die Simulation ermöglicht durch das *Zurückführen auf diese elementaren Zustände* und daraus resultierende Wirkungen einen – über die Durchschnittswertberechnung hinausgehenden – zusätzlichen Erkenntnisgewinn und eine höhere Ergebnisgenauigkeit, erfordert dafür aber eine detailliertere Prozessbeschreibung gegenüber dem konventionellen analytischen Vorgehen. Die stochastische Variation der Betriebszustände kann mit Hilfe der

## 9.2 Grundlagen der Simulation

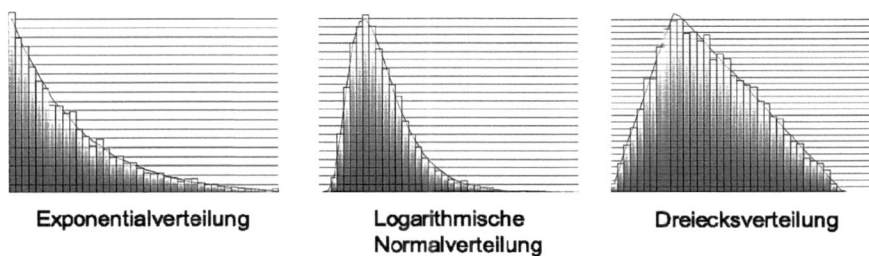

**Abb. 9.7** Gestalt ausgewählter Verteilungsfunktionen (qualitativ)

*Methoden der mathematischen Statistik* modelliert werden. Dies muss analog Abschn. 9.2.1 so geschehen, dass konsequent getrennt wird in die

- ursächlich elementbezogenen Effekte und
- überlagernden Wirkungen.

Nur erstere sind für jedes Element statistisch zu fassen; dafür haben sich standardisierte Verteilungsfunktionen (Gleichverteilung, Exponentialverteilung, logarithmische Normalverteilung, Dreiecksverteilung, ...) bewährt (Abb. 9.7).

Die Vergleichbarkeit von Lösungsvarianten mit Hilfe der Simulation setzt das Vorhandensein vergleichbarer (bei Parameteränderung) oder identischer (bei Strukturänderung) statistischer Beschreibungen voraus. Dieses statistisch basierte Vorgehen ist nicht nur für die beispielgebend betrachteten *zeitlichen* Zustände (Ausfallabstand, Ausfalldauer, ...) notwendig, sondern auch für alle *mengenbezogenen* Parameter (Abstand von Produktreihen, Fehlstellen in Produktreihen, Ausschussanteile, ...), die stochastischen Schwankungen unterworfen sind, empfehlenswert.

### 9.2.3 Ergebnissicherheit der Simulation

Die Beschreibung einer Verteilungsfunktion und die statistische Sicherheit darauf aufbauender Ergebnisse setzt allgemein eine ausreichende Anzahl repräsentativer Einzelwerte (z. B. Stichprobenumfang) und im Speziellen für die Simulation eine ausreichende Anzahl von Ereignissen (z. B. Ausfallsituationen) voraus. Dies gilt gleicherweise für Datenerhebung und simulative Nachbildung des Betriebsverhaltens der Elemente einer Verarbeitungsanlage.

Einen ersten – sehr pragmatischen – Überschlag der notwendigen Anzahl erlaubt die traditionelle Empfehlung zur Bildung eines Histogramms (Klassifizierung von Einzelwerten) 21 Klassen zu nutzen. Würden je Klasse 50 Werte angesetzt, so wären insgesamt etwa 1000 Werte (für ein Element und eine Ereignisart) erforderlich.

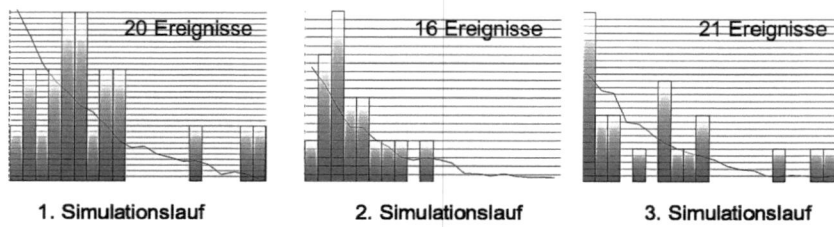

**Abb. 9.8** Histogramm über 8 h Produktion, B2a

Auch wenn es nicht Gegenstand dieses Buches sein soll, spezielle Zusammenhänge der mathematischen Statistik explizit darzulegen, so sei anhand eines überschaubaren **Beispiels B2** die Bedeutung dieses Aspekts veranschaulicht:

Eine Maschine weist ein Ausfallverhalten auf, das durch einen mittleren Ausfallabstand von 360 s und eine mittlere Ausfalldauer von 30 s charakterisiert ist. Dies entspricht einer Verfügbarkeit von 92 % und einem mittleren Ausfallzyklus von 390 s. Innerhalb einer 8-stündigen Schicht treten damit ca. 70 Ausfälle auf. Würde die Maschine bei gleicher Ausfalldauer eine Verfügbarkeit von 98 % aufweisen, ergäben sich ein Ausfallzyklus von durchschnittlich 1500 s und nur noch 19 Ausfälle innerhalb 8 Stunden Produktion; gut für das Unternehmen, nicht gut für Datenerfassung und Simulation. Die zu geringe Anzahl von Ereignissen variiert darüber hinaus in der Realität und in der Simulation für jeden betrachteten Zeitabschnitt (hier 8 Stunden) um den überschläglichen Mittelwert.

Folgendes **Beispiel B2a** (Abb. 9.8) gibt für drei unabhängige Simulationsläufe entsprechend dem vorgenannten *Beispiel B2* die protokollierten Ausfalldauern als qualitative Gestalt des resultierenden Histogramms an. Es wird deutlich, das auf der Basis dieser wenigen Werte im Histogramm erstens keine eindeutige Gestalt einer Verteilungsfunktion erkennbar ist und zweitens die Histogramme untereinander schon rein grafisch keine ausreichende Ähnlichkeit aufweisen, also – selbst wenn die Durchschnittswerte schon weitgehend übereinstimmen – auch keine ausreichende Vergleichbarkeit der Ergebnisse zu erwarten ist.

Werden – wie für die Simulation wesenseigen – nicht nur wie hier unverkettete Einzelelemente, sondern komplexe Anlagen betrachtet, kommen die strukturbedingten Zustandsüberlagerungen hinzu (siehe Abschn. 9.2.1); der tatsächliche Ausfallabstand verlängert sich und die Ereignisanzahl nimmt weiter ab. Dieses drastische Szenario soll den Einfluss der jeweils betrachteten Ereignisanzahl hervorheben.

*Die Lösung* liegt auf der Hand. Durch ausreichend lange in der Simulation berechnete Zeitabschnitte (im nachfolgenden Beispiel 40 h), wird eine hinreichende Anzahl Ereignisse (hier ca. 1000) erreicht, die Gestalt der Verteilungsfunktionen (hier Exponentialverteilung) ist auch ohne weitere Berechnung gut erkennbar, und die Vergleichbarkeit der Ergebnisse kann vorausgesetzt werden (Abb. 9.9).

Da ein branchenorientiertes Simulationssystem auch auf einem Standard-Notebook (bezogen auf Kalenderjahr 2013) die Produktion von 400 h in weniger als 5 min berechnet

## 9.2 Grundlagen der Simulation

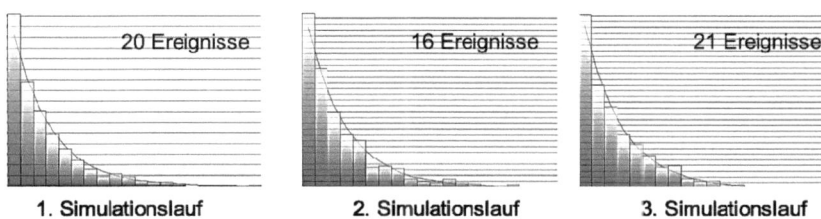

**Abb. 9.9** Histogramme über 400 h Produktion, B2b

(ohne die hier nicht benötigte und nicht hilfreiche 2D- oder 3D-Animation), ist diese Anforderung auch ohne jedes Problem erfüllbar.

Eine auf dem Gebiet der Simulation von Materialfluss und Logistik bewährte Alternative zur Berechnung von sehr langen Zeitabschnitten ist die ausreichend *wiederholte Berechnung von praktisch relevanten Produktionsabschnitten* (z. B. Schicht, Tag, Woche), also die Durchführung einer *hohen Anzahl von Simulationsläufen* für eine Anlagenvariante, ohne Veränderung von Parametern oder der Struktur.

Der Vorteil dieser Herangehensweise liegt insbesondere darin, dass die Ergebnisse der einzelnen Simulationsläufe in ihrer Charakteristik den bekannten Produktionsaufschreibungen entsprechen. Zu beachten ist, dass die Produktion und die diese nachbildenden Simulationsläufe nicht zwangsläufig immer mit der leeren Anlage starten. Führende Simulationswerkzeuge bieten dafür aber ausreichend Optionen zur Einstellung der erforderlichen Bedingungen (jeweils vorgeschaltete Anfahrsimulation bis zum Erreichen des eingeschwungenen Zustands oder auch optionaler Neustart von Simulationsläufen ohne Rücksetzen von Belegungsparametern, ...).

Analog den Produktionsaufschreibungen kann ein so genanntes *Batchdiagramm* erzeugt werden, welches für jeden einzelnen Simulationslauf mindestens einen Ergebnispunkt je betrachteter Variante dokumentiert und optional den Verlauf des Mittelwertes über die jeweils berechneten Einzelwerte angibt.

Anhand eines weiteren **Beispiels B3** werden die Inhalte und Aussagen des Batchdiagramms betrachtet (Abb. 9.10). Verglichen werden die Simulationsergebnisse für zwei Anlagenvarianten einer Reihenverkettung. Variante 1 entspricht fester Verkettung, Variante 2 erweist sich durch Einbindung eines Störungsspeichers als lose Verkettung.

Der simulierte Mittelwert von etwa 226.000 Stück der Anlagenvariante 1 (feste Reihenverkettung von zwei Maschinen mit jeweils 88 % Verfügbarkeit und einer Einstellgeschwindigkeit von 600 Stück/min) soll mit der Berechnungsvorschrift gemäß Kap. 8 verglichen werden:

$$M_t(8h) = Q_r \cdot V \cdot t_B = 600 \cdot \frac{1}{1 + \left(\frac{1}{0,88} - 1\right) + \left(\frac{1}{0,88} - 1\right)} \cdot 480 = 226.286 \text{ Stück} \qquad (9.1)$$

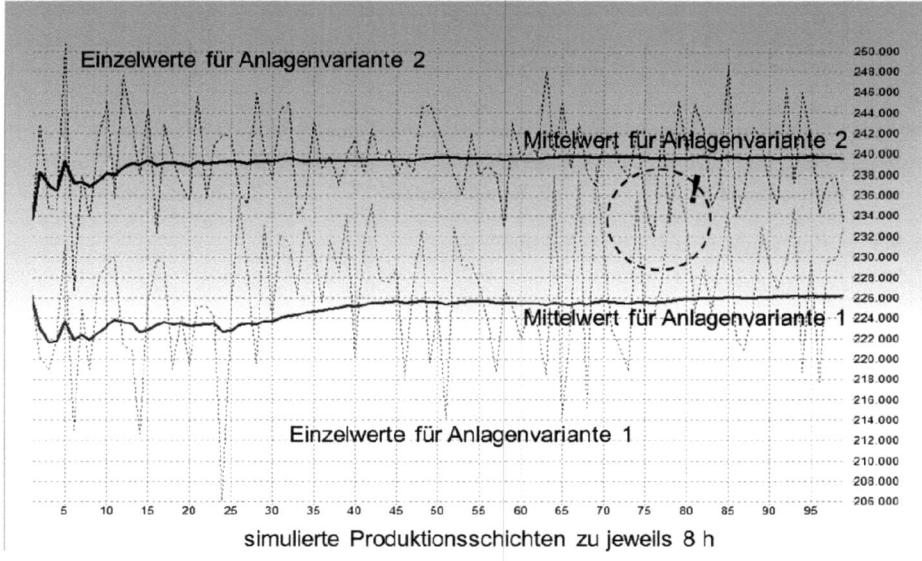

**Abb. 9.10** Batchdiagramm für 100 Simulationsläufe, B3 (Menge Produkte in Stück)

Die tatsächlich produzierte Produktmenge $M_t$, berechnet mittels Gln. 3.3 und 3.5, Abschn. 3.2 und der Berechnungsvorschrift für Reihensysteme in fester Verkettung *gemäß Markow*, Gl. 8.5, Abschn. 8.1.1, weicht lediglich um 0,12 % vom simulierten Mittelwert ab.

Der Mittelwert der Anlagenvariante 2 (lose Reihenverkettung) könnte – mit etwas mehr Rechenaufwand – nach den Berechnungsvorschriften der Modelle in Abschn. 8.2 überprüft werden, vorausgesetzt, deren Voraussetzungen sind erfüllt (siehe dazu auch Betriebsverhalten, Abschn. 3.2 und 3.3).

Wesentlich ist, dass die Simulation nicht nur den Mittelwert, sondern auch die *Schwankungsbreite* und insbesondere die *die Liefersicherheit gefährdenden Abweichungen* unterhalb des Mittelwertes aufzeigt.

Die im Abb. 9.10 mit einem Kreis markierten Werte weisen noch einmal auf die Problematik hin, dass bei zu wenigen Einzelwerten (also unzureichender statistischer Sicherheit) keine realistische Aussage oder im ungünstigsten Fall eine falsche Aussage abgeleitet werden könnte.

Die Vorgabe von 100 Simulationsläufen ist ein Erfahrungswert für die hier betrachten Anlagenvarianten und Verfügbarkeitswerte der Einzelelemente. Bei deutlich kürzeren Ausfallabständen und daraus resultierenden niedrigeren Verfügbarkeitswerten erhöht sich die durchschnittliche Ereignisanzahl pro Betrachtungszeit, aber auch die Schwankungsbreite der Ergebnisse.

Um die Festlegung der Anzahl der Simulationsläufe zu objektivieren, ist eine vorteilhafte Lösung darin gegeben, für alle im Batchdiagramm aufzunehmenden Ergebniswerte (Mittelwerte) einen Vertrauensbereich (in Abb. 9.11 weiß hervorgehoben) zu definieren.

## 9.2 Grundlagen der Simulation

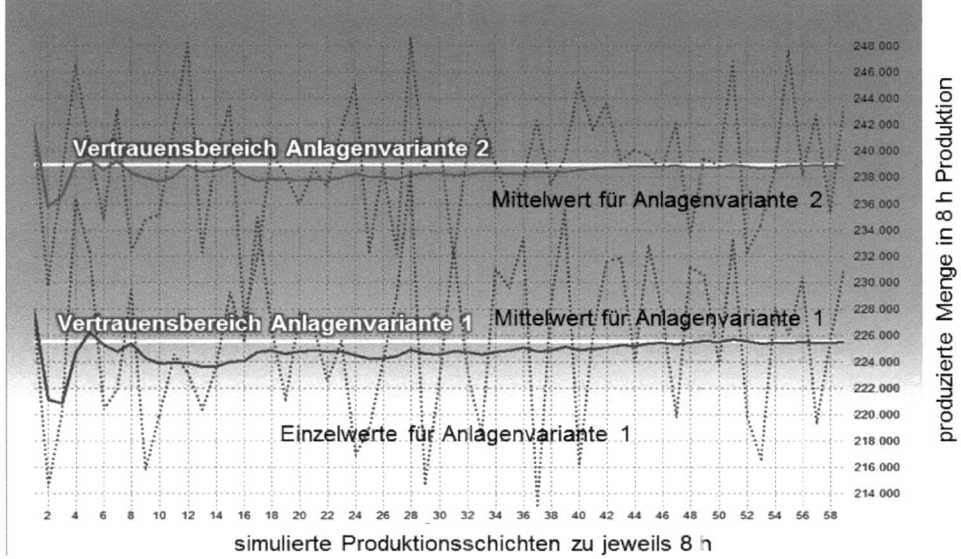

**Abb. 9.11** Automatisierte Anzahl von Simulationsläufen, B3

Vorgegeben wird nur noch eine Mindestanzahl an Simulationsläufen (z. B. 10 Läufe). Die Simulation wird aber darüber hinaus solange fortgesetzt, bis alle ausgewählten Ergebnisse diesen Vertrauensbereich über mehr als drei (Mittel-) Werte hintereinander einhalten. Dabei wird der Vertrauensbereich nie absolut festgelegt – was ohne Kenntnis der noch zu bestimmenden Ergebniswerte weder möglich noch sinnvoll wäre –, sondern jeweils um die zuletzt berechneten Werte aufgespannt. Das heißt, auch im Diagramm wird der Vertrauensbereich mit jedem neuen Wert auch neu berechnet und gezeichnet.

Der im **Beispiel B3** entsprechend Abb. 9.11 vorgegebene Vertrauensbereich von 0,1 % wurde hier schon nach 59 Simulationsläufen eingehalten. Das heißt, entsprechend der damit geforderten Genauigkeit ist ein Vergleich der beiden Anlagenvarianten schon möglich. Der Mittelwert der Anlagenvariante 1 stimmt aber noch nicht so gut mit dem Vergleichswert nach Gl. 9.1 überein. Hier wäre ein kleinerer Vertrauensbereich beispielsweise 0,05 % zu empfehlen. Je kleiner der Vertrauensbereich, umso größer die zu erwartende Anzahl Berechnungszyklen und umso genauer das zu erwartende Ergebnis.

Die Vorgabemöglichkeit des Vertrauensbereiches automatisiert die Simulationsdurchführung und bietet neben dem Zuwachs an Übereinstimmung eine ausreichende Sicherheit, auch langfristig tendenziell driftende Ergebniswerte zu beherrschen.

**Zusammenfassende Erkenntnis** Es ist festzuhalten, dass

- die Simulation von Verarbeitungsanlagen eine statistische Beschreibung des Betriebsverhaltens der Anlagenelemente erfordert

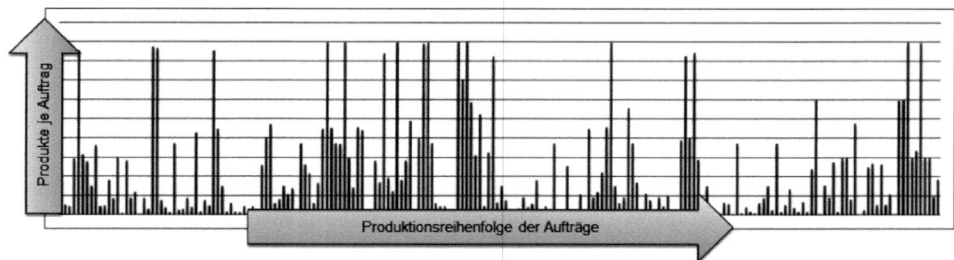

**Abb. 9.12** Ausschnitt einer inhomogenen Auftragsfolge [9.2]

- die statistische Beschreibung eine ausreichende Anzahl an Ereignissen voraussetzt
- die Ereignisanzahl des Einzelelements je betrachteter Zeit umso geringer ist, je zuverlässiger die Anlagenelemente und komplexer die zu untersuchenden Anlagen sind
- die Anzahl von Simulationsläufen umso größer gewählt werden muss, je geringer die Ereignisanzahl je betrachteter Zeit ist
- die einzubeziehende Produkt- und Formatvielfalt umso größer sein kann, je länger der zu betrachtende Zeitabschnitt dauert.

### 9.2.4 Einbeziehung der Produkt- und Formatvielfalt

Bei einem großen Teil der Verarbeitungsanlagen hält der Trend zu immer kleineren Losgrößen oder Batchmengen ungebremst an. Dabei führen verbleibende Großaufträge mit sogenannten A-Produkten zu ausgesprochener Inhomogenität (Abb. 9.12). Liefertermine, Mindesthaltbarkeit und weitere, hier nicht näher zu betrachtende Spezifika der Verarbeitungsprozesse verhindern weitestgehend ein Gegensteuern durch Reihenfolgeoptimierung bzw. Sortieren der Aufträge. Während noch vor wenigen Jahren über gesamte Produktionsschichten hinweg das gleiche Verarbeitungsgut bzw. die gleiche Rezeptur und das gleiche Format (Geometrie, Verpackung, ...) produziert wurde, führen veränderte Herstell- und Handelsanforderungen – u. a. getrieben durch veränderte Verwertungsbedingungen und Verbrauchsgewohnheiten – zur Notwendigkeit, auch *innerhalb* einer Schicht oft mehr als einmal umzurüsten.

Diese Entwicklung erfordert auch einen *Paradigmenwechsel* bei der Modellierung und Simulation der Anlagen. Erfolgte früher in der Simulation vorwiegend eine Betrachtung des eingeschwungenen Zustandes zwischen den Rüstvorgängen und losgelöst davon eine stark abstrahierte und eher statische Betrachtung der Rüst- und Reinigungsprozesse, so führt heute kein Weg an der ganzheitlichen dynamischen Betrachtung vorbei. Dafür sind über die bisher benötigten und genutzten Eingangsdaten hinaus weitere Informationen notwendig, um diese inhomogenen Auftragsfolgen und die zwischen den Aufträgen auftretenden Veränderungen, u. a. Rüstzeitkriterien, zu beschreiben (Rüstzeit als Teil der Zeitgliederung des Maschineneinsatzes siehe Abschn. 3.2.2).

## 9.2 Grundlagen der Simulation

Während es für vorhandene Anlagen oft mit noch akzeptablem Aufwand (z. B. Transformation von SAP-Daten) möglich ist, *repräsentative Auftragsfolgen* für die Simulation zu gewinnen, so stellt dies für die Neuplanung von Anlagen höchste Anforderungen an die Prognostik der Produktionsplanung. Als repräsentativ können Auftragsfolgen über mehr als ein Quartal gelten. Diese Aussage ist jedoch prozessbedingt jeweils kritisch zu verifizieren. Auch wenn der Gesamtaufwand proportional steigt, sind grundsätzlich möglichst lange Erfassungs- und Simulationszeiten anzustreben. Es stehen methodisch *zwei Wege zur Nutzung dieser Auftragsfolgen* innerhalb der Simulation zur Verfügung:

- Beim ersten Weg wird die Auftragsfolge direkt – je nach Simulationswerkzeug über MS Excel oder andere Schnittstellen – in die Simulation einbezogen bzw. durch das Simulationsmodell synchron abgearbeitet. Dieses Vorgehen ist gegenüber dem zweiten Weg oft schneller und einfacher realisiert. Die dabei erreichbare Ergebnisqualität ist aber stark von der konkreten Auftragsfolge abhängig. Schließt diese auch sehr seltene und kurze Produktionsabschnitte entsprechend oben genanntem Trend ein, so wird während der Simulation dieser Abschnitte keine statistische Sicherheit erreicht.
- Der zweite Weg ist aufwendiger. Die repräsentative Auftragsfolge wird analysiert und eine hinreichend übereinstimmende mathematische Verteilungsfunktion mit Hilfe statistischer Anpassungstests ausgewählt. Auch hier entscheidet der Umfang der bereitgestellten Daten über die erreichbare Abbildungsgenauigkeit. Der Vorteil dieses Herangehens liegt darin, dass bei einmal vorliegenden und hinreichend genauen statistischen Beschreibungen eine wesentlich freiere und sichere Variation der Verarbeitungsanlagen in der Simulation möglich wird.

### 9.2.5 Berücksichtigung der Anfahrphase

In direktem Bezug zu den im vorangegangenen Abschnitt betrachteten Entwicklungen steht ein weiterer in der Simulation unbedingt zu beachtender Aspekt: die *Anfahrphase* (siehe dazu Abschn. 3.3.1, insbesondere Abb. 3.5).

Bekannt ist, dass je nach Produkt und Format ein anderes Niveau der Produktion zu berücksichtigen ist. Da sich in der realen Produktion nicht nur die – möglichst optimale – Verarbeitungsgeschwindigkeit sondern auch die resultierende Zuverlässigkeit beim Wechsel zwischen unterschiedlichen Produkten und Formaten verändert, müssen diese Parameteränderungen auch in der Simulation vorgebbar sein und bei bzw. nach einem modellierten Rüstvorgang zu verändertem Modellverhalten führen.

Bisher oft vernachlässigt wurde aber die Anfahrphase jeweils bei Start einer neuen Produktion. Solange diese Anfahrphase nur einmal täglich oder maximal zu Schichtbeginn auftritt, ist der daraus resultierende Fehler tolerierbar. Durch den in Abschn. 9.2.4 beschriebenen Trend zu immer häufigeren Produkt- und Formatwechseln erwächst die Notwendigkeit, diesen Effekt näher zu analysieren und in die Simulation permanent einzubeziehen.

**Abb. 9.13** Produktwechsel mit Anfahrphase

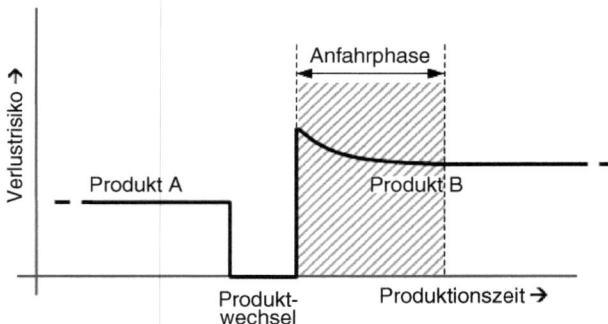

Nachfolgende Abb. 9.13 skizziert den Übergang von einem Produkt A auf ein Produkt B. Die vertikale Achse weist qualitativ das Verlustrisiko (Störzeiten, Ausschuss, ...) aus. Ehe jedoch für das Produkt B wieder ein eingeschwungener Betrieb erreicht wird, ist eine Anfahrphase mit deutlich erhöhtem Verlustrisiko zu verzeichnen (entspricht Einschwingphase der Verfügbarkeit, siehe Abb. 3.7, Abschn. 3.3.2).

Für aktuelle Simulationsstudien wurde von renommierten Anlagenbetreibern eine Zeitspanne zwischen 20 Minuten und in anderen Fällen sogar bis zu acht Stunden für diese Anfahrphasen angegeben. Dem stehen immer mehr Auftragsgrößen mit Produktionszeiten zwischen 15 Minuten und vier Stunden gegenüber.

Für die Anlagenbetrachtung (unabhängig ob mit oder ohne Simulation) ist in letzter Konsequenz zu akzeptieren, dass die betroffenen Anlagen bei entsprechender Auftragsfolge nur noch selten oder gar nicht mehr den eingeschwungenen Zustand erreichen!

Bei der Auswahl der Simulationswerkzeuge ist darauf zu achten, dass diese Effekte ausreichend sicher parametrierbar sind.

## 9.3 Vorgehen bei einem Simulationsprojekt

### 9.3.1 Überblick und Einordnung notwendiger Arbeitsschritte

Die Bearbeitung einer Simulationsstudie kann sowohl als eigenständiges Projekt (im Rahmen einer Schwachstellen- oder Potentialanalyse, als Vorstudie für die Anlagenplanung, ...), als auch als eingebundenes Teilprojekt der Anlagenplanung realisiert werden.

In Übereinstimmung mit dem allgemeinen Projektmanagement [9.3] erfordert eine Simulationsstudie die systematische Bearbeitung von unverzichtbaren Projektschritten ausgehend von der Planungsphase (hier Simulationsvorbereitung) bis hin zur Durchführungsphase (hier Berechnung und Bewertung von Simulationsvarianten). Ein umfassendes, aber bewusst branchenneutrales Vorgehensmodell für Simulationsstudien im Bereich von Materialfluss und Logistik wird in [9.4] als Grundlage einer qualitätsgerechten Simulationsarbeit dargestellt. Pragmatisch kurz ist das Vorgehen in Abb. 9.14 dargestellt.

## 9.3 Vorgehen bei einem Simulationsprojekt

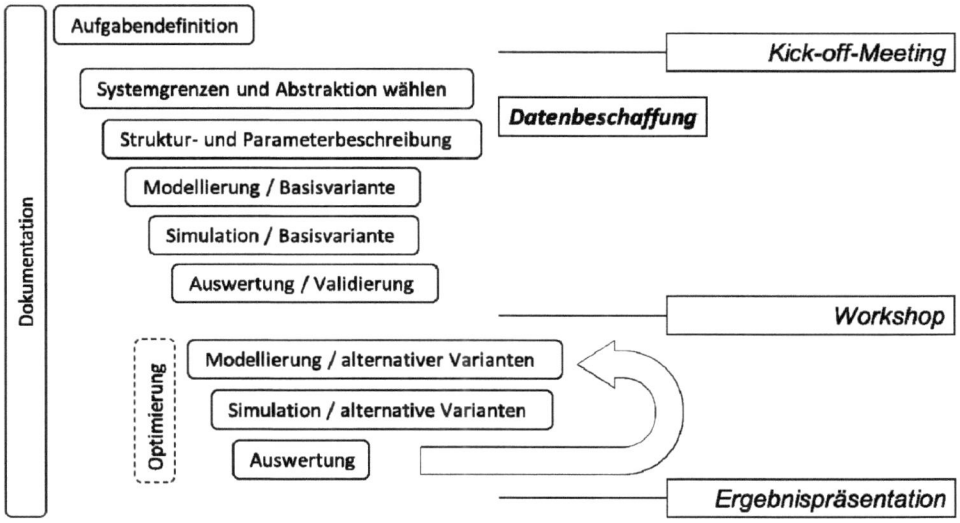

**Abb. 9.14** Abfolge der Arbeitsschritte einer Simulationsstudie

Nachfolgend sollen die wesentlichen Arbeitsschritte unter dem konkreten Blickwinkel der Planung von Verarbeitungsanlagen hervorgehoben und anhand von Beispielen praxisorientiert aufbereitet werden.

### 9.3.2 Aufgabendefinition bis Datenbeschaffung

#### 9.3.2.1 Aufgabendefinition

Wie in jedem Projekt ist die Aufgabendefinition erfolgsentscheidend. So weisen durchgängig alle bisher durchgeführten Fehlerstatistiken des Projektmanagements den bestimmenden Einfluss der Aufgabendefinition auf die Eignung des Lösungsansatzes, die Ergebnisqualität und die Abweichungen von den geplanten Terminen und Kosten aus. Insbesondere bei *IT-Projekten* wird dieser objektive Einfluss zu häufig unterschätzt.

Vorherrschend ist der Fall, dass die spezielle Methode der Simulation nicht von den projektierenden Fachingenieuren selbst, sondern von *beauftragten Simulationsexperten* innerhalb der Unternehmensgruppe oder externer Dienstleistungsunternehmen ausgeführt wird. Dies erfordert über die ohnehin gegebene Notwendigkeit hinaus, der detaillierten Erarbeitung und unmissverständlichen Kommunikation sowie sicheren Dokumentation einen besonders hohen Stellenwert zuzuordnen. Voraussetzung dafür sind jedoch mindestens grundlegende Kenntnisse der Simulationsmethoden durch die Beauftragenden. Diesem Aspekt wird z. B. in [9.4] durch adäquate Handlungshilfen wie detaillierte Checklisten sowohl für Ausführende als auch für das Management des Projekts besonders Rechnung getragen.

Die in dieser Phase unverzichtbare *Projektberatung* aller beteiligten Entscheidungsträger und Ausführenden kann in Form eines *Kick-off-Meetings*, neben den obligatorischen teambildenden Maßnahmen, der Vergabe von Verantwortlichkeiten und Terminen auch dazu dienen, eine ausreichende gemeinsame Wissensbasis zur Simulation zu erarbeiten. Erfahrungsgemäß ist für Letzteres ein Tages- oder Zweitagestreffen erforderlich.

Gegenstand dieses Projektabschnittes muss unbedingt auch die *Wirtschaftlichkeit* eines Simulationsprojektes sein. Um die notwendigen Aufwendungen einer Simulationsstudie durch Zusatzgewinn – bezogen auf Investitions- und Betriebskosten, Zeitvorteile, Entscheidungssicherheit – mehr als zu kompensieren, sind im Allgemeinen eine nicht triviale *Komplexität* der zu betrachtenden Anlagen und ausreichende *Freiheitsgrade* zur optimalen Gestaltung vorauszusetzen. Die Wirtschaftlichkeit der Studie wird darüber hinaus auch durch die Branchekenntnis und Simulationsfertigkeiten der Durchführenden, das genutzte Werkzeug und die ausreichende Datenbasis bestimmt.

Zur Aufgabendefinition sind deshalb folgende Entscheidungen unverzichtbar:

- Auswahl der Simulationsmethode und des Simulationswerkzeugs
- Vergabe der Studie als Dienstleistung oder Erwerb und Eigennutzung eines Simulationswerkzeugs.

Diese Aktivitäten können in ihrer Abarbeitungsreihenfolge variieren, stehen immer im direkten Zusammenhang und können oder müssen deshalb in der Praxis oft parallel entschieden werden.

### 9.3.2.2 Simulationsmethoden

Die Simulationsmethoden unterscheiden sich vom mathematischen Ansatz und der daraus folgenden Eignung (Genauigkeit, Aufwand, Nutzen) für die Beantwortung konkreter Fragestellungen.

Methodisch wird primär in die *kontinuierliche Simulation* und die *diskrete Simulation* unterschieden (siehe auch [9.4, 9.6], VDI 3633). Darüber hinaus unterscheidet die diskrete Simulation zwei Methoden, die sich sowohl vom Herangehen als auch von den Einsatzfeldern signifikant unterscheiden. Damit sind insgesamt drei Methoden zu betrachten:

**I. Kontinuierliche Simulation** Diese Methode hat allgemein den Anspruch, für jeden beliebigen, nicht ganzzahligen Bezugswert einen oder mehrere Ergebniswerte ermitteln zu können. In Abb. 9.15 wird dies beispielhaft durch Gl. I für die Wegbestimmung aus einer zeitlich frei veränderlichen Geschwindigkeit illustriert. Gl. II weist darauf analog in Form des Differentials des Weges über der Zeit hin. Die zugehörige Skizze (Verlauf des Wegs über der Zeit) weist einen namensgerechten kontinuierlichen Verlauf auf. Typisch für die kontinuierliche Simulation ist, dass die Bezugsbasis nicht nur der zeitliche Verlauf, sondern beliebige Kenngrößen (physikalische, chemische, biologische, …) repräsentieren kann. Zur aus heutiger Sicht kurzen Entwicklungs- und Einsatzphase der Analogrechner

## 9.3 Vorgehen bei einem Simulationsprojekt

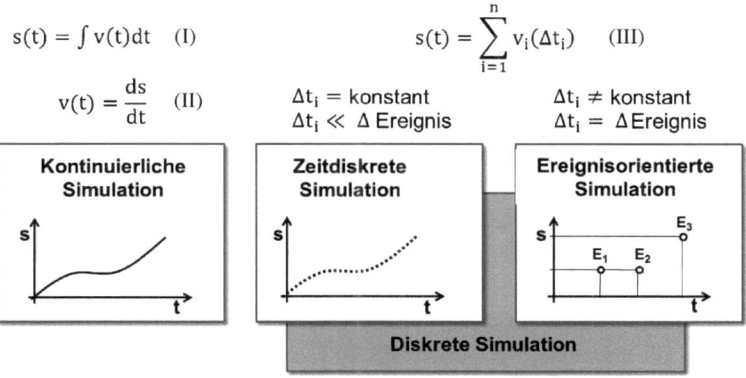

**Abb. 9.15** Gegenüberstellung der Simulationsmethoden

(ca. 50er bis 80er Jahre des 20. Jh.) stimmten hierbei Methode und Werkzeug in höchster Vollkommenheit überein. Heutige Digitalrechner arbeiten per se diskret; die mathematisch geschlossenen Beschreibungsformen ermöglichen trotzdem eine uneingeschränkte kontinuierliche Simulation. Diese mathematisch oft sehr anspruchsvolle Methode kommt bei Verarbeitungsanlagen u. a. für die Untersuchung von thermisch und/oder strömungstechnisch geprägten Prozessen sowie von dynamischen Bewegungsfunktionen und zugehörigen kinematischen Effekten im innermaschinellen Verfahren zur Anwendung. Sie ist außerhalb des Zielspektrums dieses Buches in fast allen Ingenieurdisziplinen und weit darüber hinaus, u. a. in der Medizin, wirkungsvoll einsetzbar. Für die Betrachtung kompletter Anlagen (Analyse, Planung, Optimierung) mit den Schwerpunkten Materialfluss, Zuverlässigkeit, Produktivität und Wirtschaftlichkeit ist die kontinuierliche Simulation insbesondere aufwandsbezogen weniger geeignet.

**II. Ereignisorientierte Simulation** Diese Methode ist durch Konzentration auf einzelne entscheidende Ereignisse gekennzeichnet. Historisch gesehen ist sie die erste wirtschaftlich akzeptable Möglichkeit, durch inhaltliche und damit algorithmische Reduzierung auch weniger gewinnträchtige Materialflusssysteme (z. B. Montagelinien oder Mineralwasserabfüllanlagen im Vergleich zu militärischen Planspielen) auf den in den 70er und 80er Jahren des 20. Jh. als Kleinrechner bezeichneten Systemen durchführen zu können. Im Beispiel nach Abb. 9.15 ist diese Form der diskreten Simulation durch die abschnittsweise Berechnung des Weges entsprechend Gl. III geprägt. Im Unterschied zur kontinuierlichen Simulation werden nur Ereignisse betrachtet, die zu signifikanten Systemänderungen führen. In dem stark vereinfachten Beispiel sind dies die Geschwindigkeitsänderungen an den drei Ereignissen $E_1$, $E_2$ und $E_3$. Zwischen diesen Ereignissen findet keine Berechnung statt, die Geschwindigkeit wird als konstant angenommen und könnte auf Grund des gleichen Wegwertes von $E_1$ und $E_2$ als Null = Stillstand identifiziert werden. Genau dies ist der Nachteil dieser Methode.

Das gleiche Ergebnis käme zustande, wenn das zu betrachtende Element (z. B. ein Transportmittel) nach $E_1$ a) beschleunigt, b) vorwärts fährt, c) abbremst, d) stillsteht, e) beschleunigt, f) rückwärts fährt und letztendlich bei $E_2$ sich wieder am selben Ort befindet. Würde dies vermutet und wäre dies für die Prozessbetrachtung essentiell, so müssten sechs zusätzliche Ereignisse $E_{a)}$ bis $E_{f)}$ eingefügt werden. Daraus resultieren weitere Nachteile dieser Methode: mit der Anzahl der Ereignisse steigt der Aufwand (informationstechnisch, projektseitig), der Prozess muss schon vor der Untersuchung sehr gut bekannt sein, um die richtigen Ereignisse und die richtige Anzahl von Ereignissen festlegen zu können, andernfalls wird die Ergebnisqualität stark gefährdet.

Werkzeugabhängig ist oft ein späteres Einfügen von Ereignissen aufwändig. Trotzdem überwiegen für alle Prozesse, bei denen die Betrachtung seriös auf eine überschaubare Anzahl signifikanter Ereignisse eingeschränkt werden kann, die Vorteile. Typische Anwendungsbereiche sind in der Logistik einschließlich Intralogistik und bei durchgängig diskreten Fertigungsprozessen (Maschinenbau, Automobilindustrie, ...) gegeben.

**III. Zeitdiskrete Simulation** Diese Methode steht nicht nur in den Skizzen der Abb. 9.15, sondern auch methodisch zwischen der kontinuierlichen und der ereignisorientierten Simulation. Wesenseigen ist, dass in einem vorab frei wählbaren, festen Zeittakt das jeweilige Modell berechnet wird. Gegenüber der kontinuierlichen Simulation und einer ereignisorientierten Simulation mit sehr hoher Ereignisanzahl ist der Aufwand erheblich geringer. Bei geeigneter Wahl des Zeittaktes (siehe hierzu Abschn. 9.3.4) besteht keine Gefahr, dass wichtige dynamische Abläufe unberücksichtigt bleiben. Diese Methode der diskreten Simulation ist insbesondere für die hier im Mittelpunkt stehenden Verarbeitungsanlagen geeignet.

Alle nachfolgenden Abschnitte basieren deshalb vorzugsweise auf der zeitdiskreten Simulation und enthalten die diese beschreibenden Details.

### 9.3.2.3 Simulationswerkzeuge und Simulationsführende

Simulationswerkzeuge setzen softwaretechnisch bis auf wenige Ausnahmen genau eine der vorab genannten Simulationsmethoden um und unterstützen damit auch deren systembedingte Aufgabenbereiche jeweils am besten.

Als in zahlreichen Simulationsstudien über mehr als 20 Jahre *bewährte Orientierung* soll an dieser Stelle noch einmal betont werden:

a) Die besondere Eignung der *zeitdiskreten Simulation* ergibt sich aus ihrer vorteilhaften Anwendbarkeit sowohl zur Planung als auch zur Analyse und Optimierung hochautomatisierter Verarbeitungsanlagen, insbesondere im Bereich der Herstell- und Verpackungsprozesse analog der Aussagen im vorangegangenen Abschnitt.
b) Die besonderen Vorteile der Werkzeuge, die konsequent die *ereignisorientierte Simulationsmethode* implementieren, kommen immer dann zum Tragen, wenn die Betrachtung auf die *Lagerlogistik und nachfolgende Intralogistik* fokussiert oder darüber hinaus die

*Transport- und Handelslogistik* einschließt. Dass diese Werkzeuge traditionell unübertroffen die vorwiegend diskret betrachteten Herstellprozesse u. a. der Automobilindustrie und der Halbleiterfertigung unterstützen, sei hier angemerkt, aber auch, dass dieser positive Aspekt nicht unkritisch übertragbar ist auf quasi-kontinuierliche Produktionsprozesse innerhalb der Verarbeitungsanlagen.

Die gegebene, rein organisatorische Verfügbarkeit einer Software im Unternehmen oder beim Dienstleister darf kein bestimmendes oder gar ausschließendes Kriterium sein, sondern muss sich der fachlichen Eignung und damit erreichbaren Ergebnisqualität unterordnen. Diese Forderung ist auch an die *Entscheidung über ein Dienstleistungsunternehmen* zu stellen. Simulationsfertigkeiten sind ein notwendiges, aber ohne ausreichende Branchen- und Prozesskenntnisse keinesfalls hinreichendes Auswahlkriterium. Verfügt der Projektträger selbst über ausreichende Simulationserfahrungen und geeignete Werkzeuge, sind diese Überlegungen solange nicht aktuell, wie die Simulationsstudie nicht aus Kapazitätsgründen vergeben werden soll.

Die Entscheidung, das konkrete Projekt zum Anlass zu nehmen, ein *Simulationswerkzeug zu erwerben* und künftig selbst zu nutzen, sollte weniger durch die reinen Investitionskosten (Lizenzierung) als durch die zu erwartende Häufigkeit und den Wiederholgrad von Simulationsstudien und die Verfügbarkeit dafür geeigneten Fachpersonals (Kostenfaktor) bestimmt werden. Eine qualitätsgerechte Dienstleistung muss und sollte sich nicht auf die formale softwareunterstützte Abarbeitung beschränken, sondern kann bei geeigneter Partnerwahl übergreifendes Fachwissen der Anlagengestaltung für Verarbeitungsprozesse (Simulations- und Beratungsdienstleistung) einschließen. Die Durchführung der Simulation im projektierenden Unternehmen kann andererseits bei ausreichender Häufigkeit vergleichbarer Aufgabenstellungen genau dieses wettbewerbswirksame Know-how kumulieren.

**Nebenbemerkung** Die bei der Werkzeugauswahl oft mit im Vordergrund stehende (Eigen-) *Programmierbarkeit* der Modelle erachten die Autoren aus der Erfahrung zahl- und umfangreicher Simulationsstudien in der Branche als überbewertet. Nutzbarkeit (ausreichender, validierter Elementevorrat der Branche) und Perspektivfähigkeit (Entwicklung und Update-Service) der Werkzeuge sollte durch die Systementwickler gewährleistet werden und nicht zu – insbesondere zeitlichen – Lasten der Simulationsanwender gehen. Die Sinnfälligkeit geeigneter Schnittstellen zur Datenübernahme oder Modellsteuerung ist von dieser Aussage nicht betroffen, so lange die Programmierbarkeit auch hier nicht als marketinggetriebener Systemvorteil aufgeführt wird, welcher letztendlich zu Lasten der Nutzer geht. Abweichende Anforderungen anderer Prozesse wie der Halbleiterindustrie führen selbstverständlich zu anderen Schlussfolgerungen.

### 9.3.2.4 Datenbeschaffung

Es ist unverzichtbare Voraussetzung jeder Simulationsstudie, dass *ausreichende und qualitätsgerechte Daten* für die Beschreibung der *Struktur* und aller in dieser Struktur eingebundenen *Elemente* sowie deren *Wechselwirkungen* innerhalb des betrachteten Systems und über die Systemgrenzen hinaus vorliegen.

Es ist davon auszugehen, dass ein geeignetes und effektives Simulationssystem über einen ausreichenden (auswählbaren) Elementevorrat verfügt, welcher die grundlegende Funktion dieser Elemente (Maschinen, Verkettungselemente wie Förderer und Speicher, Bedien- und Instanthaltungspersonal, ...) sicher bereitstellt. Die durch den Systementwickler zu leistende mathematische und simulationsgerechte Programmierung dieser Funktionen schließt die Definition von Parametern, einschließlich deren Gültigkeitsbereiche, ein. Es ist die unumgängliche Aufgabe des Beauftragenden für jede Simulationsstudie, für jedes Simulationsmodell und letztendlich jede Variante des Modells, die diese Funktionen bestimmenden Beschreibungsgrößen bereitzustellen. Es ist Aufgabe der Simulationsdurchführenden, die konkreten Werte als geprüfte Parameter den Modellelementen zuzuordnen.

Eine *Zusammenfassung* von Parametern zu *Komplexen* kann innerhalb von Simulationswerkzeugen die Eingabe und Nutzung systematisieren. So werden z. B. für folgende *Beschreibungsgrößen* (Tab. 9.1) konkrete Werte oder Wertebereiche zur funktionalen Abbildung des dynamischen Mengen- und Zeitverhaltens der Elemente benötigt.

**Tab. 9.1** Elemente-Funktion und Beschreibungsgrößen

| Elemente-Funktion (Beispiele) | | Beschreibungsgrößen (Beispiele) |
|---|---|---|
| TD | Betrieb Maschine ungestört | Produktpositionen, Arbeitsgeschwindigkeit |
| TD | Betrieb Förderer ungestört | Förderlänge, Fördergeschwindigkeit |
| TD | Speicherverhalten | maximaler Inhalt oder maximale Positionen<br>maximale Aufnahme-, maximale Abgabegeschwindigkeit<br>Speichertyp (LIFO, FIFO, siehe Abschn. 4.3.3.4; ...) |
| AV | Ausfallverhalten, zeit- oder mengenbezogen | Verfügbarkeitsvorgabe oder MTBF (Mean time between failure) und MTTR (Mean time to repair)<br>Statistikfunktion für MTBF, für MTTR<br>Ausschuss bei Störung |
| AV | Bedienereinsatz bei Ausfällen | Bedienerzuordnung (Typ, Anzahl, ...)<br>Wegezeiten (diskret oder statistisch) |
| AS | Ausschussverhalten | MTBW (Mean time between waste) oder Mengenvorgabe<br>MTTW (Mean time to waste) oder Mengenvorgabe<br>Statistikfunktion für MTBW, für MTTW |
| RV | Rüstzeitverhalten, zeit- oder mengenbezogen | MTBCO (Mean time between change over) oder Mengenvorgabe (Los- oder Batchgröße)<br>MTTCO (Mean time to change over)<br>Statistikfunktion für MTBCO, für MTTCO |
| RV | Bedienereinsatz beim Rüsten | Bedienerzuordnung (Typ, Anzahl, ...)<br>Wegezeiten (diskret oder statistisch) |
| ST | Arbeitsgeschwindigkeit der Maschinen in Relation zum Speicherinhalt | gesteuert durch Speicher Nummer<br>Grenzen der Speicherbelegung, der Arbeitsgeschwindigkeit<br>Charakteristik der Steuerung |

## 9.3 Vorgehen bei einem Simulationsprojekt

**Tab. 9.1** Fortsetzung

| Elemente-Funktion (Beispiele) | | Beschreibungsgrößen (Beispiele) |
|---|---|---|
| ST | Arbeitsgeschwindigkeit der Maschinen in Relation zu anderen Maschine | gesteuert durch Maschine Nummer<br>Grenzen der Arbeits-, Grenzen der Maschinengeschwindigkeit<br>Charakteristik der Steuerung |
| ST | Fördergeschwindigkeit | gesteuert durch Maschine Nummer<br>Grenzen der Maschinen-, Grenzen der Fördergeschwindigkeit<br>Charakteristik der Steuerung |
| ST | Speicheraustrag | gesteuert durch Maschine Nummer<br>Grenzen der Maschinengeschwindigkeit, der Austragsmenge<br>Charakteristik der Steuerung |
| ZF | Zufuhrverhalten, zeit- oder mengenbezogen | Zufuhrtyp (kontinuierlich, diskontinuierlich)<br>Zufuhrmenge (diskret oder statistisch), Zufuhrabstand (diskret oder statistisch), Zufuhrdauer (diskret oder statistisch) oder mengenbezogene Vorgabe |
| ZF | Abgabemenge in Relation zu Maschinengeschwindigkeit | gesteuert durch Maschine Nummer<br>Grenzen der Maschinengeschwindigkeit, der Zufuhrmenge<br>Charakteristik der Steuerung |
| ZF | Bedienereinsatz bei der Zuführung | Zuordnung der Bediener<br>Wegezeit (diskret oder statistisch) |
| DA | Darstellungsparameter | Bild, Video, digitale Anzeigen, animierter Produktfluss |
| AW | Auswertungsparameter | Filter Journale (intern, MS Excel, …), Filter Diagrammauswahl<br>Trigger Diagrammeinträge, Farben Diagrammlinien und -flächen |

Elementbezogene Parameter können z. B. zu Komplexen folgender Art zusammengefasst sein:

**TD** Technische Daten
**AV** Ausfallverhalten
**AS** Ausschussverhalten
**RV** Reinigungs- und Rüstzeitverhalten
**ST** Steuerungsverhalten
**ZF** Zufuhrverhalten (nur für Zufuhrelemente respektive Quellen).

Komplexe ergänzender systemsteuernder Parameter sind z. B:

**DA** Darstellung
**AW** Auswertung.

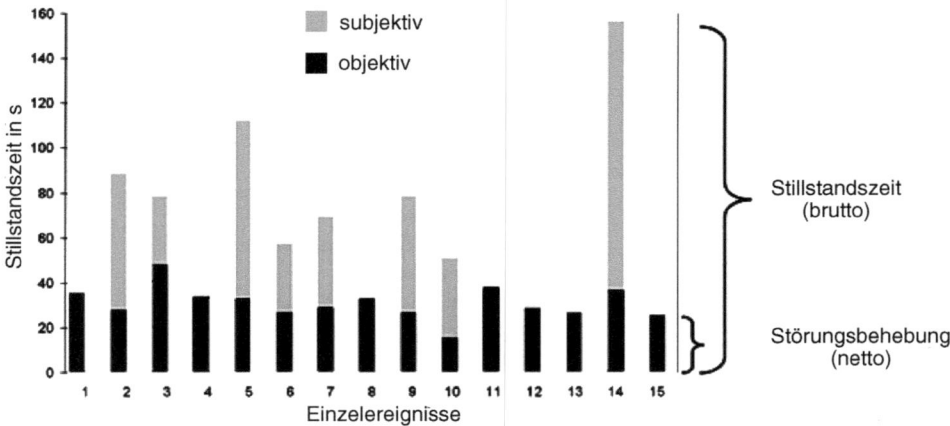

**Abb. 9.16** Objektive und subjektive Anteile der Störzeit (Diagramm aus [9.2])

Weisen die Eingangsdaten (Beschreibungsgrößen und deren konkrete Werte) *Defizite* auf, so sind die zu erwartenden Simulationsergebnisse gleichermaßen von Qualitätseinbußen bis hin zur Nichtverwertbarkeit betroffen. Typische Defizite sind:

- Daten fehlen
- Daten sind falsch oder falsch zugeordnet
- Daten sind ungenau
- Daten sind nur stark eingeschränkt gültig
- Gültigkeitsbereiche der Daten sind nicht bekannt
- Daten sind nicht elementar zuordenbar
- Erhebungsbedingungen der Daten sind nicht bekannt.

In vielen Daten sind darüber hinaus sowohl objektiv als auch subjektiv geprägte Anteile enthalten. Wie aus folgendem Beispiel (Abb. 9.16) ersichtlich, weichen die Zeiten bei gleicher Störungsursache für die eigentliche Störungsbehebung (netto) und die Stillstandszeit (brutto) weiter voneinander ab, als die unvermeidliche Schwankung zwischen den einzelnen Störungssituationen.

Außer dem naheliegenden Interpretationsbedarf der subjektiven Einflüsse, der nicht Gegenstand der Ausführungen zur Simulation ist, wird deutlich, dass Stillstandszeiten nicht a priori ausreichend eindeutig und damit als Eingangswerte für die Simulation geeignet sind.

Entscheidend ist deshalb, dass für alle manuell oder automatisch erfassten Daten bekannt ist, auf welcher Definition diese beruhen. So schließt z. B. die Stillstandszeit brutto bei einer Störung eine Vielzahl von Teilsituationen bzw. Teilvorgängen ein, so:

1. Auftreten der Störung
2. Signalisieren der Störsituation (optisch/akustisch)
3. Herunterfahren/Anhalten der Maschine
4. Erkennen der Situation durch den Bediener
5. Beenden der aktuellen Tätigkeit
6. Wegezeit zur gestörten Maschine
7. Identifikation der Störung
8. Öffnen des Maschinengehäuses
9. Eventuell Demontage von Maschinenelementen
10. **Störungsbehebung** durch (Tätigkeitsbeispiele):
    - Materialfluss ordnen
    - Bauteil eventuell austauschen
    - Reinigen der Wirkpaarung
11. Montage und Justage (optional)
12. Schließen des Maschinengehäuses
13. Neustart
14. Anfahren der Maschine.

Während mit hinreichender Sicherheit davon ausgegangen werden kann, dass allgemein außer dem Teilvorgang 10, der eigentlichen Störungsbehebung, auch alle anderen Teilvorgänge zwischen 7 und 14 sowohl bei der Datenerfassung als auch bei der Simulation zur Störzeit (MTTR) gerechnet werden, werden die Teilvorgänge 1 bis 7 entweder auch in diese Parametervorgabe integriert oder explizit abgebildet. Hier ist Eindeutigkeit gefordert, welche jedoch zu häufig weder in der Dokumentation der Datenerfassung noch in der Dokumentation der Simulationsmodelle vorherrscht bzw. sicher erkennbar ist. Bei letzterem Aspekt wird die Wieder- und Weiternutzung der darauf beruhenden Modelle zu einem späteren Zeitpunkt unsicher bis unmöglich (siehe auch [9.4]).

Nicht nur letzter Aspekt, sondern die gesamte benötigte *Datenqualität* erfordert die überprüfbare und eindeutige Vorgabe, sowohl von *Inhalten* als auch *Terminen* und *Verantwortlichkeiten* für die Datenbeschaffung (Erhebung, Aufbereitung, Dokumentation, ...).

### 9.3.3 Systemgrenzen und Abstraktion

#### 9.3.3.1 Festlegung der Systemgrenzen, Abstraktion der Modelle

Es ist ein Gebot der Effektivität einer Simulationsstudie, sowohl den Such- und Betrachtungsraum soweit wie möglich einzugrenzen als auch die Detaillierung (Abstraktion) der Abbildung der Verarbeitungsanlagen auf das notwendige Maß zu beschränken, ohne hierbei Qualitätseinbußen zu riskieren.

Für die dafür notwendige Entscheidungsfindung steht primär die Aufgabendefinition im Vordergrund. Für die Systemgrenzen ist dies im Allgemeinen plausibel gegeben, für den zu wählenden Abstraktionsgrad sind sowohl simulationsbezogene als auch fachspezifische

**Abb. 9.17** Unterschiedlich verkettete Maschinen, B4

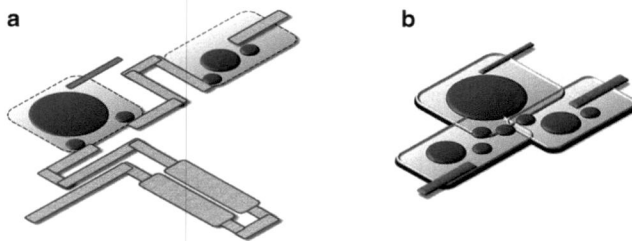

Kenntnisse und Erfahrungen notwendig. Im Folgenden werden spezielle Anforderungen an ausgewählten Beispielen diskutiert.

**Lose und feste Verkettung** *Beispiel B4* zur Abstraktion betrachtet die Abbildung fest verketteter bzw. *geblockter* Maschinen zum aseptischen Formen, Füllen und Verschließen von Behältern (Abb. 9.17).

Zielt die Simulation darauf, die Realität eines *Aseptikblockes* transparent darzustellen, also den Unterschied zwischen der losen (a) und festen Verkettung (b) im dynamischen Verhalten und der Anlagenproduktivität aufzuzeigen, so ist die explizite Modellierung aller Maschinen mit deren jeweiligen Detailparametern notwendig. Im Ergebnis einer derartigen Simulation können die Vorteile und Nachteile der geblockten aseptischen Abfüllanlage quantitativ und im Detail diskutiert werden. Sieht die Aufgabenstellung aber gar keine Alternative zur festen Verkettung vor, sondern soll untersuchen, wie sich eine gesamte Mehrweganlage verhält, die eben diesen Block einschließt, so sollte die Form-, Füll- und Verschließmaschine als ein einziges Anlagen- bzw. Modellelement abgebildet werden. Im Ergebnis der Simulation wird keine detaillierte Aussage zum Aseptikblock, wohl aber zur Gesamtdynamik und Leistungsfähigkeit der Mehrweganlage möglich.

**Speichereinsatz** (Speicherarten und -struktur siehe Abschn. 5.1.2, Abb. 5.3)

Auch für die in Abschn. 9.4 speziell betrachtete Untersuchung des Speichereinsatzes ist die richtige Abstraktion sowohl aufwands- als auch erfolgsentscheidend. Während bei einem Großteil der Simulationsstudien ein Speicher als einfaches Element (eine zuführende Verbindung und eine abführende Verbindung) modelliert wird, zeigt Abb. 9.18 ein repräsentatives *Beispiel B5*, bei dem der Speicher in der Realität und im Modell eine Zusammenschaltung von Transportstrecken ist und in das Gesamtsystem über drei zuführende Sammelelemente und drei abführende Verteilelemente verkettet ist (reale Anlagenelemente siehe Abschn. 2.5.3, Abb. 2.13; Speicherarten und Speicherstruktur siehe Abschn. 5.1.2, Abb. 5.3).

**Zum Einsatz von Roboterzellen** Eine analoge und aktuelle Fragestellung ergibt sich zur Abbildung von *Roboterzellen*. Soll untersucht werden, wie viele parallele Roboter, z. B. Picker, benötigt werden, um eine bestimmte Produktmenge pro Zeit zu sortieren oder in eine Packung zu setzen, so muss jeder Roboter explizit als Element abgebildet werden, auch

## 9.3 Vorgehen bei einem Simulationsprojekt

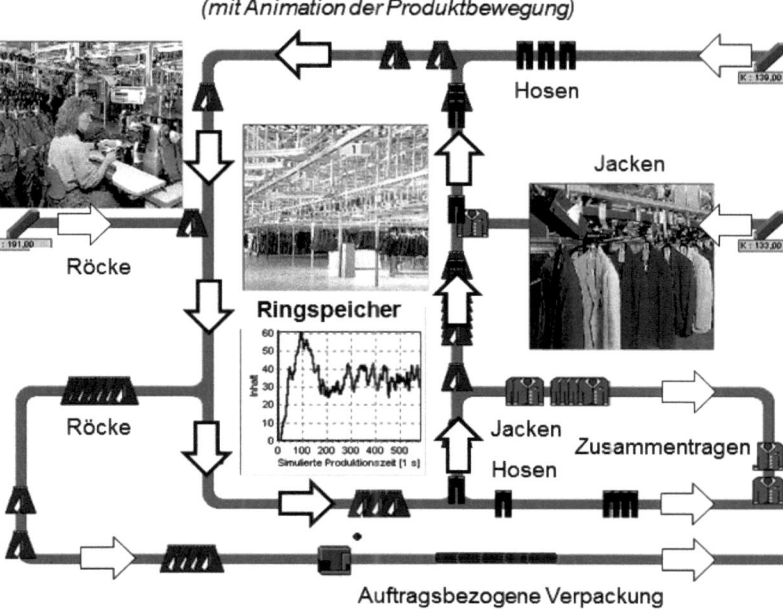

**Abb. 9.18** Speicher- und Transportsystem, B5

wenn diese innerhalb eines gemeinsamen Stütz- und Hüllsystems angeordnet sind. Ist die notwendige oder geforderte Anzahl von Teilsystemen der Roboterzelle bekannt, kann diese in übergeordnete Betrachtungen als ein zusammengefasstes Element abgebildet werden.

**Ausschleusen von Ausschuss aus dem Gutstrom** Es ist möglich, den Ausschuss (ohne Stillstand oder im Zusammenhang mit Störungen) und seine sofortige oder spätere Ausschleusung an jedem Element der Anlage detailliert nachzubilden. Hierbei sind folgende Anlagencharakteristika und Vorgehensweisen zu betrachten:

I. Der Ausschuss liegt im Promillebereich oder erweist sich im unteren Prozentbereich als wenig relevant für das Gesamtleistungsvermögen der Anlage. In diesem Fall wird meist auf eine Abbildung innerhalb der Simulation verzichtet; die Ergebnisse aller Varianten werden rein rechnerisch um den kumulierten Ausschussanteil reduziert. Die Modellierung ist einfacher und übersichtlicher, die Simulation schneller und die Ergebnisse sind hinreichend genau.

II. Weist der Ausschuss relevante Größenordnungen auf, so würde die zuvor beschriebene Vorgehensweise zu signifikanten Fehlern führen, weil alle jeweils hinter einer Ausschuss-Ausschleusung befindlichen Elemente mit einer höheren, als der realen Grundlast beaufschlagt werden. Speicherinhalte stellen sich größer dar, als wirklich vorliegend, Maschinensteuerungen reagieren überzogen und z. B. auch der Packmittelverbrauch liegt höher, was wiederum eine höhere Bedieneranforderung (Rollenwechsel, Nachlegen von Zuschnitten, …) zur Folge hätte. In diesem Fall ist eine weniger abstrakte Modellierung qualitätssichernd und deshalb empfehlenswert.

### 9.3.3.2 Festlegung der Skalierung

Bei der *zeitdiskreten* Simulation ist die Festlegung der *zeitlichen Skalierung* spätestens vor der Modellerstellung, besser schon *vor der Datenbeschaffung* zu treffen. Diese Zeitvorgabe gilt der *Berechnungsgenauigkeit* und ist unbedingt von einem dem Simulationswerkzeug eigenen Trigger der Aktualisierung von digitalen und grafischen Anzeigen (einschließlich Animation) zu unterschieden.

Bei der explizit *ereignisorientierten* Simulation ist dieser Schritt nicht notwendig, weil sich der Abstand durch die Ereignisse selbst ergibt, wohl aber die – prozessbedingt möglicherweise aufwendigere – Vorabdefinition aller zu berücksichtigenden Ereignisse.

Unter *zeitlicher Skalierung* der Simulation ist zu verstehen, welche zeitbezogenen Genauigkeitsanforderungen für die Simulation zu beachten sind. Diese sind primär abhängig von der Aufgaben- und Zielstellung bzw. vom dafür zu betrachtenden Prozesscharakter, sekundär aber auch durch die genutzten Simulationsmethoden bedingt.

Das Abtasttheorem nach *Shannon* [9.8] besagt, dass die Voraussetzung einer ausreichend genauen Nachbildung einer Signalfolge gegeben ist, wenn die Abtastfrequenz eines Signals mindestens doppelt so groß wie die höchste im Signal enthaltene Frequenz ist:

$$f_{Abtast} > 2 \cdot f_{max} . \tag{9.2}$$

In Analogie folgt daraus für die Simulation:

$$T_{Sim,max} < \frac{1}{2} \cdot \Delta T_{Ereignis,min} . \tag{9.3}$$

Dies bedeutet: der kleinste Zeitschritt muss kleiner sein als die kleinste zu berücksichtigende bzw. die kleinste für das Simulationsergebnis relevante Systemänderung (Ereignis). Um zu entscheiden, was eine relevante Systemänderung ist, muss wiederum die Aufgabendefinition hinzugezogen werden. Häufig erweisen sich die minimalen Werte der Ausfalldauer (MTTR) als wichtiges Kriterium, weshalb vereinfachend ein Zeitschritt von einer Sekunde gewählt wird. Die resultierenden 28.800 Berechnungsschritte für die Nachbildung einer Schicht von 8 h führen unter aktuellen Soft- und Hardwarebedingungen selbst bei 50 bis 100 Simulationsläufen mit ca. 5 min Berechnungszeit je Variante zu akzeptablem Aufwand. Explizit ereignisorientierte Systeme können werkzeugabhängig im Vergleich deutlich mehr als die 10-fache Bearbeitungszeit benötigen.

Analog zur zeitlichen Skalierung sind die Parameter für die Mengen (Inhalte, Produktmengen, …) und die Längen (Förderlängen, Bedienerwege, Querreihen-Abstände im Gutstrom, …) zu skalieren. Erstere können sowohl in Stück, Masseeinheiten (g, kg, t, …) oder Volumeneinheiten (l, m$^3$, dm$^3$, …) vorgegeben und simulativ betrachtet werden (siehe auch Gutstromarten, Abschn. 4.3.3.2 und Kopplung von Gutströmen, Abschn. 4.3.3.3).

## 9.3 Vorgehen bei einem Simulationsprojekt

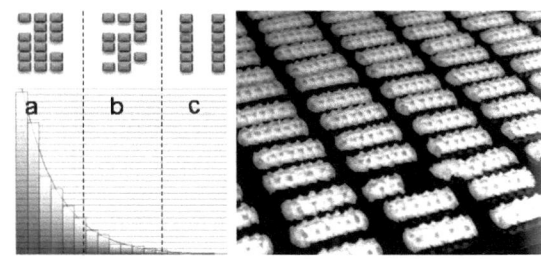

**Abb. 9.19** Handling von Produktreihen, B6 (Foto aus [9.2])

Die Einheiten zusammengesetzter Größen ergeben sich durch diese Skalierung, wobei in unterschiedlichen Branchen auch traditionell vorherrschende und prozessbedingt sinnvolle Kennzifferwerte Verwendung finden sollten. Beispielsweise kalkuliert die Süßwarenindustrie Soll- und Ist-Werte der Produktivität bzw. Ausbringung in Stück/min, wohingegen alle Getränkeanlagen in Behälter/h (Flaschen/h, Dosen/h, …) beschrieben werden.

Die Problematik zur Skalierung von Längen soll am speziellen **Beispiel B6** der Reihenabstände näher betrachtet werden (Abb. 9.19). Werden Produktreihen innerhalb einer Herstell- und/oder Verpackungsanlage nicht formschlüssig transportiert, so ist eine Variation der Reihenabstände – verstärkt nach jeder Gutübergabe bzw. jedem Transportübergang – zu verzeichnen. Wird eine zu grobe Zeitskalierung gewählt, kann auch eine sehr feine Längenskalierung nicht wirksam werden.

Der Aufwand, diese Charakteristik (z. B. beim Ausschleusen einzelner Gutreihen) ausreichend genau zu simulieren, ist entsprechend hoch. Zusätzlich besteht bei Reihenhandling der Bedarf, die Stochastik zu berücksichtigen, dass nicht immer alle Produktreihen vollständig sind. Alternativ bietet sich für beide Effekte eine statistische Modellierung an. Wie im Abb. 9.19 visualisiert, sind meist vollständige Reihen vorhanden (a), ab und zu mehrere Gutlücken (b), seltener fehlen komplette Reihen (c). Genau diese Effekte lassen sich mit Hilfe statistischer Funktionen (hier vorzugsweise der Exponentialfunktion) beschreiben und in das Gesamtverhalten der Anlage ausreichend genau einbinden.

### 9.3.4 Modellierung

#### 9.3.4.1 Strukturabbildung

Das Modellieren der Struktur erfolgt durch elementeweises Übertragen des vorhandenen oder geplanten Layouts einer Verarbeitungsanlage in das Simulationssystem. Gegenstand einiger Systementwicklungen ist die *automatisierte* Strukturierung anhand von in Tabellensystemen (z. B. MS Excel) oder Datenbanken (MS Access, XML, …) archivierten Informationen oder in CAD-Format vorliegenden Anlagenbildern. Für Referenzanlagen mit hohem Wiederholgrad auch schon erfolgreich implementiert, sind diese Entwicklungen aber für einen Großteil der Simulationsstudien mehr von akademischem Interesse als aufwandsbezogen von Sinnfälligkeit oder gar Notwendigkeit geprägt.

Die *manuelle* Modellierung ist auch deshalb nach wie vor weit verbreitet, weil fast alle Simulationswerkzeuge über intuitive und effektive Benutzerschnittstellen verfügen. Diese ermöglichen u. a. das

- Positionieren
- Verschieben und Drehen
- Vergrößern und Verkleinern
- Löschen
- Verbinden und Trennen

von Elementen auf den jeweiligen Arbeitsflächen.

Leistungsunterschiede sind hierbei höchstens beim Verbinden der Elemente gegeben. Technischer Stand ist das automatische Verbinden (auch mit mehr als einer 1 : 1 Beziehung zu den Vorgängern oder Nachfolgern), einige Systeme verfügen nicht über ein derartiges Autorouting und erfordern noch immer ein sequentielles Verbinden jedes einzelnen Elements.

### 9.3.4.2 Parametrierung

Alle fortschrittlichen Simulationssysteme stellen vormodellierte Elemente zur Verfügung, welche sowohl die Funktionalität als auch die – diese beeinflussenden – Parameter beinhalten. Für letztere werden entweder Default- oder Bibliothekswerte eingebunden. Nachfolgendes **Beispiel B7** (Abb. 9.20) zeigt eine mögliche Bibliotheksstruktur für Modellelemente der Getränkeanlagen (Anlagenbeispiele siehe Abschn. 1.8). Für den gleichen Einsatzbereich könnte die Bibliothek anstelle der aus Abb. 9.20 ersichtlichen Gliederung in Prozessstufen (Behälter, Gebinde, Paletten) auch primär nach den Packmitteln (Glas, Kunststoff, Aluminium) oder rein modelltechnisch nach der Anzahl der Elementverbindungen (ein, zwei, drei, …) erfolgen. Wobei letztere informationstechnische Lösung den Praktiker weniger intuitiv unterstützt.

Der Elementevorrat und die Charakteristik der Elemente eines Simulationswerkzeuges bestimmen die Nutzbarkeit für die konkrete Aufgabe. Oft ist schnell ersichtlich, ob nur abstrakte Bearbeitungsstationen mit der Vorgabe von Bearbeitungszeiten, allgemeine Maschinen mit der Vorgabe von Bearbeitungszeiten oder Arbeitsgeschwindigkeiten oder ganz konkrete Elemente, wie Autoklaven, aber auch Füllmaschinen, Etikettiermaschinen usw. mit ihren speziellen Kenngrößen vorliegen. Wird keine ausreichende Überdeckung zwischen Werkzeug und Aufgabe sichtbar, ist es besser, die Werkzeugauswahl noch einmal zu hinterfragen, als unnötige Aufwendungen zur Transformation der Eingabewerte und Retransformation der Ergebniswerte sowie Risiken der Ergebnisqualität in Kauf zu nehmen (siehe Abschn. 9.2.3).

9.3 Vorgehen bei einem Simulationsprojekt

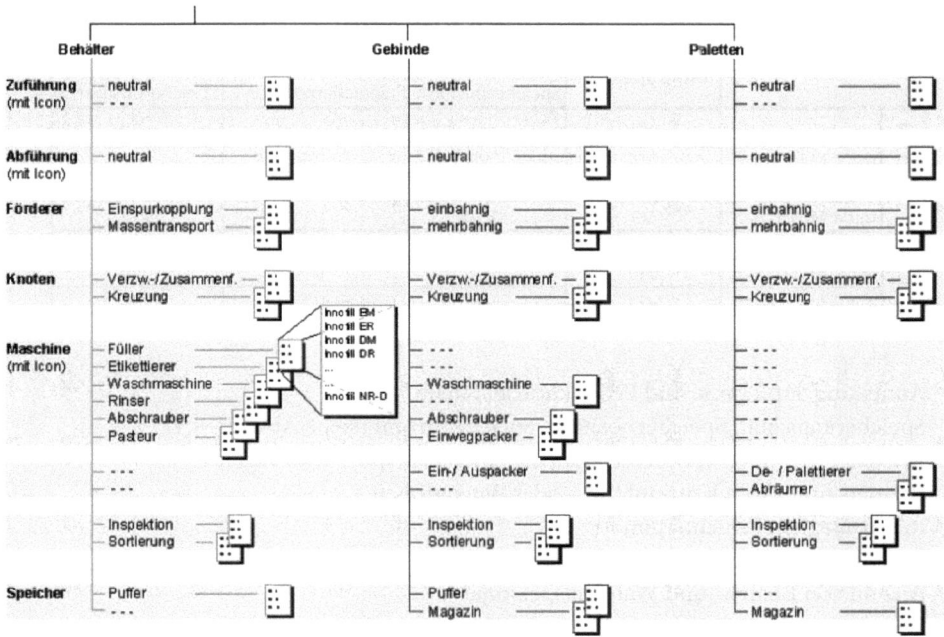

**Abb. 9.20** Struktur einer Elemente-Bibliothek für Getränkeabfüllanlagen, B7

Das Vorhandensein einer gut gepflegten Elementebibliothek entbindet den Nutzer weder von der Möglichkeit der bewussten Parametereinstellung noch von der Notwendigkeit der systematischen und konsequenten Prüfung des Modells auf Stimmigkeit (zur Validierung und Verifikation siehe [9.5]).

### 9.3.5 Simulation von Varianten und Auswertung

Variation der Struktur und Parameter sowie die zugehörige Auswertung der Simulationsergebnisse sind ein unverzichtbarer Kern jeder Simulationsstudie. Typischerweise werden für folgende Aspekte Varianten gebildet:

- Maschinentaktzahl bzw. Arbeitsgeschwindigkeit
- Zuverlässigkeit von einzelnen Elementen (alt gegen neu oder Angebotsvergleich)
- Layoutkonzepte (z. B. dezentrale oder zentrale Palettierung)
- Entkopplung von Mehrweganlagen
- Steuerung der Arbeits- oder Fördergeschwindigkeit
- Anzahl paralleler Maschinen
- Ver- und Entsorgung von Anlagenabschnitten

**Tab. 9.2** Spektrum theoretisch möglicher Varianten, B8

| B | | ohne Speicher | mit Speicher | | |
|---|---|---|---|---|---|
| | | | Speicherposition 1 | Speicherposition 2 | Speicherposition 3 |
| | | V0 | | | |
| A1 | mit 2 Maschinen | V1 | V2 | V3 | V4 |
| | mit 3 Maschinen | V5 | V6 | V7 | V8 |
| | mit 4 Maschinen | V9 | V10 | V11 | V12 |
| A2 | mit 2 Maschinen | V13 | V14 | V15 | V16 |
| | mit 3 Maschinen | V17 | V18 | V19 | V20 |
| | mit 4 Maschinen | V21 | V22 | V23 | V24 |

- Aufteilung auf Räume und Produktionsbereiche
- Speicherkapazität, Speicherposition, Speicheranzahl (siehe Abschn. 9.4)
- Anzahl TUL-Mittel (Förderer, Koppelelemente, Stapler, Hubwagen, ...)
- Format- und Produktanzahl, Los- oder Batchgrößen
- Rüststrategien, Schichtregime
- Kopplung von diskontinuierlichen und kontinuierlichen Prozessen
- Anzahl von Bedien- und Wartungspersonal
- Zuordnung von Personengruppen zu Aufgaben
- Wegezeiten in Abhängigkeit vom Layout
- Priorität der Aufgaben der Bediener
- Stell- und Lagerplätze.

Ausgangspunkt jeder Simulation ist dabei immer die so genannte *Basisvariante*. Als Basisvariante wird ein Modell erstellt, welches entweder die Ist-Situation (bei vorhandenen Anlagen) oder einen ersten Entwurf einer Anlagenplanung abbildet.

Mitunter ist es hilfreich, für die Basisvariante zuerst nur ein *Grobmodell* zu erstellen, dieses im Projektteam zu diskutieren und danach sukzessive mit Hilfe der zu gewinnenden (Analyse) oder zu bearbeitenden Struktur- und Parameterinformationen zu verfeinern.

Parallel zu den allgemeinen Aussagen dieses Abschnittes wird mit **Beispiel B8** die Herangehensweise demonstriert (Tab. 9.2). Eine vorhandene, veraltete und stark personalbindende Verarbeitungsanlage soll automatisiert (Alternative 1) oder komplett durch eine neue Anlage ersetzt (Alternative 2) werden. Die Entscheidungsfindung zwischen Alternative 1 und 2 soll durch Variation der Maschinenanzahl und des Speichereinsatzes unterstützt werden.

Von den theoretisch möglichen 25 Varianten sind einschließlich Basisvariante nur 13 praktisch relevant (Abb. 9.21). Bei Alternative 1, der Automatisierung, muss von der gegebenen Maschinenanzahl (drei) ausgegangen werden, weil dies sonst einer Neuanschaffung gleichkäme. Bei der neuen Anlage wird vom Anlagenhersteller technologisch nur *eine* Speicherposition unterstützt.

Die Bemühungen zur Reduzierung auf realistische Anlagenvarianten ist weniger dem Modellierungs- und Berechnungsaufwand als vielmehr der Transparenz bei der Ergebni-

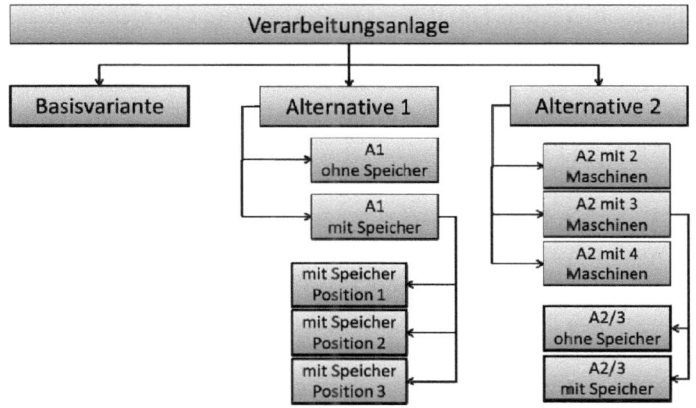

**Abb. 9.21** Variantenbildung, B9

**Tab. 9.3** Variantenvergleich, B 10

|   |   | ohne Speicher | mit Speicher | | |
|---|---|---|---|---|---|
|   |   |   | Speicherposition 1 | Speicherposition 2 | Speicherposition 3 |
| B |   | 0 |   |   |   |
| A 1 | mit 2 Maschinen |   |   |   |   |
|   | mit 3 Maschinen | +8% | +15% | +14% | +18% |
|   | mit 4 Maschinen |   |   |   |   |
| A 2 | mit 2 Maschinen | +12% |   |   |   |
|   | mit 3 Maschinen | +17% |   | +20% |   |
|   | mit 4 Maschinen | +21% |   |   |   |

sinterpretation geschuldet. Andererseits sollte dies nicht dazu führen, auf die Untersuchung jeglicher innovativer Lösungen oder Lösungskombinationen zu verzichten.

Mit jeder Variation erhöhen sich objektiv die Ungenauigkeit gegenüber der abzubildenden Realität und insgesamt die Fehlerwahrscheinlichkeit. Deshalb sollten die Simulationsergebnisse der einzelnen Varianten grundsätzlich nicht absolut und auch nicht in direktem Vergleich zueinander, sondern immer im Vergleich zur Basisvariante betrachtet werden. Damit soll erreicht werden, dass selbst bei Datenunsicherheit in der Basisvariante und allen darauf aufbauenden Struktur- und Parametervarianten die Tendenz und deren mögliche Werte für eine Entscheidungsfindung ausreichend gesichert sind.

Der Vergleich mit der Basisvariante kann als Differenz oder wie in Tab. 9.3 für das **Beispiel B10** aufgeführt, prozentual erfolgen. Dabei sind diese Aussagen nicht auf Erhöhung der Anlagenausbringung beschränkt, sondern können analog für jede beliebige Kenngröße wie z. B. auch Liefersicherheit angewendet werden.

Ein weiterer wichtiger Punkt bei der Auswahl und Modellierung von Varianten ist, die Änderung zwischen den Varianten möglichst gering (eindimensional) und immer transparent nachvollziehbar zu gestalten. Wird dies außer Acht gelassen, ist es schwierig bis unmöglich, die resultierenden Simulationsergebnisse ihren Ursachen zuzuordnen. Auch wenn dadurch die Anzahl zu modellierender, zu simulierender und zu bewertender Varianten deutlich ansteigt, so ist grundsätzlich auf eine *gleichzeitige* Veränderung von Struktur und Parametern zu verzichten. Die Ausnahme wäre es, wenn nur wenige feste Kombinationen aus Struktur- und Parametervorgaben relevant sind, wie dies z. B. beim Angebotsvergleich gegeben sein kann.

*Nebenbemerkung:* Je später im Entscheidungsprozess die Simulation zur Unterstützung herangezogen wird, umso geringer sind die Freiheitsgrade (z. B. nur noch zwei bis drei feste Angebote zur Auswahl). Zu einem möglichst frühen Zeitpunkt sind dagegen noch alle kreativen Überlegungen möglich; die Ergebnisse der Simulation können in die Pflichten- und Lastenhefte einfließen und letztendlich Wettbewerbsvorteile ermöglichen.

## 9.4 Entscheidungsunterstützung für Speichereinsatz

### 9.4.1 Aufgabenspektrum

Zum Ausgleich deterministischer und/oder stochastischer Differenzen zwischen Anfall und Bedarf von Gutmengen kommen Speicher in Betracht. Nach ihrer Funktion sind grundsätzlich *Ausgleichsspeicher* und *Störungsspeicher* zu unterscheiden.

Ausgleichsspeicher überbrücken deterministische Unterschiede im Gutstrom, Störungsspeicher dienen dem Ausgleich stochastisch auftretender Unterschiede. Letztere dienen der Verfügbarkeitserhöhung einer Anlage oder der Gewährleistung eines bestimmten Verfügbarkeitsniveaus; sie entkoppeln angrenzende Anlagenelemente, senken dadurch strukturbedingte Anlagenstillstände und führen in Abhängigkeit ihres Fassungsvermögens und ihrer Betriebsstrategie zu höherer Anlagenproduktivität und Wirtschaftlichkeit (grundsätzliche Funktion dieser Anlagenelemente siehe Abschn. 1.4).

Speicher, ausgeführt z. B. als Beschickungs- oder Sammelspeicher (siehe auch [9.7]) sind in Verarbeitungsanlagen für einen hohen Automatisierungsgrad technologisch funktionsnotwendig und oft effizienzerhöhend. Die Simulation kann durch die explizite Modellierung, die Nachbildung alternativer Anlagenstrukturen, schnell und sicher quantitative Ergebnisse erzeugen, die die Entscheidungssicherheit beim Speichereinsatz erhöht. Die *optimale Speicherkapazität ist bei der Simulation nur* im Zusammenhang mit der Klärung weiterer Fragen zu bestimmen:

- *Position* der Speicher in der Verarbeitungsanlage: zwischen welchen Prozessen?
- *Strukturelle Einbindung* der Speicher in den Gutfluss: als Haupt- oder Nebenschlussspeicher? (siehe Abschn. 5.1.2, Abb. 5.4 und [9.6])
- *Entleerbarkeit* der Speicher ausreichend schnell?
- Speicherart, Speicherprinzip: als Durchlauf-, Rücklauf- oder Umlaufspeicher? (siehe Abschn. 4.3.3.4 und [9.7])
- Dynamische *Steuerung* in Abhängigkeit vom Speicherinhalt?

## 9.4 Entscheidungsunterstützung für Speichereinsatz

Sollen beispielsweise für die Kapazitätsbestimmung Simulationen mit 5 verschieden großen Speichern durchgeführt werden und dafür jeweils nur zwei Varianten der strukturellen Einbindung, alle drei Speicherarten, jeweils mit und ohne Steuerung untersucht werden, müssten bereits 60 Varianten modelliert, simuliert und ausgewertet werden.

Kommen – wie praxisüblich – in dem Anlagenbereich, in dem der Speichereinsatz erfolgen soll, weitere Fragestellungen hinzu, wie die Anzahl paralleler Maschinen, alternative Layoutgestaltung und davon abhängige Anzahl Bedienkräfte, würde die Anzahl möglicher Varianten weiter stark ansteigen. Der Zeit- und Kostenaufwand wäre dann auch bei Nutzung hocheffektiver Simulationssysteme unakzeptabel hoch. Dazu gehört auch, dass für eine quantitative Untersuchung mittels Simulation für *alle* Varianten ausreichend sichere Daten verfügbar sein müssten. Wäre dies nicht gegeben, müssten an vergleichbaren Anlagen solche Daten erhoben oder von potentiellen Projektpartnern akquiriert werden.

Den Ausweg aus dieser Problematik kann die auf der systematischen Experimentplanung und der pragmatischen Erfahrung zahlreicher erfolgreich durchgeführter Simulationsprojekte (siehe [9.2]) basierende *Vorgehensweise* sein, wie in folgendem Abschnitt beschrieben.

### 9.4.2 Vorgehensweise – Entscheidungsstrategie

Als Handlungshilfe bietet Abb. 9.22 eine strukturierte Vorgehensweise für die Entscheidungsunterstützung zum Einsatz eines *Störungsspeichers* an, die zum Ziel hat,

- keine kreative Lösung unbewusst vorzeitig auszuschließen
- trotzdem die Anzahl zu betrachtender Varianten (Aufwand) klein zu halten
- sicher vergleichbare, *quantitative* Aussagen zur Entscheidungsfindung zu erhalten.

Das Vorgehen ist in fünf Arbeitsschritte unterteilt, welche die notwendigen Informationen für Variantenauswahl (A1 bis A3) und Einsatzentscheidung (E1) bereitstellen. Die in den Arbeitsschritten 1, 2 und 5 für die Simulation genutzten Modelle bauen direkt aufeinander auf.

Im *ersten Arbeitsschritt* werden die Anlagenvarianten (Strukturvarianten) zuerst *ohne* Speicher und danach mit einem *idealen* Speicher gerechnet. Die Simulation ohne Speicher ist notwendig, um gemessen an deren Ergebnis alle simulierten Varianten in den kommenden Arbeitsschritten vergleichen und das *Aufwand-Nutzen-Verhältnis* unter vergleichbaren Bedingungen bewerten zu können.

Kann schon die Simulation mit idealem Speicher (unbegrenzte Kapazität, keine Eigenstörungen, …) kein wirtschaftlich sinnvolles Ergebnis hinsichtlich Aufwand für das Speichersystem in Relation zum Verbesserungseffekt nachweisen, so sind alle weiteren Schritte hinfällig.

Ist das Ergebnis hingegen akzeptabel, so wird damit gleichzeitig eine obere Grenze aufgezeigt, die nur theoretisch, d. h. im Modell erreichbar ist und welcher sich die System-

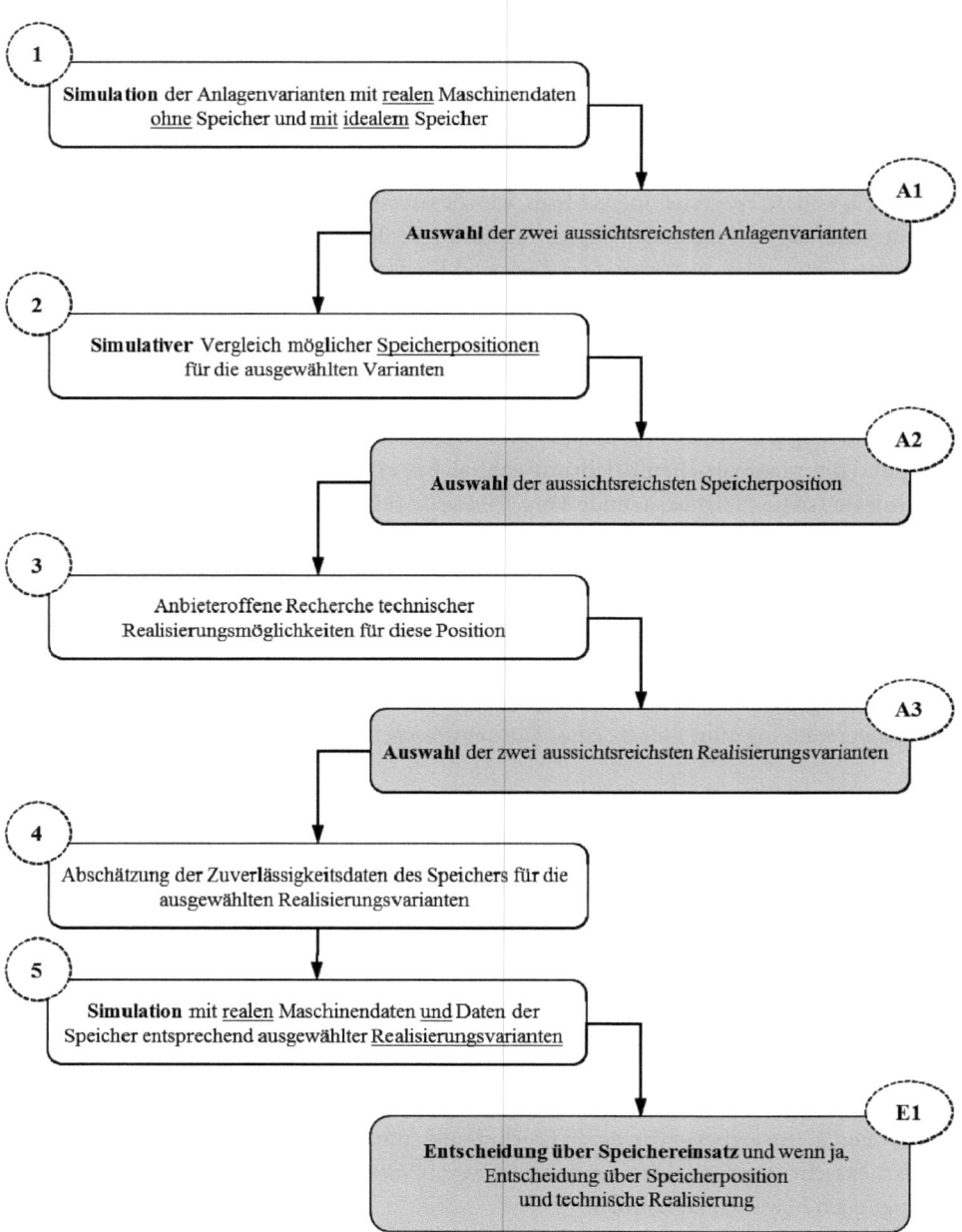

**Abb. 9.22** Entscheidungsstrategie zum Speichereinsatz

lösung aufgrund des exponentiell ansteigenden technischen Aufwands nur hinreichend annähern sollte.

Das Vorgehen zum *zweiten Arbeitsschritt* wird im folgenden Abschn. 9.4.3 näher betrachtet.

Der *dritte Arbeitsschritt* basiert auf den bisherigen Simulationsergebnissen und Entscheidungen, unterscheidet sich aber nicht von der grundsätzlichen Vorgehensweise bei der Auswahl realer technischer Systeme.

Im *vierten Arbeitsschritt* sind die Zuverlässigkeitsdaten des Speichers, bezogen auf die ausgewählten Realisierungen, zu ermitteln. Diese Daten sind von dem bevorzugten technischen System, aber insbesondere auch von den Eigenschaften des zu speichernden Gutes abhängig. Die Erfahrung [9.2] lehrt, dass diese sensiblen Informationen nur selten in ausreichender Datenqualität vom Maschinenbauer (Speicherlieferanten) zur Verfügung gestellt werden. Die Ursachen sind vielseitig (keine ausreichende Erfahrung mit dem konkreten Speichergut, vor Vertragsabschluss nur Angabe von Prospektwerten, ...). Trotzdem ist es möglich, bei ausreichender Branchen- und Prozesskenntnis diese Daten verantwortungsbewusst abzuschätzen. Empfehlenswert ist es, dazu die *Risikobereiche*

a) Zuführen bzw. Eintakten der Güter in den Speicher
b) Verweilen im Speicher (unbewegt, bewegt)
c) Abführen bzw. Austakten aus dem Speicher

jeweils getrennt nach Störungswahrscheinlichkeit und zu erwartender Stillstandszeit bei Störung zu bewerten. Beispielgebend soll hier nur der Unterschied beim Produkthandling für Waffelstücke angeführt werden, ob diese mit fester und trockener oder cremiger Füllung versehen sind. Während im ersteren Fall bei einer Störung mit Gutbruch im Allgemeinen ein Ausblasen oder Abkehren (Dauer: wenige Sekunden) angenommen werden kann, sind im zweiten Fall zusätzlich zur Behebung der eigentlichen Störung noch Reinigungszeiten im Minutenbereich zu erwarten.

Darüber hinaus ist bei einem Speicher im Nebenschluss (siehe Abb. 5.4, Abschn. 5.1.2.2 und [9.6]) zu berücksichtigen, dass nicht unerhebliche zusätzliche Störungsrisiken beim Verzweigen und wieder Zusammenführen des Gutstromes resultieren können. Die dadurch entstehenden Verluste können technisch und/oder gutbedingt größer sein, als die durch den eigentlichen Speicher verursachten.

Diese Vorgehensweise, die projektbezogen immer angepasst werden muss, reduziert die Anzahl zu betrachtender Varianten erheblich und erfordert bis zur Entscheidung E1 auch keine Bindung an einen konkreten Systemlieferanten.

Beispielsweise könnte die Auswahl A3 auch drei oder vier (keinesfalls bis 20) anstatt nur zwei Anlagenvarianten favorisieren. In anderen Fällen können engste technologische Restriktionen einen *einzigen* Speichertyp nur an *einer* Anlagenposition zulassen und die gesamte Untersuchung auf die Gegenüberstellung von Varianten ohne und mit Speicher reduzieren.

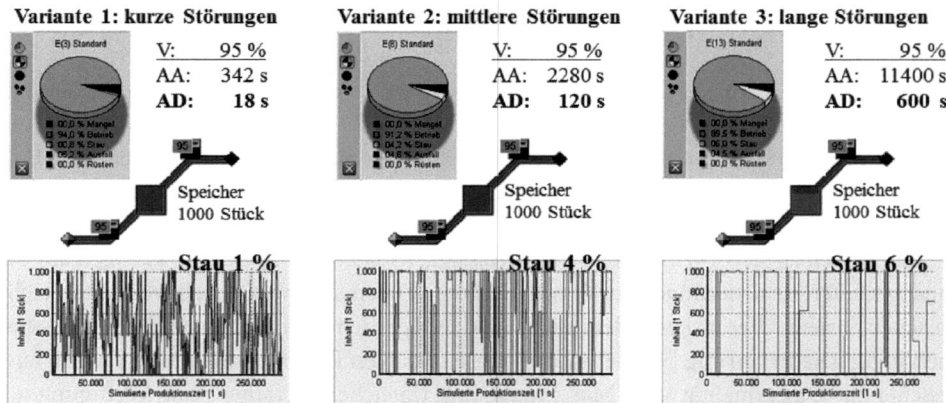

**Abb. 9.23** Einfluss des Ausfallverhaltens auf die Speicherwirkung, B11

### 9.4.3 Besonderer Einfluss des Ausfallverhaltens

Beim Einsatz der Simulation für die Bewertung und den Vergleich von Verarbeitungsanlagen mit Speichern ist der Parametrierung des Ausfallverhaltens besondere Sorgfalt zu widmen. Insbesondere die Wirksamkeit von Störungsspeichern wird nicht allein durch den Wert der Verfügbarkeit vor- und nachgeschalteter Prozesse – vorwiegend der Maschinen – bestimmt, sondern auch durch Häufigkeit und Dauer der Störungen (siehe auch Abschn. 8.2.1, Anforderungen an Störungsspeicher-Modelle). Die Qualität der Simulationsergebnisse wird deshalb weitgehend davon bestimmt, inwieweit es gelingt, das Ausfallverhalten ausreichend genau abzubilden.

Das nachfolgende einfache *Simulationsbeispiel B11* soll die Zusammenhänge verdeutlichen und die Notwendigkeit der verantwortungsbewussten Modellierung betonen:

Der zu betrachtende Anlagenabschnitt wird durch lose Verkettung von zwei Maschinen gebildet, d. h. zwischen diesen Maschinen befindet sich ein Störungsspeicher. Die Maschinen weisen zur Vereinfachung gleiche Werte der Arbeitsgeschwindigkeit und der Verfügbarkeit auf. Der einzige, aber entscheidende Unterschied von drei Varianten dieses Anlagenabschnitts ist, dass die Verfügbarkeit von 95 % bei Variante 1 aus sehr kurzen Störungen (Mittelwert Ausfalldauer AD = 18 s), bei Variante 2 aus mittleren Störungen (Mittelwert AD = 120 s) und bei Variante 3 aus vergleichsweise langen Störungen (Mittelwert AD = 600 s) resultiert. Da die *Verfügbarkeitswerte gleich bleiben*, wächst mit der Ausfalldauer AD auch der Ausfallabstand AA proportional (siehe grundlegende ZKG Abschn. 3.3.2, insbesondere Gl. 3.13). Es liegen in diesem *Beispiel B11* also entweder häufiger kurze Störungen oder seltener lange Störungen vor. Die Simulationsergebnisse zeigen nach Abb. 9.23 folgendes interessante Anlagenverhalten:

## 9.4 Entscheidungsunterstützung für Speichereinsatz

- Aus Variante 1 resultiert, wie aus dem Diagramm des Speicherinhalts über der Produktionszeit ersichtlich, eine ausgeglichene Dynamik des Füllens und Entleerens des Speichers. In den meisten Störsituationen ist die Störung beendet, ehe der Speicher restlos gefüllt ist (Störung der nachgeschalteten Maschine) bzw. ehe der Speicher restlos entleert ist (Störung der vorgeschalteten Maschine). Das Kreisdiagramm der vorgeschalteten Maschine weist nur einen Rückstau (bei vollkommen gefülltem Speicher) von knapp 1 % der betrachteten Zeit aus. Würde das analoge Diagramm der nachgeschalteten Maschine aufgerufen, würde es einen analog geringen Wert für Mangelsituationen (Speicher leer) anzeigen.
- Bei Variante 2 verringert sich die ausgleichende Wirkung des Speichers infolge der geringeren Dynamik.
- Bei Variante 3 reduziert sich die Speicherdynamik schon weitgehend auf die Grenzzustände *Speicher voll* und *Speicher leer*. Die Speicherwirkung ist stark eingeschränkt. Ohne Steuerung ergäbe sich für die angrenzenden Maschinen ein ungünstiger *Start-Stopp-Betrieb*.

Der bekannte Zusammenhang, dass längere Störungen bei gleichen Verfügbarkeitswerten der angrenzenden Maschinen größere Speicher erfordern, wird hier durch Simulation transparent dargestellt. Andererseits wird aber auch deutlich, dass die Kenntnis und hinreichende Abbildung des realen Spektrums kürzerer und längerer Störungen entscheidend für die Ergebnisqualität ist. Die erfolgreiche Bearbeitung von Speicherproblemen erfordert für die Auswahl und Parametrierung der statistischen Beschreibungsfunktionen ausreichendes Know-how.

Die praktischen Konsequenzen veranschaulicht ein weiteres **Beispiel B12** (Abb. 9.24). Struktur und Mittelwerte des Ausfallverhaltens entsprechen der diskutierten Variante 3. Zunächst wird die Ausfalldauer wie im bisherigen *Beispiel B8* mit der *Exponentialverteilung* abgebildet.

Deren grundlegende grafische Gestalt ist aus dem Histogramm (Häufigkeit des Auftretens über der jeweiligen Klasse der Ausfalldauer) ersichtlich. Die Exponentialfunktion stimmt in erster Näherung mit der Erfahrung gut überein, dass kurze Störungen bei Verarbeitungsmaschinen dominieren und längere immer seltener auftreten.

Viele Störungen haben aber eine *Mindestdauer*, wie auch zahlreiche Analysen nach [9.2] bestätigen. Entsprechend Abschn. 9.3.2.4 ist diese Mindestdauer wesentlich bedingt durch die Zeiten für das Erkennen der Störung, die Wege zur gestörten Maschine und das Öffnen des Stütz- und Hüllsystems. Dies steht im Widerspruch zu der mathematischen Definition der Exponentialfunktion. Einige Simulationswerkzeuge bieten die Möglichkeit, ein *Limit* festzulegen, unterhalb dessen keine Ausfallwerte erzeugt werden. In Abb. 9.24 ist der Bereich unterhalb des Limits mit $AA_1$ bezeichnet. Unabhängig davon, dass die mathematischen Konsequenzen einer derartigen Limitvorgabe bei der Arbeit mit standardisierten Statistikfunktionen diskussionswürdig sind, widerspricht die Vorgabe eines globalen Limits für alle Ausfalldauern einer Maschine den realen Verhältnissen.

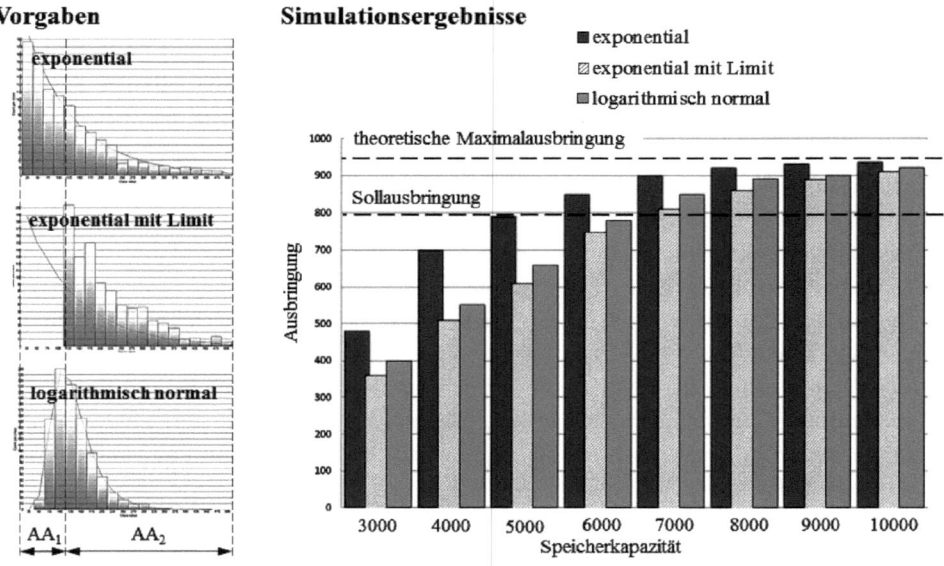

**Abb. 9.24** Einfluss der Verteilungsfunktionen auf die Ergebnisse, B12

Die theoretisch genauere und praktisch bestätigte Modellierung sollte hier mit einer *logarithmischen Normalverteilung* erfolgen. Das sich der dafür notwendige zusätzliche Aufwand zur Bestimmung der Standardabweichung lohnt, weisen die im diskutierten Bild gleichfalls aufgeführten Simulationsergebnisse aus. Das Modell wurde mit jeder der drei Beschreibungsformen des Ausfallabstandes erstellt und für acht unterschiedliche Speicherkapazitäten (7000 ... 10.000 Stück) über $50 \times 28.800$ s simuliert, was 50 Schichten a 8 h entspricht.

Die Säulendiagramme weisen zunächst für alle untersuchten Verteilungsfunktionen den bekannten nahezu logarithmisch gedämpften Anstieg der tatsächlichen Anlagenausbringung (vertikale Diagrammachse) bei Erhöhung der Speicherkapazität (horizontale Diagrammachse) auf. Trotz jeweiliger Verdopplung der Speicherkapazität in jedem Diagrammschritt wird der Zuwachs an Ausbringung immer geringer und nähert sich günstigenfalls dem Wert der schwächsten Maschine im betrachteten Abschnitt. Der immer geringere Zuwachs der Ausbringung war zu erwarten: Siehe dazu Verlauf der Systemverfügbarkeit, Abschn. 8.2.1, Abb. 8.3:

Die in B12 dargestellte Ausbringung ist die tatsächliche Produktivität $Q_t$, die sich mit Gl. 3.5 zu $Q_t = Q_r \cdot V$ berechnet und damit dem Verlauf $V = f(M)$ folgt! Verluste durch Stau- und Mangelsituationen werden durch einen genügend großen Speicher kompensiert, die Verluste aus Eigenstörung bleiben aber bestehen. Im Vergleich weisen die Säulen für das Modell mit Exponentialverteilung den schnellsten und bei Exponentialverteilung mit Limit den geringsten Anstieg auf.

## 9.4 Entscheidungsunterstützung für Speichereinsatz

Da der Aufwand zur Steigerung der Ausbringung ($Q_t$) wie gezeigt überproportional ansteigt, wird es nie wirtschaftlich sein, den theoretisch möglichen Wert der Anlagenausbringung anzustreben. Untersuchungen zum Einsatz von Störungsspeichern sind im Allgemeinen dahin zu führen, mit welcher Speicherkapazität eine erforderliche *Sollausbringung* ausreichend sicher erreicht werden kann. Im betrachteten Beispiel wird dieses Ziel bei Berechnung mit Exponentialverteilung schon mit einer Speicherkapazität von 5000 Stück erreicht; werden aus dieser Verteilung alle Werte im Bereich AA$_1$ durch ein Limit eliminiert, so wird der Sollwert erst bei ca. 7000 Stück Speicherkapazität erreicht. Die Differenz entspricht einer *möglichen Ungenauigkeit von bis zu 30 %*. Der Realität am nächsten kommt die Modellierung mit der logarithmischen Normalverteilung.

Dieses Beispiel zeigt zweifelsohne, dass mit modernen Simulationssystemen effektive Werkzeuge zur Verfügung stehen. Damit verbundener Aufwand und notwendiges branchenbezogenes Know-how zum Erreichen einer hohen Entscheidungssicherheit (auch bei ständiger Weiterentwicklung der Systeme) dürfen jedoch nicht unterschätzt werden.

Während die nichtsimulativen, die analytischen Berechnungsverfahren bei Störungsspeichermodellen fest vorgegebene Verteilungsfunktionen und weitere Restriktionen voraussetzen – auch wenn diese praktisch oft nur näherungsweise einzuhalten sind –, bietet die Simulation ein wesentlich breiteres Spektrum der Beschreibungsmöglichkeiten und dem erfahrenen Nutzer ausreichend Diagnosetools, um die damit verbundenen Effekte transparent darzustellen.

### 9.4.4 Speicherposition in der Anlage

Es ist und kann nicht Gegenstand dieses Kapitels zur Simulation sein, alle Aspekte (ausreichend Raum und Zugänglichkeit, technologische Eignung der Güter zum Speichern bzw. Anforderungen an die technische Realisierung, …) detailliert zu diskutieren, die für oder gegen den Einsatz eines Störungsspeichers an einer bestimmten Position in der Anlage sprechen. Grundsätzlich ist aber zu untersuchen, *zwischen welchen Prozessen* der größte Effekt (Erhöhung der Ausbringung, Minimierung der Produktionsschwankungen, …) erreicht werden könnte und darauf aufbauend zu ermitteln, welcher Aufwand bei einer Speicherrealisierung an diesen als günstig bewerteten Positionen erforderlich wäre.

Auch diesen Aspekt soll ein der Praxis entlehntes **Beispiel B13** illustrieren: Einer Herstellanlage für kosmetische Produkte sind durch Reihenverkettung fünf Verpackungsmaschinen nachgeschaltet. Die Verpackungsmaschinen weisen die aus Tab. 9.4 ersichtlichen Parameter auf.

Das Simulationswerkzeug [9.1] kann beliebig viele Varianten gleichzeitig abbilden und berechnen. So können, ohne Berücksichtigung der realen Aufstellung in U-Form, neun Struktur- bzw. Layoutvarianten (L1 bis L9) in einem Simulationsmodell (Abb. 9.25) gegenübergestellt werden.

Entsprechend den Aussagen in Abschn. 9.4.2 ist mit L1 der betreffende Anlagenabschnitt ohne jeden Speicher als Vergleichssituation für alle anderen modelliert. In die Layoutvarianten L2 bis L5 ist jeweils ein Speicher mit der Kapazität von 10.000 Stück an allen

**Tab. 9.4** Maschinendaten Beispiel B13

|  |  | Maschine 1 | Maschine 2 | Maschine 3 | Maschine 4 | Maschine 5 |
|---|---|---|---|---|---|---|
| Verfügbarkeit V | % | 83,0 | 85,7 | 92,3 | 87,8 | 96,0 |
| Ausfallabstand AA | s | 244 | 360 | 360 | 360 | 4320 |
| Ausfalldauer AD | s | 50 | 60 | 30 | 50 | 180 |
| Einstellgeschwindigkeit $v_E$ | Stck/min | 600 | 700 | 660 | 600 | 800 |

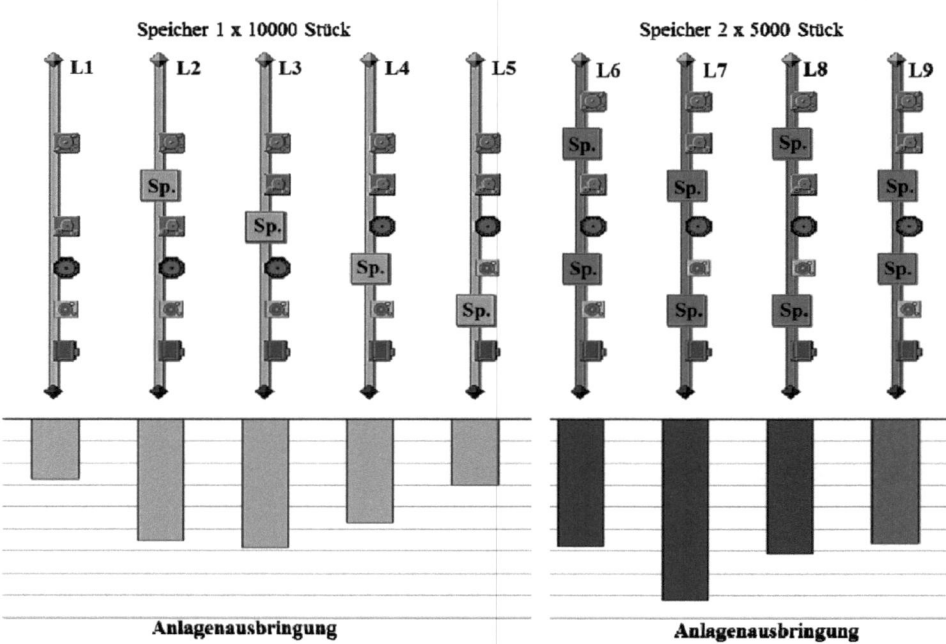

**Abb. 9.25** Optimale Speicherposition bei Reihenverkettung

sinnvollen Positionen eingebunden. Die Layoutvarianten L6 bis L9 kombinieren jeweils zwei Speicher mit der halben Kapazität (5000 Stück).

Die Simulationszeit für das gesamte Modell umfasst 50 Produktionsschichten, jeweils mit einer Genauigkeit von einer Sekunde → 50 × 28.800 Berechnungsschritte. Die Simulationsergebnisse sind in Abb. 9.25 direkt den Varianten L1–L9 zugeordnet. Dass L1 ohne Speicher die geringste Ausbringung aufweist, ist selbstverständlich, da ein ausschließlich festverkettetes, redundanzloses System vorliegt (siehe Abschn. 8.1.1). Der Speicher vor der letzten Maschine in L5 ist nahezu wirkungslos. Besonders vorteilhaft ist die Einbindung in L3, auch in L2 ist die entkoppelnde Wirkung des Speichers gut erkennbar.

L6, L8 und L9 weisen im Verhältnis zum Zusatzaufwand (zweiter Speicher) keinen wirtschaftlich ausreichenden Zusatzeffekt auf (siehe zuverlässigkeitsoptimale Strukturen, Abschn. 8.5.3 und Beispiel zur Berechnung der optimalen Speichergröße, Abschn. 8.5.4.2).

## 9.4 Entscheidungsunterstützung für Speichereinsatz

**Abb. 9.26** Typische Speicherpositionen bei Parallelverkettung

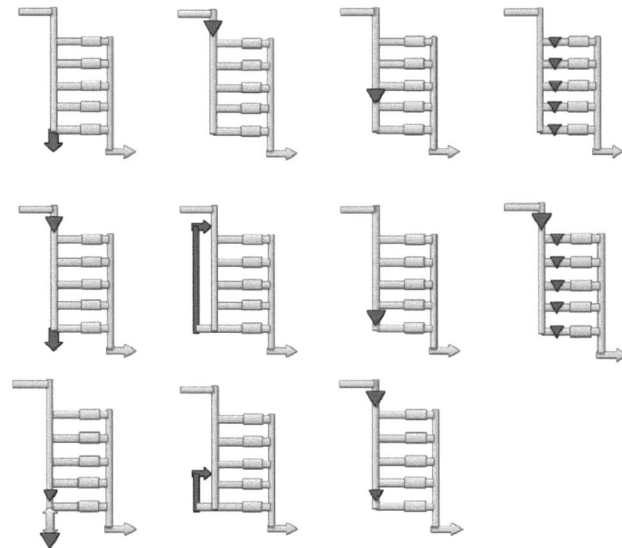

Zu erkennen ist, dass in Kombination mit einem vorgeschalteten *zweiten* Speicher der bisher wenig wirksame Speicher vor der Palettierung (letzte Maschine) jetzt einen sichtbaren Zuwachs gegenüber L2 bzw. auch L3 und damit Zusatznutzen zur Folge hat. Ohne den vorgeschalteten Speicher wirken die vorderen Maschinen so stark als Engpass, dass die Differenz zum Palettierer nicht durch einen Speichereinsatz ausgleichbar ist. In einem *realen Projekt* würde dies aber Anlass sein, zu prüfen, ob der bisher mit Unterlast arbeitende Palettierer die parametrierten Kennwerte auch wirklich erreicht!

### 9.4.5 Speichereinsatz bei Parallelverkettung

Abbildung 9.26 deutet mit typischen Positionen von Einzelspeichern und Speicherkombinationen die Variantenvielfalt und damit die Bedeutung und den möglichen Umfang der simulativen Untersuchung bei Parallelverkettungen an, wie sie z. B. in Schokoladen-, Backwaren- und anderen Süßwarenverpackungsanlagen typisch sind. Nicht zuletzt deshalb erweist sich ein analoges Vorgehen nach Abschn. 9.4.2 als empfehlenswert.

Siehe Abschn. 5.1 zum Einsatz von Störungs- und Ausgleichsspeichern als Strukturbausteine in Verarbeitungsanlagen, die auch als integrierte Projektbausteine wie Maschine-Speicher-Kombinationen zur Anwendung kommen; siehe auch Abschn. 5.5.1 und 6.6.1: Beispiel einer Verpackungsanlage für Hartkaramellen. Bei diesem Anlagenbeispiel enthalten die Maschinen der Maschinengruppen (Parallelsysteme) 1 und 2 integrierte Speicherkapazitäten als Beschickungsspeicher vor jeder Maschine, die sowohl Ausgleichs- als auch Störungsspeicherfunktion haben.

# Wirtschaftliche Aspekte 10

## 10.1 Betriebswirtschaftliche Grundlagen

Umfassende betriebswirtschaftliche Aufgaben der Anlageninvestition sind in der Regel dem Betriebswirtschaftler bzw. Wirtschaftsingenieur vorbehalten. Projektingenieur und Projektleiter werden sich aber mit solchen betriebswirtschaftlichen Kategorien zu befassen haben wie:

- Planungszeitraum, Planungsaufwand, Planungskosten
- Kosten und Nutzen des Investitionsobjektes
- Controlling, hier vorwiegend: Ablaufsteuerung, Kosten-Fortschrittskontrolle.

Die beiden ersten Kategorien erfordern vom Projektingenieur eigene Aufwandsermittlungen, Kosten- und Nutzensrechnungen, hier kann er auf Erfahrungswerte und Schätzungen angewiesen sein. An Aufgaben des Controlling, das den Gesamtprozess der Planung, Durchführung und Kontrolle auf allen Führungsebenen des Unternehmens umfasst, wird er nur mitzuwirken haben.

Folgende Ausführungen sollen den Projektingenieur weiter befähigen, auch betriebswirtschaftliche Aufgaben durchzuführen bzw. an deren Lösung mitzuwirken.

**Investitionsrechnungen** *Grundvoraussetzung* für ein zu planendes Vorhaben ist seine *Wirtschaftlichkeit*, die durch Investitionsrechnungen nachzuweisen ist. Die gebräuchlichsten Berechnungsverfahren [10.1, 10.2] sind in Abb. 10.1 übersichtshalber genannt und werden teilweise in Abschn. 10.2 am Zahlenbeispiel veranschaulicht. Welche dieser Verfahren als Entscheidungskriterium zur Anwendung kommt, ist entweder zwischen AG und AN zu vereinbaren oder bleibt dem Projektträger überlassen. Investitionsprozesse umfassen *Planung*, *Durchführung* und *Kontrolle*.

| Verfahren der Investitionsrechnung | |
|---|---|
| **Statische Verfahren** | |
| Kostenvergleich | Die zu vergleichenden Investitionsalternativen (z. B. Anlagenvarianten) werden nach ihren Kosten bewertet. Kostenbasis kann ein Zeitabschnitt (z. B. Jahr) oder die zu produzierende Stückzahl sein. |
| Gewinnvergleich | Als Erweiterung des Kostenvergleichs werden die mittels der Investition erzielten Erlöse im Zeitabschnitt oder die erzielten Marktpreise je Stück zusätzlich berücksichtigt. Verglichen wird der zu erwartende Jahresgewinn. |
| Rentabilitätsvergleich | Dieser Vergleich ist eine bessere Form des Gewinnvergleichs. Verglichen werden die absolute Gewinnhöhe und die Rentabilität des eingesetzten Kapitals. |
| Amortisationsvergleich | Mittels Kosten- und Gewinnvergleich wird der Zeitraum (Amortisationsdauer) bestimmt, in dem das eingesetzte Kapital über die Erlöse wieder in das Unternehmen zurückfließt. |
| **Dynamische Verfahren** | |
| Kapitalwertmethode | Es werden alle Zahlungsströme der Einzahlungen und Auszahlungen des Vorhabens auf den Investitionsbeginn abgezinst, d. h. die Barwerte ermittelt. Die Summe aller Barwerte ist der Kapitalwert. |
| Interne Zinsfußmethode | Es wird die Verzinsung der Kapitalströme ermittelt. Eine Investition ist vorteilhaft, wenn der interne Zinsfuß nicht kleiner als der vom Unternehmen kalkulierte ist. |
| Annuitätenmethode | Die Ein- und Auszahlungen einer Investition werden gleichmäßig auf die Nutzungsjahre verteilt. Entscheidungskriterium ist der Vergleich der durchschnittlichen jährlichen Ein- und Auszahlungen bei gegebenem internen Zinsfuß. |

**Abb. 10.1** Die gebräuchlichsten Berechnungsverfahren zur Bewertung einer Anlageninvestition

Die Investitionsplanung basiert auf den vom Management vorgegebenen Zielen. **Planungsziele** können sein:

- Liquidität
- Sicherheit
- Rentabilität.

*Liquidität*: Zahlungsfähigkeit, deren Erhaltung für das Unternehmen lebensnotwendig ist. *Sicherheit*: Risikobegrenzung, um das Unternehmens nicht zu gefährden. Eine Investition soll Gewinn erwirtschaften, birgt aber auch das Risiko, verlustreich zu sein. *Rentabilität*: Sie ergibt sich aus dem Verhältnis von Gewinn zu Kapital bzw. Umsatz und kann im Investitionsbereich durch die Wahl wirtschaftlich vorteilhafter Investitionsobjekte – hier: vorteilhafte Anlagenalternativen, Projektlösungen – positiv beeinflusst werden.

Der Projektant hat zunächst technisch mögliche Anlagenvarianten zu entwerfen, wirtschaftlich zu bewerten und für die günstigste, die *Lösungsvariante*, in der Projektdokumentation den wirtschaftlichen Nachweis *soweit* zu führen, dass der AG seine Kaufentscheidung fällen und auf Basis der Projektdaten eigene, weiterführende Wirtschaftlichkeitsbetrachtungen anstellen kann.

## 10.1 Betriebswirtschaftliche Grundlagen

**Zur Anwendbarkeit der Investitionsrechnungen** Die *statischen* Verfahren berücksichtigen nicht den Zeitfaktor der Zahlungsströme; sie rechnen als praktikable Verfahren nur mit *einer* Zeitperiode, z. B. dem Kalenderjahr oder der Nutzungsdauer der Anlage, sind jedoch relativ einfach und deshalb ohne Weiteres anwendbar.

Die *dynamischen* Verfahren beziehen sich auf *mehrere* Zeitperioden, bedienen sich finanzmathematischer Grundlagen, mit deren Hilfe die unterschiedliche Bedeutung der Daten im Zeitablauf berücksichtigt wird. Rechnerisch können die dynamischen Verfahren genauere Werte als die statischen liefern. Praktisch ist es aber problematisch, künftige Zahlungsströme vorauszuberechnen. Je besser zunächst theoretisch getroffene Vorhersagen wie Zinsentwicklung und Absatz der Produkte auch praktisch eintreffen, desto besser sind die tatsächlichen ökonomischen Effekte vorhersagbar.

Die statischen Verfahren ermöglichen bereits einen oft ausreichenden *Vergleich von Anlagenvarianten*. Zu beachten ist auch, dass die aus wirtschaftlicher Sicht im Voraus zu treffende Entscheidung zu einer Anlageninvestition ohnehin teilweise auf Einschätzungen und somit *Unsicherheiten* (Risiken) basiert:

- Umsatz- und Gewinnprognose?
- Quantifizierung und zeitlicher Verlauf der Betriebskosten?
- Stabilität des Verarbeitungsgüter- und Produktprogramms?
- Anpassbarkeit der Anlage an künftig erforderliche Änderungen?

Derartige, aus technischem Fortschritt, Modetrends, Handelsbeziehungen und Zinsentwicklung resultierende Unsicherheiten führen dazu, dass die zwar theoretisch weiter reichenden dynamischen Verfahren praktisch nur so gut sind, wie genau und zuverlässig die Kapitalströme und deren zeitlicher Verlauf über der Nutzungsdauer eines Vorhabens vorhergesehen wurden – bei Verarbeitungsanlagen sind 5 bis 10 Jahre Nutzungsdauer und mehr keine Seltenheit.

**Wertschöpfungsprozess, Wertschöpfungskette** (Value Chain) Die Herstellung von Produkten ist ein Wertschöpfungsprozess [10.3] mit dem Ziel der Wertvermehrung. Die Produkte – die Verarbeitungsanlagen als Produkte des Maschinen- und Anlagenbaus und die Konsumgüter des Anlagenbetreibers – werden durch Umwandlung von Material, Arbeit und Energie nach bestimmten Produktionsverfahren erzeugt.

Kosten für Material, Arbeit und Energie werden aus dem *Umlaufkapital* finanziert. Ein Teil der Erlöse muss zur Erhaltung der Betriebs- und Konkurrenzfähigkeit reinvestiert werden für Reproduktion und Produktentwicklung.

Nach [10.4] betrug die Umlaufzeit des Kapitals in den 1980er Jahren je nach Industriezweig drei bis 30 Monate. Bezogen auf heute und die hier interessierenden Branchen, deren Kapitalflüsse immer mehr global geprägt werden, sei folgende Einschätzung erlaubt:

Der Kapitalbedarf eines Produktions-Arbeitsplatzes (Beschaffungswert) in der Industrie liegt heute in der Größenordnung von 25 bis 500 T€, von manueller Tätigkeit an wenig

**Tab. 10.1** Betriebsgrößen und ausgewählte Merkmale nach [10.1]

| | Kleinbetrieb | Mittelbetrieb | Großbetrieb |
|---|---|---|---|
| Zahl der Beschäftigten | bis 50 | bis 250 | über 250 |
| Bilanzsumme | bis 4.840.000 € | bis 19.250.000 € | über 19.250.000 € |
| Umsatz | bis 9.680.000 € | bis 38.500.000 € | über 38.500.000 € |
| Umsatz pro Beschäftigte[1)] | 193.600 € | 154.000 € | 154.000 € |

[1)] nachgetragen

mechanisiertem Arbeitsplatz bis hin zu Kontroll- und Überwachungstätigkeit in automatisierter Produktion.

In Verarbeitungsmaschinen- und -anlagenbau und in verarbeitender Industrie liegen etwa folgende Relationen vor:

- Umlauf des Kapitals (Lieferzeit):
  drei bis 24 Monate für Produkte des Anlagenherstellers
  14 Tage bis 6 Monate für Produkte des Anlagenbetreibers
- Kapitalbedarf je Arbeitsplatz: 25 bis 200 T€
- Anteil Lohnkosten an Gesamtkosten: (5) 10 bis 50 %.

Die Frage nach dem erforderlichen *Mindestumsatz* pro Beschäftigte und Jahr, die Frage nach der *Gewinnschwelle* (Break-Even-Punkt), ist nur unter Beachtung aller Wertschöpfungsfaktoren zu beantworten. In Verarbeitungsmaschinen- und -anlagenbau und verarbeitender Industrie hochentwickelter Industrieländer dürfte der Mindestumsatz in der Größenordnung 75 bis 150 T€ pro Beschäftigte und Jahr liegen, um rentabel zu produzieren.

Aus einer Darstellung in [10.1] mit Bezug auf die in § 267 HGB klassifizierten Betriebsgrößen lassen sich Umsätze pro Geschäftsjahr und Beschäftigte ableiten (Tab. 10.1), die allerdings über der Rentabilitätsschwelle liegen dürften. Diese Einschätzungen sollen lediglich *Größenordnungen* vermitteln; der konkrete Fall – Branche, Unternehmen, Anlagentyp, Konsumgut – wird zeigen, mit welchen Zahlenwerten tatsächlich zu rechnen ist.

Die *Effektivität* des periodisch ablaufenden Wertschöpfungsprozesses ist abhängig von zwei Faktorengruppen:

1. Betriebsinterne Faktoren: technische, ökonomische, dispositive, die durch Planung und Betriebsführung zu beeinflussen sind
2. Produktpolitik und Marketing-Management, die über den Marktwert der Produkte, damit über Verkaufspreis, Absatzmenge und schließlich Erlös entscheiden.

Entscheidendes Effektivitätskriterium der Produktpolitik ist die *Produktentwicklung* als vorrangige und ständige Aufgabe jedes Unternehmens, um jederzeit den überlebensnotwendigen Umsatz zu gewährleisten. In den heute globalen Geschäftsbeziehungen sind die

Geschäftsprozesse eines Unternehmens immer mehr in Verbindung mit anderen Marktteilnehmern zu betrachten.

Erfolgte ursprünglich die Optimierung der Wertschöpfungsprozesse – von Beschaffung über Lagerhaltung bis zum Absatz – in *einem* Unternehmen, so geht es heute um *unternehmensübergreifende Wertschöpfungsketten* vom Lieferanten bis zum Endkunden (Supply Chain Management) [2.4]. Nach [10.5] soll künftig der Wettbewerb zwischen kooperierenden Netzwerken dominieren, nicht mehr nur zwischen einzelnen Unternehmen.

**Wirtschaftliche Investitionsvoraussetzungen** Der wirtschaftliche Erfolg der für den Investitionsgütermarkt bestimmten Produkte des Maschinen- und Anlagenbaus entscheidet sich am Markt: Der Hersteller muss seine Maschinen und anderen Produkte entwickeln, herstellen und verkaufen, mit welcher der Betreiber marktgerechte Konsumgüter produzieren kann. Es müssen also *beide* Seiten in ihrer Wertschöpfung erfolgreich sein (siehe auch Abschn. 3.4).

Neben allen technischen und anderen Aspekten haben bei einer Anlageninvestition, wie bei jedem Investitionsvorhaben, von Anfang an drei Fragen Priorität:

1. Finanzierungswürdigkeit (Wirtschaftlichkeit, Rentabilität, ...) gegeben?
2. Finanzierungsmöglichkeit (eigene Kapitalstärke, Partner) vorhanden?
3. Investitionsrisiko (Marktrisiko) vertretbar?

Die Finanzierungswürdigkeit ist durch Investitionsrechnungen quantifizierbar, die Finanzierungsmöglichkeit im Rahmen der Kapitalbeschaffung zu klären, zum Investitionsrisiko ist nur eine Einschätzung möglich. Im Folgenden wird nur die *Finanzierungswürdigkeit* betrachtet, da alle anderen Fragen vom Management des Unternehmens zu beantworten sind.

**Planungsziele und Berechnungen zur Finanzierungswürdigkeit** Betriebswirtschaftlich sind Investitionen Auszahlungen für Vermögensteile, die mit den Anschaffungskosten für das Vorhaben beginnen und denen dann laufende Betriebskosten (Lohn-, Energie- und weitere Kosten, siehe auch Abschn. 3.4) folgen. Das zunächst gebundene Kapital wird durch die Produkterlöse des Vorhabens in Form von Einzahlungen wieder freigesetzt. Dieser Prozess heißt betriebswirtschaftlich Deinvestition.

Eine Anlageninvestition ist in möglichst früher Planungsphase zu bewerten. Dazu dienende quantitative und qualitative *Bewertungskriterien* sind im Wesentlichen in Tab. 10.2 dargestellt. Die technischen Kriterien und deren Einfluss werden mit Hinweis auf Kap. 3–9 hier als bekannt vorausgesetzt, die finanziellen sind mittels genannter Berechnungsverfahren quantifizierbar. Diese ermöglichen die Bewertung eines Vorhabens sowohl hinsichtlich unternehmensspezifischer Grenzwerte (Mindestrentabilität, ...) als auch im Vergleich zu anderen *technisch möglichen* Anlagenvarianten. Beides darf nicht isoliert voneinander betrachtet werden.

Zu den qualitativen Kriterien wird auf ausführlichere Darstellungen in [10.6] verwiesen. Im Rahmen dieses Buches werden *betriebswirtschaftliche Grundkenntnisse* vorausgesetzt.

**Tab. 10.2** Bewertungskriterien für Investitionsobjekte

| Quantitative Bewertungskriterien | | Qualitative Bewertungskriterien |
|---|---|---|
| Finanzielle Kriterien | Technische Kriterien | |
| Kosten, Gewinn | Produktivität | Wirtschaftliche |
| Rentabilität, Amortisation | Verfügbarkeit | technische |
| Kapitalwert | Raumbedarf | umweltbezogene |
| Interner Zinsfuß | Umweltbeeinflussung | soziale |
| Annuität | weitere messbare Größen | rechtliche |

Zur weiteren *Vertiefung* wird auf einschlägige Quellen zu Kostenbegriffen, Kostenverfahren und Kalkulationsarten verwiesen, z. B. [10.1, 10.2, 10.7], VDI 5200 (Bl. 4).

## 10.2 Investitionsrechnungen zum Vorhaben

Von den in Abschn. 10.1 genannten Berechnungsverfahren werden die in der Praxis relativ einfach anwendbaren statischen Verfahren und von den dynamischen das Kapitalwertverfahren, gestützt auf [10.1], dargestellt.

### 10.2.1 Kostenvergleich

Gibt es mehrere Investitionsvarianten, werden diese durch Vergleich ihrer anfallenden Kosten in einem Zeitabschnitt T bei gegebener Produktionskapazität – gleiche $Q_t(T)$, Abschn. 3.2 und 3.3 – beurteilt. Die Variante mit den geringsten Kosten ist die günstigste. Bezugsbasis können mittlere Jahreskosten oder spezifische Verarbeitungskosten ($K_{ges}$, $k_{ges}$, Abschn. 3.4) sein. *Anfallende Kosten* resultieren aus den Kostenarten (siehe auch Abschn. 3.4.3):

- Kapitalkosten: Kosten aus Anschaffung (Kaufpreis) und Kapitalzinsen; daraus folgen in Abhängigkeit der geplanten Nutzungsdauer die jährlichen Kapitalkosten aus kalkulatorischer Abschreibung und aus Zinsen
- fixe Kosten: Kosten, die in bestimmten Kapazitätsgrenzen und Zeiträumen keiner oder nur unwesentlicher Änderung unterliegen: Mieten, zeitunabhängige Abschreibungen, Zinsen für Anlagevermögen, Gehälter, Versicherungsprämien; sie fallen immer an, ob produziert wird oder nicht
- variable Kosten, die von der Anzahl produzierter Produkte abhängen; sie fallen nur bei Produktion an, es sind die Betriebskosten: leistungsabhängige Material-, Lohn-, Energiekosten sowie verbrauchsabhängige Abschreibungen, Zinsen für Umlaufvermögen.

## 10.2 Investitionsrechnungen zum Vorhaben

Die in einer Zeitperiode T anfallenden Gesamtkosten $K_{ges}(T)$ ergeben sich aus den Teilkosten:

$$K_{ges}(T) = \sum_{i=1}^{I} K_{kap,i} + \sum_{j=1}^{J} K_{fix,j} + \sum_{k=1}^{K} K_{var,k} \tag{10.1}$$

$K_{kap}$ Kapitalkosten
$K_{fix}$ Fixe Kosten
$K_{var}$ Variable Kosten
i, j, k Laufindizes für die Teilkosten der betreffenden Kostenart
I, J, K Anzahl der betreffenden Teilkosten

In Gl. 10.1 sind alle relevanten Kostenbestandteile einzubeziehen, die in T anfallen. Die zu berücksichtigenden Kostenarten zeigt bereits Kap. 3 mit Gln. 3.22 und 3.23.

**Anwendung bei Erweiterungsinvestitionen:**

- Vergleich pro Zeitperiode bei gleichen Produktmengen $M_t(T)$ pro Periode
- Vergleich pro Produkteinheit, wenn die Investitionsvarianten unterschiedliche Produktionskapazität haben; nach [10.2] ist auch eine Break-Even-Analyse (siehe Beispiel Abb. 2.8, Abschn. 2.4.3) empfehlenswert, bei der für die zu vergleichenden Objekte die Kostenfunktionen zu bilden sind, die dann zur Ermittlung der kritischen Produktmenge gleichgesetzt werden.

Bei **Ersatzinvestitionen** ist zu beachten, dass die Herausnahme eines alten Investitionsobjektes zu Liquiditätsverlust und Zinsentzug führen kann, was rechnerisch zu berücksichtigen ist.

Die Kostenvergleichsrechnung ist neben der Amortisationsrechnung das in der Praxis *beliebteste statische Verfahren*. Ihr Nachteil, dass Erträge, geänderte Einflussgrößen, Restwerte alter Anlagen und Kapitalrentabilität unberücksichtigt bleiben, wird oft in Kauf genommen.

**Beispiel 1a** Kostenvergleich pro Zeitperiode bei gleichen Produktivitäten
Vergleich der Anlagenvarianten I mit II. Variante II hat höhere Anschaffungskosten, die jedoch durch geringere laufende Kosten (z. B. geringeren Arbeitsaufwand infolge günstigerer Betriebsstrategie) mehr als kompensiert werden:

| Bewertungskriterien | | Variante I | Variante II |
|---|---|---|---|
| Produktivität $Q_t$ | Stück/Jahr | 200.000 | 200.000 |
| Kapitalkosten + Fixkosten | €/Jahr | 85.000 | 100.000 |
| Variable Kosten | €/Jahr | 320.000 | 295.000 |
| Gesamtkosten | €/Jahr | 405.000 | 395.000 |

Variante II ist mit 405.000 − 395.000 = 10.000 € geringeren Jahreskosten die Vorzugsvariante.

**Beispiel 1b** Kostenvergleich pro Leistungseinheit bei unterschiedlichen Produktivitäten
Vergleich der Anlagenvarianten I mit II hinsichtlich ihrer spezifischen Kosten.
Variante I hat gegenüber Variante II eine um 3 % geringere tatsächliche Produktivität:

| Bewertungskriterien | | Variante I | Variante II |
|---|---|---|---|
| Produktivität $Q_t$ | Stück/Jahr | 194.000 | 200.000 |
| Kapitalkosten + Fixe | €/Jahr | 85.000 | 100.000 |
| Variable Kosten | €/Stück | 0,44 | 0,50 |
| | €/Jahr | 315.000 | 295.000 |
| | €/Stück | 1,62 | 1,48 |
| Gesamtkosten | €/Jahr | 400.000 | 395.000 |
| | €/Stück | 2,06 | 1,98 |

Variante II hat gegenüber I um 2,06 − 1,98 = 0,08 € geringere Stückkosten und ist aus dieser Sicht die Vorzugsvariante. Dieser Vorteil ist jedoch nur nutzbar, wenn die höhere Produktionskapazität während der Nutzungsdauer auch nutzbar ist (gesicherter Absatz der mehr produzierbaren Produkte).

Für den Vergleich *gleichartiger* Anlagentechnik kann auch zunächst der *einfache Preisvergleich* anstelle des Kostenvergleichs genügen. Dazu müssten aber die zu vergleichenden Objekte sowohl hinsichtlich Kosten (Gesamtkosten über der Nutzungsdauer) als auch Produktionskapazität (Menge produzierbarer Produkte pro Zeiteinheit) gleich sein.

Aber: Der Vergleich der Kaufpreise verschiedener Anbieter für gleiche Betreiberanforderungen (VG, Produkte, Produktivität, ...) ist oft dann die alleinige Kaufentscheidungs-Grundlage, wenn z. B. zu den laufenden Kosten (Betriebskosten) ungenügende Aussagen vorliegen, so dass zum frühen Angebotszeitpunkt ohnehin noch keine genauere Kostenrechnung möglich ist.

Da bei Verarbeitungsanlagen die **Instandhaltung** (Ih) einen bedeutenden Teil der Gesamtkosten über der Nutzungsdauer verursachen kann – bei 10-jähriger Nutzung oft 30...80 (100) % des Kaufpreises! –, ist bei der Kaufentscheidung immer neben dem Kostenvergleich auch auf die *instandhaltungsgerechte Ausführung* der Anlage zu achten. Dazu sollte im Liefervertrag der Gebrauchswert der Anlage durch möglichst umfassende Qualitätskriterien für Instandhaltung beschrieben sein:

- Reinigungs- und Ih-Zyklen mit Zeitaufwand, Energie- und Betriebsmittel-Verbrauch
- Standzeit wichtiger Verschleißteile.

Kann der künftige Betreiber davon ausgehen, dass Angebote gleichartige und gleich leistungsfähige Anlagen enthalten mit annähernd gleichen Betriebs- und Ih-Kosten, können diese beim Kostenvergleich entfallen, so dass dann der einfache Preisvergleich ausreicht. Das wird aber infolge der oft unterschiedlichen Anlagentechnik eher die Ausnahme sein.

**Aus Praxiserfahrung folgender Hinweis** Ein auf den ersten Blick besonders günstiger, d. h. gegenüber der Konkurrenz niedriger Anlagen-Kaufpreis kann ganz verschiedene Gründe haben, hier zwei typische:

1. Anbieter A ist ein *Billiganbieter*, dessen Anlagentechnik gegenüber dem branchen- bzw. ortsüblichen Qualitätsniveau geringwertiger ist, gekennzeichnet z. B. durch größere Störanfälligkeit, ungünstigeres Verschleißverhalten, größeren manuellen Reinigungs- und Reparaturaufwand, insgesamt höhere Betriebskosten.
2. Anbieter B ist zwar *kein potentieller Billiganbieter*, hat sich jedoch durch die Preiserwartung des Interessenten, auch aus Kenntnis von Konkurrenzangeboten zu einem Billigpreis verleiten lassen, der ihm dann auch nur eine Billigausführung der Anlage ermöglicht; seine Anlage hat demzufolge ähnlich geringen Gebrauchswert wie die des Anbieters A.

Anbieter A wird den künftigen Anlagenbetreiber über die – zunächst nicht augenscheinlichen – Gebrauchsmängel weitgehend im Unklaren lassen, um das Geschäft zu tätigen.

Der potentiell solidere Anbieter B wird den tatsächlichen Gebrauchswert der Anlage weitgehend dokumentieren, dem künftigen Betreiber also mitteilen, welche technische Ausführung der geforderte Niedrigpreis zulässt, ohne dass der Betreiber die technischen Abstriche vielleicht als wesentliche Mängel erkennt. In beiden Fällen können die Folgen für einen oder beide Vertragspartner fatal sein, ist die mit dem Kaufpreis verbundene Anlagentechnik vertraglich nicht klar und umfassend definiert: Anbieter B hat seinen guten Ruf zu verlieren, Anbieter A hatte noch keinen, zumindest nicht bei anspruchsvolleren Anlagenbetreibern.

### 10.2.2 Gewinnvergleich

Diese Methode ist eine *Erweiterung der Kostenvergleichsrechnung*; es werden die durch die Investition erzielbaren *Erlöse* pro Zeitperiode oder die erzielbaren *Marktpreise* je Stück zusätzlich berücksichtigt und die zu erwartenden Jahresgewinne der Investitionsvarianten verglichen. Vorteile gegenüber dem Kostenvergleich sind Aussagen über Erlöse und Gewinne:

$$\text{Gewinn} = \text{Erlös} - \text{Gesamtkosten} . \tag{10.2}$$

**Anwendung auf Erweiterungsinvestitionen**:

- Vergleich pro Zeitperiode bei unterschiedlichen oder gleich großen Produktionsmengen
- Vergleich pro Produkteinheit bei gleich großen Produktmengen.

Bei **Ersatzinvestitionen** sind die zum Kostenvergleich gegebenen Hinweise zu beachten. Nachteil dieser Methode: Wie beim Kostenvergleich keine Aussage zur Rentabilität.

**Beispiel 2a** Gewinnvergleich pro Zeitperiode bei unterschiedlichen Produktmengen

| Bewertungskriterien | | Variante I | Variante II |
|---|---|---|---|
| Produktivität $Q_t$ | Stück/Jahr | 194.000 | 200.000 |
| Erlöse | €/Jahr | 540.150 | 554.000 |
| Kapitalkosten + Fixe Kosten | €/Jahr | 85.000 | 100.000 |
| Variable Kosten | €/Jahr | 315.000 | 295.000 |
| Gesamtkosten | €/Jahr | 400.000 | 395.000 |
| **Gewinn** | **€/Jahr** | **140.150** | **159.000** |

Variante II hat einen um 159.000 – 140.150 = 18.850 € höheren Gewinn und ist deshalb vorteilhafter, was infolge geringerer Kosten und größerer Produktionskapazität zu erwarten war.

**Beispiel 2b** Gewinnvergleich pro Leistungseinheit bei gleichen Produktmengen

| Bewertungskriterien | | Variante I | Variante II |
|---|---|---|---|
| Produktivität $Q_t$ | Stück/Jahr | 200.000 | 200.000 |
| Erlöse | €/Jahr | 550.000 | 554.000 |
| Kapitalkosten + Fixe Kosten | €/Jahr | 85.000 | 100.000 |
| Variable Kosten | €/Jahr | 320.000 | 295.000 |
| Gesamtkosten | €/Jahr | 405.000 | 395.000 |
| **Gewinn** | **€/Jahr** | **145.000** | **159.000** |

Variante II hat einen um 159.000 – 145.000 = 14.000 € höheren Gewinn und ist auch hier Vorzugsvariante.

### 10.2.3 Rentabilitätsvergleich

Die Rentabilitätsvergleichsrechnung ermittelt die *durchschnittliche jährliche Verzinsung* der Investitionsvarianten. *Rentabilität* einer Investition:

$$\text{Rentabilität} = \frac{\text{Erlöse} - \text{Kosten}}{\text{durchschnittlicher Kapitaleinsatz}} \cdot 100\,\% \,. \tag{10.3}$$

Durchschnittlicher Kapitaleinsatz heißt

- bei *abnutzbaren* Anlagegütern – Maschinen und alle andere Anlagentechnik – die *halben* Anschaffungskosten; hierbei ist unterstellt, dass das zu Beginn eingesetzte Kapital linear bis zum Ende der Nutzungsdauer von 100 % gegen null geht, d. h. verbraucht wird
- bei *nicht abnutzbaren* Anlagegütern – der z. B. von einer Freianlage beanspruchte Grund und Boden – und Gütern des Umlaufvermögens die *vollen* Anschaffungskosten.

## 10.2 Investitionsrechnungen zum Vorhaben

Bei **Erweiterungsinvestitionen** wird der Gewinn, bei **Ersatzinvestitionen** die Kostenersparnis zum durchschnittlichen Kapitaleinsatz in Beziehung gesetzt.

Sind Anschaffungskosten und/oder Nutzungsdauern der Investitionsvarianten wesentlich unterschiedlich, ist der Rentabilitätsvergleich erschwert. Mittels wertergänzender Differenzinvestitionen ist dann eine Vergleichbarkeit herstellbar [10.1]. Rentabilitätsvergleichsrechnungen werden in der Praxis häufig angewandt.

Bei einer *Einzelinvestition*, einschließlich *Ersatzinvestition* kann das Unternehmen als Rentabilitätskriterium eine *Mindestrentabilität* vorgeben, die nicht unterschritten werden darf. Es werden auch häufig Umsatzrentabilität und Umschlaghäufigkeit berechnet:

$$\text{Umsatzrentabilität} = \frac{\text{Gewinn}}{\text{Umsatz}} \cdot 100\,\% \tag{10.4}$$

$$\text{Umschlaghäufigkeit} = \frac{\text{Umsatz}}{\text{Kapitaleinsatz}} \tag{10.5}$$

Bei einer *Rationalisierungsinvestition* sind die eingesparten Kosten die Gewinne, sie werden auf die Kosten der Investition bezogen.

**Beispiel 3** Rentabilitätsvergleich von Erweiterungsinvestitionen

Für eine Anlagen-Ersatzinvestition liegen die Angebote A und B vor. Für die Entscheidung zu einem der Angebote soll ausschließlich die Rentabilität maßgebend sein.

| Bewertungskriterien | | Anlage A | Anlage B |
|---|---|---|---|
| Anschaffungskosten | € | 900.000 | 880.000 |
| Nutzungsdauer | Jahre | 6 | 6 |
| Produktivität $Q_t$ | Stück/Jahr | 200.000 | 230.000 |
| Fixkosten | €/Jahr | 200.000 | 186.700 |
| Variable Kosten | €/Jahr | 720.000 | 700.000 |
| Gesamtkosten | €/Jahr | 920.000 | 886.700 |
| Erlöse | €/Jahr | 1.123.000 | 1.142.300 |
| **Gewinn** | **€/Jahr** | **203.000** | **255.600** |

Angebot A verursacht höhere Kosten, gewährleistet jedoch infolge höherer Produktqualität (z. B. umfangreicherer Ausstattungsgrad der Verbraucherpackung) einen höheren Marktpreis. Diese höherwertigen Produkte sind jedoch gegenüber Anlage B nur bei geringerer Produktivität herstellbar.

$$\text{Rentabilität Anlage A} = \frac{1.123.000 - 920.000}{450.000} \cdot 100\,\% = 45,1\,\%$$

$$\text{Rentabilität Anlage B} = \frac{1.142.300 - 886.700}{440.100} \cdot 100\,\% = 58,1\,\%$$

Die Entscheidung fällt zu Gunsten Anlage B.

### 10.2.4 Amortisationsvergleich

Die Amortisationsvergleichsrechnung, auch Kapitalrückflussrechnung, *Pay-back-* oder *Pay-off*-Rechnung genannt, basiert auch auf Kosten- und Gewinnvergleich.

Es wird hier die *Amortisationsdauer* (Rückflussdauer) – allgemein in Jahren –, bestimmt:

$$\text{Amortisationsdauer} = \frac{\text{Kapitaleinsatz} - \text{Restwert}}{\text{durchschnittlicher jährlicher Rückfluss}}. \quad (10.6)$$

Durchschnittlicher jährlicher Rückfluss: Jährlicher Gewinn plus jährliche Abschreibungen. Restwert: Zum Zeitpunkt der beabsichtigten Investition noch zu Buche stehender Wert des zu ersetzenden Objektes. Die Einbeziehung des Restwertes hat praktisch nur Sinn, wenn dieser tatsächlich auch erlösbar ist (Verkaufs- oder Verschrottungserlös).

Während der Amortisationsdauer fließt das eingesetzte Kapital über die Erlöse wieder in das Unternehmen zurück. Um die Vorteilhaftigkeit einer *Ersatzinvestition* ermitteln zu können, werden die jährlichen Rückflüsse der Investitionsobjekte als jährlich zusätzlich entstehender Gewinn (Kostenersparnis) und jährlich zusätzlich entstehende Abschreibungen angesehen, die sich durch die zu beschaffenden Investitionsvarianten ergeben.

Je kürzer die Amortisationsdauer, desto geringer das Risiko bzw. vorteilhafter die Investition. Die Amortisationsdauer allein garantiert aber noch nicht die Vorteilhaftigkeit einer Investition!

Der Amortisationsvergleich ist die in der Praxis *am häufigsten angewandte* Investitionsrechnung. Da sie jedoch keine Information über die Rentabilität der Investitionsvarianten vermittelt, wird diese Methode häufig in Verbindung mit einer dynamischen Methode angewandt.

**Beispiel 4** Amortisationsvergleich bei Erweiterungsinvestitionen

Es stehen zwei unterschiedlich teure und unterschiedlich leistungsfähige Maschinen I und II zur Auswahl. Die Maschine mit den höheren Anschaffungskosten (II) ermöglicht eine längere Nutzungsdauer und einen höheren jährlichen Gewinn:

| Bewertungskriterien | | Maschine I | Maschine II |
| --- | --- | --- | --- |
| Anschaffungskosten | € | 120.000 | 150.000 |
| Nutzungsdauer | Jahre | 6 | 8 |
| **Durchschnittlicher Gewinn** | **€/Jahr** | **26.000** | **30.000** |

Gleichung 10.6 ergibt:

$$\text{Rückfluss Maschine I} = \frac{120.000}{26.000 + (120.000/6)} = 2{,}61 \text{ Jahre}$$

$$\text{Rückfluss Maschine II} = \frac{150.000}{30.000 + (150.000/8)} = 3{,}08 \text{ Jahre}.$$

Ist die Rückflussdauer alleiniges Kriterium, fällt die Entscheidung zu Gunsten Maschine I.

Liegt bei Verarbeitungsanlagen die geplante Nutzungsdauer im Bereich von 5 bis 10 Jahren, sollte die Rückflussdauer 50 % der Nutzungsdauer nicht überschreiten, damit noch genügend Zeit bleibt, um mit dem neuen Investitionsobjekt hinreichend Gewinn zu erwirtschaften.

Eine kurze Rückflussdauer ist hinsichtlich fortschreitender Verfahrensentwicklung und daraus folgender Entwicklungsgeschwindigkeit hochproduktiver Maschinen anzustreben. So kann es marktstrategisch, aber auch betriebswirtschaftlich sinnvoll geworden sein, ältere Anlagentechnik *vor* Ablauf der zunächst geplanten Nutzungsdauer durch neue zu ersetzen.

### 10.2.5 Kapitalwertverfahren

Es werden alle der Investition zurechenbaren Ein- und Auszahlungen mittels *Abzinsungsfaktor* abgezinst, d. h. der Barwert ermittelt. Die Summe aller Barwerte ist der *Kapitalwert* $C_0$:

$$C_0 = C_E - C_A = \frac{E_1 - A_1}{q} + \frac{E_2 - A_2}{q^2} + \ldots + \frac{E_n - A_n}{q^n} - A_0 \tag{10.7}$$

$C_E$ abgezinste Einzahlungen (einschließlich Restwert)
$C_A$ abgezinste Auszahlungen (einschließlich Anschaffungswert)
E Einzahlungen in den Nutzungsjahren 1 ... n
A Auszahlungen in den Nutzungsjahren 1 ... n
q Kalkulationszinsfuß
$1/q^n$ Abzinsungsfaktor (siehe Tabellenwerke der Betriebswirtschaft)
$A_0$ Anschaffungswert in der Periode Null

Für Nutzungsdauern bis 10 Jahre und Zinsen im Bereich 5...12 % sind die Abzinsungsfaktoren in Tab. 10.3 dargestellt.

Es ist ersichtlich, dass der Kapitalwert mit steigendem Zinsfuß abnimmt. Daraus folgt, dass ein möglichst niedriger Zinsfuß angestrebt werden sollte. So wird es allgemein besser sein, mit dem Kreditinstitut einen geringeren Zinsfuß zu vereinbaren, dafür aber eine längere Laufzeit in Kauf zu nehmen. **Kriterium zur Vorteilhaftigkeit** einer Investition:

$C_o > 0$ Investition ist vorteilhaft
$C_o < 0$ Investition ist unvorteilhaft, sie ist unwirtschaftlich
$C_o = 0$ Es ist egal, ob das Geld investiert oder zum Kalkulationszinsfuß angelegt wird.

**Tab. 10.3** Abzinsungsfaktoren für Nutzungsdauern bis 10 Jahre nach [10.8]

| Jahr | 5 % | 6 % | 7 % | 8 % | 9 % | 10 % | 11 % | 12 % |
|---|---|---|---|---|---|---|---|---|
| 1 | 0,952381 | 0,943396 | 0,934579 | 0,925926 | 0,917431 | 0,909091 | 0,900901 | 0,892857 |
| 2 | 0,907029 | 0,889996 | 0,873439 | 0,857339 | 0,841680 | 0,826446 | 0,811622 | 0,797194 |
| 3 | 0,863838 | 0,839619 | 0,816298 | 0,793832 | 0,772183 | 0,751315 | 0,731191 | 0,711780 |
| 4 | 0,822702 | 0,792094 | 0,762895 | 0,735030 | 0,708425 | 0,683013 | 0,658731 | 0,635518 |
| 5 | 0,783526 | 0,747258 | 0,712986 | 0,680583 | 0,649931 | 0,620921 | 0,593451 | 0,567427 |
| 6 | 0,746215 | 0,704961 | 0,666342 | 0,630170 | 0,596267 | 0,564474 | 0,534641 | 0,506631 |
| 7 | 0,710681 | 0,665057 | 0,622750 | 0,583490 | 0,547034 | 0,513158 | 0,481658 | 0,452349 |
| 8 | 0,676839 | 0,627412 | 0,582009 | 0,540269 | 0,501866 | 0,466507 | 0,433926 | 0,403883 |
| 9 | 0,644609 | 0,591898 | 0,543934 | 0,500249 | 0,460428 | 0,42409ß | 0,390925 | 0,360610 |
| 10 | 0,613913 | 0,558395 | 0,508349 | 0,463193 | 0,422411 | 0,385543 | 0,352184 | 0,321973 |

**Beispiel 5** Beurteilung einer geplanten Erweiterungsinvestition

Die Anschaffungskosten sollen 190.000 €, die Nutzungsdauer 6 Jahre betragen. Es wird mit jährlichen Einzahlungen von 210.000 € und jährlichen Auszahlungen von 180.000 € gerechnet.

Wäre die Investition bei einem Zinsfuß von 7 % vorteilhaft?

| Jahr | Einzahlungen € | Auszahlungen € | Rückfluss € | Abzinsungsfaktor | Kapitalwert $C_0$ € |
|---|---|---|---|---|---|
| 1 | 210.000 | 180.000 | 30.000 | 0,934579 | 28.038 |
| 2 | 210.000 | 180.000 | 30.000 | 0,873439 | 26.203 |
| 3 | 210.000 | 180.000 | 30.000 | 0,816298 | 24.489 |
| 4 | 210.000 | 180.000 | 30.000 | 0,762895 | 22.887 |
| 5 | 210.000 | 180.000 | 30.000 | 0,712986 | 21.390 |
| 6 | 210.000 | 180.000 | 30.000 | 0,666342 | 19.990 |
| Summe Barwerte: | | | | | 142.997 |
| Kapitalwert = Summe Barwerte − Anschaffungswert = 142.997 − 190.000 = | | | | | − 47.003 |

Bei diesen Zinsen wäre die Investition unvorteilhaft. Zur Vorteilhaftigkeit wäre ein niedrigerer Zinsfuß und/oder eine längere Nutzungsdauer erforderlich.

Für **Erweiterungsinvestitionen** ist dieses Verfahren geeignet, für Ersatzinvestitionen nicht.

## 10.3 Kosten des Vorhabens

### 10.3.1 Kostenbestandteile

Die Kosten eines Vorhabens resultieren aus Aufwendungen der Vertragspartner. Neben den *Gesamtkosten*, den Vorhabenskosten sind auch – für sinnvoll abgrenzbare Leistungen – *Teilkosten* sowie deren zeitliche Verteilung über die Projektdauer von Interesse.

## 10.3 Kosten des Vorhabens

**Tab. 10.4** Aufwendungen der Vertragspartner als Teile der Vorhabenskosten

| Vorhabenskosten | |
|---|---|
| **Plankosten des Projektträgers (AN)** | **Plankosten des Betreibers (AG)** |
| Ausführungsplanung: Erarbeiten der Projektdokumentation | Mitwirkung: Zuarbeiten zur Projektdokumentation |
| Materielle Realisierung: Beschaffung, Fertigung, Montage, Erprobung, … | Mitwirkung: Montagehilfskräfte, Erprobungsgut, … |
| Immaterielle Realisierung: Schulung des Betreiberpersonals, … | Mitwirkung: Verfahrenstechniker, Schulung, … |
| Kapitaldienst: Zinsen aus Vorfinanzierung, … | Kapitaldienst: Finanzierung gemäß Zahlungsplan: Zinsen, … |
| **Zusatzkosten aus Mehraufwand von AN und AG** | |
| Mehraufwand für Ausführungsplanung, weitere materielle und immaterielle Realisierung, Kapitaldienst, der außerplanmäßig zur Sicherung der weiteren Vorhabensrealisierung betrieben werden muss | |

Die **Vorhabenskosten** sollen wie folgt unterteilt werden (Tab. 10.4):

**Kosten des Projektträgers** (AN)

1. Planungskosten bis Fertigstellung des Ausführungsprojektes (Aufgaben Abschn. 7.2)
2. Kosten für die materielle Realisierung (Beschaffung, Fertigung, …; Abschn. 7.3)
3. Kosten für immaterielle Leistungen, die in den weiteren Realisierungsetappen nach dem Ausführungsprojekt anfallen (Mitwirkungshandlungen des Projektteams, Schulung des Betreiberpersonals, …; Abschn. 7.4)
4. Kosten aus weiteren, über 1. bis 3. hinausgehenden Leistungen, die nur gelegentlich anfallen (Verfahrens- und konstruktive Entwicklung, …, Vertragsgegenstände Abschn. 11.2)
5. Kapitalkosten zur Vorfinanzierung bestimmter Leistungen des Projektträgers, die zwar der AG im Rahmen der Zahlungsbedingungen (Abschn. 11.5.2) wieder zurückzahlt, jedoch zunächst mit geplant werden müssen.

**Kosten des Betreibers** (AG)

6. Kosten, die aus seinen Mitwirkungshandlungen resultieren, z. B. für Montagehilfskräfte
7. Kapitalkosten zur Finanzierung der Leistungen des AN und der eigenen Leistungen.

Die Gesamtkosten des Projektträgers resultieren vorwiegend aus Personaleinsatz und Sachmitteln, die das *Einsatzmittelmanagement* zu gewährleisten hat (siehe Projektablauf- und Kapazitätsplanung, Abschn. 7.2.3).

Von besonderem Einfluss können *Ablauf- und Terminplanung* sein, wenn diese restriktiv auf den Projektträger wirken, z. B. Terminforderungen oder -erwartungen des AG, denen der AN nur durch erhöhten Aufwand wie zeitweise Fremdkapazitäten, erhöhte Beschaffungskosten für außerplanmäßig kurzfristige Zulieferungen von NAN entsprechen kann.

Für den Projektträger sind die zu betreibenden Aufwendungen für seine Leistungen zuzüglich des kalkulatorischen Gewinns Teil der *Kalkulationsbasis* für den Verkaufspreis. Welcher Preis sich realisieren lässt, hängt von den Marktbedingungen, insbesondere der Konkurrenzlage ab.

**Zur Preisgestaltung des Projektträgers** Arbeitet der Projektträger *gleichzeitig* an mehreren Projekten, so beeinflusst die – erzwungene oder ermöglichte – zeitliche und kapazitive Koordinierung der Einsatzmittel und Finanzen (Multiprojektkoordination, Abschn. 1.1) den zu betreibenden Aufwand in der Regel kostensenkend.

Angebote, Vorprojekte und Ausführungsprojekte müssen neben den Kosten immer auch die *Rentabilität* eines Vorhabens berücksichtigen, da diese über Abbruch oder Weiterführung entscheidet. Die Ermittlung der *Effektivität des Gesamtvorhabens* erfolgt durch Rentabilitäts- und andere Investitionsrechnungen (Abschn. 10.2). Hierzu sind in der Regel die Kosten des Projektträgers (1 bis 5) mit den Kosten des AG (6, 7) zu Gesamtkosten zusammenzufassen.

In Kosten- und Zahlungsplan sollten die Kosten und deren Bezahlung so aufgeschlüsselt sein, dass eine möglichst *kurze Kapitalbindung* für beide Vertragspartner entsteht. Von dieser Regel wird in der Praxis auch abgewichen, z. B. wenn der Liefervertrag einen bestimmten Preisrahmen vorgibt (Festpreis, ..., Abschn. 11.4) und der Projektträger keinen Rentabilitätsnachweis zu führen braucht, weil sich der AG diesen selbst vorbehält. In dem Fall würde das Ausführungsprojekt nur die Kosten des Projektträgers enthalten.

Der Projektträger sollte aber immer an der *Vorhabensrentabilität* interessiert sein, d. h. auch den beim Betreiber entstehenden Nutzen weitgehend kennen – möglichst berechnen, mindestens aber abschätzen! –, da diese Kenntnis Spielräume für Aufwandskalkulation und Preisgestaltung ermöglicht: Größerer Anwendernutzen rechtfertigt höheren Projektaufwand (höherwertige Technik), höheren Preis, höhere Erlöse. Geringerer Nutzen wirkt umgekehrt.

Sowohl Projektdokumentation als auch Leistungsvertrag sollten immer eine gewisse *Kapazitäts- und Kostenreserve* für nicht vorhergesehene Zusatzleistungen bzw. höhere Kosten als Prozentwert des kalkulierten Aufwandes enthalten, etwa 5 bis 20 %.

Im Vertrag sind auch entsprechende *Zusatzklauseln* für Terminverzug, Preis und Zahlungsbedingungen für den Fall nicht planmäßiger Projektrealisierung vorzusehen, die dann bei Bedarf die einvernehmliche Problemlösung, z. B. Fortschreibung des weiteren Montageablaufes, zwischen den Vertragspartnern erleichtern.

## 10.3.2 Kostenplanung

In der Planungsphase einer Anlageninvestition sind Kosten zu kalkulieren und unterschiedliche Kostenpläne, meist nach Kalkulationsbereichen strukturiert, auszuarbeiten.

**Kostenkalkulation und Kostenplanung**

1. Kostenkalkulation
   Für alle Aufwendungen sind zunächst die Kosten zu kalkulieren, möglichst gegliedert in:
   - Immaterielle Kosten (Planung, Schulung, ...)
   - Materielle Kosten (Beschaffung, Fertigung, Montage, ...)
   - Kosten des Projektträgers (AN)
   - Kosten des Anlagenbetreibers (AG)
   - Kosten der einzelnen Realisierungsetappen
2. Kostenplanung
   Zeitliche Aufschlüsselung der gemäß 1. ermittelten Kosten nach ihrem Anfall zur Veranschaulichung des zu erwartenden Kapitalbedarfs über der Zeit in Kostenablaufplänen:
   - Kostenplan des Gesamtvorhabens als Basis von Wirtschaftlichkeitsberechnungen
   - Kostenplan für den Projektträger
   - Kostenplan für den Betreiber
3. Preisermittlung
   Preisermittlung aus Kosten und kalkulatorischem Gewinn als Basis des schließlich festzulegenden bzw. zu vereinbarenden Vertragspreises, für den der Projektingenieur den Unternehmensbereichen für Preise bzw. Vertragsgestaltung zuarbeitet
4. Zahlungsplan
   Aufstellung eines Zahlungsplanes, ausgehend von Kostenplanung und Preisermittlung, der den Vertragspartnern die Kapitalflüsse über der Zeit veranschaulicht:
   - dem Projektträger die Zahlungsausgänge (bei Vorfinanzierung bestimmter Leistungen) und die Zahlungseingänge (Zahlungsraten des AG gemäß Vertrag)
   - dem Betreiber die an den AN zu tätigenden Zahlungsausgänge (Zahlungsraten gemäß Vertrag), die betriebsinternen Zahlungen (aus Mitwirkungshandlungen, z. B. eigene Montagehilfskräfte) und darüber hinaus an Dritte zu leistende Zahlungen (Gebühren an Behörden, Zinsen an Kreditinstitute).

**Kalkulationsbereiche** Je nach Komplexität und Größe des Vorhabens muss die Kalkulation getrennt nach den am Gesamtvorhaben beteiligten Fachgebieten erfolgen. Ausgangspunkt und bestimmend ist das technologische Projekt, das allen weiteren Aufwand nach sich zieht.

Davon ausgehend sollten bei einer Anlageninvestition mindestens die aus Abb. 10.2 ersichtlichen Bereiche separat kalkuliert werden. Darüber kann eine weitere Unterteilung,

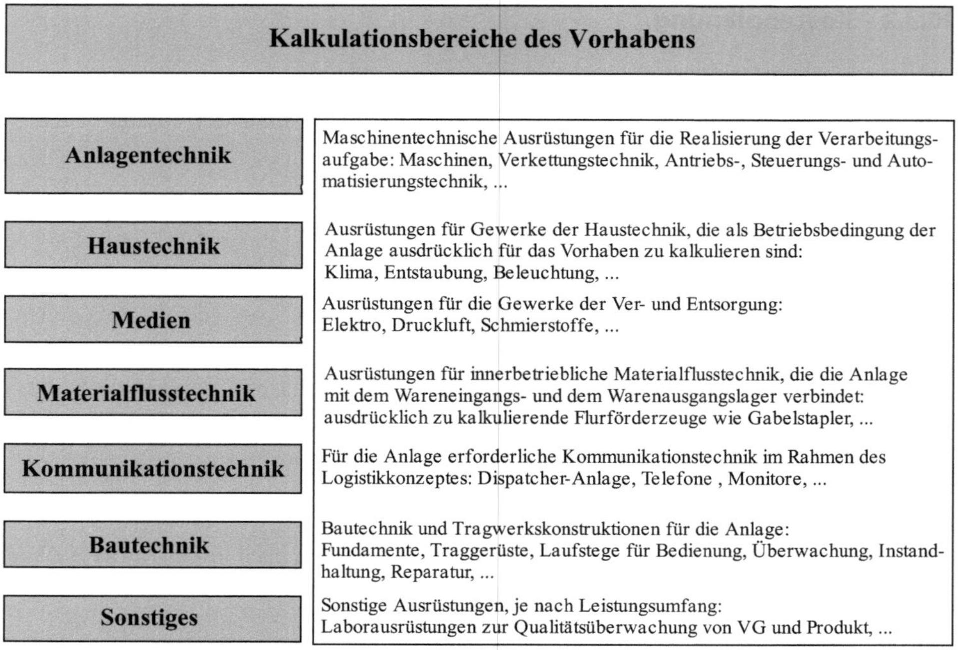

| Kalkulationsbereiche des Vorhabens | |
|---|---|
| Anlagentechnik | Maschinentechnische Ausrüstungen für die Realisierung der Verarbeitungsaufgabe: Maschinen, Verkettungstechnik, Antriebs-, Steuerungs- und Automatisierungstechnik, ... |
| Haustechnik | Ausrüstungen für Gewerke der Haustechnik, die als Betriebsbedingung der Anlage ausdrücklich für das Vorhaben zu kalkulieren sind: Klima, Entstaubung, Beleuchtung, ... |
| Medien | Ausrüstungen für die Gewerke der Ver- und Entsorgung: Elektro, Druckluft, Schmierstoffe, ... |
| Materialflusstechnik | Ausrüstungen für innerbetriebliche Materialflusstechnik, die die Anlage mit dem Wareneingangs- und dem Warenausgangslager verbindet: ausdrücklich zu kalkulierende Flurförderzeuge wie Gabelstapler, ... |
| Kommunikationstechnik | Für die Anlage erforderliche Kommunikationstechnik im Rahmen des Logistikkonzeptes: Dispatcher-Anlage, Telefone, Monitore, ... |
| Bautechnik | Bautechnik und Tragwerkskonstruktionen für die Anlage: Fundamente, Traggerüste, Laufstege für Bedienung, Überwachung, Instandhaltung, Reparatur, ... |
| Sonstiges | Sonstige Ausrüstungen, je nach Leistungsumfang: Laborausrüstungen zur Qualitätsüberwachung von VG und Produkt, ... |

**Abb. 10.2** Unterteilung einer Anlageninvestition in Kalkulationsbereiche

ausgehend von der *Projektstrukturplanung* (Abb. 1.11. Abschn. 1.6) bis zu Ebene 3 und 4 der Projektstruktur sinnvoll sein, z. B.

- bei der Anlagentechnik die Unterscheidung in Teilanlagen und weiter in Maschinen, Verkettungselemente, ...
- bei der Haustechnik in die einzelnen Gewerke.

Eine möglichst weitgehende Unterteilung liegt besonders auch im Interesse der Transparenz und des Controllings.

Zum weiteren Einstieg in Kostenplanung und Kostenkontrolle während der Projektabwicklung wird auf Darstellungen in [7.2] verwiesen sowie auf die Normen GEFMA 100 und 200.

### 10.3.3 Kostenrechnung und Kostenkontrolle

Die Kostenrechnung eines Unternehmens ist Aufgabe des Bereichs *Finanz- und Rechnungswesen*. Das Projektteam liefert mit Zeitablauf- und Terminplänen sowie Kapazitätsplänen (Abschn. 7.2.3) zum Vorhaben die inhaltlichen Grundlagen für die betriebliche Kostenrechnung, die mit der Kostenplanung beginnt und mit der Nachkalkulation zum Vorhaben endet.

Die **Kostenrechnung** erfolgt allgemein in drei Phasen:

1. Kostenartenrechnung
   Es wird ermittelt, welche Kosten in welcher Höhe anfallen, z. B. Personalkosten des Projektteams, Beschaffungskosten für Ausrüstungen, Montagekosten.
2. Kostenstellenrechnung
   Aus der Kostenartenrechnung werden die den Kostenstellen – den Unternehmensbereichen des Projektträgers – zuzurechnenden Gemeinkosten ermittelt, die schließlich als Prozentsätze dem Kostenträger zugeschlagen werden.
3. Kostenträgerrechnung
   Die Einzelkosten aus der Kostenarten- und die Gemeinkosten aus der Kostenstellenrechnung werden nun dem Kostenträger, dem betreffenden Projekt/Vorhaben angerechnet.

Im Laufe der Projektabwicklung werden alle angefallenen Einzelkosten kumulativ erfasst. Der zeitliche Kostenverlauf wird vom Finanz- und Rechnungswesen kontrollierend verfolgt. Ebenso wie bei der Kapazitätsplanung sind analoge *Kostenganglinien* für den zeitlichen Kostenverlauf darstellbar (analog Abb. 7.7, Abschn. 7.2.3.2).

Zu den im Kostenplan vorgesehenen *Kontrollterminen* (Meilensteine: Realisierungsetappen) erfolgt die Ist-Soll-Kontrolle der bis dahin angefallenen Kosten mit entsprechenden Konsequenzen: z. B. Erhöhung des Finanzierungs-Budgets bei Kostenüberschreitung. Abrechnungsetappen können die im Vertrag mit dem AG vereinbarten Teilleistungen für Zahlungsraten sein.

## 10.4 Aufwand und Kosten von Planungsphasen

### 10.4.1 Aufwand von Planungsphasen allgemein

Die aus der Fabrikplanung bekannte *Planungspyramide* als Grundmodell für die grundsätzlich zu durchlaufenden Hauptplanungsstufen *Vorarbeiten*, *Projektstudie* und *Ausführungsplanung* veranschaulicht [10.4], dass die Aufgabeninhalte dieser Planungsstufen bei weiterem Arbeitsfortschritt *immer detaillierter* und damit *aufwändiger* werden. Diese charakteristischen Aufgabeninhalte liegen allgemein auch bei Vorhaben der Verarbeitungstechnik (VAT) vor. Auch hier können die **Hauptplanungsstufen** am Planungsaufwand etwa folgende **Anteile** haben:

Vorarbeiten (Zielkonzept, Aufgabenstellung) 5 %
Projektstudie (Betriebsanalyse, Feasibility-Studie, Entscheidung) 15…20 %
Ausführungsplanung (Projektabwicklung, Inbetriebnahme, Nacharbeiten) 80…75 %.

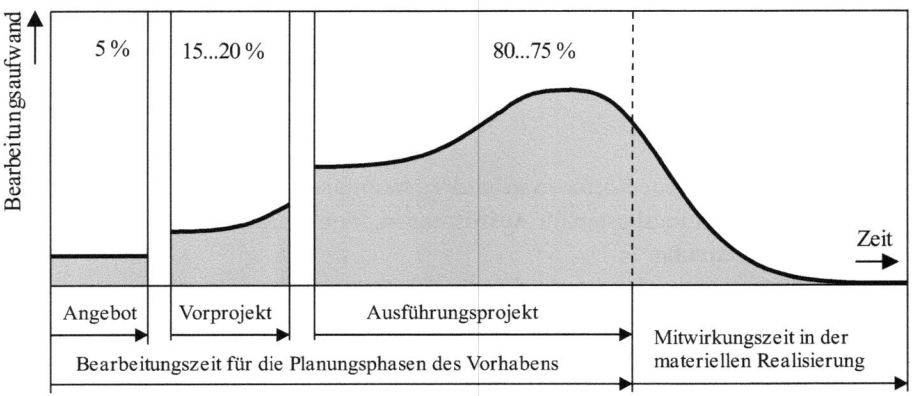

**Abb. 10.3** Bearbeitungsaufwand in den Planungsphasen

Die Vorarbeiten sind grundlegend, auch wenn diese nur 5 % des Gesamtaufwandes betragen. Fehler hierbei – z. B. Vernachlässigungen, nicht fundierte Annahmen – sind später nur schwer korrigierbar. Das gilt besonders für die Verlässlichkeit von Marktanalysen und eingeschätzten Entwicklungstrends.

Werden die genannten Aufwandsrelationen auf die Planungsphasen für Verarbeitungsanlagen übertragen und ein der Praxis nahekommender zeitlicher Verlauf der Planungsaufwände unterstellt (Abb. 10.3), ergeben sich allgemeine Ansätze für die Aufwandsplanung in den Phasen *Angebot*, *Vorprojekt*, *Ausführungsprojekt*. Das Bild zeigt außerdem den zeitlich abklingenden Aufwand des Projektteams in der materiellen Realisierung (Mitwirkungshandlungen, Kap. 7), unterstellt *zeitliche Lücken* zwischen den Planungsphasen und die *unmittelbar anschließende* materielle Realisierung ohne Zeitverzug. Zeitliche Lücken sind bedingt durch Angebots- und Projektprüfung durch den AG, aus denen Wartezeiten für das Projektteam resultieren

Diese Anteile der Planungsstufen sagen noch nichts zum *absoluten* Planungsaufwand, der erfahrungsgemäß in einem gewissen, bei neuartigen Vorhaben zunächst unbekannten Verhältnis zum Gesamtaufwand des Vorhabens steht. Liegt aus bereits realisierten Vorhaben *Branchenerfahrung* vor, so aus Nachkalkulationen, kann bei der Vorausplanung entweder vom zu erwartenden *Arbeitszeitaufwand* in Stunden, Tagen oder Wochen und/oder vom Kostenaufwand als Prozentanteil der Vorhabenskosten ausgegangen werden.

Für den Projektträger ergeben sich aus Ausführungsplanung und weiterer Betreuung während der materiellen Realisierung bedeutende Kosten, die sich im Liefer- und Leistungsvertrag niederschlagen.

Die Aufwandskalkulation von Planungsleistungen ist nicht einfach, da am Anfang viele Unwägbarkeiten bestehen. Liegt durch Wiederholprojekte hinreichende Erfahrung vor, sind Planungskosten zumindest prozentual zu den Anlagenkosten einschätzbar. Mitunter werden nicht alle Planungs- und Betreuungskosten dem AG gegenüber separat ausgewiesen; sie sind dann implizit im Liefer- und Leistungsumfang mit enthalten.

## 10.4.2 Aufwand und Kosten von Projektierungsleistungen

Projektierungskosten für neuartige Anlagen sind zunächst unbekannt. Liegt jedoch Erfahrung aus Planung, Projektabwicklung und Nachkalkulation ähnlicher Anlagen vor – davon ist bei einem Projektträger, der wiederholt branchentypische Anlagentechnik geplant und an deren Projektabwicklung mitgewirkt hat, auszugehen –, sind Personalaufwand und zu erwartende Kosten in Analogie zu bekannten Aufwendungen näherungsweise vorausberechenbar.

*Wichtige Kriterien* bei branchentypischen Anlagen auf Basis bekannter Verarbeitungsverfahren (z. B. Getränkeabfüllanlagen, Anlagen der Kakaoverarbeitung, Spinnereianlagen) sind für die Voraussage der Planungskosten, aber auch der Gesamtaufwendungen des Vorhabens:

1. *Produktsortiment* (z. B. abzufüllende Getränke und Flaschenformat, herzustellende Schokoladenmasse, Baumwollqualität) und geforderte *Produktivität* (z. B. 40.000 oder 60.000 Flaschen/h; 2000…4000 kg Schokoladenmasse/h; 600, 800, 1000 kg Baumwolle/h)
2. *Raumanforderungen* – handelt es sich um Altbausubstanz oder Neubau? –, aus denen sich mehr oder weniger *Restriktionen* für den Projektanten ergeben.

Für derartige *Produktivitätsbereiche* kann die grundsätzlich einzusetzende Maschinen- und Verkettungstechnik – die technologische Anlagenstruktur – im Wesentlichen vorbestimmt und ein erstes Raumkonzept entworfen werden. Dafür kann ein branchenerfahrener Projektträger aus *Kostenerfahrung* für die Vorhabens-, aber auch die Planungskosten relativ schnell eine *Grobkalkulation* vornehmen. Sind außerdem alternative Verfahrensvarianten einzubeziehen, kann dies durch Kostenzuschläge erfolgen.

Für Vorhaben der VAT ist es sinnvoll, hinsichtlich *Kalkulationsbasis* und Planungssicherheit für die Aufwands- und Kostenplanung von Projektierungsleistungen folgende Fälle zu unterscheiden (Tab. 10.5):

a) Vertragsleistung als ausschließlich *immaterielle Leistung*, die zunächst unabhängig von weiteren, insbesondere materiellen Leistungen zu erbringen ist, deren *Einmaligkeit* bzw. *Neuheitsgrad* noch keine gesicherte Aufwandskalkulation ermöglicht, und für die ein Vereinbarungspreis festgelegt wird, bei geringem Umfang auch ein Zeithonorar.
Beispiele: Machbarkeits- und Konzeptstudien, Forschungs- und Entwicklungsleistungen, die hinsichtlich späterer Anlagenvorhaben zu erbringen sind, Betriebsanalysen als Entscheidungsgrundlage für weiterführende Ziele (siehe Vertragsgegenstände Abschn. 11.7.1).
b) *Materielle Teilleistung* einer Anlageninvestition, für die auf Grund von *Erstmaligkeit* bzw. *Neuheitsgrad* eine Analogiebetrachtung noch nicht oder nur teilweise möglich ist.

**Tab. 10.5** Möglichkeiten der Aufwandskalkulation für typische Planungsleistungen

| Leistungsart | | Hauptmerkmal | Kalkulationsbasis |
|---|---|---|---|
| a | Immaterielle Vertragsleistung | Neuheitsgrad Einmaligkeit | Vereinbarungspreis Erfahrungswerte Anwendernutzen |
| b | Teilleistung einer Anlageninvestition ohne Vorbilder | Erstmaligkeit Neuheitsgrad | Schätzung teilweise Analogiebetrachtung |
| c | Teilleistung einer Anlageninvestition mit Vorbildern | Ähnlichkeit Wiederholbarkeit | Nachkalkulationen Analogiebetrachtungen |
| d | Komplettleistung mit Vorbildern | Gewerkevielfalt Wiederholbarkeit | Nachkalkulationen Analogiebetrachtungen |
| e | Mischfälle aus a bis d | analog a bis d | analog a bis d |

Beispiele: Neuartige Anlagen des Sondermaschinenbaus, gekennzeichnet durch neuartige, gutspezifische Maschinen- und Handhabungstechnik in kundenspezifischer Ausführung.

c) *Materielle Teilleistung* einer Anlageninvestition, für die auf Grund von *Ähnlichkeit* und *Wiederholbarkeit* die Analogiebetrachtung zu bekannten branchentypischen Anlagen möglich und sinnvoll ist.

Beispiele: Anlagen des Serienmaschinenbaus, die meist für verschiedene Produktivitätsbereiche konzipiert und weitgehend raumflexibel einsetzbar sind (z. B. genannte Anlagentypen).

d) *Komplettleistung mit Vorbildern* (Analogiebetrachtung und Beispiele wie c).

e) Mischfälle aus a bis d.

### 10.4.3 Preiskalkulation für Planungsaufwendungen

Während in der Regel Angebote kostenfrei abgegeben werden, sind für die Ausführungsplanung dem AG Kosten in Rechnung zu stellen.

Für Projektträger mit *noch keiner* oder *zu geringer* Erfahrung in Kalkulation und Aufwandsplanung, was aus bisher fehlenden Wiederholprojekten resultiert, sei als *Hilfsmittel* für eine erste Kostenkalkulation/Kostenschätzung und Personalaufwandsplanung die **Honorarordnung HOAI** [2.1] empfohlen, die für Leistungen der Architekten und Ingenieure gilt, in Deutschland rechtsverbindlich ist und mit dem EU-Recht nicht in Widerspruch steht.

Als Kalkulations- und Planungsgrundlage klassifiziert die HOAI für ausgewählte Gebiete – Ingenieurbauwerke, Tragwerksplanung, Technische Ausrüstung, ... – *Leistungsbilder*, unterteilt diese in sachlich zusammenhängende *Leistungsphasen* und bewertet deren Aufwand am Gesamtaufwand des Vorhabens mit Prozentsätzen.

## 10.4 Aufwand und Kosten von Planungsphasen

Die **Leistungsbilder** für ausgewählte Leistungsarten umfassen in der Regel 9 Leistungsphasen. Für das hier vorrangig interessierende *Leistungsbild Technische Ausrüstung* sind diese Phasen mit ihren Arbeitsinhalten bereits aus ANLAGE 2.1 ersichtlich.

Die Honorarberechnung nach Honorartafel unterstützen im konkreten Fall definierte *Honorarzonen* (Schwierigkeitsgrade), denen ausgewählte Anlagengruppen mit Objektbeispiel-Listen zugeordnet sind, so dass ein zu bearbeitendes Vorhaben bzw. dessen Gewerke (Maschinentechnik, Bau, ...) einer Honorarzone zuordenbar ist. Aus der zugehörigen *Honorartafel* kann das jeweilige Honorar als „Von-bis-Spanne" in Abhängigkeit der Höhe der *anrechenbaren Kosten* des Vorhabens abgelesen werden.

Diese Honorarzonen und Honorartafeln gelten für beispielhaft genannte Anlagengruppen. Es wird davon ausgegangen, dass die in der HOAI angegebenen Relationen von Honorar zu Vorhabenskosten näherungsweise auch für Anlagen der VAT anwendbar sind, werden diese vergleichsweise zugeordnet. Für Projekte auf diesem Gebiet sind vor allem die **Leistungsarten folgender Objekte** interessant:

1. Technische Ausrüstung: §§ 53 bis 56, Honorartafel mit Honorarzonen I bis III
2. Gebäude, Freianlagen und raumbildende Ausbauten: §§ 33 bis 48, Honorartafeln mit Honorarzonen I bis V
3. Tragwerksplanung: §§ 49 bis 52, Honorartafel mit Honorarzonen I bis V.

Für Leistungen der Technischen Ausrüstung beispielsweise gelten die Honorarzonen für Anlagen mit geringen (Zone I), durchschnittlichen (II) und hohen (III) Planungsanforderungen in Verbindung mit den Bewertungsmerkmalen:

1. Anzahl der Funktionsbereiche
2. Integrationsansprüche
3. Technische Ausgestaltung
4. Anforderungen an die Technik
5. Konstruktive Anforderungen.

Die den Anlagen-Planer vorrangig interessierende Honorartafel *Technische Ausrüstung*, die für den Bereich von 5000 bis 4 Mill. € anrechenbaren Vorhabenskosten das Honorar regelt, ist in Tab. 10.6 wiedergegeben. Die anrechenbaren Kosten können resultieren aus *Kostenschätzung* in der Vorplanung, *Kostenberechnung* in der Entwurfsplanung oder einer – auch vorläufigen – *Kostenvorgabe* des AG als Kostenrahmen.

**Hinweise zur Honorarzone** Die Anwendung der Honorartafel für das Leistungsbild *Technische Ausrüstung* auf Verarbeitungsanlagen sollen folgende Hinweise unterstützen.

Es ist erkennbar, dass das Honorar als Ausdruck des zu betreibenden Aufwandes in bestimmtem Verhältnis zu den anrechenbaren Vorhabenskosten steht. Es steigt degressiv mit den Kosten, und es steigt mit dem Schwierigkeitsgrad, den Honorarzonen.

**Tab. 10.6** Honorartafel zu § 56 – Technische Ausrüstung [2.1] (Honorarbeträge gerundet)

| Anrechenbare Kosten in € | Zone I von € | Zone I bis € | Zone II von € | Zone II bis € | Zone III von € | Zone III bis € |
|---|---|---|---|---|---|---|
| 5000 | 2130 | 2545 | 2545 | 2990 | 2990 | 3405 |
| 10.000 | 3690 | 4410 | 4410 | 5175 | 5175 | 5895 |
| 15.000 | 5085 | 6075 | 6075 | 7130 | 7130 | 8120 |
| 25.000 | 7615 | 9100 | 9100 | 10.680 | 10.680 | 12.165 |
| 35.000 | 9935 | 11.870 | 11.870 | 13.935 | 13.935 | 15.870 |
| 50.000 | 13.165 | 15.730 | 15.730 | 18.465 | 18.465 | 21.030 |
| 75.000 | 18.120 | 21.650 | 21.650 | 25.420 | 25.420 | 28.950 |
| 100.000 | 22.725 | 27.150 | 27.150 | 31.870 | 31.870 | 36.300 |
| 150.000 | 31.230 | 37.310 | 37.310 | 43.800 | 43.800 | 49.885 |
| 250.000 | 46.640 | 55.725 | 55.725 | 65.420 | 65.420 | 74.505 |
| 500.000 | 80.685 | 96.400 | 96.400 | 113.170 | 113.170 | 128.885 |
| 750.000 | 111.105 | 132.750 | 132.750 | 155.835 | 155.835 | 177.480 |
| 1.000.000 | 139.345 | 166.495 | 166.495 | 195.450 | 195.450 | 222.595 |
| 1.250.000 | 166.045 | 198.390 | 198.390 | 232.890 | 232.890 | 265.235 |
| 1.500.000 | 191.545 | 228.860 | 228.860 | 268.660 | 268.660 | 305.975 |
| 2.000.000 | 239.790 | 286.505 | 286.505 | 336.330 | 336.330 | 383.045 |
| 2.500.000 | 285.650 | 341.295 | 341.295 | 400.650 | 400.650 | 456.295 |
| 3.000.000 | 329.420 | 393.595 | 393.595 | 462.045 | 462.045 | 526.215 |
| 3.500.000 | 371.490 | 443.860 | 443.860 | 521.050 | 521.050 | 593.420 |
| 4.000.000 | 412.125 | 492.410 | 492.410 | 578.045 | 578.045 | 658.330 |

Kleinere Vorhaben erfordern relativ höheren Planungs- bzw. Projektierungsaufwand, weil bestimmte, bei jedem Vorhaben allgemein wahrzunehmende Aufgaben (Abstimmungen, Verwaltungsaufgaben, Schriftverkehr, Projektdokumente, …) bei kleineren Vorhaben mehr ins Gewicht fallen. Das sei an den Grenz-Kostenzeilen veranschaulicht:

Hat das Honorar bei 5000 € anrechenbaren Vorhabenskosten einen Anteil von 42,6 % (geringste Schwierigkeit) bis 68,1 % (höchste Schwierigkeit), so sinken diese Anteile bei 4 Mill. € auf 10,3 bzw. 16,5 %.

**Welche Honorarzone wählen?** Für Projekte der VAT werden drei *Vorhabens-Kategorien* als Auswahlkriterien zur Berücksichtigung des Schwierigkeitsgrades vorgeschlagen:

1. Routineprojekte (Wiederholprojekte) mit *sicheren* Verfahren und *bewährter* Maschinentechnik: *Zone I bis II*
   Zone I bei relativ teuren MTA, die den Anlagenpreis im Wesentlichen bestimmen, nicht aber den Projektierungsaufwand
2. Projekte mit technischem Risiko (erstmalige und Projekte für neuartige Einsatzbedingungen) mit *neuer, teilweise nicht ausgereifter* Verfahrens- und/oder Maschinentechnik und größerem Projektierungsaufwand infolge räumlicher und anderer *Restriktionen* (z. B. bei Rationalisierungsvorhaben): *Zone II bis III*

Zone II, wenn technisches Risiko auf *wenige* MTA begrenzt ist und bei Bedarf (Aufrechterhaltung der Produktion gefordert) *Ausweichlösungen* mit vertretbarem Aufwand möglich sind, z. B. Produktion mit noch vorhandener Alt-Technik oder mit Interimslösungen

3. Projekte im Rahmen von *Forschung und Entwicklung*, d. h. mit viel technischem und damit wirtschaftlichem Risiko, notwendiger Erprobung, zu erwartenden Änderungen, teilweise MTA als Sonderkonstruktion: *Zone III plus Zuschlag*
Zuschlaghöhe vorwiegend abhängig von Konkurrenz und Kaufinteresse des AG.

**Zu Kategorie 3**

- Liegt bedeutende Konkurrenz vor, muss sich der eigene Preis *an Konkurrenzangeboten* orientieren. Andernfalls beeinflussen *Kaufinteresse* des AG (höherer Preis bei größerem Interesse) und eigene strategische Ziele (Erschließung neuer Märkte, ...) den Preis.
- Verfolgt der AN über das aktuelle Vorhaben hinausgehende Ziele, z. B. Erschließung *neuer Anwendungsgebiete*, kann er auch eine erste neuartige Anlage zu geringerem Preis verkaufen, so auch geringere Projektierungskosten an den AG weitergeben.

Erfordert das Vorhaben Sonderkonstruktionen, deren Entwicklungs- und Konstruktionsaufwand nicht gesondert vertraglich vereinbart wird, ist deren Aufwand mit *Reserve* einzuplanen, d. h. von vornherein von höheren Kosten auszugehen.

Das mit der HOAI zu ermittelnde Honorar geht vom zu betreibenden personellen Aufwand aus; es umfasst somit ausschließlich die Personalkosten. Anfallende Nebenkosten (Fahrtkosten, Gebühren, zeitweises Baustellenbüro, ...) sind separat in Rechnung zu stellen.

Aus dem berechneten Honorar kann mit entsprechenden Stundensätzen der zeitliche Personalaufwand *abgeschätzt und vorgeplant* werden. Honorar und Nebenkosten können so als Basis der Preisbildung für Planungsphasen dienen (siehe auch Fallbeispiel Abschn. 10.5).

Die HOAI bestimmt in Deutschland seit über 40 Jahren als Rechtsverordnung das Architekten- und Ingenieur-Honorarrecht, das immer wieder an die Praxisbedingungen angepasst wird. Bedeutendste Neuerung der HOAI 2013 gegenüber der letzten Fassungen: Honorarerhöhung im zweistelligen %-Bereich (!), die mit gestiegener Leistungsanforderung und Preisentwicklung begründet wird.

### 10.4.4 Honorare und Kostenkalkulation auf Basis HOAI

Das Gesamthonorar für die Planungsphasen eines Vorhabens ergibt sich als Summe der Einzelhonorare der am Vorhaben beteiligten Gewerke bzw. Fachgebiete (Leistungsbilder). Würde der Leistungsumfang beispielsweise nur die Technische Ausrüstung umfassen, wäre das nach dieser Honorartafel ermittelte Honorar gleichzeitig das Gesamthonorar für das Projektteam.

Für die Aufwandsplanung ist neben dem Gesamthonorar, das als Basis der einzuplanenden Gesamtarbeitsstunden dienen kann, auch die Kenntnis deren Verteilung auf die einzelnen Leistungsphasen erforderlich, damit der gesamte Personalaufwand auf die Phasen 1 bis 9 aufgeteilt und damit der Personaleinsatz über den Gesamtzeitraum geplant werden kann.

Dafür stellt die HOAI *Erfahrungswerte* als weitgehend allgemeingültige Richtwerte bereit. Für die unter 1. bis 3. Abschn. 10.4.3 genannten Leistungen, deren Inhalte und Abläufe die HOAI jeweils in 9 Grundleistungen unterteilt, ist die Bewertung der einzelnen Phasen in Prozentanteilen vom Gesamthonorar in Tab. 10.7 dargestellt. Für Anlagen der VAT sollen jedoch die Leistungsphasen 5, 8 und 9 eine *andere Gewichtung* haben mit der Begründung:

**Tab. 10.7** Bewertung der Leistungen ausgewählter Leistungsbilder nach [2.1]

| | Leistungsphase | Planungsobjekt | | | | |
|---|---|---|---|---|---|---|
| | | Technische Ausrüstung | | Gebäude und raumbildende Ausbauten | Freianlaen | Tragwerks-planung |
| | | HOAI | VAT[1] | | | |
| | | %-Anteile am Gesamt-Planungsaufwand | | | | |
| 1 | Grundlagenermittlung | 2 | 2 | 3 | 3 | 3 |
| 2 | Vorplanung (Projekt- und Planungsvorbereitung) | 9 | 9 | 7 | 10 | 10 |
| 3 | Entwurfsplanung (System- und Integrationsplanung) | 17 | 17 | 11 | 15 | 15 |
| 4 | Genehmigungsplanung | 2 | 2 | 6 | 6 | 30 |
| 5 | Ausführungsplanung | 22 | 27 | 25 | 24 | 40 |
| 6 | Vorbereitung der Vergabe | 7 | 7 | 10 | 7 | 2 |
| 7 | Mitwirkung bei der Vergabe | 5 | 5 | 4 | 3 | - |
| 8 | Objektüberwachung (Bauüberwachung/-oberleitung) | 35 | 28 | 31 | 29 | - |
| 9 | Objektbetreuung und Dokumentation | 1 | 3 | 3 | 3 | - |

[1] Bewertung für Branche VAT ergänzt

Für Ausführungsplanung und Objektüberwachung werden 27 bzw. 28 %, für Objektbetreuung und Dokumentation 3 % (anstatt 22, 35, 1 %) allgemein realistischer sein, ausgehend von Detaillierungsanforderungen an die Ausführungsdokumente sowie dem oft hohen Vormontagegrad infolge Innenmontage beim Hersteller und der dadurch problemärmeren Außenmontage beim Betreiber.

Das in Abschn. 10.5 dargestellte Beispiel zu Kosten- und Aufwandsermittlung bezieht sich auf die Anlagen-*Realisierung*, also auf die Phasen 5 bis 9 der Projektabwicklung.

Für diesen Zeitraum wären demnach vom jeweils ermittelten Gesamthonorar der Leistungsarten folgende Anteile einzuplanen: Technische Ausrüstung 70 %, Gebäude und raumbildende Ausbauten 73 %, Freianlagen 66 %, Tragwerksplanung 42 %.

Liegen *noch keine* anderen Erfahrungswerte vor, kann bei einer ersten Kostenkalkulation, einer Grobplanung, von den aus Tab. 10.7 ersichtlichen Aufwandsrelationen ausgegangen werden. Zunehmende Erfahrung aus Wiederholprojekten gleichartiger oder ähnlicher Vorhaben ermöglicht eine immer genauere Vorplanung.

## 10.5 Beispiel zu Kosten und Aufwand einer Projektphase

Fallbeispiel zur Honorarberechnung nach HOAI für *Ausführungsplanung* und *Mitwirkung* des Projektteams in weiterer Realisierung am Beispiel der in Abschn. 5.5.1 und 6.6.1 dargestellten Verpackungsanlage für Hartkaramellen, begrenzt auf das Planungsobjekt *Technische Ausrüstung*.

Als anrechenbare Kosten werden die aus Tab. 10.8 ersichtlichen, für die aus dem Vorprojekt bekannten Ausrüstungen angenommenen Kosten zu Grunde gelegt.

Da es sich um ein Projekt mit geringem Schwierigkeitsgrad handeln soll, wird vom unteren Honorar der Zone I ausgegangen. Gemäß Tab. 10.7 entfallen auf die Leistungsphasen die in Tab. 10.9 ausgewiesenen Honoraranteile.

Die anrechenbaren Kosten liegen zwischen den Kostenzeilen 500.000 und 750.000 € der Honorartafel (Tab. 10.6). Lineare Interpolation ergibt ein Honorar von 80.655 + 30.420 · 215/250 = 106.816 €. Damit ist ab Ausführungsplanung (Phasen 5 bis 9) für das Projektteam ein Honorar von 74.771 €, das sind 70 % vom Gesamthonorar dieser Leistungsart, als Kostenrahmen einzuplanen.

Ist das Honorar wie vorstehend berechnet oder als Festpreis vereinbart, kann bei bekanntem Stundensatz der erforderliche Zeitaufwand ermittelt werden und eine Zeitplanung erfolgen.

**Planung von Personalaufwand und Bearbeitungszeit** Als Orientierung für die personelle Kapazitätsplanung konnten in früheren HOAI-Fassungen empfohlene Stundensätze dienen. Neuere Fassungen geben keine Stundensatz-Empfehlungen mehr.

**Tab. 10.8** Anrechenbare Kosten und Honorarzone

| Kostenbestandteile | | Kosten | Honorarzone |
|---|---|---|---|
| Maschinentechnische Ausrüstungen | Beschaffung Pos. 1.1 bis 9.4 | 635.000,– € | |
| | Montage Pos. 1.1 bis 9.4 | 25.000,– € | I |
| Spezialgewerke außer Bau | Beschaffung und Montage | 55.000,– € | |
| Summe anrechenbare Kosten[1] | | 715.000,– € | |

[1] einschließlich aller weiteren anrechenbaren Kosten der Realisierungsphase

**Tab. 10.9** Honoraranteile der Leistungsphasen

| Grundleistungen je Leistungsphase | Honorar in € | |
|---|---|---|
| 1 Grundlagenermittlung | 2136,32 | |
| 2 Vorplanung | 9913,44 | |
| 3 Entwurfsplanung | 18.158,72 | |
| 4 Genehmigungsplanung | 2136,32 | |
| 5 Ausführungsplanung | 28.840,32 | 28.840,32 |
| 6 Vorbereitung der Vergabe | 7477,12 | 7477,12 |
| 7 Mitwirkung bei der Vergabe | 5340,80 | 5340,80 |
| 8 Objektüberwachung | 29.908,48 | 29.908,48 |
| 9 Objektbetreuung, Dokumentation | 3204,48 | 3204,48 |
| Gesamtsumme (Phasen 1 bis 9) | 106.816,00 | – |
| Summe Phasen 5 bis 9: | | 74.771,20 |

Aus dem berechneten Honorar von 74.771 € würde sich bei einem angenommenen durchschnittlichen Stundensatz für ein Projektteam von 120 € (inklusive Gemeinkosten und Gewinn) folgender Personalaufwand ergeben:

Gesamtaufwand für Phasen 1 bis 9: 890 h (106.816/120)
Aufwand Phasen 5 bis 9: 623 h (74.771,2/120)
Aufwand Phase 5: 240 h (28.840,32/120)
Aufwand Phase 8: 249 h (29.908,48/120).

Ein Projektteam mit beispielsweise 3 Personen (2 Fachprojektanten, 1 sonstiger Mitarbeiter) hätte für die Ausführungsplanung (Phase 5) bei diesem durchschnittlichen Stundensatz und einer Arbeitszeit von 8 h/d, ununterbrochene Arbeit an diesem einen Projekt vorausgesetzt, rein rechnerisch eine Bearbeitungszeit von 240/3/8 = 10 Tagen zur Verfügung. Ebenso ist die Bearbeitungszeit für die anderen Phasen und die gesamte Realisierungsphase berechenbar, auch bei Einbeziehung weiterer Planungsobjekte (Tab. 10.7).

Die Voraussetzung *ununterbrochener* Arbeit an *einen* Projekt ist jedoch unrealistisch. Praktisch treten immer wieder zeitliche Unterbrechungen ein, z. B. infolge Warten auf noch fehlende Informationen oder Zuarbeiten. Zeitverlust kann dann durch *Parallelarbeit* an mehreren Vorhaben gemindert oder ganz vermieden werden.

Bei Bearbeitungsablauf- und Terminplanung sollte immer ein Zeitzuschlag (z. B. 20 %) für Arbeitszeitunterbrechungen zu der rein rechnerisch ermittelten, kürzesten Bearbeitungszeit vorgesehen werden.

Auch ist es unrealistisch, von *einheitlichem* Stundensatz auszugehen. Praktisch sind immer die realen Bedingungen und Anforderungen weitgehend zu berücksichtigen, so auch *differenzierte* Stundensätze bei unterschiedlichen Tätigkeitsmerkmalen, Qualifikationsanforderungen und Verantwortlichkeiten.

Auch kann es vorkommen, dass der Projektträger eine Projektierungs- oder andere Vertragsleistung (Vertragsgegenstände Abschn. 11.3) zu einem vom AG vorgegebenen oder erwarteten Preis erbringen soll oder zu einem selbst angebotenen Preis erbringt, der den tatsächlichen Aufwand nicht deckt. Das kann zur Kundengewinnung sinnvoll sein, ebenso, wie im Vorfeld von konkreten Verträgen verlorener Aufwand bei der Abgabe von Informationsangeboten hinzunehmen ist.

# Vertragsmanagement 11

## 11.1 Vorbemerkung

Aufgaben des Vertragsmanagements eines Unternehmens, insbesondere der Vertragsgestaltung werden in der Regel verantwortlich von darauf spezialisierten Wirtschaftsjuristen wahrgenommen.

Anlagenprojektant und Projektleiter haben im arbeitsteiligen Prozess der Vorbereitung und Realisierung eines Investitionsvorhabens ihren ingenieurtechnischen Beitrag zur Vertragsgestaltung zu leisten und das Vorhaben auch hinsichtlich der vertraglichen Bedingungen in der Projektabwicklung zu begleiten.

Folgende Ausführungen können dem Projektingenieur und Projektleiter nur einen Überblick über Vertragsformen, Vertragsgestaltung, wesentliche Inhalte von Liefer- und Leistungsverträgen sowie einige Feinheiten geben. Angegebene Literaturquellen erleichtern den weiteren Einstieg in diese wirtschaftsjuristische Kategorie.

## 11.2 Beziehung zu anderen Managementelementen

Das Vertragsmanagement als Teil des Projektmanagementsystems des Unternehmens steht mit den anderen Elementen mehr oder weniger in Beziehung (Abb. 1.1, Abschn. 1.1), da mit dem Vertrag schließlich die Leistungserbringung des Projektträgers vorbereitet und durchgesetzt wird.

Planungs- und Realisierungsprozesse sind dynamische Prozesse, die immer wieder an sich ändernde Bedingungen anzupassen sind. Das gilt besonders für Änderungs-, Nachforderungs- und Konfigurationsmanagement, weshalb bei allen Aktivitäten des Vertragsmanagements immer der Zusammenhang mit diesen Elementen zu beachten ist, von der Vertragsgestaltung bis zur vollständigen Leistungserbringung.

Ein Vertrag kann nicht alle Eventualitäten von vornherein berücksichtigen – da wäre er nicht mehr praktisch handhabbar –, aber er sollte durch entsprechende *Klauseln* auf Basis des vereinbarten Rechts beide Partner vor vermeidbaren, unliebsamen Überraschungen schützen.

Zwischen Anlagenbetreiber als Auftraggeber (AG) und Projektträger als Auftragnehmer (AN) können Verträge unterschiedlicher Art geschlossen werden, je nach Leistungsart und -umfang.

## 11.3 Leistungsgegenstände und Vertragsarten

Art und Gestaltung des Vertrages richten sich nach der zu vereinbarenden Leistung, die materieller oder immaterieller Art sein kann oder beides umfasst.

Für den Verarbeitungsmaschinen- und Anlagenbau als AN sind die in Abb. 11.1 genannten Vertragsgegenstände als typische Leistungsarten anzusehen, die gegenüber der Anwenderindustrie als AG zu erbringen sind. Solche Vertragsgegenstände gelten grundsätzlich auch für andere Zweige des Maschinen- und Anlagenbaus; es sind jeweils branchen- und anlagentypische Besonderheiten zu beachten (siehe auch Abschn. 2.5).

Nicht *alle* diese Leistungen müssen von Maschinen- und Anlagenbau-Unternehmen erbracht oder *allein* erbracht werden. So können bestimmte immaterielle Leistungen der Verfahrens- und konstruktiven Entwicklung, Betriebsanalysen und andere oft kostengünstiger auch von unabhängigen Institutionen wie Ingenieurbüros, Gutachten auch von Hochschulen oder Einzelpersonen zugearbeitet werden.

Je nach Leistungsart sind dann *Liefer-, Montage-, Erprobungs-, Engineering-Verträge* usw. zu unterscheiden. Nicht alle hier aufgeführten Leistungsarten und daraus resultierende Verträge müssen unmittelbar im Zusammenhang mit der Abwicklung eines konkreten Projektes stehen, sind jedoch für viele Unternehmen bedeutsam für ihre Geschäftstätigkeit insgesamt, so die Leistungsarten *Zusammenarbeit* und *Auslagerung (Outsourcing)*.

Bei der Auslagerung von Unternehmensprozessen geht es um die Verlagerung von Tätigkeitsfeldern zu spezialisierten, dadurch meist kostengünstigeren Dienstleistern im Inland (*Nearshoring*) sowie nahen oder fernen Ausland (*Onshoring* bzw. *Offshoring*). Mit der Auslagerung solcher Felder wie IT-Wartung und -Weiterentwicklung, Buchhaltung, Rechnungsführung, Service-Leistungen konzentrieren sich Unternehmen mehr auf ihre Kernkompetenzen.

Unter den genannten Leistungsarten sind jeweils zu verstehende Einzelleistungen bzw. Leistungsumfang beispielhaft mit angedeutet. Der Projektträger muss sein Vertragsmanagement auf diese – und möglicherweise weitere – Leistungsarten ausrichten.

**Liefer- und Engineering-Vertrag** sind wohl die häufigsten Vertragsarten. Zu Lieferverträgen wird auf folgende Abschnitte verwiesen, zu Engineering-Verträgen hier einige Hinweise.

**Engineering-Vertrag** Bei diesem Vertrag (auch: Ingenieurdienstvertrag) übernimmt ein Dienstleister, oft ein auf bestimmte Fachplanungsleistungen spezialisiertes Ingenieurbüro, ingenieurtechnische Arbeiten gegen eine *Leistungsvergütung* in Form von

## 11.3 Leistungsgegenstände und Vertragsarten

**Vertragsgegenstände im Anlagenbau der Verarbeitungstechnik**

|  |  |
|---|---|
| Komplettleistung | Planung und Lieferung kompletter Anlagen, Anlagensysteme und Produktionsbereiche |
| Lieferung von Anlagen | Planung und Lieferung einzelner Anlagen, einschließlich bestimmter immaterieller Leistungen (Schulungen, Software, ...) |
| Lieferung von Anlagenteilen | Planung und Lieferung maschinentechnischer Ausrüstungen zur Anlagenkomplettierung |
| Montage | Durchführung der Montage nach gegebenen Planungsdokumenten bzw. zu erstellenden oder zu präzisierenden Montageplänen, einschließlich Probelauf, Mängelbeseitigung, gegebenenfalls Änderungen |
| Erprobung | Erprobung neuer und/oder weiterentwickelter Anlagentechnik bis zur Produktionsreife |
| Instandhaltung | Wartung, Inspektion, Instandhaltung und Instandsetzung bestimmter Anlagenteile |
| Serviceleistungen | Kundendienst als After-sale-service: Ersatzteillieferung, Kundeninformation |
| Aus- und Weiterbildung | Schulung des Bedien- und Instandhaltungspersonals des Betreibers |
| Ausführungsplanung | Erarbeitung von Ausführungsdokumenten, komplett oder begrenzt auf ausgewählte Planungsinhalte, Anlagenteile oder einzelne Spezialgewerke |
| Produktentwicklung | Mitwirkung bei Entwicklung neuer und Optimierung vorliegender Produkte (Engineering) |
| Verfahrensentwicklung | Mitwirkung bei Entwicklung neuer oder Optimierung vorliegender Verarbeitungsverfahren (Engineering) |
| Konstruktive Entwicklung | Entwicklung und Konstruktion spezieller Komponenten zur Komplettierung der Anlagentechnik, z. B. von Sondermaschinen oder zu modifizierenden Serienmaschinen |
| Betriebsanalyse | Analysen zu Betriebsverhalten (Produktivität, Zuverlässigkeit, Effektivität, Umweltbeziehungen), Materialfluss und Logistik |
| Gutachtertätigkeit | Gutachten zu vermuteten bzw. erkannten Schwachstellen, auch bei Streitigkeiten der Vertragsparteien |
| Beratertätigkeit | Ingenieurtechnische Leistung (Consulting), die Spezialwissen erfordert, z. B. als fachliche Unterstützung bei der Verfahrens- oder Erzeugnisentwicklung |
| Zusammenarbeit | Zusammenarbeit mit Partnern, z. B. in Form von Kooperation, Franchising, Lizenz- und Know-how-Vergabe, Joint-Venture |
| Auslagerung | Auslagerung von Unternehmensprozessen (Outsourcing), z. B. auf Gebieten wie IT-Wartung, Buchhaltung, Kostenrechnung, Zahlungsverkehr |

**Abb. 11.1** Vertragsgegenstände als typische Leistungsarten

- festem Einheitspreis oder als %-Satz der Vorhabenssumme
- Pauschalpreis bei definiertem Arbeitsvolumen
- festgelegtem Vergütungssatz je aufgewandter Ingenieurstunde.

Für Engineering-Verträge kommen auch *Zeithonorare* auf Basis von Stundensätzen nach Vorausschätzung des Zeitbedarfs als Fest- oder Höchstbetrag in Betracht. Ist eine Vorausschätzung des Zeitbedarfs nicht möglich, so kann das Honorar nach nachgewiesenem Zeitbedarf entrichtet werden [2.1].

Im Anlagenbau treten bei Vertragsschluss im Wesentlichen drei *Grundkonstellationen* von reinen *Engineering*-Verträgen *ohne* Haftung auf und eine vierte, die außerdem bereits einen Auftrag zur Lieferung von Anlagen beinhaltet [1.19], wenn Ingenieurbüro Dienstleister ist:

1. Anlagenbetreiber ist Verfahrensgeber
   Der Betreiber besitzt das Verfahrens-*Know-how* und stellt das *Basic-design*, das Ingenieurbüro führt das *Detailed engineering*, die Fachplanungsfunktionen aus. Der Betreiber trägt das Verfahrensrisiko, das Ingenieurbüro haftet für die richtige Ausführung seiner Ingenieurleistungen nach dem Stand der Technik bzw. den vertraglich festgelegten Grundlagen bis zu einem bestimmten %-Satz seiner Ingenieurgebühr.
2. Ingenieurbüro ist Verfahrensgeber
   Das Ingenieurbüro stellt neben seinem Verfahrens-*Know-how* auch das *Basic design*, übernimmt die Verfahrensgarantie und haftet zu den vertraglich festgelegten Bestimmungen für deren Einhaltung. Das Ingenieurbüro kann in diesem Fall auch einen umfassenderen Auftrag bis hin zur Lieferung einer Gesamtanlage erhalten.
3. Lizenznahme von Dritten
   Der Betreiber nimmt von dritter Seite eine Lizenz zum Betrieb einer Anlage nach einem Verfahren des Lizenzgebers und beauftragt ein Ingenieurbüro mit der Errichtung der Anlage. Der Lizenzgeber übergibt *Know-how* und *Basic design* an das Ingenieurbüro und haftet dem Betreiber für das Verfahren, das Ingenieurbüro für das *Detailed engineering*.
4. *Engineering*-Vertrag mit Investitionssummengarantie
   Das Ingenieurbüro garantiert die Investitionssumme, für die Ausrüstungen haftet aber der Zulieferer. Das Ingenieurbüro haftet für Überschreitungen der vereinbarten Summe, sichert sich jedoch einen Bonus im selben %-Satz bei Einsparungen. Neben dem reinen *Engineering* muss das Ingenieurbüro nun auch technisch und kaufmännisch gesicherte Kostenkalkulationen erarbeiten.

Zum Einstieg in das seit über 20 Jahren sehr aktuelle Gebiet des *Outsourcing*: z. B. [11.1] bis [11.3]. Ein Dienstleister z. B. strukturiert sein Leistungsangebot nach einem 7-Stufenmodell mit dem Outsourcing-Vertrag im Zentrum (Abb. 11.2).

## 11.4 Vertragsformen

**Abb. 11.2** Stufenmodell zum Outsourcing nach [11.4]

### 11.4 Vertragsformen

Werden neben Leistungsart und -umfang zusätzlich *Abrechnungsmodalitäten* und *Haftungsverpflichtungen* als Unterscheidungskriterium herangezogen, sind als typische Vertragsformen zu unterscheiden [1.19]:

- Festpreisvertrag
- Aufwandserstattungsvertrag
- Zielpreisvertrag
- Aufmaßvertrag.

**Festpreisvertrag** Der AN erbringt eine bestimmte Leistung in einer festgesetzten Frist zu einem vereinbarten Festpreis. Bei einem Liefervertrag übernimmt der Hersteller die Planung und Lieferung der Anlage unter dieser Bedingung. Schließt der Lieferumfang auch alle weiteren Realisierungsetappen – Montage, Erprobung, Inbetriebnahme – ein, handelt es sich um eine schlüsselfertige Leistung.

Der vereinbarte Preis kann durch eine *Preisgleitklausel* inflationär bedingte Kostenänderungen, die sich während der Vertragslaufzeit ergeben, berücksichtigen. Das gilt besonders bei langen Laufzeiten, in denen sich Rohstoff- und andere Einkaufspreise und Tariflöhne unvorhersehbar ändern, meist erhöhen können. Mit Preisgleitklauseln folgender Art ergibt sich als endgültiger *Abrechnungspreis P*:

$$P = \frac{P_0}{100\%} \cdot \left(a + b \cdot \frac{M}{M_0} + c \cdot \frac{L}{L_0}\right) \quad (11.1)$$

$P_0$ Angebotspreis auf Basis von $M_0$ und $L_0$
$M_0$ Materialpreisindex für festgelegte Schlüsselkomponenten bei Vertragsschluss
$L_0$ Lohnindex auf Basis von Ecklöhnen von Rahmentarifverträgen bei Vertragsschluss
M, L Material- bzw. Lohnindizes nach erbrachter Vertragsleistung, bei Zahlungsfälligkeit
a, b, c Faktoren für den im Einzelfall festzulegenden Festpreis-, Material- bzw. Lohnanteil; bei verfahrenstechnischen Anlagen z. B. nach [1.20] gebräuchlich: a = 10 %; b, c = 40 … 50 %.

Welche Faktoren-Werte im Einzelfall anzusetzen bzw. zu vereinbaren sind, hängt von aktuellem Preis- bzw. Tariflohn-Niveau und Anlagenspezifik ab.

Bei Auslandsgeschäften kann das Wechselkursrisiko durch *Kurssicherungsklauseln* begrenzt werden oder bei Lieferung in Länder mit hohen Inflationsraten durch Vertragsschluss auf Basis einer *harten Leitwährung*.

**Aufwandserstattungsvertrag** Der AG erstattet dem AN dessen Aufwand und zahlt zusätzlich ein *Honorar*, das entweder ein vereinbarter *Festbetrag* unabhängig vom Aufwand oder ein *Prozentsatz* des nachgewiesenen Aufwandes sein kann.

**Zielpreisvertrag** Der AN beteiligt sich nach einem *Bonus-Malus-System* am Anlagenpreisrisiko: Übersteigt der Aufwand die Obergrenze einer vereinbarten Preisspanne, muss sich der AN mit einem bestimmten Anteil am Mehraufwand beteiligen (Malus), andererseits erhält er bei Unterschreitung dieser Preisspanne einen zu vereinbarenden Prozentsatz der Ersparnis als Bonus. Der AG kann auch eine *Maximalpreisgarantie* fordern. In dem Fall trägt der AN die Preisüberschreitung in voller Höhe.

**Aufmaßvertrag** AG und AN vereinbaren einen *pauschalen* Leistungsumfang mit detaillierter Aufmaßpreisliste für die einzelnen Leistungspositionen. Am Ende der Vertragslaufzeit wird nach *Aufmaß*, nach tatsächlich angefallenem Aufwand abgerechnet.

## 11.5 Vertragsgestaltung

### 11.5.1 Anwendbares Recht

Folgende Ausführungen stützen sich teilweise auf wirtschaftsjuristische Inhalte und Formulierungen zu internationalen Liefer- und Einkaufsverträgen [11.5, 11.6].

**Risiken im internationalen Handelsgeschäft** Im internationalen Handelsgeschäft bestehen, verglichen mit dem Binnenhandel, zusätzliche Risiken, so dass eine sorgfältige Vertragsgestaltung hier besonders wichtig ist. Bei Außenhandelsgeschäften sind meist *zwei Rechtsordnungen* potentiell anwendbar und zwar nicht nur privatrechtliche Vorschriften, sondern auch öffentlich-rechtliche, die unbedingt zu beachten sind.

Bei Streitigkeiten hat z. B. der deutsche Unternehmer möglicherweise mit einer Klage im Ausland zu kämpfen und – soweit er kein deutsches Urteil erwirkt – mit dessen Vollstreckung im Ausland. Oftmals muss er sich auf ein Schiedsverfahren einlassen. Im Außenhandel kann er generell weniger von einer gütlichen Einigung oder Beilegung von Streitigkeiten ausgehen; dies nicht zuletzt deshalb, weil hier die soziale Kontrolle weit geringer zu bewerten ist als im Binnenhandel und sich die Rechtsdurchsetzung schwieriger gestaltet. Abgesehen davon, sind andere Risiken höher zu bewerten, z. B. Verständnisrisiko, welches sich nicht nur auf Sprache, sondern auch auf Mentalität und Rechtsverständnis bezieht. Auch beim Aushandeln der Zahlungsmodalitäten und Überprüfen der Lieferzuverlässigkeit entstehen naturgemäß auf Grund größerer Distanz Probleme. Die im Inland

## 11.5 Vertragsgestaltung

geläufigen Sicherheitsinstrumente sind oft nicht auf das Ausland übertragbar und werden dort nur teilweise oder überhaupt nicht anerkannt. Hinzu kommen politische und wirtschaftliche Risiken, z. B. Embargo, politische Konflikte.

Grundsätzlich sind die zahlreichen Risiken des internationalen Geschäfts rechtzeitig zu bewerten und einzukalkulieren, ihnen sollte im Vertrag möglichst entgegengewirkt werden.

So ist z. B. bei der Gestaltung der Preis- und Zahlungsbedingungen zu prüfen und zu vereinbaren, wer das Wechselkursrisiko zu tragen hat und ob der Vertragspreis fest (und wie lange) oder variabel (und wenn ja, zu welchen Bedingungen) gestaltet wird.

Weitere Vereinbarungen sind denkbar hinsichtlich der Haftung (Haftungsbegrenzungsklauseln) für *Know-how* und für Verletzung gewerblicher Schutzrechte, Patente und Warenzeichen, *Down-payments* und ähnliche Sicherheiten für die Geheimhaltung.

Bei kleineren und mittelständischen Unternehmen (KMU) bestehen hinsichtlich internationaler Geschäfte oft noch Unsicherheiten. Deshalb sollte immer ein auf solche Geschäfte spezialisierter Rechtsberater eingeschaltet werden. Größere Unternehmen verfügen in der Regel selbst über eigene Wirtschaftsjuristen.

**Rechtsgrundlage für Verträge** Im internationalen Handel hat sich als Rechtsgrundlage für Verträge das *UN-Kaufrecht* (CISG), beschlossen 1980 in Wien [11.7] weitgehend durchgesetzt. In Deutschland 1990 in Kraft getreten, hat es die bis dahin geltenden Haager Kaufgesetze abgelöst. Dieses Übereinkommen der Vereinten Nationen über Verträge zum internationalen Warenkauf – CISG (United Nations Convention on Contracts for the International Sale of Goods) regelt den internationalen Warenverkehr; es gibt den Vertragspartnern weitgehende Rechtssicherheit in Vertragsschluss, Vertragsgestaltung und Vertragsdurchführung.

**Handelsklauseln im Warenverkehr** Eine große Bedeutung hat die *genaue Definition* der vertraglichen Pflichten von Verkäufer und Käufer. Das gilt ganz besonders bei grenzüberschreitenden Warenlieferungen und Überseetransport, wo sich die Vertragspartner zunächst über das anwendbare Recht zu einigen haben. Die Internationale Handelskammer mit Sitz in Paris hat bereits 1936 internationale Handelsklauseln, die *Incoterms* (international commercial terms) veröffentlicht. Diese der Standardisierung von grenzüberschreitenden Kaufgeschäften und der Vermeidung von Missverständnissen dienenden *Klauseln* liegen mit den Incoterms 2010 in nun siebter Revision vor [11.8]:

Definiert sind Klauseln für alle Transportarten sowie spezielle für See- und Binnenschiffstransport. Nur *eine* Klausel, z. B. FOB (*free on board*): Danach „ist der Verkäufer verpflichtet, die Ware an Bord des vom Käufer benannten Schiffes im benannten Verschiffungshafen zu liefern. Zudem hat er gegebenenfalls die Ausfuhrgenehmigung und/oder andere behördliche Genehmigungen zu beschaffen und alle Zollformalitäten zu erledigen…".

Als Einstieg in die Kaufrecht-Problematik sei [11.9] empfohlen.

## 11.5.2 Vertragsinhalte, Musterverträge

Zur Erleichterung der branchen- und firmenspezifischen Vertragsgestaltung können *Musterverträge* dienen, z. B. die *Heidelberger Musterverträge*, speziell die Hefte 89 [11.5] und 80 [11.6]. Diese Musterverträge sind für bestimmte Leistungsarten auf einen *Durchschnittsvertrag* mit relativ einfachem Vertragsgegenstand zur Anwendung gegenüber Kaufleuten zugeschnitten. Die Musterverträge dieser Heftreihe sind für den praktischen Gebrauch juristisch erläutert und in vielfacher Hinsicht kommentiert. Besonders nützlich sind

- Klauseln zu Rechtswahl, Gerichtsstand und Schiedsgericht, Haftungsbegrenzung
- Formulierungshilfen und Checklisten zur Erstellung des eigenen Liefervertrages
- weitere Klauseln zu Gewährleistung für Mängel, Folgeschäden, Lieferverzug.

Wegen der Vielfalt möglicher Geschäfte und der daraus resultierenden wirtschaftsjuristischen Anforderungen an die Vertragsgestaltung muss ein Mustervertrag unter Einarbeitung der eigenen Erfahrungen mit einem auf den Exportbereich spezialisierten Rechtsanwalt oder Wirtschaftsjuristen auf die branchen- und firmenspezifischen Bedingungen zugeschnitten werden.

Der Kaufvertrag z. B. nach Heft 89 ist in eine Reihe von Abschnitten gegliedert (Tab. 11.1), deren Inhalte im Einzelnen weiter untergliedert sind. Die im Mustervertrag als *Verkäufer* und *Käufer* bezeichneten Vertragsparteien sind hier allgemein AN und AG.

Ausgewählte Vertragsinhalte werden in Abschn. 11.7 näher betrachtet.

**Tab. 11.1** Inhalte eines Mustervertrages nach [11.5]

| Abschnitt | Vertragsinhalt |
| --- | --- |
| 1 | Vertragsparteien |
| 2 | Kaufgegenstand |
| 3 | Preis, Zahlungsbedingungen |
| 4 | Lieferung, Gefahrtragung, Lieferverzug |
| 5 | Warenursprung |
| 6 | Mängeluntersuchung, Gewährleistung |
| 7 | Produkthaftung, Freistellung, Haftpflicht-Versicherungsschutz |
| 8 | Höhere Gewalt, Konkurs, Zahlungsunfähigkeit |
| 9 | Schutzrechte |
| 10 | Eigentumsvorbehalt, Beistellungen, Geheimhaltung, Werkzeuge |
| 11 | Sonstige Haftung des Käufers für die Erfüllung von Nebenpflichten |
| 12 | Anwendbares Recht, Gerichtsstand, Erfüllungsort |
| 13 | Verschiedenes |
| 14 | Gesetze und Bestimmungen im Verkäuferland, Exportgenehmigung |

## 11.6 Abschluss und Änderung von Verträgen

Der von den Parteien gemeinsam ausgehandelte (formulierte) oder der einen Partei angebotene, vorformulierte Vertragstext gilt mit der Unterzeichnung der autorisierten Vertreter beider Parteien als geschlossen und tritt in der Regel mit dem Datum der beiderseitigen Unterzeichnung in Kraft. Das Inkrafttreten kann auch auf ein bestimmtes Datum oder eine bestimmte Bedingung als Voraussetzung geknüpft werden, z. B. das Erteilen einer Export- oder Importgenehmigung. Bei Anknüpfung an eine solche Bedingung wäre der Vertrag bis zu ihrer Erfüllung *schwebend* unwirksam.

Bedingungen für das teilweise oder vollständige *Außerkrafttreten* des Vertrages ergeben sich aus dem Recht, das dem Vertrag zu Grunde liegt, also dem UN-Kaufrecht oder dem vereinbarten anderen Recht, und/oder den hierzu besonders getroffenen Vereinbarungen der Vertragspartner, meist hinsichtlich bestimmter Vertragsverletzungen.

Kann ein Vertragspartner infolge *Höherer Gewalt*, *Konkurs* oder *Zahlungsunfähigkeit* seinen Verpflichtungen nicht vertragsgemäß nachkommen, ist der andere Partner berechtigt, ganz oder teilweise vom Vertrag zurückzutreten. Es müssen dies aber Gründe sein, die der Schuldner bei Vertragsschluss nicht erwarten konnte, die von ihm also unvorhersehbar, unvermeidbar und unüberwindbar sind.

Wenn Verträge einvernehmlich geschlossen werden, können diese auch im Einvernehmen aufgehoben werden, sollten sich bei beiden Partnern entsprechende Bedingungen ergeben haben, die eine Fortführung des Vertrages ausschließen. Dass beide Partner diese Absicht *gleichzeitig* haben, dürfte die seltene Ausnahme sein. Wahrscheinlicher ist, dass zunächst ein Partner in eine Situation gerät, die ihm die Fortführung des Vertrages unmöglich macht und er dem anderen Partner die Vertragsaufhebung anbietet. Unter bestimmten Bedingungen – z. B. Ausgleichszahlung für Umsatz- bzw. Gewinnverlust – wird dann der Betroffene zustimmen.

**Vertragsänderungen** werden infolge eingetretener Bedingungen erforderlich. Sie bedürfen der Schriftform und des unterschriftlich bekundeten Einverständnisses *beider* Partner. Vertragsänderungen können auch in Form von Maßnahmeprotokollen oder Nachträgen, die als Bestandteil des Vertrages erklärt werden, vereinbart sein.

Die Absicht oder der Zwang eines Vertragspartners zur Vertragsänderung kann sich aus vielerlei Gründen ergeben, wie:

- Bekanntwerden neuer technischer Lösungen z. B. für ein neues Verfahren, die es dem AN ermöglicht, eine technologisch und technisch günstigere Anlage zu liefern, jedoch mit höherem Lieferpreis und/oder späterem Liefertermin
- Änderung der Marktbedingungen, z. B. des Verarbeitungsgut- und Produktsortiments, die den AG zur Änderung der Anlagenkonfiguration zwingen können.

Im ersten Fall kann die Änderung trotz höherem Preis und späterer Inbetriebnahme für den AG interessant und ohne Weiteres akzeptierbar sein, wenn sie zu geringeren Betriebskosten führt, z. B. zu geringerem Energieverbrauch, geringeren Entsorgungs- und

Recyclingkosten. Dann wäre dieser Fall für beide Partner vorteilhaft: größerer Umsatz beim Lieferer, geringere Betriebskosten beim Anlagenbetreiber.

Im zweiten Fall kann es sich für den AN als Betroffenen um eine Leistungsreduzierung mit Umsatz- und Gewinnverlust oder eine Leistungserweiterung handeln. Einer Erweiterung wird er gern zustimmen, einer Reduzierung nicht ohne Weiteres. Er wird einen Ausgleich seines Verlustes versuchen durchzusetzen, er kann aber auch am weiteren Geschäftskontakt mit diesem AG als künftigem potentiellen Käufer so interessiert sein, dass er akzeptiert.

Ein *Schwerpunkt* des Vertragsmanagements ist die *laufende Überwachung* der Vertragserfüllung, woraus sich Vertragsänderungen oft zwingend ergeben, da die praktische Projektabwicklung aus vielerlei Gründen oft von der vorgeplanten abweicht. Erkannte Mängel – Zeitverzug, Versäumnisse bei Mitwirkungshandlungen des AG, wesentliche Qualitätsmängel – sind durch geeignete Gegenmaßnahmen möglichst zu kompensieren. So kann ein neu festgelegter Zeitablauf oder eine von der ursprünglichen Spezifikation abweichende Maschinentechnik als Vertragsänderung festgeschrieben werden.

Zum weiteren Einstieg sei empfohlen: [11.10–11.13].

## 11.7 Zu ausgewählten Vertragsinhalten

### 11.7.1 Vertragsgegenstand und seine Spezifikation

Der Vertragsgegenstand ist durch *technische Spezifikationen* umfassend zu beschreiben. Diese dienen der exakten Definition der *Hauptleistungspflicht* des Verkäufers. Falls bereits auf ein vom AG bestätigtes Angebot oder Vorprojekt Bezug genommen werden kann – das ist in der Regel bei der Ausführungsplanung der Fall –, wären im Wesentlichen nur noch Präzisierungen oder Ergänzungen erforderlich. Neben der technischen Spezifikation muss der *Lieferumfang* genau angegeben werden, falls dieser noch nicht *eindeutig* aus der Spezifikation erkennbar ist.

Je nach Leistungsart wird der Vertragsgegenstand technisch spezifiziert, am Beispiel der Lieferung einer Verarbeitungsanlage durch solche Merkmale wie:

- Bezeichnung der Gesamtleistung: Bezeichnung der Anlage
- Kennzeichnung der Gesamtanlage durch: textliche und bildliche Darstellungen (Pläne, Layout, ...), technische Daten (Produktivität, Verfügbarkeit, ...), Angaben zu Einsatzbedingungen (Personalbedarf, Medienanschluss- und -verbrauchswerte, Umweltanforderungen, ...)
- Bezeichnung und Anzahl der Ausrüstungen: Typ und deren Konfiguration (z. B. bei Maschinen: Grundmaschine, Zusatzbaugruppen, Anordnungsvariante; ...) in Ausrüstungslisten
- Bezeichnung von Verarbeitungsverfahren, VG und herstellbaren Produkten

- Qualitätsangaben zu VG (Toleranzen, ...) und Produkten (z. B. Massetoleranz einer Verkaufspackung) mit Angabe zu Grunde gelegter Vorschriften (DIN-Normen, VDI-Richtlinien, Branchenrichtlinien, ...)
- Zubehör, das mitgeliefert wird, mit genauer Bezeichnung und Mengenangabe: Spezialwerkzeuge (für Instandhaltung), Hilfsvorrichtungen (z. B. Hebevorrichtung zum Wechseln größerer Folienrollen), Ersatz- und Verschleißteile (Reserveteile, Jahreserstbedarf, ...)
- Hinweis auf vorliegende Qualitätszertifikate (erhöht Käufervertrauen und dient weiterer Kundenwerbung!).

Entsprechend ist der Vertragsgegenstand bei anderer Leistungsart zu definieren. So wäre bei Verfahrens- und konstruktiver Entwicklung die Zielstellung (neues Verfahren, neue MTA) und seine Charakterisierung (technische Merkmale) oder bei der Betriebsanalyse die Abgrenzung des Analyseumfangs (siehe Abschn. 3.6) zu vereinbaren.

Auch wenn für Projektträger-Unternehmen der wirtschaftsjuristische Aspekt eines Vertrages vorrangig interessant ist – Umsatz, Gewinn und juristische Absicherung stehen im Vordergrund –, so basieren derartige Verträge immer auf der *Definition der Vertragsleistung*, welche durch das ingenieurtechnische Personal zu erfolgen hat. Versäumnisse hierbei führen mit Sicherheit zu Missdeutungen beim AG und damit zu vorprogrammiertem Rechtsstreit.

### 11.7.2 Preis und Zahlungsbedingungen

Preis und Zahlungsbedingungen richten sich nach Leistungsart, Aufwand, Marktlage (Konkurrenz, strategische Interessen) und anderen Bedingungen.

Der Kaufpreis kann wirtschaftsjuristisch in verschiedenen **Preisvarianten** vereinbart werden (siehe auch Vertragsformen, Abschn. 11.3), so als:

a) Festpreis mit Fremdwährungsverbindlichkeiten
   Der Mustervertrag geht von einer in der Heimatwährung vereinbarten Zahlungsverpflichtung aus. Bei in Fremdwährung vereinbarter Zahlungsverpflichtung besteht das Währungs- oder Wechselkursrisiko darin, dass sich die Wechselkursrelation in einer für den jeweiligen Träger des Risikos nachteiligen Weise von dem für den Zahlungszeitpunkt angenommenen Wechselkurs unterscheidet. Schutz kann eine *Wechselkursversicherung* bieten oder vereinbarte, so genannte *Geldwertschulden* (z. B. Kaufpreis in ausländischer Währung vereinbart, aber zu einem festgelegten Tageskurs in Heimatwährung zahlbar).

b) Pauschalfestpreis
   Hier besteht für beide Vertragspartner das Risiko, dass sich die dem Preis zu Grunde liegende Aufwandskalkulation und andere Bedingungen im Zeitraum zwischen Ver-

tragsschluss und Lieferung ändern können. Eine Preisanpassung ist in diesem Fall nach Vertragsschluss ohne Einigung in der Regel nicht mehr möglich.

c) Festpreis mit automatischer Preisgleitklausel, Preisvorbehalt mit Neuverhandlungsklausel

Das sind Alternativen zu b. Klauseln dieser Art sind in der Praxis besonders bei größerem Vertragsumfang mit längeren Lieferzeiten gebräuchlich. Damit soll das Risiko möglicher Kostensteigerung der Käufer ganz oder teilweise tragen. Die Klausel kann sich im Einzelfall – abgesehen von sinkenden Kosten –, auch zu Gunsten des Käufers auswirken, nämlich dann, wenn er dadurch einen sonst vom Verkäufer einzurechnenden Risikoaufschlag für etwaige Kostensteigerungen vermeidet.

d) Preisobergrenze mit Abrechnung und Bezahlung nach Aufwand oder Grad der Leistungserbringung

Abrechnung und Bezahlung nach Aufwand kann in Betracht kommen, wenn bei Vertragsabschluss zwar der Normalaufwand für bestimmte Leistungen (z. B. Stundensatz eines Gewerkes, Materialaufwand pro Leistungseinheit) zu Grunde gelegt werden kann, aber der Gesamtaufwand infolge noch bestehender Unsicherheiten nicht genau kalkulierbar ist (z. B. bei Montage, Erprobung).

Abrechnung und Bezahlung nach Grad der Leistungserbringung kann z. B. bei Leistungen mit schöpferischem Risiko wie verfahrens- oder konstruktiver Entwicklung in Betracht kommen, wenn bei Vertragsschluss noch nicht sicher ist, in welchem Maße das angestrebte Ziel erreicht werden kann.

Für den AG ist die Preisobergrenze eine Sicherheit, für den Leistungserbringer ein gewisser Zwang zu sparsamer Ausführung.

Varianten a bis c sind [11.5] entnommen, für d gelten entsprechende Aspekte. Zum Kaufpreis, wenn dieser ein *Billigpreis* ist:

Lässt sich der AG von Konkurrenzangeboten zu Kaufpreisen verleiten, die deutlich unter branchen- und ortsüblichen Preisen liegen bzw. hat der AN eine vom AG geforderte zu geringe Preisobergrenze akzeptiert, so können sich für beide Seiten unangenehme Folgen ergeben: nichterreichte Anlagenproduktivität, erhöhte Betriebskosten, Gerichtsstreit (siehe Hinweis am Ende Abschn. 10.2.1 und Analysebeispiel Abschn. 3.7.2).

Zu den **Zahlungsbedingungen**: Im längerfristigen Anlagengeschäft ist es üblich, den Kaufpreis *in mehreren Raten* – in Absolutbeträgen oder als %-Sätze vom Kaufpreis – zu bezahlen. Bedingung hierfür ist die Unterteilung der Gesamtleistung in *inhaltlich und zeitlich* abgrenzbare Teilleistungen. Vorteile von **Ratenzahlungen** sind insbesondere:

1. Wirtschaftlicher Umgang mit den Finanzmitteln, Verringerung der Umlaufmittelbindung

   Deshalb hat der Leistungserbringer das Hauptinteresse an der Ratenzahlung: er muss nicht bis zur vollständigen Vertragserfüllung auf die Vergütung seines Aufwandes (Arbeitslohn, Material, ...) warten, er bekommt die jeweils erbrachte Teilleistung kurzfristig vergütet.

## 11.7 Zu ausgewählten Vertragsinhalten

2. Einhaltung der planmäßigen Projektabwicklung, Zeitverkürzung
   Je zügiger der Leistungserbringer seine Leistungen vorantreibt, desto schneller bekommt er diese bezahlt. Das motiviert. Der Gefahr mangelhafter Erfüllung sollten vereinbarte Qualitätsmerkmale und Leistungs-Abnahmen durch den AG vorbeugen.
3. Günstigere Finanzierung beim Auftraggeber
   Schrittweise Teilzahlungen bedeuten eine Kapitalkostensenkung – egal, ob Eigenfinanzierung (Zinsgewinn) oder Fremdfinanzierung durch Bankkredit (Zinsentlastung) oder beides anteilig vorliegt.
4. Absicherung des Leistungserbringers vor Verlust
   Wird der AG zahlungsunfähig (z. B. infolge *Höherer Gewalt*), hat der Leistungserbringer wenigstens seine bis dahin erbrachte Leistung bezahlt bekommen. Eine z. B. bei Vertragsschluss fällige oder bezahlte Rate bindet den AG in gewissem Maße an seinen Vertragspartner. Es könnten ja zwischenzeitlich Bedingungen eingetreten sein, die ihn veranlassen, von weiterer Vertragsabwicklung Abstand zu nehmen.

Im Anlagengeschäft sind **Zahlungsbedingungen** mit bis zu 5 oder 10 Raten keine Seltenheit. So kann bei einem Liefervertrag für eine komplette Anlage folgende *Ratenzahlung* vereinbart sein:

1. Rate 10 % bei Vertragsschluss
   Ziel: Sicherheit und Vorfinanzierung der Ausführungsplanung
2. Rate 20 % nach Fertigstellung und Bestätigung der Ausführungsdokumente
   Ziel: Vorfinanzierung zu beschaffender Ausrüstungen und Materialkäufe
3. Rate 35 % nach qualitätsgerechter Anlieferung der Hauptausrüstungen beim Betreiber
   Ziel: Aufwandsvergütung
4. Rate 20 % nach Montageabschluss und Mängelbeseitigung, auch bei noch vorliegenden Restmängeln
   Ziel: Aufwandsvergütung
5. Rate 10 % nach Restmängelbeseitigung und erfolgreichem Probelauf
   Ziel: Motivation zu zügiger Mängelbeseitigung
6. Rate 5 % nach erfolgreichem Probebetrieb und Leistungsfahrt, bei Übergabe/Übernahme der Anlage in den Dauerbetrieb.

Die letzten beiden oder die letzte Rate könnten auch höher sein, damit der AG für den Fall, dass die Anlage nicht die volle, vertraglich zugesicherte Leistungsfähigkeit erreicht (z. B. erreicht die Anlage nicht die zugesicherte Verfügbarkeit, siehe Beispiel Abschn. 3.7.2), entweder leichter einen Preisnachlass durchsetzen oder den AN besser zwingen kann, die volle Leistungsfähigkeit durch Nachbesserung herzustellen. Wichtig für den AG ist in jedem Fall, in der Endphase der Projektabwicklung noch ein gewisses Druckmittel zu haben, das Vorhaben zügig und erfolgreich abzuschließen, auch wenn der AN dieses Ziel schon aus eigenem Geschäftsinteresse verfolgt.

Im Vertrag sind auch entsprechende **Zusatzklauseln** für Terminverzug, Preis und Zahlungsbedingungen für den Fall nicht planmäßiger Projektrealisierung vorzusehen, die dann bei Bedarf die einvernehmliche Problemlösung, z. B. Fortschreibung des weiteren Montageablaufes, zwischen den Vertragspartnern erleichtern.

Es sind viele Varianten sinnvoller Zahlungsbedingungen denkbar. Im Einzelfall entscheiden konkrete Bedingungen und Verhandlungsgeschick der Vertragspartner. Ein Beispiel dafür ist die *extreme Zahlungsbedingung* des in Abb. 2.5, Abschn. 2.3.2 dargestellten Lieferangebotes.

Weiteren Einstieg in die Preisgestaltung ermöglichen z. B. [11.13, 11.14].

### 11.7.3 Qualitäts- und Abnahmebedingungen

Im Vertrag sind Qualitätsanforderungen an die *Leistungserbringung* festzuschreiben und **Qualitätskontrollen** als Abnahmehandlungen des Käufers zu vereinbaren, z. B.:

- Verfügbarkeit der Anlage als wichtigste Zuverlässigkeitskenngröße, ausgewiesen als Mengenverfügbarkeit zur Quantifizierung der tatsächlich produzierbaren Produktmenge pro Zeiteinheit (siehe Abschn. 3.2 und 3.4, siehe auch DIN 8743).
- Dosiergenauigkeit (Toleranzen) von Verkaufspackungen, Reinheitsanforderungen bei Anlagen für die Lebensmittel- oder pharmazeutische Industrie, Emissions-Grenzwerte zum Umweltschutz.

Neben solchen technischen Anforderungen an die Anlage sind auch Qualitätsanforderungen an die **Projektabwicklung** und *deren Kontrolle* vertraglich festzuschreiben, z. B.:

- Qualitätsgerechte Zwischenlagerung der Ausrüstungen beim Nutzer bis zur Montage
- Qualitätsgerechte Montage mit Kontrollabschnitten/-fristen gemäß Ablaufplan
- Vollständige Absolvierung von Erprobungsprogrammen.

Festlegung der Qualitätsanforderungen und deren Durchsetzung in der Projektabwicklung sind permanente Aufgaben des Qualitätsmanagement und Controlling des Projektträgers.

### 11.7.4 Mitwirkungshandlungen des Auftraggebers

Mitwirkungshandlungen und Nebenpflichten des AG erfolgen im Interesse einer Kostenersparnis, Zeitverkürzung der Projektabwicklung oder sind für den AN die technisch-organisatorische Voraussetzung seiner Leistungserbringung vor Ort beim Anwender (siehe auch Kap. 7).

Im Anlagengeschäft ergeben sich **Mitwirkungspflichten** z. B. aus folgender Praxis:

- Die Montage der Anlagen-Ausrüstungen vor Ort erfolgt in der Regel weitgehend durch (relativ billige) *Fremdkapazität*, meist Hilfskräfte des AG. Der AN stellt dazu nur fachlich qualifizierte Leitmonteure seines Unternehmens. Die komplette Außenmontage durch eigene Monteure wäre zu kostenintensiv (Reisekosten, ...), damit für beide Vertragspartner unökonomisch. Diese Fremdkapazität ist im Vertrag exakt nach Aufgabe, Anzahl, Zeitraum, Qualifikationsanforderung der Hilfskräfte festzulegen. Auch kann der AG allgemein gebräuchliche *Montagehilfsmittel* (TUL-Mittel, ...) bereitzustellen haben.
- Ist im Rahmen einer Anlagenlieferung auch die Erprobung unter realen Produktionsbedingungen beim Anwender für neu- oder weiterzuentwickelnde Verfahren erforderlich, sollte ein gesonderter *Erprobungsvertrag* abgeschlossen werden, der beidseitige Rechte und Pflichten genau definiert.
- Sind im Rahmen von Rationalisierungsmaßnahmen neue Verfahrens oder neue Ausrüstungen nur unter realen Betriebsbedingungen zu erproben, kann sich für den AG Produktionsausfall oder -behinderung ergeben. Dieser Gefahr ist z. B. durch Einbau einer alternativ nutzbaren, parallel angeordneten Erprobungsstrecke (neuartige Technologie und Technik) oder einer parallel angeordneten Produktionsstrecke mit bewährter Technik zu begegnen.

Besondere Probleme können sich bei Erweiterungs- oder Anpassungsvorhaben (siehe AST, Abschn. 2.1.2) ergeben, wenn deren Realisierung *bei laufender Produktion* des Betreibers erfolgen muss. So können dem AN als Mitwirkungspflichten zugesagte Montage- und Erprobungszeiten, insbesondere *zusammenhängende Zeiträume* durch den AG mitunter nicht vollständig gewährt werden. Die Folge sind Unterbrechungen und Behinderungen, die zu Zeitverzug, Mehrkosten und Qualitätsminderung führen können. Dem Analysebeispiel in Abschn. 3.7.2 liegen auch diese Probleme zu Grunde.

### 11.7.5 Geschäftsbedingungen und weitere Bestimmungen

Neben den im Verkäuferland für das Geschäft geltenden Gesetze, Bestimmungen und behördlichen Genehmigungen sind dem Käufer auch Geschäftsbedingungen für die Vertragsabwicklung mitzuteilen.

Für *Inlandgeschäfte* in Deutschland sollten die vom VDMA zur Anwendung empfohlenen *Geschäftsbedingungen* [11.15] berücksichtigt werden.

Für *Auslandsgeschäfte* gelten im EU-Raum die allgemeinen Bedingungen für die Lieferung von Mechanismen, elektrischen und elektronischen Erzeugnissen, veröffentlicht in der ORGALIME S 2012 (ORGALIME: Dachverband der europäischen Investitionsgüter-Industrie) [11.16].

Dazu oder anstelle dieser allgemein geltenden Bedingungen können firmenspezifische Geschäftsbedingungen kommen, die dem Käufer mitgeteilt und zum Vertragsgegenstand erklärt werden.

# Anhang

### Leistungsphase 1: **Grundlagenermittlung**

a  Klären der Aufgabenstellung der Technischen Ausrüstung im Benehmen mit Auftraggeber und Objektplaner, insbesondere in technischen und wirtschaftlichen Grundsatzfragen
b  Zusammenfassen der Ergebnisse.

### Leistungsphase 2: **Vorplanung** (Projekt- und Planungsvorbereitung)

a  Analyse der Grundlagen
b  Erarbeiten eines Planungskonzepts mit überschlägiger Auslegung der wichtigsten Systeme und Anlagenteile mit Untersuchung alternativer Lösungsmöglichkeiten nach gleichen Anforderungen mit skizzenhafter Darstellung zur Intergrierung in die Objektplanung einschließlich Wirtschaftlichkeitsvorbetrachtung
c  Aufstellen eines Funktionsschemas beziehungsweise Prinzipschaltbildes für jede Anlage
d  Klären und Erläutern der wesentlichen fachspezifischen Zusammenhänge, Vorgänge, Bedingungen
e  Mitwirkung bei Vorverhandlungen mit Behörden und anderen an der Planung fachlich Beteiligten über die Genehmigungsfähigkeit
f  Mitwirken bei der Kostenschätzung, bei Anlagen in Gebäuden: nach DIN 276
g  Zusammenstellen der Vorplanungsergebnisse.

### Leistungsphase 3: **Entwurfsplanung** (System- und Integrationsplanung)

a  Durcharbeiten des Planungskonzepts (stufenweise Erarbeiten einer zeichnerischen Lösung) unter Berücksichtigung aller fachspezifischen Anforderungen und der durch die Objektplanung intergrierten Fachplanungen bis zum vollständigen Entwurf
b  Festlegen aller Systeme und Anlagenteile
c  Berechnung, Bemessung, zeichnerische Darstellung, Anlagenbeschreibung
d  Angabe und Abstimmung der für die Tragwerksplanung notwendigen Durchführungen und Lastangaben (ohne Anfertigen von Schlitz- und Durchbruchsplänen)
e  Mitwirken bei Verhandlungen mit Behörden und anderen an der Planung fachlich Beteiligten über die Genehmigungsfähigkeit
f  Mitwirken bei der Kostenberechnung, bei Anlagen in Gebäuden: nach DIN 276
g  Mitwirken bei der Kostenkontrolle durch Vergleich der Kostenberechnung mit der Kostenschätzung.

### Leistungsphase 4: **Genehmigungsplanung**

a  Erarbeiten der Vorlagen für die nach den öffentlich-rechtlichen Vorschriften erforderlichen Genehmigungen oder Zustimmungen einschließlich der Anträge auf Ausnahmen und Befreiungen sowie noch notwendiger Verhandlungen mit Behörden
b  Zusammenstellen dieser Unterlagen
c  Vervollständigen und Anpassen der Planungsunterlagen, Beschreibungen und Berechnungen

### Leistungsphase 5: **Ausführungsplanung**

a  Durcharbeiten der Ergebnisse der Phasen 3 und 4 (stufenweise Erarbeitung und Darstellung der Lösung) unter Berücksichtigung aller fachspezifischen Anforderungen sowie unter Beachtung der durch die Objektplanung intergrierten Fachleistungen bis zur ausführungsreifen Lösung
b  Zeichnerische Darstellung der Anlagen mit Dimensionen (keine Montage- und Werkstattzeichnungen)
c  Anfertigen von Schlitz- und Durchbruchsplänen
d  Fortschreibung der Ausführungsplanung auf den Stand der Ausschreibungsergebnisse

| **Leistungsbild Technische Ausrüstung** | **ANLAGE 2-1** |
|---|---|
| Auszug aus HOAI [2.1] | Seite 1 von 2 |

### Leistungsphase 6: Vorbereitung der Vergabe

a  Ermitteln von Mengen als Grundlage für das Anfertigen von Leistungsverzeichnissen in Abstimmung mit Beiträgen anderer an der Planung fachlich Beteiligter
b  Aufstellen von Leistungsbeschreibungen mit Leistungsverzeichnissen nach Leistungsbereichen

### Leistungsphase 7: Mitwirkung bei der Vergabe

a  Prüfen und Werten der Angebote einschließlich Aufstellen eines Preisspiegels nach Teilleistungen
b  Mitwirken bei der Verhandlung mit Bietern und Erstellen eines Vergabevorschlages
c  Mitwirken beim Kostenanschlag aus Einheits- oder Pauschalpreisen der Angebote, bei Anlagen in Gebäuden: nach DIN 276
d  Mitwirken bei der Kostenkontrolle durch Vergleich des Kostenanschlags mit der Kostenberechnung
e  Mitwirken bei der Auftragserteilung

### Leistungsphase 8: Objektüberwachung (Bauüberwachung)

a  Überwachen der Ausführung des Objektes auf Übereinstimmung mit der Baugenehmigung oder Zustimmung, den Ausführungsplänen, den Leistungsbeschreibungen oder Leistungsverzeichnissen sowie mit den allgemein anerkannten Regeln der Technik und den einschlägigen Vorschriften
b  Mitwirken beim Aufstellen und Überwachen eines Zeitplanes (Balkendiagramm)
c  Mitwirken beim Führen eines Bautagebuches
d  Mitwirken beim Aufmaß mit den ausführenden Unternehmen
e  Fachtechnische Abnahme der Leistungen und Feststellen der Mängel
f  Rechnungsprüfung
g  Mitwirken bei der Kostenfeststellung, bei Anlagenn Gebäuden: nach DIN 276
h  Antrag auf behördliche Abnahmen und Teilnahme daran
i  Zusammenstellen und Übergeben der Revisionsunterlagen, Bedienungsanleitungen, Prüfprotokolle
j  Mitwirken beim Auflisten der Verjährungsfristen für Mängelansprüche
k  Überwachen der Beseitigung der bei der Abnahme der Leistungen festgestellten Mängel
l  Mitwirken bei der Kostenkontrolle durch Überprüfen der Leistungsberechnung der bauausführenden Unternehmen im Vergleich zu den Vertragspreisen und dem Kostenanschlag

### Leistungsphase 9: Objektbetreuung und Dokumentation

a  Objektbegehung zur Mängelfeststellung vor Ablauf der Verjährungsfristen für Mängelansprüche gegenüber den ausführenden Unternehmen
b  Überwachen der Beseitigung von Mängeln, die innerhalb der Verjährungsfristen für Mängelansprüche, längstens jedoch bis zum Ablauf von vier Jahren seit Abnahme der Leistungen auftreten
c  Mitwirken bei der Freigabe von Sicherheitsleistungen
d  Mitwirken bei der systematischen Zusammenstellung der zeichnerischen Darstellungen und rechnerischen Ergebnisse des Objekts

| **Leistungsbild Technische Ausrüstung** | **ANLAGE 2-1** |
|---|---|
| Auszug aus HOAI [2.1] | Seite 2 von 2 |

### Form, Abmessungen

Äußere geometrische Form und Abmessungen, die für die Kopplungsaufgabe wesentlich sind.

Flasche: Durchmesser, Höhe, Hals, Mündungsform.

### Masse, Schwerpunktlage

Masse und Schwerpunktlage des Gutes für ausgezeichnete Transportpositionen: Vorzugspositionen, meist die Verarbeitungs- und/oder die Gebrauchsposition.

Flasche: Masse- und Schwerpunktlage für Leer- und für Vollzustand unterschiedlich.

### Oberfläche

Eigenschaften der Oberflächen des Gutes einschließlich der Formelemente, die für die Funktionserfüllung bedeutsam sind, z. B. eben, gewölbt, glatt, strukturiert, Rauhigkeit, auch temporäre Zustände.

### Spezifische mechanische Eigenschaften

Eigenschaften des Gutes, die beim Handling zu beachten sind, z. B. Empfindlichkeit gegen Druck, Stoß; Gleitfähigkeit, Standsicherheit.

Flasche: Glasflasche relativ druckunempfindlich, PET-Flasche druck- und wärmeempfindlich.

### Stoffeigenschaften

Eigenschaften, die hinsichtlich der sensorischen Erfassung des Gutes bedeutsam sind, z. B. Lichtdurchlässigkeit, Farbe, magnetische und kapazitive Eigenschaften, elektrische Leitfähigkeit.

Glas- und PET-Flasche: Lichtdurchlässigkeit für Leerflaschenkontrolle bedeutsam; Farbe und Lichtdurchlässigkeit für Aussonderung von verschmutzten oder Fremdflaschen bedeutsam.

### Sonstige Eigenschaften

Empfindlichkeit gegen zu hohe oder zu tiefe Temperatur, gegen Schmutz, Fette, Abrieb und Unverträglichkeit mit anderen, in Berührung kommenden Werkstoffen, z. B. hinsichtlich möglicher chemischer oder biologischer Reaktionen.

### Zustand

Zustand, der sich aus unveränderlichen (z. B. Flaschendurchmesser, Hartkaramellen-Form) und von Prozess zu Prozess ändernden Guteigenschaften ergibt.
Für das Verketten bedeutsame Oberflächenzustände: z. B. Temperatur, Benetzung mit Wasser und anderen Flüssigkeiten.
Getränkeabfüllanlage: Flasche aus der Reinigungsmaschine ist zunächst nass, Oberfläche trocknet während der weiteren Prozesse, was Reibungs- und damit Transportverhältnisse ändert.
Hartkaramellen-Verpackungsanlage: Karamelle aus dem Kühltunnel hat relativ kalte Oberfläche, die sich während der weiteren Prozesse infolge noch höherer Kernwärme wieder erwärmt, was bei längerer Verweilzeit (z. B. infolge Störung) die Transport- und Verpackungsprozesse negativ beeinflusst (Adhäsion, Kohäsion).

### Toleranzen

Maß- und Mass-, Form- und Lagetoleranzen und weitere für das Verketten wesentliche Toleranzen.

| **Verkettungsrelevante Guteigenschaften** | **ANLAGE 4-1** |
|---|---|
| am Beispiel von Stückgut (Getränkeflasche, Hartkaramelle) | Seite 1 von 1 |

# Literatur[1]

### Literatur zu Kapitel 1

[1.1] VDMA (Verband Deutscher Maschinen- und Anlagenbau): Branchenstatistik (2013)

[1.2] Tränkner, G. (Hrsg.): Verarbeitungsmaschinen Taschenbuch Maschinenbau, Bd. 3/II. Verl. Technik, Berlin (1980)

[1.3] Heidenreich, E., et al. (Hrsg.): Verarbeitungstechnik. Dt. Verl. für Grundstoffindustrie, Leipzig (1978)

[1.4] Goldhahn, H., Majschak, J.-P.: Grundlagen für Maschinensysteme der Stoffverarbeitung. In: Dubbel – Taschenbuch für den Maschinenbau, 22. Aufl. Springer, Berlin (2007)

[1.5] Majschak, J.-P.: Grundlagen für Maschinensysteme der Stoffverarbeitung. In: Dubbel – Taschenbuch für den Maschinenbau, 23. Aufl. Springer, Berlin (2011)

[1.6] Tscheuschner, H.-D. (Hrsg.): Grundzüge der Lebensmitteltechnik. 3. Aufl. Behr's, Hamburg (2004)

[1.7] Bleisch, G., Majschak, J.-P., Weiß, U.: Verpackungstechnische Prozesse. Behr's Verlag, Hamburg (2010)

[1.8] Langowski, H.-C.: LV am Lehrstuhl Lebensmittelverpackungstechnik, TU München

[1.9] Brosamler, H.: Ein Beitrag zur Auswahl und Gestaltung von Speichern in Verarbeitungsanlagen. Diss. B, TU Dresden (1978)

[1.10] Ruder, R.: Zur Projektierung von Verarbeitungslinien in der Polygrafischen Technik. Diss. B, TU Chemnitz (1981)

[1.11] Rockstroh, W.: Die technologische Betriebsprojektierung. Grundl. und Methoden der Projekt, Bd. 1. Verl. Technik, Berlin (1980). Bd. 2 Projekt. von Fertigungswerkstätten 1982

[1.12] Kettner, H., Schmidt, J., Greim, H.-R.: Leitfaden der systematischen Fabrikplanung. Carl Hanser, München (2011). Nachdruck

[1.13] Wiendahl, H.-P. (Hrsg.): Analyse und Neuordnung der Fabrik. Springer, Berlin (1991)

[1.14] Felix, H.: Unternehmens- und Fabrikplanung REFA-Fachbuchreihe Betriebsorganisation. Carl Hanser, München (1998)

[1.15] Aggteleky, B.: Fabrikplanung. 3 Bde. Carl Hanser, München (1987).

[1.16] Fröhlich, J.: Fabrikplanung – Gesamtbetrieb. StB, TU Dresden, Dresden (2010)

[1.17] Grundig, C.-J.: Fabrikplanung – Planungssystematik, 4. Aufl. Carl Hanser, München (2013)

[1.18] Fröhlich, J.: Projektmanagement. StB 1 bis 4, TU Dresden (2010/2011)

---

[1] indiv. Abkürzungen: H Heft, LV Lehrveranstaltung, StA Studienarbeit, StB Studienbrief

[1.19] Bernecker, G.: Planung und Bau verfahrenstechnischer Anlagen – Projektmanagement und Fachplanungsfunktionen, 4. Aufl. Springer, Berlin (2001)

[1.20] Wagner, W.: Planung im Anlagenbau, 3. Aufl. Vogel Buch Verl., Würzburg (2009)

[1.21] Pawellek, G.: Ganzheitliche Fabrikplanung – Grundlagen. Springer, Berlin (2008)

[1.22] Manger, H.-J.: Die Planung von Anlagen für die Gärungs- und Getränkeindustrie. Verl. Versuchs- und Lehranstalt für Brauerei, Berlin (2012)

[1.23] Günther, W.A.: Schlanke Logistikprozesse – Handbuch für den Planer. Vieweg Teubner/Springer Fachmedien, Wiesbaden (2013)

[1.24] KRONES AG, D-93068 Neutraubling. www.krones.com

[1.25] THEEGARTEN-PACTEC GmbH & Co. KG, D-01237 Dresden. www.theegarten-pactec.com

[1.26] PETZHOLDT-Heidenauer Maschinen- und Anlagenbau International GmbH, D-01239 Dresden. www.petzholdt-heidenauer.de

[1.27] TRÜTZSCHLER GmbH & Co. KG Textilmaschinenfabrik, D-41194 Mönchengladbach. www.truetzschler.eu

[1.28] RIETER Maschinenfabrik AG, CH-8406 Winterthur. www.rieter.com

## Literatur zu Kapitel 2

[2.1] Eich, R.: HOAI 2013 – Honorarordnung für Architekten und Ingenieure – Textausgabe. Müller Verlagsgesellschaft, Köln, S. 2276 (2013)

[2.2] Aggteleky, B.: Projektplanung. Carl Hanser, München (1992)

[2.3] Bernecker, G.: Planung und Bau verfahrenstechnischer Anlagen. Seminare des VDI-Wissenforums, Berlin, Stuttgart, München (2012). http://www.vdi-wissensforum.de

[2.4] Tempelmeier, H.: Supply Chain Management und Produktion – Übungen und Fallstudien, 3. Aufl. Univ. Köln (2007). http://www.scmp.uni-koeln.de

[2.5] Martin, H.: Transport- und Lagerlogistik – Planung, Struktur, Steuerung und Kosten von Systemen der Intralogistik, 9. Aufl. Vieweg Teubner/Springer Fachmedien, Wiesbaden (2013)

[2.6] Angebot vom 17.09.2010 zur Lieferung einer Linie zur Herstellung von Schokoladenmasse. PETZHOLD Heidenauer [1.26]

[2.7] Fröhlich, J.: Projektmanagement – Teil 3. StB, TU Dresden, Dresden (2011)

[2.8] Jetschny, W.: Innovationsschule, Lernmodul Kreative Lösungsfindung. CIMIT Zentrum für Produktionstechnik und Organisation, TU Dresden (2010)

[2.9] Maiwald, L., Uhlemann, C.: Erarbeitung technischer Prinzipe zur geordneten Übergabe von Waffelschalen (1996). StA, Inst. Verarbeitungsmaschinen/..., TU Dresden

[2.10] Klein, B.: TRITZ/TIPS – Methodik des erfinderischen Problemlösens. Wissenschaftsverlag, Oldenburg (2002)

[2.11] Jungbluth, V.: Morphologischer Kasten. Qualitätszentrum Dortmund (2005). http://www.qz-do.de/seite13.htm

[2.12] Datenbank Inst. VM/MA, TU Dresden (www.verarbeitungsmaschinen.de) mit Kennwertspeicher Verarbeitungsgüter. http://mlu.mw.tu-dresden.de/module/index.htm

[2.13] Römisch, P.: Verkettungstechnik für Verarbeitungsanlagen. 3 StB. TU Dresden. (2001)

[2.14] Kühnast, B., Krosse, J.: Bewegungssynthese auf Basis servogesteuerter Koppel- und Kurvengetriebe in der Verpackungstechnik. VDI-Getriebetagung Fulda 2006, VDI-Berichte 1966, VDI Wissensforum IVVB (2006)

[2.15] Bleisch, G., Goldhahn, H.: Lexikon Verpackungstechnik. Behr's, Hamburg (2003)

[2.16] Römisch, P.: Methoden- und objekttheoretische Grundlagen zur rationelleren Projektierung von Verarbeitungsanlagen. Diss. B, TU Dresden (1989)

[2.17] Hesse, S.: Grundlagen der Handhabungstechnik. Carl Hanser, München (2006)

[2.18] Hesse, S.: Lexikon Handhabungseinrichtungen und Industrierobotik. Expert Verl., Renningen-Malmsheim (1996)

[2.19] Römisch, P.: Zur Strukturierung von Verarbeitungsanlagen unter besonderer Berücksichtigung der Verfügbarkeit. Diss. A, TU Dresden (1983)

[2.20] Römisch, P.: Materialflusstechnik – Auswahl und Berechnung von Elementen und Baugruppen der Fördertechnik, 10. Aufl. Vieweg Teubner/Springer Fachmedien, Wiesbaden (2011)

[2.21] Hompel, M., Jünemann, R.: Materialflusssysteme – Förder- und Lagertechnik, 3. Aufl. Springer, Berlin (2007)

[2.22] Schwarz, A.: Automatisierte Bewegungsplanung flexibler Handhabungsgeräte in der verarbeitenden Industrie. Diss., TU Dresden (2011)

[2.23] Tietze, S., Majschak, J.-P.: Bewegungstechnik und Bewegungsdesign für Verarbeitungsmaschinen. StB, TU Dresden (2012)

[2.24] Grzonka, H.: Entwicklung von Servoantriebssystemen in Verarbeitungsmaschinen – Methoden zur Strukturauswahl und Dimensionierung. Diss., TU Dresden (2002)

[2.25] Blümel, R.: Entwurf dezentraler elektromechan. Antriebe für Verarbeitungsmaschinen von den technolog. Anford. zum optimalen Antriebssystem. Diss., TU Dresden (2000)

[2.26] Schützhold, J.: Analyse der elektrischen Energiesparpotenziale im Antriebssystem von Verarbeitungsmaschinen (2011)

[2.27] Deutsche Energieagentur Berlin (dena): Ratgeber Fördertechnik für Industrie und Gewerbe (2010). www.industrie-energieeffizienz.de

[2.28] Kramer, K., Härtlein, A.: Technologie Kakaoerzeugnisse. Fachbuchverlag Leipzig (1981)

## Literatur zu Kapitel 3

[3.1] Majschak, J.-P.: Betriebsverhalten von Verarbeitungsmaschinen. LV, Inst. Verarbeitungsmaschinen und Mobile Arbeitsmaschinen, TU Dresden. www.vat.tu-dresden.de

[3.2] Tietze, S.: Projektierung von Verarbeitungsanlagen. LV, Inst. Verarbeitungsmaschinen und Mobile Arbeitsmaschinen, TU Dresden. www.vat.tu-dresden.de

[3.3] Voigt, T., Kather, A.: Plug and Acquire – die neuen Weihenstephaner Standards für die Betriebsdatenerfassung bei Getränkeabfüllanlagen (2006)

[3.4] SPIDERweb – Innovative Datenerfassung von der Putzerei bis zu den Spinnmaschinen. Softwaresystem von RIETER [1.28], Bd. 21 (2009) H 53

[3.5] Michler, E.: Grundlagen der Theorie der Zuverlässigkeit. 4 StB, TU Dresden. Verlag Technik, Berlin (1977).

[3.6] Gerlach, B.: Zuverlässigkeitstheorie – Angewandte stochastische Methoden. LV, Humboldt-Univ. Berlin. www.math.hu-berlin.de/forschung/.../stochastik

[3.7] Karniske, G.F., Brauer, J.-P.: Qualitätsmanagement von A bis Z. Carl Hanser, München (2011)

[3.8] Ross, S.M.: Statistik für Ingenieure und Naturwissenschaftler. Springer, Berlin (2006)

[3.9] Fahrmeir, L., Künstler, R.: Statistik: Der Weg zur Datenanalyse. Springer, Berlin (2010)

[3.10] Kleinert, J., Clausnitzer, D.: Verfügbarkeitsmodell (Stufe 1). Fo.-Bericht 1345/79, Brennstoffinstitut Freiberg (1981)

[3.11] Römisch, P.: Projektierung von Anlagen der Textiltechnik. 3 StB, TU Dresden (2004)

[3.12] Fabrikökologie/Öko-Audit. EMAS-VO/Gesetze; ISO-Normen DIN EN ISO 14001 ff

[3.13] Weiß, U.: Verpackungsentsorgung und Kreislaufwirtschaft. In: Kaßmann, M. (Hrsg.) Grundlagen der Verpackung. Beuth, Berlin (2011)

[3.14] Bremer Wollkämmerei AG, D-28761 Bremen

[3.15] Dresden, I.K.A.: Internes Analyse- und Auswertematerial (2001/2002). www.ika-dresden.de

[3.16] Goldhahn, H., Römisch, P.: Techn. Gutachten zu einer Käsereianlage vom 29.11.2003

## Literatur zu Kapitel 4

[4.1] Gudehus, T.: Logistik – Grundlagen, Verfahren und Strategien, 4. Aufl. Springer, Berlin (2011)

[4.2] Probst, W.: Planung lärmarmer Transportsysteme für Flaschen und Gläser. Fo.-Bericht 313, Bundesanstalt für Arbeitsschutz und Unfallforschung Dortmund (1982)

[4.3] Feldhusen, J.: Dubbel – Taschenbuch Maschinenbau, 23. Aufl. Springer, Berlin (2011)

[4.4] Vereinigte Fachverlage Mainz: Fördern und Heben. www.foerdern-und-heben.de

[4.5] Pahl, G., Beitz, W.: Konstruktionslehre – Methoden und Anwendung. Springer, Berlin (1997)

[4.6] Ehrlenspiel, K.: Integrierte Produktentwicklung. Carl Hanser, München (1995)

[4.7] Koller, R., Kastrup, N.: Prinziplösungen zur Konstr. techn. Produkte. Springer, Berlin (1994)

[4.8] Lovasz, E.-Ch.: Mechanismen in Verarbeitungsmaschinen. StB, TU Dresden (2004)

[4.9] Thielemann, S.: Verkettungseinrichtung für quaderförmige Stückgüter mit Schokoladenüberzug. StA Inst. Verarbeitungsmaschinen, Landmaschinen. TU Dresden (2002)

[4.10] Produkt von SAPAL, heute in BOSCH Packaging Technology, Schweiz

## Literatur zu Kapitel 5

[5.1] Kleinert, J.: Verfügbarkeitsmodell (Reduktionsmodell). Brennstoff-Inst. Freiberg (1982)

[5.2] Thielemann, S.: Projektierung einer Verpackungsanlage für Hartkaramellen. StA am IVLV, TU Dresden (2003)

[5.3] Verpackungsmaschinenbau Dresden, ein Vorgängerunternehmen von [1.25]

[5.4] Wulfhorst, B.: Textile Fertigungsverfahren – eine Einführung. Carl Hanser, München (1998)

[5.5] Cherif, C. (Hrsg.): Textile Werkstoffe für den Leichtbau – Techniken, Verfahren, Materialien, Eigenschaften. Springer, Berlin (2011)

[5.6] Spinnplan von TRÜTZSCHLER [1.27] vom 06.03.2013 als Berechnungsgrundlage

[5.7] Spun Yarn Systems **60**(24), 19 (2012), die Kundenzeitschrift von RIETER [1.28]

## Literatur zu Kapitel 6

[6.1] Fröhlich, J.: Produktionssystematik – Layoutgestaltung. StB, TU Dresden (2006)

[6.2] PROTEMA Unternehmensberatung. www.protema.de

[6.3] Schenk, M.: Produktion und Logistik im 21. Jahrhundert. Dokumentation zu Ehren-Kolloq. 24.01.2011 an TH Magdeburg. www.iff.fraunhofer.de

[6.4] Krämmer, J.: Anforderungen an Arbeitsstätten, Handbuch des Arbeitsstättenrechts für die betriebliche Praxis. WEKA Fachverlag, Augsburg (2009)

[6.5] Koether, R., Kurz, B.: Betriebsstättenplanung und Ergonomie. Carl Hanser, München (2001)

[6.6] Fröhlich, J.: Produktionssystematik – Raumklima/Künstliche Beleuchtung in Arbeitsstätten. StB, TU Dresden (2006)

[6.7] Wiendahl, H.-P.: Betriebsorganisation für Ingenieure, 7. Aufl. Carl Hanser, München (2010)

[6.8] Neufert, P.: Bauentwurfslehre, 40. Aufl. Vieweg Teubner/Springer Fachmedien, Wiesbaden (2012)

[6.9] Papke, H.: Handbuch Industrieprojektierung. Verl. Technik, Berlin (1983)

[6.10] Völker, M.: Produktionslogistik. Inst. Techn. Logist./Arbeitssysteme TU Dresden (2009)

[6.11] Schmigalla, H.: Fabrikplanung – Begriffe und Zusammenhänge REFA-Fachbuchreihe Betriebsorganisation. Carl Hanser, München (1995)

[6.12] Erlach, K.: Wertstromdesign – Der Weg zur schlanken Fabrik, 2. Aufl. Springer, Berlin (2010)

[6.13] Strunz, M.: Reorganisations- und Revitalisierungsstrategien von Fabrikbetrieben. Werkstatttechnik **87**(5) (1997)

[6.14] Arbeitsstättenverordnung – ArbStättV vom 12.08.2004, BGBl. I, S. 2179

[6.15] Lehrmaterial Fabrikplanung und Produktionsorganisation. TU Dresden (1994)

[6.16] Baustellenhandbücher, Forum Verlag Herkert, Merching. www.baustellenhandbuch.de

[6.17] Fröhlich, J., Kalusche, M., Herhold, R.: Lifecycle Engineering im Industriebau. Abschlussbericht 1. Teilprojekt Deutsche Bundesstiftung Umwelt (2006)

[6.18] Fastdesign – das System für Fasility Management und Fabrikplanung. Software der projectteam GmbH Dortmund (Betriebsunterlagen)

[6.19] Steinberg, U., Windberg, H.-J.: Heben und Tragen ohne Schaden. Bundesanstalt für Arbeitsschutz und Arbeitsmedizin, Dortmund (2004)

[6.20] Steinberg, U., Caffier, G.: Ziehen und Schieben ohne Schaden. Bundesanstalt für Arbeitsschutz und Arbeitsmedizin, Dortmund (2004)

[6.21] Weißgerber, B.: Sicher gestaltet – innerbetriebliche Verkehrswege. Bundesanstalt für Arbeitsschutz und Arbeitsmedizin, Dortmund (2002)

[6.22] Sächsische Bauordnung – SächsBO vom 28.05.2004, SächsGVBl. S. 200; geändert zuletzt durch Verwaltungsvorschrift vom 07.08.2012, SächsABl. S. 1013

[6.23] Hoffmann, C.: Analyse und Bewertung der Haus- und Versorgungstechnik …bauwerksrelevanter Einflussgrößen. Diplomarbeit Fak. Maschinenwesen, TU Dresden (2006)

[6.24] Fröhlich, J.: Projektmanagement. 4. StB, TU Dresden (2011)

[6.25] Arbeitsschutzgesetz – ArbSchG vom 07.08.1996, BGBl. I, S. 1461

[6.26] Betriebsstättenverordnung – BetrSichV vom 27.09.2002, BGBl. I, S. 3777

[6.27] Gefahrstoffverordnung – GefStoffV vom 23.12.2004, BGBl. I, S. 3855

## Literatur zu Kapitel 7

[7.1] Fröhlich, J.: Projektmanagement Teil 1. StB, TU Dresden (2010)

[7.2] Fröhlich, J.: Projektmanagement Teil 2. StB, TU Dresden (2010)

[7.3] Schmidt, T., Carl, S.: Projektmanagement. LV Inst. Technische Logistik und Arbeitssysteme. TU Dresden (2010)

[7.4] Reichert, O.: Computergestützte Netzplantechnik – Ein Leitfaden für Praktiker in Unternehmen. Vieweg Teubner/Springer Fachmedien, Wiesbaden (2012). reprint

[7.5] Litke, H.-D.: Projektmanagement, Methoden, Techniken, 5. Aufl. Carl Hanser, München (2007)

[7.6] Harms, K.: Netzplantechnik – Anleitung zum Erstellen von Netzplänen. Verl. Lorem Ipsum, Oldenburg (2008)

[7.7] Rinza, P.: Projektmanagement – Planung, Überwachung und Steuerung von technischen …Vorhaben Reihe: Betriebswirtschaft und Betriebspraxis. VDI-Verl., Düsseldorf (1998)

[7.8] Fertigpackungsverordnung – FertigPackV von 1981, neugefasst 1994, zuletzt geändert durch Artikel 1 der VO von 2008, BGBl. I, S. 1079

[7.9] Grundlagen für die Anlagenbeschaffung und -abnahme in der Süßwarenindustrie – Leitfaden des Arbeitskreises Maschinen und Anlagen der Süsswarenindustrie. Lebensmitteltechnik, 2012 H 10. www.lebensmitteltechnik-online.de

[7.10] VO (EG) Nr. 2023/2006 über Herstellungspraxis für Materialien und Gegenstände in Berührung mit Lebensmitteln, gültig ab 01.08.2008

[7.11] VO (EG) Nr. 1935/2004, Artikel 16 – Konformitätserklärung Materialien und Gegen-stände in Berührung mit Lebensmitteln. VDMA-Positionspapier, aktualisiert 2008

## Literatur zu Kapitel 9

[9.1] Simulationssystem PacSi © IKA Dresden, www.ika-dresden.de

[9.2] Unveröffentlichte Projektberichte IKA Dresden

[9.3] Projektmanagement-Fachmann. RKW-Verlag, 8. Aufl. (2004)

[9.4] Wenzel, S., Weiß, M., Collisi-Böhmer, S., Pitsch, H., Rose, O. (Hrsg.): Qualitätskriterien für die Simulation in Produktion und Logistik, 7. Aufl. Springer, Berlin (2007)

[9.5] Rabe, M., Spieckmann, S., Wenzel, S. (Hrsg.): Verifikation und Validierung für die Simulation in Produktion und Logistik. Springer, Berlin (2008)

[9.6] Bleisch, G., Majschak, J., Weiß, U. (Hrsg.): Verpackungstechnische Prozesse. Behr's, Hamburg (2011)

[9.7] Bleisch, G., Langowski, H.-C., Majschak, J. (Hrsg.): Lexikon Verpackungstechnik. 2. Aufl. Behr's, Hamburg (2014)

[9.8] Nyquist, H.: Certain Topics in Telegraph Transmission Theory. Transactions of the American Institute of Electrical Engineers **47** (1928). Nachdruck in: Proceedings of the IEEE. Vol. 90, No. 2, 2002, ISSN 0018-9219, S. 617–644

## Literatur zu Kapitel 10

[10.1] Olfert, K., Rahn, H.-J.: Einführung in die BWL, 10. Aufl. NWB Verl., Herne (2010)

[10.2] Hering, E. (Hrsg.): Taschenbuch für Wirtschaftsingenieure, 2. Aufl. Fachbuchverlag Leipzig im Carl Hanser Verl., München (2009)

[10.3] Wirtschaftslexikon – Digitale Fachbibliothek. Springer Gabler Wirtschaftslexikon

[10.4] Aggteleky, B.: Fabrikplanung, Bd. 1. Carl Hanser, München (1990)

[10.5] Univ. Erlangen: www.economics.phil.uni-erlangen.de/lehre/bwl-archiv/…/wertsch.html

[10.6] Koch, R.: Projektmanagement – Teil 2. StB, TU Dresden (2008)

[10.7] Olfert, K.: Investition, 11. Aufl. Friedrich Kiel Verl, Ludwigshafen (2009)

[10.8] Däumler, K.-D.: Grundlagen der Investitions- und Wirtschaftlichkeitsrechnung, 12. Aufl. Verl. Neue Wirtschaftsbriefe, Herne (2007)

## Literatur zu Kapitel 11

[11.1] Mühlencoert, T.: Kontraktlogistik-Management – Grundlagen, Beispiele, Checklisten. Springer Gabler, Wiesbaden (2012)

[11.2] Urbach, N., Würz, T.: Ein integrierter Ansatz zur Steuerung von IT-Outsourcing-Vorhaben. Wirtschaftsinformatik **49**(284) (2012)

[11.3] Weimer, G.: Service Reporting im Outsourcing-Controlling – Eine empirische Analyse zur Steuerung des Outsourcing-Dienstleisters. Gabler, Wiesbaden (2009)

[11.4] Schneider, K.: Outsourcing Projektmanagement (2010). www.outsourcing-projektmanagement.de

[11.5] Stadler, H.-J.: Internationale Einkaufsverträge Bd. H 89. Verl. Recht und Wirtschaft, Heidelberg (2008)

[11.6] Stadler, H.-J.: Internationale Lieferverträge Bd. H 80. Verl. Recht und Wirtschaft, Heidelberg (2013)

[11.7] Berlin, I.H.K.: Internat. Kaufvertrag und UN-Kaufrecht (CISG) (2012). www.ihk-berlin.de

[11.8] Berlin, I.H.K.: Incoterms 2010 (2012). www.ihk-berlin.de

[11.9] Siller, C.: Internationales UN-Kaufrecht – Das Recht in Fragen und Antworten sowie in Praxisfällen und Lösungen (2009). www.europäischer-hochschulverlag.de

[11.10] Krügler, E., Schmidt, Ch.: Projektverträge im Anlagenbau, 1. Aufl. Springer, Berlin (2013)

[11.11] Kleinaltenkamp, M., Saab, S.: Technischer Vertrieb – Eine praxisorientierte Einführung in das Business-to-Business-Marketing. Springer, Berlin (2009)

[11.12] Backhaus, K., Voeth, M.: Industriegütermarketing. 9. Aufl. Vahlen, München (2009)

[11.13] Diller, H., Köhler, R.: Preispolitik, 4. Aufl. Kohlhammer, Stuttgart (2008)

[11.14] Pepels, W.: Pricing leicht gemacht – Höhere Gewinne durch optimale Preisgestaltung. Redline Wirtschaft, Heidelberg (2006)

[11.15] N.N.: VDMA-Bedingungen für die Lieferung von Maschinen für Inlandsgeschäfte. VDMA-Verl., Frankfurt/M (2012)

[11.16] Orgalime, S.: Allgemeine Bedingungen für die Lieferung von Mechanismen, elektrischen und elektronischen Erzeugnissen. VDMA-Verl., Frankfurt/M. (2012)

## DIN-Normen

69900 Projektmanagement; Netzplantechnik, Beschreibungen, Begriffe (01.09)

69901 Projektmanagement; Projektmanagementsysteme; Teile: 1 Grundlagen; 2 Prozesse; 3 Methoden; 4 Daten; 5 Begriffe (01.09)

69909 Multiprojektmanagement; Teile: 1 Grundlagen, 2 Prozesse, Prozessmodell (02.13)

EN 62424 Darstellung von Aufgaben der Prozessleittechnik, Fließbilder und Datenaustausch zwischen EDV-Werkzeugen zur Fließbilddarstellung in CAE-Systemen (01.10)

EN 62424 Leittechnik; Teil 2 Graphische Symbole und Kennbuchstaben für die Prozessleittechnik, Darstellung von Einzelheiten (01.10)

40041 Zuverlässigkeit, Begriffe (12.90)

31051 Grundlagen der Instandhaltung (09.12)

31000 Allgemeine Leitsätze für sicherheitstechnisches Gestalten von Produkten (07.11)

22101 Stetigförderer; Gurtförderer für Stückgüter, Berechnung und Auslegung (12.11)

18960 Nutzungskosten im Hochbau (02.08)

18599 Energetische Bewertung von Gebäuden, Berechnung des Energiebedarfs für Heizung, Kühlung, Beleuchtung, ...; Teil 11 Gebäudeautomation (12.11)

18202 Toleranzen im Hochbau, Bauwerke (04.13)

EN 16307 Sicherheit von Flurförderzeugen, Teil 1 Sicherheitsanforderungen (04.13); Teil 5 Zusätzliche Anforderungen für mitgängergebetriebene Flurförderzeuge (06.13)

15201 Stetigförderer; Teil 1 Begriffe (04.94); Teil 2 Zubehörgeräte, Bildbeispiele (11.81)

15190 Frachtbehälter, Binnencontainer, Hauptmaße, ... (04.91)

15185 Flurförderzeuge, Sicherheitsanforderungen, Teil 2 Einsatz in Schmalgängen (07.13)

14011 Begriffe aus dem Feuerwehrwesen (06.10)

EN ISO 14001 Umweltmanagementsysteme; Anforderungen und Anleitung (11.09)

EN ISO 13850 Sicherheit von Maschinen; Not-Halt; Gestaltungsgrundsätze (01.09)

EN ISO 12100 Sicherheit von Maschinen – Allgemeine Gestaltungsleitsätze – Risikobeurteilung und Risikominderung (03.11, Berichtigung 08.13)

EN ISO 10628 Fließschemata für verfahrenstechnische Anlagen – Allgemeine Regeln (03.01)

8743 Verpackungsmaschinen und Verpackungsanlagen, Kennzahlen zur Charakterisierung des Betriebsverhaltens und Bedingungen für deren Ermittlung im Rahmen eines Abnahmelaufs (02.13); Zeitbezogene Begriffe, Kenngrößen, Berechnung (06.04)

EN ISO 8560 Technische Zeichnungen für das Bauwesen, Darstellung von modularen Größen, Linien und Rastern (07.99)

8153 Scharnierbandketten (03.92)

4844 Graphische Symbole, Sicherheitsfarben, -zeichen; Teil 1 Erkennungsweiten, farb- und photometrische Anforderungen (06.12); Teil 2 Registrierte Sicherheitszeichen (12.12)

4172 Maßordnung im Bauwesen (07.55)

4066 Hinweisschilder für die Feuerwehr (07.97)

EN 1672 Nahrungsmittelmaschinen, Gestaltungsgrundsätze; Teil 1 Sicherheitsanforderungen (04.12); Teil 2 Hygieneanforderungen (07.09)

EN 1526 Sicherheit von Flurförderzeugen (07.09)

EN 1459 Sicherheit von Flurförderzeugen, kraftbetriebene Stapler ... (06.12)

EN 1127 Explosionsschutz; Teil 1 Grundlagen, Methodik (10.11)

EN 953 Sicherheit von Maschinen, trennende Schutzeinrichtungen (07.09)

EN ISO 741 Stetigförderer und Systeme, Sicherheitsanforderungen an Systeme und Komponenten zur pneumatischen Förderung von Schüttgut (06.11)

EN 617 bis 620 Stetigförderer und Systeme – Sicherheits- und EMV-Anforderungen ... (2011)

EN 415 Sicherheit von Verpackungsmaschinen, Teil 1 bis 7; z. B. Teil 6 Paletteneinschlagmaschinen (08.10)

277 Grundflächen und Rauminhalte von Bauwerken im Hochbau; Teil 1 Begriffe, Ermittlungsgrundlagen (02.05); Teil 2 Gliederung von Netto-Grundfläche, Nutzflächen, Funktionsflächen, Verkehrsflächen (02.05); Teil 3 Mengen, Bezugseinheiten (04.05)

276 Kosten im Bauwesen, Teil 1 Hochbau (12.08), Teil 4 Ingenieurbau (08.09)

## VDI-Richtlinien

5200 Fabrikplanung; Bl. 1 Vorgehen; 2 Morphologisches Modell zur Zielfestlegung; 3 Phasenmodell; 4 Erweiterte Wirtschaftlichkeitsrechnung (11.11)

4499 Digitale Fabrik; Bl. 1 Grundlagen; 2 Betrieb, 4 Ergonomische Abbildung des Menschen (02.08 bis 04.12)

4494 Outsourcing am Beispiel der Kontraktlogistik, Outsorcing-Projekt (03.12)

4414 Sanierungs- und Erweiterungsplanung von Logistiksystemen (12.95)

4008 Zuverlässigkeit, Voraussetzungen und Anwendungsschwerpunkte; Bl. 1 Zuverlässigkeitsanalysen (04.98); 2 Boolesches Modell (05.98); 3 Markoff-Zustandsänderungs- modelle (zurückgez. 2011); 4 Methoden der Zuverlässigkeit, Petri-Netze (07.08); 5 Zustandsflussgraphen (07.12); 6 Monte-Carlo-Simul. (04.99); 7 Strukturfunktion (05.86); 8 Erneuerungsprozesse (03.84); 9 Mathem. Modelle für Redundanz (04.86)

4007 Zuverlässigkeitsziele; Ermittlung, Überprüfung, Festlegung, Nachweis (01.11)

4004 Zuverlässigkeitskenngrößen; Bl. 1 Übersicht (10.85); 3 Kenngrößen der Instandhaltbarkeit (09.86); 4 Verfügbarkeitskenngrößen (07.86)

4003 Zuverlässigkeitsmanagement (03.07)

4001 Zuverlässigkeit; Bl. 1 Allgemeine Hinweise zum VDI-Handbuch Technische Zuverlässigkeit (04.98); 2 Terminologie der Zuverlässigkeit (06.07)

3649 Anwendung der Verfügbarkeitsberechnung auf Förder- und Lagersysteme (01.92)

3644 Analyse und Planung von Betriebsflächen, Grundlagen, …, Beispiele (08.10)

3633 Simulation von Logistik-, Materialfluss- und Produktionssystemen; Bl. 1 bis 11 (11.96 bis 12.10)

3581 Verfügbarkeit von Transport- und Lageranlagen, deren Teilsysteme .. (10.06)

2727 Konstruktionskatalog, Lösung von Bewegungsaufgaben mit Getrieben. Bl. 1 bis 6 (05.91 bis 10.10)

2861 Montage- und Handhabungstechnik; …, Industrieroboter (06.88)

2860 Montage- und Handhabungstechnik; …, Begriffe, Definition, Symbole (05.90)

2523 Projektmanagement für logist. Systeme der Materialfluss- und Lagertechnik (07.93)

2388 Krane in Gebäuden, Planungsgrundlagen (10.07)

2234 Wirtschaftliche Grundlagen für den Konstrukteur (01.90)

2225 Konstruktionsmethodik, Technisch-wirtschaftliches Konstruieren; Bl. 1 Vereinfachte Kostenermittlung (11.97); 2 Tabellenwerk (07.98); 3 Technisch-wirtschaftliche Bewertung (11.98); 4 Bemessungslehre (11.97)

2222 Konstruktionsmethodik; Bl. 1 Methodisches Entwickeln von Lösungsprinzipen (06.97); 2 Erstellung und Anwendung von Konstruktionskatalogen (02.82)

2221 Methodik zum Entwickeln und Konstruieren techn. Systeme und Produkte (05.93)

2180 Sicherheit von Anlagen der Verfahrenstechnik mit Mitteln der Prozessleittechnik (PLT); Bl. 1 Einführung, Begriffe, Konzeption; 2 Managementsystem; 3 Anlagenplanung; 4 bis 6… (04.07 bis 11.11)

## Sonstige Normen und Richtlinien

BS 6954 Toleranzen im Bauwesen; Teil 1: Empfehlungen zu Grundsätzen… (02.88)

BS 6750 Modulordnung im Bauwesen (08.86)

BS 5606 Genauigkeit im Bauwesen (09.90)

OENORM A 6240 Technische Zeichnungen für das Bauwesen; Teil 2: Kennzeichnung, Bemaßung, Darstellung (08.09)

OENORM B 1012 Koordinationssysteme im Bauwesen (04.03)

NAMUR NE 98 EMV-gerechte Planung und Installation von Produktionsanlagen (08.07)

GEFMA 200 Facility Management – Kostengliederungsstruktur zu GEFMA 100 (07.04)

GEFMA 100 Facility Management, Teil 1 Grundlagen, Teil 2 Leistungsspektren (07.04)

# Sachverzeichnis

**A**

Abnahmehandlungen, 404
Abstraktionsgrad, 341
Amortisationsvergleich, 372
Analyse, 130
Analytische Berechnung, 164
Änderungsbelege, 269
Anfahrphase, 331
Angebotsinhalte, 35
Angebotsphasen, 26
Anlagenelemente, 11, 51
Anlagenkonzept, 23
Antriebssystem, 11
Arbeitsplatz, 210
Aufgabendefinition, 333
Aufgabenpräzisierung, 31, 47
Aufgabenstellung, 29, 32
Aufwandsplanung, 386
Ausfall, 79
Ausfallrate, 82
Ausführungsplanung, 227, 255
Ausführungsprojekt, 26, 234
Ausgleichsspeicher, 12, 166
Ausrüstungslisten, 223
Ausschuss, 343
Außenmontage, 190, 261
Auswahlkriterien, 107
Auswahlprozess, 109
Automatisierung, 56
Automatisierungsstufen, 52
Autorenkontrolle, 16, 267

**B**

Balkenplantechnik, 236
Batchdiagramm, 327
Baufreiheit, 261

Bausteinkombination, 155
Bauweisen, 188
Beleuchtung, 218
Beobachtungszeitraum, 86
Berechnung, 273, 288, 302
Berechnungsmethoden, 77
Beschaffung, 258
Bestimmen der Funktion, 30
Betrachtungseinheit, 78
Betrachtungstiefe, 29
Betriebsanalysen, 8, 30, 96
Betriebsdatenerfassung, 98
Betriebsdrehzahl, 71
Betriebsfälle, 72
Betriebsfüllmenge, 310
Betriebskosten, 92
Betriebsstrategie, 57, 308
Betriebsverhalten, 65
Betriebsvorschriften, 69, 257
Betriebszustände, 56
Bewertungsverfahren, 42
Bezugslinien, 217
Blockschaltbild, 170
branchenorientiertes Simulationssystem, 326
branchenspezifische Zeitgliederungen, 77
Brandschutz, 218

**D**

Datenbeschaffung, 337
Datenqualität, 341
Dimensionieren, 30
Dimensionierung, 107

**E**

EDV-Unterstützung, 43
Effektivität, 66, 89

Effektivitätskriterien, 90
Einflussfaktoren, 66, 118
Eingabewert, 321
Einlagerung, 260
Einsatzbedingungen, 68
Einsatzmittel, 239
Einsatzmittelplanung, 241
Einteilung der Verarbeitungsgüter, 46
Element, 146, 319
Elementarsysteme, 145
Elemente von Projektmanagementsystemen, 3
Engineering-Vertrag, 392
Entwicklungsbedarf, 130
Entwurfsplanung, 26
Ergebnissicherheit, 325
Ergebniswerte, 321
Erneuerungsrate, 82, 307
Erprobung, 264
Erprobungsvertrag, 405
Erzeugnisentwicklung, 160
Explosionsschutz, 218
Exponentialverteilung, 88

## F
Fabrikplanung, 14, 21
Fahrweise, 68
Fertigung, 258
Feste Verkettung, 147
Finanzplan, 35
Flächengliederung, 194
Förderbarkeit, 48
Förderprinzip, 114
Fortschrittskontrolle, 42
Freiheitsgrade, 334
Funktion, 79
Funktionsbereiche, 9
Funktionsflächen, 196
Funktionsflächenbedarf, 197
Funktionsprobe, 262

## G
Genehmigungen, 250
Geschäftsbedingungen, 405
Gestalten, 31, 183
Gewährleistung, 266
Gewinnvergleich, 369
Grobablaufplan, 252
Grundfälle der Projektierung, 29
Grundsätze und Methoden, 39

Guteigenschaften, 120
Gutstrom, 48, 63, 109, 122
Gutstromkopplung, 54

## H
Handhabungselemente, 53
Handhabungstechnik, 117
Handlungsanweisungen, 69
Hauptausrüstungen, 52
Hauptelemente, 12
Hauptfluss, 8
Haustechnik, 218
Honorarordnung, 382

## I
Inbetriebnahme, 266
Industriebauwerke, 185
Informationsbeziehungen, 230
Informationspflichten, 248
Informationsrückfluss, 270
Inhalte von Ausführungsprojekten, 36
Innenmontage, 190
Instandhaltung, 15, 70
interne Elementredundanz, 72
Investitionsrechnungen, 361
Investitionsvoraussetzungen, 365

## K
Kalkulationsbasis, 381
Kalkulationsbereiche, 377
Kapazitätsausgleich, 245
Kapazitätsbedarf, 240
Kapazitätsganglinie, 241
Kapazitätsplan, 35
Kapazitätsplanung, 239
Kapitalwertverfahren, 373
Komplexität, 334
Kontrollelemente, 53
Konzeptplanung, 13
Koppelelement, 115
Koppeln von Gutströmen, 118
Kopplung von Gutströmen, 124
Kopplungsaufwand, 161
Kopplungskriterium, 71, 156
Kopplungsmaßstab, 152
Kosten, 92, 375
Kostenkontrolle, 378
Kostenplan, 35
Kostenplanung, 377

# Sachverzeichnis

Kostenrechnung, 378
Kostenvergleich, 366

**L**
Lager, 13
Layout, 183, 198
Layoutvarianten, 208
Leistungsfahrt, 264
Leistungsgegenstand, 36
Leistungspreis, 36
Leitmontage, 261
Lieferangebot, 37
Liefersicherheit, 328
Lieferumfang, 36
Lose Verkettung, 147
Losgrößen, 330

**M**
Mängelbeseitigung, 262
Maschinenarbeitsplatz, 211
Maßangaben, 215
Massenstrom, 123
Mengenverfügbarkeit, 84
Methoden, 40
Mitwirkungshandlungen, 267, 404
Modelle, 146, 319
Modulbauweise, 53
Montage, 260
Montageablaufpläne, 261
Montageanforderungen, 189
Montagehilfsmittel, 261, 405
MTA-Projektant, 32
MTA-Projektierung, 15
Musterverträge, 398

**N**
Nachkalkulationen, 269
Nachkontakte, 270
Nebenfluss, 8
Netzplan, 252
Netzplantechnik, 2, 236
Nichtverfügbarkeit, 82
Nutzen, 94

**O**
Objektanordnung, 203
Objektdarstellung, 199, 200
Objektverkettung, 203

**P**
Parallelsysteme, 146, 151, 288
Personeneinsatz, 241
Planen, 2
Planungsablauf, 16
Planungsaufwand, 229, 380
Planungsdokumente, 33
Planungshilfsmittel, 42
Planungsmethodik, 233
Planungsphasen, 13
Planungsplan, 237
Planungsstrategie, 25
Planungsteam, 2
Planungstechniken, 236
Praxisbeispiele, 22
Präzisierung der Aufgabenstellung, 232
Preis, 401
Preisänderungen, 269
Preisgestaltung, 376
Preiskalkulation, 382
Primärdatenquellen, 36
Priorität, 292
Probebetrieb, 262
Produktionsfläche, 186
Produktivität, 66, 71
Produktivitäts- und Kostencharakteristik, 71
Produktqualität, 65
Programmierbarkeit, 337
Projekt, 1
Projektabschluss, 251, 270
Projektabwicklung, 4, 13
Projektabwicklungsplanung, 19
Projektant, 6
Projektbaustein, 202
Projektdokumentation, 246
Projektdokumente, 17
Projektführung, 19
Projektieren, 2
Projektierungsgegenstand, 6
Projektierungskosten, 381
Projektierungsprozess, 30
Projektmanagement, 1
Projektorganisation, 19
Projektplanung, 18
Projektrealisierung, 4
Projektstruktur, 19
Projektstrukturplanung, 18
Projektteam, 2
Projekt-Teillösungen, 200

Projektträger, 1
Prozess, 8
Prozessfolge, 8
Prozesssteuerung, 55
Prozessüberwachung, 55

**Q**
Qualität der Verarbeitungsgüter, 70
Qualitätsanforderungen, 404

**R**
Rationalisierungstiefe, 30
Raumbedarfsermittlung, 195
Raumkonzept, 206
Räumliche Einflussfaktoren, 187
Realisierungsphase, 17, 227
Rechnerische Produktivität, 71
Rechnungslegung, 268
Reduktionsverfahren, 162, 302, 311
Reihensysteme, 146, 150, 273
Rentabilitätsvergleich, 370
repräsentative Auftragsfolgen, 331
Reserveelemente, 153, 291
Reservierungszustand, 291
Restriktionen, 58
Roboterzellen, 342

**S**
Schulungsprogramme, 268
Schutznachweise, 248
Schwachstelle, 77
Service, 267
Sicherheit, 218
Sicherheitsabstände, 213
Simulation, 165, 319
Simulationsdurchführende, 338
Simulationsläufen, 327
Simulationsmethoden, 334
Simulationsstudie, 332
Simulationsverfahren, 77
Simulationswerkzeuges, 320
Skalierung, 344
Soll-Ist-Vergleich, 244
Speicher, 12
Speicherbarkeit, 48
Speichergröße, 308
Speichermodell, 149, 283
Speicherprinzipe, 127
Spezialprojektanten, 6

Spezialprojektierung, 15
Spezifikationen, 400
Spinnerei, 171
Standortbestimmung, 191
Standortfaktoren, 210, 217
Statistische Sicherheit, 323
Stetigförderer, 129
Steuerungssystem, 11
stochastische Modelle, 167
Stoffbereich, 10
Stoffsystem, 11
Störeinflüsse, 56, 191
Störungsspeicher, 12, 308
Störungsspeicher-Modelle, 277
Strukturbausteine, 148
Strukturieren, 31
Strukturierung, 145
Strukturierungsstrategie, 157
Stückgutstrom, 122
Systemausfallrate, 273
Systementwickler, 338
Systemerneuerungsrate, 274
Systemgrenzen, 7, 8
Systemtypen, 205
Systemverfügbarkeit, 285, 311

**T**
tatsächliche Produktivität, 75
Technologische Projektierung, 15
Terminplanung, 236
Transformation, 301
Transport, 260
TUL-Technik, 6

**U**
Überdimensionierung, 74, 123
Übergabe, 266
Übernahme, 266
Umweltbedingungen, 95
Umweltbeziehungen, 66

**V**
Varianten der Projektlösung, 321
Verarbeitungsanlage, 7
Verarbeitungsanlagen, 4
Verarbeitungsaufgabe, 1
Verarbeitungsbereich, 6
Verarbeitungsgut, 45, 68
Verarbeitungsgüter, 4

# Sachverzeichnis

Verarbeitungsmaschine, 8, 51
Verarbeitungstechnik, 45
Verarbeitungsverfahren, 4, 45
Verfahrensdokumente, 45
Verfahrensfließbilder, 60
Verfahrensschema, 62
Verfügbarkeit, 15, 75, 82
Verfügbarkeits-Kennwerte, 84
Verkettungselemente, 12, 51, 54, 114
Verkettungsgrad, 54
Verpackungsanlage, 8, 168, 218
Verpackungsprozesse, 5
Versand, 260
Versorgungstechnik, 218
Verteilungsfunktion, 325
Vertragsänderungen, 399
Vertragsarten, 392
Vertragsformen, 395
Vertragsgegenstand, 393, 400
Vertragsgestaltung, 396
Vertragsinhalte, 398
Vertragsmanagement, 391
Vertrauensbereich, 328
Volumenstrom, 123
Vorbereitungsphase, 17
Vorgangsliste, 253
Vorplanung, 26

Vorprojekt, 234
Vorschriften, 248

## W

Wahrscheinlichkeitsrechnung, 78
Wertschöpfungsprozess, 363
Wirtschaftlichkeit, 361

## Z

Zahlungsbedingungen, 401, 402
Zeitablauf, 252
Zeitablaufplan, 35, 256
Zeitdiskrete Simulation, 336
Zeitgliederung des Maschineneinsatzes, 74
Zeitverfügbarkeit, 83
Zieldefinition, 4
Zielfunktionen, 91
Zielplanung, 13
Zustandsbegriffe, 79
Zustandsperiode, 80
Zustandsvariable, 81
Zuverlässigkeit, 66, 78
Zuverlässigkeitsarbeit, 88
Zuverlässigkeitskenngrößen, 78
Zuverlässigkeitskennwerte, 81
Zuverlässigkeitsprimärdaten, 86
Zuverlässigkeitsschaltbild, 301
Zuverlässigkeitstheorie, 78, 161

MIX
Papier aus verantwortungsvollen Quellen
Paper from responsible sources
FSC® C105338

If you have any concerns about our products,
you can contact us on
**ProductSafety@springernature.com**

In case Publisher is established outside the EU,
the EU authorized representative is:
**Springer Nature Customer Service Center GmbH
Europaplatz 3, 69115 Heidelberg, Germany**

Printed by Libri Plureos GmbH
in Hamburg, Germany